STATISTISCHE MITTHEILUNGEN

ÜBER DIE

GAS-ANSTALTEN DEUTSCHLANDS,

DER

SCHWEIZ

UND

EINIGE GAS-ANSTALTEN ANDERER LÆNDER

VON

DR. N. H. SCHILLING,

INGENIEUR UND DIRECTOR DER GASBELEUCHTUNGS-GESELLSCHAFT IN MÜNCHEN.

ZWEITE STARK VERMEHRTE AUFLAGE.

MÜNCHEN 1868.
VERLAG VON RUDOLPH OLDENBOURG.

Vorwort.

Die vorliegende dritte Bearbeitung der „Statistik der Gasanstalten Deutschlands" ist von der zweiten, im Jahre 1862 erschienenen Ausgabe namentlich durch ihren Umfang verschieden. Während die letztere 287 Anstalten umfasste und dabei 9 Druckbogen einnahm, weist die gegenwärtige über 600 Anstalten auf reichlich 23 Druckbogen auf. Veranlasst ist diese ausserordentliche Ausdehnung theils durch die Vermehrung der Gasanstalten in Deutschland seit dem Jahre 1862, theils dadurch, dass auch über solche ältere Anstalten, die in der letzten Ausgabe fehlten, diesmal Nachrichten eingeholt werden konnten, endlich theils auch durch den Umstand, dass die Schweiz möglichst vollständig hinzugezogen wurde, während früher nur einige wenige Schweizer Anstalten aufgeführt worden waren. Die Beantwortung der ausgesandten Fragebogen ist im Allgemeinen wieder mit grosser Bereitwilligkeit und Ausführlichkeit erfolgt, und verpflichtet nicht nur den Herausgeber, sondern unsere gesammte Industrie zu grösstem Dank.

Was die Einrichtung des Buches betrifft, so ist dieselbe geblieben wie früher. Es war von einigen Seiten der Wunsch ausgedrückt worden, ich möchte die Zahlen in Tabellenform zusammenstellen, allein es haben sich mir Bedenken ergeben, die gegen diese Anordnung sprechen. Die grosse Verschiedenheit unserer Gewichts-, Maass- und Münzverhältnisse ist eine Hauptschwierigkeit für die tabellarische Darstellung, umsomehr, als manche Anstalten die für sie gültigen Gewichte und Maasse nicht genau genug angegeben haben, um sie mit Sicherheit reduciren zu können; bei den Preisangaben kommen die Rabattverhältnisse in Betracht, die sich schwer tabellarisch darstellen lassen, die speciellen localen Eigenthümlichkeiten der Anstalten lassen sich ohnehin nicht tabellarisch wiedergeben, ebensowenig als die Mittheilungen, welche sich auf die Entwicklung der Anstalten beziehen u. s. w. Die Tabellen wären sehr complicirt geworden, und hätten dann ihren Zweck verfehlt, viele Angaben wären ganz ausgeschlossen gewesen. Ueberdies weiss ich, dass manche Anstalten einen Werth darauf legen, die Mittheilungen möglichst in derselben Form veröffentlicht zu sehen, wie sie von ihnen gemacht worden sind, und bei Angaben von so delikater Natur, wie es Betriebsverhältnisse doch immerhin bleiben, bin ich ängstlich, selbst an der Form, in welcher sie mir eingesandt werden, wesentliche Abänderungen zu machen. Originalmittheilungen, wie die vorliegenden, behalten, meine ich, auch in der Originalform den grössten Werth, und wer sich tabellarische Auszüge zu speciellen Zwecken aus dem Buche machen will, für den ist die Mühe nicht zu gross. Ich habe an den eingegangenen Mittheilungen nur wenig geändert, hie und da nur an der Reihenfolge der Angaben, und durch Hinweglassung einzelner, für den Zweck des Buches nicht gerade wesentlicher Zahlen.

Angelegen habe ich es mir sein lassen, das Buch so rasch als möglich zur Veröffentlichung zu bringen. Ende Januar waren die Fragebogen eingelaufen, und heute, drei Monate später, ist der Druck vollendet. Ich habe der Bearbeitung des ungeheuren Materials die ganze Zeit, die mir von meinen anderweitigen Geschäften übrig geblieben ist, gewidmet, bitte übrigens, falls einzelne Mängel oder Irrthümer noch unterlaufen sein sollten, gütigst berücksichtigen zu wollen, dass es trotz der grössten Sorgfalt sehr schwer ist, gerade statistische Arbeiten, die aus fremdem Manuscript zusammengestellt werden müssen, bei beschränkter Zeit so vollkommen auszuführen, als man es selbst wünschen möchte.

München, Anfang Mai 1868.

Dr. N. H. Schilling.

Aachen (Rheinpreussen). 65,000 Einwohner. Eigenthümerin: die Imperial-Continental-Gas-Association in London. Dirigent: Herr Grice. Der Vertrag, welcher am 22. December 1837 begonnen hatte, am 21. December 1857 abgelaufen und auf diesen Termin von der Stadt gekündigt war, lief während eingetretener Streitigkeiten bis zur Abwickelung dieser nach einem betreffenden Paragraphen des Vertrages weiter und wurde am 3. März 1865 durch einen neuen Vertrag ersetzt. Vertragsdauer bis zum 31. December 1909 ohne Privilegium. Das Werk steht auf einem städtischen Grundstücke, für das an die Stadt jährlich 335 Thlr. bezahlt werden. Steinkohlenbetrieb. Die Lichtstärke des Gases ist der Art bestimmt, dass 5$\frac{1}{2}$ Cubikfuss (rheinl. Maass) ein Licht geben müssen, das 12 Wachskerzen gleichkommt, wovon jede 12$\frac{1}{3}$ Zoll rheinl. lang ist und deren 6 auf 1 Pfund gehen. Die Messung des Lichtes geschieht für die Strassenbeleuchtung bei offener Flamme, für die Privatbeleuchtung unter Anwendung eines mit Glascylinder versehenen Argand-Brenners vermittelst eines Lichtmessungs-Apparates, welchen die Gesellschaft der Stadt zu deren Benutzung kostenfrei aufzustellen hat. Die Strassenlaternen brennen in der Regel von Eintritt der Dunkelheit bis Mitternacht; von Mitternacht bis zum Tagesanbruch nur die Hälfte derselben. Preis der Strassenbeleuchtung: 1 Pfennig (0,29 Kreuzer) für jede Flamme und jede Stunde (Zahlung monatlich). Gaspreis für Private: höchstens 1 Thlr. 20 Sgr. (2 fl. 55 kr.) pro 1000 rheinl. (= 1092 englische) Cubikfuss (= 2 fl. 40 kr. pro 1000 engl. c'). Bei 500,000 c' und mehr Jahresverbrauch ist der Preis 1 Thlr. 17 Sgr. 6 Pf. pro 1000 rheinl. c' und bei 1 Million c und mehr 1 Thlr. 15 Sgr. In den beiden letzten Fällen erfolgt die Zahlung in den 9 ersten Monaten des Jahres zu 1 Thlr. 20 Sgr. pr. 1000 rhnl. c' und am Schlusse des Jahres wird die Abrechnung zu dem sich alsdann ergebenden verminderten Preise abgeschlossen. Der Verkauf des Gases geschieht nach Gasmessern, für welche an die Gesellschaft Miethe

zu zahlen ist und zwar für einen für 5 Flammen 1 Thlr. 10 Sgr.
jährlich u. s. w. bis zu 17 Thlr. jährlich für einen für 200 Flammen.
Für die Berechtigung zur Privatbeleuchtung zahlt die Gesellschaft an
die Stadt nach Ablauf eines jeden Jahres 1000 Thlr. Die Produktion
betrug 1862 gegen 40,000,000 c′. Das Werk hatte 11 Oefen für 77 Retorten, theils ◠ förmig, theils oval, theils ☐. Die Kühlung erfolgt in
freiliegenden 9 zöll. Röhren, Wascher sind 2 vorhanden von 6′ Durchmesser und 3′ Höhe, Reiniger sind 4 da, jeder von etwa 14′ Länge
und 5′ Breite. Gearbeitet wird nach der trockenen Methode mit Kalk.
Die drei Gasbehälter haben zusammen nahezu 200,000 c′ Inhalt. Die
Strassenröhrenlänge beträgt etwa 90,000′ und deren lichte Weite von
11 bis zu 2″.

Aalen (Württemberg). 3000 Einwohner. Eigenthümerin: die Stadt.
Erbauer: die Herren Müller und Linck in Stuttgart.

Die Fabrik des Herrn Reif in Erlau bei Aalen hat eine eigene
Privatgasanstalt.

Aarau (Schweiz). 5400 Einwohner. Eigenthümerin: eine Actiengesellschaft. Verwalter: Herr J. Bolliger, Gasmeister: Herr C. Jor-
dan. Erbauer: Herr L. A. Riedinger. Eröffnet am 1. Nov. 1858.
Herr Riedinger verkaufte die Anstalt an die gegenwärtige Gesellschaft
im Jahre 1860. Concessionsdauer 36 Jahre vom Tage der Eröffnung
an. Leuchtkraft für 4 c′ Gasconsum per Stunde 14 Stearinkerzen,
6 auf 1 Pfd., bei 22‴ Flammenhöhe 12 theilig engl. Maass. Die Stadt
übt durch ihre Polizei-Commission die Controle aus. Gaspreis 1 Frc.
40 Ctm.*) pro 100 c′. Jahresproduktion 4,000,000 c′. Maximalconsum
in 24 Stunden 25,000 c′, Minimalconsum 4000 c′. 95 Strassenflammen,
2666 Privatflammen. Betrieb mit Holz. Saarbrücker Steinkohlen
werden als Brennmaterial benützt. Die Anstalt hat 5 gusseiserne Retorten (2 Oefen à 2, 1 à 1 Ret.), 3 Kalkreiniger, 2 Gasbehälter mit
je 14,000 c′ Inhalt, Gasmesser meist von L. A. Riedinger. Anlagecapital 330,100 Francs.

Agram (Croatien). 22,000 Einw. Eigenthümerin: die Gesellschaft für
Gasindustrie in Augsburg. Deren Director: Hr. L. Winterwerber. Gründer u. Erbauer: Hr. L. A. Riedinger. Eröffnet am 31. Oct. 1863. Leuchtkraft 12 Wachskerzen, 5 auf 1 Pfd., für 4½ c′ Consum per Stde. Gaspreis

---

*) 1 Franc = 100 Centimes = 8 Silbergr. = 28 kr. südd. Währ.

für Private 6 fl. 30 kr. öst. Währ.*) pro 1000 c′, für Strassenbeleuchtung
1,6 kr. öst. Silber und darunter, je nach dem Consum. 385 Strassenflammen mit zusammen 670,000 Stunden Brennzeit, 2210 Privatflammen
mit einem Durchschnittsconsum von 1760 c′ pro Flamme und Jahr.
Jahresproduktion 7 bis 8 Millionen c′. Maximalproduktion in 24 Stunden
36,000 c′, Minimalproduktion 5500 c′. Betrieb mit Tannenholz und
Eichenholz aus der Umgegend. Die Anstalt hat ⌒ Retorten in Oefen
à 1 und 2 Ret., Reinigung mit trockenem Kalk, 42,000 Fuss Rohrleitung von 8″ — 1½′ Weite, nasse Gasuhren von L. A. Riedinger.

Altbach (bei Esslingen in Württemberg.) Die Papierfabrik der
Herren Müller, Kuster & Co. hat eine eigene Gasanstalt. Früher
wurde das Gas aus Petroleumrückständen dargestellt, jetzt aus Saarkohlen.

Altena (Westphalen). 6400 Einwohner. Eigenthümerin: die Stadt.
Die Anstalt wird durch eine gemischte Commission von zwei Stadtverordneten und einem Magistratsmitglied unter dem Namen „Städtische
Gasanstalts-Deputation" verwaltet. Erbauer: Herr Ingenieur Dullo in
Paderborn. Eröffnet am 31. October 1858 mit 83 Strassenflammen und
675 Privatflammen. Gaspreis 2⅓ Thlr. pro 1000 c′. Jahresproduktion
ca. 4,000,000 c′. Stärkste Abgabe in 24 Stunden 21,000 c′, schwächste
Abgabe 3500 c′. 102 Strassenflammen, welche 8½ Monate, und zwar
vom 15. August bis ult. April nach einem von der Stadtbehörde entworfenen Brennstundenplan brennen, und für welche der Gasfabrik-
Casse eine Pauschalvergütung von 7½ Thlr. pro Jahr und Laterne
berechnet wird. Consum der Strassenlaternen im Jahr 650,900 c′.
1763 Privatflammen consumirten 3,350,000 c′. Betrieb mit westphäl.
Steinkohlen (Holland). Die Anstalt hat 8 elliptische Thonretorten
18″ × 12″ von J. H. Vygen & Co. (2 Oefen à 3, 1 à 2 Ret. und ein
Reservegewölbe für 5 Ret.), 1 Röhrencondensator mit 16 Stück 6zöll.
Röhren 9½′ lang, 1 Scrubber 10¼′ hoch, 3′ im Durchmesser, 1 Wascher
2½′ hoch, 3′ im Durchmesser, 4 Reiniger 8′ × 4′ × 3′ (Laming'sche
Masse), 1 Stationsgasmesser, 1 Gasbehälter von 40′ Durchmesser und
20′ Tiefe (22,000 c′ Inhalt), (das Bassin in Grauwackenfelsen einge-
sprengt, nach der Thalseite noch 7′ tief in Felsen eingesenkt, von Feld-
brand mit Trass gemauert) 6zöll. Fabrikröhren, 15,285′ Röhrenleitung,
nämlich 1026′ 7zöll., 3258′ 5zöll., 3249′ 4zöll., 2880′ 3zöll., 1728′ 2½zöll.

---

*) 1 fl. österr. Währ. = 20 Silbergr. = 1 fl. 10 kr. südd. Währ.

und 3144' 2zöll., 226 nasse Gasuhren von W. H. Moran in Cöln.
Coke und Theer werden verkauft. Anlagecapital ca. 50,000 Thlr.

Altenburg (Sachsen-Altenburg). 17,966 Einwohner. Eigenthümerin:
die Gasbeleuchtungs-Gesellschaft in Altenburg. Die Gesellschaft constituirte sich am 12. Oct. 1853 mit einem Actiencapitale von 45,000 Thlr.
Die Grundsteinlegung zum Bau der Anstalt fand am 20. April 1854
Statt, die Leitung des Baues führte der Gasingenieur, Herr A. Gruner
von Zwickau, und der Betrieb begann am 1. Januar 1855. Der erste
Bauaufwand betrug 60,000 Thlr., beschafft mit 900 Action à 50 Thlr.
und 15,000 Thlr. Darlehen. Die landesherrliche Concession vom
14. August 1854 ist bezüglich der Dauer nicht beschränkt, doch ist
Aenderung, Mehrung und Minderung, sowie gänzlicher Widerruf vorbehalten. Der mit der Stadtcommune wegen Uebernahme der öffentlichen Beleuchtung abgeschlossene Vertrag läuft vom 1. Januar 1855
an auf 25 Jahre. Bei etwaigem Verkauf der Anstalt hat die Commune
das Vorkaufsrecht. Nach Ablauf der Contraktzeit kann die Commune
die Anstalt gegen einen zu vereinbarenden Preis übernehmen, wobei
indessen die Gesellschaft nicht gezwungen werden kann, die Anstalt
unter dem Werthe abzugeben, welchen der mit 25 multiplicirte Durchschnittsertrag der letzten 5 Jahre vor der Uebernahme ergiebt. Die
Commune darf weder selbst eine Gasanstalt anlegen, noch dies Dritten
gestatten. Die Gesellschaft hat der Stadtcommune eine Hypotheken-
caution von 5000 Thlr. gestellt, und besorgt die Beleuchtung einer
städtischen Nachtuhr unentgeltlich. Gaspreis 2 Thlr. pro 1000 c' sächs.*)
ohne Rabatt. Produktion im letzten Jahre 11,463,700 c'. 192 Strassenflammen und 13 Oellaternen. Normalgrösse der Flammen 3 Zoll Breite,
$2^1/_2$ Zoll Höhe, Lichtstärke = 14 Stearinkerzen, 6 auf 1 Pfd. Die
Strassenbeleuchtung consumirte 1866/67: 2,586,000 c', 350 Privatconsumenten mit 3294 Flammen brauchten 7,741,600 c'. Der Durchschnittsconsum einer Flamme betrug 2350 c'. Betrieb mit Zwickauer
Steinkohlen. Die Anstalt hat 17 Thonretorten von Oest's Wwe. in Berlin und Geith in Coburg (1 Ofen à 6, 1 à 5, 2 à 3 Ret.), liegenden Röhrencondensator, Scrubber, Wascher, Exhaustor nach Beale,
3 Vorreiniger, 1 Nachreiniger, Betriebsgasuhr, 2 Gasbehälter à 19,000 c'
Inhalt unter Dach, Druckregulator, 26,468 Ellen sächs.**) Röhrenleitung

---

*) 1000 c' sächs. = 802 c' engl.
**) 100 Leipz. Ellen = 200 Leipz. Fuss = 185,37 engl. Fuss.

von 7 bis $1\frac{1}{2}''$ Weite, 350 nasse Gasuhren von Siry Lizars & Comp. in Leipzig. Coke wird verkauft, Theer theilweise verfeuert, Ammoniak-wasser zu salzsaurem Ammoniak verarbeitet. Anlagecapital 92,109 Thlr. An Stelle des früheren Reservefonds war ein Reservefond und ein Amortisationsfond getreten, für die je 6% des Reinertrages, zusammen also 12% verwendet wurden. Nachdem nun der Reservefond die statutenmässige Höhe von 6000 Thlr. erreicht hat, werden jetzt 10% zur Amortisation der Prioritätsanleihe übergezahlt und sind so bereits 2625 Thlr. amortisirt. (Näheres Journ. f. Gasbel. 1860 S. 351, 1861 S. 434, 1862 S. 363, 1863 S. 372, 1865 S. 340, 1866 S. 440 und 1867 S. 477.

Altona (Holstein). Die Stadt hat 56,000 und die anstossende Ortschaft Ottensen, die auch mit Gas versorgt ist, 6000 Einwohner, also zusammen 62,000 Einwohner. Eigenthümerin: die Gas- und Wasser-Gesellschaft in Altona. Betriebs-Dirigent und Bevollmächtigter: Herr H. Salzenberg. Die Grundlage der Gesellschaft, die sich am 29. März 1855 constituirte, aber erst am 14. September 1858 die formelle Be-stätigung der k. dänischen Regierung erhielt, bildet eine ursprünglich den Herren G. L. Stuhlmann und J. S. Lowe ertheilte Concession, mit welchen Herren die Stadt Altona am 9. August 1854 einen Ver-trag über Erleuchtung mit Steinkohlengas und Versorgung mit ge-reinigtem Elbwasser abgeschlossen hatte. Herr Lowe trat schon am 20. December 1854 aus den contraktlichen Verhältnissen aus, und traten statt seiner die Herren N. D. Goldsmid und E. E. Gold-smid ein. Mit der Bildung der Gesellschaft wurde von dieser den Herren York & Co. in Paris die Ausführung der Gas- und Wasserwerke für die Summe von 815,800 Thlr. preuss. Cour. übertragen und der Ingenieur Herr W. Lindley in Hamburg als technischer Consulent engagirt. Es stellte sich bald heraus, dass der für die combinirte Anlage ursprünglich bestimmte Platz nicht nur zu klein, sondern auch ungeeignet war, und aus diesem Umstande entsprangen eine Menge Schwierigkeiten und Hindernisse, welche den Bau namentlich des Wasserwerks verzögerten. Am 30. September 1857 einigte man sich mit den Behörden dahin, Letzteres von der Gasanstalt getrennt in Blankenese zu errichten, und, nachdem das Gaswerk bereits am 29. Juli 1857 in Betrieb gesetzt war, konnte erst am 4. August 1859 auch die Wasserversorgung folgen. Die Concession ist auf 40 Jahre vom 9. Aug. 1854 an ertheilt. Nach Ablauf dieser Zeit hat die Stadt das Recht, die beiden Anstalten gegen eine Taxationssumme zu übernehmen, wobei die Taxatoren die Rentabilität ihrer Schätzung zu Grunde zu legen haben, indem sie den durchschnittlichen Reinertrag der letzten 10 Jahre ermitteln, und mit $5^0/_0$ capitalisiren. Will die Stadt von diesem Rechte der Uebernahme keinen Gebrauch machen, so schliesst sie entweder mit den Unternehmern einen neuen Vertrag oder schreibt neue Concurrenz aus, wobei aber die alte Gesellschaft Vorrechte hat. Leuchtkraft für 5 c′ hamb.*) Gas pro Stunde die Helle von 12 Wachskerzen, 6 zu 27 Loth und das Stück 13″ lang. Jahresconsum im Betriebsjahre 1866/67: 69 Mill c′ hamb. Maximalproduktion in 24 Stunden 410,000 c′, Minimalproduktion 83,000 c′. 1300 Strassenflammen mit einem jährlichen Consum von 11 Mill. c′, à 1 Thlr. per 1000 c′ incl. Bedienung und Unterhaltung des Beleuchtungs-Inventars, was (ohne Zinsen für letzteres) einen jährlichen Verlust von ca. 300 bis 600 Thlr. ergibt. Die grosse Mehrzahl der Strassenflammen brennt bis 11 Uhr mit 5 c′ hamb. und später mit $2^1/_2$ c′ pro Stunde, nur eine geringe Anzahl von Anfang an mit $2^1/_2$ c′. Ungefähr zur Hälfte werden die Flammen um 12 Uhr, und zur andern Hälfte gegen Morgen ausgelöscht. Der Gaspreis für Private ist 2 Thlr. pro 1000 c′ hamb. Rabatt geniesst nur die Eisenbahngesellschaft mit einem Consum von nahezu 4 Mill. c′. Betrieb mit Newcastle Steinkohlen (namentlich Leversons Wallsend und Nettlesworth) mit einem gelegentlichen Zusatze von Boghead Cannel. Die Anstalt hat 18 Oefen à 6 Thonretorten und bezieht letztere namentlich aus Belgien und aus Flensburg, 2 Beale'sche Exhaustoren, 20″ und 18″, zwischen Vorlage und Condensator, ringförmigen (Wright'schen) Luftcondensator, 2 Scrubber (8′ × 4′ × 16′), 4 Kalkreiniger (10′ × 10′ × 5′), Stationsgasmeser, 2 Gasbehälter auf der Anstalt von zusammen 180,000 c′ Inhalt, und einen dritten von 130,000 c′ auf einem anderen Grundstücke 900′ entfernt. Die Reinigung geschieht mit Kalk, weil Eisenreinigung bisher wegen Mangel an Raum zum Regeneriren der Masse nicht anwendbar. 2 Versorgungsdistrikte, ein niedriggelegener (Hauptrohr 16″) und ein hochgelegener (Hauptrohr 12″), Gesammtlänge des Röhrennetzes, incl. der Dorfschaft Ottensen, ca. 138,000′ hamb., gusseiserne Röhren von 16″ bis 2″ Durchmesser. Die Gasbehälter-Station ist mit der Gasanstalt durch eine 20 zöll. Leitung verbunden. 2800 nasse Gasuhren von E. Smith in Hamburg. Die Gesammtkosten der Anlagen einschliesslich der für dieselben verwendeten Grundstücke betragen für

---

*) 1000 c′ hamb. = 831,15 c′ engl.

das Wasserwerk 613,000 Thlr. preuss. Cour. und für die Gasanstalt
491,000 Thlr., also zusammen ca. 1,104,000 Thlr., wovon ca. 64,000 Thlr.
aus Betriebsüberschüssen, und der Rest dem Actiencapitale entnommen
ist. Ausserdem besitzt die Anstalt zwei noch nicht benützte Grundstücke im Werthe von 62,000 Thlr. Das gesammte Actiencapital wird
sich einschliesslich einer neuen Actien-Emission im Jahre 1868 auf
ca. 1,150,000 Thlr. preuss. Cour. belaufen.

Alt-Ranft bei Freienwalde a. d. Oder. Die Zuckerfabrik der
Herren H. Jung und Co. hat eine durch den Herrn Ingenieur H. Liebau
in Magdeburg 1865 erbaute Privatgasanstalt mit ca. 120 Flammen.

Altwasser (Schlesien). 5200 Einwohner. Gründerin und Eigenthümerin: die neue Gasgesellschaft Wilhelm Nolte und Comp.
Dirigent: Herr A. Wulsten. Erbauer: Herr Ph. O. Oechelhäuser
in Berlin. Eröffnet am 7. October 1865 mit 704 Flammen. Dauer
der ausschlieslichen Concession unbeschränkt. Private zahlen $2^2/_3$ Thlr.
pro 1000 c' preuss.[*] in Maximo, grössere Consumenten haben Rabatt
je nach Maassgabe des Consums. Oeffentliche Beleuchtung ist noch
nicht eingeführt. Produktion im Jahre 1866: 3,365,200 c' preuss.
Stärkste Abgabe in 24 Stunden 30,000 c', schwächste 1500 c'.
Flammenzahl am 1. October 1867: 1815. Durchschnittsverbrauch pro
Flamme 1866: 1853 c'. Betrieb mit schlesischen Kohlen (Hermsdorfer).
Die Anstalt hat 13 ovale Thonretorten (1 Ofen à 6, 2 à 3, 1 à 1 Ret.),
Beale'schen Exhaustor, 1 Scrubber, 1 Wascher, 2 Reiniger (Laming'sche
Masse nach Dr. Deicke) und 1 Nachreiniger, 1 Gasbehälter mit 25,457 c'
Inhalt, 13,692' Rohrleitung von 6'' — $1^1/_3$'' Weite, 42 nasse Gasuhren
von S. Elster. Nebenprodukte werden theils selbst verbraucht, theils
verkauft. Anlagekapital ca. 48,000 Thlr.

Die Spinnerei des Herrn Commerzienrathes Alberti hat eine
eigene Privatgasanstalt, ebenso das grosse Etablissement des Herrn
Geheim. Commerzienrathes C. v. Kulmitz.

Alzey (Hessen). 6000 Einwohner. Eigenthümer und Dirigent:
Herr G. Schafhaus. Eröffnet am 1. Januar 1861. Der Vertrag ist
auf 30 Jahre abgeschlossen. Nach Ablauf hat die Stadt das Recht,
die Anstalt zu kaufen, der Kaufpreis ist der 15 fache Reingewinn aus
dem Durchschnitt der letzten 10 Jahre. Falls die Stadt die Anstalt

---

[*] 1000 c' preuss. = 1091,84 c' engl.

nicht kauft, wird der Vertrag auf je weitere 10 Jahre verlängert. Gaspreis 7 fl. pro 1000 c′, bei der Strassenbeleuchtung werden für 1200 Brennstunden 16 fl. 42 kr. bezahlt. Jahresproduktion 2 Mill. c′. 60 Strassenflammen mit je 1200 Brennstunden jährlich, etwa 1200 Privatflammen. Betrieb mit Saarbrücker (Heinitz) Kohlen. Die Anstalt hat 7 Thonretorten (2 Oefen à 3, 1 à 1 Ret.), 120′ Röhrencondensator 5″ weit, 1 Wascher, 2 Reiniger 8′ × 4′ (Kalk), 1 Gasbehälter von 10,000 c′ Inhalt, 14,800′ Rohrleitung von 5″ bis 1″ Weite, 180 nasse Gasuhren von S. Elster. Theer wird zur Dachpappe verwendet. Anlagecapital 40,000 fl.

Amberg (Bayern). 11,000 Einwohner. Eigenthümerin: die Stadt. Die Leitung besorgt ein bürgerlicher Magistratsrath. Die Anstalt wurde im Jahre 1861 von Herrn E. Spreng in Nürnberg für die „Actiengesellschaft für Gasbeleuchtung in Amberg" erbaut, und am 10. Nov. desselben Jahres eröffnet. Die Stadt hatte sich das Recht vorbehalten, das Unternehmen mit jedem Jahre ablösen zu dürfen und zwar gegen eine nach Maassgabe des Reinertrags sich ergebende Entschädigung, oder falls diese das Actiencapital nicht ergab, al pari. Lichtstärke mindestens 10 Stearinkerzen-Helle (6 auf 1 Pfd.) für 4½ c′ bayer.*) Gasconsum per Stunde. Betrieb mit Saarbrücker und böhmischen Steinkohlen. Produktion im letzten Jahre 2,903,100 c′ bayer. 119 Strassenflammen mit 614,678 c′ Consum und je ca. 1000 Brennstunden per Jahr, 1550 Privatflammen. Für 1000 Brennstunden der Strassenflammen werden 18 fl. bezahlt. Consum der Privatflammen 2,113,027 c′ im letzten Jahre. Preis des Gases für Private 5 fl. pro 1000 c′ bayer. Die Anstalt hat 3 Oefen mit zusammen 10 Retorten, 150′ 6″ horizontale Condensation, 1 Wascher 10 × 5′, 2 Reiniger 10 × 5′, keinen Exhaustor, 1 Gasbehälter von 17,500 c′ bayer. Inhalt, 6″ Fabrikröhren und 6 — 1″ Leitungsröhren. Nasse Gasuhren von Siry Lizars und Comp. Theer wird theilweise verfeuert. Anlagecapital 82,000 fl.

Anclam (Preuss.-Pommern). 13,000 Einwohner. Der Eigenthümer, Herr Kreisjustizrath a. D. Wallroth, hat im Jahre 1856 die Anstalt gegründet und durch die Herren Dornbusch und Rouvel in Berlin, nach dem Muster der Gasanstalt zu Hamilton bei Glasgow erbauen lassen. Der Betrieb hat am 9. November 1856 begonnen mit 700 Flammen, incl. der 86 Strassenlaternen, und ist zur Zeit die Flammen-

---

*) 1000 c′ bayer. = 878 c′ engl.

zahl auf 1300 gestiegen. Die Anstalt hat sich durch ein neues Gebäude erweitert, in welchem sich neben Schmiede und Schlosserwerkstatt sowie anderen Geschäftsräumen auch ein Kohlenkeller zur Aufnahme von 10,000 c′ Kohlen befindet. Der Gasbehälter ist seit der Anlage von 18,000 c′ auf 20,000 c′ Inhalt vergrössert, und das Hauptrohrsystem (mit 5″ beginnend und 1¼″ auslaufend) nicht unerheblich über die erste Anlage verlängert. Die Anstalt liefert jetzt über 3 Mill. c′ preuss.[*] pro Anno und zwar an Private zu 0,9 Pf. pro englisch c′ (1000 c′ preuss. zu 2 Thlr. 21 Sgr. 11 Pf.), an die Stadtcommune zu 1 Thlr. 24 Sgr. pro 1000 c′ preuss. durch Gasmesser, während 1000 Brennstunden der öffentlichen Strassenflammen zu 11 Thlr. 20 Sgr. contrahirt sind. Betrieb mit Newcastle-Kohlen. 10 Retorten (1 Ofen mit 5, 1 à 3, 1 à 2 Ret.) von Didier in Stettin. Condensator, Wascher, Reiniger (theils Kalkmilch und Kalkmehl, theils Raseneisen), Gasmesser von S. Elster. Anlagecapital einschliesslich des ganzen Grundstückes von 20 Morgen mit Gebäuden betrug 60,000 Thlr. und hat sich durch Neubauten vermehrt.

Ancona (Italien). 38,000 Einw. Eigenthümerin: die Gesellschaft für Gasindustrie in Augsburg. Deren Director: Hr. L. Winterwerber. Dirigent der Anstalt: Hr. W. Neef. Gründer und Erbauer: Hr. L. A. Riedinger. Eröffnet am 1. Mai 1861. Gaspreis 45 Centimes[**] pro Cubikmeter,[***] für Strassenbeleuchtung 4,8 Ctm. pro Stunde. Leuchtkraft: 14 Wachskerzen, 5 auf 1 Pfd., pro 142 Liter[†] Gasconsum per Stunde. 339 Strassenflammen mit einer Gesammtbrennzeit von 1,062,300 Stunden per Jahr, 1720 Privatflammen mit 60 Cubikm. durchschnittlichem Consum per Flamme und Jahr. Jahresproduktion gegen 250,000 Cubikm., Maximalproduktion in 24 Stunden 1200 Cubikm., Minimalproduktion 300 Cubikm. Betrieb mit englischen Steinkohlen (New Pelton Main). Die Anstalt hat ⌒ Retorten in Oefen à 3 und 6 Retorten, Reinigung nach Deicke und Feldbausch, 25,000′ Rohrleitung von 8 bis 1½″ Weite, nasse Gasuhren von L. A. Riedinger.

Andernach. 4200 Einwohner. Eigenthümerin: die Stadt. Dirigent: Herr F. Baltzer. Erbauer: Herr O. Kellner in Deutz, an den die Stadt nach geschehener Ausschreibung auf Grund eines von

---

[*] 1000 c′ preuss. = 1091,84 c′ engl.
[**] 1 Franc = 100 Centimes = 8 Silbergr. = 28 kr. südd. Währ.
[***] 1 Cubikmeter = 35,32 c′ engl.
[†] 1000 Liter = 1 Cubikmeter.

ihm eingereichten Planes den Bau vergeben hatte. Eröffnet am
25. December 1861. Im Anfange betrug der Gaspreis 3 Thlr. 10 Sgr.
pro 1000 c′ preuss.*), doch wurde derselbe am 1. Januar 1863 auf
3 Thlr., am 1. Januar 1865 auf 2 Thlr. 20 Sgr. und am 1. October
1867 auf 2 Thlr. 10 Sgr. ermässigt. Die Eisenbahn betheiligt sich
seit 12. Mai 1865 mit 65 Flammen zu 2 Thlr. pro 1000 c′ preuss.
Gegenwärtig 67 Strassenflammen. Im Jahre 1866 consumirten 58
Strassenflammen in 63,123 Brennstunden 315,615 c′, ferner etwa
1100 Privatflammen 1,645,200 c′, die Eisenbahn 355,500 c′, das Stadt-
haus 36,340 c′ und die Fabrik 144,780 c′; die Gesammtproduktion betrug 2,632,020 c′ preuss. Im Jahre 1867 wurden über 3 Mill. c′ producirt. Grösste Abgabe pro 24 Stunden 14,500 c′, schwächste Abgabe
4000 c′. Betrieb mit Steinkohlen aus den Zechen Zollverein und Holland
in Westphalen. Die Anstalt hat 1 Ofen mit 3 Retorten und einen mit
2 Ret. also zusammen 5 Retorten, Waschapparat $7^1/_2′ \times 2′ \times 2′$, durch
den das Gas mit 1″ Wasserdruck hindurchgeht, ungenügend, 1 King-
scher Scrubber von 9′ Höhe und $3^1/_2$″ Durchmesser mit 14 Blechsieben
und 5″ Röhren wird aufgestellt. Kein Exhaustor. 4 Reinigungskasten
$5^1/_2′ \times 3′ \times 3^1/_2′$ mit 4 Rosten und Clegg'schem Wechselhahn.
Reinigung mit Kalk, später mit Laming'scher Masse. Ein Gasbehälter
von 16,000 c′ Inhalt. Röhrenleitung 103⁰ 4zöll., 288″ 3zöll., 625⁰
2 zöll. und etwa 250⁰ von Schmiedeeisen. 230 Gasmesser meist von
Elster. Nebenprodukte werden verkauft.

Annaberg (Sachsen). 11,300 Einwohner. Eigenthümerin seit dem
1. Januar 1866 eine Actiengesellschaft, früher Herr B. Hempel.
Letzterer ist Gründer und Dirigent der Anstalt. Eröffnet am 14. December 1854. Die Concession währt vom 1. Januar 1855 bis 31. Dec.
1884. Nach Ablauf dieser Zeit kann die Stadtcommune die Anstalt
zum Taxwerth übernehmen, wo nicht, so kann der Gründer derselben
an die Stelle der Stadtcommune eintreten. Leuchtkraft 21 Normalkerzen; event. wenn ausschliesslich Mineralkohlengas geliefert wird,
14 Normalkerzen unter einer der verringerten Leuchtkraft entsprechenden Preisermässigung. Für jede Strassenflamme mit 1125 Brennstunden
werden jährlich 10 Thlr. vergütet, Private zahlen $3^1/_3$ Thlr. pro 1000 c′.
154 Strassenflammen. Betrieb mit Boghead und Holz. Jahresproduktion
4 Mill. c′. Maximalproduktion in 24 Stunden 30,000 c′, Minimal-

---

*) 1000 c′ preuss. $=$ 1091,84 c′ engl.

produktion 3000 c'. Die Anstalt hat 8 Retorten (1 Ofen à 3, 2 à 2,
1 à 1 Ret.), Ladung mit 120 Pfd. Holz und Boghead in einer Retorte,
180 lfd. Fuss Condensation, 2 King'sche Scrubber von je 50 c', 4 Kalkreiniger von je 60 c', 1 Gasbehälter von 10,000 c' Inhalt (ein zweiter
von 20,000 c' ist im Bau begriffen), 22,900' Rohrleitung von 8" bis
1½" Weite, über 3500 lfd. Fuss gusseiserne Privatrohrleitungen, nasse
Gasuhren. Anlagecapital 50,000 Thlr.

Ansbach (Bayern). 12,425 Einwohner. Eigenthümerin: Actien-
Gesellschaft für Gasbeleuchtung. Erbauer: Herr E. Spreng in Nürnberg. Dirigent: Herr G. Nusser. Eröffnet im August 1859. Der
Vertrag läuft vom Tage der Eröffnung an auf 25 Jahre. Die Stadt
kann während dieser Zeit das Etablissement mit jedem Jahre ablösen,
und zwar entweder gegen eine nach Maassgabe des Reinertrags zu bestimmende Entschädigung, oder falls diese das Actiencapital nicht ergibt, al pari. Der ursprüngliche Unternehmer bildete die Gesellschaft
während des Baues. Anlage- und Betriebs-Capital 115,000 fl., wobei
die Stadt gegenwärtig mit 74,700 fl. betheiligt ist. Betrieb mit Zwickauer,
böhmischen und Stockheimer Steinkohlen. Produktion im Jahre 1866:
4,316,500 c' engl. Grösste Abgabe in 24 Stunden 25,900 c' engl.,
schwächste desgleichen 3300 c' engl. Kohlenverbrauch in demselben
Jahre 9600 Zollcentner. Lichtstärke bei 4½ c' engl. Gasconsum pro
Stunde 12 Stearinkerzen von 11" Länge 6 auf's Pfund. Gegenwärtig
versieht die Anstalt 275 Strassenflammen und 2240 Privatflammen mit
Gas. Erstere müssen vertragsmässig auf Verlangen bis auf 287 vermehrt werden und garantirt die Stadt für jede Laterne 1000 Brennstunden jährlich (im letzten Jahre 1050), wofür je 16 fl. vergütet
werden. Die Privatflammen verbrauchten im letzten Jahre 1142 c'
pro Flamme. Gaspreis für Private 5 fl. 40 kr. pro 1000 c' engl. Die
Anstalt besitzt 1 Ofen mit 3, und 2 Oefen mit je 5 Retorten von der
Form No. 8 der Normalretortenformen*), 130' Röhrencondensation von

---

*) Die auf der Versammlung der Gasfachmänner Deutschlands in Dortmund
im Jahre 1867 vereinbarten Retortenformen sind folgende:
1) Elliptische Form:
    No. I. 20½" ✕ 15" engl. = 20" ✕ 14½" rhl.
    No. II. 20½" ✕ 12½"   „ = 20" ✕ 12"   „
    No. III. 18½" ✕ 15"   „ = 18" ✕ 14½"   „
    No. IV. 17" ✕ 14"   „ = 16½" ✕ 13½"   „
2) ⌂ Form:
    No. V. 20½" ✕ 14½" engl. = 20" ✕ 14" rhl.

6″ Weite (die frühere Wassercondensation wurde längs den Wänden
des Reinigungsgebäudes an die Luft gelegt), 1 Scrubber von 150 c′
Inhalt mit periodisch überfliessendem Wasser, 2 Reiniger 10 × 5′ mit
4 Horden (Laming'sche Masse und Kalk), 2 Gasbehälter von 28,000 c′ engl.
Inhalt, wovon der eine, im Jahre 1865 durch den damaligen Dirigenten,
Herrn Professor Munker erbaut, das Grundwasser als Absperrflüssig-
keit hat, 6zöll. Fabrikröhren und 8 bis 1zöll. Leitungsröhren von
ca. 43,000′ Länge, nasse Gasmesser von Siry Lizars & Co. und in
den letzten Jahren von S. Elster. Nebenprodukte werden verkauft.

Apenrade (Schleswig). Die Stadt ist seit Jahren mit Gas beleuchtet. Der Fragebogen ist nicht beantwortet worden.

Apolda (Sachsen-Weimar). 8895 Einwohner. Gründerin und Eigenthümerin: eine Actiengesellschaft. Dirigenten: die Herren F. Kreiter
und W. Schlömilch. Erbauer: Herr Maurermeister W. Hirsch,
Director der Gasanstalt in Weimar. Eröffnet am 1. Februar 1862.
Die Concession läuft 25 Jahre, nach welcher Zeit der Stadt das Recht
der käuflichen Uebernahme contractlich vorbehalten ist. Lichtstärke
einer öffentlichen Strassenflamme 10 Wachskerzen, 5 auf 1 Pfd., jede
9″ lang. Bis zum 1. October 1867 wurden 1000 c′ sächs. mit 2 Thlr.
20 Sgr. berechnet, von da ab mit 2 Thlr. 15 Sgr.; für das bei der
Strassenbeleuchtung consumirte Gas ist der Preis pro 1000 c′ sächs.
von Anfang an auf 2 Thlr. festgestellt worden. 136 Strassenflammen
consumirten in ca. 800 Brennstunden 483,976 c′ Gas, 1721 Privatflammen. Jahresproduktion 3,330,406 c′. Betrieb mit Zwickauer Steinkohlen; versuchsweise sind auch westphälische Kohlen vergast worden.
Die Anstalt hat 11 Thonretorten (1 Ofen à 5, 1 à 3, 1 à 2, 1 à 1 Ret.),
3 Reiniger, 1 Gasbehälter von 16,000 c′ Inhalt, 26,004′ sächs. Rohrleitung, 164 Gasuhren von S. Elster und J. Stolle. Coke und
Theer werden theilweise verkauft, theilweise verheizt. Anlagecapital
37,000 Thlr., nämlich 30,000 Thlr. Actien und 7000 Thlr. Anlehen.

Arnstadt (Schwarzburg-Sondershausen). 7500 Einwohner. Eigenthümer und Dirigent: Herr Th. Weigel. Die Anstalt ward auf Grund
eines mit der Stadt am 31. December 1862 abgeschlossenen Vertrags
im Sommer 1863 von Herrn Weigel erbaut. Es war zur Gründung

No. VI. 20½″ × 12½″ engl. = 20″ × 12″ rhl.
No. VII. 18½″ × 14″   „   = 18″ × 13½″ „
No. VIII. 18½″ × 12½″   „   = 18″ × 12″   „

des Unternehmens eine stille Handelsgesellschaft zusammengetreten, die sich indess schon 1864 auflöste und dem jetzigen Besitzer das Werk allein überliess. Eröffnet am 3. November 1863. Der Vertrag läuft vom Tage der Eröffnung an auf 25 Jahre. Nach Ablauf kann die Stadt die Anstalt kaufen. Thut sie das nicht, so wird der Vertrag auf 15 Jahre prolongirt, wo dann das Privilegium erlischt. Leuchtkraft für 5 c' sächs.*) Consum die Helle von 10 Normalkerzen, 6 auf 1 Pfd., 10 — 11" lang. Die 1000 c' sächs. kosten contractlich für die Stadt $2\frac{1}{3}$ Thlr., für Private $2\frac{1}{2}$ Thlr. Seit zwei Jahren werden $2\frac{1}{6}$ Thlr. von der Stadt und $2\frac{1}{3}$ Thlr. von Privaten bezahlt. Grössere Privatconsumenten erhalten freiwillig gewährte Rabatte. Gasproduktion vom 1. April 1866 bis dahin 1867 — nahe an 3 Mill. c', 103 Strassenflammen (incl. 21 Oelflammen) und Ende October 1867 — 1081 Privatflammen. Eine Strassenflamme consumirte durchschnittlich 4160 c', eine Privatflamme ca. 2300 c'. Maximalproduktion in 24 Stunden 18,500 c', Minimalproduktion 1600 c'. Betrieb mit westphälischen Steinkohlen (von der Harpener Bergbau-Actiengesellschaft). Die Anstalt hat 6 Thonretorten von J. R. Geith (1 Ofen à 3, 1 à 2, 1 à 1 Ret.) 14" $\times$ 20" $\times$ $7\frac{3}{4}'$ rhl., 2 runde Scrubber 3' weit und 10' hoch, 1 Wascher, 3 Reiniger mit Wechsler, 1 Stationsgasuhr zu 48,000 c' pro 24 Stunden, 1 Regulator mit 5 zöll. Ausgang (Reinigung mit Laming'scher Masse unter Zusatz von Eisenspähnen), 1 Gasbehälter von 15,000 c' Inhalt, ein zweiter wird 1868 erbaut, ca. 20,000' Röhrenleitung von 5" bis $1\frac{1}{2}"$ Weite, 115 Gasuhren von J. Pintsch. Coke und Theer werden verkauft. Anlage-, Bau- und Betriebscapital ca. 39,000 Thlr.

Artern (Preussisch-Sachsen). Die Zuckerfabrik der Herren Böving, Lüttich & Co. hat eine von Herrn Ingenieur H. Liebau in Magdeburg 1865 erbaute Privatgasanstalt mit 140 Flammen.

Asch (Böhmen). Die Anstalt wurde im Jahre 1864 von Herrn L. A. Riedinger erbaut. Der Fragebogen ist nicht beantwortet worden.

Aschaffenburg (Bayern). 10,133 Einwohner. Eigenthümerin: die Stadt. Eröffnet am 9. Dec. 1858. Der Betrieb ist vom 1. Jan. 1859 an auf 30 Jahre an den Erbauer Herrn C. Knoblauch-Diez aus Frankfurt a/M. verpachtet. Betrieb mit $\frac{2}{3}$ westphälischen und $\frac{1}{3}$ Saarkohlen. Lichtstärke nach Vertrag für $4\frac{1}{2}$ c' engl. Gasconsum die

---

*) 1000 c' sächs. $=$ 802 c' engl.

Helle von 7 Wachskerzen, 4 auf 1 Pfd. köln., je $13^3/_4''$ bayer. lang. 170 Strassenflammen mit je $4^1/_2$ c′ engl. Consum per Stunde und 1200 Brennstunden jährlich in Minimo, 248 Privatconsumenten mit über 3000 Flammen. Für die Strassenbeleuchtung werden 1000 c′ engl. mit 3 fl., für die Privatbeleuchtung mit 4 fl. 40 kr. vergütet. Jahresproduktion reichlich 6,000,000 c′ engl. Maximalconsum in 24 Stunden 34,000 c′, Minimalconsum 8000 c′. Die Anstalt hat 16 Retorten (10 bis 3 in 1 Ofen), 180′ 8zöll. Condensation, 1 Scrubber mit 95,3 c′ Inhalt und 7,06 □′ Querschnitt, keinen Exhaustor, 4 Reiniger mit 516, eventuell 644 □′ Fläche (Kalk), 2 Gasbehälter, wovon einer mit 22,000 c′ Inhalt, 34,380 lfd. Fuss Rohrleitung von 8″ bis $1^1/_2''$ Weite, nasse Gasuhren. Das Anlagecapital ist im Jahre 1862 zu 96,500 fl. angegeben worden.

Aschersleben (Preuss.-Sachsen). 17,000 Einwohner. Eigenthümerin: die Thüringische Gasgesellschaft. Dirigent: Herr J. Bennewitz. Gründer: die Herren Palm und Weigel. Erbauer: Herr Th. Weigel in Arnstadt. Eröffnet am 12. November 1864, das Hauptrohrsystem wurde indess erst im darauffolgenden Frühjahr vollendet. Durch den im Frühjahr 1865 erfolgten Tod des Herrn Stadtrathes Palm ging der Besitz der Anstalt durch Privatvertrag mit dessen Erben auf Herrn Weigel allein über. Seit 1. October 1867 hat Letzterer den Betrieb an die von ihm jüngst in's Leben gerufene Thüringische Gasgesellschaft abgetreten. Dauer des im August 1863 abgeschlossenen Vertrages 30 Jahre. Nach 20 Jahren hat die Stadt das Recht, die Anlage käuflich zu übernehmen, oder sich mit den Unternehmern für weitere 10 Jahre über die Bedingungen zu einigen; nach 30 Jahren hören alle gegenseitigen Verpflichtungen auf. Lichtstärke 12 Wachskerzen, 10″ lang, 6 auf 1 Pfd. Gaspreise: für Strassenbeleuchtung $1^2/_3$ Thlr., für Private $2^3/_4$ Thlr. pro 1000 c′ rhl.*) 245 Strassenflammen mit 5 c′ Consum pro Stunde und 1100 Brennstunden pro Jahr, 1608 Privatflammen mit 2,526,500 c′ rhl. Totalconsum pro Jahr. Jahresproduktion 4,250,000 c′ rhl. Hievon verbrauchte die Strassenbeleuchtung 32,55%, der Privatconsum 59,79%, der Selbstverbrauch 1,65% und Verlust 6,01%. Betrieb mit westphälischen Kohlen. Die Anstalt hat 15 Retorten (1 Ofen à 6, 1 à 5, 1 à 3, 1 à 1 Ret.), 2 Scrubber $3^1/_2$′ im Durchmesser 15′ hoch, der erste leer mit Regenwäsche, der zweite mit Hohlziegeln gefüllt, 1 Wascher $3' \times 3^1/_2'$, 3 Reiniger $8' \times 4' \times 4'$ (Laming'sche Masse),

---

*) 1000 c′ rhl. = 1091,84 c′ engl.

1 Stationsgasuhr zu 72,000 c' pro 24 Stunden, 1 Druckregulator, 1 Gasbehälter von 24,000 c' Inhalt, 41,200 lfd. Fuss Rohrleitung von 7″ — 1½″ Durchmesser, 4950′ Zweigleitungen, 180 nasse Gasuhren von J. Pintsch. Nebenprodukte werden verwerthet. Anlagecapital gegen 70,000 Thlr.

Auerbach (Sachsen). 4500 Einwohner. Gründerin und Eigenthümerin: die Stadt. Dirigent: Herr C. E. Rösler. Erbauer: Herr Commissionsrath G. M. S. Blochmann in Dresden. Eröffnet am 2. November 1866. Gaspreis 2 Thlr. 15 Sgr. für 1000 c' sächs. *) Leuchtkraft für 5 c' Gasconsum pro Stunde im Argandbrenner 14 Stearinkerzen, 6 auf 1 Pfd. bei 1⅝″ Flammenhöhe. Jahresproduktion 1½ Mill. c' pro Jahr. 55 Strassenflammen brennen von Dunkelwerden bis 11 Uhr Abends und 22 Nachtlaternen bis 2 Uhr. Bei Mondschein keine Strassenbeleuchtung. 600 Privatflammen. Betrieb mit Zwickauer Steinkohlen (Erzgebirgischer Steinkohlenbau-Verein). Die Anstalt hat 7 Chamotteretorten (2 Oefen à 3, 1 à 1 Ret.), 1 Röhrencondensator mit doppeltem Luftzug, 1 Scrubber, 2 Reiniger (Eisenstein und Kalk), 1 Stationsgasuhr, 1 Gasbehälter mit 12,000 c' Inhalt, 19,000′ Röhrenleitung von 5″ bis 1⅓″ Weite, 86 nasse Gasuhren von Blochmann und Siry Lizars & Comp. Anlagecapital 25,000 Thlr.

Augsburg (Bayern). 43,000 Einwohner. Eigenthümerin: die Augsburger Gasbeleuchtungs-Gesellschaft. Dirigent: Herr C. Bonnet. Die Anstalt ist von Hrn. Banquier Kohler in Genf gegründet, vom Herrn Ingenieur Wolfsberger erbaut, und im December 1848 eröffnet. Nach einigen Jahren ihres Bestehens wurde sie durch den Dirigenten Herrn C. Bonnet grösstentheils umgebaut und erweitert, auch wurde von demselben im Jahre 1863 eine zweite Gasanstalt als Filiale erbaut. Der Vertrag läuft bis 1877. Der Gaspreis ist vom 1. Januar 1868 an für die Strassenbeleuchtung 3 fl. 12 kr. pro 1000 c' engl., für die Privaten 4 fl. 34,2 kr., für die Fabriken 4 fl. 20 kr. pro 1000 c' engl., und wird den letzteren bis zu 30% Rabatt gegeben. Lichtstärke für die öffentliche Beleuchtung 7 Stearinkerzen, 5 auf 1 Pfd. bei 4½ c' engl. Gasconsum per Stunde. Jahresproduktion 43,634,000 c' engl. Maximalproduktion 260,000 c', Minimalproduktion 32,000 c' pro 24 Stunden.

---

*) 1000 c' sächs. = 802 c' engl.

672 Strassenflammen, 685 Privatconsumenten mit 16,344 Flammen.
Consum der Strassenflammen im Vorjahre in 1,278,916 Brennstunden
à 4¹/₂ c′ engl. = 5,755,122 c′ engl. Betrieb mit Saarbrücker, Stockheimer und böhmischen Steinkohlen. Die ältere Anstalt hat 12 Oefen mit
72 Thonretorten, ⌓ Form, 300 lfd. Fuss 7 zöll. Condensation, 3 Scrubber
von 20 □′ Querschnitt und 15′ engl. Höhe, Beale'schen Exhaustor,
3 Reiniger (Laming'sche Masse) von 96 □′ engl. Querschnitt, 3 nasse
Kalkreiniger, 3 Gasbehälter mit zusammen 140,000 c′ Inhalt. Die Filialanstalt hat 4 Oefen mit 24 Thonretorten, ⌓ Form, 1 Luftcondensator,
1 Wascher von 14 □′ engl. Querschnitt und 15′ engl. Höhe, Bealeschen Exhaustor, 3 Reiniger von 96 □′ engl. Querschnitt (Laming'sche
Masse), 1 Gasbehälter mit 38,000 c′ engl. Inhalt. Die Rohrleitung
beträgt 117,427 lfd. Fuss von 10″ bis 1¹/₂″ engl. Weite. 767 nasse
Gasmesser sind theilweise mit Glycerin gefüllt, die Uhren sind von
Siry Lizars & Co. und von L. A. Riedinger. Sämmtliche Nebenprodukte mit Ausnahme des Ammoniakwassers werden verwerthet.

Die Kammgarnspinnerei in Augsburg hat eine eigene Anstalt, und
bereitet Swinter-Gas. Ebenso bestehen eigene Privatgasanstalten in
der Tuchfabrik Augsburg, in der mechanischen Weberei in Haunstetten
bei Augsburg, und in der mechan. Zwirnerei in Göggingen bei Augsburg;
in diesen drei Anstalten wird das Gas aus Steinkohlen dargestellt.

Die „Gesellschaft für Gasindustrie in Augsburg", welche die zwölf
von Herrn L. A. Riedinger gebauten Anstalten: Ancona, Brescia,
Agram, Debreczin, Innsbruck, Culmbach, Donauwörth, Eichstädt, Ingolstadt, Kaufbeuren, Memmingen und Sigmaringen besitzt und betreibt, hat
ihren Sitz gleichfalls in Augsburg. Sie wurde im Jahre 1863 gegründet
und übernahm die Werke mit dem 1. Januar 1864. Ihr Actiencapital beträgt 2 Mill. fl. in 4000 Actien à 500 fl. Director: Herr L. Winterwerber. Die 12 Gasfabriken sammt Werkzeugen und Utensilien, sowie
einschliesslich der bis dahin ausgeführten Vergrösserungen und Erweiterungen der Röhrensysteme kosteten am 30. Juni 1866 zusammen 2,474,470 fl.
Die Abrechnung der Gesellschaft pro 1865/66 findet sich im Journ. f.
Gasbel. Jahrg. 1866. S. 478. Näheres bei den einzelnen Anstalten.

Aurich (Hannover). Der Spiritusfabrikant Herr Th. Völkening
hat eine kleine Gasfabrik eingerichtet, um seine Fabriklokalitäten zu
beleuchten.

Aussig (Böhmen). 9500 Einwohner. Eigenthümer: der österr.
Verein für chemische und metallurgische Produktion; diese Gesellschaft

ist eine Actiengesellschaft und betreibt die grosse Sodafabrik zu Aussig
a. d. Elbe. Die Gasanstalt ist nur ein Nebenzweig der genannten
Gesellschaft und wurde hauptsächlich zur Beleuchtung der chemischen
Fabrik angelegt, die Beleuchtung der Stadt Aussig und Abgabe von
Gas an Private wurde dann gleichzeitig mit übernommen. Dirigent:
Herr M. Schaffner, der zugleich der techn. Dirigent der chemischen
Fabrik ist. Erbauer: Herr P. Märier in Wiener Neustadt. Privilegium vom 1. October 1857 auf die Dauer von 25 Jahren. Eröffnet
im December 1858. Nach Ablauf des Contraktes steht es der Stadt frei,
die Röhrenleitung ausserhalb der Fabrik um 50% des nachgewiesenen
ursprünglichen Kostenaufwandes zu übernehmen; — sie hat dieses
aber der Anstalt ein Jahr vorher anzuzeigen. Die Lichtstärke beträgt
14 Spermacetikerzen (zu ca. 120 Gran Consum pro Stunde) für 4 c'
engl. Letzte Jahresproduktion 6,902,500 c' engl. Maximalproduktion
pro Monat 826,250 c' engl., Minimalproduktion 311,000 c'. Betrieb
mit Braunkohlen von Mariaschein bei Teplitz, ebenso werden auch die
Holzabfälle (Spähne) von der Fassbinderei vergast. Gaspreis für die
Stadt Oesterr. W. fl. 2. $62\frac{1}{2}$*), für Private Oesterr. W. fl. 4. $72\frac{1}{2}$ pro
1000 c' engl. 72 Strassenflammen mit 1220 Brennstunden jährlich,
circa 1200 Privatflammen und 215 Flammen in der chemischen Fabrik,
welche meistens die ganze Nacht brennen. Die Anstalt hat 5 Oefen (4 Oefen
à 3 ovale Ret. ($18'' \times 14'' \times 7\frac{1}{2}'$) und 1 Ofen mit 1 grossen kreis-
förmigen Retorte 2' weit $7\frac{1}{2}'$ lang für Holzgas). Sämmtliche Retorten
sind Thonretorten, die auf der chemischen Fabrik angefertigt werden.
Stehender Röhrencondensator, Scrubber, 4 Reiniger, davon 2 à 5' $\times$
3' $\times$ 10' und 2 à 4' $\times$ 3' $\times$ 6'. (Laming'sche Masse und Kalkhydrat mit Sägespähnen. Statt Eisenvitriol wird bei der Laming'-
schen Masse Manganchlorür von der Chlorkalkbereitung angewendet.)
Gasbehälter von 17,000 c' Inhalt. 20,000' Röhrenleitung von 8'' bis
$1\frac{1}{2}''$ Weite. 150 nasse Gasuhren von F. Klingenmüller in
Prag. Sowohl Braunkohlencoke als Holzkohle werden als Reduktions-
mittel beim Rohsodaschmelzen verwendet. Ebenso der Gaskalk, der
nur Spuren von Schwefelverbindungen enthält, da die hiesigen Braunkohlen überhaupt wenig Schwefelkies enthalten, und der Schwefelwasserstoff durch die Laming'sche Masse entfernt ist.

Die Türnitzer Zuckerfabrik bei Aussig hat ihre eigene Privatgasanstalt.

---

*) 1 fl. Oesterr. Währ. $=$ 20 Silbergr. $=$ 1 fl. 10 kr. südd. Währ.

Baden (Baden). Der Fragebogen ist nicht beantwortet worden; die Statistik von 1862 enthält Folgendes: Eigenthümer: Herr J. B. Polaillon in Lyon. Dirigent: Herr J. B. Juillard in Frankfurt a/M. Die Anlage besteht seit 1845 und war die erste Gasanstalt im Grossherzogthum Baden. Die Concession ist auf 25 Jahre ertheilt; am 23. Mai 1870 hat die Stadt das Recht, die Anstalt entweder käuflich zu übernehmen, oder die Abtretung an einen Dritten zu verlangen. Steinkohlenbetrieb (Saarkohlen). Oeffentliche Strassenflammen consumiren pro Flamme und Stunde $4^{1}/_{2}$ c′ badisch*). Für 652 Stunden derjenigen öffentlichen Flammen, welche nur im Sommer brennen, werden 15 fl. und für 1589 Stunden der Flammen, die das ganze Jahr hindurch brennen, 30 fl. im 24 fl. Fuss bezahlt. Private zahlen 6 fl. 6 kr. pro 1000 c′. Die Anstalt hat 4 Oefen mit zusammen 14 Thonretorten, 1 Kalkmilchreiniger, 2 Trockenreiniger (Kalk), 2 Gasbehälter mit zusammen 24,000 c′ Inhalt.

Ballenstädt (Anhalt-Bernburg) wird demnächst Gasbeleuchtung erhalten; der Contrakt mit dem betreffenden Unternehmer ist bereits abgeschlossen.

Bamberg (Bayern). 25,000 Einwohner. Eigenthümerin: eine Actien-Gesellschaft. Dirigent: Herr H. C. Scharff. Erbauer: Herr L. A. Riedinger. Eröffnet im December 1855. Betrieb mit Steinkohlen. Leuchtkraft für 5 c′ bayer.**) Gasconsum pro Stunde = 12 Stearinkerzenhelle, 6 auf 1 Pfd. 485 Strassenflammen mit je 1200 Brennstunden jährlich und 5 c′ Consum pro Stunde, 6430 Privatflammen. Die Stadt zahlt für die öffentliche Beleuchtung 0,90 kr. pro Brennstunde, Private zahlen $4^{1}/_{2}$ fl. pro 1000 c′ bayer. Im letzten Jahre betrug die Produktion 16,000,000 c′. Die Anstalt hat 38 Retorten in 7 Oefen, 4 Reiniger (Laming'sche Masse), keinen Exhaustor, 3 Gasbehälter mit zusammen 84,000 c′ Inhalt. Im Jahre 1862 lagen 56,255′ Röhrenleitung von 9″ bis $1^{1}/_{2}$″ Weite, und das Anlagecapital betrug damals 130,000 fl. in Actien und 80,000 fl. in Prioritäten.

Barmen (Rheinpreussen). 65,000 Einwohner. Eigenthümerin: die Barmer Gaserleuchtungs-Gesellschaft. Die Oberaufsicht führt eine Direction von 5 Mitgliedern. Technischer Dirigent: Herr A. Kühnell. Bei Gründung des Unternehmens im Jahre 1846 betrug das Baucapital

---

*) 1000 c′ badisch = 953,55 c′ engl.
**) 1000 c′ bayer. = 878 c′ engl.

132,000 Thlr. Hieran war die Stadt mit 20,000 Thlr. betheiligt, und wird, wenn die Actionäre, welche mit 70,000 Thlr. betheiligt waren, für ihre Actien befriedigt sind, alleinige Eigenthümerin der gegenwärtigen zwei Anstalten. Dieser Zeitpunkt ist bei geregeltem Fortschritt der Entwicklung in längstens 12 Jahren zu gewärtigen. Gaspreise sind gegenwärtig folgende: Für die ersten 100,000 c' 2 Thlr. pro 1000 c', von 100,001 bis 500,000 c' 1 Thlr. 25 Sgr. und für das was hierüber geht 1 Thlr. 20 Sgr. pro 1000 c'. Die Stadt empfing eine Rückvergütung von 5000 Thlr. Betrieb mit westphälischen Steinkohlen. Jahresproduktion 74 Mill. c'. 600 Strassenflammen mit je durchschnittlich 1656 Brennstunden per Jahr und 11,600 c' Gasconsum, etwa 17,000 Privatflammen mit einem Durchschnittsconsum von 3100 c' per Flamme und Jahr. Maximalproduktion in 24 Stunden 414,000 c', Minimalproduktion 68,000 c'. Die ältere Gasanstalt hat eine Produktionsfähigkeit von 550,000 c' und an Apparaten 112 Retorten in 7 Oefen à 7 Retorten, 10 à 6 und 1 à 3 Ret., Röhrencondensator, Beale'schen Exhaustor, 2 Wascher à 7' im Quadrat, 4 Reiniger 14' × 7'. (Zur Reserve noch 2 Scrubber, 1 Beal'scher Exhaustor, 4 Reiniger 9' × 4'.) 3 Gasbehälter von zusammen 210,000 c' Inhalt. Die Gasuhr ist gemeinschaftlich. Die neuere Anstalt hat eine Produktionsfähigkeit von 200,000 c' und an Apparaten 56 Retorten in 8 Oefen à 7 Ret., Röhrencondensator, Beale'schen Exhaustor, 2 Wascher à 4 □', 4 Reiniger 8' × 4', Gasuhr, Nachreiniger, Selbstregulator, Regulirungsventil, 2 Gasbehälter von zusammen 170,000 c' Inhalt, 121,000' Röhrenleitung für beide Anstalten gemeinschaftlich, 1690 Gasuhren von Moran, Piepersberg, Spielhagen, Schäffer & Walker und Pintsch. Die von beiden Anstalten abgehenden Hauptröhren sind 1 Rohr von 16", 1 von 10" und 1 von 12". Zur Reinigung wird Laming'sche Masse verwendet und nach Dr. Deicke's Verfahren regenerirt. Nebenprodukte werden verwerthet. Anlagecapital über 450,000 Thlr.

Bartenstein (Preussen). 4500 Einwohner. Die Gasbeleuchtung wird durch Hrn. Ph. O. Oechelhaeuser aus Berlin eingeführt werden.

Basel (Schweiz). Die von Herrn G. Dollfus von Mühlhausen erbaute Anstalt war ursprünglich auf Holzgas eingerichtet und im Birsigthale angelegt. Schon im Jahre 1857 zeigte sich jedoch die Anlage als zu klein für die Ansprüche der Stadt, und ausserdem wurden Klagen laut, dass die Abflüsse der Anstalt den Birsig verun-

reinigen und das Bodenwasser inficiren. Im Jahre 1860 ging man
daran, die ganze Anstalt vor das St. Johannthor zu verlegen, resp.
dort neu aufzubauen, und von Holz- auf Steinkohlengas überzugehen.
Die Anstalt wurde so eingerichtet, dass sie für einen Consum bis zu
20 Mill. c′ Gas an Privaten und für 600 Strassenflammen mit einer
durchschnittlichen Brennzeit von 2200 Stunden pro Flamme und Jahr
genügt. Der Anschlag für den Bau betrug Frcs. 353,000.*) Mit Herrn
Dollfus wurde am 1. Februar 1860 der bereits bestehende Pachtvertrag auf 8 Jahre erneuert. Nach diesem Vertrag ist die Leuchtkraft für 4^1/$_2$ c′ engl. Gasconsum pro Stunde 16 Wachskerzen-
Helle, 5 auf 1 Pfund, mit 14‴ Flammenhöhe. Gaspreis für Privaten
höchstens Frc. 11. 50 pro 1000 c′ und bei einem Gesammtconsum der
Privaten von 14 Mill. c′ Frc. 11 pro 1000 c′; für Strassenflammen
mit 1600 Brennstunden und 4^1/$_2$ c′ Consum pro Stunde Frc. 58 jährlich.
Die Pacht beträgt im Minimum jährlich Frc. 23,500 und für je
100,000 c′ Gasabsatz an die Privaten über 4 Mill. c′ weiter Frc. 200.
Als Caution sind vom Pächter Frc. 20,000 bei der Stadtgemeinde
hinterlegt. Im Jahre 1859 consumirten 581 Abonnenten mit 6785
Flammen zusammen 13^1/$_2$ Mill. c′ Gas. Der Fragebogen ist nicht beantwortet worden.

Bautzen (Sachsen). Der Fragebogen ist nicht beantwortet worden.
Die Statistik von 1862 enthält folgende Angaben: 10,825 Einwohner.
Eigenthümerin: die Stadtgemeinde Bautzen. Der betreffende Beschluss der
Behörde datirt vom 15. März 1858. Eröffnet wurde die Anstalt am 12. Dec.
1858. Anlagecapital Ende 1860 Thlr. 65,102. 23. 2. Strassenflammen
213 mit je 939 Brennstunden und 6 c′ sächs.**) Consum pro Stunde.
Dafür wird vergütet pro Brennstunde 3^1/$_2$ Pf. oder pro 1000 c′ engl.
2 Thlr. 2 Sgr. 8 Pf. An Privatconsumenten sind 175 vorhanden, mit
1400 Flammen; diese zahlen pro 1000 c′ sächs. 3 Thlr. bis zu 20,000 c′
Consum pro Jahr, für je pro Kalenderjahr mehr verbrauchte 20,000 c′
wird eine Ermässigung von 5 Sgr. pro 1000 c′ gewährt. Betrieb mit
Steinkohlen des Burgker Reviers aus dem Plauen'schen Grunde; neuerdings zu drei Viertheilen Schlesische Kohle des Waldenburger Beckens.
Leuchtkraft ist keine vorgeschrieben, doch wird dieselbe auf durchschnittlich 12 englische Normalspermacetikerzen Helle für 5 c′ sächs.
Gasconsum pro Stunde gehalten. Die Gasanstalt enthält: 19 Retorten

---

*) 1 Franc = 100 Centimes = 8 Silbergr. = 28 Kreuzer.
**) 1000 c′ sächs. = 802 c′ engl.

92′ 7zöll. Röhrencondensator, einen Scrubber von 116 c′ engl. Inhalt, einen Wascher mit continuirlichem Wasserzufluss von 1½ c′ pro Stunde, drei Reiniger mit 31 □′ Querschnitt und 4 Horden (Laming'sche Masse, zuletzt eine Kalkschicht), einen Gasbehälter zu 13,000 c′ engl. Inhalt, 37,732′ engl. Röhrensystem von 7″ bis 1½″ sächs. Weite. Im Jahre 1860 betrug die Produktion 4,578,870 c′ engl. (im Maximum 25,457 c′, im Minimum 4274 c′ in 24 Stunden).

Bayenthal bei Köln. Die Kölnische Maschinenbau-Actien-Gesellschaft hat für ihre Etablissements eine Privatgasanstalt.

Bayreuth (Bayern). 14,800 Einwohner. Eigenthümerin: eine Actien-Gesellschaft, welche die Anstalt zur Zeit verpachtet hat. Dirigent: Herr J. Schmidt. Erbauer: Herr L. A. Riedinger. Eröffnet im September 1852. Laut revidirtem Vertrag von 1864 währt die Concession noch 25 Jahre. Der Stadt steht kein besonderes Recht der Uebernahme zu, es sei denn durch Uebereinkommen. Private zahlen fl. 4. 45. pro 1000 c′ bayer.*) Lichtstärke bei 5⅛ c′ bayer. Consum pro Stunde 10 Wachskerzen, 4 auf 1 Pfd. Für jede Strassenflamme, welche pro Stunde 5⅛ c′ bayer. Gas verzehrt, wird ⁹/₁₀ kr. vergütet. 197 Strassenflammen (bei Festbeleuchtung 257) mit 1000 Brennstunden jährlich. Maximalproduktion in 24 Stunden 42,000 c′. Minimalproduktion 6000 c′. Betrieb mit Zwickauer Steinkohlen. Die Anstalt hat 23 Retorten (4 Oefen à 5, 1 à 3 Ret.) 6 zöll. Condensation, 2 Scrubber, 4 Reiniger (Laming'sche Masse und Kalk), 2 Gasbehälter mit je 10,000 c′ Inhalt (ein dritter von gleichem Inhalt ist Privateigenthum eines Fabriketablissements), Röhrenleitung von 6″ bis 1½″ Weite, 300 nasse Gasuhren. Früher, als die Anstalt noch Holzgas fabrizirte, betrug das Anlagecapital 100,000 fl., für die Umwandlung auf Steinkohlengas sind noch weitere 18,000 fl. verausgabt worden.

Bendorf a. Rhein (Preussen). 2880 Einw. Eigenthümerin: die Bendorfer Gas-Actiengesellschaft. Dirigent: Herr P. Eisfelder. Erbauer: Herr C. Mayer in Cöln. Eröffnet am 11. Januar 1863. Die Concession läuft 50 Jahre; nach 50 Jahren ist eine neue Concession einzuholen, die Stadt kann dann die Anstalt zum Taxwerth ankaufen. Lichtstärke bei 5½ c′ engl. Gasverbrauch pro Stunde 14 englische Parlamentskerzen, 5 auf 1 Pfd. Gaspreis für Private 3 Thlr. 10 Sgr. pro 1000 c′.

---

*) 1000 c′ bayer. = 878 c′ engl.

Für Strassenflammen werden 5 Pf. pro Stunde bezahlt. 30 Strassenflammen mit je 720 jährlichen Brennstunden und 5½ c′ Consum pro
Stunde, etwa 500 Privatflammen. Im Jahre 1866 brauchte die Strassenbeleuchtung 168,770 c′, die Privatbeleuchtung 717,490 c′ Gas, die
ganze Produktion war 953,920 c′. Betrieb mit westphälischen Steinkohlen (Zollverein). Die Anstalt hat 4 Stück ⌓ Retorten 18″ × 12″
(1 Ofen à 2, 2 à 1 Ret.), ausserdem eine eiserne Retorte, 69′ 5 zöll.
Condensationsröhren, 1 Scrubber mit Cokefüllung und continuirlichem
Wasserzufluss, 2 Reiniger (Kalk), 1 Gasbehälter mit 8000 c′ Inhalt
(30′ im Durchmesser, 10′ hoch), ca. 580 Ruthen Röhrenleitung, 110 Gasmesser von Th. Spielhagen und Siry Lizars & Co.

Bensheim (Hessen). Die Bürgermeisterei von Bensheim forderte
1863 in öffentlichen Blättern Unternehmer auf, ihre Anerbietungen und
Bedingungen für Errichtung eines Gaswerkes einzureichen. Der Fragebogen ist nicht beantwortet worden.

Bergedorf (Hamburg). 2957 Einwohner. Die Anstalt ist 1856
von einigen Bürgern — speciell dem Senator Herrn Schlebusch,
dem Zimmermeister Herrn Krützmann, dem Lohmüller Herrn Behr,
und dem Lohgerber Hrn. J. J. Meyer — gegründet, von dem Direktor
der Gasanstalt in Hamburg, Herrn B. W. Thurston, ausgeführt und
am 1. September 1856 eröffnet worden. Dirigent: Herr O. Meyer.
Concessionsdauer 30 Jahre; nachher kann die Stadt das Unternehmen
gegen Auskehrung des Baucapitals ablösen. Betrieb mit engl. Kohlen.
74 Strassenflammen brennen vom September bis April an den nicht
mondhellen Abenden durchschnittlich 168 Tage im Jahr und mit
4 — 5 c′ Consum pro Stunde (3500 c′ pro Laterne) und werden mit
18 Mrk. Cour. = 7 Thlr. 6 Sgr. bezahlt. Private zahlen 5 Mrk. 12 Sch.
Cour. = 2 Thlr. 9 Sgr. pro 1000 c′ hamb.*) Etwa 400 Privatflammen,
die pro Jahr ca. 1 Mill. hamb. c′ Gas consumiren. Die Anstalt hat
6 Retorten, Condensator, Reiniger (im Sommer Eisenoxyd, im Winter
Kalk) Wascher, zwei Gasbehälter mit zusammen 7000 c′ Inhalt. Nasse
Gasuhren. Koke und Theer werden verkauft. Anlage-Capital 14,000 Thlr.
(20 Actien zu 600 Thlr. und eine Hypothek von 2400 Thlr.).

Berlin (Preussen). 702,471 Einwohner.
Städtische Gasanstalten. Eigenthümerin: die Stadt. Ver-
waltungsdirector: Herr Stadtältester Bärwald, technische Direc-

---

*) 1000 c′ hamb. = 831,15 c′ engl.

tion: Herr Baumeister Kühnell, Herr Baumeister Reissner, Herr Betriebs-Inspektor Haase, Herr Ober-Inspektor Fischer. Auf Grund eines im Jahre 1826 von Seite des königlichen Polizei-Präsidiums ohne Zuziehung der städtischen Behörden mit der „Imperial-Continental-Gas-Association" auf 21 Jahre abgeschlossenen Vertrages wurde Berlin 1826 zuerst mit 1789 Gas- und 930 Oellaternen von dieser Gesellschaft erleuchtet, die Gaslaternen brannten 1300 Stunden jährlich. Diese Brennzeit wurde später vergrössert, so dass 1846 dieselbe 2000 Stunden betrug, öffentliche Gaslaternen brannten 1846—47 1863 Stück (daneben noch 1067 Oellaternen); an Privatflammen waren in diesem Jahre 9772. Schon 1836 wurde von Seiten der städtischen Behörden der Wunsch nach einer Aenderung in dem Erleuchtungswesen erkannt, und nachdem von 1841 bis zum 14. October 1844 mit der englischen Gesellschaft vergeblich hierüber unterhandelt war, auch die Stadt durch Cabinetsordre vom 25. August 1844 ein Privilegium auf 50 Jahre vom 1. Januar 1847 an erhalten hatte, so wurde der Herr Commissionsrath Blochmann sen. in Dresden mit der Aufstellung eines Projektes für eine Gasfabrik beauftragt, und dasselbe von seinem Sohne 1845—47 ausgeführt, so dass am 1. Januar 1847 die städtischen Gasanstalten 2019 öffentliche Gaslaternen (neben 1029 Oellaternen) und 823 Privatflammen mit Gas versorgen konnten. Am 1. September 1867 brannten 245,561 Privatgasflammen durch Gasmesser, 2053 Flammen nach Tarif, also zusammen 247,614 Privatflammen ausschliesslich 3248 Flammen in dem kgl. Opernhause und Schauspielhause. Mit den genehmigten, jetzt in Aufstellung begriffenen öffentlichen Gaslaternen brennen am 1. Januar 1868 — 7634 Strassenflammen, ausserdem werden in den entlegenen Strassen 290 Laternen mit Petroleum gespeist. Für die Strassenbeleuchtung werden 1 Thlr. 10 Sgr. für 1000 c′ engl. bezahlt, Private zahlen 1 Thlr. 20 Sgr. mit Bewilligung von 10⁰/₀ Rabatt, also 1 Thlr. 15 Sgr. pro 1000 c′ engl. Die Lichtstärke ist zu 15 engl. Spermacetikerzen, welche pro Stunde bei $1^3/_4''$ engl. Flammenhöhe 120 engl. Grains consumiren, für 5 c′ Gasverbrauch vorgeschrieben, das Licht ist aber fast regelmässig etwas stärker. Die Lichtmessungen werden amtlich in einem Lokale in der Mitte der Stadt, von welchem die nächste Anstalt 5400 Fuss, die anderen beiden 8000 Fuss entfernt liegen, ausgeführt. Die Gasproduktion betrug im Rechnungsjahr vom 1. Juli 1866 bis ult. Juni 1867 im Ganzen 976,340,000 c′ engl. Die grösste tägliche Consumtion betrug in demselben Jahr am 22. December 5,006,000 engl. c′, die kleinste am 6. Juli 1,004,000 c′. Die Maximal-

produktion betrug am 21. December 4,791,000 c′, die Minimalproduktion
am 19. Juni 744,000 c′. Die Strassenflammen brennen im Sommer
und Winter auch bei Mondschein die ganze Nacht hindurch, jährlich
überhaupt 3600 Stunden, mit einem Gasconsum von $6^1/_2$ c′ engl. pro
Stunde und Laterne. Der Durchschnittsconsum pro Privatflamme ist
im Rechnungsjahr 1866/67 zu 2983 engl. c′ anzunehmen. Der Kohlenverbrauch im Jahre 1866/67 betrug $31,652^7/_9$ preuss. Last à 72 Berliner
Scheffel*), darunter ca. $^1/_3$ englische von Newcastle, $^1/_2$ oberschlesische
aus der Königin Luisengrube, $^1/_6$ niederschlesische aus dem Glückhilfs-
revier. Beim Verbrauche englischer Kohlen wurden früher zur Ver-
stärkung der Leuchtkraft auf 15 Kerzen $5^1/_2$ bis 6 Prozent Cannelkohlen (Lesmahago) zugesetzt, jetzt Plattenkohlen von Pilsen. Die
drei städtischen Gasanstalten besitzen jetzt überhaupt in 174 Oefen
à 7 Stück 1218 Retorten, davon 616 Stück von 18″, 602 von 20″
Weite, 15″ Höhe, $8^1/_3$′ lichter Länge. Die Form ist oval. 70 Conden-
sationscylinder à 300 ☐′ Kühlfläche, zusammen 21,000 ☐′ ausschliesslich
der Verbindungsröhren, 16 Scrubber von 23,571 rhl.**) c′ Rauminhalt,
19 doppeltwirkende Exhaustoren, stehende Cylinder, befähigt zusammen
in 24 Stunden 7,887,480 c′ Gas fortzuschaffen. 36 Reiniger von
5676 ☐′ Flächenraum mit 22,704 ☐′ Hordenfläche, 13 Nachreiniger
von 1575 ☐′ Fläche und 6300 ☐′ Hordenfläche. Die Reinigung geschieht lediglich mit Sumpfeisen (Wiesenerz) 7 Stationsgasmesser be-
fähigen täglich 7,920,000 c′ Gas zu liefern. 16 Gasbehälter, welche
zusammen 4,616,000 c′ Gas fassen. 16 Ausgangsröhren nach der Stadt
mit zusammen 5848 ☐″ Querschnitt. Die Länge der Hauptröhren in
den Strassen von 36″ bis 2″ Weite beträgt jetzt 51 preuss. Meilen,
der durchschnittliche Durchmesser ist 7,5″. Gasmesser, lediglich nasse,
sind in Privat- und öffentlichen Gebäuden am 1. Oct. 1867 22,197 Stück
vorhanden gewesen, sämmtlich aus hiesigen 13 Fabriken entnommen.
9 Dampfmaschinen und 8 Dampfkessel von zusammen ca. 105 Pferdekräften zur Betreibung der Exhaustoren, der 10 Fahrstühle zum Heben
der Reinigungsmasse auf die Böden, der Ventilatoren in den Schmieden,
der Kreissägen des Chamottewalzwerkes, der 6 Wasserpumpen, zweier
Theerpumpen, der 6 Ammoniakwasserpumpen, der Drehbänke, Bohr-
maschinen u. s. w. Theer und Coke finden reichlichen Absatz, Ammoniakwasser wird an chemische Fabriken verkauft. (Siehe Journ. f. Gasbel.
Jahrgang 1864. S. 375.)

---

*) 1 preuss. Scheffel Kohlen = ca. 90 Pfund.
**) 1000 c′ rhl. = 1091,84 c′ engl.

Anstalten der englischen „Imperial-Continental-Gas-Association". Die Fragebogen sind nicht beantwortet worden. Liefern nur Gas an Privaten und zwar zu einem um 5°/₀ niedrigeren Preise als die städtischen Anstalten, wozu sie vertragsmässig verpflichtet sind.

Berlin ist der Sitz der „Neuen Gasgesellschaft, Commandit-Gesellschaft, Wilh. Nolte & Co.", welche im Jahre 1864 durch den Herrn Ph. O. Oechelhaeuser zu Berlin mit einem Grundcapital von 200,000 Thlr. gegründet wurde. Im ersten Jahre ihres Bestehens setzte die Gesellschaft ihre vier Anstalten in Altwasser, Hausdorf-Wüste-Waltersdorf, Neusalz a. d. Oder und Limbach in Betrieb, und beschloss in der ersten Generalversammlung, ihr Actiencapital auf 500,000 Thlr. zu erhöhen. Im zweiten Betriebsjahre wurden die Anstalten zu Niemburg a. d. Saale, Peitz und Schneeberg-Neustädtel in Betrieb gesetzt und standen die 7 Anstalten am Schlusse des Jahres mit 300,739 Thlr. 8 Sgr. 9 Pf. zu Buch. Im Jahre 1867 sind die Anstalten zu Marienburg, Marienwerder und Gardelegen erbaut worden, und zwar wie auch alle früheren Anstalten der Gesellschaft, von Herrn Ph. O. Oechelhaeuser, ausserdem ist die Anstalt zu Döbeln von dem Gasbeleuchtungsverein in Döbeln übernommen. Im Ganzen hat also die Gesellschaft jetzt 11 Anstalten in Betrieb. Die Geschäfts-berichte finden sich im Journ. f. Gasbel. Jahrg. 1866. S. 239 und 1867 S. 268. Näheres bei den einzelnen Anstalten.

Bern (Schweiz). 30,000 Einwohner. Eigenthümerin: die Gemeinde. Dirigent: Herr J. A. Rothenbach. Erbauer: Herr Ingenieur Ruh, der von Mühlhausen im Elsass, wo er die Gasfabrik gebaut hatte, be-rufen wurde. Eröffnet im Frühjahr 1841. Die Anstalt war bis zum 1. Januar 1861 in Händen einer Actiengesellschaft, die zuerst Stein-kohlengas, dann Holzgas fabrizirte, aber keine guten Geschäfte machte. Das alte Rohrnetz war in Thonröhren gelegt, der Verlust ein enormer, namentlich in den letzten Jahren. Von der alten Fabrik blieb nur das Retortenhaus stehen, das erweitert aber nicht umgebaut wurde; Reinigerhaus, Werkstatt, Kohlenschuppen, Directorwohnung sammt Bureaus, beide Gasbehälter sind erst seit 1861 gebaut worden. Die alten Gasbehälter waren klein, die Bassins so undicht, dass fortwährend Wasser in dieselben geleitet werden musste. Ende 1860 waren nur 270 Abonnenten mit 1799 Privatflammen vorhanden, die Anstalt hat sich daher erst seit ihrem Neubau und ihrer Uebernahme durch die

Gemeinde entwickelt. Gaspreis für Private 45 Cent.*) pro Cubikmeter**),
mit 3°/₀ Rabatt bei mehr als 10,000 Cubikm. und 6°/₀ bei mehr als
20,000 Cubikm. Consum jährlich. Jahresproduktion 1866: 492,015 Cubikm.
hievon 24,80°/₀ auf die Strassenbeleuchtung, 66,33°/₀ auf Privatbeleuchtung. 501 Strassenflammen incl. der Flammen in den Arkaden am
1. Januar 1867, davon 176 die ganze Nacht, die übrigen bis 11 Uhr
brennen. 353 Strassenflammen brennen 120 Liter***) pro Stunde, 148
Flammen in den Arkaden 100 Liter. 644 Abonnenten mit 5073 Flammen,
Durchschnittsconsum 64,32 Cubikm. pro Jahr 1866. Maximalconsum
in 24 Stunden 3137 Cubikm., Minimalconsum 531 Cubikm. Seit 1861
Betrieb mit Saarkohlen, in den kürzesten Tagen werden etwas Fettkohlen vergast. Die Anstalt hat 31 Retorten (4 Oefen à 6, 1 à 4,
1 à 3 Ret.), es sind jedoch noch nie mehr als 16 Retorten in Betrieb
gewesen, 1 stehenden Condensator mit 4 Bodenkasten, 24 Röhren von
2 Meter Länge und 8″ Weite, 2 Scrubber mit ziemlich regelmässigem
Wasserzufluss, der ältere 4′ im Durchmesser und 9′ hoch, der neue
von 2¹/₂′ Weite und 9′ Höhe, 1 Schiele'schen Exhaustor, 4 Reiniger
mit je 2 Abtheilungen und 10 Horden 7¹/₂′ × 7¹/₂′ × 3¹/₂′ (Laming'sche
Masse u. Kalk) 2 Gasbehälter von je 1200 Cubikm. Inhalt, 75000 schweiz.
Fuss†) Rohrleitung von 10″ grösster Weite, 643 nasse Gasuhren grösstentheils von Brunt & Comp. in Paris, 1 alte trockene Gasuhr. Nebenprodukte werden verwerthet, Theer theilweise verbrannt. Das Anlagecapital betrug am 1. Januar 1867 Frcs. 705,515. 49 Cent., dagegen
existirt ein Amortisations-Capital von Frcs. 101,112. 13 Ct.; es werden
dem Amortisations-Conto jährlich 4°/₀ des ganzen Anlagecapitals gut
geschrieben.

Bernau (Preussen). 6500 Einwohner. Die Herren Director
W. Kornhardt in Stettin und F. A. Egels in Berlin bauen die Anstalt für eigene Rechnung. Dieselbe sollte schon 1866 ausgeführt
werden, doch kam der Krieg störend dazwischen, und konnte erst am
8. November 1867 mit dem Legen der Röhren begonnen werden. Es
werden 80 Strassenflammen aufgestellt und 14,500′ Leitungsröhren gelegt. Die Eröffnung wird vermuthlich im April 1868 Statt finden.

---

*) 1 Franc = 100 Centimes = 8 Silbergr. = 28 kr. südd. Währ.
**) 1 Cubikmeter = 35,32 □′ engl.
***) 1000 Liter = 1 Cubikmeter.
†) 1 schweiz. Fuss = 0,3 Meter = 0,984 engl. Fuss.

Bernburg (Anhalt-Bernburg). 6500 Einwohner. Eigenthümer: Herr F. Rothe. Die technischen Arbeiten wurden durch Herrn Ingenieur H. Liebau in Magdeburg im Jahre 1863 ausgeführt. Die Anlage hatte nach Angabe des Letzteren nach Eröffnung gegen 1200 Flammen, gegenwärtig hat sie wohl über 2000 Flammen, ca. 40,000' Rohrleitung und 200 Strassenflammen.

Beuthen (Oberschlesien). 12000 Einwohner. Eigenthümer: Herr Zimmermeister E. Kramer, der mit Herrn Hüttendirector Kremski in Eintrachtshütte, und mit dem Erbauer, Herrn Director W. Kornhardt in Stettin die Anstalt gründete. Dirigent: Herr R. Lemke. Eröffnet am 20. Januar 1862 mit 113 Strassenflammen und 270 Privatflammen. Der Vertrag läuft 50 Jahre. Nach Ablauf hat die Stadt das Recht, die Anstalt für den dann durch Sachverständige festzustellenden Werth käuflich an sich zu bringen. Lichtstärke für 5 — 6 c' Gasconsum per Stunde im schottischen Brenner 16 Wachskerzen 6 à 12" Länge auf 1 Pfund, mit $1^5/_8$" preuss. Flammenhöhe. Gaspreis vertragsmässig für Private 3 Thlr. pro 1000 c' preuss. *), für die Stadt $2^1/_2$ Thlr. Erreichen Privatflammen die Höhe von 800, so zahlt die Stadt $2^1/_3$ Thlr. pro 1000 c'. Gegenwärtig sind die Preise auf $2^1/_6$ Thlr. für die städtische und grössere Privatbeleuchtung, auf $2^1/_3 — 2^1/_2$ Thlr. für kleinere Privatbeleuchtung ermässigt. Jahresproduktion 1867: 5,012,000 c'. Maximalproduktion in 24 Stunden 31,000 c', Minimalproduktion 7000 c'. 127 Strassenflammen mit 825,000 c' Consum in 149,285 Brennstunden, 1579 Privatflammen mit 3,691,000 c' Consum. Betrieb mit oberschlesischer Kohle (Kleinkohle vom Bahnschacht der Königsgrube unweit Beuthen). Die Anstalt hat 13 ovale Thonretorten 14" $\times$ $17^1/_2$" $\times$ $8^5/_{12}$' (2 Oefen à 4, 1 á 3, 1 à 2 Ret.), 1 Schaufelcondensator 18" Durchmesser, 14' hoch, 1 Cokecondensator $3^1/_2$' weit, 23' hoch, 1 Wascher $3^1/_2$' weit, $3^3/_4$' hoch, 3 Reiniger 5' $\times$ 5' (Kalk), 1 Elster'schen Exhaustor, 1 Gasbehälter mit 16,000 c' Inhalt, 29000' Rohrleitung von 5" grösster Weite, 218 nasse Gasuhren von S. Elster. Nebenprodukte werden verkauft. Anlagecapital 45,000 Thlr.

Beyenburg bei Schwelm (Preussen). Die Patent-Eisengarn-Fabrik des Herrn M. Schreiber besitzt eine Gasanstalt zur Beleuchtung der Fabrik und der Wohnhäuser.

---

*) 1000 c' preuss. $=$ 1091,84 c' engl.

Biberach (Württemberg). 6400 Einwohner. (Seit 2 Jahren gehört Birkendorf auch zur Stadt, und sind die Einwohner dieser Vorstadt, die mit Gas noch nicht beleuchtet, in den obigen 6400 einbegriffen.) Eigenthümer: Herr L. A. Riedinger. Dirigent: Herr F. Steinmann. Die Anstalt wurde im Jahre 1863 von Herrn L. A. Riedinger in Augsburg erbaut, am 7. November desselben Jahres eröffnet, und zwar mit 104 Strassenflammen und 660 Privatflammen. Der Vertrag läuft 40 Jahre. Die Stadt hat das Recht, die Anstalt jederzeit gegen $1/4$ jährige Kündigung zu übernehmen. Lichtstärke $4^1/_2$ c′ engl. für 12 Stearinkerzen, wovon 6 auf 1 Pfund gehen. Zur Controlle sind von der Stadt zwei Experten aufgestellt, die Lichtstärke und Reinheit des Gases jederzeit prüfen können. 108 Strassenflammen, für welche $1^1/_5$ kr. pro Brennstunde und Laterne vergütet wird. Private zahlen fl. 6 pro 1000 c′ engl. Nach Vertrag sollte der Gaspreis, der auf 6 fl. 30 kr. bedungen war, dann um 30 kr. ermässigt werden, wenn der Privatconsum 2,000,000 c′ erreicht haben würde. Der Preis wurde aber am 1. Januar 1866 freiwillig herabgesetzt, obschon die Privaten im Jahr 1865 nur 1,429,800 c′ consumirten. Im Jahre 1866 betrug die Gesammtproduktion 2,358,300 c′, und zwar:

für 108 Strassenflammen	630,200 c′
„ 1428 Privatflammen (incl. Bahnhof u. Theater)	1,643,400 „
„ Selbstverbrauch	62,000 „
„ Verlust 0,9%	22,700 „
	2,358,300 c′.

Jede Laterne brannte durchschnittlich 1571 Stunden. Jede Privatflamme consumirte durchschnittlich 1150 c′. Grösster Tagesconsum 16,300 c′, kleinster Tagesconsum 1600 c′. Betrieb mit Steinkohlen (Saarbrücker mit 5% böhmischen Plattenkohlen). Die Anstalt hat 5 Thonretorten 1 Ofen à 3, 1 à 2 Ret.) 1 grosse eiserne, 1 kleine eiserne Ret., liegenden Condensator, Wascher, 2 Reiniger ($7′ \times 7′ \times 3′$), (Reinigungsmasse früher die Laming'sche, jetzt mit Schwefeleisen gemischt,) Gasbehälter von 20,000 c′ Inhalt. 5 zöll. Hauptrohr. Röhrensystem 23,000′ engl. 132 nasse Gasuhren von L. A. Riedinger. Coke wird verkauft, der Theer in den Sommermonaten verheizt. Anlagecapital fl. 75,000.

Biebrich-Mosbach (Nassau). 5800 Einwohner. Eigenthümerin: die Actiengesellschaft für Gasbeleuchtung in Biebrich-Mosbach. Dirigent: Herr A. Lembach. Die Anstalt wurde vom Apotheker, Herrn

D. Schmidt aus Rüdesheim, 1855 angelegt, in der Absicht, Holzgas
als Nebenprodukt seiner schon im Betrieb befindlichen Holzessigfabrik
zu gewinnen. Schon nach kurzer Zeit wurde indessen hiervon abge-
gangen, und wurden die vorhandenen Einrichtungen zur Steinkohlen-
gasbereitung benützt. Diese war jedoch höchst mangelhaft, was zu
mannigfachen Klagen Veranlassung gab. Im Jahre 1858 wurde die
Fabrik verkauft und ging in den Besitz der gegenwärtigen anonymen
Gesellschaft über, von der sie total verändert und entsprechend umgebaut wurde. Concessionsdauer bis 1909. Nach Ablauf des Contraktes
bleibt die Gasanstalt Eigenthum der Actionäre, die in einer Generalversammlung das Geeignete beschliessen. Als Lichtstärke ist die Helle
von 7 Wachskerzen, 4 auf 1 Pfd., für 4½ c′ Gasconsum vorgeschrieben,
es wird jedoch bedeutend mehr geliefert. Gaspreis 5 fl. pro 1000 c′ engl.
bei Privaten und 15 fl. 43 kr. pro 1300 Brennstunden bei Strassenflammen. 87 Strassenflammen mit je durchschnittlich 7678 c′ Consum
im Jahr und 1570 Privatflammen mit 1536 c′ durchschnittlichem Jahresconsum. Jahresproduktion 3,325,000 c′. Maximalproduktion in 24 Stunden 18,000 c′, Minimalproduktion 3600 c′. Betrieb mit Saarbrücker
(Heinitz) Kohlen. Die Anstalt hat 10 Stück ⌓förmige Thonretorten
18″ × 11½″ × 7′ 9″ (1 Ofen à 5, 1 à 3, 1 à 2 Ret.), Röhrencondensator unter Wasser, 1 Scrubber, 2 Reiniger (Kalk), Stationsgasuhr,
Regulator, 2 Gasbehälter à 8000 c′ Inhalt, 18,649′ Rohrleitung von
4″ bis 1″ Weite, 173 nasse Gasuhren von Siry Lizars & Co.,
S. Elster und J. Tebay. Nebenprodukte werden verwerthet. Anlagecapital 55,000 fl.

Biel (Schweiz). 7000 Einwohner. Ziemlich viel Industrie, hauptsächlich Uhrmacherei. Eigenthümerin: die Gasbeleuchtungs-Gesellschaft
von Biel. An der Spitze steht ein Verwaltungsrath von 5 Mitgliedern,
wovon zwei aus der Mitte des Einwohnergemeinderaths gewählt sein
müssen, und zwei Ersatzmännern. Dirigent der Anstalt seit ihrer Inbetriebsetzung: Herr S. Burkhalter. Erbauer der Anstalt: Herr
Ingenieur H. Gruner, der für die Gesellschaft die Leitung des Baues
führte. Eröffnet am 16. December 1862. Nach Verfluss von 25 Jahren
steht der Gemeinde das Recht zu, die noch ausstehenden Privatactien
(vom Netto-Ertrag fliessen vorab 25% in einen Reservefond und 5%
in einen Actien-Tilgungsfond) ohne Weiteres im Nominalwerthe ein-
zulösen, wodurch das ganze Unternehmen mit Soll und Haben in ihr
freies Eigenthum übergeht. Der Privatgaspreis beträgt gegenwärtig

40 Centimes per Cubikm. oder Frcs. 11. 33*) pro 1000 c′ engl. Die
Gemeinde zahlt 4¹/₂ Cent. pro Brennstunde bei 125 Litres**) stündlichem
Consum. Vertragsmässige Lichtstärke = 8 Fünfer Stearinkerzen bei
100 Litres stündlichem Consum (Kerzenflammenhöhe 46 Mm.). Produktion
im letzten Betriebsjahre — vom 30. April 1866 bis dahin 1867 —
111,850 Cubikm. (3,948,305 c′ engl.), 117 Strassenflammen und 1880
Privatflammen. Consum der ersteren 125 Litres pro Brennstunde,
durchschnittliche Brennstundenzahl per Laterne 1600, durchschnittliches
Consum der Privatflammen 116 Cubikm. = 1624 c′ engl. Maximalproduktion 721 Cubikm., Minimalproduktion 78 Cubikm. Privatconsumenten 194. Betrieb mit Steinkohlen von Saarbrücken (Heinitz)
nebst ca. 1¹/₂ °/₀ engl. Boghead-Kohle. Die Anstalt hat 9 Thonretorten
von L. Bousquet & Co. in Lyon (1 Ofen à 5, 2 à 2 Ret.), 1 aufrechtstehenden Röhrencondensator, Scrubber, 2 gusseiserne Kalkreiniger,
Betriebsgasuhr, Druckregulator, 1 Gasbehälter von 800 Cubikm. Inhalt.
Die Hauptleitung in die Stadt beginnt mit 7 zöll. Gussröhren. 194 nasse
Gasuhren von Brunt & Co. in Paris. Reinigung mit Kalk. Der Theer
wird theilweise verfeuert, theilweise verkauft.

Bielefeld (Westphalen). 18,000 Einwohner. Eigenthümerin: die
Stadt. Technischer Dirigent: Herr F. Amelung. Erbauer: Herr
Baumeister Keller. Eröffnet am 1. November 1856. Lichtstärke
12 Wachskerzen für 5 c′ Gas. Gaspreis für Private 1 Thlr. 25 Sgr.
pro 1000 c′ preuss.***), die Eisenbahn und die Ravensberger Spinnerei
zahlen nach Contract 1 Thlr. 10 Sgr. pro 1000 c′. Für die Strassenbeleuchtung werden in runder Summe 1000 Thlr. vergütet. 160 Strassenflammen mit 1,753,700 c′ Consum im Jahre 1867, etwa 3000 Privatflammen. Jahresproduktion 18 Mill. c′. Maximalproduktion in 24 Stunden
109,000 c′, Minimalproduktion 15,000 c′. Betrieb mit westphälischen
(Hannibal) Steinkohlen. Die Anstalt hat 40 Retorten (5 Oefen à 7,
1 à 5 Ret.), 2 runde Wascher von 4′ Durchmesser und 4′ Höhe,
1 Below'schen Exhaustor, 4 Reiniger und 1 Nachreiniger 7′ × 4′ × 4′
(Raseneisenstein), 2 Gasbehälter mit 55,000 und 15,000 c′ Inhalt,
38,000′ preuss. Rohrleitung von 8″ bis 2″ Weite, 500 nasse Gasuhren
neuerdings von J. Pintsch. Anlagecapital 120,000 Thlr.

---

*) 1 Franc = 100 Centimes = 8 Silbergr. = 28 kr. südd. Währ.

**) 1000 Liter = 1 Cubikmeter = 35,32 c′ engl.

***) 1000 c′ preuss. = 1091,84 c′ engl.

Bielitz-Biala (Preuss.-Schlesien und Oesterr.-Gallizien). 18,000 Einwohner. Eigenthümerin: die Bielitz-Bialaer Gasgesellschaft. Dirigent: Herr Starke. Am 2. Januar 1861 wurde von Herrn Bürgermeister Sennewaldt in Bielitz die Anregung zur Einführung der Gasbeleuchtung gegeben, und Herr C. R. Kühnell, Ingenieur und damals Direktor der Gasanstalt in Reichenberg mit der Herstellung der Vorarbeiten beauftragt. Das für die Bauausführung nöthige Capital von 84,000 fl. Oesterr. W. wurde in kürzester Zeit gezeichnet. Am 30. April wurde der Bauvertrag mit Herrn Kühnell abgeschlossen und bis zum 15. December 1861 durch denselben die Anstalt bis auf wenige Nebenarbeiten fertig hergestellt. Leuchtkraft 13 Kerzen für 5 c′ Gasconsum. Gaspreis für öffentliche Beleuchtung 3 fl. Oesterr. W. pro 1000 c′, für Private 4 fl. 50 kr. Oesterr. W. pro 1000 c′. 178 Strassenflammen mit 5 c′ stündlichem Consum und jährlich 1000 Brennstunden pro Flamme, 3402 Privatflammen mit einem Durchschnittsconsum von ca. 1900 c′ per Flamme jährlich. Jahresproduktion 7,000,000 c′. Maximalproduktion in 24 Stunden 51,000 c′, Minimalproduktion 3700 c′. Betrieb mit Steinkohlen aus den gräfl. von Larisch-Männich'schen Gruben bei Ober-Juchau in Mähren und aus der kgl. preuss. Königin Luisengrube bei Zabrze in Oberschlesien. Die Anstalt hat 14 Thonretorten (1 Ofen à 7, 1 à 5, 1 à 2 Ret.), 1 Exhaustor, 2 Scrubber, 6 Condensatoren von Blech, 2 grosse und 3 kleine Kalkreiniger, 1 Telescop- und 1 einfachen Gasbehälter mit zusammen 36,000 c′ Inhalt, 380 nasse Gasuhren von F. Klingmüller in Prag, und von S. Elster und von L. Hanues in Berlin. Coke, Theer und Grünkalk werden verkauft. In der Abrechnung der Gesellschaft pro 30. Juni 1867 ist der Werth der Anstalt zu 126,903 fl. 45 kr. Oesterr. W. aufgeführt, das Actiencapital beträgt 120,000 fl. Oesterr. W. Näheres s. Journal f. Gasbel. 1862 S. 276, 1865 S. 331 und 1867 S. 533.

Bietigheim (Württemberg). Die Kammgarnspinnerei zu Bietigheim hat ihre eigene Privatgasanstalt.

Bingen (Rheinhessen). 5900 Einwohner. Eigenthümer: Herr H. A. Klein in Bingen. Erbauer: Herr M. Aleiter in Mainz. Das Privilegium läuft vom 9. Mai 1856 an auf 30 Jahre. Nach Ablauf dieser Zeit kann die Stadt ablösen gegen eine Entschädigung, die sich ergibt, wenn man den Netto-Ertrag der letzten 10 Jahre, im Durchschnitt mit 15 multiplicirt. Eröffnet am 20. December 1856. Leucht-

kraft 9 Wachskerzen-Helle, 6 auf 1 Pfd. für $4^1/_2$ c' Gasconsum pro
Stunde. 116 Strassenflammen mit je 1200 Brennstunden jährlich und
$4^1/_2$ c' Consum pro Stunde, 2100 Privatflammen. Strassenflammen werden mit 19 fl. pro 1200 Brennstunden bezahlt, Private zahlen 6 fl. pro
1000 c' engl. Betrieb mit Saarbrücker Kohlen (Heinitz und Dechen).
Production im letzten Jahre 3,229,500 c'. Kohlenverbrauch in demselben Jahre 8500 Ctr. Die Anstalt hat 11 Thonretorten von S u g g & Co.
in Gent (1 Ofen à 5, 2 à 3 Ret.), Condensator 26' 5'' lang und 11''
breit, 1 Scrubber von 29'' Durchmesser und 36 c' Inhalt, 2 Wascher,
keinen Exhaustor, 2 Kalkreiniger von je 61 c' Inhalt, 1 Gasbehälter von
14,000 c' Inhalt (ein zweiter von 10,000 c' Inhalt wird 1868 angelegt),
25,000' Rohrleitung von $5^1/_2''$ bis 1'' Weite, 300 nasse Gasmesser von
W. H. M o r a n in Cöln. Coke und Theer werden verwerthet. Anlagecapital 40,000 fl. (Die früher zu einer Dampfmühle eingerichteten
Gebäulichkeiten konnten zur Gasanstalt verwendet werden.)

Bitterfeld (Preussisch-Sachsen). 5000 Einwohner. Eigenthümerin:
die Thüringer Gas-Gesellschaft in Gotha. Dirigent: Herr R. V o l e y.
Die Anstalt wurde im Sommer 1867 auf Grund eines mit der Stadt
geschlossenen Vertrages von Herrn Th. W e i g e l in Arnstadt für eigene
Rechnung erbaut und am 4. October eröffnet. Mit dem Tage der Eröffnung ging dieselbe in den Besitz der Gesellschaft über. Nach 30
Jahren hat die Stadt das Recht, die Anstalt zu kaufen. Geschieht
das nicht, so wird der Contrakt auf 15 Jahre prolongirt, und tritt sodann freie Concurrenz ein. Gaspreis für Strassenflammen 3 und $2^1/_2$ Pf.
pro Brennstunde à 5 c', für Private $2^1/_2$ Thlr. pro 1000 c' preuss. *)
Die Eisenbahn zahlt $1^2/_3$ Thlr. Lichtstärke für 5 c' Consum 12 Kerzen,
10'' lang, 6 auf 1 Pfd. 61 Strassenflammen, die jährlich wenigstens
700 Stunden brennen müssen, 600 Privatflammen, die sich nach Hin-
zutritt der Eisenbahn auf 800 Flammen erhöhen werden. Betrieb mit
westphälischen (Harpener) Kohlen. Die Anstalt hat 3 Retorten 20'' $\times$
14'' $\times$ $7^3/_4$' (1 Gewölbe für 3 Ret. in Reserve), 1 Scrubber 3' $\times$ 10',
1 Wascher, 2 Reiniger (Laming'sche Masse), 1 Stationsgasuhr zu
24,000 c' pro 24 Stunden, 1 Druckregulator, 1 Gasbehälter von 8000 c'
Inhalt, 15,000' Rohrleitung von 5'' bis $1^1/_2''$ Weite, 90 nasse Gasuhren
von J. P i n t s c h. Anlagecapital ca. 23,000 Thlr.

Blaichach (Bayern). Die Baumwollspinnerei und Weberei Bleichach
hat eine eigene Privatgasanstalt.

---

*) 1000 c' preuss. = 1091,84 c' engl.

Bochum (Westphalen). 14,900 Einwohner. Eigenthümerin: die Stadt Bochum. Den stillen Gesellschaftern, welche die Stadt früher hatte, und mit denen ein Vertrag vom 13. April 1855 bestand, hat die Stadt ihre Actien abgekauft. Dirigent: Herr A. Hegener. Erbauer: Herr Pepys in Cöln und Herr O. Kellner in Deutz. Eröffnet den 28. Januar 1856. Der normale Gaspreis ist 2 Thlr. pro 1000 c′, doch werden bei 500,000 c′ Jahresconsum 25% Rabatt gewährt. Jahresproduktion 15 Mill. c′. Maximalproduktion in 24 Stunden 87,000 c′, Minimalproduktion 12,000 c′. 130 Strassenflammen mit einem Consum von 6 c′ pro Stunde und Flamme, 4000 Privatflammen. Betrieb mit westphälischen Steinkohlen (Holland und Hannibal). Die Anstalt hat 24 Chamotteretorten (4 Oefen à 6 Ret.), 1 Condensator, 2 combinirte Wascher und Scrubber, 1 Exhaustor nach Beale mit Bypass, 4 Reiniger (Kalk), 1 Stationsgasuhr, 2 Gasbehälter mit 55,000 c′ Inhalt, 1 Druckregulator, 15,000′ Leitungsröhren von 9″ bis 3″ Weite, 370 Gasuhren von Elster, Moran und Stoll. Coke und Theer werden verkauft. Anlagecapital 100,000 Thlr. Vergl. Journ. f. Gasbel. 1859 S. 379, 1862 S. 216 und 1865 S. 37.

Bockwa bei Zwickau (Sachsen). Das Eisenhüttenwerk der Königin Marienhütte in Cainsdorf bei Zwickau hat eine eigene Privatgasanstalt, durch welche auch das Dorf Bockwa mitbeleuchtet wird.

Bonn (Rheinpreussen). Die Anstalt gehörte früher Herrn Alex. Oster, ist jedoch seit ein paar Jahren an die belgische Gesellschaft „Compagnie générale pour l'eclairage et de chauffage par le gaz" in Brüssel verkauft. Der Fragebogen ist nicht beantwortet worden.

Boppard (Preussen). 4500 Einwohner. Eigenthümerin: die Stadt. Dirigent: Herr F. Nachtsheim. Die Anstalt wurde 1862 für Rechnung der Stadt von Herrn O. Kellner in Deutz unter Leitung des jetzigen Dirigenten erbaut, und am 30. October 1862 mit 50 Strassenflammen und 129 Privatconsumenten mit 611 Flammen eröffnet. Gegenwärtig sind 70 öffentliche und 1158 Privatflammen vorhanden, erstere consumiren 912,440 c′, letztere 1,424,500 c′. Jahresproduktion 2,541,940 c′. Betrieb mit Saarbrücker und westphälischen Steinkohlen (Heinitz, Zollverein und Holland). Die Anstalt hat 4 Retorten (1 Ofen mit 1 Ret. 8′ × 13½″ × 27½″ und 1 Ofen mit 3 Ret. 13″ × 20″ × 7′), Wascher, 4 Kalkreiniger, an Röhrenleitung 130 Ruthen*) 4 zöll., 360 Ruth. 3 zöll.,

---

*) 1 Ruthe = 12 Fuss.

864 Ruth. 2 zöll., 50 Ruth. 1½ zöll., nasse Gasuhren von S. Elster in Berlin. Anlagecapital 28,568 Thlr.

Borgholzhausen (Westphalen). 1800 Einwohner. Eigenthümer: der Fabrikbesitzer Herr F. Helling. Erbauer: Herr O. Wagner. Die Anstalt ist für die bedeutende Segeltuchweberei und die Stadt erbaut, und eröffnet am 1. September 1864 mit 169 Flammen des Fabriketablissements. Betrieb mit westphälischen Steinkohlen. Die Anstalt hat 3 Retorten von Vygen & Comp. (1 Ofen à 2, 1 à 1 Ret.) 3 zöll. Röhrencondensation von 90' Länge, 2 Reiniger $5^3/_4' \times 2^1/_4' \times 4'$. (Laming'sche Masse), 1 Wascher $2^1/_2'$ Durchmesser, 2' hoch mit Stipp-röhren-Einrichtung, 1 Gasbehälter 24' Durchmesser 12' hoch, 5000 lfd. Fuss Röhrenleitung. Anlagekosten 5830 Thlr.

Borken bei Wesel soll Gasbeleuchtung haben.

Borna (Sachsen). 5555 Einwohner incl. Militär. Gründerin und Eigenthümerin: eine Actiengesellschaft, welche von den Herren Heinrich, Hoffmann und Rose in's Leben gerufen wurde, und sich am 1. Mai 1865 mit einem Capital von 27,000 Thlr. in 540 Stück Actien constituirte. Erbauer: Herr Ingenieur A. Gruner in Lindenau. Eröffnet Mitte November 1865. Die Concession hat keine zeitliche Beschränkung, enthält aber auch keinen Schutz gegen Gründung eines andern gleichen Unternehmens. Gaspreis 2 Thlr. 5 Sgr. pro 1000 c' sächs.*); für die Strassenbeleuchtung werden 20% Rabatt gewährt. Lichtstärke 12 Stearinkerzen-Helle, 6 auf 1 Pfd., mit 1½" Flammenhöhe für $5^3/_4$ c' sächs. Gasconsum per Stunde. Jahresproduktion 1866/67; 2,642,050 c' sächs. Hievon verbrauchten 123 Strassenflammen 710,518 c' und 866 Privatflammen nebst 40 Kochapparaten 1,455,000 c'. Betrieb mit Zwickauer Steinkohlen. Die Anstalt hat 6 Retorten (1 Ofen à 3. 1 à 2 Chamotteretorten, 1 à 1 Eisenretorte), Reinigung mit Laming'scher Masse, 1 Gasbehälter mit 15,000 c' Inhalt, 23,500' Röhrenleitung von 6" bis 1½" Weite, Gasuhren von Siry Lyzars und Comp. Theer wird meistens verbrannt, Coke verkauft.

Borsigwerk bei Biskobitz (Oberschlesien). Die industriellen Etablissements der A. Borsig'schen Berg- und Hüttenwerke haben eine eigene Gasanstalt.

----

*) 1000 c' sächs. = 802 c' engl.

Bozen (Tyrol). 10,000 Einwohner. Eigenthümerin: die Bozener Actiengesellschaft für Gasbeleuchtung. Erbauer: Herr L. A. Riedinger in Augsburg. Eröffnet am 10. November 1861. Im Jahre 1863 ging die Anstalt in den Besitz der gegenwärtigen Gesellschaft über. Concessionsdauer 36 Jahre. Ein Gaslicht, welches die Helle von 1 Normalwachskerze (5 auf 1 Zoll-Pfd.) hat, darf nicht mehr als 0,75 Neukreuzer Silber Oesterr. W. kosten, ein Licht von 18 Kerzen-Helle nicht mehr als 3,80 Neukreuzer pro Stunde. 156 Strassenflammen, 1520 Privatflammen. Jahresproduktion $3^1/_2$ Mill. c'. Maximalproduktion in 24 Stunden 22,000 c', Minimalproduktion 6000 c'. Betrieb mit Föhrenholz. Die Anstalt hat 5 gusseiserne Retorten (2 Oefen à 2, 1 à 1 Ret.), 3 Reiniger, wovon jeder mit 24 c' Kalk beschickt wird, 1 Gasbehälter mit 25,000 c' Inhalt, nasse Gasuhren von L. A. Riedinger. Nebenprodukte werden verwerthet. Anlagecapital 150,000 fl.

Brandenburg (Preussen). 25,500 Einwohner. Gründerin und Eigenthümerin: die Stadt. Dirigent: Herr E. Kretschmer. Erbauer die Herren Regierungs- und Baurath v. Unruh und W. Kornhardt, Director der Gasanstalt in Stettin. Eröffnet am 1. September 1862. Gaspreis für Private $2^1/_2$ Thlr. pro 1000 c' engl. Die Stadt vergütet vom 1. Januar 1868 an für die öffentliche Beleuchtung 1 Thlr. pro 1000 c'. 407 Strassenflammen mit je 1700 Brennstunden jährlich und 6 c' Consum per Stunde, 5260 Privatflammen mit durchschnittlich 2000 c' Consum pro Flamme und Jahr. Jahresproduktion 16 Mill. c'. Maximalproduktion in 24 Stunden 102,000 c', Minimalproduktion 10000 c'. Betrieb mit Oberschlesischen Steinkohlen (Königin Luisengrube in Zabrze). Die Anstalt hat 27 ovale Chamotteretorten (3 Oefen à 7, 1 à 4, 1 à 2 Ret.), 2 Schaufelcondensatoren 14' hoch und $3^1/_2'$ im Durchmesser, 2 Scrubber 10' hoch und 5' im Durchmesser, 1 Wascher, 1 Beale'schen Exhaustor, 3 Reiniger $7' \times 7' \times 3^1/_2'$ (Laming'sche Masse), 1 Gasbehälter mit 50,000 c' Inhalt, 43,454' Rohrleitung von 10'' bis 2'' Weite, 460 nasse Gasuhren von S. Elster, J. Pintsch und Th. Spielhagen. Coke und Theer werden verkauft. Anlagecapital 126,000 Thlr. Vergl. Journ. f. Gasbel. 1864 S. 392.

Braunsberg (Preussen). Die Gasanstalt wurde 1867 durch Herrn Director W. Kornhardt in Stettin für Rechnung der Stadt Braunsberg gebaut.

Braunschweig. 50,000 Einwohner. Eigenthümerin: die Stadt. Die Verwaltung ist mit der des städtischen Wasserwerkes dem Director,

Herrn F. W. Reuter, übertragen; techn. Director der Gasanstalt ist
Herr A. Busch. Die Anstalt ist im Jahre 1851/52 durch den Ingenieur
Herrn Leprince für eine Actiengesellschaft erbaut, und am 7. Dec. 1852
eröffnet. Es wurde Patentgas gemacht. Bis zum Jahre 1863 war die
Produktion auf 16,513,000 c' engl. gestiegen, der Preis nach und nach
von $8^1/_3$ Thlr. auf 4 Thlr. für 1000 c' herunter gegangen. Die Anlage
kostete der Gesellschaft nach verschiedenen Abschreibungen 1863 noch
154,000 Thlr., wovon 129,000 Thlr. in Stammactien ausgegeben waren.
Conflikte über den Preis u. s. w. veranlassten die städtische Behörde,
das Werk anzukaufen. Die Besitzer der Stammactien erhielten für
dieselben ihren doppelten Betrag 258,000 Thlr., so dass der Stadt das
Werk 283,000 Thlr. kostete. Seitdem ist ein dritter Gasbehälter von
100,000 c' Inhalt erbaut, Condensation, Scrubber, Reinigungsapparate
sind entsprechend vermehrt, resp. vergrössert, statt des 10zölligen Hauptrohrs ist ein solches von 15'' Weite gelegt, dieses verjüngt auf 12''
und später auf 10'' bis zum entgegengesetzten Ende der verhältnissmässig sehr umfangreichen Stadt geführt. Auf diese und andere Erweiterungen des Röhrennetzes sind 87,000 Thlr. verwandt, so dass das
Werk der Stadt 370,000 Thlr. gekostet hat. Der Preis des Gases ist
3 Thlr. pro 1000 c' engl. mit 5—10% Rabatt für Abnahme von mehr
als für 500 Thlr. jährlich. Lichtstärke 20 Kerzen auf 4 c' engl. Consum per Stunde im offenen Brenner; Messkerze Wachs, 6 auf 1 Paket
von 27 Loth, Flammenhöhe $1^7/_8''$ engl. Spec. Gewicht des Gases
0,48—0,50. Beeidigter Controlleur ist Herr Dr. Herzog, welcher
monatlich 15 mal photometrische Messungen vorzunehmen und zugleich
das Gas auf seine Reinheit zu prüfen hat; die Resultate werden veröffentlicht, der dreijährige Durchschnitt dieser Bekanntmachungen gibt
auf 4 c' engl. stündlichen Consum im offenen Brenner 19,79 Kerzen-
helle. Jahresproduktion vom 1. Juli 1866/67: 28,500,000 c' engl.
632 Strassenflammen, wovon $^2/_5$ eine Brenndauer von 3600 Stunden
und einen Consum von 4 c' engl. per Stunde, $^3/_5$ eine solche von
1500 Stunden und einen Consum von 3 c' engl. pro Stunde haben.
Privatflammen 16,252 in 1295 Häusern bei Anwendung von 1337 nassen,
in Braunschweig gearbeiteten Gasuhren. Durchschnittlicher Jahresconsum einer Flamme, darunter neben den Strassenflammen 6 Zuckerfabriken, 4 Cichorienfabriken, 2 Druckereien, in denen Tag und Nacht
gearbeitet wird, 1686 c' engl. Maximalproduktion in 24 Stunden
148,000 c', Minimalproduktion 30,000 c'. Rohmaterial. Westphälische
Kohle und Boghead oder Lesmahago und zwar 27 Pfd. Boghead oder

70 Pfd. Lesmahago auf 100 Pfd. westphälische Kohle. Die Anstalt hat 60 Chamotteretorten in 10 Oefen, 916 □' Condensation, Beale'-schen Exhaustor, 2 Scrubber 12' hoch und 4' weit, 3 Reiniger mit 1000 □' Hordenfläche (Laming'sche Masse und Raseneisenstein), 2 Wasch-maschinen, 3 Gasbehälter mit zusammen 180,000 c' engl. Inhalt, 96,215' Röhrenleitung von 15'' bis 2'' Weite, eine Dampfmaschine von 3 Pferdekraft, 2 Dampfkessel. Nebenprodukte werden verkauft. Vergl. Journ. f. Gasbel. 1864 S. 212.

Der Bahnhof in Braunschweig besitzt eine eigene Gasanstalt, welche jährlich 10 Mill. c' Gas producirt. Im Herzogthum Braunschweig sind ausser den Städten Wolfenbüttel, Schöningen, Königslutter, Susen, Holzminden, das Dorf Söllingen und ausserdem 14 isolirt gelegene Zuckerfabriken mit Gasanstalten versehen. Näheres Journ. f. Gasbel. 1861 S. 26.

Bremen. 80,000 Einwohner einschliesslich der Vorstädte. Grün-derin und Eigenthümerin: die Stadt. Inspector: Herr H. Leonhardt. Ingenieur: Herr W. Horn. Erbauer: Herr Clemens Leprince. Der Beschluss der Behörde, Gasbeleuchtung einzuführen, datirt von 1852, die Eröffnung fand im September 1854 statt. Lichtstärke für die öffentliche Beleuchtung 12 bis 15 engl. Wallrathkerzen pro $3\frac{1}{3}$ bis $3\frac{1}{2}$ c' Gasconsum per Stunde. Gaspreis für Private durchweg $2\frac{1}{2}$ Thlr. Gold*) pro 1000 c' engl. 2100 Strassenflammen und circa 50,000 Privatflammen. Jahresproduktion 1867: 84 Mill. c'. Maximal-produktion in 24 Stunden 260,000 c', Minimalproduktion 70,000 c'. Betrieb bis zum Jahre 1860 mit englischen Steinkohlen, Harz und Boghead, seitdem mit westphälischen Kohlen und Boghead oder mit Lesmahago ohne Harz. Die Anstalt hat 84 ovale und ⌂ förmige Thonretorten (14 Oefen à 6 Ret.) — im Jahre 1868 werden 4 neue Oefen à 6 Ret. gebaut — 5 schmiedeeiserne trockene Scrubber mit durchlöcherten Platten, jeder 5' weit und 16' hoch, 2 Beale'sche Exhaustoren, 2 King'sche Scrubber je 5' weit und 15' hoch, 2 Wascher, hinter jedem zweiten Wascher 4 Reiniger zu je 55 □' Fläche, jeder mit 1 Horde, die 18'' hoch mit Deicke'scher Masse beschickt werden, hinter jedem System Deicke'scher Reiniger 1 Kalkreiniger mit je 4 Horden und 28 □' Fläche (Gesammthordenfläche circa 660 □'), 2 Stationsgasmesser, 5 Gasbehälter mit zusammen 350,000 c' Inhalt,

---

*) 1 Thlr. Gold = 72 Groot = 1 Thlr. 3 Sgr. = 1 fl. $55\frac{1}{2}$ kr. südd. W. = 1 fl. 39 kr. Oe. W.

ca. 280,000′ Röhrenleitung von 15″ bis 3″ Weite, 4000 Gasuhren, früher von E d g e, später von S. E l s t e r. Theer wird theilweise verheizt. Näheres Journ. f. Gasbel. 1865. S. 18.

Bremerhafen hat Gasbeleuchtung. Der Fragebogen ist nicht beantwortet worden.

Brescia (Italien). 40,000 Einwohner. Eigenthümerin: die Gesellschaft für Gasindustrie in Augsburg. Deren Director: Herr L. W i n t e r - w e r b e r. Specialdirigent: Herr A. H i l b e. Gründer und Erbauer: Herr L. A. R i e d i n g e r. Eröffnet am 6. März 1859. Leuchtkraft 14 Wachskerzen, 5 auf 1 Pfd., für 142 Liter*) Gasconsum per Stunde. Gaspreis 50 Centimes**) pro Cubikmeter***), für Laternen 4 Centimes pro Stunde. 712 Strassenflammen mit 1,534,700 Brennstunden im Jahr, 6000 Privatflammen mit einem Durchschnittsconsum von 50 Cubikm. pro Flamme jährlich. Jahresconsum gegen 460,000 Cubikm. Maximalconsum in 24 Stunden 2100 Cubikm., Minimalconsum 650 Cubikm. Betrieb mit englischen Steinkohlen (New Pelton Main). Die Anstalt hat ⌂ Retorten in Oefen mit 5 und 7 Retorten, welche jedoch in Oefen mit 6 Ret. umgebaut werden, Reinigung nach D e i c k e, 82,000′ Rohrleitung von 10″ bis 1¹/₂″ Weite, nasse Gasuhren von L. A. R i e d i n g e r.

Breslau (Schlesien). ca. 165,000 Einwohner.

a) P r i v a t g a s a n s t a l t: Eigenthümerin: die Gasbeleuchtungs-Actien-Gesellschaft zu Breslau. Dirigent: Herr B r a u n. Die Eröffnung der nach den Plänen und unter Ueberwachung des Herrn Commissionsrathes B l o c h m a n n sen. in Dresden durch Herrn Commissionsrath Dr. J a h n erbauten Anstalt erfolgte im Mai 1847. Der Magistrat hatte am 19. April 1845 mit dem Justiz-Commissarius Herrn E. S z a r b i - n o w s k i und dem Partikulier Herrn F r i e d l ä n d e r einen Vertrag über Gasbeleuchtung in sämmtlichen Strassen und öffentlichen Plätzen der Stadt, welche innerhalb des Stadtgrabens und des Oderstroms belegen sind, einschliesslich der Wallstrasse abgeschlossen; jedoch mit Ausschluss der Promenade am Stadtgraben und des Exercierplatzes an derselben, sowie des Ausladeplatzes an der Ziegelbastion, auf die Dauer von 25 Jahren. Die genannten Unternehmer traten

---

*) 1000 Liter = 1 Cubikmeter.
**) 1 Franc = 100 Centimes = 8 Silbergr. = 28 kr. südd. Währ.
***) 1 Cubikmeter = 35,32 c′ engl.

ihren Vertrag sehr bald an eine Actien-Gesellschaft ab, welche unterm
19. September 1848 durch einen Nachtrags-Vertrag das Recht erwarb, von den im ersten Vertrage erworbenen Rechten noch bezüglich anderer inzwischen schon beleuchteter Stadttheile Gebrauch
machen zu können. Die Vorstädte waren jedoch im Beleuchtungs-
terrain nicht einbegriffen. Beim Ablauf des Privilegiums kann die
Commune prolongiren oder nach einer, auf bestimmte Grundsätze ba-
sirten Taxe übernehmen. Der Fragebogen ist nicht beantwortet worden.
Die Statistik von 1862 enthält folgende Angaben: 1071 Strassenflammen
zu je 5 c′ Gasconsum pro Stunde, und etwas über 2000 Brennstunden
pro Jahr, ca. 1900 Privatconsumenten mit 20,200 Flammen. Die Stadt
zahlt für die Strassenbeleuchtung 1½ Thlr. pro 1000 c′ preuss.*),
Private zahlen bis zu 500 Thlr. jährlichen Verbrauch für dieselben
1000 c′ preuss. 2 Thlr. 20 Sgr., bei über 500 Thlr. bis 1200 Thlr.
Verbrauch 2 Thlr. 15 Sgr., bei über 1200 Thlr. bis 1800 Thlr. Verbrauch 2 Thlr. 10 Sgr. und bei über 1800 Thlr. Verbrauch 2 Thlr. 5 Sgr.
(Jetzt ist der Gaspreis auf 2 Thlr. pro 1000 c′ ermässigt.) Betrieb mit
Waldenburger Steinkohlen. Gasproduktion im letzten Jahre 74 Mill.
preuss. c′. Maximum in 24 Stunden 378,440 c′, Minimum 82,740 c′.
Verbrauch an Kohlen 47,100 preuss. Tonnen zu 360 Zoll-Pfd. Die
Anstalt hat 112 Retorten (Maximum über einem Feuer 10⅓ Ret., Mi-
nimum 7 Ret.), 300 lfd. Fuss preuss.**) doppelte 8zöll. Condensationsröhren, 2 Scrubber zu je 36 □′ Querschnitt und 288 c′ Inhalt, 4 Wa-
scher, 8 Reiniger mit 4370 □′ Hordenfläche und 2 mit 530 □′ Hordenfläche (Laming'sche Masse und Kalk), 3 Gasbehälter mit 295,000 c′ preuss.
Inhalt, ca. 150,000 lfd. Fuss preuss. Röhrennetz von 14″ bis 1⅓″
Durchmesser, 1,824 nasse Gasmesser. Nebenprodukte werden verkauft.
Actiencapital 650,000 Thlr. Journ. f. Gasbel. 1861 S. 81 und 209,
1862 S. 220.

b) Städtische Gasanstalt. Eigenthümerin: die Stadt. Dirigent:
Herr F. Lehmann. Als das Bedürfniss zur Erleuchtung der Vorstädte eintrat, ging der Magistrat die Gesellschaft darum an. Im Jahre
1857 forderte die Stadtverordneten-Versammlung den Magistrat auf,
die schwebende Frage über die Beleuchtung der Vorstädte zum Abschluss zu bringen. Und da die Gesellschaft definitiv die Ausdehnung
des Beleuchtungsterrains ablehnte, so blieb der Stadtgemeinde kein

---

*) 1000 c′ preuss. = 1091,84 c′ engl.
**) 1 Fuss preuss. = 1,02972 Fuss engl.

anderer Ausweg, als die Errichtung einer eigenen Gasanstalt. Auf Grund eines Vertrages vom 16. Juni 1863 übernahm Herr Director W. Kornhardt von Stettin den Bau der Anstalt und eröffnete dieselbe am 31. October 1864. Der Gaspreis sollte ursprünglich 2 Thlr. 15 Sgr. pro 1000 c′ preuss.*) betragen. Da die Actienanstalt jedoch inzwischen ihren Preis auf 2 Thlr. ermässigt hatte, so musste die Stadt auf den gleichen Preis zurückgehen. Eine Strassenflamme soll mindestens 5 c′ preuss. per Stunde verbrauchen, nach diesem Consum wird der Gesammtverbrauch nach Maassgabe des Brennkalenders berechnet, und mit 1 Thlr. 15 Sgr. pro 1000 c′ vergütet. Ende Juni 1867 waren 1040 Strassenflammen vorhanden (569 ganznächtige und 471 halbnächtige) und 7000 Privatflammen. Im Kalenderjahr 1867 brannte eine ganznächtige Flamme 2645 Stunden, eine halbnächtige $969^3/4$ Stunden. Gasproduktion vom 1. Juli 1866 bis dahin 1867: 30,961,000 c′ preuss. Maximalproduktion in 24 Stunden $1/200$, Minimalproduktion $1/600$ der Jahresproduktion. Betrieb mit schlesischen Steinkohlen (Waldenburg). Die Anstalt hat 67 Thonretorten (1 Ofen à 4, 3 à 7, 2 à 9 Ret. vom Bau her, und 3 Lehmann'sche Oefen à 8 Ret. Die Oefen à 9 Ret. sind mit Lehmann'scher Druckentlastung versehen). 2 Blochmann'sche Schaufelcondensatoren von je 4′ Weite und 18′ Höhe, 2 King'sche Scrubber von je 6′ Durchmesser und 14′ Höhe, 1 Wascher und 3 trockene Reiniger, von je 100 □′ Querschnitt und $4^1/2$′ Höhe, 1 Beale'schen Exhaustor mit Lehmann'schem Bypass-Regulator, 1 Stationsgasuhr von S. Elster, 1 Gasbehälter von 100,000 c′ preuss. Inhalt (ein zweiter von gleicher Grösse wird gebaut), 2 Dampfmaschinen à 3 Pferdekraft und 3 Dampfkessel, welche mit den abziehenden Verbrennungsgasen geheizt werden, 138,910′ Röhrenleitung mit einem Hauptstrang von 12″ Weite, und einem zweiten von 10″ Weite, 650 nasse Gasuhren von S. Elster in Berlin und H. Meinecke in Breslau. Nebenprodukte werden verkauft. Das Anlagecapital beläuft sich zur Zeit auf 290,000 Thlr. Die Stadt beabsichtigt, trotzdem dass die Geschäftslage der Anstalt ungünstig ist, das Röhrennetz über mehrere vom 1. Januar 1868 in das Gebiet der Stadt eintretende Dörfer, deren Einwohnerzahl sich auf etwa 30,000 beläuft, auszudehnen. Das Anlagecapital der Anstalt ist desshalb auf 350,000 Thlr. erhöht. Journ. für Gasbel. 1866 S. 481.

---

*) 1000 c′ preuss. = 1091,84 c′ engl.

Brieg (Schlesien). 13,475 Einwohner. Eigenthümerin: die Stadtcommune. Dirigent: Herr J. Förster. Die Anstalt wurde unter
Leitung des Herrn Kühnell jun. erbaut und am 24. November 1856
eröffnet. Der Gaspreis beträgt bis zu einem Jahresconsum von 10,000 c'
$2^1/_2$ Thlr. pro 1000 c' bis 50,000 c' $2^1/_3$ Thlr., bis 100,000 c' $2^1/_4$ Thlr.
und über 100,000 c' 2 Thlr. Kochgas kostet 2 Thlr. Alle diese
Preise werden in nächster Zeit ermässigt werden. Für die öffentliche
Beleuchtung, welche 2,618,238 c' Gas gebraucht, wird eine Pauschalsumme von 1850 Thlr. aus der Kämmereikasse berechnet. Jahresproduktion pro 1866: 10,735,020 c'. Maximalproduktion in 24 Stunden
61,810 c', Minimalproduktion 8,320 c'. 164 Strassenflammen, darunter
98 Nachtlaternen, hatten zusammen 423,368 Brennstunden, 2863 Privatflammen consumirten im Durchschnitt 2375 c' Gas per Flamme und
Jahr. Betrieb mit Steinkohlen aus Zabrze. Die Anstalt hat 25 Retorten (2 Oefen à 7, 1 à 5, 2 à 3 Ret.), 2 Röhrencondensatoren,
1 Scrubber $8' \times 4' \times 8'$, 2 Wascher à $3^1/_2' \times 2^1/_2' \times 2^1/_2'$, 6 Reiniger
$8' \times 3^1/_2' \times 3^1/_2'$ (Laming'sche Masse und Kalk), 2 Gasbehälter
à 21,000 c' Inhalt, Beale'schen Exhaustor, 26,260' Röhrenleitung und
zwar 500' 10zöll., 800' 8zöll., 1940' 6zöll., 300' 5zöll., 360' 4zöll.,
4766' 3zöll., 2100' $2^1/_2$ zöll., 12,818' 2zöll. und 2676' $1^1/_3$ zöll.,
262 Stück nasse Gasuhren von Hanues & Kraaz, S. Elster und
J. Pintsch. Nebenprodukte werden verkauft.

Die Moll'sche Gerberei in Brieg hat ihre eigene Privatgasanstalt.

Bromberg (Preussisch-Posen). 23,500 Einwohner. Eigenthümerin:
die Stadtcommune. Dirigent: Herr A. Keydel. Erbauer: Herr W.
Kornhardt in Stettin. Eröffnet am 1. October 1860 mit 35,400'
Röhrenleitung, 285 Strassenflammen und ca. 1000 Privatflammen. Im
ersten Betriebsjahre wurde das Gas an Private zu 3 Thlr. pro 1000 c'
abgegeben, während die Direction der kgl. Ostbahn nur 2 Thlr. 5 Sgr.
pro 1000 c' bezahlte, auch die Commune zahlte diesen Preis für die
Strassenbeleuchtung. Vom 1. October 1861 ab wurde der Preis auf
2 Thlr. 15 Sgr. pro 1000 c' ermässigt, und für eine Abendlaterne
(von Dämmerung bis 11 Uhr Abends) 12 Thlr., für eine Nachtlaterne
(die ganze Nacht) 17 Thlr. als Vergütung festgesetzt. Jetzt zahlen
Private 2 Thlr. 5 Sgr. pro 1000 c' preuss., die Ostbahn 1 Thlr. 25 Sgr.
und die Commune für jede Abendlaterne 10 Thlr., für jede Nachtlaterne 15 Thlr. jährlich. Jahresproduktion 20 Mill. c' preuss. 403 Strassenflammen und 6100 Privatflammen. Die ersteren consumirten in 579,150

Stunden 2,895,750 c′ preuss., der Durchschnittsconsum einer Privatflamme war 2047 c′ per Jahr. Maximalproduktion in 24 Stunden
105,000 c′, Minimalproduktion 15,100 c′. Betrieb mit englischen Steinkohlen (Nettlesworth und Leversons Wallsend). Die Anstalt hat 27
ovale Thonretorten (1 Ofen à 9, 2 à 7, 1 à 4 Ret.), 1 Coke-Condensator 12¹/₂′ hoch, 3¹/₂′ weit, 1 Cylinder-Condensator mit 2 Cylindern
à 15¹/₂′ Höhe und 1′ 10″ Weite, 2 Wascher à 4¹/₂′ Höhe und 4′ Weite,
3 Reiniger 7′ × 7′ × 3¹/₂′ (Wiesenerz und Kalk), Beale'schen Exhaustor, 2 Gasbehälter mit resp. 29,000 c′ und 36,000 c′ Inhalt,
56,091 lfd. Fuss Leitungsröhren, nämlich 2960′ 12zöll., 18′ 10zöll.,
18′ 9zöll., 1503′ 8zöll., 22′ 7zöll., 1835′ 6zöll., 5219′ 5zöll., 11,046′
4zöll., 5056′ 3zöll., 8559′ 2¹/₂zöll., 9477′ 2zöll., 10,377′ 1¹/₂zöll. und
ausserdem 22,039′ 1¹/₄zöll., 1¹/₂zöll. und 2zöll. Zuleitungsröhren. 521
nasse Gasuhren von S. Elster. Nebenprodukte werden verwerthet.
Anlagecapital 145,000 Thlr. Journ. f. Gasbel. 1867 S. 38.

Bruchsal (Baden). 9000 Einwohner. Eigenthümerin: die badische
Gesellschaft für Gasbereitung J. N. Spreng's Erben — Frau Wittwe
Emil Spreng in Nürnberg und Herr Albert Spreng in Freiburg. Dirigent und Prokuraführer: Herr Ingenieur C. Lang in Karlsruhe. Erbaut im Jahre 1856 durch die Herren Spreng und Sonntag für ihre
eigene Rechnung. Nachdem im Jahre 1859 die Herren Spreng und
Sonntag sich getrennt hatten, ging das Werk in alleinigen Besitz des
Herrn J. N. Spreng und nach dessen Ableben im Jahre 1861 an die
Herren J. N. Spreng's Erben über. Concessionsdauer bis 1896, zu
welcher Zeit die Stadt das Werk zum Taxwerthe übernehmen kann,
oder den Unternehmer weitere 15 Jahre unter Zulassung von Concurrenz sein Geschäft betreiben lässt. Lichtstärke bei 4¹/₂ c′ Consum
gleich 9 Wachskerzen-Helle, 6 auf 1 Pfd. Preis des Gases für öffentliche Beleuchtung 3 fl. 12 kr., für die Strafanstalten 4 fl. 18 kr., für
Privaten 5 fl. pro 1000 c′ engl. Betrieb mit Saarkohlen. Jahresproduktion 7 Mill. c′ engl. Maximalproduktion in 24 Stunden 34,000 c′,
Minimalproduktion 7000 c′. 166 öffentliche Laternen mit 1540 Brennstunden und 4¹/₂ c′ — angeblich — stündlichem Consum. 2400 Privatflammen mit 2000 c′ durchschnittlichem Consum per Jahr. Die Anstalt
enthält 17 Retorten von J. R. Geith (2 Oefen à 6, 1 à 3, 1 à 2 Ret.),
Condensator, Wascher, 2 Reiniger (Laming'sche Masse), Stationsgasmesser, 2 Gasbehälter mit je 12,000 c′ Inhalt, 210 Gasuhren von
S. Elster.

Brühl bei Cöln. ca. 3000 Einwohner. Eigenthümerin: die Stadtgemeinde Brühl. Dem Betrieb in der Fabrik steht ein Werkführer
(Gasmeister) vor, die kaufmännische Verwaltung wird durch den Bei-
geordneten-Bürgermeister und einen Cassen-Rendanten besorgt. Erbauer:
Herr Ingenieur H. Nachtsheim in Cöln. Eröffnet am 23. Dec. 1867.
Lichtstärke gleich 14 Parlamentskerzen (6 auf 1 Pfund). Gaspreis
2 Thlr. 10 Sgr. pro 1000 c' rhl.*) 33 Strassenflammen mit 1000 Brennstunden à 6 c' per Jahr. Jahresproduction voraussichtlich $1^1/_2$—2 Mill. c'.
Betrieb mit westphälischen Steinkohlen. Die Anstalt hat 8 ovale Retorten (2 Oefen à 3, 2 à 1 Ret., welche beide letzteren sich leicht in
einen Fünfer-Ofen umwandeln lassen), 1 combinirten Wascher mit Condensator, 4 Kalkreiniger mit je 4 Doppelrostlagen, 1 Gasbehälter von
15,000 c' Inhalt, 800 Ruthen Rohrleitung von 5'' bis 2'' Weite, 200
nasse Gasuhren von S. Elster. Nebenproducte werden verkauft.
Anlagecapital 18,500 Thlr.

Brünn (Mähren). Die Anstalt gehört einer Privatgesellschaft.
Man steht wegen Verlängerung des Vertrages mit der Stadt in Unter-
handlung, wesshalb eingehende Mittheilungen über die Verhältnisse der
Anstalt nicht gemacht werden können.

Brumby bei Calbe a. d. Saale. Die Herren Gebr. Pieschel in
Brumby haben für ihre Zuckerfabrik nebst Wohnhaus eine eigene
Gasanstalt, die von Herrn Ingenieur H. Liebau in Magdeburg 1862
erbaut, etwa 100 Flammen speist. Ausserdem versorgt diese Anstalt
noch die Beleuchtung der Oekonomiegebäude des naheliegenden Ritterguts, ca. 30 Flammen. Die Rohrleitung ist etwa 1000' lang.

Buchholz (Sachsen) hatte schon 1863 die Absicht, Gasbeleuchtung
einzuführen. Der Fragebogen ist nicht beantwortet worden.

Buckau bei Magdeburg. Die Anstalt ist durch Herrn C. Brandt
in Halberstadt erbaut worden. Der Fragebogen wurde nicht beantwortet.

Budweis (Böhmen). 20,000 Einwohner. Die Erbauung einer Gasanstalt in eigener Regie wurde vom Gemeindeausschuss beschlossen,
und wird gegenwärtig durch den Director der städtischen Gasanstalt
in Prag, Herrn Commissionsrath Dr. Jahn, ausgeführt.

Bückeburg (Schaumburg-Lippe). 4200 Einwohner. Eine Gasanstalt
ist projectirt, aber bis heute noch nicht ausgeführt.

---

*) 1000 c' rhl. = 1091,84 c' engl.

Bützow (Mecklenburg). 5000 Einwohner. Erbauer und Eigenthümer: Herr W. Strode in London. Dirigent: Herr W. Mantle in
Teterow. Eröffnet am 10. October 1862. Concessionsdauer 20 Jahre.
Die Stadt hat sich das Vorkaufsrecht vorbehalten, event. wird der Vertrag verlängert. Lichtstärke 12 Kerzen der Great Western Company
in London. Gaspreise für Privaten pro 1000 c' hamb.*) in den ersten
3 Jahren 2 Thlr. 24 Sch.**), in den zweiten 3 Jahren 2 Thlr. 16 Sch.,
in den dritten 5 Jahren 2 Thlr. 8 Sch., in den vierten 9 Jahren
2 Thlr. Städtische Gebäude zahlen 2 Thlr. 8 Sch. pro 1000 c',
Strassenlaternen 1 Pf. Meckl. pro Cubikf. Etwa 80 Strassenflammen
und 750 Privatflammen. Jahresconsum 1,400,000 c'. Betrieb mit
Newcastle-Kohlen. Die Anstalt hat 1 Ofen mit 5 und 1 Ofen mit
3 Thonretorten, sowie 1 Ofen mit 1 eisernen Retorte, 1 Scrubber mit
Wasserdurchlauf, 2 Reiniger (Raseneisenstein), 1 Gasbehälter mit
23,000 c' Inhalt, 100 Gasuhren von Wright in London. Nebenprodukte werden verkauft.

Bulle (Schweiz). 2300 Einwohner. Eigenthümer, Erbauer und
Dirigent Herr C. Gräser Sohn. Eröffnet am 23. December 1866.
Mit der Eröffnung der Eisenbahnlinie Bulle-Romont im Jahre 1868
wird eine bedeutende Entwicklung erwartet, auch steht eine Spinnerei
in Aussicht. Die Concession läuft 25 Jahre, nach deren Ablauf die
Stadt das Recht hat, die Anstalt käuflich zu übernehmen, oder weitere
25 Jahre Concession zu geben. Lichtstärke vertragsmässig 24 Stearinkerzen (4 auf 1 Pfd.), bei 83 Litres***) Consum per Stunde. Diese
Leuchtkraft kann jedoch nicht erreicht werden, es werden bei 140 Litres
Consum per Stunde 16 Kerzen-Helle gegeben. Gaspreis für die städtische
Beleuchtung 4½ Centimes†) per Stunde und für Privaten 50 Cent. per
Mêtre Cub. 45 Strassenflammen brennen zusammen 75,000 Stunden
per Jahr und consumirt jede 150 Litres per Stunde. 310 Privatflammen
brauchen per Jahr ca. 22,000 Mêtres Cub.††) Betrieb mit Steinkohlen,
seither aus der Grube Montrambert in St. Etienne, in Zukunft von
Heinitz in Saarbrücken. Die Anstalt hat 6 Thonretorten von L. Bousquet & Co. in Lyon (2 Oefen à 3 Ret.), Vorlage 10' lang, 18" weit,

---

*) 1000 c' hamb. = 831,15 c' engl.
**) 1 Thaler = 48 Schillinge = 576 Pfennige.
***) 1000 Liter = 1 Cubikmeter.
†) 1 Franc = 100 Cent. = 8 Silbergr. = 28 kr. südd. Währ.
††) 1 Cubikmeter = 35,32 c' engl.

1 Scrubber 3′ 5″, Durchmesser 10′ hoch, 1 Wascher aus Blech 8′ ×
4¹/₂′ × 1′ 6″, 1 Reiniger mit Abtheilung 8′ × 4¹/₂′ × 4′ (Laming'sche
Masse und Kalk), 1 Gasbehälter von 160 Cubikm. Inhalt, Stationsgasuhr und Regulator von S. Elster, 10,200 lfd. Fuss Röhrenleitung
von 6″ bis 2″ Weite, 2300′ Abzweigungen 1″ und 3¹/₄″, 56 nasse
Gasuhren von S. Elster. Anlagecapital 80,000 Frcs.

Bunzlau (Schlesien). 9000 Einwohner. Eigenthümerin: die Stadt.
Dirigent: Herr Endenthum. Die Stadt unterhandelte Ende der
fünfziger Jahre mit Herrn Neumann aus Berlin, der die Hirschberger
Gasanstalt gebaut hatte. Ein Contrakt wurde abgeschlossen, nach
welchem Herr Neumann die Anstalt für seine Rechnung errichten
sollte. Um die erforderlichen Capitalien zusammenzubringen, versuchte
derselbe die Gründung einer schlesischen Gasgesellschaft von Berlin
aus, dies misslang, die Zeit verstrich, ohne dass der Bau in Angriff
genommen wurde, die schlesische Gasgesellschaft hat nie existirt. Die
Stadt liess das ganze Projekt dann fallen, und verwendete 1000 Thlr.
Caution, welche von Herrn Neumann erlegt und verfallen waren,
zu Experimenten, die Stadt mit Photogen zu beleuchten. Die Gründung
der Provinzial-Irrenanstalt in Bunzlau gab 1861/62 wieder Veranlassung
das Projekt aufzunehmen; man beschloss nunmehr den Bau für Rechnung der Stadt ausführen zu lassen, und übergab ihn dem Ingenieur
Herrn Otto Häntzschel. Die Eröffnung fand am 1. März 1863 statt.
Gaspreis bei einem Jahresconsum bis 20,000 c′ 2 Thlr. 12 Sgr. 6 Pf.,
bis 100,000 c′ 2 Thlr. 10 Sgr., über 100,000 c′ 2 Thlr. 7 Sgr., über
500,000 c′ 2 Thlr. pro 1000 c′. 124 Strassenflammen und 1811 Privatflammen. Der Consum der Strassenflammen beträgt 5 c′ per Stunde,
bis 11 Uhr ist volle Beleuchtung (jährlich 1110 Brennstunden) von da
bis Morgens brennen noch ca. ¹/₃ der Laternen mit 1180 Stunden. Der
Durchschnittsconsum der Privatflammen ist 2221 c′ per Jahr. Jahresproduktion reichlich 5 Mill. c′. Maximalconsum in 24 Stunden 30,000 c′,
Minimalconsum 4000 c′. Betrieb mit niederschlesischen (Waldenburger)
Steinkohlen. Die Anstalt hat 17 Retorten (1 Ofen à 7, 1 à 5, 1 à 3,
1 à 2 Ret.), 5 Blechcondensatoren 9′ hoch, 10″ im Durchmesser,
durch schrägaufsteigende 5zöll. Röhren verbunden, Scrubber von Blech
auf viereckigen gusseisernen Kasten 14′ × 3¹/₂′ × 3¹/₂′ mit Coke gefüllt,
1 Wascher 3′ im Quadrat von Gusseisen, Einsatz mit 128 Stück 1zöll.
Eintauchröhren, 3 gusseiserne Reiniger 7′ × 3′ (Eisenstein und Kalk),
Beale'schen Exhaustor mit Bypassregulator von S. Elster, Stations-

gasmesser von S. Elster, 1 Gasbehälter mit 26,000 c' Inhalt, 30,000'
Rohrleitung von 7'' bis 1¹/₃'' Weite, 252 nasse Gasuhren von J. Pintsch.
Nebenprodukte werden verkauft. Anlagecapital 60,000 Thlr.

Burgdorf (Schweiz). 4450 Einwohner. Das Gaswerk Burgdorf
wurde von Herrn E. Ringk, Director und Miteigenthümer des Gaswerks Schaffhausen im Jahre 1862 und auf seine Rechnung erbaut.
Am 11. October 1862 fand die Eröffnung statt. Nachdem der Unternehmer die „Schweizerische Gasgesellschaft" mit einem Capital von
1 Mill. Francs am 15. October 1862 mit Hülfe einiger Freunde, welche
nachher das Gründungscomité bildeten, gründete, übergab er das Gaswerk Burgdorf an die neue Gesellschaft zu den Anlagekosten, wobei
sich jedoch die Gemeinde Burgdorf mit ¹/₃ des Capitals betheiligte und
hernach eine eigene „Gas-Gesellschaft Gaswerk Burgdorf" bildete, bei
welcher die Schweizerische Gasgesellschaft sich mit ²/₃, die Gemeinde
Burgdorf sich mit ¹/₃ sämmtlicher Actien betheiligte. Das Actiencapital
wurde auf 150,000 Frcs. festgesetzt, das Anlagecapital betrug 125,000 Frcs.
Die Concession ist auf 36 Jahre ertheilt. Wird der Vertrag nicht
spätestens ein Jahr vor seinem Ablaufe gekündigt, so dauert er unver-
ändert fünf weitere Jahre fort, und ebenso je von 5 zu 5 Jahren,
wenn nicht eine Kündigung vor dem Jahre des Ablaufs erfolgt. Zwei
Jahre vor Ablauf des Vertrages hat die Gemeinde das Recht, zu erklären, ob sie das Gaswerk s. Z. zu einem Schätzungswerthe, der von
fünf Sachverständigen festgestellt wird, käuflich übernehmen will oder
nicht. Tritt weder eine Ablösung noch eine Vertragsverlängerung ein, so
behält bei etwaiger Concurrenz der Unternehmer unter gleichen Offerten
den Vorzug. Leuchtkraft für 4¹/₂ c' Gas pro Stunde 12 Stearinkerzen-
Helle (mit beständig geputztem Docht), 6 auf 1 Pfd., bei deren günstigster Flammenhöhe von 22''' 12theil. Maass. Für die Strassenbeleuchtung bezahlt die Gemeinde 1000 c' engl. mit 10 Frc.*) Sobald
die Zahl der Strassenflammen 100 erreicht hat, tritt eine Ermässigung
dieses Preises um ¹/₂ Frc. ein. Privaten zahlten zuerst 16 Frcs. pro
1000 c', seit Februar 1864 jedoch nur 15 Frcs. 81 Strassenflammen,
welche im Betriebsjahr 1866/67 — 529,400 c' Gas consumirten, 1084
Privatflammen brauchten in demselben Jahr 1,157,700 c', also durchschnittlich per Flamme 1067 c'. Maximalconsum in 24 Stunden 11,900 c',
Minimalconsum 1000 c'. Betrieb mit Saarbrücker Kohlen unter zeit-
weisem Zusatz von Boghead oder böhmischen Plattelkohlen. Die An-

---

*) 1 Franc = 8 Silbergr. = 28 kr. südd. Währ.

stalt hat 3 Oefen, 1 Ofen mit zwei grossen Retorten, die andern mit resp. 2 und 3 kleinen Retorten von Sugg & Vygen, aufrechtstehende Condensation mit 6 Röhren von 5″ Durchmesser und 10′ Höhe, 1 Scrubber, 2 Kalkreiniger, jeder mit 2 Abtheilungen und 12 Horden, Stations-gasmesser von Brunt für 4000 c′ per Stunde, Regulator, Gasbehälter von 13,000 c′ Inhalt und 5zöll. Röhrenverbindung. Das Anlagecapital betrug am 1. Juli 1867 nach Erstellung eines neuen Kohlenschuppens etc. 142,000 Frcs. Näheres Journ. f. Gasbel. 1864 S. 125, 1865 S. 201, 1866 S. 189, 1867 S. 370.

Burgk bei Dresden hat eine dem Herrn Baron von Burgk ge-hörige Gasanstalt.

Burtscheid bei Aachen hat Gasbeleuchtung. Der Fragebogen ist nicht beantwortet worden.

Buxtehude (Hannover). 3000 Einwohner. Eigenthümer und Er-bauer: die Herren H. Noblée & Co. in Harburg. Eröffnet am 1. Oct. 1864. Der Contrakt läuft 25 Jahre. Nach Ablauf ist die Stadt berech-tigt, die Anstalt zum Taxwerthe anzukaufen. Leuchtkraft 9 Sperma-cetikerzen für 1 c′ Gasconsum per Stunde. Gaspreis für die Strassen-beleuchtung 2¹/₂ Thlr pro 1000 c′, für die Privatbeleuchtung 5¹/₂ Thlr. 54 Strassenflammen, die mit 1¹/₂ c′ Consum per Stunde und etwa 1700 Stunden per Jahr brennen; 92 Privatconsumenten mit ca. 900 Flammen. Betrieb mit Boghead. Die Anstalt hat 1 Gasbehälter von 7000 c′ Inhalt, 15,000′ Hauptröhren von 6″ bis 2″ Weite. Der Ueber-gang von Bogheadgas auf gewöhnliches Steinkohlengas gegen ent-sprechend herabgesetzte Preise ist vorbehalten.

Calbe an der Saale (Preussisch-Sachsen). 11,227 Einwohner. Gründerin und Eigenthümerin: die Allgemeine Gas-Actien-Gesellschaft zu Magdeburg. Deren Generaldirector: Herr A. Bethe. Special-Dirigent: Herr H. Züllig. Erbauer: Herr Oberingenieur J. Moore. Eröffnet am 1. December 1858. Der Vertrag läuft 25 Jahre vom Eröffnungstage an. Zum Vertrage, der vom 29. Juni, resp. 8. Juli 1857 datirt, ist am 11./15. Nov. 1867 ein Nachtrag vereinbart worden, wonach die Stadt das Recht zum Ankauf resp. zur unentgeldlichen Besitznahme der Anstalt gegen Herabsetzung der Preise und präcisere Bestimmung der Leuchtkraft aufgegeben hat. Leuchtkraft 11 Wachs-kerzen 9″ lang, 6 auf 1 Pfd., mit 1⁵/₈″ hoher Flamme für 5 c′ Gas per Stunde. Gaspreis für die Stadt 3 Pfennige pro Stunde mit 5 c′ Consum, für Privaten 2¹/₂ Thlr. pro 1000 c′ preuss.*). 81 Strassen-flammen mit 990 Brennstunden jährlich und 305,854 c′ Consum, 1000 Privatflammen mit 1,609,500 c′ Jahresconsum. Jahresproduktion: 2,171,500 c′. Maximalproduktion in 24 Stunden 16,100 c′, Minimal-produktion 500 c′. Betrieb mit westphälischen Steinkohlen. Die An-stalt hat 7 elliptische Retorten (2 Oefen à 3, 1 à 1 Ret.), 7 Conden-sationsröhren 10′ lang, 5″ weit, 1 Scrubber, 4′ weit, 10′ hoch, 2 Reiniger 5′ × 3¹/₂′ × 2¹/₂′ (Laming'sche Masse), Stationsgasmesser, 1 Gasbehälter von 15,000 c′ Inhalt, 12,471′ Leitungsröhren von 4″ bis 1¹/₂″ Weite, 87 Gasuhren von S. Elster. Nebenprodukte werden verkauft. Anlagecapital 48,360 Thlr. 23 Sgr. 4 Pf.

In Calbe sind noch 3 Privatgasanstalten vorhanden, nämlich in den Fabriken der Herren C. L. H. Fischer, Barsekow & Co. und Schulze & Buhlers. Die letztere Anlage ist vor zwei Jahren von Herrn Chop, Dirigent der Gasanstalt in Cöthen, umgebaut worden, und bereitet ihr Gas aus Fetten.

Camen (Westphalen). 3500 Einwohner. Eigenthümerin: die Stadt. Erbauer: Herr C. Mayer. Die Anstalt ist auf eine Produktions-fähigkeit von 3 Mill. c′ im Jahr eingerichtet. Betrieb mit west-phälischen Kohlen. Die Anstalt hat 8 Thonretorten (1 Ofen à 5, 1 à 2, 1 à 1 Ret.), 100′ Röhrencondensation, Scrubber, 3′ weit, 10′ hoch mit Traufwasser, 2 Reiniger und 1 in Reserve 5′ × 3′ (Laming'sche Masse und Kalk), 1 Stationsgasuhr, 1 Gasbehälter mit 11,500 c′ In-halt, nasse Gasuhren von Th. Spielhagen. Anlagecapital 16,000 Thlr.

Cannstadt und Berg (Württemberg). 8087 Einwohner. Eigen-thümer: Herr J. C. Heineken. Das Privilegium läuft vom 5. Juni 1852 auf 25 Jahre, und weitere 15 Jahre, wenn der Eigenthümer 1¹/₂ Jahre vor Ablauf erklärt, dass er die Fabrikation fortsetzen will. Mit dem Erlöschen des Privilegiums muss die Stadt die Anlage nach Maassgabe der Rentabilität übernehmen. Eröffnet im November 1852. Leuchtkraft für 4¹/₂ c′ engl. Consum pro Stunde 9 Kerzenhelle, 4 auf 1 Pfd. 139 Strassenflammen mit je 1000 Brennstunden jährlich und 4¹/₂ c′ Consum per Stunde. Etwa 200 Privatconsumenten mit circa 1800 Flammen. Die Stadt zahlt 3 fl. 57 kr., die Privaten 6 fl. 40 kr. pro 1000 c′ engl. Betrieb mit Saarbrücker Steinkohlen. Jahresproduktion

---

*) 1000 c′ preuss. = 1091,84 c′ engl.

3,500,000 c'. Die Anstalt hat 6 Thonretorten (1 Ofen à 3, 1 à 2, 1 à 1 Ret.), 60 lfd. Fuss Röhrencondensation 5" weit, 1 Wascher, 2 Reiniger mit 8 Horden von je 16 □' Fläche (Laming'sche Masse), 1 Gasbehälter von 10,000 c' Inhalt, 46,000 lfd. Fuss Leitungsröhren von 5" bis 1½" Weite, nasse Gasuhren. Die ursprüngliche Anlage seitens des ersten Unternehmers, Herrn Gräser, kostete einige 50,000 fl. Im Spätsommer 1854 wurde sie an Herrn K. Keil um 27,000 fl. verkauft. Der gegenwärtige Besitzer gibt die Anlagekosten auf 80 bis 85,000 fl. an.

Ausserdem existiren in Cannstadt-Berg noch zwei Privatgasanstalten, die eine in der Spinnerei der Herren Chur & Söhne, die andere in der Maschinenfabrik des Herrn Kuhn in Berg.

Carlsruhe (Baden). 30,500 Einwohner. Eigenthümer: die Herren Gebr. Puricelli auf Rheinböllerhütte, und die Herren J. N. Sprengs Erben — Frau Wwe. Emil Spreng in Nürnberg und Herr A. Spreng in Freiburg unter der Firma „Gaswerk Carlsruhe, Spreng und Puricelli." Dirigent und Prokuraträger der Firma: Herr Ingenieur C. Lang. Gegründet und erbaut wurde die Anstalt durch die Herren Barlow und Manby aus London 1845, eröffnet am 1. November 1846. Schlechter Geschäfte halber wurde sie öffentlich versteigert und an eine französische Gesellschaft Steiger & Co. abgetreten, als der Betrieb kaum begonnen hatte. Diese Gesellschaft prosperirte auch nicht, und cedirte die Action 1847 an die von den Herren Spreng und Sonntag gebildete badische Gesellschaft für Gasbereitung. Im Jahre 1859 trennten sich diese Herren und der Betrieb des Werkes fiel dem Herrn J. N. Spreng, und nach dessen Tod am 5. November 1861 dessen Erben zu. In Folge bestehender Verträge ging es am 25. November 1864 in den Besitz der gegenwärtigen Eigenthümer über. Die Concession läuft vom 25. November 1845 auf 25 Jahre; nach Ablauf hat die Stadt das Recht, das Werk zum Taxwerth oder zum Rentabilitätswerth zu übernehmen oder Concurrenz eintreten zu lassen, in welch' letzterem Falle die Besitzer das Werk weitere 15 Jahre betreiben können. Normallichtstärke vertragsmässig bei 4½ c' engl. Consum per Stunde 7 Wachskerzenhelle, 4 auf 1 Pfd. Gaspreis für öffentliche Beleuchtung 2 fl. 42 kr., wobei der Anstalt Anzünden, Löschen und Unterhalt der Laternen obliegt, für öffentliche Anstalten 3 fl. 54 kr. pro 1000 c', für Privaten 4 fl. 50 kr. pro 1000 c' engl. 710 Strassenflammen mit angeblich 4½ c' Consum per Stunde und 1500 Brennstunden per Jahr, 12,300

Privatflammen mit 1800 c′ Consum per Flamme und Jahr. Jahresproduktion 32 Mill. c′. Maximalproduktion in 24 Stunden 170,000 c′,
Minimalproduktion 35,000 c′. Betrieb mit Saarbrücker Steinkohlen.
Die Anstalt hat 45 glasirte Thonretorten von J. R. Geith (4 Oefen
à 6, 3 à 7 Ret.), 1 liegenden Condensator, 2 Beale'sche Exhaustoren,
2 Dampfmaschinen, 2 Kessel, 1 Wascher, 1 Kalkmilchreiniger, 4 Trockenreiniger (Laming'sche Masse), Stationsgasmesser, 4 Gasbehälter mit
125,000 c′ Inhalt für die Stadt, 1 Gasbehälter mit 13,000 c′ Inhalt
für's Theater, 1 Regulator, 130,000′ Rohrleitung von 12″ grösster
Weite, nasse Gasuhren von S. Elster. Das Anlagecapital ist in der
Statistik von 1862 zu 300,000 fl. angegeben.

Cassel (Hessen). 38,500 Einwohner ohne Militär. Eigenthümerin:
eine Actiengesellschaft, Firma: „Gasbereitungsanstalt zu Cassel". Dirigent: Herr E. Rudolph. Eröffnet am 7. December 1850. Das
Privilegium datirt vom Jahre 1850. Der seither mit der Stadt bezüglich der Strassenbeleuchtung bestehende Vertrag ist mit verschiedenen Modifikationen vom 1. Januar 1868 ab auf 20 Jahre erneuert,
und wird von da ab stillschweigend von 10 zu 10 Jahren verlängert,
wenn nicht vor Beginn des letzten Jahres der ursprünglichen oder
bereits verlängerten Vertragsperiode seitens eines der beiden Contra-
henten eine Kündigung erfolgt. Normalleuchtkraft für 5 c′ Gasconsum per Stunde 12 Wachskerzen bester Qualität, 13 Casseler Zoll
lang, und 6 auf 25¹/₂ Loth. Der Stadt ist es überlassen, welcher
der wissenschaftlich als zweckmässig anerkannten photometrischen Apparate sie sich zu ihren controllirenden Lichtmessungen bedienen will.
Gaspreis für die Strassenbeleuchtung 1 Thlr. 12¹/₂ Sgr. pro 1000 c′.
Private zahlen 2¹/₂ Thlr., doch soll dieser Preis nach und nach herabgesetzt werden, und in spätestens 10 Jahren auf 2 Thlr. gebracht sein,
vorausgesetzt, dass dann der Privatconsum nicht unter 20 Mill. c′ pro
anno, und der Preis eines Waggons Kohlen loco Bahnhof Cassel nicht
über 24¹/₂ Thlr. beträgt. Abnehmer von grossen Quantitäten erhalten
angemessenen Rabatt. Jahresproduktion 26 Mill. c′. Maximalproduktion
in 24 Stunden 144,000 c′, Minimalproduktion 24,300 c′. 532 Strassenflammen mit 1400 Brennstunden jährlich, werden mit 5 c′ stündlichem
Consum berechnet, brennen aber mehr. Betrieb mit westphälischen
Steinkohlen (Zollverein). Die Fabrik hat mit der im Jahre 1867 statt-
gehabten Vergrösserung (noch nicht im Betriebe) 73 Stück ⌓ förmige
Retorten (8 Oefen à 6, 5 à 5 Ret.), die Condensations- und Reinigungs-

apparate werden umgebaut und erweitert, letztere zu 2 $\times$ 4 Reiniger
von 11' im $\square$ (Laming'sche Masse). Gegenwärtig sind 3 Gasbehälter
im Betrieb, ein vierter ist im Bau, und wird nach dessen Inbetriebsetzung einer der ersteren abgebrochen, so dass der Gasometerinhalt
dann im Ganzen 180,000 c' betragen wird. 936 Gasmesser, zu $^9/_{10}$
trockene von Th. Glover in London und der London-Gasmeter-Com-
pany in London und Osnabrück, $^1/_{10}$ nasse älterer Construktion und
von S. Elster. Nebenprodukte werden verkauft.

Castel bei Mainz (Hessen-Darmstadt). 3900 Einwohner. Die
Fabrik wurde 1853 von der Verwaltung der Taunus-Eisenbahngesell-
schaft erbaut. Die Apparate hiezu verfertigte der Maschinenfabrikant
Herr M. Aleiter in Mainz; ebenso legte derselbe die Leitungsröhren.
Von der Erbauung an bis zum 1. März 1865 hat die Taunus-Eisenbahn-
Verwaltung die Gasfabrikation selbst betrieben, von genanntem Tage
an ist dieselbe vertragsmässig an Herrn Fritz, Maschinenmeister bei
der Taunus-Eisenbahn, verpachtet. Jahresproduktion 1,200,000 c'.
Hievon verbraucht die Taunusbahn zur Beleuchtung ihrer Locale und
des Bahnhofes ca. 400,000 c' und ca. 800,000 c' werden an Private
zum Preise von 5 fl. 30 kr. pro 1000 c' abgegeben. Bis jetzt liegen
die Leitungsröhren nur in einigen Hauptstrassen von Castel, sie werden
aber demnächst durch alle Strassen gelegt. Betrieb mit Saarbrücker
Kohlen (Heinitz) und 10% Bogheadzusatz. Reinigung mit Laming'-
scher Masse.

Celle (Hannover). 15,000 Einwohner. Die Anstalt ward 1857 von
den Herren Hack und Bruns erbaut. Eigenthümer und Dirigent:
Herr W. Bruns. Die Stadt hat das Recht die Anstalt 30 Jahre nach
dem Contractschlusse käuflich und zwar zum Taxwerth zu übernehmen.
Lichtstärke für 5 c' Gasconsum per Stunde 10 Wallrathkerzen bei
offenem Brenner. Gaspreis $2^1/_6$ bis $1^1/_2$ Thlr. Jahresproduktion 6 Mill. c'.
Betrieb mit Steinkohlen. Oefen mit 6 Retorten, Scrubber von 7 $\times$ 7'
Querschnitt und 14' Höhe, 3 Reiniger von je 70 $\square$', 2 Gasbehälter
à 20,000 c' Inhalt, nasse Gasmesser.

Charlottenburg (Preussisch-Brandenburg). 15,000 Einw. Eigenthümerin: die Stadtcommune. Dirigent: Herr Schön. Die Anstalt ist
von Herrn Baumeister und Director Kühnell in Berlin gebaut, und
am 15. December 1861 eröffnet worden. In Folge des raschen Steigens
der Einwohnerzahl ist im Jahre 1866 ein zweiter Gasbehälter erbaut,

4*

und sind auch sonstige Erweiterungsbauten vorgenommen worden. Betrieb mit englischen Steinkohlen. Jahresproduktion 7 Mill. c′ preuss.*) Maximalproduktion in 24 Stunden 40,000 c′, Minimalproduktion 8000 c′. 190 Strassenflammen mit je 1250 Brennstunden jährlich und 7 c′ Consum pro Stunde, gegen 4000 Privatflammen. Die Anstalt hat 18 glasirte Chamotteretorten 20″ × 16″ (1 Ofen à 6, 1 à 5, 1 à 4, 1 à 3 Ret.), 4 Condensatoren 2′ weit und 9′ hoch, 2 Wascher 5′ × 3′ 3″ × 4′, 1 Scrubber, 1 Beale'schen Exhaustor, 3 Reiniger 8½′ × 3′ 9″ × 3′, 1 Stationsgasmesser von 30 c′ Trommelinhalt, 2 Gasbehälter mit resp. 18,000 c′ und 31,000 c′ Inhalt. (Reinigung mit den Rückständen der Anilinfabrikation). 76,000′ Röhren von 7″ bis 2″ Durchmesser, 253 nasse Gasuhren von S. Elster in Berlin. Theer wird verheizt, für Ammoniakwasser keine Verwerthung. Anlagecapital 110,000 Thlr.

Chemnitz (Sachsen). Nachdem die Anstalt durch Herrn C. Pfaff unter technischer Assistenz des Herrn Commissionsrathes Dr. Jahn in Dresden erbaut und am 25. Mai 1854 mit 127 Strassen- und 1400 Privatflammen eröffnet war, wurde sie bis zum Jahr 1864 von den Herren C. Pfaff und Geschw. Hösel als Eigenthümern betrieben, und sodann — angeblich um die Summe von 350,000 Thlr. — an die belgische Gesellschaft „Compagnie générale pour l'eclairage et de chauffage par le gaz" in Brüssel verkauft. Die Concession läuft vom 8. Juli 1853 auf 30 Jahre. Nach Verlauf dieser Zeit kann die Commune die Anstalt zum Taxwerth übernehmen oder den Contract verlängern. Da die Fragebogen nicht beantwortet worden sind, so folgen hier die Angaben der Statistik von 1862. Betrieb mit Zwickauer Steinkohlen (früher auch Old Pelton Main mit 6% Cannel). Contractlich keine Leuchtkraft festgestellt, nachträglich auf 14 Spermacetikerzen, 6 auf 1 Pfd., in Vorschlag. Produktion im letzten Jahre 25,424,700 c′ sächs.**) im Maximum 147,480 c′, im Minimum 22,806 c′ in 24 Stunden. Kohlenverbrauch in demselben Jahre 25,365 Dresdener Scheffel (gestr. Maass)***). 590 Strassenflammen und 437 Privatconsumenten mit 8644 Flammen, 1 Gaskraftmaschine mit mehreren Senge- und Heizapparaten. Preis für Private 2 Thlr. 10 Sgr. pro 1000 c′ sächs.,

---

*) 1000 c′ preuss. = 1091,84 c′ engl.

**) 1000 c′ sächs. = 802 c′ engl.

***) 1 Dresd. Scheffel = 7900 Dresd. Cubikzoll = 1,89196 preuss. Scheffel = ca. 1,75 Ctr. Kohlen.

bei 100,000 c′ 2¹/₆ Thlr., bei 200,000 c′ 2 Thlr., bei 1 Mill. c′ 1⁵/₆ Thlr.
Die Anstalt hat 57 Thonretorten (7 zu 7 Ret., 1 zu 5, 1 zu 3), 2 Exhaustoren, 8 zöll. Röhrencondensator mit 880 □′ sächs. Kühlfläche,
8 Scrubber mit zusammen 792 □′ sächs. Kühlfläche und continuirlicher
Wasserzuführung (etwa 8 bis 10 c′ täglich), 4 Reiniger mit zusammen
1080 □′ Hordenfläche (Laming'sche Masse), 2 Gasbehälter mit 33,000 c′
und 60,000 c′ Inhalt, 1 Nachreiniger mit Kalk, 72,754′ sächs. Leitungsröhren von 9 bis 1¹/₂″ Weite, 464 nasse Gasuhren. Kosten der ersten
Anlage 150,000 Thlr., und die des nachherigen Umbaues etwa 44,000 Thlr.
(Vergl. Journ. f. Gasbel. 1864 S. 28 u. 212. 1865 S. 68, 1866 S. 37.)

Chur (Schweiz). 9000 Einwohner. Eigenthümerin: eine Actiengesellschaft. Dirigent: Herr E. Müller. Gründer und Erbauer: Herr
L. A. Riedinger. Eröffnet am 21. December 1859. Die Concession
läuft vom Tage der Eröffnung an 36 Jahre. Lichtstärke 10 Wachskerzen, 4 auf 1 Pfd., für 5 c′ engl. Gasconsum. Gaspreis für öffentliche Beleuchtung 5 Cent. pro Brennstunde, für Privaten 15 Francs
pro 1000 c′ engl. 80 Strassenflammen mit zusammen 150,000 Brennstunden, 1700 Privatflammen. Durchschnittsconsum einer Privatflamme
jährlich 1075 c′. Letzte Jahresproduktion 2,750,000 c′. Maximalabgabe
in 24 Stunden 16,300 c′, Minimalabgabe 3300 c′. Die Anlage war
ursprünglich für Holzgas eingerichtet, seit August 1865 wird Kohlengas
aus Heinitzkohlen gemacht. Die Anstalt hat 7 Thonretorten von Bousquet in Lyon in 3 Oefen, Kalkreinigung, 1 Gasbehälter von 25,000 c′
Inhalt, nasse Gasuhren von L. A. Riedinger. Anlagecapital
200,000 Francs.*)

Cleve (Rheinpreussen). 9500 Einwohner. Der Besitzer, Herr
B. Neesen, k. preuss. Artillerie-Hauptmann a. D. erwarb 1858 durch
Vertrag mit der Stadt auf 36 Jahre das alleinige Recht, durch die
Strassen Gasleitungsröhren zu legen, die Stadt mit Gas zu beleuchten
und Privaten mit Gas zu versorgen. Im Mai 1858 wurde mit den
ersten Arbeiten begonnen, und am 1. Januar 1859 die Anstalt eröffnet.
Die ganze Anlage wurde unter Leitung des Besitzers ausgeführt, der
auch jetzt noch den Betrieb selbst leitet. Als Gaspreis ist im städti-
schen Vertrag für alles von der Stadt nach Gasmessern verbrauchte
Gas für die ganze Vertragszeit 3 Thlr. pro 1000 c′ rhl.**) bestimmt.

---

*) 1 Franc = 100 Centimes = 8 Silbergr. = 28 kr. südd. Währ.
**) 1000 c′ rhl. = 1091,84 c′ engl.

Den Privaten gegenüber kann der Fabrikant die Preise bestimmen, nur sind Maximalgrenzen gestellt, und zwar

für die ersten 5 Jahre Maximalpreis 3 Thlr. 10 Sgr.

„ „ zweiten 5 „   „   3 „ 5 „

„ „ folgenden „   „   3 „ — „

Im zweiten Jahre wurde der Preis auf 3 Thlr. 5 Sgr., dann auf 3 Thlr., und jetzt auf 2 Thlr. 5 Sgr. ermässigt. Die Stadt zahlt für die Strassenbeleuchtung $3^3/_4$ Pfennige pro Laterne und Brennstunde bei einem Gasconsum der Strassenflammen von $5^1/_2$ bis 6 c' und einer Lichtstärke von 12 bis 16 Wachskerzen, 6 auf 1 Pfd. Beleuchtet werden die Strassen nur während $6^1/_2$ Monaten, und während dieser Zeit muss jede Laterne 800 Stunden brennen. Nach Ablauf des Vertrages kann die Stadt die Anstalt erwerben. Der Durchschnittsertrag der letzten 5 Jahre als $6^0/_0$ angenommen und capitalisirt bestimmt den Kaufpreis. Jahresproduktion 4 Mill. c'. Maximalproduktion in 24 Stunden 24,000 c', Minimalproduktion 3000 c'. 103 Strassenflammen und 1076 Privatflammen. Betrieb mit westphälischen Steinkohlen (Zollverein). Die Anstalt hat 11 ovale Thonretorten von H. J. Vygen & Co. (1 Ofen à 5 Ret., 1 à 3, 1 à 2, 1 à 1 Ret.), Scrubber, Wascher, Exhaustor von S. Elster, 4 Kalkreiniger ($7 \times 3 \times 4^1/_2'$), Stationsgasmesser, Gasbehälter 40' im Durchmesser und 16' hoch, Nachreiniger, ca. 15,000' Hauptröhren, 172 nasse Gasmesser von Moran, Elster und Spielhagen. Nebenprodukte werden verkauft. Anlagecapital 47,000 Thlr.

Coblenz (Rheinpreussen). 25,000 Einwohner. Der Fragebogen ist nicht beantwortet worden. Nach der „Statistik" von 1859 ist Eigenthümerin: eine Actiengesellschaft in Lyon. Die Stadt hat das Recht, die Anstalt nach 25 Jahren, vom Jahre 1847 ab, käuflich zu übernehmen.

Coburg (Sachsen-Coburg). 11,300 Einwohner. Eigenthümerin: die Actiengesellschaft für Gasbeleuchtung zu Coburg. Das Privilegium läuft von 1854 bis 1894, bei Ablauf steht jedem Theile zweijährige Kündigung frei; und hat die Stadt eventuell die Fabrik gegen den zwölffachen Betrag des durchschnittlichen Nettoertrages der letzten 10 Jahre zu übernehmen. Eröffnet am 22. October 1854. Der Betrieb der Anstalt ist an Herrn J. R. Geith zu Coburg verpachtet. Der Pachtschilling betrug in Minimo 6000 fl., als aber $42^0/_0$ von dem an Privaten (d. h. durch die Gasuhren) verkauften Gases mehr als 6000 fl. betrugen, traten die $42^0/_0$ an Stelle des festen Pachtes, neuerdings sind die 42% auf 44% erhöht worden. Pächter hat die Befugniss, Vergrösserungen der Anlagen, Erweiterungen und Verbesserungen der Einrichtungen zu bewirken und dafür Entschädigung bei Ablauf der Pachtung in Anspruch zu nehmen, insoferne die Unternehmungen und dessfallsigen Kostenbeträge von dem Verpächter gutgeheissen werden, wobei bestimmt ist, dass im Falle nicht besondere Verabredungen getroffen worden, bei der Abrechnung 4% des ursprünglichen Kostenaufwandes per Jahr als Abnützung von der Entschädigungssumme in Abzug zu bringen sind. Der Pachtvertrag läuft bis zum 1. Januar 1870 mit der Bestimmung, dass wenn derselbe nicht 1 Jahr vor Ablauf von einer oder der anderen Seite schriftlich aufgekündigt wird, er stillschweigend auf weitere 5 Jahre, und unter gleichem Verhältnisse auf weitere 5 Jahre prolongirt gelten soll. Leuchtkraft pro 4 c' engl. Gasconsum per Stunde 12 Stearinkerzen, 6 auf 1 bayer. Pfund mit 22''' engl. Duodezim. Flammenhöhe. Der Gaspreis für Privaten ist von 6 fl. 30 kr. auf 5 fl. 30 kr. und seit 1. Januar 1867 auf 5 fl. pro 1000 c' engl. ermässigt worden, die Stadt bezahlt 0,95 kr. pro Brennstunde. Betrieb früher mit Holz, seit dem 25. August 1865 mit Zwickauer und westphälischen Steinkohlen unter geringem Zusatz böhmischer Plattenkohle. 216 Strassenflammen mit je 1000 Brennstunden jährlich, 366 Privatconsumenten mit 3397 Flammen und ca. 900 c' durchschnittlichem Consum per Flamme und Jahr. Jahresproduktion 5,054,430 c' engl. Maximalproduktion in 24 Stunden 30,600 c', Minimalproduktion 3,800 c'. Die Anstalt hat 10 Retorten (2 Oefen à 3, 2 à 2 Rct.), 60' 6 zöll. Röhrencondensation, 1 gusseisernen Wascher 4' im Durchmesser, 14' hoch, 3 Reiniger mit je 5 Horden und 420 □' Hordenfläche per Kasten, 2 Gasbehälter mit 25,000 c' Inhalt, 39,000' Röhrennetz von 6'' bis 1'' Weite, 366 nasse Gasuhren. Das Anlagecapital hat sich durch die Umänderung auf Steinkohlengas um 8300 fl. erhöht, welche vom Pächter mit 4% besonders verzinst werden, und beträgt gegenwärtig 120,000 fl.

Cochem (Preussen). 2600 Einwohner. Gründer, Erbauer, Eigenthümer und Dirigent: Herr O. Wagner. Der Vertrag wurde am 25. Februar 1863 abgeschlossen, der Bau konnte aber verschiedener Hindernisse wegen erst im Juli begonnen werden, und wurde am 21. December 1863 eröffnet. Concessionsdauer 25 Jahre. Nach Ablauf dieser Zeit hat die Stadt das Recht, die Anstalt zum vierzehnfachen Betrage des aus den letzten 10 Jahren durchschnittlich festgestellten Reinertrages käuflich zu erwerben. Lichtstärke für $4^1/_2$ c′ Gasconsum 9 Wachskerzen-Helle, 6 auf 1 Pfd. Gaspreis war für Private $3^1/_3$ Thlr. pro 1000 c′ preuss.*), für die Stadt 5 Pfennige per Brennstunde einer Strassenflamme von $4^1/_2$ c′ Consum. Diese Preise wurden aber laut Zusatzvertrag vom April 1867 ermässigt auf $2^5/_6$ Thlr. pro 1000 c′ für Private und 350 Thlr. für 32,250 jährliche Brennstunden der 43 Strassenflammen (à 750 Brennstunden). ca. 500 Privatflammen. Betrieb mit westphälischen Kohlen (Zollverein). Die Anstalt hat 4 Thonretorten von Vygen & Co. (1 Ofen à 3, 1 à 1 Ret.), 1 combinirten cylindrischen Condensator, 1 Scrubber von 3′ Durchmesser und 5′ Höhe, 2 Reiniger mit je 50 □′ Hordenfläche (Kalk), 1 Gasbehälter mit 10,000 c′ Inhalt, 7000 lfd. Fuss Rohrleitung von 4″ bis $1^1/_2$″ Weite, 145 nasse Gasuhren von S. Elster. Theer wird mit verheizt. Die Asche wird zur Herstellung von sehr gesuchten leichten Kalkziegeln benutzt, ausserdem dient das abgehende Feuer des Einer-Ofens zum Brennen von Kalk für den Verkauf im Grossen und wird der Gaskalk als Düngemittel zu einem höheren als Selbstkostenpreise verkauft.

Cöln (Rheinpreussen). 120,000 Einwohner. Eigenthümerin: die Imperial-Continental-Gas-Association in London. Dirigent: Herr W. H. Pepys. Der am 1. August 1840 mit der Stadt abgeschlossene Vertrag war auf 25 Jahre gültig, war also am 1. August 1865 abgelaufen. Mit diesem Tage war die Stadt berechtigt, die ganze Anlage gegen eine, nach Taxe von Sachverständigen zu bestimmende Kaufsumme zu übernehmen, oder den Contrakt fortbestehen zu lassen. Man ist wegen Erneuerung des Vertrages in Unterhandlung, der neue Contract ist indess noch nicht vollzogen. Gaspreis 1 Thlr. 15 Sgr. pro 1000 c′ preuss.*) Erreicht der jährliche Privatverbrauch 180 Mill. c′, so werden 1000 c′ preuss. mit 1 Thlr. $12^1/_2$ Sgr., und sobald der Privatverbrauch 250 Mill. c′ erreicht, mit 1 Thlr. 10 Sgr. bezahlt. Für jede 1000 c′ an Private verkauftes Gas zahlt die Gesellschaft an die Stadt 5 Sgr. Für öffentliche Flammen mit 3600 Brennstunden werden 5 Thlr. jährlich bezahlt. Lichtstärke 14 Wallrathkerzen. 1117 Strassenflammen mit je 3600 Brennstunden jährlich, 5800 Privatconsumenten mit 67,000 Flammen. Betrieb mit westphälischen Steinkohlen. Vergl. Journ. f. Gasbel. 1865. S. 20.

---

*) 1000 c′ preuss. = 1091,84 c′ engl.

Cösfeld (Westphalen). 4000 Einwohner. Der Fragebogen ist nicht beantwortet worden.

Cöslin (Preussisch-Pommern). 13,515 Einwohner incl. 600 Mann Militär. Eigenthümerin: die Stadt. Ingenieur: Herr R. Marsh. Der Communalbeschluss über Einführung der Gasbeleuchtung datirt vom Februar 1860. Die Eröffnung fand am 3. Jan. 1862 statt. Erbauer: Herr Baumeister Kühnell. Lichtstärke für 5 c′ preuss.*) im Argandbrenner die Helle von 16 Spermacetikerzen, 6 auf 1 Pfd. Gaspreis für Private $2^2/_3$ Thlr. pro 1000 c′ preuss. Für die öffentliche Beleuchtung zahlt die Commune seit 1866 den Selbstkostenpreis des Gases und der Bedienung. 150 Strassenflammen brennen mit Ausnahme der Zeit von Mitte Mai bis Anfang August und der Vollmond-Abende von Dunkelwerden bis $11^1/_2$ Uhr ca. 1100 bis 1200 Stunden. Von $11^1/_2$ Uhr bis Tagesanbruch brennen 11 Nachtlaternen ca. 1300 Stunden. Der Consum der Strassenflammen beträgt $5^3/_4$ bis 6 c′ per Stunde. 1520 Privatflammen in 230 Leitungen. Jahresproduktion 1867: 4,611,000 c′ preuss. Maximalproduktion in 24 Stunden 30,000 c′, Minimalproduktion 3000 c′. Zuerst wurde das Gas ausschliesslich aus Holz dargestellt, seit dem Sommer 1863 wird ein Mischgas aus 30% Holz und 70% Steinkohlen gemacht; man würde ganz auf Steinkohlen übergehen, wenn nicht die Coke so schwer zu verwerthen wären. Das Holz wird aus dem Stadtforst, die Kohlen werden aus Newcastle bezogen. Die Anstalt hat 11 Thonretorten Nr. III der vereinbarten Normalformen (1 Ofen à 5, 1 à 3, 1 à 2, 1 à 1 Ret.), 1 Beale'schen Exhaustor, Condensator mit 4 Doppelröhren, je 9′ hoch und 2′ und 1′ 3″ im Durchmesser, 1 Scrubber $5' \times 2^1/_2' \times 2'$ mit 10 Scheidewänden, 2 Wascher, 4 Reiniger mit 440 □′ Fläche (Kalk und Laming'sche Masse) 1 Austrocknungsapparat mit 110 □′ Fläche, 1 Gasbehälter mit 21,000 c′ preuss. Inhalt, 35,000′ Rohrleitung von 6″ pr. grösster Weite, 230 Elster'sche Patentgasmesser. Das Anlagecapital von 67,000 Thlr. wird mit 6% verzinst und amortisirt.

Cöthen (Anhalt-Dessau). 12,888 Einwohner. Eigenthümerin: eine geschlossene Gesellschaft, aus deren Mitte zwei Mitglieder zur Vertretung der Interessen der Gesellschaft gewählt sind. Einer dieser Herren, in Firma C. G. Lüdicke in Cöthen, ist alleiniger Prokurist. Von ihm ermächtigt zeichnet der Dirigent der Anstalt, Herr G. Chop,

---

*) 1000 c′ preuss. = 1091,84 c′ engl.

p./C. G. Lüdike. Die Anstalt ist nach dem Plane des Herrn Ober-
Ingenieur A. Mohr in Dessau, und unter specieller Aufsicht des Ab-
theilungsbaumeisters der Berlin-Anhalt-Eisenbahn, Herrn Messow in
Cöthen erbaut und am 15. November 1862 eröffnet. Leuchtkraft mindestens 12 Wachskerzen, 6 auf 1 Pfd., mit einer Flammenhöhe von
22''' engl. für 5 c' engl. Gasconsum per Stunde. Gaspreis für Private
seit 1. Januar 1868 2$\frac{1}{3}$ Thlr. pro 1000 c' engl., für den Magistrat
zur öffentlichen und Rathhaus-Beleuchtung 2 Thlr., diversen Fabriken,
namentlich Zuckerfabriken sind sehr niedrige Preise gewährt. 176
Strassenflammen à 5 c' Consum per Stunde brauchten 784,984 c' Gas
im Jahr, 2154 Privatflammen. Jahresproduktion 6,773,880 c'. Maximalabgabe in 24 Stunden 42,370 c', Minimalabgabe 4540 c' (im Betriebsjahre vom 1. August 1866 bis 31. Juli 1867). Betrieb mit westphälischen Kohlen. Die Anstalt hat 15 elliptische glasirte Thonretorten
von Oest W$^{we.}$ und Geith (20'' × 14'' × 8$\frac{1}{2}$') (1 Ofen à 1, 1 à 3,
1 à 5, 1 à 6 Ret.), 2 Scrubber 11$\frac{1}{3}$' × 3' im Durchmesser (einer
mit Siebböden), 1 Beale'schen Exhaustor mit Bypass-Regulator von
S. Elster, 1 Wascher, 3 Reiniger, jeder mit 2 Horden à 16 □'
(Laming'sche Masse), 1 Nachreiniger, Stationsgasuhr von S. Elster,
1 Gasbehälter mit 20,000 c' Inhalt, 36,814' rhl. Leitungsröhren von
6'' bis 1$\frac{1}{3}$'' Weite incl. Zuleitungsröhren, 204 nasse Gasuhren von
S. Elster. Nebenprodukte werden verkauft.

Colberg (Preussisch-Pommern). 13,059 Einwohner, einschliesslich
1941 Mann Militär. Eigenthümerin: die Stadt. Dirigent: Hr. W. Sand-
leben. Erbauer: Herr W. Kornhardt. Die erste Pièce in den
Magistratsacten über Errichtung einer Gasanstalt datirt vom Jahre 1854.
Nach vielen Kämpfen und Beschlüssen für und wider, wo man baue
und wer baue, beschlossen die städtischen Behörden (16. April 1860)
die Hälfte des Baucapitals mit 25,000 Thlr. herzugeben, wenn die
andere Hälfte durch Private gedeckt würde und die Anstalt nach der
Münde zu verlegen. Gebaut wurde dieselbe 1861 von einer Actiengesellschaft. Capitalsumme 45,900 Thlr., woran die Stadt mit 25,000 Thlr.
und den Kosten für die öffentlichen Laternen participirte. Eröffnet am
10. Novbr. 1861 mit 123 Strassen- und 550 Privatflammen. (105 Consumenten.) Das Gesellschaftsstatut war aber nicht nach den Bestimmungen des inzwischen erschienenen Handelsgesetzbuches entworfen und
enthielt neben verschiedenen Formfehlern noch den Vertrag mit der
Commune über die öffentliche Erleuchtung. Zur Erlangung von Cor-

porationsrechten für die Actiengesellschaft war daher eine neue Re-
daction und eine Trennung dieser Verträge nothwendig. Der Commune
war darin zwar der Erwerb der Gasanstalt nach 25 Jahren gesichert;
sowie sich aber eine gute Rentabilität derselben zeigte, der frühere
Besitz wünschenswerth. Aus dieser Sachlage entspann sich ein Kampf
zwischen Commune und Actionären — den Meistbetheiligten — wie
er erbitterter nicht geführt werden konnte, bis endlich im Jahre 1866
die Stadt die übrigen 209 Actien ankaufte zum Durchschnittspreis von
120 — 125 Thlr. Dadurch kostet die Anstalt jetzt ca. 54,320 Thlr.;
nach Beschluss soll dieselbe aber in runder Summe zu 50,000 Thlr.
und die bisherigen Ausgaben für Beschaffung der öffentlichen Laternen
und Zuleitungen — als ausserhalb des Gasanstaltscapitals stehend —
angenommen werden. Der Gaspreis beträgt für Private 2 Thlr. pro
1000 c′ preuss. und für die Strassenbeleuchtung $6^2/_3$ Thlr. pro 1000
Brennstunden. 163 Strassenflammen mit $5^1/_2$ c′ Consum per Stunde,
159 Privatconsumenten mit 1186 Privatflammen und 1837 c′ Durchschnittsconsum per Flamme und Jahr. Jahresproduktion 3,656,950 c′ preuss.*)
Maximalconsum in 24 Stunden 19,850 c′, Minimalconsum 2300 c′.
Betrieb mit englischen Steinkohlen, meist Leversons Wallsend. Die
Anstalt hat 9 Retorten (1 Ofen à 4, 1 à 3, 1 à 2 Ret., sämmtlich
8′ 5″ lang von Didier, Kornhardt), Exhaustor, Dampfkessel im
Feuercanal, Dampfmaschine, 1 Schaufelcondensator von Kornhardt
(Blochmann) $2 \times 14'$ hoch, 18″ weit, 1 Cokescrubber $11^1/_2$′ hoch,
$3^1/_2$′ weit, 1 Waschmaschine mit Rührwerk (Kalkmilch), 3 Reiniger
mit zusammen 480 □′ Hordenfläche (Laming'sche Masse), 1 Gasbehälter
mit 15,000 c′ nutzbarem Inhalt, 39,592′ Rohrleitung incl. der Zuleitungsröhren (hievon ca. 20,000′ fast durchgängig im Schwimmenden,
einzelne Syphons müssen zweistündlich ausgepumpt werden), 159 Gasmesser von S. Elster. Das Hauptleitungsrohr von 5″ Weite ist
unter einem Festungsgraben versenkt. Wegen des hohen Grundwassers,
welches 8 Monate lang etwa $1^1/_2$′ unter dem Terrain steht, müssen
Kohlenschuppen und Feuercanäle erhöht werden. Nebenprodukte werden
zu billigen Preisen verwerthet.

Constanz (Baden). 9000 Einw. Eigenthümer: Herr H. Raupp sen.
in Carlsruhe. Geschäftsfirma: Raupp, Dölling & Co. Dirigent: Herr
A. Raupp. Der Vertrag mit der Stadtgemeinde wurde im Monat
April 1861 durch die Gründer des Unternehmens, die Herren Raupp

---

*) 1000 c′ preuss. = 1091,84 c′ engl.

und Dölling abgeschlossen, und die durch Herrn H. Raupp jun.
erbaute Anstalt am 31. October desselben Jahres eröffnet, mit einer
Flammenzahl von 126 öffentlichen und 950 Privatflammen. Concessionsdauer vom Eröffnungstage an gerechnet 36 Jahre, nachher kann die
Anstalt durch die Stadtgemeinde um die Summe erworben werden,
die sich ergibt, wenn die durchschnittliche Jahresrente der letzteren
10 Jahre mit 16 multiplicirt wird; geschieht dies nicht, so ist der
Stadtgemeinde von je 5 zu 5 Jahren ein jährliches Kündigungsrecht
vorbehalten. Gegenwärtiger Stand: 160 öffentliche Flammen mit 1 Mill.
c′ engl. Jahresconsum, 250 Abonnenten mit 2100 Privatflammen und
3 Mill. c′ Jahresconsum. Gaspreis für die Stadt 4 fl., für Private 6 fl.
und für die Staatsanstalten 5 fl. 30 kr. pro 1000 c′ engl. Die Stadt
garantirt für jede öffentliche Flamme 1200 Brennstunden jährlich mit
$4\frac{1}{2}$ c′ engl. Consum. Betrieb mit Saarbrücker Kohle und böhmischer
Plattelkohle als Zusatz. Leuchtkraft für $4\frac{1}{2}$ c′ engl. Consum per
Stunde 12 Stearinkerzen-Helle, 6 auf 1 Pfd. Maximalconsum in 24
Stunden 25,000 c′, Minimalconsum 4500 c′. Die Anstalt hat 16 Thonretorten (2 Oefen à 3, 2 à 5 Ret.), 200′ Röhrencondensation von 6″
lichter Weite, einen combinirten Thurston'schen Wasch- und Scrubber-
Apparat, 2 Reiniger $12′ \times 4′ \times 3\frac{1}{2}′$, Stationsgasmesser von 6″ Rohr-
weite, 2 Gasbehälter von je 12,000 c′ Inhalt, 36,000 lfd. Fuss Röhren-
anlage von 6″ bis 1″ Weite. Reinigung mit Eisenoxyd und getrennte
Nachreinigung mit Kalkhydrat. Theer wird verfeuert, Ammoniakwasser verkauft. Vergl. Journ. f. Gasbel. 1863. S. 61.

Cottbus (Preussisch-Brandenburg). 19,000 Einwohner incl. Vorstädte. Eigenthümerin: die Stadt. Dirigent: Herr Dressler, unter
einer Gasdeputation, die aus Magistrats-Mitgliedern und Stadtverordneten
zusammengesetzt ist. Erbauer: der verstorbene Herr Director R. Firle
aus Breslau. Der Bau wurde Mitte Juli 1861 angefangen und am
22. December desselben Jahres eröffnet. Private zahlen $2\frac{1}{3}$ Thlr.
pro 1000 c′ und bei 50,000 bis 100,000 c′ Jahresconsum werden 5 Sgr.,
über 100,000 c′ 10 Sgr. Rabatt gewährt. Die Commune zahlt für die
Strassenbeleuchtung 2 Thlr. pro Mille. 190 Strassenflammen, darunter
155 Abendlaternen mit 775, und 35 Nachtlaternen mit 1425 Brennstunden à 5 c′. 3700 Privatflammen haben einen Durchschnittsconsum
von 1850 c′ per Jahr. Letzte Jahresproduktion 8,750,000 c′. Maximalproduktion in 24 Stunden 63,000 c′, Minimalproduktion 4100 c′. Betrieb mit schlesischen Kohlen aus dem Waldenburger Revier. Die An-

stalt hat 21 Thonretorten von F. S. Oest W$^{we.}$ & Co. (1 Ofen à 7,
1 à 6, 2 à 3, 1 à 2 Ret.), Cylindercondensatoren aus Eisenblech von
39″ und 20″ Durchmesser mit 275 ☐′ Kühlfläche, 1 Scrubber von
Eisenblech 3³/₄′ im Durchmesser, 8¹/₂′ hoch mit durchlöcherten Holzböden und Ammoniakwasserzufluss, Exhaustor mit Regulator und ba-
lancirtem Wechselhahn, 2 cylindrische Wascher 3³/₄′ weit, 3¹/₄′ hoch,
4 Reiniger 6¹/₂′ lang, 4′ breit mit zusammen 104 ☐′ Hordenfläche
(Raseneisenerz und Kalk), 1 Stationsgasuhr mit 8000 c′ Durchgang
pro Stunde, 1 Gasbehälter mit 28,500 c′ Inhalt (ein zweiter mit 50,000 c′
Inhalt wird gebaut), 37,000 lfd. Fuss Röhrenleitung, früher 6″ bis 1¹/₂″
weit, jetzt durch 12″ Hauptröhren erweitert, weil die Tuchfabriken
sich an den entferntesten Punkten des Röhrennetzes etabliren, 320 nasse
Gasuhren von J. Pintsch und S. Elster. Ursprüngliches Anlagecapital 64,000 Thlr. Durch Erweiterung des Röhrensystems, Anschaffung
eines Exhaustors mit Maschine, grösseren Condensators und grösserer
Stationsgasuhr ist das Capital auf 80,000 Thlr. gestiegen.

Crefeld (Rheinpreussen). 53,200 Einwohner. Gründer und Eigenthümer: die Herren Gebr. Puricelli. Dirigent: Herr Th. Meyer.
Erbauer: Herr S. Schiele, der die Anstalt auch bis zum 30. Juni 1861
leitete. Der Vertrag vom September 1854 ist am 7. März 1864 bis
zum 31. December 1899 verlängert. Der Gaspreis, früher 3 Thlr.,
wurde am 1. April 1864 auf 2 Thlr. pro 1000 c′ rhl.*) und die Gasmessermiethe auf etwa die Hälfte des früheren Betrages herabgesetzt.
Lichtstärke für 5 c′ rhl. Gasconsum per Stunde, an einem Schnittbrenner gemessen soll 10 Wachskerzen-Helle sein, 6 auf 1 Pfd.,
10¹/₂″ rhl. lang. Die Controlle wird durch eine städtische Commission
von 3 Mitgliedern ausgeübt. Die Stadt hat das Recht, nach Ablauf
des Vertrages die Anstalt käuflich zu übernehmen. 531 Strassenflammen
mit je 5 c′ rhl. Consum per Stunde und je 1500 Brennstunden per
Jahr. Für die Strassenbeleuchtung werden 2¹/₂ Pf. vergütet. Betrieb
mit westphälischen Steinkohlen (Hibernia, Hannibal und Holland). Das
Werk wird in diesem Frühjahre vergrössert und erhält nach dem neuen
Plane 126 Retorten in 18 Oefen à 7 Retorten (letztere Nr. II u. VI
der in Dortmund vereinbarten Formen), 198 lfd. Fuss ringförmige Condensation (äusseres Rohr 3′, inneres Rohr 2′ weit) und 180′ 12zöll. einfache Condensation, daher eine Gesammtfläche von 3680 ☐′, 2 Schiele'sche

---

*) 1000 c′ rhl. = 1091,84 c′ engl.

Exhaustoren (Raum für einen dritten vorgesehen), für je 8000 c′ Förderung per Stunde, 2 Dampfmaschinen, eine für die Exhaustoren, die
andere für Wasserförderung, 2 Wascher mit überfliessendem Wasser,
2 Scrubber von je 16′ Höhe und 4¹/₂′ Durchmesser, also zusammen
32 □′ Querschnitt und 512 c′ Inhalt, 8 Trockenreiniger von je 256 □′
(zusammen 2048□′) Hordenfläche (Laming'sche und Mannheimer Masse,
in hohem Betriebe auch Kalk), gegenwärtig 3 Gasbehälter mit zusammen 225,000 c′ Inhalt, ein vierter von 170,000 c′ soll später gebaut werden, 116,450′ Rohrleitung von 18″ bis 2″ Weite, 1650 nasse
Gasuhren, meist von S. Elster. Nebenprodukte werden verkauft.

Creuznach (Rheinpreussen). Eigenthümer: die Herren Gebrüder
Oster (Joseph und August). Der Fragebogen ist nicht beantwortet
worden. Die Statistik von 1862 enthält folgende Angaben: Herr
Jos. Oster ist Erbauer und Leiter der am 27. October 1858
eröffneten Anstalt. Das Privilegium läuft vom Eröffnungstage an auf
25 Jahre. Nach Ablauf kann die Stadt die Anstalt gegen eine Kaufsumme erwerben, welche sich ergibt, wenn man die durchschnittliche
Jahresrente, welche die Anstalt in den letzten 10 Jahren getragen hat,
mit 12 multiplicirt. Lichtstärke für 5¹/₂ c′ preuss. Gasconsum pro Stunde
14 engl. Parliament standard candles, d. i. Spermacetikerzen - Helle,
6 auf 1 Pfd., mit 120 Grains Consum per Stunde. 170 Strassenflammen
mit je 1075 Brennstunden jährlich und 5 c′ preuss. Consum per Stunde,
366 Privatconsumenten mit 2801 Flammen. Für die Strassenbeleuchtung
werden 3¹/₂ Pf. pro Stunde vergütet, Private zahlen 3 Thlr. 5 Sgr.
pro 1000 c′ preuss. Betrieb mit Saarkohlen (Heinitz). Die Anstalt
hat 12 Retorten (1 Ofen zu 5, 1 zu 4, 1 zu 3 Ret.), eine durch die
ganze Fabrik laufende Rohrleitung wirkt als Condensator, 3 Wascher,
4 Reiniger mit zusammen 312□′ preuss. Hordenfläche (Kalk), 1 Gasbehälter mit 25,000 c′ preuss. Inhalt, 22,000 lfd. Fuss Röhrenleitung
von 7 bis 1¹/₂″ Weite, 365 nasse Gasuhren. Coke und Theer werden
verkauft, für Ammoniakwasser ist kein Absatz. Anlagecapital 60,000 Thlr.

Creutzburg (Schlesien). ca. 4000 Einwohner. Die Anstalt ist
Eigenthum der Stadt. Der Fragebogen ist nicht beantwortet worden.

Crimmitzschau (Sachsen). 12,800 Einwohner. Eigenthümer: der
Actienverein für Gasbeleuchtung der Stadt Crimmitzschau. Dirigent:
Herr C. A. Thieme. Erbauer: Herr S. Villiquet. Das Privilegium
datirt vom 12. März 1856 und läuft vom Eröffnungstage der Anstalt,

den 15. Dec. 1856, an auf 40 Jahre. Bei Ablauf steht der Stadt das
Recht zu, die Anstalt gegen den Schätzungswerth zu übernehmen.
Macht sie von diesem Rechte keinen Gebrauch, so werden neue Verhandlungen über Verlängerung des Privilegiums eingeleitet. Lichtstärke
ist nicht vorgeschrieben, es werden aber 15 Stearinkerzen-Helle, 6 auf
1 Zollpfd., für 5 c' engl. gegeben. 116 Strassenflammen. 208 Privatconsumenten mit 3520 Flammen. Für jede Strassenflamme werden
8 Thlr. jährlich vergütet, Private zahlen 2 Thlr. pro 1000 c'. Betrieb
mit Zwickauer Kohlen. Producirt wurden im letzten Jahre 9,024,400 c'
(in Maximo 68,000 c', in Minimo 7000 c' pro 24 Stunden). Kohlen verbrauch 10,000 Scheffel sächs. à 168 Zollpfd. Die Anstalt hat 26 Retorten in
2 Oefen à 6, 1 à 5 und 3 à 3 Ret., 195' sächs. Condensation, 2 Scrubber
à 240 c' Inhalt, 4 Reiniger 10' lang, 5' breit für Laming'sche Masse
und Kalk, 1 Gasbehälter à 14,000 und 1 Gasbehälter von 33,000 c'
Inhalt. Anlagecapital 74,250 Thlr. Actiencapital 70,000 Thlr. Vergl.
Journ. f. Gasbel. 1861. S. 394.

Crivitz (Mecklenburg). Reichlich 3000 Einwohner. Eigenthümerin:
die Stadt. Das Directorium besteht aus dem Bürgermeister, Herrn
Kothe, dem Senator Herrn Borchert und dem Bürgervorsteher Herrn
Rentier Hofer. Gründer ist der frühere Bürgermeister, Herr Schlaaf.
Erbauer: Herr Ingenieur Stiefel aus Berlin. Eröffnet den 6. Oct. 1863.
Der Preis des Gases beträgt 2 Thlr. 14 Schilling Meckl. Cour.*) pro
1000 c'. Betrieb mit englischen Steinkohlen, die entweder über Wismar
per Eisenbahn bis Schwerin und dann 2$\frac{1}{2}$ Meilen per Achse, zuweilen
auch über Hamburg auf der Elbe, Elde, Stör, bis zur Fähre und von
da 1$\frac{1}{2}$ Meilen per Achse bezogen werden. Im Jahre 1866 sind
605$\frac{1}{2}$ Tonnen (preuss.)**) Kohlen vergast und daraus 844,600 c' Gas
gewonnen. Eine Tonne Kohlen von 286 Pfd. ergab somit 1394 c'
oder 1 Centner 488 c' Gas. 43 öffentliche Flammen erforderten in
763 Brennstunden 189,377 c' Gas. Der Verbrauch der Privaten betrug
570,400 c'. An Coke wurden 756$\frac{7}{8}$ Tonnen producirt und davon
649 Tonnen oder 85,9 % verfeuert. Die Theerproduktion betrug
44 Tonnen. 2 Oefen (1 mit 3 gusseisernen Retorten für den Sommerbetrieb, 1 mit 2 Chamotteretorten für den Winter), 2 Condensatoren,
Wascher, 2 Reiniger (Rasenerz), Gasbehälter mit 7964 c' Inhalt, nasse
Gasmesser von Schäffer & Walcker. Anlagecapital 17,250 Thlr.

---

*) 1 Thlr. = 48 Schilling Meckl.
**) 1 Tonne preuss. Kohlen = 340—360 Pf.

Crossen a. d. Oder (Preussisch-Brandenburg). 7114 Einw. Eigenthümerin: die Commune. Erbauer u. Dirigent: Herr Ingenieur Reichenbach. Eröffnet am 22. December 1867. Gaspreis 2 Thlr. 20 Sgr.
pro 1000 c′ preuss.*) 100 Strassenflammen, von denen 19 Stück bis
1¹/₂ Stunden vor Sonnenaufgang brennen, die übrigen bis 11 Uhr und
zwar mit 5 c′ pro Stunde. Etwa 625 Privatflammen. Betrieb mit
schlesischer, Waldenburger Kohle (Kulmitz). Die Anstalt hat 7 elliptische Retorten 20″ × 15″ × 8′ (2 Oefen à 3, 1 à 1 Ret.), 2 Scrubber
10′ hoch, 4′ im Durchmesser mit Siebböden, 3 Reiniger 5′ 7″ × 3′ 7″
(Laming'sche Masse), 1 Stationsgasuhr, 1 Gasbehälter von 21,000 c′
Inhalt, etwa 20,000 lfd. Fuss Rohrleitung von 6″ bis 1¹/₃″ Weite,
nasse Gasuhren von S. Elster. Theer und Coke werden verkauft.

Culm (Westpreussen). 8500 Einwohner. Eigenthümerin: die Stadt.
Dirigent: Herr Ernst Lauckner. Der Baucontrakt wurde am 2. Juni
1867 mit dem Unternehmer Herrn Ph. O. Oechelhäuser in Berlin
abgeschlossen, der Bau der Anstalt am 15. Juli 1867 unter der Leitung
des Ingenieurs Herrn Otto Wagner begonnen und am 15. Oct. 1867
beendet, an welchem Tage die Eröffnung, genau dem Contrakte gemäss, stattfand. 105 Strassenflammen, ca. 120 Privatconsumenten mit
ca. 800 Flammen. Private zahlen 2²/₃ Thlr. pro 1000 c′ preuss. Betrieb mit englischen Steinkohlen. Die Anstalt hat 6 Chamotteretorten
von Michaëlis in Stettin in 3 Oefen (3, 2 und 1), ca. 65 lfd. Fuss
Condensation 5zöll., 1 Scrubber 4′ 9″ Durchm., 9′ hoch cylindr., 2 Reiniger mit je 29 □′ Hordenfläche (Laming'sche Masse auf 2 Horden),
1 Gasbehälter von 36′ Weite und 12¹/₂′ Höhe, ca. 22,000′ Leitungsröhren von 4″ bis incl. 1¹/₃″ Weite, nasse Gasmesser von Pintsch
und S. Elster. 15,885 lfd. Fuss Hauptröhren, nämlich 1849′ 4 zöll.,
1118′ 3 zöll., 3845′ 2¹/₂ zöll., 9073′ 2 zöll.

Culmbach (Bayern). 5000 Einwohner. Eigenthümerin: die Gesellschaft für Gasindustrie in Augsburg. Deren Director: Herr L.
Winterwerber. Dirigent der Anstalt: Herr Zapf. Gründer und
Erbauer: Herr L. A. Riedinger. Eröffnet am 5. December 1863.
Leuchtkraft für 5 c′ Gasconsum 14 Stearinkerzen, 6 auf 1 Pfd. Gaspreis 5 fl. pro 1000 c′. 65 Strassenflammen mit zusammen 71,800
jährl. Brennstunden, 1096 Privatflammen mit 2700 bis 3000 c′ Consum
per Flamme und Jahr. Jahresproduktion 3 bis 4 Mill. c′ je nach der

---

*) 1000 c′ preuss. = 1091,84 c′ engl.

Arbeitszeit der Fabriken. Stärkste Abgabe in 24 Stunden 21,000 c′, schwächste Abgabe 1500 c′. Betrieb mit Zwickauer und Stockheimer Steinkohlen. Die Anstalt hat 6 Stück ⌒ förmige Thonretorten (1 Ofen à 3, 1 à 2, 1 à 1 Ret.), Reinigung nach Dr. Deicke, neuerdings nach Feldbausch, etwa 14,000′ Röhrenleitung von 5″ bis 1½″ Weite, nasse Gasuhren von L. A. Riedinger.

Cunnersdorf bei Bernstadt in Sachsen. Die Fabrik des Herrn Kaufmann Michaelsen hat eine Privatgasanstalt.

Danzig (Preussen). 80,000 Einwohner. Eigenthümer: der Magistrat. Das Projekt hat der Herr Baumeister Kühnell geliefert, die Ausführung hat der Stadtbaurath in Danzig, Herr Zernecke, unter Assistenz des Herrn Zimmermeisters Momber geleitet. Dirigent: Herr Schröder. Eröffnet am 4. December 1853 mit zusammen 2000 Flammen. Der Preis des Gases für Privatconsumenten ist ohne Ausnahme 2 Thlr. pro 1000 c′ preuss.*) Für die öffentliche Beleuchtung wird jetzt nur ein Pauschquantum von 8000 Thlr. vergütet, wofür noch 316 Petroleumlaternen in den 5 Vorstädten zu unterhalten sind. Das spec. Gewicht des Gases ist 0,350 bis 0,430, je nachdem Cannelkohlen verwendet werden. Leuchtkraft eines Strassenbrenners mit 6 c′ Consum 10 bis 18 engl. Spermacetikerzen-Helle, 6 auf 1 Pfd., mit 120 Gran Consum per Stunde. Jahresproduktion 60 Mill. c′ preuss. 933 Strassenflammen mit 6 c′ preuss. Consum per Stunde. Als Abendlaternen werden die 933 Flammen von Dunkelwerden bis 11½ Uhr Abends — jährlich 1250 Stunden — beleuchtet, 280 Stück brennen bis Tagesanbruch, d. h. ausser den bereits berechneten noch 2400 Stunden jährl. Eine Privatflamme verbraucht jährlich durchschnittlich 3100 c′. Maximalproduktion in 24 Stunden 285 bis 290,000 c′, Minimalproduktion 70,000 c′. Betrieb mit engl. Steinkohlen (Old Pelton Main, Leversons Wallsend und 5% Cannelkohlen), 1 Tonne (4 Berliner Scheffel) Kohlen ergibt durchschnittlich 1700 c′ rhl. Die Anstalt hat 14 Retortenöfen in 2 Reihen, jeder mit 6 Retorten (eine Retorte liefert 5000 — 6000 c′ preuss. Gas in 24 Stunden). Eine Tonne Kohlen ergibt 1700 c′ Gas. Hydraulik (auf den Oefen) hatte bisher nur 13″ Weite mit 3½ zöll. Eintauchröhren, wird jetzt gegen eine 22½ zöll. mit 5 zöll. Eintauchröhren ausgewechselt. 1 Condensator von 12 Stück 12 zöll. Gussröhren, jede 15′ lang nebst Sammelkasten, ein anderer Condensator von 8 Doppel-

---

*) 1000 c′ preuss. = 1091,84 c′ engl.

cylindern aus Eisenblech, davon 5 Stück à 24 und 16" Durchmesser und
12' hoch, und 3 Stück 3' 9" und 2' 9" Durchmesser und 12' hoch,
2 Scrubber von 3' 9" Breite, 8' Länge und 10' Höhe, 2 Beale'sche
Exhaustoren, einer von 20" und einer von 24" Durchmesser, ein altes
Reinigungssystem von 4 Kalkkasten und 2 Waschern mit 8zöll. Röhren,
jeder Kasten 12' lang und 5½' breit, jeder Wascher 6' lang und 2'9"
breit, ein neues Reinigungssystem von 4 Kasten, jeder 14' lang, 7'
breit und 2 Wascher jeder 10' lang und 3½' breit mit 12zöll. Verbindungsröhren, Stationsgasuhr, 3 Gasbehälter (2 à 46,000 c', 1 à 92,000 c'
Inhalt), die Reinigung wird mit Kalk und Rasenerz bewerkstelligt,
wobei immer 1 Kasten mit reinem Kalk und 1 Kasten mit Erz gefüllt wird; 125,000' preuss.*) Röhrenleitung von 10" bis 1½" Weite,
1250 Gasuhren von Hanues & Kraatz, Pintsch und S. Elster.
Coke und Theer werden verkauft. Anlagecapital 300,000 Thlr. Journ.
f. Gasbel. 1859. S. 316 und 1862 S. 68.

Darmstadt (Hessen). 32,000 Einwohner. Auf Anregung des nach-
maligen Dirigenten der Anstalt, Dr. jur. Prosp. Bracht wurde zu
Anfang des Jahres 1853 eine Actiengesellschaft gegründet, welche in
der Generalversammlung vom 7. Mai 1853 einen provisorischen Vorstand wählte, bestehend aus den Herren geheim. Oberforstrath Frei-
herrn von Wedekind; Emanuel Merk, Besitzer chemischer Fabriken; R. L. Venator, Buchdruckereibesitzer; Hofgerichts-Advokat
Dr. K. Joh. Hoffmann II.; Karl Wolfskehl, Banquier; Rentner
F. Schenk, Besitzer der vormaligen Portativgasfabrik und dem Propo-
nenten Dr. Bracht. Letzterer hatte bereits vorher im Auftrage eines
englischen Spekulanten ein Concessionsgesuch beim Stadtvorstande eingereicht, wovon dieser Veranlassung nahm, am 14. Mai 1853 eine Concurrenz auszuschreiben. Es liefen jedoch in der anberaumten Frist
keine andere Anerbietungen ein, als von Seiten der auf Dr. Bracht's
Veranlassung gebildeten einheimischen Gesellschaft. Diese stellte am
30. Mai 1853 ihre Statuten fest und es fanden dann langwierige Verhandlungen zwischen der Stadt und der Gesellschaft über die näheren
Vertragsbestimmungen statt. Gleichzeitig knüpfte die Gesellschaft Unterhandlungen mit mehreren Gastechnikern an, und acceptirte demnächst
für den Fall ihrer Concessionirung das Anerbieten des Herrn L. A.
Riedinger vom 6. August 1853, wonach letzterer die Herstellung des

---

*) 1 Fuss preuss. = 1,02972 Fuss engl.

Werks — für Holzgasfabrikation — in bestimmter Ausdehnung für
200,000 fl. gegen ein in Action zu gewährendes Honorar garantirte;
andrerseits brachte sie in Folge mündlicher Verhandlungen in gemeinschaftlichen Commissionssitzungen unterm 27. Februar 1854 den Con-
cessions- und Beleuchtungsvertrag mit der Stadt zu Stande, worauf
auch die Genehmigung der Statuten und Ertheilung von Corporations-
rechten an die Gesellschaft seitens der grossherzogl. Staatsregierung
am 27. März 1854 erfolgte. Die Concession ist auf 25 Jahre, vom
1. October 1855 an gerechnet, ertheilt. Nach Ablauf dieser Zeit kann
die Stadt das Werk gegen Einlösung der Actien und der alsdann noch
nicht amortisirten Bauschulden übernehmen; doch soll eine verhältniss-
mässige Kürzung dieses Kaufpreises stattfinden, insoweit das Werk
nicht 8% Durchschnittsrente in den letzten 5 Jahren ergeben hat.
Der Bau durch Herrn Riedinger und den von ihm angestellten Ingenieur Tebay begann im Frühjahr 1854, die Eröffnung fand am
14. März 1855 statt. Die vertragsmässige Leuchtkraft ist 20 Stearinkerzen-Helle (5 auf 1 Zollpfd.) bei 5 c' engl. Gasverbrauch per Stunde.
Am 1. Juli 1866 wurde zur regelmässigen Ueberwachung der Lichtstärke und Reinheit des Gases, welche bis dahin dem Stadtbaumeister
oblag, der Chemiker Herr Dr. Wilh. Hallwachs vom Stadtvorstande er-
nannt und demselben der Auftrag ertheilt wöchentlich 3mal die Leuchtkraft, 1mal die chemische Reinheit zu prüfen und den Befund zu
veröffentlichen. Das Werk speist jetzt 578 Strassenflammen (vertrags-
mässiges Minimum 1200 Brennstunden jährlich effektiver Durchschnitt
1860) mit einer mittleren Leuchtkraft von 9 Stearinkerzen, das Hof-
theater mit seinen circa 1200 Flammen, ca. 1000 Flammen in den
Kasernen und andern Militär-Etablissements und ca. 7400 sonstige
Flammen, theils in den Bahnhöfen und landesherrlichen Gebäuden,
theils bei den Privaten, im Ganzen ca. 10,200 Flammen. Die Stadt
zahlt jetzt 0,661 kr. per Brennstunde für eine Strassenflamme und
3 fl. 23 kr. (ursprünglich 4 fl. 36 kr.) für städtische Anstalten.
Der Gaspreis für Private betrug anfangs 7 fl. pro 1000 c' engl. Für
je 1% Dividende, welches die Actionäre über 5% effektiv beziehen,
ist vertragsmässig der Gaspreis im folgenden Kalenderjahre um $1/_{20}$ zu
ermässigen, doch kommen bei Berechnung dieser Rente nur die Ein-
nahmen aus Gas, Kohlen und Theer, nicht aber der durch Verwerthung
andrer Nebenprodukte und Abfälle sowie durch Installationsarbeiten etc.
erzielte Nebengewinn in Ansatz. Auf diese Weise wurde der ursprüngliche Preis für Stadt und Private bereits 6mal herabgesetzt, so dass

der Normalpreis für Private seit dem 1. Januar 1865, bei einer Jahresrente der Actionäre von 13 % noch 5 fl. 9 kr. pro 1000 c′ engl. beträgt.
Consumenten von 50,000 c′ und darüber zahlen 4 fl. 40 kr., auch
wird bei mindestens 200,000 c′ jährlichen Verbrauchs eine Rückvergütung von 10 kr. pro 1000 c′ auf die ersten 200 mille, von 20 kr.
auf die zweiten 200 m., 30 kr. auf die dritten und 40 kr. auf den
Verbrauch über 600 m. c′ vom 1. October 1867 ab gewährt. Hof-
theater und Kriegsministerium geniessen einen vertragsmässigen Rabatt
von 25 % auf den Normalpreis und bezahlen also dermalen 3 fl. 52 kr.
Betrieb mit Kiefernholz, neuerdings unter Zusatz von westphälischer
Gas-, böhmischer Plattenkohle und englischer Boghead Kohle. Die Anstalt hat dermalen 8 Gasöfen, wovon für die Holzgasbereitung 4 mit
je 3 gusseisernen Retorten ⌒ von 17″ × 27″ (425 × 675 Millim.), 2 mit
je 4 Geith'schen Thonretorten von denselben Dimensionen, und 2 Oefen
für Steinkohlengas mit je 6 Vygen'schen Retorten ⌒ von 13½ × 21″
(337 × 525 Millim.) besetzt sind; einen liegenden gusseisernen Condensator und 4 stehende Kühltrommeln von Kesselblech mit durchlöcherten
Holzböden zur Theerabscheidung, einen Reichenbach'schen nassen
Reiniger und einen Schiele'schen Ventilator-Exhaustor, 8 trockne
Kalkreiniger von 84 hess. □′ Fläche, 2 Gasbehälter von je 30,000 und
einen von 50,000 c′ engl. Inhalt; ca. 90,000 hess. Fuss. (22,500 Meter),
Strassenleitungen (von 10″ Weite abwärts) und ca. 25,000′ Abzweigungs-
rohre zu den Gaseinführungen, 825 Gasmesser grösstentheils von
A. Siry Lizars & Co., die meisten übrigen von L. A. Riedinger,
John Tebay (Offenbach), Kromschröder (Osnabrück) und J. Sohn
(Würzburg), auch eine Anzahl in der Anstalt selbst verfertigter, und
einige trockene von Th. Glover. Das Werk kostete bei Rechnungs-
schluss der Bauzeit 230,000 fl., wovon 150,000 fl. durch Actien, 80,000 fl.
durch ein hypothekarisches Prioritäts-Anlehen beschafft wurden. Bei
der jetzigen Ausdehnung des Werks beträgt das Anlagecapital 290,197 fl.
— abgesehen von den Abschreibungen im Gesammtbetrage von 26,100 fl.
— entsprechend der Abtragung der gleichen Quote des Prioritätsanlehens.
Die Stadt hat sich ein Fünftel des Actiencapitals reservirt, mit welchem
sie noch am Unternehmen betheiligt ist. Von dem 4 % des Actiencapitals übersteigenden Reingewinn fallen 50 % den Actionären als
Superdividende, 20 % dem Reserve- und Amortisationsfond, 30 % dem
Verwaltungsrath und dem Betriebspersonal zu. Die Gesellschaft besass
nach Ausweis ihrer Bilanz des 12. Betriebsjahres am 30. Sept. 1867,
eine Betriebsreserve von 22,158 fl.; die Actionäre überdies an unver-

theilten Dividendereserven 14,895 fl.; erstere ist zur Deckung unvor-
hergesehener ausserordentlicher Ausgaben bestimmt, und fällt eventuell
dem Amortisationsfond zum Nutzen der Stadt zu. Die Mittel zur Vergrösserung des Werks sowie zum Betrieb wurden durch mehrere suc-
cessive, theils 5, theils $4\frac{1}{2}$procentige Anlehen aufgebracht. Die grösste
Tagesproduktion ist dermalen 140,000 c′, die geringste 25,000 c′.
Die nachstehende Uebersicht gibt die wesentlichen Anhaltspunkte für
die Beurtheilung der Betriebs- und der finanziellen Resultate des Darm-
städter Gaswerks:

Betriebsjahr. (18 Monate incl. Bauzeit.)	engl. c′.	Gasabsatz.		Höchster Gaspreis.		Gewinnsaldo.		Ertragniss der Actien.
		fl.	kr.	fl.	kr.	fl.	kr.	
1855/56	9,533,000	52,801	49	7	—	10,342	51	6 %
1856/57	9,300,000	50,099	26	6	39	14,988	20	8 „
1857/58	9,936,000	51,036	23	6	19	15,580	10	9 „
1858 59	11,599,800	56,485	39	6	—	21,975	34	10 „
1859/60	13,795,400	64,410	29	5	42	27,481	30	12 „
1860/61	15,803,900	71,217	33	5	25	26,330	9	12 „
1861/62	16,180,600	72,346	54	5	25	23,374	11	12 „
1862/63	17,259,400	76,766	25	5	25	29,750	27	12 „
1863/64	18,513,500	81,905	25	5	25	30,488	19	13 „
1864/65	20,354,125	86,071	45	5	9	29,129	28	13 „
1865/66	22,534,940	93,352	51	5	9	31,048	43	13 „
1866/67	23,558,880	98,404	6	5	9	31,059	—	13 „

Näheres s. Journ. f. Gasbel. 1860 S. 72, 1861 S. 98, 1862 S. 66,
1863 S. 105, 1864 S. 64, 1865 S. 97, 1866 S. 100 und 1867 S. 118.

Debreczin (Ungarn). 65,000 Einwohner. Eigenthümerin: die Gesellschaft für Gasindustrie in Augsburg. Deren Director: Herr L. Winterwerber. Specialdirigent: Herr E. Stipp. Gründer und Erbauer:
Herr L. A. Riedinger. Eröffnet am 14. December 1863. Lichtstärke 12 Wachskerzen, 5 auf 1 Pfd., für $4\frac{1}{2}$ c′ engl. Gasconsum
per Stunde. Gaspreis für Private 5 fl. 90 kr. österr. Währ.*), für
Strassenbeleuchtung 2 Nkr. und weniger, je nach dem Consum per
Flamme und Stunde. 406 Strassenflammen mit jährlich zusammen
950,000 bis 1,200,000 Brennstunden, 2900 Privatflammen mit 1433 c′
Jahresconsum per Flamme. Jahresproduktion ca. $9\frac{1}{2}$ Mill. c′. Maximalproduktion in 24 Stunden 56,000 c′, Minimalproduktion 4000 c′. Betrieb

---

*) 1 fl. österr. Währ. = 20 Silbergr. = 1 fl. 10 kr. südd. Währ.

mit Eichenholz aus der nächsten Umgebung. Die Anstalt hat Thonretorten in Oefen mit 2 und 3 Ret. gruppirt, trockene Kalkreinigung,
63,500' Rohrleitung von 10'' bis 2'' Weite, nasse Gasuhren von L. A.
Riedinger. (Vergl. Journ. f. Gasbel. 1866 S. 478.)

Delitzsch (Preuss.-Sachsen). 8000 Einwohner. Eigenthümerin: die
Stadt. Dirigent: Herr F. Bendert. Die „Gascommission" besteht
aus Mitgliedern des Magistrats-Collegiums und der Stadtverordneten-
Versammlung. Erbauer: Herr J. Westerholz, Direktor der Gasanstalt
in Leipzig. Die Legung des Rohrnetzes sowie die Einrichtung der
Privatleitungen war der Firma Mattison & Brandt in Berlin übertragen. Eröffnet am 8. Oct. 1865. Allgemeiner Gaspreis 2 Thlr. 20 Sgr.
pro 1000 c' preuss.*), Vorzugspreise für grössere Consumenten 2 Thlr.
10 Sgr. und 2 Thlr. 5 Sgr., für die Strassenbeleuchtung 1 Thlr. 15 Sgr.
pro 1000 c' preuss. 191 Privatconsumenten mit 1498 Flammen consumirten 2,326,900 c' Gas (alle diese Angaben beziehen sich auf das
Jahr 1867), zwei städtische Gebäude mit 18 Flammen 30,000 c', die
Gasanstalt mit 19 Flammen 64,200 c', die öffentliche Beleuchtung mit
109 Flammen (à 5 c' per Stunde) 457,500 c'. Die Jahresproduktion
betrug 3,116,100 c'. Maximalproduktion in 24 Stunden 21,600 c',
Minimalproduktion 1700 c'. Betrieb mit Zwickauer Kohlen. Im Jahre
1867 lieferte der Centner 380 c' preuss. Gas. Die Anstalt hat 11 elliptische emaillirte Thonretorten 20'' $\times$ 14'' $\times$ 8' von Oest W^{we} (1 Ofen
à 5, 1 à 3, 1 à 2, 1 à 1 Ret.), 1 Röhrencondensator von ca. 200 □'
Kühlfläche, 1 Beale'schen Exhaustor 12'' im Durchmesser mit Klappen-
regulator und Aequiliberventil, Maschine und Kessel, 1 Wascher von
12 □' Wasserfläche, 3 Kalkreiniger von je 21 □' Querschnitt mit je
4 Horden, 1 Stationsgasuhr von Siry Lizars & Co., 1 Gasbehälter
von 15,000 c' Inhalt von A. Neumann in Aachen, 6zöll. Fabrikröhren,
etwa 17,000' rhl. Leitungsröhren von 6'' bis 1½'' Weite, 199 nasse
Gasuhren von Siry Lizars & Co. Coke, Theer und Grünkalk werden
verkauft. Für den Bau der Anstalt sind bei der Lebensversicherungs-
Gesellschaft zu Leipzig zunächst 35,000 Thlr. und dann nochmals
4000 Thlr. aufgenommen. Diese 39,000 Thlr. werden mit 4½% verzinst und mit 1% amortisirt. Bei Eröffnung der Anstalt wurde ausserdem aus der städt. Kämmerei-Casse ein Betriebscapital von 2100 Thlrn.
vorschussweise entnommen.

---

*) 1000 c' preuss. = 1091,84 c' engl.

Demmin (Mecklenburg). 8800 Einwohner. Gründerin und Eigenthümerin: die Stadt. Dirigent: Herr Blohm; die Oberaufsicht wird
von einer Deputation vom Magistrat und den Stadtverordneten ausgeübt.
Eröffnet am 24. August 1864. Gaspreis 2 Thlr. 15 Sgr. pro 1000 c'.
Leuchtkraft 12 Stearinkerzen-Helle, 6 auf 1 Pfd. 115 Strassenflammen,
die durchschnittlich 5 Stunden jeden Abend brennen, und zusammen
per Jahr 1,035,000 c' Gas consumiren, 536 Privatflammen mit einem
Jahresconsum von 1,146,700 c'. Maximalproduktion in 24 Stunden
16,000 c', Minimalproduktion 3000 c'. Betrieb mit englischen (Nettlesworth) Steinkohlen. Die Anstalt hat 10 Retorten (1 Ofen à 5, 1 à 3,
1 à 2 Ret.), 78' Condensationsröhren 10zöll., cylinderförmigen Wascher
3$\frac{1}{2}$' weit und 3' hoch, 4 trockene Reiniger, welche eine Hordenfläche
von 216 □' enthalten (Kalk), 1 Gasbehälter von 17,000 c' Inhalt,
16,080' Röhrenleitung, nämlich 3360' 5zöll., 4320' 3zöll. und 8400' 2zöll.,
132 nasse Gasuhren von Schäffer & Walcker und von der englischen
Gasanstalt zu Berlin. Anlagecapital 41,000 Thlr.

Dessau (Anhalt.) 16,268 Einwohner. Eigenthümerin: die deutsche
Continental-Gas-Gesellschaft in Dessau. Deren Generaldirektor: Herr
W. Oechelhäuser. Specialdirigent: Herr Richter. Eröffnet am
1. October 1856. Die Concession läuft vom 1. October 1856 an auf
40 Jahre. Der Vertrag mit der Stadt ward im Frühjahre desselben
Jahres vereinbart. Die Stadt hat das Recht, die Anstalt entweder
nach 25 Jahren käuflich, oder nach 40 Jahren unentgeldlich zu übernehmen. Leuchtkraft für 5 c' engl. Consum pro Stunde 12 Wachskerzen-Helle, 6 auf 1 Pfund, 9'' lang. 222 Strassenflammen mit einem
Durchschnittsconsum von 5273 c' per Jahr (1200 Brennstunden jährlich
mit 5 c' engl., resp. 4 c' Consum per Stunde), 3503 Privatflammen
mit einem Durchschnittsconsum von 1296 c' pro Anno (alle Angaben
beziehen sich auf das Jahr 1866). Für die Strassenbeleuchtung werden
1000 c' mit 2 Thlr. 5 Sgr. bezahlt; Normalpreis für Private 3 Thlr. pro
1000 c' engl.; grössere Consumenten zahlen weniger bis zu 2$\frac{1}{3}$ Thlr. herunter, städtische Gebäude 2$\frac{1}{2}$ Thlr. Jahresproduktion 6,276,480 c' engl.
Stärkste Abgabe in 24 Stunden 42,610 c', schwächste Abgabe 2990 c'. Betrieb mit 96% westphäl. und 4% Zwickauer Steinkohlen. 1 Tonne preuss.
Kohlen lieferte 1702 c' engl. Gas. Die Anstalt hat 16 Thonretorten (1 Ofen
à 1, 1 à 3, 2 à 6 Ret.), 1 Beale'schen Exhaustor, 196 lfd. Fuss 5zöll.
Röhrencondensation, 1 Scrubber 10' hoch, 4' 6'' im Durchmesser
(159 c' Inhalt), 1 Waschmaschine, 4 Reiniger (Deicke'sche Masse),

1 Gasbehälter von 19,200 c' engl. nutzbarem Inhalt, 1 Nachreiniger mit 105 □' Hordenfläche, 36,809' pr. Rohrleitung von 9" bis 1½" Weite, 243 nasse Gasuhren von S. Elster. Anlagecapital Ende 1866: 81,073 Thlr. 17 Sgr. 5 Pf. Näheres s. Journ. f. Gasbel. 1859 S. 174, 1860 S. 166, 1861 S. 162, 1862 S. 179, 1863 S. 138, 1864 S. 91, 1865 S. 125, 1866 S. 135, 1867 S. 157.

Die Stadt Dessau ist der Sitz der „Deutschen Continental-Gas-Gesellschaft zu Dessau". Diese Gesellschaft, welche im Jahre 1854 durch Herrn Regierungsrath v. Unruh und Herrn Bankpräsidenten v. Nulandt in's Leben gerufen wurde, und deren Generaldirector seit dem Rücktritt des Herrn v. Unruh der Herr W. Oechelhäuser ist, besitzt 13 Anstalten, nämlich Frankfurt a. d. Oder, Mühlheim a. d. Ruhr, Potsdam, Dessau, Luckenwalde, Gladbach-Rheydt-Odenkirchen, Hagen-Herdecke, Warschau-Praga, Erfurt, Krakau-Podgórze, Nordhausen, Lemberg und Gotha (letztere Anstalt in Pacht); ausserdem ist sie bei der Oesterreichischen Gasbeleuchtungs-Actien-Gesellschaft betheiligt, welche die Anstalten Gaudenzdorf, Pressburg und Temesvar betreibt. Das Actiencapital der Gesellschaft beträgt 3 Mill. Thlr. in 30,000 Actien à 100 Thlr., hievon waren übrigens am 31. December 1867 1430 Actien im Betrag von 143,000 Thlr. noch nicht ausgegeben. Die Geschäftsberichte der Gesellschaft finden sich im Journ. f. Gasbel. Jahrg. 1859 S. 174, 1860 S. 166, 1861 S. 162, 1862 S. 179, 1863 S. 138, 1864 S. 91, 1865 S. 125, 1866 S. 135 und 1867 S. 157. Näheres bei den einzelnen Anstalten.

Detmold (Lippe-Detmold). 6000 Einwohner. Eigenthümerin: eine Commandit-Gesellschaft. Gerant und Erbauer: Herr W. Francke, Director der Gasanstalt in Dortmund. Die Concession datirt vom 22. October 1859 und läuft 25 Jahre. Nach Ablauf kann die Stadt die Anstalt gegen eine Kaufsumme übernehmen, welche sich ergibt, wenn der durchschnittliche Reinertrag der letzten 3 Jahre mit 12 multiplicirt wird, oder auch nach dem Taxwerthe. Leuchtkraft 12 Wachskerzen-Helle, 6 auf 1 Pfd., 12" lang für 5 bis 6 c' engl. Gasconsum per Stunde. Der Gaspreis für Private ist von 3 Thlr. auf 2⅔ Thlr. ermässigt worden, eine weitere Ermässigung um je 5 Sgr. pro 1000 c' findet statt, wenn sich der Gesammtconsum um 1 Mill. c' per Jahr gegen den Jahresverbrauch nach 6jähriger Eröffnung vermehrt hat. 164 Strassenflammen, für welche bei durchschnittlich 1000 Brennstunden jährlich pro Flamme und Stunde 3,3 Pf. vergütet werden, 1475 Privatflammen. Jahresproduktion 3,500,000 c'. Betrieb mit westphälischen Steinkohlen (Hannibal). Die Anstalt hat 11 Thonretorten (1 Ofen 3, 4 à 2 Ret.), 1 Röhrencondensator mit 6 Stück 6 zöll. Röhren, 1 Wascher, 4 Reiniger (Laming'sche Masse), 1 Gasbehälter mit 22,000 c' rhl.*) Inhalt, Röhrenleitung von 7" bis 1" Weite, 110 Gasuhren von J. Pintsch. Nebenprodukte werden verwerthet. Anlagecapital 48,000 Thlr.

Deutz (Rheinpreussen). 8000 Einwohner. Die Fabrik ist von dem am 29. Juni 1856 verstorbenen Herrn Tilman Schaurte unter der Firma Christ. Schaurte gegündet und im Februar 1844 eröffnet worden. Am 19. December 1859 brannte das Etablissement ab und wurde durch den Ingenieur Herrn Otto Kellner, ohne dass der Betrieb hätte unterbrochen werden müssen, wieder aufgebaut und am 1. Mai 1860 übernommen. Die Concession ist auf 45 Jahre ertheilt, jedoch sind die letzten 20 Jahre, vom 1. October 1868 an, nicht monopolisirt, und kann während dieser Zeit Concurrenz zugelassen werden. Nach vollzogener Kündigung des Vertrags bezüglich der Strassenbeleuchtung wurde Seitens der Stadt eine öffentliche Concurrenz ausgeschrieben, jedoch, wie zu erwarten war, ohne Erfolg, da Niemand Lust verspüren mochte, mit der bestehenden Anstalt den an sich unbedeutenden Gasconsum 20 Jahre lang zu theilen. Neben dem Beschlusse, nunmehr eine städtische Concurrenz-Fabrik zu bauen, werden die Verhandlungen mit der Firma Schaurte fortgesetzt. Die Leuchtkraft ist im alten Vertrage nicht präcise ausgedrückt, sondern derjenigen des Cölner Gases gleichgestellt. 72 Strassenlaternen à 1652 Brennstunden im Durchschnitt und ca. 1200 Privatflammen. Die Stadt zahlt theils 5, theils 3 Pf. pro Stunde, die Privaten theils 3, theils $2\frac{1}{2}$ Thlr. pro 1000 c' preuss., und zwar ist der niedrigere Preis denjenigen Consumenten seit dem 1. October 1864 zugebilligt worden, welche die fernere Gasabnahme während der 20jährigen zweiten Vertragsperiode zugesagt haben. Für einen neuen Vertrag ist übrigens ein Preis von 1 Thlr. 20 Sgr. pro 1000 c' für Private und von 2 Pfennigen pro Strassenflamme und Brennstunde für die öffentliche Beleuchtung offerirt worden. Produktion ca. 3 Mill. c'. Betrieb mit den besten Gaskohlen der Ruhr. Die Fabrik hat 3 Oefen à 3 Retorten und einen mit 1 Ret.; gewöhnlich reichen 3 Ret. aus und nur ausnahmsweise muss die vierte hinzugezogen werden. Retorten und feuerfeste Steine theils von Forsbach,

---

*) 1000 c' rhl. = 1091,84 c' engl.

theils von Möhl in Mühlheim am Rhein. 1 Wascher, 4 Kalkreiniger,
2 Gasbehälter mit 7000 und 16,000c′ Inhalt, 22,000′ Rohrleitung von
6″ bis 2″ Weite, 230 nasse Gasuhren, meist von S. Elster in Berlin.
Nebenprodukte werden verwerthet. Anlagecapital ca. 40,000 Thlr. preuss.

Diez (Nassau). 3500 Einwohner. Gründerin und Eigenthümerin:
die Gasbeleuchtungs-Gesellschaft in Diez. Erbauer: Herr Maschinenfabrikant J. P. C. Fahlender in Michelbach. Eröffnet am 13. Jan.
1862. Dirigent jetzt provisorisch Herr Rechtsanwalt J. Schäfer.
Der Vertrag mit der Stadt läuft 25 Jahre, nach deren Ablauf jedoch
die Gesellschaft das Recht behält, ihr Geschäft fortzusetzen. Der Stadt
Diez steht dagegen nach Ablauf der Vertragszeit das Recht zu, die
Anstalt gegen den 12fachen Reinertrag der letzten 10 Betriebsjahre
eigenthümlich zu erwerben. Die Stadt zahlt für Gas in der Lichtstärke von 9 Wachskerzen, 6 auf 1 Pfd., pro 1200 Brennstunden für
1 Laterne 17 fl. bei einem Verbrauch von $4^1/_2$ c′ pro Stunde, die
Privaten zahlen pro 1000 c′ Gas 6 fl. Jahresproduktion 1,709,000 c′.
56 Strassenflammen und 900 Privatflammen. Betrieb mit westphälischen und Saarbrücker Steinkohlen (Hibernia und Heinitz). Die Anstalt hat 7 Stück ⌒ förmige Thonretorten von J. Sugg in Gent (2 Oefen
à 3, 1 à 1 Ret.), 10 Condensationsröhren von 5″ Durchmesser, Wascher,
Scrubber, 4 Kalkreiniger, Stationsgasmesser, 1 Gasbehälter von 12,000 c′
Inhalt, 14,000′ Leitungsröhren von 5″ bis $1^1/_2$″ Weite, 237 nasse Gasuhren von S. Elster in Berlin und Diemthal & Nicolai in Singen.
Coke wird verkauft, Theer theilweise verfeuert. Das Actiencapital ist
auf 50,000 fl. festgestellt (der Mehrbetrag von 5000 fl. ist bereits
amortisirt) und in 100 Actien à 500 fl. abgetheilt.

Dillenburg (Nassau). 2700 Einwohner. Eigenthümerin: die Gas-
Actien-Gesellschaft in Dillenburg. Dirigent: Herr Körner. Die Concession zur Erbauung der Anstalt wurde von Herrn J. C. Grün in
Dillenburg erworben, an Herrn C. Mayer in Cöln verkauft, welcher
die Fabrik erbaute und etwa 2 Jahre für eigene Rechnung betrieb,
bis sie von der gegenwärtigen Gesellschaft ihm abgekauft wurde. Die
Concession läuft vom 1. Sept. 1863 auf 30 Jahre. Nach Ablauf hat
die Stadt das Recht, zu einem nach dem Reingewinn der letzten Jahre
zu bestimmenden Preise die Anstalt zu kaufen; thut sie das nicht, so
erhält sie von da ab $1/_4$ des Reingewinnes jährlich. Lichtstärke für
$4^1/_2$ c′ Consum per Stunde 12 Wachskerzen, 6 auf 1 Pfd. und 10″

lang. Gaspreis für Private 5 fl. 30 kr. pro 1000 c′, bei der städtischen Beleuchtung werden für 50 Strassenflammen mit 850 Brennstunden und 5 bis 6 c′ Consum pro Stunde jede 800 fl. bezahlt. Der Consum der Privaten betrug 1866/67: 1,046,000 c′. Betrieb mit westphälischen Steinkohlen (Vereinigte Hannibal). Die Anstalt hat 9 Thonretorten (3 Oefen à 3 Ret.). Reinigung mit Kalk. 100 Gasuhren von Th. Spielhagen. Coke und Theer wird verwerthet. Anlagecapital 42,000 fl. in 420 Actien.

Dilling, Hüttenwerk an der Saar bei Saarlouis in Preussen besitzt für das Hüttenwerk eine Gasanstalt mit einem Jahresconsum von 2,800,000 c′.

Dirschau (Preussen). 7000 Einwohner.

a) Die Anstalt für die Stadt: Eigenthümer und Erbauer: die Civil-Ingenieure und Fabrikanten von Gasanlagen in Firma Schulz & Sackur in Berlin. Eröffnet am 1. December 1867. Die Concession läuft 25 Jahre. Entweder nach Ablauf dieser Zeit oder dann von 10 zu 10 Jahren ist die Stadt berechtigt, bei vorheriger Kündigung des Vertrages die Anstalt zu kaufen, resp. Concurrenz eintreten zu lassen. Der Kaufpreis wird durch Taxatoren unter Berücksichtigung des Nützungs- und derzeitigen Werthes festgestellt. Preis für 1 Strassenflamme bei 5 c′ Consum per Stunde und 850 Brennstunden per Jahr in den ersten 10 Contraktjahren 10 Thlr., vom 10. bis 15. Jahre 9½ Thlr., vom 15. bis 20. Jahre 9 Thlr. und nach Verlauf von 20 Jahren 8⅓ Thlr. Bedienung der Laternen besorgt die Gasanstalt. Gaspreis für Private 2 Thlr. 20 Sgr. pro 1000 c′ preuss.*) 72 Strassenflammen, 750 Privatflammen. Betrieb mit engl. Steinkohlen (Leversons Wallsend). Die Anstalt hat 6 ovale Thonretorten $20'' \times 14''$ von Didier (1 Ofen à 3, 1 à 2, 1 à 1 Ret.), Reserveplatz für 1 Fünfer-Ofen, 1 Röhrencondensator mit 9 Stück 5zöll. Kühlröhren, 1 King'schen Scrubber 3′ in Durchmesser 8′ hoch mit 7 durchlöcherten Platten und Wascher darunter, 3 Reiniger $5' \times 4'$ mit 4 Lagen (Laming'sche Masse), 1 Stationsgasuhr von S. Elster, Gasbehälter mit 16,000 c′ Inhalt von Plagge in Berlin, 1000′ 5zöll., 1450′ 4zöll., 1500′ 3zöll., 1250′ 2½zöll., 4250′ 2zöll., 2350′ 1½zöll. Hauptröhren, 2850′ 1⅓zöll. gusseiserne Zuleitungsröhren, 100 nasse Gasuhren von S. Elster.

---

*) 1000 c′ preuss. = 1091,84 c′ engl.

b) **Die Anstalt für den Bahnhof:** Der Fragebogen ist nicht beantwortet worden. Die Statistik von 1862 enthält Folgendes: Die Gasanstalt auf dem Bahnhofe ist auf Veranlassung der Staats-Eisenbahn-Verwaltung zu dem Zwecke angelegt, den sehr geräumigen Bahnhof der Ostbahn und die mit diesem im Zusammenhange stehende 2668′ lange Eisenbahnbrücke über die Weichsel durch Gaslicht zu beleuchten. Eigenthümer: der Eisenbahn-Fiskus. Die Gebäude sind von der Bahnverwaltung, die übrigen Einrichtungen durch Herrn W. Kornhardt aus Stettin ausgeführt worden. Eröffnet den 1. October 1857. Die Anstalt steht unter Leitung des Werkmeisters Herrn Köppen. Für das an die Postverwaltung und den Pächter der Bahnhofs-Restauration abgegebene Gas sind 1857 1 Thlr. 10 Sgr. 10 Pf., 1858 2 Thlr. 6 Sgr. 3 Pf., 1859 1 Thlr. 13 Sgr. 3 Pf. und 1860 1 Thlr. 21 Sgr. 10 Pf. pro 1000 c′ bezahlt worden. An Flammen sind im Ganzen 430 vorhanden, nämlich 158 auf dem äussern, 228 im inneren Bahnhof und 44 auf der Weichselbrücke. Jahresproduktion ca. 2 Mill. c′ preuss.*), im Maximum 9000 c′, im Minimum 2000 c′ pro 24 Stunden. Die Apparate sind genau dieselben, wie auf dem Bahnhofe in Braunschweig (siehe Journ. f. Gasbel. 1861 S. 25). Betrieb mit englischen Kohlen (Leversons Wallsend und Pelton Main). Die Anstalt hat 3 Oefen 1 zu 3, 1 zu 2, 1 zu 1 Ret. von F. Didier in Podejuch), 1 Röhrencondensator, 1 Scrubber, 1 Wascher, 1 Exhaustor, 2 Reiniger, 1 Stationsuhr, 1 Gefrierapparat für die Brücke, 1 Gasbehälter von 12,000 c′ preuss. Inhalt, 5690′ Röhrenleitung von 4″ bis 1½″ Weite, nämlich 332′ 4zöll., 1416′ 3zöll., 834′ 2zöll., 648′ 1½zöll. und auf der Weichselbrücke 800′ 3zöll., 1360′ 2zöll., 1300′ 1½zöll., 6 Gasmesser von S. Elster und J. Pintsch in Berlin.

Döbeln (Sachsen). Eigenthümerin: die neue Gasgesellschaft Wilh. Nolte & Co. Erbauer: Herr Smyers-Villiquet. Eröffnet am 12. December 1857. Das Privilegium der früheren Actiengesellschaft, welche das Werk bis zum Jahre 1867 in Besitz hatte, war vom Jahre 1866 an auf 25 Jahre ertheilt; der Vertrag ist indess jetzt beim Uebergang auf die neue Gasgesellschaft bis zum 31. Dec. 1897 verlängert worden. Im Jahre 1862 hatte die Anstalt 50 Strassenflammen mit je 1150 Brennstunden jährlich und 4½′ Consum per Stunde, 92 Privat-

---

*) 1000 c′ preuss. = 1091,84 c′ engl.

consumenten mit 797 Flammen, 2,279,800 c′ sächs.*) Jahresproduktion, 6 Retorten, kastenförmigen Condensator mit Schlangencanälen, 1 Wascher, 3 Reiniger mit zusammen 54 □′ Hordenfläche (Laming'sche Masse), 1 Gasbehälter mit 12,000 c′ sächs. Inhalt, 9000 lfd. Fuss Röhrenleitung von 4″ bis 1½″ Weite, 93 nasse Gasuhren und ein Anlagecapital von 34,000 Thlr. Gegenwärtig zahlen die Private in Maximo 2⅓ Thlr. pro 1000 c′ sächs., Strassenbeleuchtung ¼ Sgr. pro Flamme und Brennstunde.

Döhlen (Sachsen). Die Gasanstalt zu Döhlen liefert das Gas für die Dörfer des ganzen Plauen'schen Grundes und zwar für Neucoschütz, Potschappel, Döhlen, Deuben und Hainsberg mit einer Gesammteinwohnerzahl von ca. 12,000 Seelen. Gründer, Erbauer, Besitzer und Dirigent der Anstalt ist der Eigenthümer der Maschinenbauanstalt und Eisengiesserei in Döhlen, Herr J. S. Petzholdt. Derselbe hat von den Gerichtsämtern die ausschliessliche Concession zum Verkauf von Gas. Die Anstalt wurde dem öffentlichen Betriebe am 21. November 1864 übergeben, nachdem dieselbe bereits 1 Jahr in kleinerer Dimension nur für die Maschinenbauanstalt in Gebrauch gewesen war. Die Produktion im verflossenen Jahre, welches mit dem 31. October abschliesst, war 2,138,570 c′ sächs. Die durchschnittliche Flammenzahl im Jahre betrug 1142, incl. 28 Strassenflammen, deren Hähne auf 6 c′ Consum per Stunde regulirt sind. Der Durchschnittsconsum einer Flamme betrug 1814 c′. Die Maximalproduktion betrug 15,565 c′, die Minimalproduktion 1360 c′ pro 24 Stunden. Die sämmtlichen Verluste an Gas, oder der Unterschied zwischen der Produktion und Gaszählerconsumtion betrug 93,341 c′ oder 4,3% bei einer Länge des Röhrennetzes von 26,792′. Betrieb mit Steinkohlen aus den Werken des Plauen'schen Grundes. Die Anstalt hat 6 Thonretorten für den Winterbetrieb (1 Ofen à 3, 1 à 2, 1 à 1 Ret.) und 2 eiserne Retorten für den Sommerbetrieb (2 Oefen à 1 Ret.), Luftcondensator mit vertikalen Röhren, Scrubber mit Cokefüllung und Wasserzufluss, 3 gemauerte Reiniger von 128 c′ Inhalt (Lamingsche Masse), 1 Gasbehälter von 12,000 c′ Inhalt, 2 Regulatoren, Fabrikröhren von 7″ Weite, zwei Hauptröhrenstränge, einen thalaufwärts, den andern thalabwärts, mit 5″ Weite beginnend und mit 2″ aufhörend, 74 nasse Gasmesser von Siry Lizars & Co. Coke und Theer werden verkauft. Anlagecapital 30,000 Thlr.

---

*) 1000 c′ sächs. = 802 c′ engl.

Donauwörth (Bayern). 4000 Einwohner. Eigenthümerin: die Gesellschaft für Gasindustrie in Augsburg. Deren Director: Herr L. Winterwerber. Specialdirigent: Herr Weinberg. Gründer und Erbauer: Herr L. A. Riedinger. Eröffnet am 24. September 1863. Lichtstärke für 5 c' Gasconsum per Stunde 14 Stearinkerzen, 6 auf 1 Pfd. Gaspreis für Private 5 fl. 30 kr. pro 1000 c', für Strassenbeleuchtung 1¼ kr. pro Flamme und Stunde. 58 Strassenflammen mit zusammen 70,000 Brennstunden im Jahr, etwa 770 Privatflammen mit durchschnittlich 1300 c' Consum pro Flamme jährlich. Jahresproduktion gegen 2 Mill. c'. Maximalconsum in 24 Stunden circa 9000 c', Minimalconsum ca. 1200 c'. Betrieb mit Zwickauer, Stockheimer und böhmischen Steinkohlen. Die Anstalt hat ∩ förmige Retorten in Oefen mit 1 und 2 Retorten, Reinigung nach Feldbausch, gegen 10,000' Rohrleitung von 5" bis 1½" Weite, nasse Uhren von L. A. Riedinger. (Vergl. Journ. f. Gasbel. 1866 S. 478.)

Dorsten (Westphalen). Der Fragebogen ist nicht beantwortet worden.

Dortmund (Westphalen). 40,000 Einwohner. Eigenthümerin: die Dortmunder Actien-Gesellschaft für Gasbeleuchtung. Dirigent: Herr F. W. Francke. Die Gesellschaft constituirte sich im Anfange des Jahres 1856, im Sommer desselben Jahres wurde die Anstalt durch Herrn Baumeister Kühnell ausgeführt und am 1. Januar 1857 eröffnet. Die Concession währt vom 1. Januar 1857 angefangen 50 Jahre, nach welcher Frist die Stadt das Recht hat, das Werk gegen ein Taxatum zu übernehmen. Ausserdem kann die Stadt das Werk auch schon nach 30 Jahren ablösen, wenn sie der Gesellschaft den Werth zahlt, der sich aus dem Durchschnittsertrage der letzten 5 Jahre zum Zinsfuss von 5% im Capital ergibt. Im letzten Falle ist 5 Jahre vorher zu kündigen. Leuchtkraft 12—16 Wachskerzen-Helle, 6 auf 1 Pfd., für höchstens 6 c' Gasconsum per Stunde. Jahresproduktion im letzten Betriebsjahre 28,796,400 c' preuss. *) Maximalproduktion in 24 Stunden 143,050 c', Minimalproduktion 29,250 c'. 260 Strassenflammen zu 2400 Brennstunden jährlich und 5¾ c' Consum per Stunde (3,141,000 c' Consum pro 1866/67). Die Strassenbeleuchtung wurde 1866/67 mit 1 Thlr. 13 Sgr. 9 Pf. pro 1000 c' preuss. incl. Bedienung vergütet. Die Privaten zahlen jetzt 1⅔ Thlr. pro 1000 c' preuss., der Cöln-

---

*) 1000 c' preuss. = 1091,84 c' engl.

Mindener- und Bergisch-Märkische Eisenbahnhof bezahlen nach einer
fallenden Scala, deren niedrigster Satz 1 Thlr. 6 Sgr. $9^3/_7$ Pf. beträgt;
erstere consumirte im letzten Betriebsjahre 7,030,100 c′, letzterer
2,205,000 c′. Betrieb mit westphälischen Steinkohlen (meist Hannibal).
Die Anstalt hat 35 Retorten (1 Ofen à 4, 2 à 5, 3 à 7 Ret.), 3 Kasten
Condensatoren, mit continuirlicher Wasserkühlung, 2 Wascher von
6′ Durchmesser, 2 Beale'sche Exhaustoren 16 zöll., 4 Reiniger und
1 Nachreiniger, jeder $14' \times 7' = 100 \square'$ Hordenfläche (Lamingsche
Masse und Kalk), 2 Gasbehälter mit resp. 17,000 c′ und 50,000 c′ Inhalt,
60,000 lfd. Fuss Röhrenleitung (ein 8 zöll. Hauptrohr zur Stadt, und
ein gleich grosses zum Cöln-Mindener Bahnhof) 630 nasse Gasuhren
von J. Pintsch und Stirl in Berlin. Nebenprodukte werden verkauft.
Anlagecapital 75,000 Thlr. Näheres s. Journ. f. Gasbel. 1862 S. 146,
1865 S. 410.

Dresden (Sachsen). ca. 160,000 Einwohner. Eigenthümerin: die
Stadtgemeinde Dresden. Dirigent: Herr Hasse. Der Erbauer der
alten Dresdener Gasanstalt, Herr Commissionsrath Blochmann sen.
Derselbe hatte zuerst in seinem Atelier in Dresden 1819 eine kleine
Gasanstalt gebaut, mittelst welcher er dieses Atelier und seine Wohnung mit Gas beleuchtete. Als 1825 der General Concrève, nachdem er einen Contract in Berlin abgeschlossen hatte, auch nach Dresden
kam, und in Folge der Bemühungen einiger einflussreicher Personen
daselbst gleichfalls einen Vertrag zu Stande brachte, erhielt mittelst
königl. Rescriptes Herr Blochmann den Auftrag, die Einrichtung
zu treffen, um das k. Schloss und die Plätze um dasselbe mittelst Gas
zu beleuchten. Am 23. April 1828, bei der stattfindenden Illumination
zu Ehren der Geburt des jetzigen Kronprinzen, brannte das Gas zum
ersten Mal. Die Anstalt war in den alten Festungswerken errichtet
worden. Im Jahre 1833, nachdem die neue Beleuchtung schon auf die
Hauptstrassen der Altstadt, die Brücke und in die Neustadt ausgedehnt war, ging die Anstalt als Eigenthum an die Stadt über, welche
durch die inzwischen ins Leben getretene Städteordnung die Verpflichtung der öffentlichen Beleuchtung übernommen hatte. Die grosse,
noch gegenwärtig bestehende Anstalt in der Altstadt wurde 1839
gebaut. Im Jahre 1864/65 wurde, um dem gesteigerten Gasverbrauch
genügen zu können, noch eine zweite Anstalt in der Neustadt errichtet
und am 1. Juli 1865 eröffnet. 2761 Strassenflammen mit je einem
stündlichen Consum von 6,7 c′ sächs. und 3606 Brennstunden per

Jahr. 36,100 Privatflammen. Gaspreis für Private $1^2/_3$ Thlr. pro
1000 c′ sächs.*), grösseren Consumenten wird Rabat gewährt. Für die
Strassenbeleuchtung wird der jährlich auszuwerfende Selbstkostenpreis
vergütet. Die Jahresproduktion, die 1867 über 180,000,000 c′ sächs.
beträgt, wird voraussichtlich 1868 auf 200 Millionen c′ steigen. Maximalproduktion in 24 Stunden 900,000 c′, Minimalproduktion 225,000 c′.
Betrieb mit Steinkohlen zu $^2/_3$ vom Plauenschen Grund bei Dresden
aus den Gruben des Baron v. Burgk, ausserdem Zwickauer Kohlen
von der Bürgergewerkschaft und vom erzgebirgischen Verein. Die
alte Anstalt hat 266 Ret. in 38 Oefen à 7 Ret. (16″ × 13¹/₂″ × 8′ preuss.),
2 Systeme Condensationsröhren mit zusammen 1000 ☐′ Kühlfläche
nebst ziemlich langer Betriebsröhrenleitung, die auch zur Kühlung mit-
wirkt, 2 Scrubber von 9′ Höhe, und 3 desgleichen von 10 ☐′ 12′ hoch
mit hölzernen Horden und für Einspritzung mit Ammoniakwasser eingerichtet, 2 Exhaustoren nach Jones und 1 desgleichen nach Beale,
mit 2 Dampfmaschinen und Kesseln, 4 Reinigungskasten 16′ × 12′ × 5′,
10 desgleichen 16′ × 8′ × 5′, (vier der letzteren dienen zur Nachreinigung mit trocknem Kalk). In den Reinigern befinden sich nur
zwei Hordenlagen, auf welchen die Masse je 20″ hoch aufgetragen
wird. 2 Stationsgasmesser, 4 Gasbehälter mit zusammen 260,000 c′
Inhalt (1 à 100,000 c′, 1 à 80,000 c′, 1 à 60,000 c′, 1 à 20,000 c′),
ein neuer Telescopgasbehälter für 500,000 c′ Inhalt wird gegenwärtig
gebaut. Die neue Anstalt hat 161 Retorten in 23 Oefen à 7 Retorten,
4 Condensatoren mit zusammen 1000 ☐′ Kühlfläche, 2 Scrubber
13′ × 6′ × 6′, 3 Cylinder-Exhaustoren und 2 Dampfmaschinen mit
8 Pferdekräften, 4 Reinigungskästen 16′ × 8′ × 5′, Stationsgasuhr,
1 Gasbehälter mit 200,000 c′ Inhalt (ein zweites Bassin für 250,000 c′
Glocken-Inhalt ist bereits gemauert). Das Röhrennetz ist auf den Elb-
brücken verbunden. 3407 nasse Gasuhren von Sachse und Blochmann in Dresden und J. Pintsch in Berlin. Das Ammoniakwasser
wird in der alten Anstalt verarbeitet und ergibt jährlich 800 Ctr.
schwefelsaures Ammoniak.

Die Bierbrauerei „Waldschlösschen" bei Dresden hat ihre eigene
Privatgasanstalt.

Dülken (Rheinpreussen). 5200 Einwohner. Eigenthümerin: die
Stadt Dülken. Am 31. December 1859 contrahirte die Stadt mit dem

---

*) 1000 c′ sächs. = 802 c′ engl.

Ingenieur Herrn F. Tonnar über den Bau der Anstalt, sowie über eine 20jährige Betriebsleitung, wonach derselbe nach Abzug der Zinsen des Anlagecapitals, 33% des Gewinnstes als Honorar erhält. Eröffnet am 1. September 1860. Lichtstärke für die öffentliche Beleuchtung 12 Wachskerzen-Helle, 6 auf 1 Pfd. Für die Strassenflammen werden 4 Pf. pro Brennstunde vergütet, Private zahlen 3 Thlr. pro 1000 c′ preuss.[*]) Bei einem Gasconsum von jährlich über 100 bis 200 Thlr. werden 2% Rabatt bewilligt, bei 200 bis 400 Thlr. 4%, bei 400 bis 600 Thlr. 6%, bei 600 bis 800 Thlr. 8% und bei 800 bis 1000 Thlr. 10%. 62 Strassenflammen mit 1200 Brennstunden jährlich und 400,000 c′ Consum, 1865 Privatflammen mit einem jährl. Consum von 3,295,000 c′. Jahresproduktion 4,188,000 c′. Maximalproduktion in 24 Stdn. 28,000 c′, Minimalproduktion 2100 c′. Betrieb mit westphälischen Steinkohlen (Zollverein). Die Anstalt hat 9 ovale Thonretorten (1 Ofen à 4, 1 à 3, 1 à 2 Ret.), 90′ 5zöll. Condensationsröhren, 1 Scrubber mit 70 c′ Inhalt und 7 □′ Querschnitt, 1 Wascher, 3 Reiniger, jeder zu 81 □′ Hordenfläche (Laming'sche Masse und Kalk), 1 Gasbehälter mit 18,000 c′ Inhalt (ein zweiter Gasbehälter von 30,000 c′ Inhalt wird 1868 gebaut), 15,000′ Rohrleitung von 6″ bis 2″ Weite, 136 nasse Gasuhren von S. Elster. Anlagecapital 26,000 Thlr.

Düren (Rheinpreussen). Der Fragebogen ist nicht beantwortet worden. Die Statistik von 1862 enthält folgende Angaben: Eigenthümerin: die Dürener Actien-Gesellschaft für Gasbeleuchtung, bei welcher die Stadt (mit 20,000 Thlr.?) betheiligt ist; die Actien werden aus dem Gewinn mit 25% Avance ausgeloost und fällt das Werk nach Ausloosung sämmtlicher, in Händen von Privaten befindlicher Actien, in alleinigen Besitz der Stadt. Eröffnung der Anstalt am 1. Sept. 1858. Betrieb mit westphälischen Steinkohlen. Preis des Gases für Private 3⅓ Thlr. pro 1000 c′.

Dürkheim (Rheinpfalz). 6000 Einwohner. Eigenthümerin: die Stadt. Dirigent: Herr J. Gümbel unter einer Gasdeputation, die aus Stadtvorständen zusammengesetzt ist. Erbauer: die Herren Jooss Söhne in Landau. Eröffnet am 25. Nov. 1865. Schon im Jahre 1860 war übrigens von Herrn Bierbrauer Bart in Dürkheim eine Privatgasanstalt zur Beleuchtung der Brennerei mit 50 bis 60 Flammen durch Herrn A. Hillenbrandt in Neustadt a/H. eingerichtet worden, bei

---

[*]) 1000 c′ preuss. = 1091,84 c′ engl.

welcher sich auch die Nachbarschaft betheiligt hatte. Lichtstärke bei
5 c′ Gasconsum per Stunde 9 Kerzen-Helle (6 auf 1 Pfd.). Gaspreis
für Stadt und Private 3 fl. 50 kr. pro 1000 c′ engl. Hiebei wird
Rabatt gewährt bei einem Jahresverbrauch von 50,000 c′ 5%, bei
100,000 c′ 10%, bei 250,000 c′ 15%, bei 500,000 c′ 20%. 118 Strassenflammen, welche von Dunkelwerden bis 12 Uhr Nachts mit 5 c′ Consum
per Stunde brennen, mit Ausnahme der hellen Nächte im Sommer;
1430 Privatflammen.   Im Betriebsjahr 1866 (13 Monate) wurden
3,235,600 c′ engl. producirt. Maximalverbrauch in 24 Stunden 18,500 c′,
Minimalverbrauch 1900 c′.   Betrieb mit Saarbrücker Kohlen. Die
Anstalt hat 8 ovale Thonretorten von Vygen in Duisburg (1 Ofen à 4,
1 à 3, 1 à 1 Ret.), 1 Luftcondensator von 170′ engl. Länge und 5″
Weite, 1 Wascher 5′ × 3′, 1 Scrubber mit 45 c′ engl. Cokefüllung,
2 Reiniger $7^1/_2$′ × 3′ mit 90 c′ engl. Füllung von Laming'scher Masse,
1 Gasbehälter mit 9000 c′ Inhalt, 1922′ 5zöll., 768′ 4zöll., 4205′ 3zöll.,
7574′ 2zöll., 10,742′ $1^1/_2$ zöll. und 450′ 1zöll. Rohrleitung, 340 nasse
Gasuhren von S. Elster und J. Tebay. Coke wird verkauft, der
Theer meist verbrannt.   Anlagecapital etwa 50,000 fl.

     Düsseldorf (Rheinpreussen). Mit den 4 in den Gasbeleuchtungs-
rayon eingeschlossenen Aussengemeinden ist die Einwohnerzahl 52,000.
Eigenthümerin: die Stadt. Dirigent: Herr V. Schneider. Die Firma
Sinzig & Co. hatte am 20. September 1846 einen Vertrag mit der
Stadt auf 20 Jahre abgeschlossen, nach welchem sie sogenanntes
Patentgas (Mischung von Steinkohlen- mit Harzgas) zum Preise von
$2^1/_2$ Pfenning pro c′ preuss.*) (6 Thlr. 28 Sgr. 4 Pf. pro 1000 c′) für
Private zu liefern hatte. Später wurde dieser Preis auf 5 Thlr. 16 Sgr.
ermässigt, auch für die grösseren Consumenten Rabatte bewilligt.
Nichtsdestoweniger beschloss die Stadt, die Gasbeleuchtung nach Ablauf
des Vertrages selbst in die Hand zu nehmen, und da eine Einigung
mit der Firma Sinzig & Co. über Ankauf der alten Anstalt nicht zu
Stande kam, eine neue Anstalt anzulegen.   Die Stadt trat somit am
20. September 1866, Nachts 12 Uhr in den alleinigen Besitz des
Rechtes der Gasbeleuchtung. Die inzwischen durch den Ingenieur
Herrn V. Schneider von September 1865 bis dahin 1866 erbaute
Anstalt eröffnete ihren Betrieb gegen Zahlung einer entsprechenden
Entschädigungssumme am 20. September 1866 schon bei Anbruch des

_____

     *) 1000 c′ preuss. = 1091,84 c′ engl.

Abends, da der Uebergang des Nachts nicht wohl zu bewerkstelligen gewesen wäre. Die Privatleitungen waren vorher provisorisch unter Einschaltung neuer Gasuhren mit dem städtischen Rohrnetz verbunden worden, so dass an diesem Abend mittelst blosser Umstellung der Haupthähne vor den Gasuhren ohne Unterbrechung das Gas der städtischen Gasanstalt benützt werden konnte. Die Firma Sinzig & Co. entfernte demnächst die ihr gehörigen Gasuhren, sowie die Strassenlaternen, das Strassenrohrsystem jedoch bis jetzt noch nicht. Seitdem hat die städtische Gasanstalt ihren Betrieb ungestört fortgeführt. Leuchtkraft 12 Wachskerzen, 6 auf 1 Pfd., für 6 c′ preuss. im Schnittbrenner. Gasproduktion vom September 1866 bis 1. Oktober 1867: 56 Mill. c′ rhl., wovon 38¹/₂ Mill. auf Verkauf an Private, der Rest auf Strassenbeleuchtung, Selbstverbrauch und Verlust kommen. Am 1. Oct. 1867 waren vorhanden 762 Strassenflammen mit 11¹/₂ Mill. c′ Consum im Jahre 1866/67. Die Brennstundenzahl der sogenannten bis 12 Uhr brennenden Mittellaternen war 1600, die der Eck- und Thorlaternen, welche die ganze Nacht hindurch brennen, 3600. Die Zahl der Privatflammen wird annähernd 20,000 betragen. Maximalproduktion in 24 Stunden 281,000 c′, Minimalproduktion 58,000 c′. Betrieb mit westphälischen Steinkohlen. Die Anstalt hat 72 Thonretorten von H. J. Vygen & Co. in Duisburg und Forsbach in Mülheim a/Rh. in 12 Oefen à 6 Retorten, 2 aus doppelten Röhren von Eisenblech bestehende Luftcondensatoren mit 768 c′ Gesammtinhalt und 2640 ◻′ Gesammtoberfläche, 2 Scrubber von Eisenblech mit 34 durchlöcherten Eisenplatten, 1440 c′ Gesammtinhalt und 1368 ◻′ Gesammtoberfläche (ohne die Platten), 1 Waschapparat, 2 Beale'sche Exhaustoren von 16″ und 20″ Durchmesser, 4 Reiniger für Laming'sche Masse 18′ × 6′ und 250 c′ Füllung, 2 Nachreiniger für Kalk von derselben Grösse, 2 Stationsgasuhren von S. Elster für 8000 c′ per Stunde, 2 Gasbehälter à 105,000 c′ preuss. Inhalt, 1 selbstthätigen Druckregulator von S. Elster, 12 zöll. Verbindungsröhren für die Apparate, 15 zöll. Eingänge und 18 zöll. Ausgänge für die Gasbehälter, 9 preuss. Meilen Rohrleitung, Circulationssystem (mit 21″ beginnend), 1809 nasse Gasuhren, die neuen von S. Elster, Pipersberg und Stoll. Coke und Theer werden verkauft, die Verwerthung des Ammoniakwassers wird versucht. Das Anlagecapital ist noch nicht festgestellt, beträgt jedoch incl. der neu beschafften Gasuhren, ferner der Zinsen des Baucapitals während der Bauzeit und der behufs Geldbeschaffung in Folge der Kriegsereignisse von 1866 entstandenen Coursverluste, endlich incl. der Kosten der provisorischen Gasuhrenaufstellungen in runder Summe 400,000 Thlr., ohne diese genannten Posten 350,000 Thlr.

Duisburg (Rheinpreussen). Der Fragebogen ist nicht beantwortet worden. Die Statistik von 1862 enthält folgende Angaben: Dirigent: Herr Loob. Eigenthümerin: eine Gesellschaft von Kaufleuten zu Duisburg. Erbauer: Herr Ing. Ritter. Der Contract ist auf 25 Jahre abgeschlossen, und läuft, wenn er nicht gekündigt wird, dann von 10 zu 10 Jahren fort. Steinkohlenbetrieb (Hibernia u. Zollverein). 120 Strassenflammen. 1100 Brennstunden der öffentlichen Strassenflammen kosten 12½ Thlr. Bei Vermehrung der Laternen tritt eine Preisermässigung ein. Private zahlen pro 1000 c′ preuss. 2 Thlr. 15 Sgr.; öffentliche Gebäude 1 Thlr. 27 Sgr. Die Anstalt hat 20 ovale Retorten, wovon im Winter 12, im Sommer 3 in Betrieb sind.

Durlach (Baden). Der Fragebogen ist nicht beantwortet worden. Die Statistik von 1862 enthält folgende Angaben: 4880 Einwohner. Eigenthümer: die Herren Raupp & Dölling in Carlsruhe. Die Concession datirt vom 1. October 1861 und läuft 40 Jahre. Nach Ablauf dieser Zeit kann die Stadt die Anstalt gegen ein Taxatum übernehmen. Dieser Kaufpreis soll aber nicht unter die Hälfte des Capitals fixirt werden, welches sich ergibt, wenn der durchschnittliche jährliche Reinertrag von den letzten 5 Jahren als 4 % Zinsen angesehen und hiernach der Capitalwerth berechnet wird. Eröffnet den 23. October 1861. Leuchtkraft für 4½ c′ Gasconsum pr. Stunde 9 Wachskerzen-Helle, 6 auf 1 Pfd. 103 Strassenflammen zu je 1200 Brennstunden jährlich und 4½ c′ Consum pro Stunde; 101 Privatconsumenten mit 550 Flammen. Für die öffentliche Beleuchtung werden 1000 c′ engl. mit 4 fl. bezahlt; Private zahlen 5 fl. 15 kr. Bei 100,000 c′ Consum werden 10 % Rabatt bewilligt. Betrieb mit Saarkohlen. Maximalproduktion in 24 Stunden 14000 c′. Die Anstalt hat 13 Retorten (3 Ret. im Gebrauch), 100 Fuss 4″ Röhrencondensation, 1 combinirten Scrubber und Wascher 131 c′, 2 Reiniger mit 320 □′ Hordenfläche (Kalk), 1 Gasbehälter mit 12,000 c′ Inhalt, 16,900 Fuss Hauptröhrenleitung mit 5″ grösster Weite, 3700 Fuss Zweigleitung, 101 nasse Gasuhren. Anlagecapital circa 60,000 fl.

Duttweiler (bei Saarbrücken). Die Gasanstalt auf den Scalleyschächten der königlichen Steinkohlengrube Duttweiler-Jägersfreude wurde am 1. Januar 1862 in Betrieb gesetzt. Sie wurde errichtet,

nachdem sich herausgestellt hatte, dass die Ausgaben des bei der Nacht-
förderung auf genannten Schächten erforderlichen Brennmaterials (Beleuchtung durch Feuerkörbe und Oellaternen) sich jährlich auf 2850 Thlr.
stellten und eine Beleuchtung durch Gas einen jährlichen Kostenaufwand von nur 1230 Thlr., also 1620 Thlr. weniger verursachen würde
als die bestehende sehr mangelhafte Beleuchtung. Die Anregung zum
Bau der Gasanstalt erfolgte durch den damaligen Dirigenten der Grube
Duttweiler, Herrn Bergmeister Leist; das Bauprojekt rührt her vom
Hrn. Baumeister v. Viebahn. Hiernach kamen zunächst zur Ausführung
2 Oefen, zu einer Gruppe vereinigt, mit 2, resp. 1 Retorte. An Stelle
des Ofens mit 1 Ret. wurde im Jahre 1864 ein neuer mit 3 über einander liegenden Retorten erbaut. Die Retorten sind 9' lang, 22'' breit
und 18'' hoch, sind gewölbt und bestehen aus Thon. Aus den eisernen
Vorköpfen gehen eiserne Röhren nach der $6^1/_2'$ langen, $1^1/_2'$ breiten
bis zu $^3/_4$ der Höhe mit Wasser gefüllten gemeinschaftlichen Vorlage.
Ein ferneres eisernes Rohr führt das Gas von hier in den Condensator
von 4' Höhe und 3' Durchmesser. Derselbe ist mit Cokestücken gefüllt und wird durch kaltes zufliessendes Wasser beständig kühl gehalten.
Von hier geht das Gas durch einen gewöhnlichen Kalkreinigungsapparat
in den im Freien liegenden Gasometer, welcher 20' Durchmesser, 11'
Höhe und dem entsprechend 3140 c' nutzbaren Fassungsraum hat.
Die erste Anlage kostete 4500 Thlr. Durch die Erweiterung im Jahre
1864 und durch Vermehrung der Flammen betrug das Anlagecapital
zu Ende 1866 im Ganzen 5720 Thlr. Im Jahre 1866 wurden producirt 1,429,592 c' Gas und dazu verwendet 3760 Centner Duttweiler
Fettkohlen. Gewonnen wurden ausserdem 1200 Pfd. Theer und 307 Ctr.
Praschen, welche zum eigenen Gebrauch dienten. Es wurden gespeist:
105 Brenner und 35 Laternen, zusammen also 140 Flammen. Die
hier in Gebrauch stehenden von A. Bonnet in St. Johann bezogenen
Gasuhren sind nasse Gasmesser. Für das laufende Jahr steht aber
eine bedeutende Erweiterung bevor, ein neuer Ofen mit 4 Retorten
und ein zweiter Gasometer von $27^1/_2'$ Durchmesser und $12^1/_4'$ Höhe,
zusammen veranschlagt zu 4450 Thlr.

Ebendorf bei Magdeburg. Die Herren Lange & Comp. haben
für ihre Zuckerfabrik und Raffinerie, sowie für ihre Oeconomiegebäude
eine eigene Gasanstalt mit circa 260 Flammen, welche im Jahre
1862 durch den Herrn Ingenieur H. Liebau aus Magdeburg eingerichtet ist.

Ebingen (Württemberg). 5100 Einwohner. Gründer und Eigenthümer: die Herren Gebr. Landenberg; einer derselben leitet das
Geschäft. Erbauer: die Herren Müller & Linck in Stuttgart. Eröffnet
im August 1862. Der Vertrag läuft 25 Jahre. 50 Strassenflammen mit
etwa 170,000 c′ Consum pr. Jahr, die Privatflammen brauchen etwa
460,000 c′. Gaspreis für Private 7 fl. pro 1000 c′, für die Stadt 22 fl. pro
1000 Brennstunden. Betrieb mit Saarbrücker Steinkohlen. Die Anstalt
hat 5 Retorten (2 Oefen à 2, 1 à 1 Ret.). Reinigung mit Laming'scher
Masse, 1 Gasbehälter mit 8000 c′ Inhalt, 90 nasse Gasuhren von Siry
Lizars & Comp. Theer wird verbrannt. Anlagecapital 36,000 fl.

Eckernförde (Schleswig). 4000 Einwohner. Eigenthümerin: die Stadt.
Die Anstalt steht unter Aufsicht der städtischen Baucommission, und
wird unter Hinzuziehung eines technischen Assistenten von einem Werkführer geleitet. Erbauer: Herr Architect Mohr in Elmshorn. Eröffnet
im September 1860. Gaspreis seit 1. November 1867: $1^3/_4$ Thlr. pro
1000 c′. 85 Strassenflammen und etwa 1000 Privatflammen. Der Consum
der Strassenflammen beträgt etwa 9000 c′ pr. Flamme jährlich. Jahresproduktion $2^1/_2$ bis $2^3/_4$ Millionen Cubikfuss. Betrieb mit englischen
Steinkohlen (Brancepeth). Die Anstalt hat 5 Thonretorten und 1
eiserne Retorte (1 Ofen à 3, 1 à 2, 1 à 1 Ret.), 1 Cokescrubber,
Wascher, Kalkreiniger, 1 Gasbehälter mit 13,000 c′ Inhalt, 13,000 Fuss
Rohrleitung von 5″ grösster Weite, 150 nasse Gasuhren von E. Smith
in Hamburg. Nebenprodukte werden verkauft. Anlagecapital 26,000 Thlr.

Egeln und Bleckendorf (Preussen). 5500 Einwohner. Die Stadt
Egeln (4500 Einwohner) liegt an der Chaussee zwischen Magdeburg und
Halberstadt, sie hat reges Geschäftsleben, 2 Zuckerfabriken, 1 grosse
Mühle, viele Gasthöfe u. s. w. Nahe dabei liegt Bleckendorf (1000 Ein-
wohner), wo ebenfalls 2 grössere Zuckerfabriken vorhanden sind. Eine
der ersteren Zuckerfabriken beabsichtigte 1864 eine eigene kleine
Gasanstalt zu erbauen, Herr Ingenieur Liebau aus Magdeburg schloss
jedoch einen Vertrag wegen Gaslieferung ab, und erbaute im Jahre
1864 noch für eigene Rechnung die öffentliche Anstalt, wodurch die
Erbauung der einzelnen kleinen Anstalt nicht zur Ausführung kam.
Eigenthümer: Herr H. Liebau. Dirigent: Herr A. Scheidt. Eröffnet am 6. November 1864. Die Concession ist ohne Beschränkung.
Lichtstärke für 5 c′ engl. im Argandbrenner 12 Kerzen. Gaspreis für
Private $2^2/_3$ Thlr., für die Zuckerfabriken $2^1/_6$ Thlr. bis $1^5/_6$ Thlr.,
für die Strassenbeleuchtung $2^1/_{10}$ Thlr. pro 1000 c′. 40 Strassen-

flammen und 1300 Privatflammen, von denen 500 in vier Fabriken. Jahresproduktion 3 Mill. c' engl. Grösste Produktion in 24 Stunden 18,600 c', kleinste Produktion 1000 c'. Betrieb mit englischen und westphälischen Steinkohlen. Die Anstalt hat 6 Thonretorten 20" $\times$ 14" $\times$ 8', 2 Kalkreiniger, 1 Laming'schen Reiniger, 2 Scrubber, 1 Blechcondensator, 1 Gasbehälter mit 13,500 c' Inhalt, 18,000 lfd. Fuss Rohrleitung, 100 nasse Gasuhren von S. Elster. Anlagecapital 35,000 Thlr.

Eger (Böhmen). ca. 12,000 Einwohner. Eigenthümerin: eine Actiengesellschaft unter der Firma „Gasanstalt Eger". Dirigent: Herr H. Moll. Gründer und Erbauer: Herr Dr. N. H. Schilling, Director der Gasanstalt in München. Eröffnet am 23. Mai 1865. Der Vertrag läuft vom Tage der Eröffnung 25 Jahre. Nach Ablauf dieser Zeit kann die Stadt den Vertrag verlängern, oder einen Vertrag mit einem andern Unternehmer abschliessen, in welch letzterem Falle jedoch bei gleich günstigem Offert die gegenwärtige Gesellschaft den Vorzug hat. Leuchtkraft für 5 c' engl. Gasconsum per Stunde die Helle von 14 Wachskerzen, 6 auf 1 Pfd., bei 22 engl. Linien Flammenhöhe. Gaspreis für Strassenbeleuchtung 2 Nkr. per Flamme und Brennstunde, der sich bei gesteigertem Consum bis auf $1^6/_{10}$ Nkr. ermässigt. Private zahlen $5^3/_4$ fl.*) österr. Währ. pro 1000 c' engl. dieser Preis reducirt sich ebenfalls bei grösserem Consum bis auf 5 fl. Communalgebäude erhalten 15% Rabatt, der Bahnhof zahlt 4 fl. südd. Währ. pro 1000 c'. Ende 1867 waren 130 Strassenflammen vorhanden, ferner bei 163 Privaten 840, im Stadthause 24, im Bahnhofe 488, zusammen 1352 Privatflammen. Jahresproduktion $4^1/_2$ Mill. c' engl. Maximalabgabe in 24 Stunden 23,300 c', Minimalabgabe 4,700 c'. Betrieb mit Zwickauer Steinkohlen unter Zusatz von böhmischen Braunkohlen. Die Anstalt hat 8 Stück ∩ förmige Thonretorten von J. R. Geith (2 Oefen à 3, 1 à 2 Ret.), der Zweier-Ofen kann zu einem Dreier-, der erste Dreier- zu einem Fünfer-, der zweite zu einem Sechser-Ofen erweitert werden, 10 Stück 7 zöll. Condensationsröhren von $15^1/_2$ ' Länge auf zwei Unterkästen mit einer Kübloberfläche von circa 400 □', 1 gusseisernen Scrubber von $3^1/_2$ ' Weite und 10' Höhe, 2 Reiniger 10' $\times$ 5' $\times$ 4' 10" mit je 3 Horden (Laming'sche Masse), Stationsgasuhr, 1 Gasbehälter von 18,000 c' engl. Inhalt, 2 Regulatoren, 2 Haupt-

---

*) 1 fl. Oesterr. Währ. = 100 Nkr. = 20 Silbergr. = 1 fl. 10 kr. südd. Währ.

röhren, eines für die Stadt von 6″ und eines für den Bahnhof von 5″
Weite, ein Rohrnetz von ca. 24,000′ Länge, nasse Gasuhren von
Siry Lizars & Co. Coke und Theer werden verwerthet. Actiencapital
138,000 fl. öster. Währ.

Eichenbarleben bei Magdeburg. Die Zuckerfabrik der Herren
v. Krosigk, v. Veltheim & Krauschütz hat eine von Herrn Ingenieur H. Liebau in Magdeburg 1865 erbaute Privatgasanstalt mit
ca. 130 Flammen. Die Kohlensäure wird gewonnen.

Eichstädt (Bayern). 6500 Einwohner. Eigenthümerin: die Gesellschaft für Gasindustrie in Augsburg. Deren Director: Herr L. Winterwerber. Special-Dirigent: Herr Munder. Gründer und Erbauer:
Herr L. A. Riedinger. Eröffnet am 9. December 1863. Lichtstärke 14 Stearinkerzen, 6 auf 1 Pfd., für 5 c′ Gasconsum. Gaspreis
für Private 5 fl. 30 kr. pro 1000 c′, für Strassenbeleuchtung $1^1/_6$ kr.
pro Stunde und Flamme. 129 Strassenflammen mit zusammen 130,000
Brennstunden, 1006 Privatflammen mit einem jährlichen Durchschnitts-
consum von ca. 900 c′ per Flamme. Jahresproduktion ca. 2 Mill. c′.
Maximalproduktion in 24 Stunden 12,000 c′, Minimalproduktion 800 c′.
Betrieb mit böhmischen, Zwickauer und Stockheimer Steinkohlen. Die
Anstalt hat ⌒ Retorten in Oefen mit 2 und 1 Ret., Reinigung nach
Feldbausch, ca. 18,000′ Rohrleitung von 6″ bis $1^1/_2$″ Weite, nasse
Gasuhren von L. A. Riedinger.

Einbeck (Hannover). 8000 Einwohner. Gründer, Erbauer, Eigenthümer und Dirigent: Herr Hauptmann und Ingenieur Lentze. Eröffnet
am 24. December 1865. Der Vertrag vom 3. August 1865 läuft vorläufig 20 Jahre. Die Anstalt geht, falls eine Kündigung 2 Jahre vorher
geschieht, mit Ablauf des Vertrages zum Taxpreise in den Besitz der
Stadt über. Lichtstärke 14 Normalkerzen. Gaspreis für die Privaten
2 Thlr. 10 Sgr., für die Strassenbeleuchtung und für die königlichen
Kasernen 2 Thlr., für die Zuckerfabrik $1^3/_4$ Thlr. pro 1000 c′. 135
Strassenflammen mit 4 c′ Consum per Stunde und durchschnittlich
1000 Brennstunden jährlich, 178 Privatconsumenten mit 1025 Privatflammen. Jahresproduktion $2^1/_2$ Mill. c′. Maximalproduktion in 24 Stunden 17,000 c′, Minimalconsum 1500 c′ engl. Betrieb mit westphälischen
und hannöver'schen Steinkohlen. Die Anstalt hat 6 Retorten (1 Ofen
à 3, 1 à 2, 1 à 1 Ret.), 1 Röhrencondensator, 1 Scrubber, 1 Exhaustor
nach Beale mit zweipferdiger Dampfmaschine, welche zugleich die

Pumpen der mit der Gasanstalt verbundenen Badeanstalt treibt, 4 Reiniger (Eisenerz und Kalk), 1 Stationsgasuhr, 1 Gasbehälter mit 14,000 c′ engl. Inhalt, Druckregulator, Controlgasuhr für das Hauptrohrsystem, 846′ 5zöll., 827′ 4zöll., 641′ 3zöll., 273′ 2$\frac{1}{2}$zöll., 10,500′ 2zöll., 9473′ 1$\frac{1}{2}$zöll., 2997′ 1zöll. Rohrleitung, nasse Gasmesser von S. Elster. Die Coke findet meistens auf der Ziegelei des Herrn Lentze Verwendung, der Theer wird theils auf der Anstalt zur Dachpappenfabrikation und zum Heizen verwendet, theils verkauft. Der Dampfkessel wird mit zum Betriebe der an die Betriebsgebäude angehängten 6 Badezellen, in welchen Soole-, Schwefel-, Eisen-, Stahl-, Salz- und Fichtennadel-, sowie Kalt- und Warmwasser-Bäder im Winter und Sommer gegeben werden, verwendet. Anlagecapital 42,000 Thlr.

Eisenach (Sachsen-Weimar). Die Anstalt ist von Herrn L. A. Riedinger erbaut und am 22. Oct. 1862 eröffnet worden. Der Fragebogen ist nicht beantwortet worden.

Eisenberg (Altenburg). 5127 Einwohner. Die Stadtcommune steht in Unterhandlung mit Herrn Weigel in Arnstadt wegen Errichtung einer Gasanstalt.

Eisleben (Preussisch-Sachsen). 13000 Einwohner. Gründer, Erbauer und Eigenthümer: die Herren Gebr. Hendrix & Co. Dirigent: Herr A. Naumann. Eröffnet am 1. Januar 1868. Concessionsdauer: 24 Jahre. Die Stadt hat sich das Vorkaufsrecht vorbehalten. Bei Abschluss der Concession ist ein Kostenanschlag genehmigt worden, innerhalb der ersten 6 Concessionsjahre kann die Stadt die Anstalt mit 15% Aufschlag übernehmen, nach 12 Jahren mit 10% Aufschlag und nach 24 Jahren mit 25% Verlust. Lichtstärke für 5$\frac{1}{2}$ c′ Gasconsum pr. Stunde 12 Wachskerzen-Helle, 6 auf 1 Pfund, 12″ lang. Gaspreis für Private 2 Thlr. 5 Sgr. pro 1000 c′ engl., für Stadtbeleuchtung 1 Thlr. 5 Sgr. 170 Strassenflammen mit je 800 Brennstunden jährlich und 5 c′ Consum per Stunde. Ausser den 170 Strassenlaternen sind bis auf Weiteres noch 34 Oellaternen zu unterhalten. Tägliche Produktion in der ersten Zeit nach der Eröffnung circa 17000 c′. Betrieb mit westphälischen und Zwickauer Steinkohlen. Die Anstalt hat 10 Stück ⌓ förmige Chamotteretorten (1 Ofen à 5, 1 à 3, 1 à 2 Ret.), Condensatoren mit Waschern verbunden, 2 Kalkreiniger, 1 Gasbehälter mit 20000 c′ Inhalt, 33000 Fuss Rohrleitung incl. der Zweigleitungen von 6″ bis 1$\frac{1}{2}$″ Weite, 204 nasse Gasuhren von der London Gas Meter Company in London. Anlagecapital 50000 Thlr.

Elberfeld (Rheinpreussen). Eigenthümerin: die Stadt. Dirigent: Herr P. C. Hegerfeld. Die Gründer der Anstalt waren die Herren Doignon und Blaton aus Tournay (Belgien) 1837. Eröffnung im Jahre 1839. In Folge von Unzufriedenheiten ging die Anstalt am 1. October 1839 an die Firma Borguet in Lüttich über, und blieb in diesem Besitz bis Juli 1846, von da ab bis September 1847 veränderte sich die Firma in Borguet, Thomas frères & Co., am 1. September 1849 übernahm sie die Firma von der Heydt & Co. Obgleich der Vertrag mit letzterer Firma am 1. September 1859 auf weitere 8 Jahre verlängert wurde, übernahm die Stadt die Anstalt doch schon vor Ablauf der Contractzeit am 1. September 1865 um den Preis von 200,000 Thlrn., indem sie die zwei noch laufenden Vertragsjahre um 25,000 Thlr. per Jahr ablöste. Der Fragebogen ist nicht beantwortet worden. Die „Statistik“ von 1862 enthält noch folgende Angaben: 325 Strassenflammen und ca. 9000 Privatflammen. Für die Strassenflammen werden $2^1/_2$ Pf. per Laterne und Stunde bezahlt, Privaten zahlen 2 Thlr. pro 1000 c'. Betrieb mit westphälischen Steinkohlen, vermischt mit etwas märkischer Kohle. Die Anstalt hat 50 Retorten von Keller, keinen Exhaustor, Reinigung mit Laming'scher Masse und Kalk, 3 Gasbehälter mit ca. 125,000 c' Inhalt, jetzt den vierten fertig, Röhrenleitung von 9'' bis 2''. Dadurch, dass die Anstalt ursprünglich zu klein gebaut wurde, ist man genöthigt gewesen im Jahre 1858 eine zweite Fabrik zu bauen, die mit der ersteren in Verbindung steht. Näheres s. Journ. f. Gasbel. 1864 S. 274, 1865 S. 235.

Elbing (Preussen). 27,800 Einwohner. Eigenthümerin: die Stadt. Dirigent: Herr Hartmann unter Oberaufsicht eines vom Magistrat gewählten Curatoriums. Die Anstalt wurde im Laufe des Jahres 1859 vom Director der Königsberger Gasanstalt, Herrn J. Hartmann, erbaut, und am 27. November desselben Jahres eröffnet. Lichtstärke für 5 c' preuss. *) Consum per Stunde im Fledermausbrenner 16 Spermacetikerzen, 6 auf 1 Pfund, bei 2'' Höhe der Kerzenflamme. Gaspreis $2^1/_2$ Thlr. pro 1000 c', bei 50,000 c' Jahresverbrauch 5 % Rabatt, und bei 100,000 c' und mehr 10 % Rabatt. Jahresproduktion 1866: 10,351,070 c'. Maximalproduktion in 24 Stunden 62,310 c', Minimalproduktion 6,290 c'. 344 Strassenflammen mit einem Jahresconsum von 3,099,892 c', 3249 Privatflammen mit 5,832,539 c' Consum. Betrieb mit

---

*) 1000 c' preuss. = 1091,84 c' engl.

englischen Steinkohlen (Old pelton Main). Die Anstalt hat 27 Thonretorten von E. March in Charlottenburg und F. Didier zu Pom-
meransdorff bei Stettin (2 Oefen à 6, 1 à 5, 2 à 4, 1 à 2 Ret.), Exhaustor, 2 Wascher, $3' \times 3,25$, 3 Reiniger $11' \times 5' \times 4'$ (Laming'sche
Masse und Kalk), 2 Gasbehälter zu je 25000 c' Inhalt, 51036' Röhrenleitung von $8'' - 1^1/_2''$ Weite, 247 nasse Gasuhren von J. Pintsch
und S. Elster. Anlagecapital 116,990 Thlr. 6 Sgr.

Elmshorn (Holstein). Etwa 6000 Einwohner. Der Fragebogen ist
nicht beantwortet worden. Jahresconsum 1866: 2,802,000 c'. Actiencapital 63,750 Mk. Banco.*) Die Statistik von 1862 enthält ausserdem
folgende Angaben: Eigenthümerin: die Elmshorner Gas-Actien-Gesellschaft. Dirigent: Herr M. Kahlke. Die Gesellschaft constituirte sich
am 3. August 1855 ohne Privilegium, die Anstalt wurde am 24. December 1855 eröffnet, und war die erste Gasanstalt in Holstein. Lichtstärke wird auf $14^1/_2$ bis 15 Spermacetikerzen-Helle, 140 Grains per
Stunde brennend, für 5 c' engl. Consum gehalten. 72 Strassenflammen,
davon 53 bis 11 Uhr Nachts mit 800 Stunden und 19 die ganze Nacht
mit 2000 Stunden jährlich und 4 c', resp. Nachts 3 c' hamb. **) Consum
per Stunde; 189 Privatconsumenten mit 1300 Flammen. Für die
Strassenbeleuchtung kosten 1000 c' hamb. bei $1^3/_4$ Mill. Privatconsum
$1^1/_2$ Thlr. R.-M., bei 2 Mill. $1^1/_3$ Thlr. R.-M., bei $2^1/_2$ Mill. $1^1/_4$ Thlr.
R.-M.***), bei 3 Mill. und mehr 1 Thlr. R.-M.; Private zahlen $2^2/_3$
Thaler R.-M. pro 1000 c' hamb. Betrieb mit engl. Steinkohlen (90 %
Brancepeth und 10 % Ramsay's Cannel). Gesammtconsum 1861:
2,409,800 c' hamb., im Maximum 18,000 c', im Minimum 500 c' pro 24
Stunden. Kohlenverbrauch in demselben Jahr 128 Last hamb. zu 4056
Zollpfund. Die Anstalt hat 2 Oefen zu je 3 Ret. und 2 Oefen zu je
1 Ret. (im Winter 1 Ofen zu 3 Ret. im Gebrauch), 100' 6 zöll. Röhrencondensation, 2 Wäscher, 3 Reiniger, je 70 und 100 □' Rostfläche
(Laming'sche Masse mit etwas Kalk im Winter), 2 Gasbehälter (zu
klein) von 6300 und 3700 c' Inhalt, 14,952' Röhrenleitung von 6'' bis
2'' Weite und 6900 Fuss Ableitungsröhren, 1 Dampfkessel zur Heizung
des Reinigungshauses und der Gasbehälter, 194 Gasmesser von E.

---

*) 1 Mark Banco $= {}^1/_2$ Thlr. preuss.

**) 1000 c' hamb. $= 831,15$ c' engl.

***) 1 Thaler Reichsmünze $= 96$ Schillinge $= 22$ Silbergr. $8^1/_2$ Pf. (gewöhn-
lich $= {}^3/_4$ Thlr. preuss. gerechnet) $= 1$ fl. $19^1/_2$ kr. südd. Währ.

Smith in Hamburg. Actiencapital 34,000 Thlr. R.-M. oder 25,500 Thlr. preuss. in 680 Actien zu 50 Thlr. R.-M. Näheres vergl. Journ. f. Gasbel. 1860: S. 104, 1861: S. 135, 1863: S. 111, 1864: S. 135, 1865: S. 103, 1866: S. 106, 1867: S. 175.

Emden (Hannover). 12,520 Einwohner excl. Militär. Eigenthümerin: die Stadt. Pächterin: Frau Luise Spreng in Nürnberg. Dirigent: Herr Ingenieur H. Eberdt., Herr Emil Spreng liess im Jahre 1861/62 das Gaswerk durch Herrn Ingenieur C. Lang erbauen, eröffnet wurde es am 10. October 1861. Der Pachtvertrag läuft 35 Jahre vom 1. Juli 1862 ab. Nach Ablauf übernimmt die Stadt das Werk, das brauchbare Betriebsmaterial nach Taxe etc. Lichtstärke im Schnittbrenner 12 Stearinkerzen, 6 auf 1 Pfd., bei $4^1/_2$ c′ engl. Consum pro Stunde. Gaspreis seit 1. November 1867 für Private $2^1/_2$ Thlr. pro 1000 c′, die Bahn, die Post und das Hauptzollamt zahlen $2^1/_3$ Thlr. Die Stadt zahlt für 1000 Brennstunden der Strassenflammen 10 Thlr. Produktion 4,300,000 c′ per Jahr. Maximalproduktion in 24 Stunden 27,000 c′, Minimalproduktion 2000 c′. 251 Strassenflammen brennen vom 1. August bis ultimo Mai sämmtlich bis 11 Uhr Nachts, von 11 Uhr ab brennen 55 Nachtlaternen, sämmtlich mit $4^1/_2$ c′ die Stunde. Betrieb mit englischen Steinkohlen (Westhartlepool). Die Anstalt hat 15 Stück ⌒ förmige Retorten, (2 Oefen à 5, 1 à 3, 1 à 2 Ret.), 106 lfd. Fuss, 6 zöll. horizontale Condensation, 1 Wascher 9′ × 5′, 3 Reiniger 10′ × 5′ mit 5 Horden (Laming'sche Masse), 1 Gasbehälter von 35,000 c′ Inhalt, 50,000′ Leitungsröhren von 8″ grösster Weite, 236 nasse Gasuhren von S. Elster. Coke wird verkauft, Theer theilweise verfeuert. Anlagecapital 92,000 Thlr.

Emmerich (Westphalen). 7821 Einwohner. Eigenthümerin: die Stadt. Dirigent: Herr C. H. Meissner. Erbauer: Herr Baumeister Heyden aus Barmen. Eröffnet am 1. November 1859. Gaspreis 2 Thlr. pro 1000 c′. Jahresproduktion 6,331,500 c′. Maximalproduktion in 24 Stunden 35,000 c′, Minimalproduktion 6000 c′. 110 Strassenflammen mit je 7 c′ Consum per Stunde und 900 Brennstunden jährlich, 3000 Privatflammen mit 5,150,000 c′ Consum im Jahre 1866/67, also 1716 c′ Durchschnittsconsum per Flamme. Betrieb mit westphälischen Steinkohlen (Zollverein). Die Anstalt hat 16 ovale Thonretorten (2 Oefen à 5, 2 à 3 Ret.), 4 Reiniger mit 400 □′ Fläche, (Kalk), 1 Gasbehälter mit 24,000 c′ Inhalt, 26,000 rhl. Fuss Röhrenleitung von 7″ bis 1″ engl. Weite, 443 nasse Gasuhren von S. Elster, Pipersberg, und the London Gas Meter Co. zu Osnabrück. Coke und Theer werden verkauft. Anlagecapital 45,000 Thlr.

Ems (Nassau). Der Fragebogen ist nicht beantwortet worden. Die Statistik von 1862 enthält folgende Angaben: Eigenthümer: Herr H. Villerius. Erbauer: Herr O. Kellner in Deutz. Für die öffentliche Beleuchtung wird pro Flamme und Stunde 1 kr. vergütet. Private zahlen $6\frac{1}{2}$ fl. pro 1000 c′ nassauisch Maass*).

Emstetten in Westphalen soll mit Gasbeleuchtung versehen sein. Der Fragebogen ist nicht beantwortet worden.

Ensheim (Pfalz). Die Dosenfabrik der Herren Gebr. Adt hat eine Privatgasanstalt.

Erfurt (Preussisch-Sachsen). 39,700 Einwohner. Eigenthümerin: die deutsche Continental-Gas-Gesellschaft zu Dessau. Deren General-Director: Hr. W. Oechelhäuser. Anstalts-Dirigent: Hr. Lehmicke, unter dessen specieller Leitung auch der Bau ausgeführt wurde. Erbaut von derselben Gesellschaft und eröffnet am 21. October 1857. Der ursprüngliche Vertrag vom 30./31. Mai 1856 ist am 11./20. Sept. 1862 und am 25. Februar, 15. März 1865 dahin abgeändert worden, dass erstens die Anstalt dauerndes Eigenthum der Continental-Gas-Gesellschaft bleibt, aber deren Privilegium am 1. Januar 1900 erlischt, von da ab kann eine neue Vereinbarung mit dem Magistrate oder freie Concurrenz eintreten; zweitens der Preis für das Strassengas bei 4 c′ engl. Consum 2 Pf. und bei 5 c′ engl. Consum $2\frac{1}{2}$ Pf. pro Flamme und Brennstunde betragen soll; drittens das Privatgas pro 1000 c′ engl. $2\frac{1}{2}$ Thlr. kosten soll, welcher Preis sich mit stufenweiser Herabsetzung vom 1. Januar 1872 bei über 50,000 c′ Jahresconsum um 5 Sgr. und bei über 100,000 c′ Consum um 10 Sgr. ermässigt; viertens die Leuchtkraft einer Gasflamme im 2 Lochbrenner mit 5 c′ engl. Consum per Stunde gleich sei dem Lichte von 10 Spermacetikerzen. Die Probekerze hat $8\frac{3}{4}″$ engl. Länge, mit oberem Durchmesser von 0,819″ engl. und einem unteren Durchmesser von 0,884″ engl. Die Messung geschieht mittelst des Bunsen'schen Photometers und muss die Probekerze ungestört brennen. Das Mittel aus 3 Messungen gibt die Helligkeit an. 507 Strassenflammen (alle Angaben über den Betrieb be-

---

*) 1000 c′ nassauisch = 1000 c′ badisch = 953,55 c′ engl.

ziehen sich auf 1866) mit 5092 c′ Durchschnittsconsum per Jahr,
6096 Privatflammen mit 2285 c′ Durchschnittsconsum per Jahr. Jahresproduktion 17,443,100 c′ engl. Stärkste Abgabe in 24 Stunden 106,600 c′,
schwächste Abgabe 13,100 c′. Betrieb mit Steinkohlen (97% westphälische, 3% Zwickauer). 1 Tonne Kohlen ergab 1649 c′ engl. Gas.
Die Anstalt hat 29 Retorten (3 Oefen à 6, 1 à 5, 2 à 3 Ret.), 8 Paar
6 zöll. Condensationsröhren je 16½′ lang, 1 Scrubber 5′ weit und 9′
hoch mit 7 Horden für die Wasserwäsche, 1 Wascher, 1 Beale'schen
Exhaustor, 5 Reiniger 8′ × 4′ × 2′ 11″ mit je 3 Horden für 40 c′
Deicke'sche Masse, 1 Gasbehälter von 52,000 c′ nutzbarem Inhalt,
77,098 lfd. Fuss rhl.*) Röhrenleitung von 8″ grösstem Durchmesser,
646 nasse Gasuhren meist von S. Elster. Nebenprodukte werden
verkauft. Baucapital 155,056 Thlr. 13 Sgr. 11 Pf. Näheres s. Journ.
f. Gasbel. 1859 S. 174, 1860 S. 166, 1861 S. 162, 1862 S. 179,
1863 S. 138, 1864 S. 91, 1865 S. 125, 1866 S. 135, 1867 S. 157.

Erlangen (Bayern). 11,202 Einwohner. Eigenthümerin: eine Actiengesellschaft, deren Haupttheilhaber die städtische Commune ist. Dirigent:
Herr H. Fahrig. Die Anstalt wurde 1858 von Herrn L. A. Riedinger auf eigene Kosten erbaut, und später an die von ihm gegründete Gesellschaft abgetreten. Eröffnet am 30. October 1858. 205
Strassenflammen mit je 5 c′ Consum per Stunde und mindestens 1100
Stunden Brennzeit. Leuchtkraft 14—15 Stearinkerzen, 5 auf 1 Pfd.
3331 Privatflammen. Für jede Strassenflamme wird (nach der Statistik von 1862) 1 kr. pro Stunde vergütet, Private zahlen 5 fl. 15 kr.
pro 1000 c′ engl., Betrieb seit 1864 mit Zwickauer Steinkohlen (früher
Holz). Produktion ca. 5 Mill. c′ per Jahr. Maximalverbrauch in 24
Stunden 34,200 c′, Minimalverbrauch 2900 c′. Die Anstalt hat 15 Retorten (2 Oefen à 5 Ret., 1 à 3, 1 à 2 Ret.), 2 Gasbehälter mit
34,000 c′ Inhalt, 268 nasse Gasuhren. Anlagecapital 128,000 fl.

Eschwege (Kurhessen). 8000 Einwohner. Man ist im Begriffe,
eine Gasanstalt ins Leben zu rufen.

Eschweiler (Rheinpreussen). Reichlich 8000 Einwohner. Gründer,
Eigenthümer und Dirigent der Anstalt: Herr W. Zündorff. Erbauer: Herr O. Kellner in Deutz. Eröffnet am 1. April 1860. Concessionsdauer 25 Jahre, nach deren Ablauf die Stadt das Recht hat,

---

*) 1 Fuss rhl. = 1,02972 Fuss engl.

die Anstalt anzukaufen, und zwar um eine Summe, die sich aus dem durchschnittlichen Reinertrage der letzten 10 Jahre multiplicirt mit 13½ ergibt. Contraktlicher Gaspreis 3⅓ Thlr., doch von dem Unternehmer freiwillig im Jahre 1863 auf 3 Thlr. ermässigt. Für grössere Consumenten entsprechender Rabatt. Lichtstärke 12 Wachskerzen, von denen 6 auf 1 Pfd. gehen. Jahresproduktion, incl. des Consums der etwas entfernter gelegenen, aber von der Anstalt beleuchteten Werke, 9 Mill. c′. Die Strassenflammen haben 1200 Brennstunden. Betrieb mit westphälischen Kohlen (Consolidation und theilweise Zollverein). Die Anstalt hat 4 Oefen zu je 5 Retorten. Nasse Gasmesser von S. Elster.

Essen (Rheinpreussen). 40,600 Einwohner. Eigenthümerin: die Stadt Essen. Dirigent: Herr Krakow. Im Jahre 1855 bildete sich eine Actiengesellschaft zur Anlage einer Gasanstalt, der Bau wurde dem Herrn Ingenieur Ritter übertragen und 1856 in Betrieb gesetzt. Im Jahre 1865 ging die Anstalt durch Kauf in den Besitz der Stadt über, da sie jedoch den Bedürfnissen der enorm gewachsenen Stadt nicht entsprach, und sich auch zu einem Weiterausbau nicht eignete, so wurde beschlossen eine ganz neue Fabrik, auf eine beliebige Erweiterung berechnet, anzulegen. Herr Ingenieur Krakow fertigte die Pläne für diese neue Anstalt an, begann den Bau im Sommer 1867 und setzte das Werk am 31. December 1867 in Betrieb. Gleichzeitig ist das Rohrnetz nicht allein bedeutend ausgedehnt worden, sondern sind auch die zu engen Rohrleitungen durch neue weitere ersetzt. Gaspreis seit 1. Januar 1868 für Private 2 Thlr. pro 1000 c′, ausserdem wird bei einem Jahresconsum von 50,000 bis 100,000 c′ ein Rabatt von 2 Sgr. pro 1000 c′ gewährt, und vergrössert sich dieser Rabatt mit jedem 100,000 c′ um 2 Sgr. steigend bis zu 20 Sgr. bei einem Jahresconsum von über 900,000 c′. 406 Strassenflammen mit 6 c′ Consum per Stunde und durchschnittlich 1700 Brennstunden per Jahr, für welche der Preis von 3 Pf. per Stunde vergütet wird. 7000 Privatflammen mit einem Durchschnittsconsum von 3000 c′ pro anno. Jahresproduktion ca. 25,000,000 c′. Maximalproduktion in 24 Stunden 130,000 c′, Minimalproduktion 23,000 c′. Betrieb mit westphälischen Steinkohlen. Die Anstalt hat 30 ovale Thonretorten von Boucher in St. Ghislain und Vygen in Duisburg (Normalform Nro I 20″ × 14½″ × 8′) in 5 Oefen à 6 Ret., ausserdem ist noch Raum für 5 Oefen, Beale'schen Exhaustor von 20″ Durchmesser, 1 Dampfmaschine von 4 Pferdekräften, 1 Dampfkessel 10′ × 3½′ mit 15 zöll. Siederohr,

ausserdem Raum für eine zweite gleiche Anlage, 2 ringförmige Luftcondensatoren mit je 4 schmiedeeisernen Doppelröhren von 30″ und 20″
Weite und 16′ Höhe (2010 □′ Kühlfläche), 2 Plattenscrubber 10′ ×
4′ × 12³/₄′ mit 1020 c′ Inhalt, ausserdem Raum für weitere 2 Condensatoren und 2 Scrubber, 4 Reiniger 12′ × 6′ mit zusammen 864 □′
Hordenfläche (Laming'sche Masse) daneben Raum für ein zweites
Reinigersystem, 2 Nachreiniger für Kalk werden noch aufgestellt, 1
Stationsgasuhr von S. Elster, 1 Druckregulator mit Wasserbelastung
von S. Elster, 1 Gasbehälter mit einem Bassin von Schmiedeeisen
über dem Terrain freistehend mit 80,000 c′ Inhalt (diese Construktion
war, nachdem sich in Folge der ungünstigen Bodenbeschaffenheit alle
anderen als unbrauchbar herausgestellt hatten, gewählt. (Zwei Gasbehälter auf der alten Anstalt mit ca. 46,000 c′ Inhalt bestehen ebenfalls noch.) 60,000′ Rohrleitung von 18″ bis 2″ Weite, 630 nasse Gasuhren von Stoll in Düsseldorf, S. Elster in Berlin, Moran in Cöln.
Nebenprodukte werden verkauft. (Alle Maasse sind preussisch*). Anlagecapital ca. 280,000 Thlr., wovon ca. 178,000 Thlr. zu Bauanlagen
verwendet worden sind, der Rest ist für Ankauf der Concession verausgabt.

Essen, Anstalt der Krupp'schen Gussstahlfabrik in Essen. Dirigent: Herr Ingenieur Grahn. Die erste Anstalt wurde 1856 für
20,000 c′ Maximalproduktion erbaut, 1860 auf 100,000 c′ Maximalproduktion erweitert, 1862 abermals auf 250,000 c′ Maximalproduktion
völlig umgebaut. Seit 1864 reicht indess auch dieser Umfang nicht
mehr aus, und die Anstalt befindet sich seitdem fortwährend im
Zustand des Baues, und zwar nach einem Plan des gegenwärtigen
Dirigenten, nach welchem, wenn er völlig ausgeführt sein wird, eine
tägliche Maximalproduktion von 1¹/₄ Mill. c′ ins Auge gefasst ist. Die
Jahresproduktion betrug im Jahre 1863 35 Mill. c′, im Jahre 1864
60 Mill., im Jahre 1865 70 Mill., im Jahre 1866 83 Mill., im Jahre
1867 ca. 100 Mill. c′. Zahl der Flammen 10,000, wovon 1100 Strassenflammen. Betrieb mit westphälischen Steinkohlen (Consolidation, Wilhelmine Victoria und Zollverein). Die Anstalt hat 120 Retorten
(20 Oefen à 6 Ret.), die Apparate sind in 4 Abtheilungen projectirt,
von denen zwei im Betrieb und eine im Bau; zwei Abtheilungen mit
gemeinschaftlichen Exhaustoren. Jede Abtheilung hat 1 Röhrenconden-

---

*) 1000 c′ preuss. = 1091,84 c′ engl.

sator von 8 Röhren 30" und 20" weit, und 11' hoch, 2 Scrubber 12' × 8' × 4', dahinter für 2 Abtheilungen gemeinschaftlich 3 Schiele'sche Ventilatoren 1 Meter weit (wovon einer in Reserve) und zu deren Betrieb 2 Stück 8zöll. Zwillingsmaschinen (wovon 1 Stück in Reserve), 4 Reinigungskasten à 12' × 6' (Kalk). Zum Ausschalten jedes einzelnen Apparates und Wechsel der Apparate in den verschiedenen Abtheilungen unter einander sind die Vorrichtungen vorhanden. 2 Gasbehälter mit je 100' rhl. Durchmesser und 25' Höhe. 69,047' Röhrenleitung (935' 15zöll., 3285' 12zöll., 5320' 8zöll., 6715' 6zöll., 8579' 4zöll., 12,620' 3zöll., 31,593' 2zöll. und darunter). Ausser dem Stationsgasmesser keine Gasuhren.

Die in der Nähe von Essen gelegene Zeche Graf Beust hat eine, von Herrn Ingenieur Grahn erbaute, Gasanstalt. Ebenso die Zeche Helene Amalie bei Borbeck, und die Kesselschmiede von Berninghaus (C. Schäfer) bei Essen.

Esslingen (Württemberg). Der Fragebogen ist nicht beantwortet worden. Die Statistik von 1859 enthält folgende Angaben: Die Anstalt von einer Actiengesellschaft unter Betheiligung der Stadtcommune erbaut, ist nur zur Beleuchtung grösserer Fabriken, der Eisenbahn und deren Werkstätten u. s. w. hergerichtet worden. Die Stadt stand im December 1857 wegen Beleuchtung der Strassen mit der Gesellschaft in Unterhandlung. Steinkohlenbetrieb.

Ettlingen (Württemberg). 4858 Einwohner. Eigenthümerin: die Stadt. Gaspreis für Abonnenten über 100,000 c' Jahresconsum 4 fl. 20 kr., unter 100,000 c' 4 fl. 40 kr. Jahresproduktion 3 Mill. c'. Betrieb mit Saarbrücker Steinkohlen. Die Anstalt hat 6 Retorten (1 Ofen à 3, 1 à 2, 1 à 1 Ret.), 1 Gasbehälter mit 10,000 c' Inhalt. Anlagecapital 70,000 fl.

Die Gesellschaft für Spinnerei und Weberei in Ettlingen hat eine Privatgasanstalt für ihr Etablissement.

Eupen (Rheinpreussen). 16,000 Einwohner. Eigenthümer: Herr Jos. F. Richter. Die Anstalt wurde ursprünglich 1853 von Herrn J. Lintz gegründet, brannte jedoch 1855 ab, bei welchem Brande auch Herr Lintz verunglückte. Herr Richter kaufte die Anlage, baute sie wieder auf und dehnte das Röhrennetz bis zu ca. 29,000' aus. Da die ursprüngliche Anlage unpraktisch, auf einen kleinen Raum inmitten der Stadt eingeengt war, so wurde sie im Winter 1867 in einen

etwas entlegenen und besser situirten Stadttheil verlegt. Die neu gebaute Anstalt ist allen Anforderungen und Erfahrungen der Neuzeit
entsprechend ausgeführt, zugleich ist ein dritter Gasbehälter von 48,000 c'
Inhalt ausgeführt. Die Stadt hat nach 20, 25, 30, 35 u. s. w. Jahren,
von 1853 ab gerechnet, das Recht der käuflichen Uebernahme der
Anstalt gegen Zahlung des augenblicklichen Werthes derselben. Betrieb
mit westphälischen Steinkohlen (Zollverein). Die öffentlichen Strassenflammen von wenigstens 4 c' kosten pro Stunde und Flamme 3 Pf.
Private zahlen pro 1000 c' engl. 3 Thlr. und $2\frac{1}{2}$ Thlr. und als niedrigsten Preis $2\frac{1}{4}$ Thlr. Thonretorten von H. J. Vygen & Co. Reinigung
mit Kalkhydrat. Anlagecapital 121,000 Thlr.

Eutin (Holstein). 4000 Einwohner. Der Fragebogen ist nicht
beantwortet worden. Die Statistik von 1862 enthält folgende Angaben:
Eigenthümer: die Herren Terheyden und Co. und L. Ziez. Die
Anstalt, Ende 1857 eröffnet, kann die Stadt nach 25 Jahren zu einem
Taxwerth übernehmen. Für die Strassenbeleuchtung (bei 4 c' Consum
pro Stunde und Flamme) zahlt die Stadt jährlich 500 Thlr. oder $1\frac{7}{10}$ Thlr.
pro 1000 c'. Private zahlen $2\frac{2}{5}$ Thlr. pro 1000 c'. 86 Strassenflammen
und 54 Privatanlagen. Anlagecapital reichlich 30,000 Thlr.

Eydtkuhnen (Preussen). Für den Bahnhof ist von Herrn W. Kornhardt in Stettin eine Gasanstalt erbaut und im März 1864 eröffnet
worden.

Faurndau bei Göppingen (Württemberg). Die Papierfabrik der
Herren C. Beckh Söhne hat eine eigene Privatgasanstalt für etwa
150 Flammen. Das Gas wird aus Steinkohlen bereitet.

Finsterwalde (Preussen). 7000 Einwohner. Eigenthümerin: die
Commune. Dirigent: Herr G. Aebert. Durch bedeutende Tuchfabrikanten in Finsterwalde wurde die Errichtung einer Gasanstalt angeregt, und nach längeren Kämpfen entschloss sich die Commune zum
Bau, welcher dem verstorbenen Gasanstaltsdirector zu Breslau, Herrn
R. Firle, übertragen wurde. Anfang November 1863 wurde die
Anstalt mit ca. 1000 Privatflammen eröffnet, welche Zahl im Februar
1864 bereits auf 1800 gestiegen war. Die ganze Anlage ist, wie bei
allen von Herrn Firle erbauten Anstalten durchaus solid und practisch,
aber leider, und die Schuld trifft in keiner Beziehung den Erbauer,
zu klein für die eigenthümlichen Verhältnisse einer reinen Fabrikstadt,
in welcher sich der Consum auf die Monate September bis März und

hauptsächlich auf die Stunden von 5—8 Uhr Abends beschränkt. Bis Anfang 1866 schritt die Entwickelung rapide vor, das Kriegsjahr und die ungünstigen Folgen für die Industrie von Finsterwalde, die Tuchfabrikation, Verschluss der Absatzquellen nach Amerika, liessen einen Stillstand eintreten, der fast bedenklich zu werden drohte, gegen Ende des Jahres 1867 aber beginnt wieder erhöhtes Leben. Die im Allgemeinen zu klein gegriffene Anlage hat für den Betrieb natürlich vielerlei Missstände im Gefolge, welche die im Uebrigen recht erhebliche Rentabilität beeinträchtigen. Die Commune an und für sich ist arm, Capitalien zur Vergrösserung der Anstalt sind daher schwer zu erhalten; die Ueberschüsse sind alljährlich verbaut worden. Der Gaspreis beträgt 2 Thlr. 27$^1/_2$ Sgr. pro 1000 c′ preuss. *) nach Maassgabe des Consums tritt jedoch ein Rabatt ein bis zu 2 Thlr. 20 Sgr. Hiebei ist zu bemerken, dass in Folge der Lage von Finsterwalde, entfernt von den Eisenbahnen, schlechter Wege u. s. w. der Preis von 360 Pfund Kohle sich bis in den Hof der Gasanstalt auf 1 Thlr. 21$^1/_2$ Sgr. stellt, während die Kohle an der Grube 14$^1/_2$ Sgr. pro Tonne (ca. 400 Pfd.) kostet. Die Lichtstärke für 5 c′ Gas pro Stunde im Schnittbrenner beträgt die Helle von 12—18 Wallrathkerzen, 6 auf 1 Pfund, 8$^1/_2$″ lang mit ca. 120 Gran Consum per Stunde. Jahresproduktion 4,500,000 c′. 97 Strassenflammen und 2900 Privatflammen. Consum der ersteren: 485,000 c′. Es brennen die Laternen in folgender Weise: 77 sind als gewöhnliche Laternen bezeichnet und 20 als Nachtlaternen. Eine Stunde nach Sonnenuntergang werden die Laternen angezündet, und 77 gewöhnliche Laternen um 11 Uhr gelöscht, während die Nachtlaternen bis 3 und 4 Uhr Morgens brennen. Vom Dirigenten wird ein Brennkalender angefertigt, in welchem genau auf die Mondphasen Rücksicht genommen wird. Die Maximalproduktion betrug 38,600 c′, die Minimalproduktion 1700 c′ pro 24 Stunden. In den Monaten November bis Februar fallen auf die Stunden von 5 bis 8 Uhr Abends stets 50 bis 55 % des ganzen Consums, der im November bis Januar durchschnittlich 34,000 c′ beträgt. Betrieb mit Waldenburger Steinkohlen von C. v. Kulmitz in Ida und Marienhütte. Die Anstalt hat 15 Chamotteretorten, davon 9 von ⌂ Form, 14″ × 18″, 6 oval 15″ × 20″ (1 Ofen mit 3, 1 à 5, 1 à 1 und 1 à 6 Rct.) Exhaustor von Beale 12″ mit Regulator und Klappenbypass, 2 Luftcondensatoren von 22″ äusserem und 4″ innerem Cylinder, 2 King'sche Scrubber 8′ hoch, 3$^3/_4$′

---

*) 1000 c′ preuss. = 1091,81 c′ engl.

weit, welche früher als alleinige Condensatoren dienten, jetzt mit durchströmendem Wasser versehen sind, Waschmaschine $3^3/_4'$ im Durchmesser und $2^3/_4'$ Höhe (ausser Thätigkeit), 3 Reiniger $6' \times 4' \times 3^1/_3'$, jeder von 72 $\square'$ Hordenfläche (Reinigung mit Laming'scher Masse und Kalk), Stationsgasmesser, Gasometer von 20,000 c' nutzbarem Inhalt, 1 selbstthätigen Regulator für die Stadt mit 6'' Auslassrohr, 3 Clegg'sche Wechselhähne, 3 Schieberventile und 1 Dreiweghahn, 25,802' Röhrenleitung von 6'' bis $1^1/_3''$ Weite, 235 nasse Gasuhren von S. Elster und J. Pintsch. Coke, Theer und Grünkalk werden verkauft. Das Anlagecapital ist von 40,000 Thlr. auf etwa 48,000 Thlr. gestiegen.

Fischen (Bayern). Die Weberei Fischen hat eine Privatgasanstalt.

Flensburg (Schleswig). Der Fragebogen ist nicht beantwortet worden. Nach der Statistik von 1862 gehört die Anstalt der „Danish Gas Company", einer englischen Gesellschaft, und läuft deren Privilegium von 1856 an auf 25 Jahre.

Forchheim (Bayern). 4800 Einwohner ohne Garnison. Eigenthümer: Herr E. Kausler in Cannstadt (früher Nürnberg), der auch das Unternehmen im Jahre 1865 gegründet und die Anstalt gebaut hat. Eröffnet im October 1865. Die Betheiligung war Anfangs eine sehr geringe, hat sich indess rasch gehoben. Concessionsdauer 50 Jahre. Gaspreis für die Stadt 3 fl. 20 kr., für Private 5 fl. 30 kr. pro 1000 c' bayer.*) Grössere Consumenten erhalten Rabatt. Lichtstärke bei 5 c' bayer. Verbrauch per Stunde 12 Starinkerzen, 6 auf 1 Zollpfd. 105 Strassenflammen mit einem jährlichen Verbrauch von ca. 460,000 c', 594 Privatflammen. Produktion ca. 2 Mill. c' jährlich. Betrieb mit Zwickauer Steinkohlen. 6 Ret. (1 Ofen à 3, 1 à 2, 1 à 1 Ret.) von J. R. Geith, Condensator mit doppelt wirkendem Luftzug, Wascher (horizontales System) 6' lang, 3' breit und 4' hoch. 2 Reiniger je 6' lang, 3' breit und $4^1/_2'$ hoch (Reinigung mit aufgeschlossenem Eisenoxyd), Stationsgasuhr, Regulator, 103 Gasuhren von L. A. Riedinger und S. Elster (trockene Gasmesser), Gasbehälter von 10,000 c' Inhalt, 23,000 lfd. Fuss bayer. Röhren von 4'' bis 1'' Weite. Anlagecapital 55,000 fl.

Forst (Sachsen). 7678 Einwohner. Gründerin und Eigenthümerin: die Stadtgemeinde. Erbauer Herr Commissionsrath G. M. S. Blochmann jun. in Dresden. Eröffnet den 15. November 1863. Der Con-

---

*) 1000 c' bayer. = 878 c' engl.

sum richtet sich hauptsächlich nach dem Gange der im Orte befindlichen Tuchfabrikation, und hat sich von Jahr zu Jahr vermehrt. Die
Verwaltung ist in den Händen des Gasdirectoriums, unter Vorsitz des
Magistratsdirigenten oder Beigeordneten, nebst noch einem Magistratsmitglied, zwei Stadtverordneten und zwei Bürgern. Lichtstärke für
5 c′ Gasconsum 14 Kerzen Helle. Gaspreis 2 Thlr. 25 Sgr. pro 1000 c′,
bei einem Jahresverbrauch von über 15,000 c′ 2 Thlr. 20 Sgr., über
50,000 c′ 2 Thlr. 15 Sgr., über 100,000 c′ 2 Thlr. 10 Sgr. Jahresproduktion vom 1. Juli 1866 bis 30. Juni 1867: 5,393,000 c′. Maximalproduktion in 24 Stunden 40,000 c′, Minimalproduktion 2000 c′.
101 Strassenflammen mit 706,000 c′ Consum im Jahr und 141,200
Brennstunden, 3275 Privatflammen. Betrieb mit schlesischen Steinkohlen (Waldenburg). Die Anstalt hat 17 Thonretorten ⌒ förmig und
oval (1 Ofen à 6, 1 à 5, 2 à 3 Ret.) 3 Reiniger $7^1/_3{}' \times 4^1/_3 \times 3^1/_2{}'$
(Laming'sche Masse), Exhaustor von S. Elster, 1 Gasbehälter mit
28,000 c′ Inhalt, 26,867′ Röhrenleitung von 7″ bis $1^1/_3{}''$, nämlich:
1736′ 7 zöll., 1191′ 6 zöll., 1006′ 5 zöll., 3314′ 4 zöll., 3396′ 3 zöll.,
3993′ $2^1/_2$ zöll., 5047′ 2 zöll. und 7184′ $1^1/_3$ zöll., 217 nasse Gasuhren
von S. Elster. Coke und Theer werden verkauft. Anlagecapital
54,458 Thlr. 16 Sgr. 6 Pf.

Frankenberg (Sachsen). 10,000 Einwohner. Eigenthümerin: die
Stadtgemeinde Frankenberg. Dirigent: Herr H. Koritzky. Der Be-
schluss des Stadtrathes über Einführung der Gasbeleuchtung datirt vom
18. November 1857, derjenige der Stadtverordneten vom 28. November.
Der Bau der Anstalt wurde unter Aufsicht des Herrn Ingenieur
Schmidt am 22. März 1859 vom Herrn Baumeister Koritzky in
Angriff genommen, und am 28. November desselben Jahres eröffnet.
84 Strassenflammen, mit je 1020 Brennstunden jährlich und 6 c′ Consum per Stunde. 212 Privatconsumenten mit 1660 Flammen. Für die
Strassenbeleuchtung werden im Ganzen 1200 Thlr. vergütet. Private
zahlen 2 Thlr. pro 1000 c′ sächs.*) und erhalten bei 50,000—100,000 c′
4%, bei 100,000 bis 150,000 c′ 8% Rabatt. Betrieb mit Zwickauer
Steinkohlen. Produktion 1866—3,286,633 c′, im Maximum 15,600, im
Minimum 940 c′ pro 24 Stunden. Kohlenverbrauch in demselben Jahre
7274 Dresd. Scheffel**). Die Anstalt hat 10 eiserne Retorten (2 Oefen à 3,
2 à 2 Ret.), 44 Ellen 6″ weite Condensationsröhren, Scrubber von

---

*) 1000 c′ sächs. = 802 c′ engl.

**) 1 Dresdener Scheffel Kohlen = ca. 1,75 Centner.

12 Cubikellen Inhalt und 2 Ellen Durchmesser, 2 Wascher, 3 Reiniger mit 105 ☐ Ellen Hordenfläche (Laming'sche Masse), 1 Gasbehälter von 16,000 c' Inhalt, Röhrennetz von 6'' bis 1½'' Weite, 221 nasse Gasuhren. Anlagecapital 36,000 Thlr. Von der Eröffnung der Eisenbahn, welche Frankenberg berühren wird, hofft man einen wesentlichen Einfluss auf die Ausdehnung der Gasbeleuchtung.

Frankenstein (Schlesien). 6964 Einwohner. Eigenthümer: die Herren Commerzienrath Oechelhäuser in Dessau und J. Ebbinghaus, Kaufmann in Berlin. Dirigent: Herr R. Schlegel. Die Anstalt ist nach den Plänen des Herrn Generaldirectors Oechelhäuser in Dessau unter Leitung des Herrn H. Menzel gebaut, und am 22. October 1863 eröffnet worden. Der Vertrag, dessen ursprünglicher Inhaber Herr H. Menzel war, gilt vom 1. October 1863 an auf 25 Jahre; nach deren Ablauf steht es der Commune frei, die Anstalt käuflich zu übernehmen. Leuchtkraft für 5 c' preuss. Gasconsum im Schnittbrenner 12 Stearinkerzen, 6 Stück à 9'' lang ¾ Pfd. schwer. Gaspreis für Strassenbeleuchtung 2 Thlr. pro 1000 c' preuss.*), für Private und öffentliche Gebäude 2 Thlr. 25 Sgr. Eine Preisermässigung von 5 Sgr. pro 1000 c' tritt ein, sobald der gesammte Gasconsum im Jahre die Höhe von 4,500,000 c' erreicht hat. Grössere Consumenten erhalten Rabatt. Jahresproduktion: 2,319,800 c' preuss. Stärkste Abgabe in 24 Stunden 13,300 c', schwächste Abgabe 1,700 c'. 60 Strassenflammen, 832 Privatflammen. Betrieb mit schlesischer (Waldenburger) Steinkohle. Aus 1 Tonne Kohlen wurden 1862 c' Gas gezogen. Die Anstalt hat 6 Retorten (1 Ofen à 3, 1 à 2, 1 à 1 Ret.), keinen Condensator, 1 Scrubber, 1 Wascher, 3 Reiniger (Deicke'sche Masse), 1 Gasbehälter von 16,000 c' Inhalt, 1 Nachreiniger, 11,343 lfd. Fuss Rohrleitung von 6'' grösster Weite, 98 Gaszähler. Anlagecapital: 32,345 Thlr. 25 Sgr. 6 Pf.

Frankenthal (Rheinpfalz). Eigenthümerin: eine Actiengesellschaft „Gasanstalt Frankenthal". Dirigent: Herr Oltsch. Erbauer: Herr Maschinenfabrikant M. Aleiter aus Mainz. Eröffnet 1862. Jahresproduktion 1865/66: 4,604,200 c'. Gaspreis für die Strassenbeleuchtung 3 fl. pro 1000 c', für Private 4 fl. pro 1000 c'. Der Fragebogen ist nicht beantwortet worden. Näheres im Journ. f. Gasbel. 1863. S. 183.

---

*) 1000 c' preuss. = 1091,84 c' engl.

Frankfurt a/M. 76,900 Einwohner. Schon zur Zeit der ersten
Einführung der Gasbeleuchtung in Deutschland wurde auch in Frankfurt durch die Herren I. F. Knoblauch und J. G. R. Schiele eine
Oelgasfabrik gegründet, und am 18. September 1828 in Betrieb gesetzt.
Die Produktion derselben in der stärksten Nacht betrug 3000 c'. Es
wurde den Unternehmern schwer, die nöthige Unterstützung von Capi-
talisten zu erlangen, und das Werk lag vom Februar bis September 1829
ganz still. Im December 1829 ersetzte man das Oel durch amerika-
nisches Harz (6000 c' Consum in der stärksten Nacht), und mit dieser
Veränderung gelang es nach unsäglichen Schwierigkeiten endlich die
Fabrikation zu einer leichteren und einträglicheren zu machen, so dass
das Werk im Juli 1838 wegen nöthig gewordener Erweiterungen und
zu leichterer Ausbeutung an eine zu diesem Zwecke gebildete Gas-
bereitungsgesellschaft übertragen wurde (15,000 c' Consum in der
stärksten Nacht). In der Mitte der vierziger Jahre wurde eine englische Gesellschaft als Concurrenz zugelassen, die alte Anstalt entwickelte
sich jedoch nach einem kurzen Rückschlag erfreulich weiter. Im Herbste
1851 wurde ein Versuch gemacht, Steinkohlen und Harzgas zu mischen,
der aber der Concurrenz wegen wieder aufgegeben werden musste.
Vom November 1855 richtete J. G. R. Schiele (gest. im Jahre 1861
im 66. seines Alters) den Betrieb auf Holz- und Boghead-Schiefergas
(bei 70,000 c' Maximalconsum) ein und wurde dieser Betrieb bis zum
Jahre 1865 fortgesetzt. Am 5. December 1860 trat an die Stelle der
alten Gesellschaft eine neue, die jetzige Besitzerin unter der Firma
„Neue Frankfurter Gasbereitungs-Gesellschaft." Sie errichtete eine ganz
neue Anstalt, etwa 20 Minuten vor der durch die Promenaden be-
zeichneten früheren Stadtgrenze unter der technischen Leitung von dem
gegenwärtigen techn. Dirigenten der Anstalt, Herrn Simon Schiele,
dem Sohne des Mitgründers. Die neue Anstalt wurde am 25. Januar
1863 eröffnet und darnach die alte, der Stadt näher gelegene Gasanstalt gänzlich niedergelegt. Kaufmännischer Dirigent der Gesellschaft
Hr. J. C. C. Knoblauch. Ausser Frankfurt und Sachsenhausen, welche
eine Gemeinde bilden, versieht die Gesellschaft auch die Stadt Bockenheim und die Landgemeinde Bornheim, beide unmittelbar an die Stadtgrenze Frankfurts sich anlehnend mit Gas. Bockenheim hat 5200 Einwohner und Bornheim hat 6700 Einwohner. Die Concession der neuen
Gesellschaft begann am 1. October 1860 und läuft 99 Jahre. Vom
13. September 1864 datirt der Vertrag mit der Stadt über die Beleuchtung der Strassen und Plätze vor den ehemaligen Stadtthoren

(vorher hatten die Privaten für diese Beleuchtung auf ihre Rechnung
zu sorgen). Er endet mit dem 30. April 1869, kann aber stillschweigend
bis zum 30. April 1874 weiter laufen. Private zahlen für 1000 c' engl.
Gas 8 fl. ohne Rabatte. Städtische Gebäude zahlen etwas weniger,
ohne dass darüber eine Bestimmung besteht. Die Stadt zahlt für die
Strassenflamme und jede Stunde $^6/_{10}$ kr., wobei die Reinhaltung und
das Anzünden ausschliesslich Sache der Gasfabrik sind. Die Lichtstärke des Gases muss vertragsmässig so sein, dass 2 c' engl. (welche
auch den stündlichen Gasverbrauch einer Laternenflamme darstellen),
einer Zahl von mindestens 7 Wallrathkerzen gleichkommen, wovon
4 auf 1 Zollpfd. gehen und jede $^1/_2$ Zollloth Wallrath in der Stunde
consumirt. (Wirklich geliefert wurden im Durchschnitte des Jahres 1867
auf 2 c' engl. 10,8 solcher Wallrathkerzen.) Die Controle der Leuchtkraft und Reinheit des Gases wird täglich durch den städtischen Be-
leuchtungs-Inspector mit sehr guten, von der Stadt in einem besondern
Lokale aufgestellten Apparaten ausgeübt. Besondere Bedingungen bei
Ablauf des Vertrages oder der Concession sind nicht vorgesehen. Die
Jahreserzeugung ist 47 Mill. c'. Die Strassenflammen in den Strassen
und auf den Plätzen vor Frankfurt und Sachsenhausen und in Bornheim (mit welchem besonderer Vertrag besteht) sind 900. Die Zahl
der Abnehmer 5200, jeder durchschnittlich mit 10 Flammen. Die
Strassenflammen haben 2 c' stündlichen Verbrauch und jede jährlich
3550 Brennstunden. Die Maximalproduktion (im Durchschnitte des
December) ist = 225,000 c', die Minimalproduktion im Durchschnitte
des Juni) ist = 59,000 c'. Der Betrieb mit Holz, welcher seit 1855
im Gange war, wurde im März 1865 verlassen und wurden von da an
westphälische Kohlen anstatt des Holzes verarbeitet. Die Mischung
mit schottischen Boghead-Cannel ist gleichfalls $^1/_2$ und $^1/_2$, dem Gewichte des Rohmateriales nach. Die Anstalt hat 15 Retortenöfen mit
100 Retorten, theils 6, theils 7 Retorten in einem Ofen, ausschliesslich
Thonretorten. 12 Kühler (ringförmige Röhrenkühler mit 24'' innerem
und 36'' äusserem Durchmesser, Gusseisen, $19^1/_2$' hoch). 3 Exhaustoren
(davon 1 als Reserve) Schiele's System, 2 Wascher, zugleich Scrubber
(5' Durchmesser und $19^1/_2$' Höhe), 8 Reinigerkasten, jeder im Innern
18' lang, 9' breit und 4' hoch, mit 4 Hordenreihen darin. Gemischtes
Reinigungsverfahren (Mannheimer), Eisenoxyd und Kalk, trocken. 2 Gasmesser, 3 Gasbehälter von zusammen 315,000 c' Inhalt. Die Nebenprodukte werden verkauft, nicht selbst verarbeitet. Das Röhrensystem
von ca. 325,000' Länge besteht aus 24zöll. bis 2zöll. Röhren. Die

verwendeten 5200 Gasmesser sind sämmtlich nasse und aus den verschiedensten Quellen, in den letzten Jahren der grössten Menge nach von S. Elster in Berlin bezogen. (Gasmessermiethe wird nicht erhoben.) Vergleiche Journ. f. Gasbel. 1861 S. 109 und 125, 1862 S. 18 und 1865 S. 62.

Die Concurrenzanstalt, der Imperial-Continental-Gas-Association in London gehörig, besteht seit 1. Mai 1844, resp. seit ihrer Eröffnung am 18. October 1845, und hatte auf 25 Jahre ein Monopol auf Steinkohlengas, weitere 15 Jahre waren ihr ohne Monopol gewährt. Die Anstalt wurde vom Herrn John Oliphant erbaut und von demselben bis zu seinem Tode im Jahre 1860 und im 64. seines Alters geleitet. Agent (etwa kaufmännischer Director) war von Eröffnung der Anstalt bis zu seinem Todesjahre 1864 Herr Edmund Gogel. Am 13. September 1864 wurden einige Vertragsveränderungen mit der Imperial-Continental-Gas-Association vereinbart und deren Concession bis zum 30. September 1959 verlängert. Als Gegenleistung gab die Gesellschaft das bis 1869 laufende Recht auf eine ausschliessliche Berechtigung zur Bereitung von Gas oder bestimmten Gasarten und was damit zusammenhängt, auf. Der Vertrag über die Beleuchtung der Strassen und Plätze innerhalb der Stadt blieb bis zum 30. April 1869 bestehen, wurde aber wegen des Wechsels in den politischen Verhältnissen der Stadt und bevorstehender Reorganisation der (Gemeinde-) Behörden auf 1 Jahr bis 1870 verlängert. Von da an soll die Strassenbeleuchtung insgesammt oder wieder getheilt vergeben, oder, wie Andere wollten, durch ein eigenes städtisches, hier drittes Concurrenzwerk, versorgt werden. Beschlüsse können erst nach Constituirung des Magistrates darüber gefasst werden. Die Imperial-Continental-Gas-Association versorgt noch Bornheim mit 5200 Einwohnern, Bockenheim mit 6700 Einwohnern, Roedelheim mit 2700 Einwohnern und Oberrad mit 2900 Einwohnern, theilweise in Concurrenz mit der neuen Frankfurter Gasbereitungs-Gesellschaft mit Gas. In den drei letztgenannten Orten ist ihr auch die Strassenbeleuchtung übertragen. Gegenwärtiger technischer Dirigent der Anstalt ist Herr Wil. Drory und Agent Herr J. E. Gogel, Sohn des früheren. Gaspreis für Private 3 fl. 30 kr. per 1000 c′

mit   5 % Rabatt bei 1000 fl. Betrag des Gasverbrauches per Jahr,
 „ 7½ % „ „ 2000 „ „ „ „ „ „
 „ 10 % „ „ 3000 „ „ „ „ „ „
Die Stadt bezahlt für 3500 Brennstunden per Laterne jährlich 30 fl.,

für jede Flamme und Stunde, welche 3500 Stunden übersteigt ¹/₂ kr. Das Gas muss eine Leuchtkraft bei 4 c′ engl. stündlichem Verbrauche haben von mindestens 7 Wachskerzen der besten Qualität von 14″ Länge, deren 4 = 1 Pfd. Silbergewicht wiegen. Die Controle erfolgt täglich durch den Beleuchtungsinspector und in dem Probirzimmer der Stadt. Die mittlere Leuchtkraft im Jahr 1867 wurde für 4 c′ engl. Gas auf 8,9 Wachskerzen festgestellt. Will die Gesellschaft das Beleuchtungsgeschäft nicht über 1869, bez. 1870, bez. 1884 fortsetzen, so kann die Stadt die Anstalt mit allem Zubehör entweder nach Taxwerth kaufen oder die gänzliche Wegräumung derselben und des Röhrensystemes verlangen. Betreibt die Gesellschaft das Geschäft bis 1959 weiter, so sind für diesen Fall keine Bestimmungen vorgesehen. Die Gaspreise dürfen wohl herab, aber ohne Genehmigung der Behörde nicht wieder in die Höhe gesetzt werden. Die Jahreserzeugung beträgt etwa zwischen 90 und 100 Mill. c′ engl. Die Strassenflammen innerhalb der ehemaligen Stadtthore, in Bockenheim, Roedelheim und Oberrad sind 1048. Die Zahl der Abnehmer ist 4900, mit zusammen 42,000 Flammen. Die Strassenflammen in der Stadt haben einen stündlichen Verbrauch von je 4 c′ engl. und jede derselben hat jährlich 3550 Brennstunden. Betrieb mit Steinkohlen, vertragsmässig ¹/₂ Ruhr- und ¹/₂ Saarkohle (mit etwas Boghead-Cannel Zusatz im Winter). Die Anstalt hat 17 Retortenöfen, jeden mit 7 Thonretorten = 119 Ret. eigener Fabrik (in Gent), Röhrenkühler, stehendes System ohne Wasser, 2 Sätze Wascher zu 3 Stück, 7′ im Durchmesser, 8 Reinigerkasten 18′ × 7′, 1 Stationsgasmesser, 4 Gasbehälter von zusammen 290,000 c′ engl. Inhalt. (Exhaustoren werden nicht benutzt.) Die Reinigung geschieht ausschliesslich mit Kalk in trockner Form. Der Theer wird verkauft, das Gaswasser selbst verarbeitet. Das Röhrensystem von ca. 350,000′ Gesammtlänge hat von 15″ bis 2″ Weite. Die Gasmesser, theils nassen, theils trocknen Systemes, sind aus den verschiedensten Fabriken. Gasmessermiethe wird nicht überall erhoben. Verpflichtet dazu werden nur die kleineren Abnehmer, welche nicht mindestens so viel Gas in einem Jahre verbrauchen, als der vierfache Betrag der (allgemein üblichen) Gasmessermiethe ausmacht.

Frankfurt a./O. (Preussisch-Brandenburg). 36,691 Einwohner. Eigenthümerin: die deutsche Continental-Gas-Gesellschaft zu Dessau. Deren General-Director: Herr W. Oechelhäuser. Special-Dirigent: Herr W. Voss. Eröffnet am 20. December 1855. Der ursprüngliche Contract vom 4. Februar 1854 ist am 1. und 15. Mai 1865 abgeändert worden. Die Anstalt bleibt dauernd Eigenthum der deutschen Continental-Gas-Gesellschaft, deren Privilegium erlischt jedoch am 1. Mai 1880, so dass von da ab eine neue Einigung mit dem Magistrate oder freie Concurrenz eintreten kann. Der Preis für die Strassenbeleuchtung beträgt $1^2/_3$ Thlr. pro 1000 c' engl. und vom 1. Januar 1870 ab $1^1/_2$ Thaler. Der Preis für Privatgas beträgt $2^1/_6$ Thlr. pro 1000 c' preuss. und vom 1. Januar 1870 ab 2 Thlr. Die niederschlesisch-märkische Eisenbahn zahlt 1 Thlr. 25 Sgr. Bei einem Consum von 5 c' engl. pro Stunde muss das Gas am Bunsen'schen Photometer gemessen eine Leuchtkraft haben von 11—12 Wachskerzen, von denen 6 auf 1 Pfd. gehen. Das Gas brennt durch einen Schnitt- oder Zweiloch-Brenner, die Wachskerze wird auf $1^5/_8''$ engl. Flammenhöhe gehalten. Bei der Controlle werden die Nummern von 6 Laternen durch das Loos gezogen, und gilt die Messung dieser 6 Flammen mittelst der Schablone für die durchschnittliche Beschaffenheit aller Flammen am betreffenden Abend. Jahresproduktion 1866 (alle Betriebszahlen beziehen sich auf das Jahr 1866) 26,135,300 c' engl. Stärkste Abgabe in 24 Stunden 208,703 c', schwächste Abgabe 15,521 c'. 496 Strassenflammen mit einem Consum von 8044 c' per Jahr, 8995 Privatflammen mit einem Durchschnittsconsum von 2411 c' per Jahr. Betrieb mit Steinkohlen (12 % englische, 1 % westphälische, 87 % niederschlesische). Aus 1 Tonne Kohlen wurden 1862 c' Gas gezogen. Die Anstalt hat 9 Oefen mit 48 Thonretorten (7 Oefen à 6, 2 à 3 Ret.), 3 Scrubber von 12' Höhe und 6' Durchmesser, 1 Wascher, 1 Beale'schen Exhaustor, 4 Reiniger à 12' × 8' × 3' (Deicke'sche Masse), 2 Gasbehälter mit 52,000 und 58,700 c' engl. nutzbarem Inhalt, 76,923 lfd. Fuss preuss. Rohrleitung von 12'' grösster Weite, 987 nasse Gasuhren, meistens von S. Elster. Das Ammoniakwasser wird auf Salmiakgeist umgearbeitet. Baucapital 221,436 Thlr. 24 Sgr. 9 Pf. Journ. f. Gasbel. 1859 S. 174, 1860 S. 166, 1861 S. 162, 1862 S. 179, 1863 S. 138, 1864 S. 91, 1865 S. 125, 1866 S. 135, 1867 S. 157.

Fraulautern bei Saarlouis in Preussen. Die Fettwaaren-Fabrik des Herrn G. Meguin erhält als Nebenprodukt Leuchtgas und benützt es für 30 Flammen, sowie zum Treiben einer Lenoir'schen Maschine für Wasserförderung und Kalkmühle.

Freiberg (Sachsen). Der Fragebogen ist nicht beantwortet worden. Die Statistik von 1862 enthält folgende Angaben: 17,488 Einwohner.

Eigenthümerin: eine Actiengesellschaft. Privilegium vom Jahre 1846
auf 30 Jahre. Erbauer: Herr Ingenieur Gruner. Eröffnet zu Anfang
des Jahres 1847. Die Stadtgemeinde ist berechtigt, nach Ablauf der 30
Jahre die Abtretung der Anstalt zu verlangen, und hat dafür, wenn das
Unternehmen in den letzten 5 Jahren durchschnittlich 5 % Zinsen oder
mehr getragen, das volle Actiencapital, wenn aber ein geringerer Ertrag
stattgefunden, den Kostenaufwand zu gewähren, den die Errichtung
einer neuen Anstalt von demselben Umfange zur Zeit der Abtretung
erfordern würde. Anlagecapital 49,276 Thlr. Betrieb mit Burgker
Steinkohlen. Eine contractliche Lichtstärke besteht bis jetzt nicht. 72
Strassenflammen zu je 849 Brennstunden jährlich und 6,5 sächs. c′
Consum per Stunde. Für jede Brennstunde werden 5,72 Pf. vergütet. 178
Privatconsumenten mit 1285 Flammen. Der Gaspreis für Private
beträgt 2 Thlr. 28 Sgr. für 1000 c′ sächs.*), doch tritt ein Rabatt ein
bei 25,000—100,000 c′ Jahresconsum von 4 %, bei 100,000—200,000
von 6 %, bei 200,000—300,000 von 8 %, bei 300,000 und mehr von 10 %.
Die Anstalt hat 3 Oefen mit 11 Retorten, 53 Dresd. Ellen 5 zöllige
Condensationsröhren, 2 kreisrunde gusseiserne Reiniger, jeder von 4
Dresd. Ellen Durchmesser und 21″ Höhe mit Spiralgängen (mit Kalkmilch beschickt), 2 Gasbehälter zu 8000 c′ sächs. Inhalt, 12,825¹/₄
sächs. Fuss Hauptleitungsröhren von 6—1¹/₂″ Weite und 4181³/₄ sächs.
Fuss Zuleitungsröhren von 1¹/₂ — ⁵/₈″ Weite. Im Betriebsjahre vom
1. Juli 1860 bis 1. Juli 1861 betrug der Consum 3,126,197 c′ sächs.
(17,000 c′ sächs. im Maximum, 2000 c′ sächs. im Minimum), hiezu
sind zur Destillation verwandt: 4247 Dr. Scheffel **) Gas- und Wasch-
kohlen, zur Heizung: 2414 Scheffel Mittelkohlen, 1347¹/₂ Scheffel
Coke ***) und 33,76 Ctr. Theer. Jeder Scheffel Gaskohle gibt durchschnittlich 1,28 Scheffel Coke und 8 Pfund Theer, sowie von jedem
Scheffel Heizkohle 0,02 Scheffel Kohlenlösche gewonnen wird.

Freiburg (Baden). 20,000 Einwohner. Eigenthümerin: die Stadtgemeinde. Dirigent: Herr A. Spreng. Der Beschluss der Behörde
über Einführung der Gasbeleuchtung datirt vom Jahre 1850, die Anstalt wurde den 1. December 1850 eröffnet. Concessionsdauer bis
1884. Lichtstärke 9 Wachskerzen, worüber von Seite der Stadt Controlle geführt wird. Nach Ablauf des Vertrages ist die Anstalt städti-

---

*) 1000 c′ sächs. = 802 c′ engl.
**) 1 Dresd. Scheffel Kohlen = circa 1,75 Centner.
***) 1 Dresd. Scheffel Coke = ca. 90 Pfund bei Zwickauer und Burgker Kohlen.

sches Eigenthum. Gaspreis 4 fl. 45 kr. pro 1000 c' engl. 290 Strassenflammen, mit 4¹/₂ c' stündl. Consum und 1200 Brennstunden jährlich,
etwa 5000 Privatflammen. Jahresproduktion 1867: 10,000,000 c' engl.
Maximalproduktion in 24 Stunden 65,000 c', Minimalproduktion 15,000 c'.
Betrieb mit Saarbrücker Steinkohlen. Die Anstalt hat 4 Oefen à 6
Thonretorten, 1 ringförmigen Condensator, 1 Wascher, 4 Reiniger,
3 Gasbehälter mit zusammen 72,000 c' Inhalt, 1 Stationsgasuhr, Leitungsröhren von 8'' bis 1'' Weite, nasse Gasuhren. Anlagecapital 135,000 fl.

Freiburg (Schlesien). Eigenthümerin: die Stadt. Dirigent: Herr
Thiem. Eröffnet im November 1865. 109 Strassenflammen mit 5 c'
Consum per Stunde, 1541 Privatflammen. Gaspreis 2 Thlr. bis 2¹/₂ Thlr.
pro 1000 c'. Jahresproduktion 4,250,000 c' preuss.*) Betrieb mit
Steinkohlen (Förderkohlen) aus dem Waldenburger Becken (Wrangelschacht). Die Anstalt hat 10 elliptische Thonretorten (1 Ofen à 5,
1 à 3, 1 à 2 Ret.), 2 Condensatoren mit eingelegten Eisenplatten und
Wasserzufluss, 4 Reiniger (Rasenerz), 1 Exhaustor nebst Bypass-Regulator, Stationsgasuhr, 1 Gasbehälter mit 20,000 c' Inhalt, 3 Regulatoren, 24,471 lfd. Fuss Leitungsröhren von 6'' bis 1¹/₃'' Weite. Anlagecapital 43,348 Thlr. 18 Sgr. 8 Pf.

Freiburg (Schweiz). 10,500 Einwohner. Eigenthümerin: eine
Actiengesellschaft seit 1. März 1863. Dirigent: Herr Clas. Gründer
und Erbauer: Herr L. A. Riedinger. Eröffnet am 23. November 1861.
Die Concession dauert vom Tage der Eröffnung an 36 Jahre. Licht-
stärke 10 Wachskerzen, 4 auf 1 Pfd. für 5 c' engl. Gasconsum per
Stunde. Gaspreis für Strassenbeleuchtung 5 Cent. per Brennstunde,
für Privaten 15 Francs**) pro 1000 c' engl. 168 Strassenflammen mit
300,000 Brennstunden per Jahr, 1397 Privatflammen. Letzte Jahres-
produktion 4,113,000 c'. Maximalconsum in 24 Stunden 21,400 c',
Minimalconsum 3400 c'. Betrieb mit Saarbrücker Kohlen (Heinitz).
Die Anstalt hat 10 Thonretorten von Bousquet in Lyon in 3 Oefen,
Reinigung mit Laming'scher Masse, 2 Gasbehälter à 15,000 c' Inhalt,
ca. 27,000' Hauptröhren von 7'' bis 1¹/₂'' Weite, nasse Gasuhren von
L. A. Riedinger. Anlagecapital 320,000 Francs.

Freising (Bayern). 7000 Einwohner incl. Garnison. Eigenthümerin:
die Actiengesellschaft Gasfabrik Freising. Dirigent: Herr Th. Gabler.

---

*) 1000 c' preuss. = 1091,84 c' engl.
**) 1 Franc = 100 Centimes = 8 Silbergr. = 28 kr. südd. Währ.

Erbauer: Herr L. A. Riedinger. Die Anstalt, für dessen Zustande-
kommen sich der Stadtmagistrat und die Lehranstalten, welche letztere
sämmtlich mit Gas eingerichtet sind, besonders interessirten, wurde am
26. November 1864 mit 800 Flammen eröffnet. Die Actiengesellschaft
trat am 1. Mai 1867 in den Besitz, ihre Concessionsdauer läuft bis
zum 26. November 1899, jedoch hat der Magistrat, resp. die Stadtgemeinde das Recht, das Unternehmen nach Ablauf von 10 Jahren
abzulösen. Das Anlagecapital beträgt 45,000 fl. in Actien und 35,000 fl.
in $4^1/_2$ procent. Prioritäten. Betrieb mit Zwickauer und böhmischen
Steinkohlen, selten werden Boghead verwandt. Produktion im letzten
Jahr: 2,198,000 c′ bayer.*), im Maximum 14,000 c′, im Minimum
2000 c′ pro 24 Stunden. Lichtstärke für 4 c′ bayer. Consum per
Stunde 14 Stearinkerzen-Helle, 6 auf 1 Zollpfd. Die Höhe der Kerzenflamme ist auf 22 Linien zwölftheiliges Maass normirt. Controlle durch
den Magistrat. 104 Strassenflammen und 1250 Privatflammen. Ganze
Strassenbeleuchtung bis 11 Uhr, von da an brennen 32 Laternen bis
Morgens als Richtungslaternen. Der Consum der Laternen betrug im
letzten Jahr 556,000 c′, die Stadt zahlt $1^1/_4$ kr. pro Brennstunde und
Flamme. Private zahlen pro 1000 c′ bayer. vom 1. October 1867 ab
5 fl. 30 kr., früher 5 fl. 54 kr. Die Anstalt besitzt einen Ofen mit
3, einen mit 2, und einen mit 1 Retorte, im Ganzen also 6 Retorten
theils aus Lyon, theils von J. R. Geith in Coburg. Früher Laming'sche, jetzt Riedinger'sche Reinigungsmasse. Ein Gasbehälter
von 15,000 c′ Inhalt. 116 Gasmesser von L. A. Riedinger. 23,090′
bayer. Röhrenleitung von 6—1″ Weite. Nebenprodukte werden verkauft. Eine Erweiterung der Anstalt für das an Freising anstossende
Dorf Neustift sowie für die eine Viertelstunde entfernte Central-Land-
wirthschaftsschule Weyenstephan steht in Aussicht.

Friedberg (Hessen-Darmstadt). 4800 Einwohner. Die Anstalt
wurde vom Ingenieur Herrn A. Hendrix aus Newyork im Jahre 1863
erbaut und mit ihm Vertrag abgeschlossen; er trat seine Rechte später
an „die Gasbeleuchtungs-Gesellschaft" in Friedberg ab. Eigenthum ist
zur Hälfte die Stadt, welche den Platz zur Anstalt unentgeldlich gab,
zur anderen Hälfte die Gesellschaft, resp. die Herren A. Hendrix,
C. F. Schwarz, Echzell, F. B. Schwarz, Reichelsheim und
J. Schott. Dirigent: Herr G. Schwarz. Eröffnet am 18. October
1863. Die Concession läuft 30 Jahre. Nach dieser Zeit hat die Stadt

---

*) 1000 c′ bayer. $=$ 878 c′ engl.

das Recht, das Werk zum zwölffachen Betrage des Reingewinnes per Jahr anzukaufen, andernfalls bleibt der Vertrag fortbestehen. Die Gesellschaft zahlt der Stadt für ihren Antheil Zinsen, und zwar 6% in den ersten 5 Jahren, 7% vom 6. bis 15. Jahre und 8% vom 16. bis 30. Jahre. Lichtstärke vertragsmässig 9 Wachskersen, 6 auf 1 Pfd. für 4½ c' Gasconsum; in Wirklichkeit werden 14—15 Kerzen geliefert. Gaspreis für Strassenbeleuchtung 18 fl. pro 1200 Brennstunden à 4½ c', für Private 5 fl. pro 1000 c'. 87 Strassenflammen, die mit Ausnahme der Mondscheinperioden, während 10 Monaten im Jahre brennen, etwa 1800 Privatflammen. Jahresproduktion 2,600,000 c'. Betrieb mit westphälischen Steinkohlen. Die Anstalt hat 9 Thonretorten (3 Oefen à 3 Rct.), 2 Condensatoren, 2 Kalkreiniger, 1 Gasbehälter mit 15,000 c' engl. Inhalt, 225 trockene Gasuhren von Th. Glover in London. Coke und Theer werden billig verkauft. Anlagecapital 75—80,000 fl.

Friedrichshafen (Württemberg). 2600 Einwohner. Eigenthümer und Dirigent seit April 1867: Herr W. Funck. Erbauer: die Herren Müller & Linck in Stuttgart. Eröffnet am 31. December 1862. Die Concession läuft vom Tage der Eröffnung an 30 Jahre, und falls nicht 1 Jahr vor Ablauf gekündigt wird, auf 5 Jahre weiter u. s. f. Die Gemeinde hat, wenn die Kündigung erfolgt, das Recht die Anstalt nach 30 Jahren um eine von Experten zu berechnende Kaufsumme abzulösen. Lichtstärke 9 Wachskerzen, 10″ württ. lang, 4 auf 1 Pfd. für 4½ c' engl. Consum. Gaspreis für Private 7 fl. pro 1000 c' engl., für Staatsanstalten 6 fl., für die Stadtbeleuchtung 24 fl. 18 kr. pro 1200 Brennstunden. 26 Strassenflammen mit 1200 Brennstunden und 5 c' Consum per Stunde, 694 Privatflammen (wovon 320 in Staatsanstalten). Durchschnittsconsum einer Privatflamme jährlich 1979 c'. Jahresproduktion: 1,565,000 c' engl. Maximalproduktion in 24 Stunden 8,200 c', Minimalproduktion 1600 c'. Betrieb mit Saarkohlen. Die Anstalt hat 8 Stück ⌓ förmige Thonretorten (1 Ofen à 3, 2 à 2, 1 à 1 Ret.), liegende Condensation, 2 Reiniger 8' ✕ 3', 5 ✕ 3', 5 Laming'sche Masse, 1 Stationsgasuhr für 1500 c' per Stunde, 1 Gasbehälter für 8000 c' engl., 11,000' Röhrenleitung von 5″ grösster Weite, nasse Gasuhren von Siry Lizars & Co. Anlagecapital 40,000 fl.

Fürstenwalde (Preuss.-Brandenburg). 7500 Einwohner. Eigenthümerin: die Stadtcommune. Dirigent: Herr L. Iseler. Nachdem die städtischen Behörden im Jahre 1857 den Beschluss gefasst hatten,

Gasbeleuchtung einzuführen, fand sich auch bald die als Bedingung
in Aussicht genommene Zahl von 400 Flammen, und die von dem
Techniker, Herrn Dornbusch in Berlin, für 600 Flammen eingerichtete Holzgasfabrik wurde am 18. Januar 1858 eröffnet. Leuchtkraft für 5 c′ Consum per Stunde im 24° Argandporzellanbrenner 20
Stearinkerzen, 6 auf 1 Pfd., spec. Gewicht 0,620. Die Controlle der
Lichtstärke erfolgt durch die städtische Gasdeputation. Gaspreis 2 Thlr.
für 1000 c′ preuss.; für eine Strassenflamme werden 12 Thlr. 15 Sgr. jährlich vergütet. Jahresproduktion 4,706,000 c′ preuss.*). Maximalconsum
in 24 Stunden 30,000 c′, Minimalconsum 2500 c′. 80 Strassenflammen
brennen bis Nachts $1\frac{1}{2}$ Uhr und consumirten 669,000 c′, 1790 Privatflammen consumirten 3,625,000 c′. Betrieb mit Kiefernscheitholz,
welches aus den in der Nähe befindlichen königl. Forsten zum Durchschnittspreis von $6\frac{1}{3}$ Thlr. per Klafter gekauft wird. Zur Heizung
der Retorten werden oberschlesische Steinkohlen verwandt. Die Anstalt hat 7 ovale Chamotteretorten von Oest W$^{we.}$ in Berlin 20″ $\times$
14″ $\times$ 8′ (2 Oefen à 3, 1 à 1 Retorte). 5zöll. Steigeröhren, 13zöll.
Vorlage, 150′ 5zöll. Abzugsröhren, Luftcondensator 12′ lang 6′ hoch
mit 8 Gängen zu je $1\frac{1}{4}$ □′ Weite und 24 Stück $1\frac{1}{2}$ zöll. Kühlröhren,
2 Wascher von 4′ Höhe und 4′ Weite mit doppelter Scheibenvorrich-
tung, 4 gusseiserne Reiniger 7′ lang, 4′ hoch, 4′ breit, mit 336 □′
Hordenfläche (Kalk), 2 Gasbehälter von 7000 c′ und 14,000 c′ Inhalt,
19,978 lfd. Fuss Leitungsröhren von 6″ bis 2″ Weite, 280 nasse Gasuhren von Loy & Comp., Schäffer & Walcker und J. Pintsch
Nebenprodukte werden verwerthet. Anlagecapital 38,000 Thlr.

Fürth (Bayern). 23,000 Einwohner. Die Anstalt wurde 1858
von einer Actiengesellschaft erbaut, welche durch die Stadtcommune
und Herrn L. A. Riedinger repräsentirt wurde und in Vertragsver-
hältnissen zu Letzterem stand. Im Jahr 1866 ist das Werk durch Ab-
lösung in den alleinigen Besitz der Stadt übergegangen. Dirigent:
Herr P. Brochier. Erbauer: Herr L. A. Riedinger. Eröffnet am
1. October 1858. Leuchtkraft für 5 c′ Gasconsum pro Stunde 14
Millykerzen-Helle, 5 auf 1 Pfd. 310 Strassenflammen mit je 1100
Brennstunden jährlich und 5 c′ Consum pro Stunde. Gaspreis für
Private 4 fl. 45 kr. pro 1000 c′ bayer.**) Jahresproduktion 10,000,000 c′.
Maximalverbrauch in 24 Stunden 52,000 c′. Betrieb mit Zwickauer
Steinkohlen. Anlagecapital 180,000 fl.

---

*) 1000 c′ preuss. = 1091,84 c′ engl.
**) 1000 c′ bayer. = 878 c′ engl.

Füssen (Bayern). Die Seilerwaarenfabrik in Füssen hat ihre eigene Privatgasanstalt.

St. Gallen (Schweiz). 15,000 Einwohner. Eigenthümerin: die Actiengesellschaft für Gasbeleuchtung in St. Gallen. Dirigent: Herr O. Zimmermann. Erbauer: Herr L. A. Riedinger. Eröffnet am 1. November 1857. Die Concessionsdauer ist vom Eröffnungstage an 30 Jahre. Nach Ablauf dieser Zeit kann die Stadt die Anstalt ankaufen oder den Vertrag von 5 Jahren zu 5 Jahren mit einjähriger Vorauskündigung fortsetzen. Lichtstärke für 4 c' Gasconsum per Stunde 14 Wachskerzen 5 auf 1 Pfd. mit 22''' Duod. engl. Flammenhöhe. Gaspreis 12 Frcs.*) pro 1000 c' engl.; für die Strassenflammen werden 4 Cent. pro Brennstunde oder 8 Frcs. pro 1000 c' bezahlt. 269 Strassenflammen mit 5 c' Consum per Stunde und 1500 Brennstunden per Jahr, 7244 Privatflammen mit einem Durchschnittsverbrauch von 1276 c' per Flamme und Jahr. Im August 1865 ging die Anstalt, welche bis dahin Holzgas producirte, auf Steinkohlengas über mit der Reduction des Gaspreises von 14 Frcs. auf 12 Frcs. Jahresproduktion 11,000,000 c' engl. Maximalproduktion in 24 Stunden 75,000 c', Minimalproduktion 8060 c'. Betrieb mit Heinitzkohlen und Zusatz von Boghead. Die Anstalt hat 24 Retorten, annähernd Nr. V der Normalformen, 9' lang (3 Oefen à 6, 2 à 3 Ret.), 2 Scrubber von 1,2 Meter**) Durchmesser und 5 Meter Höhe, 3 Reiniger lange Viereckform, je 2 Horden für eine Lage von 95 □' Fläche, 5 Schichten Laming'sche Masse in jedem Reiniger 9—10 Ctm. dick, 1 Stationsgasuhr, 3 Gasbehälter (2 à 20,000 c', 1 à 40,000 c' Inhalt), 56,000' Rohrleitung von 8'' bis 1½'' Weite, 440 Gasuhren von Siry Lizars & Co. und L. A. Riedinger. Actiencapital 530,000 Frcs. Vergl. Journ. f. Gasbel. 1862 S. 280.

Gardelegen (Preussisch-Sachsen). 6000 Einwohner. Gründerin und Eigenthümerin: die neue Gas-Gesellschaft Wilh. Nolte & Co. Erbauer: Herr Ph. O. Oechelhäuser in Berlin. Die Anstalt ist noch im Bau. Der Vertrag lautet auf 25 Jahre vom Tage der Eröffnung an. Nach Ablauf kann die Stadt die Anstalt käuflich übernehmen gegen den 12½fachen Betrag des Jahresgewinnes, der sich als Durchschnitt der letzten 3 Contractsjahre herausstellt. Private zahlen 2 Thlr. 20 Sgr.,

---

*) 1 Franc = 100 Centimes = 8 Silbergr. = 28 kr. südd. Währ.

**) 1 Meter = 3,2809 Fuss engl.

und nach Eröffnung der Eisenbahn 2 Thlr. 15 Sgr. pro 1000 c′ preuss.*)
in Maximo. Bei einem Gesammtconsum von 3¹/₂ Mill. c′ im Kalenderjahre ermässigt sich der Maximalsatz auf 2 Thlr. 10 Sgr. Der Preis
für die öffentliche Beleuchtung ist 3¹/₂ Pf. pro Laterne und Brennstunde.

Geiselhöring (Bayern). Der Bahnhof der k. bayer. priv. Ostbahn-
Gesellschaft hat eine Privatgasanstalt.

Geldern (Rheinpreussen). 4800 Einwohner. Eigenthümerin und
Dirigentin: Frau Rütter Wᵂᵉ· aus Cleve. Vertrag vom 12. Jan. 1860.
Eröffnet am 1. Februar 1861. Concessionsdauer 36 Jahre. Nach Ablauf dieser Zeit ist die Gemeinde berechtigt, das Unternehmen abzulösen, wenn sie den Nettoertrag der letzten 5 Jahre mit 6% capitalisirt
und die sich ergebende Summe als Entschädigung zahlt. Will die
Gemeinde von diesem Rechte keinen Gebrauch machen, so erlischt der
Vertrag, und wird entweder ein neuer Vertrag geschlossen, oder werden
neben dem jetzigen Unternehmer andere Concurrenten zugelassen, falls
die Gemeinde es nicht vorzieht, selbst eine Concurrenzanstalt zu errichten. Leuchtkraft 12 bis 16 Wachskerzen-Helle, 6 auf 1 Pfund.
44 Strassenflammen brennen in der Beleuchtungsperiode, zwischen
15. September und 1. October anfangend, mit wenigstens je 800 Brennstunden jährlich und werden mit 4 Pf. pro Brennstunde bezahlt. 580
Privatflammen, die gegen 700,000 c′ Gas per Jahr consumiren. Der
Gaspreis für Private ist 2²/₃ Thlr., grössere Consumenten, die jährlich
über 50,000 c′ brauchen, zahlen nur 2¹/₂ Thlr. pro 1000 c′. Jahresproduktion 1,190,000 c′. Betrieb mit westphälischen Steinkohlen (Zollverein). Die Anstalt enthält 7 Thonretorten von J. Sugg in Gent
(2 Oefen à 1 Ret., 1 à 2, 1 à 3 Ret.), Condensator 12 Röhren von
6″ Weite und 250 □′ Kühlfläche, 2 Wascher von je 4′ im Quadrat
und 2¹/₂′ Höhe, stehen nebeneinander auf einem gusseisernen Sammelkasten zur Aufnahme des gebrauchten Wassers; 2 Reiniger zu je
6′ × 4′ und je 5 Hordenreihen (Kalkreinigung), 1 Gasbehälter von 32′
Durchmesser und 17′ Höhe (13,668 c′ Inhalt), nasse Gasuhren von
Pipersberg, circa 9000 lfd. Fuss Leitungsröhren von 6″ abwärts.
Röhren in der Fabrik 5″. Es sind jetzt einige Fabriken, sowie die
Kirche mit Gas beleuchtet und steht zu erwarten, dass der Bahnhof
recht bald folgen wird.

---

*) 1000 c′ preuss. = 1091,84 c′ engl.

Gelsenkirchen (Westphalen). 4500 Einwohner ohne die anliegenden Communen, in denen auch 3 Etablissements beleuchtet werden. Gründer und Eigenthümer: Eine aus den fünf Herren Mönling, Herbert, Renson, Althoff und Naberschulte bestehende Privatgesellschaft. Erbauer und Dirigent: Herr Mönling, Betriebsführer: Herr C. Bodenstaff. Eröffnet den 12. December 1863. Der Vertrag läuft 20 Jahre vom Tage der Inbetriebsetzung an. Gaspreis für Private $2^1/_3$ Thlr. pro 1000 c′, doch zahlen grosse Etablissements nur 2 und $1^1/_2$ Thlr. Für die Strassenflamme wird bei 900 Stunden Brennzeit per Jahr 12 Thlr. bezahlt. Bei einem Consum von 6 c′ pro Stunde muss die Leuchtkraft der Helle von 9 Wachskerzen, 6 auf 1 Pfd., gleichkommen. Wenn der Vertrag nicht 1 Jahr vor Ablauf gekündigt wird, so ist derselbe stillschweigend auf 10 Jahre verlängert. Jahresproduktion im letzten Betriebsjahr 5 Mill. c′. 30 Strassenflammen und mehr als 1800 Privatflammen. Betrieb mit westphälischen Kohlen (Hibernia). Die Anstalt hat 6 Thonretorten von Vygen & Co., 3 Wascher, 4 Reiniger, 1 Gasbehälter von 16,000 c′ Inhalt, 124 nasse Gasuhren von J. Stoll, J. Pipersberg und der Londoner Gas Meter Company in Osnabrück. Das Anlagecapital beträgt 25,000 Thlr.

Genf (Schweiz). Die Anstalt gehört einer Actiengesellschaft. Dirigent: Herr Ingenieur Colladon. Eröffnet 1844. Nähere Nachrichten sind nicht eingegangen.

Genf ist auch zugleich der Sitz der Compagnie genevoise de l'industrie du gaz, einer Gesellschaft, welche sich mit einem Capital von 10 Millionen Francs in 20,000 Actien zu dem Zweck gebildet hat, nicht allein um Gasanstalten zu betreiben, sondern auch die Fabrikation von Nebenproducten, von Gaseinrichtungsgegenständen, wie überhaupt solche Geschäfte und Unternehmungen, welche mit der Gasindustrie zusammenhängen.

Genthien (Preussisch-Sachsen). 3500 Einwohner. Eigenthümer und Dirigent: Herr Gottfried Siegel. Die Stadtverwaltung Genthiens ertheilte im August 1865 den Herren Gebr. Hendrix die Concession für den Bau der Gasanstalt, sowie das Monopol für Beleuchtung der Stadt mittelst Gas auf 30 Jahre. Die Anregung hiezu gab der Kaufmann Herr Gustav Siegel in Magdeburg, auch hat dieser Herr s. Z. ausschliesslich zwischen den Unternehmern und der Stadtgemeinde vermittelt. Die Arbeiten wurden Anfang September 1865 begonnen, und Ende 1865 konnte die Anstalt eröffnet werden. Im März 1866

kaufte der gegenwärtige Eigenthümer die Anstalt, und übernahm sie
am 1. October 1866. Nach Ablauf der 30 jährigen Concessionszeit
hat die Stadt eventuell das erste Ankaufsrecht. Leuchtkraft 14 Kerzen. Gaspreis für Private 3 Thlr. pro 1000 c′ engl., für Stadt, Eisenbahn und Kreisgericht 2½ Thlr. 60 Strassenflammen brennen mit
Ausnahme der Mondscheinperioden bis 11 Uhr voll, später und die
Nacht hindurch schwach, und haben im letzten Jahr für 600 Thlr.
consumirt. Jahresproduktion 1,400,000 c′ engl. Betrieb mit englischen
und westphälischen Steinkohlen. Die Anstalt hat 6 Thonretorten (1
Ofen à 3, 1 à 2, 1 à 1 Ret.), 2 Wascher, 2 Kalkreiniger, 1 Gasbehälter
mit 11,000 c′ Inhalt, Leitungsröhren von 5″ bis 3″ Weite, nasse Gasuhren von S. Elster. Theer und Coke werden verwerthet. Der
jetzige Besitzer kaufte die Anstalt um 32,000 Thlr., hat sie indess
noch erweitert und vervollständigt.

Georgshütte bei Aschersleben. Seit Ende 1866 ist für diese Mi-
neralöl- und Paraffinfabrik von dessen Director, Herr L. Ramdohr,
eine Privatgasanstalt eingerichtet, in welcher das sich als Nebenprodukt ergebende Kreosotnatron als Rohmaterial verwendet wird. Die
Anstalt hat 2 Retorten in 2 getrennten Oefen, 15″ im Durchmesser,
6′ lang, 5 zöllige Steigeröhren, auf jedem Ofen ein Bassin für 15 Ctr.
Kreosotnatron, aus denen das Material in die Retorten abfliesst, einen
Röhrencondensator von 60 □′ Kühlfläche mit stündlich etwa 12 c′
Wasserkühlung, 1 Waschmaschine, 2 Reiniger 5′ 7″ × 2′ 3½″ mit je
36⅓ □′ rhl. Hordenfläche (Kalk), 1 Gasbehälter mit 2000 c′ rhl. *)
Inhalt. 100 Pfd. Kreosotnatron ergeben 450 c′ preuss. Gas. Leuchtkraft für 2 c′ preuss. Gasverbrauch per Stunde 6 Wachskerzen-Helle,
6 auf 1 Pfd.; bei 3 c′ Gasverbrauch 11,2 Kerzen, bei 5 c′ Verbrauch
23,5 Kerzen. Zur Reinigung sind für 1000 c′ Gas 15 Pfd. Staubkalk
erforderlich (das Gas hat gegen 30% Kohlensäure). Die Anstalt,
welche 104 Flammen versorgt, kostet circa 2700 Thlr. Näheres s.
Journ. f. Gasbel. 1866 S. 375 und 1867 S. 13.

Gera (Reuss-Schleiz). 17,000 Einwohner. Eigenthümerin: die
Gasbeleuchtungs-Actiengesellschaft zu Gera. Dirigent: Herr R. Franke.
Erbauer: Herr Commissionsrath Dr. Jahn. Eröffnet am 24. December
1852. Das Privilegium datirt vom Jahre 1852 und ist auf keinen

---

*) 1000 c′ rhl. = 1091,84 c′ engl.

Zeitraum beschränkt. Gaspreis für Private 2 Thlr. 5 Sgr. pro 1000 c′ sächs. *) Grösseren Consumenten wird Rabatt gewährt, und zwar bei einem Consum von 100,000 c′ 5%, bei 200,000 c′ 10%, bei 300,000 c′ 15%, bei 400,000 c′ 20%. Für jede Strassenflamme werden jährlich 11 Thlr. vergütet, wofür die Unterhaltung und Bedienung eingerechnet ist. Die Leuchtkraft der Strassenflammen soll mindestens 8 Stearinkerzen (5 auf 1 Pfd.) betragen. Produktion im letzten Jahre 8,500,000 c′. 200 Strassenflammen, 255 Privatconsumenten mit 3400 Flammen. Die Strassenbeleuchtung erforderte im letzten Jahre 2 Mill. c′. Die Gesammtzahl der Brennstunden betrug 2360. Es brannten 200 Flammen bis 11 Uhr Nachts 950 Stunden mit 7 c′ stündlichem Consum, 120 Flammen von 11 Uhr bis früh 1410 Stunden mit 4 c′ stündl. Consum. Der Verbrauch der Privatflammen incl. Verbrauch der Anstalt 6,203,000 c′. Durchschnittsconsum einer Privatflamme 1800 c′, Maximalproduktion in 24 Stunden 55,000 c′, Minimalproduktion 6000 c′. Betrieb mit Zwickauer Steinkohlen. Die Anstalt hat 24 Thonretorten von ⌓ Form (Nro. VII der Normalformen) und liegen in einem Ofen 2—6 Retorten. Röhrencondensator mit 300 ☐′ Kühlfläche, 2 Scrubber von je 5 ☐′ Querschnitt und 40 c′ Inhalt, Beale'scher Exhaustor von 12″ Durchmesser mit Bypassregulator, 4 Reiniger mit je 4 Horden à 48 ☐′ Fläche (Reinigung mit Raseneisenstein, Nachreinigung mit Kalk), 2 Gasbehälter mit zusammen 40,000 c′ Inhalt, Warmwasserheizung für die Bassins, 50,500′ Röhren von 6 bis 1½″ Weite, 287 nasse Gasmesser von Blochmann, Schäffer & Walcker und S. Elster. Actienstammcapital 45,000 Thlr. Gegenwärtiges Anlagecapital 60,000 Thlr.

Germersheim (Rheinpfalz). 4000 Einwohner. Eigenthümerin: die Stadt. Dirigent: Herr Croissant. Mehrere Bürger regten zuerst die Gasbeleuchtungsfrage an, und sammelten die Unterschriften von 120 Privaten für 500 Flammen. Darauf nahm das Bürgermeisteramt die Sache in die Hand, liess einen Kostenanschlag anfertigen, und übertrug dem Herrn G. Graff in Germersheim auf dem Wege der Submission bei 13% Abgebot die Ausführung. Der Bau wurde Mitte October 1866 in Angriff genommen und am 22. April 1867 eröffnet. Leuchtkraft 12 Stearinkerzen, wovon 5 auf 1 Pfd. gehen. Gaspreis 4 fl. 30 kr. pro 1000 c′. 124 Strassenflammen, von denen 10 ausserhalb der Stadt gegen den Bahnhof bis 9 Uhr, 78 bis 11 Uhr und 36

---

*) 1000 c′ sächs. = 802 c′ engl.

sogenannte Richtungslaternen bis 12 Uhr, und zwar vor einer Stunde nach Sonnenuntergang brennen. Der Consum sämmtlicher Strassenflammen lässt sich zu 350,000 c' annehmen, für welche die Stadt die Pauschalsumme von 1500 fl. ins Budget gestellt hat. Der Gasverbrauch der Privaten wird ohngefähr 1,738,000 c' betragen. Maximalproduktion in 24 Stunden 12,000 c', Minimalproduktion 1900 c'. Betrieb mit Saarbrücker Steinkohlen. Die Anstalt hat 6 Thonretorten von ⌂ Form 18″ × 14″ × 7' von Bousquet in Lyon (1 Ofen à 3, 1 à 2, 1 à 1 Ret.). 6 Stück 7 zöll. Condensationsröhren mit 105 ☐ Meter Condensationsfläche, 1 Scrubber von 0,75 Meter Durchmesser und 3,0 Meter Höhe, 2 Reiniger 5' 3″ × 4' 1″ × 3' 8″ (Laming'sche Masse), 1 Stationsgasmesser, 1 Gasbehälter mit 10,000 c' Inhalt, 1 Regulator, 21,550' Röhrenleitung (2330' 5 zöll., 815' 4$\frac{1}{2}$ zöll., 1405' 3 zöll., 5390' 2$\frac{1}{2}$ zöll., 2560' 2 zöll., 9050' 1$\frac{1}{2}$ zöll.), 150 nasse Gasuhren von S. Elster. Von Nebenprodukten wird nur Coke verkauft. Anlagecapital reichlich 45,000 fl.

Gerstewitz (Preussisch-Sachsen). Die Mineralölfabrik zu Gerstewitz bereitet Gas zu ihrem Privatgebrauche aus Braunkohlentheerprodukten.

Giessen (Hessen-Darmstadt). 10,000 Einwohner. Eigenthümer und Dirigent: Herr A. Hess. Die Anstalt wurde im Jahre 1856 von den Herren L. A. Riedinger, Gebr. Benckiser und J. Tebay erbaut, und ging im August 1862 an den jetzigen Eigenthümer über, seit welcher Zeit auch der frühere Betrieb mit Kiefernholz in Betrieb mit Steinkohlen umgewandelt ist. Der Vertrag datirt vom 17. September 1855 und läuft vom 1. October 1856 an auf 30 Jahre, nach welcher Zeit der Stadt das Recht zusteht, die Anstalt zum Taxwerth zu übernehmen, und das Privilegium für erloschen zu erklären. Wenn zwei Jahre vor Ablauf des Vertrages nicht gekündigt wird, so gilt der Vertrag stillschweigend auf weitere 5 Jahre verlängert. Leuchtkraft für die Strassenflammen 10 bis 12 Stearinkerzen-Helle, deren jede 8 Gramm Stearin in der Stunde verbrennt, für die Privatbeleuchtung ist contractlich die Helle von 18 bis 20 solcher Stearinkerzen für 5 c' engl. Gasconsum pro Stunde vorgeschrieben. Der Gaspreis ist vom 1. Januar 1867 an 5 fl. 20 kr. pro 1000 c', vom 1. Januar 1868 an 5 fl. 10 kr. und vom 1. Januar 1869 an 5 fl. 222 Strassenflammen mit 5 c' Consum per Stunde und mindestens 1250 Brennstunden jährlich, 3400 Privatflammen. Maximalproduktion in 24 Stunden 42,000 c', Minimal-

produktion 6500 c'. Betrieb mit westphälischen Steinkohlen und Zusatz
von Boghead. Die Anstalt hat 9 grosse ⌓ förmige Holzgasretorten
24½" × 14½" × 8' (3 Oefen à 3 Ret.), Röhrencondensator von
340 ☐' Kühlfläche, 1 Scrubber von 113 c' Inhalt, 2 Reiniger von je
345 c' Inhalt (Laming'sche Masse), 2 Gasbehälter von je 15,000 c'
Inhalt, 29,800 lfd. Fuss Röhrenleitung, 330 nasse Gasuhren, die älteren
von J. Sohn in Würzburg, die neueren von S. Elster.

Gladbach-Rheydt-Odenkirchen (Rheinpreussen). 44,222 Einwohner.
Mit Succursanstalt in Rheydt für den Winterbetrieb seit 1858. Eigen-
thümerin: die deutsche Continental-Gasgesellschaft in Dessau. Deren
Generaldirector: Herr W. Oechelhäuser. Anstaltsdirigent: Herr
Reichardt. Eröffnet am 18. October 1856. Die ursprünglichen
Verträge vom 30. September 1854 sind am 6./19. Juni 1866 für Gladbach und am 19. Juni/10. November 1866 für Rheydt dahin abgeändert worden, dass die Anstalten dauernd Eigenthum der deutschen
Continental-Gasgesellschaft bleiben, aber deren Privilegien am 15. Oct.
1882. resp. 1886 erlöschen, so dass von da ab eine neue Einigung
mit dem Magistrate oder freie Concurrenz eintreten kann; der Preis
für die Strassenbeleuchtung beträgt 2 Pf. per Stunde und Flamme,
der Preis für Privatgas vom 1. April 1866 ab 2 Thlr pro 1000 c'
preuss.*) mit stufenweiser Herabsetzung vom 1. Januar 1869 ab auf
1 Thlr. 20 Sgr., wobei den Privaten nach Maassgabe ihres Consums
Ermässigungen bis zu 1 Thlr. 10 Sgr. gewährt werden; 1 Flamme
mit 5 c' engl. Consum per Stunde muss eine Leuchtkraft haben von
11—12 Wachskerzen, 6 auf 1 Pfd., bei einer Flammenhöhe der Kerze
von 1⅝" engl. 276 Strassenflammen (alle Betriebsangaben beziehen
sich auf das Jahr 1866) mit einem Durchschnittsconsum von 8712 c' per
Jahr, 11,714 Privatflammen mit einem Durchschnittsconsum von
2276 c' per Jahr. Jahresproduktion 29,305,100 c' engl. Stärkste Abgabe pro 24 Stunden 223,000 c', schwächste Abgabe 10,500 c'. Betrieb mit westphälischen Steinkohlen. Aus einer Tonne Kohlen wurden
1773' Gas gezogen. Die Anstalt in Gladbach hat 31 Retorten (1 Ofen
à 7, 3 à 6, 2 à 3 Ret.), 1 Beale'schen Exhaustor, 1 Condensator von 5 zöll. Röhren, 2 Scrubber (1 à 4½' Durchmesser und 12'
Höhe, 1 à 4½' Durchmesser und 10' Höhe), 1 Wascher, 5 Reiniger
mit zusammen 680 ☐' Hordenfläche (Deicke'sche Masse), 2 Gas-

---

*) 1000 c' preuss. = 1091,84 c' engl.

behälter mit 25,700 c′ resp. 52,000 c′ engl. Inhalt. Die Anstalt in
Rheydt hat 3 Oefen à 6 Retorten, 14 Condensationsröhren 6″ weit
mit 330 □′ Oberfläche, 2 Scrubber à 5 □′, 12′ hoch, 1 Beale'-
schen Exhaustor, 1 Wascher, 4 Reiniger 8′ × 4′ × 3′ (Deicke'sche
Masse), 1 Gasbehälter mit 64,500 c′ engl. Inhalt. Ausserdem sind
vorhanden 103,886′ Rohrleitung mit 12″ grösster Weite, und 653 nasse
Gasuhren von verschiedenen Lieferanten. Anlagecapital 230,940 Thlr.
16 Sgr. 2 Pf. Journ. f. Gasbel. 1859 S. 174, 1860 S. 166, 1861
S. 162, 1862 S. 179, 1863 S. 138, 1864 S. 91, 1865 S. 125, 1866
S. 135, 1867 S. 157.

Glarus (Schweiz) ist mit Gasbeleuchtung versehen, hat aber keine
näheren Mittheilungen gemacht.

Glatz (Schlesien). 11,850 Einw., incl. 2200 Mann Militär. Eigenthümerin: die Stadt. Dirigent: Herr Drenkmann. Nach mehreren
im Jahre 1862 eingelaufenen Offerten von Privatunternehmern, beschloss die Stadt auf Vorstellung ihres Bürgermeisters, Herrn Stuschke,
am 10. April 1863, den Bau einer Gasanstalt selbst in die Hand
zu nehmen, und entschied sich nach Erledigung der Vorarbeiten durch
eine Commission am 11. Februar 1864 für die von Herrn Gasdirector Firle in Breslau entworfenen Pläne. Da aber Herr Firle
inzwischen gestorben war, so wurde der Vertrag über die Ausführung
des Baues mit dessen Nachfolger, Herrn Director Braun und Herrn
Kaufmann G. Methner in Breslau am 11. Juni 1864 abgeschlossen,
alsbald mit dem Bau selbst unter specieller Leitung des Herrn Kater-
bau begonnen, und die Anstalt am 15. November 1864 eröffnet. Die
Gaspreise, die bisher nach einer Verbrauchsscala berechnet wurden,
sind vom 12. Januar 1868 an auf $2^1/_3$ Thlr. pro 1000 c′ für Private festgesetzt, während die Stadt für jede Strassenflamme jährlich 10 Thlr.
bezahlt. Jahresproduktion 1866: 3,600,000 c′. Maximalproduktion in
24 Stunden 22,400 c′, Minimalproduktion 4,800 c′. 103 Strassenflammen
haben in 1000 Brennstunden mit 6 c′ stündlichem Consum 700,000 c′
verbraucht, 187 Private mit 1226 Flammen 2,600,000 c′. Betrieb mit
niederschlesischen Kohlen (Frischaufgrube in Eckersdorf). Die Anstalt
hat 9 ovale Chamotteretorten 18″ × 14″ × 9′ (2 Oefen à 3, 1 à 2, 1 à
1 Ret.), 2 Condensatoren $3^3/_4$′ × 8′, 1 Wascher $3^3/_4$′ × $2^3/_4$′, 1 Beale'-
schen Exhaustor mit Bypass-Regulator und Kessel, 4 Reiniger 4′ × 5′ × 4′
(Laming'sche Masse), 1 Stationsgasmesser, Druckregulator, 1 Gasbehälter

von 18,000 c' Inhalt, 11,800 lfd. Fuss Rohrleitung von 6″ bis 1$\frac{1}{3}$″ Weite, 191 nasse Gasuhren von Pintsch, Elster und Spielhagen. Nebenprodukte werden verkauft. Anlagecapital 34,200 Thlr.

Die Flachsgarn- und Baumwollspinnerei in Ullersdorf bei Glatz hat eine Gasanstalt für etwa 600 Flammen.

Glauchau (Sachsen). 19,800 Einwohner. Eigenthümerin: eine Actien-Gesellschaft. Dirigent: Herr J. Schädlich. Erbauer: Herr Commissionsrath G. M. S. Blochmann jun. Das Privilegium datirt vom Jahre 1856. Der Vertrag mit der Stadtgemeinde ist auf 35 Jahre vom 1. Januar 1859 an gerechnet in der Weise abgeschlossen, dass die Gesellschaft hieran auf diese Zeit gebunden ist, wogegen sich der Stadtrath das Recht vorbehalten hat, von dem Vertrag nach 30 Jahren zurückzutreten, so dass nach Ablauf dieser Frist der Stadtgemeinde das Recht zusteht, nach vorausgegangener einjähriger Kündigung entweder den Vertrag zu erneuern oder gegen Bezahlung des zwanzigfachen Betrages des durchschnittlichen Jahreseinkommens der vorangegangenen 30 Jahre an die Actieninhaber, in alle Rechte und Befugnisse der Gesellschaft einzutreten. Eröffnet im October 1858. Betrieb mit Zwickauer Steinkohle. Leuchtkraft für 5 c' sächs.*) Gasconsum pro Stunde 15 Stearinkerzen-Helle, 5 auf 1 Pfd. 246 Strassenflammen, wovon 239 regelmässig in Benützung stehen und je 1282 Stunden jährlich à 5 c' sächs. per Stunde brennen. 409 Gaszähler mit ca. 4800 Privatflammen incl. Kochapparate u. s. w. Für jede Strassenflamme wird jährlich 10 Thlr. vergütet, hiefür muss die Gesellschaft auch die Bedienung und Unterhaltung der Laternen besorgen. Private zahlen für 1000 c' sächs. 2 Thlr. 5 Sgr., wobei den Consumenten, welche jährlich über 100,000 c' consumiren, 5$^0/_0$ Rabatt gewährt wird. Produktion im letzten Jahre 11,963,000 c' sächs., im Maximum pro 24 Stunden 70,000 c', im Minimum 14,000 c'. Kohlenverbrauch 13,300 Scheffel**). Die Anstalt hat 21 Chamotteretorten (2 Oefen à 3 Ret., 2 à 5, 1 à 6 Ret.) eine 2 pferdige Dampfmaschine mit Exhaustor und Elster'schem Bypass-Regulator, 100' 8 zöll. liegende Condensation, 1 Scrubber 8' $\times$ 6' $\times$ 3' mit Scheidewand, 1 Wascher, 4 Reiniger zu 8' $\times$ 4' 9″ und mit 6 Horden (Eisenstein, Laming'sche Masse und Kalk) Stationsgasuhr und Regulator, 5 Clegg'sche Wechselhähne, 2 hydraulische Absperrhähne und 2 Schraubenregulirhähne von

---

*) 1000 c' sächs. = 802 c' engl.

**) 1 Dresdener Scheffel Kohlen = 1,75 Centner.

8″ Weite, 1 Gasbehälter von 22,000 c′ Inhalt (überbaut) und 1 desgl. von 36,000 c′ Inhalt freistehend mit eisernem Führungsgerüst, 64,400′ Leitungsröhren von 8″ bis 1¹/₂″ Weite. Ausser dem Actiencapitale von 60,000 Thlr. ist eine Anleihe von 24,000 Thlr. gemacht. Näheres Journ. f. Gasbel. 1861 S. 393, 1863 S. 27. 401, 1864 S. 308, 1867 S. 73 u. 447.

Gleiwitz (Schlesien). 12,200 Einwohner und mit den zusammenhängenden Ortschaften Neudorf, kgl. Eisengiesserei Trynnek und Richtersdorf 16,500 Einwohner. Gründer, Eigenthümer und Dirigenten sind die Herren B r a n d und C h u c h u l, denen als Mitbesitzer Herr S c h u l t z e beigetreten ist. Der Bau begann im Frühjahr 1861, die Eröffnung erfolgte am 30. November desselben Jahres. Das Privilegium läuft 50 Jahre. 168 Strassenflammen mit 6 bis 6¹/₂ c′ Consum per Stunde und jährlich durchschnittlich 850 Brennstunden, ca. 2000 Privatflammen. Oeffentliche Flammen kosten 4 Pf. pro Brennstunde, bei einem Jahresverbrauch für 2000 Thlr. tritt aber ein Rabatt von 12¹/₂% ein, Private zahlen bis 10,000 c′ Consum 2 Thlr. 20 Sgr., bis 50,000 c′ 2 Thlr. 15 Sgr., bis 100,000 c′ 2 Thlr. 10 Sgr., bei einem grösseren Verbrauche werden besondere Vereinbarungen getroffen. Jahresproduktion 5 bis 6 Mill. c′. Maximalproduktion in 24 Stunden 36,000 c′, Minimalproduktion 6000 c′. Betrieb mit oberschlesischen Steinkohlen aus der Königin Luisengrube bei Zabrze. Die Anstalt hat 18 ovale Retorten (1 Ofen à 6, 1 à 5, 2 à 3, 1 à 1 Ret.), 1 Bealeschen Exhaustor, 4 Reiniger mit je 3 Horden (Kalk) und 1 desgl. Nachreiniger, 1 Wascher, 1 Scrubber, 1 Gasbehälter mit 32,000 c′ Inhalt, 46,000′ Rohrleitung, 260 nasse Gasuhren von J. P i n t s c h.

Glogau (Schlesien). 20,000 Einwohner. Eigenthümer: Herr Kaufmann H. G e r m e r s h a u s e n, welcher die Anstalt im Juni 1867 von dem Rechtsanwalt Herrn H e i t e m e y e r gekauft hat. Dirigent: Herr O. S c h m i d t. Die Anstalt ist von Herrn Ingenieur M o o r e in Folge eines mit der Stadtcommune Glogau am 27. Juli 1853 abgeschlossenen Contractes für eigene Rechnung erbaut. Da es ihm jedoch zur vollständigen und guten Ausführung an den nöthigen technischen Kenntnissen und Geldmitteln fehlte, so sah sich der bei dem Unternehmen am meisten betheiligte Capitalist, Herr G e r m e r s h a u s e n, genöthigt, die Anstalt eigenthümlich zn übernehmen, und sie durch Herrn R. F i r l e in Breslau umbauen zu lassen. Nachdem dies zur allgemeinen Zufriedenheit geschehen, wurde der Betrieb von Neuem am 1. De-

cember 1856 eröffnet. Am 1. April 1861 verkaufte Herr Germers-
hausen das Werk an Herrn Heitemeyer, der es bis zum Juni 1867
betrieben hat. Der Vertrag läuft vom Jahr 1853 an auf 30 Jahre,
nach Ablauf dieser Zeit steht es der Stadt frei, den Vertrag zu verlängern oder die Anstalt zu kaufen. Bei der Bestimmung der Ab-
lösungssumme ist sowohl der Realwerth der Anstalt, als das Erträgniss
derselben durch 5 Sachverständige in Betracht zu ziehen. Kommt ein
Verkauf oder eine Prolongation nicht zu Stande, so erlischt zwar das
Privilegium, nicht aber das Recht an Private Gas abzugeben. Leuchtkraft für 5 c′ Consum per Stunde die Helle einer Carcellampe
I. Classe mit einem Dochtdurchmesser von 30 Millimeter und einem
Oelverbrauch von 42 Grammen oder 2,87 Loth preuss. Gaspreis $2^5/_6$ Thlr.
pro 1000 c′ bei weniger als 50,000 c′ Jahresconsum, $2^2/_3$ Thlr. bei
grösserem Consum; für jede Strassenflamme werden pro Stunde 4 Pf.
vergütet. 203 Strassenflammen mit $847^3/_4$ Stunden Brennzeit, davon
27 Nachtlaternen mit 2233 Stunden Brennzeit, 2496 Privatflammen.
Jahresproduktion 7 bis 8 Mill. c′. Maximalproduktion in 24 Stunden
49,000 c′, Minimalproduktion 7000 c′. Betrieb mit niederschlesischen
Steinkohlen. Die Anstalt hat 20 Retorten, theils elliptisch, theils ⌓
förmig (1 Ofen à 7, 1 à 6, 2 à 3, 1 à 1 Ret.), 12 Stück 5zöll. Condensationsröhren 12′ lang, 2 King'sche Scrubber 10′ hoch 5′ Durchmesser, 1 Wascher, 4 Reiniger $8^1/_4′ \times 3^3/_4′ \times 4′$, davon 1 zur Nachreinigung (Laming'sche Masse und Kalk), 1 Beale'schen Exhaustor
10″ im Durchmesser, 1 Stationsgasuhr von J. Pintsch, 2 Gasbehälter
mit je 20,000 c′ Inhalt, Rohrsystem von 8″ grösster Weite, 275 Gasuhren von J. Pintsch. Coke und Theer werden verwerthet. Anlagecapital 120,000 Thlr.

Glückstadt (Holstein). Besitzer J. H. Trede Erben. Steinkohlenbetrieb. Bau- und Betriebscapital 27,000 Thlr. Der Fragebogen
ist nicht beantwortet worden.

Gnoyen (Mecklenburg). 3500 Einwohner. Gründer, Erbauer,
Eigenthümer und Dirigent der Anstalt: Herr Maurermeister J. F.
Schäpler. Eröffnet den 18. October 1863. Die Concession läuft 20
Jahre; nach Ablauf im Jahre 1883 hat die Stadt das Recht, die An-
stalt zum Taxwerth käuflich zu übernehmen. Der Gaspreis beträgt
in Maximo 2 Thlr. 32 Schill.*), in Minimo 2 Thlr. 8 Schill. 69

---

*) 1 Thaler = 48 Schillinge.

Strassenflammen brennen von Dunkelwerden bis Abends 11 Uhr, und zwar vom 1. September bis 31. April mit einem Consum von 5 c′ pro Stunde. Für diese werden während der ersten 10 Jahre Vertragszeit jährlich 12 Thlr., während der übrigen 10 Jahre 10 Thlr. jährlich pro Laterne vergütet. 400 Privatflammen consumiren 400,000 bis 550,000 c′ per Jahr. Betrieb mit Steinkohlen von Newcastle. 8 Stück ⌒ förmige Retorten (2 Oefen à 3, 2 à 1 Ret.), Gasbehälter von 7000 c′ Inhalt, 12,500 lfd. Fuss Strassenröhren, 63 nasse Gasuhren von E. Smith in Hamburg. Anlagecapital 17,000 Thlr.

Göppingen (Württemberg). 6400 Einwohner. Eigenthümerin: die Actiengesellschaft für Gasbeleuchtung in Göppingen. Dirigent: Herr H. Breyvogel. Die Anstalt wurde durch Herrn L. Bareiss (Papier-fabrikant) zum Zwecke der Beleuchtung seiner und noch zweier an-derer Fabriken angelegt, und erst als die Mehrzahl der Einwohner den Wunsch äusserte, auch Gas zu erhalten, kam nach und nach ein Vertrag mit der Stadtgemeinde zu Stande, und die Anstalt wurde in Folge dessen entsprechend erweitert. Am 1. September 1866 wurde sie an die Actiengesellschaft zum Preise von 110,000 fl. abgetreten. Erbauer: die Herren A. Müller und Th. Linck in Stuttgart, die Eröffnung der allgemeinen Beleuchtung fand am 1. Januar 1861 statt. Die Concession läuft 25, resp. 35 Jahre. Nach Ablauf dieser Zeit steht es der Stadt frei, die Anstalt zu erwerben. Private zahlen 6 fl. pro 1000 c′ engl., bei 50,000 c′ Jahresconsum 5 fl. 45 kr., bei 100,000 c′ 5 fl. 30 kr., bei 200,000 c′ und darüber 5 fl. Die Gemeinde zahlt $^6/_7$ kr. für jede Strassenflamme per Stunde bei einem Consum von 4$^1/_2$ c′ und einer Lichtstärke von 9 Wachskerzen, 4 auf 1 Pfd. und 10″ württemb. lang. 80 Strassenflammen mit 700—800 Brennstunden jährlich, 2500 Privatflammen mit einem Durchschnittsconsum von 1250 c′. Jahresproduktion 4 Mill. c′, Maximalproduktion in 24 Stunden 25,000 c′, Minimalproduktion 3500 c′. Betrieb mit Saarbrücker Kohlen (Heinitz) und Zusatz von böhmischen Plattenkohlen. Die Anstalt hat 12 ⌒ Re-torten von J. Sugg & Co. in Gent (1 Ofen à 5, 2 à 3, 1 à 1 Ret.), 110 lfd. Fuss 5zöll. Röhrencondensation, 1 Scrubber, 3 Reiniger von je 108 c′ Inhalt mit 5 Horden (Kalk), 1 Stationsgasmesser, 2 Gas-behälter mit zusammen 18,000 c′ Inhalt, 1 Regulator, 30,000 lfd. Fuss Röhrenleitung von 6″ bis 1$^1/_2$″ Weite, 250 nasse Gasmesser von Siry Lizars & Co. und S. Elster. Theer und Coke werden verkauft, Ammoniakwasser wird nicht verwerthet.

Görlitz (Preussisch-Schlesien). ca. 36,000 Einw. Eigenthümerin:
die Stadtcommune. Dirigent: Herr R. Hornig. Am 19. Juni 1852
beschlossen die städtischen Behörden die Errichtung einer Steinkohlen-
Gasanstalt und bewilligten die veranschlagte Summe von 115,000 Thlr.
Die Concessionsertheilung der kgl. Regierung zu Liegnitz erfolgte am
7. Juni 1853. Am 19. Juli 1853 übertrug der Magistrat Herrn Baumeister und Director Kühnell in Berlin die obere Leitung des Gas-
anstalt-Baues. Tag der Eröffnung: 6. November 1854. Ult. 1856 wurde
Exhaustorbetrieb eingeführt, 1864—1865 der dritte Gasbehälter zu
100,000 c′ Inhalt gebaut und 1866—67 Retorten- und Reinigungshaus
nebst den Apparaten bedeutend erweitert. Im Jahre 1866 wurden
producirt 30,073,390 c′. Grösster Tagesconsum 165,400 c′, kleinster
26,710 c′. Consum der Privatflammen (ult. 1866: 11,190 Stück)
20,891,800 c′, Consum der Strassenflammen (ult. 1866: 611 Stück)
5,650,580 c′. Brennzeit der Strassenflammen im Ganzen 1,130,116 Stunden,
wovon auf die von 11 Uhr Abends bis Tagesanbruch brennenden Nachtlaternen (ca. 38%) 361,744 Stunden kommen. Der stündliche Consum
wird mit 5 c′ pro Laterne berechnet. Ult. October 1867 betrug die Anzahl der Privatflammen 11,651 und die der Strassenflammen 617 Stück.
Das Gas für die Strassenbeleuchtung wird mit 2 Thlr. pro 1000 c′
berechnet. Private zahlen durchschnittlich $2\frac{1}{6}$ Thlr. pro 1000 c′, und
zwar bei einem Jahresconsum unter 1000 c′ rhl. $2\frac{2}{3}$ Thlr., unter
50,000 c′ $2\frac{1}{2}$ Thlr., unter 100,000 c′ $2\frac{1}{3}$ Thlr., und über 100,000 c′
2 Thlr. pro 1000 c′ rhl.*) Betrieb mit schlesischen Kohlen aus Hermsdorf bei Waldenburg. Die Anstalt besitzt 62 Chamotteretorten (meist
emaillirt) von Oest W$^{we.}$ & Co. (8 Oefen à 7 und 1 à 6 Ret.), 2 Dampfkessel in einem besonderen Kesselhause, 1 Dampfmaschine von 5—6
Pferdekräften, 2 Beale'sche Exhaustoren (1 von 20″ und 1 von 12″
Durchmesser) mit zugehörigen Regulatoren und 1 Bypass, Röhrencondensator mit 240 lfd. Fuss 8zöll. Röhren, King'schen Scrubber
$10′ \times 7′ \times 7′$, 2 Wascher à $5\frac{1}{4}′ \times 2\frac{3}{4}′ \times 3\frac{1}{2}′$, 4 Reiniger à $11\frac{1}{4}′$
$\times 8\frac{1}{4}′ \times 4′$ (Laming'sche Masse oder Rasenerz), 4 Nachreiniger à
$10\frac{1}{3}′ \times 3\frac{1}{3}′ \times 4′$, je zwei gekuppelt, zur Entfernung der Kohlensäure
mittelst Kalkhydrat, Stationsgasmesser von Hanues & Kraatz, 2 Telescop-Gasbehälter zu je 32,000 c′ Inhalt, 1 freistehenden Gasbehälter
zu 100,000 c′ Inhalt, 1 Austrocknungsapparat von $10\frac{1}{3}′ \times 3\frac{1}{3}′ \times 4′$,
1 Stadtdruckregulator mit Bypass-Ventil, über 4 Meilen Röhrenleitung

---

*) 1000 c′ rhl. = 1091,84 c′ engl.

von 10'' abwärts, 940 nasse Gasmesser von 2 bis 150 Flammen (77°/₀ mit Glycerinfüllung), grösstentheils von J. Stoll in Görlitz und 3 trockene Gasmesser von Th. Edge in London. Die Nebenprodukte werden sämmtlich verwerthet. Der grösste Theil des Ammoniakwassers wird auf den Retortenöfen in Bleipfannen zu schwefelsaurem Ammoniak verarbeitet. Das Anlagecapital beträgt gegenwärtig ca. 234,000 Thlr. Näheres s. Journ. f. Gasbel. 1862 S. 286, 1863 S. 238, 1865 S. 238, 1867 S. 368.

Gössnitz (Sachsen-Altenburg). ca. 4000 Einwohner. Eigenthümerin: die Stadt. Dirigent: Herr W. Kley. Herr Th. Weigel in Arnstadt erbaute die Anstalt im Jahre 1866 für Rechnung der Stadt, und nahm sie vom Tage der Eröffnung, den 12. November 1866 ab, auf die Dauer von 10 Jahren in Pacht. Er gewährt der Stadt $5^1/_2$°/₀ des Anlagecapitals als Pachtschilling. Gaspreise $1^5/_6$ Thlr. für öffentliche Beleuchtung und $2^1/_4$ Thlr. für Private pro 1000 c' sächs. *) Leuchtkraft für 5 c' sächs. 10 Kerzen-Helle, 6 auf 1 Pfd., 10'' lang. Bei $2^1/_2$ Mill. c' Jahresconsum ermässigen sich die Preise um 5 Sgr., bei je 1 Mill. c' Consumsteigerung im Jahre um fernere 5 Sgr. 41 Strassenflammen mit je 700 Brennstunden jährlich, ca. 450 Privatflammen. Produktion im ersten Betriebsjahre ca. $1^1/_2$ Mill. c'. Betrieb mit Zwickauer Steinkohlen. Die Anstalt hat 4 Thonretorten (2 Oefen à 1, 1 à 2 Ret.), 1 Scrubber 3' × 10', 1 Wascher, 2 Reiniger, 1 Stationsgasuhr, 1 Druckregulator, 1 Gasbehälter von 15,000 c' sächs. Inhalt, ca. 11,000' Leitungsröhren, 63 nasse Gasuhren von J. Pintsch. Anlagecapital ca. 22,000 Thlr.

Göttingen (Hannover). 13,250 Einwohner. Gründer und Eigenthümer: der Magistrat der Stadt Göttingen. Erbauer: Herr W. Francke, Director der Gasanstalt zu Dortmund. Eröffnet am 28. Januar 1861. Gaspreis für Strassenbeleuchtung 1 Thlr. 6 Sgr., für Private 2 Thlr., für öffentliche Gebäude 1 Thlr. 24 Sgr. pro 1000 c' engl. 259 Strassenflammen, von denen die Hälfte bis 12 Uhr, die andere Hälfte bis 2 Uhr brennt, 4000 Privatflammen. Jahresproduktion 11,231,660 c' engl. Maximalproduktion in 24 Stunden 60,000 c', Minimalproduktion 7250 c'. Betrieb mit westphälischen Steinkohlen (Hannibal und Zollverein). Die Anstalt hat 20 Thonretorten (3 Oefen à 5, 1 à 3, 1 à 2 Ret.), 1 Exhaustor, 1 Condensator, 2 Wascher, 4 Reiniger (Laming'sche Masse), 1 Nachreiniger (Kalk), 1 Gasbehälter mit 30,000 c' Inhalt (ein

---

*) 1000 c' sächs. = 802 c' engl.

zweiter Gasbehälter wird dieses Jahr gebaut). 55,488 lfd. Fuss Röhrenleitung mit 8″ grösster Weite. Anlagecapital 75,218 Thlr. Näheres s.
Journ. f. Gasbel. 1864 S. 298.

Gogolin (Schlesien). Marktflecken mit 1800 Einwohnern. Gründer,
Besitzer und Dirigent der Eigenthümer der Maschinenbauanstalt und Eisengiesserei in Gogolin, Herr F. Pippig. Erbauer die Herren Civilingenieure
und Unternehmer Schulz & Sackur in Berlin. Eröffnet am 23.
September 1867. Die oberschlesische Bahn hat sich auf 5 Jahre zur
Abnahme von 700,000 c′ verpflichtet. Lichtstärke 12 Wachskerzen,
6 auf 1 Pfd. Preis 2 Thlr. 20 Sgr. pro 1000 c′. Die Produktion betrug im November 5000 c′ täglich. 162 Flammen, davon 102 für die
Eisenbahn, 2 Strassenflammen und 58 Privatflammen. Betrieb mit
schlesischen Steinkohlen (Königin Luisengrube bei Zabrze). Die Anstalt
hat 3 Chamotteretorten (1 Ofen à 2, 1 à 1 Ret.), 1 Scrubber, 2
Reiniger, $3^1/_4' \times 2^1/_3'$ (Kalk), 1 Regulator, 1 Stationsgasmesser, Rohrleitung von 3″ grösster Weite, 1 Gasbehälter von 8800 c′ Inhalt
von F. Pippig, 12 Gasuhren von S. Elster. Nebenprodukte werden
verwerthet. Anlagecapital 10,000 Thlr.

Gohlis-Eutritzsch bei Leipzig (Sachsen). Gohlis 4500 Einwohner,
Eutritzsch 2000 Einwohner. Gründer, Erbauer, Eigenthümer und
Dirigent: Herr A. Gruner. Auf Anregung des Gemeindevorstandes
in Gohlis und einiger wohlhabender Bewohner dieses Ortes wurde der
Gas-Ingenieur Herr A. Gruner jun. in Lindenau im Jahre 1865 veranlasst, Untersuchungen über die Rentabilitätsfähigkeit einer Gasanstalt für Gohlis anzustellen. Derselbe fand, dass die Existenz einer
derartigen Gasanstalt reichlich gesichert sei, sobald das Röhrennetz
derselben auch auf den nahegelegenen Ort Eutritzsch, wo sich 3 bedeutende Fabriken befinden, ausgedehnt würde. Herr Gruner legte
hierauf das ganze Project einer Versammlung der einflussreichsten
Männer beider Ortschaften vor, behufs Gründung einer Actiengesellschaft. Dieselbe glaubte indess, vorerst sich darüber informiren zu
müssen, ob nicht der Rath der Stadt Leipzig sich bereit finden würde,
die fraglichen Ortschaften durch das städtische Röhrensystem mit Gas
zu versorgen. — Die dadurch entstandene Verzögerung benutzte jedoch
Herr Gruner zur Erlangung der Concession, und mit Hülfe deren begann
er im Mai 1866, und zwar auf eigene Kosten, den Bau einer Gasanstalt Gohlis-Eutritzsch. Derselbe hatté trotz der Kriegsereignisse seinen
Fortgang, so dass der Betrieb der Anstalt bereits am 12. December

1866 (Geburtstag des Königs) feierlichst eröffnet werden konnte. Die Concessionsdauer ist für 25 Jahre gegeben, sonst sind keine weiteren Restimmungen getroffen. Der Gaspreis für Private beträgt gegenwärtig 2 Thlr. pro 1000 c' sächs. Für Strassenbeleuchtung beträgt derselbe $1^2/_3$ resp. $1^5/_6$ Thlr. pro 1000 c'; es sind jedoch hierin die Abwartungs- und Unterhaltungskosten der Laternen, sowie die Verzinsung für Aufstellung derselben inbegriffen. Leuchtkraft für 6 c' Consum per Stunde 12 Stearinkerzen-Helle, 6 auf 1 Pfd., bei $1^1/_2''$ sächs. Flammenhöhe. 70 Strassenflammen in Gohlis, 25 dessgleichen in Eutritzsch, 900 Privatflammen. Das eben beendete erste Betriebsjahr ergab 2,250,000 c' sächs. Produktion. Die Eutritzscher Fabriken waren dabei noch nicht betheiligt. Maximalconsumtion in 24 Stunden 20,000 c' sächs., Minimalconsumtion in 24 Stunden 3000 c' sächs. Betrieb mit Steinkohlen. Die Anstalt hat 6 Thonretorten (1 Ofen à 3, 1 à 2, 1 à 1 Ret.), 1 stehenden Röhrencondensator, aus 8 Stück 15' langen und 6'' weiten Röhren bestehend, mit zusammen 192 $\square$' Kühlfläche, 1 Waschmaschine, 2 Reinigungsapparate für Laming'sche Masse mit je 5 Hordenflächen à $7 \times 3^1/_2'$; 1 Wechselhahn, 1 Stationsgasmesser, 1 Gasbehälter mit 15,000 c' sächs. Inhalt. 28,000' Rohrleitung $7'' - 1^1/_2''$ weit. 65 nasse Gasmesser von Siry, Lizars & Co. in Leipzig. Theer wird grösstentheils vergast, Coke verkauft. Anlagecapital 39,000 Thlr.

Golzern, Mühlenwerke an der Mulde bei Grimma in Sachsen. Besitzer: Herr O. Gottschalk. Erbauer: Herr Werner, Director der Gasanstalt in Wurzen. Eröffnet am 1. Januar 1864. 4 Consumenten mit ca. 600 Flammen. Jahresproduktion ca. 1,500,000 c'.

Golzow bei Küstrin. Die Zuckerfabrik des Herrn R. Rehfeld hat eine im Jahre 1866 vom Herrn Ingenieur H. Liebau in Magdeburg erbaute Privatgasanstalt mit 150 Flammen.

Gorgast bei Küstrin. Die Zuckerfabrik des Herrn G. v. Rosenstiel hat eine durch den Herrn Ingenieur H. Liebau in Magdeburg 1865 erbaute Privatgasanstalt mit etwa 120 Flammen. Die Anstalt ist am Kesselhause angebaut.

Goslar (Hannover) wird nach jahrelangen Unterhandlungen jetzt endlich Gasbeleuchtung erhalten.

Gotha (Sachsen-Gotha). 18,500 Einwohner. Eigenthümerin: die Gothaer Gasbeleuchtungs-Actiengesellschaft, von der die deutsche Con-

tinental-Gasgesellschaft die Anstalt am 1. Juni 1858 gepachtet hat.
Dirigent: Herr C. J. Progasky. Erbauer: Herr Commissionsrath
G. M. S. Blochmann jun. 1855. Der Pachtvertrag zwischen beiden
Gesellschaften ward am 21. Mai 1858 geschlossen und dauert 15
Jahre, nach welcher Zeit die Anstalt wieder an die Gothaer Gasbeleuchtungs-Actiengesellschaft übergeht. Ursprünglich war die Anstalt
auf Holzgasfabrikation eingerichtet. Die deutsche Continental-Gas-
gesellschaft baute sie zu Beginne des Pachtvertrages auf Steinkohlen-
gasfabrikation um, und wendet westphälische Kohlen zur Gasbereitung
an. Aus 1 Tonne Kohlen wurden 1702 c' Gas gezogen. (Alle Betriebsangaben beziehen sich auf 1866.) Leuchtkraft für 5 c' engl. 10 bis 12
Wachskerzen-Helle, 9 bis 10'' lang, 6 auf 1 Pfd. und mit einer Flammenhöhe von $1^5/_8''$. Bei der Strassenbeleuchtung werden 1100 Brennstunden
mit 8 Thlr. bezahlt, für Private betrug der Maximalpreis 1866 2 Thlr.
11 Sgr. pro 1000 c' sächs.*) und ist 1867 auf 2 Thlr. 10 Sgr. herabgesetzt. Contractlich ist ein Rabatt von 1% zu gewähren bei 125 Thlr.
Jahresconsum, 2% bei 250 Thlr., $3^1/_2$% bei 375 Thlr., und 5% bei
500 Thlr. Jahresconsum und darüber. Oeffentliche Gebäude zahlen
2 Thlr. 5 Sgr. 327 Strassenflammen mit einem Durchschnittsconsum
von 6451 c' per Jahr, 4861 Privatflammen mit einem Durchschnittsconsum von 1505 c' per Jahr. Jahresproduktion 10,289,578 c' engl.
Stärkste Abgabe in 24 Stunden 57,190 c' engl., schwächste Abgabe
7,850 c'. Die Anstalt hat 21 Thonretorten (1 Ofen à 7, 1 à 6, 1 à 4,
1 à 3, 1 à 1 Ret.), 1 Grafton'schen Exhaustor, 120' 6 zöll. Röhrencondensation, 2 Scrubber mit zusammen 270 c' rhl. Inhalt und 5 $\square$'
Querschnitt, 4 Reiniger 6' 1'' $\times$ 5' 10'' $\times$ 3 ', 2 Telescopgasbehälter mit
zusammen 38,800 c' engl. Inhalt, 51,507 lfd. Fuss Rohrleitung von 6''
grösstem Durchmesser, 391 Gasuhren vorwiegend von Blochmann.
Actiencapital der Gothaer Gesellschaft 120,000 Thlr.; die deutsche
Continental-Gasgesellschaft hatte ult. 1866 ausserdem 14,000 Thlr.
Pachtcapital aufgewendet. Näheres s. Journ. f. Gasbel. 1859 S. 174,
1860 S. 166, 1861 S. 162, 1862 S. 179, 1863 S. 138, 1864 S. 91,
1865 S. 125, 1866 S. 135, 1867 S. 157.

Auch ist Gotha der Sitz der „Thüringer Gasgesellschaft", welche
sich zum Zwecke der Erbauung, Erpachtung und Betrieb von Gasanstalten am 4. November 1866 constituirte. Mitglieder des Verwal-
tungsrathes sind die Herren Th. Sonnenkalb, Geh. Staatsrath in

---

*) 1000 c' sächs. $=$ 802 c' engl.

Statistik der deutschen Gasanstalten.

Altenburg, Dr. Lange, Regierungsrath in Dessau, Gebrüder J. & O. Lingke, Banquiers in Altenburg, und Fr. Kreiter, Fabrikant in Apolda. Director: Herr Th. Weigel, Gasunternehmer in Arnstadt. Grundcapital der Gesellschaft 1 Million Thlr., wovon aber zunächst nur 150,000 Thlr. in 1500 Actien emittirt sind.

Gratz (Oesterreich). Eigenthümerin: die germanische Gasbeleuchtungsgesellschaft unter der Firma: Ed. Lequerney & Co. Die Stadt hat das Recht, die Anstalt am 1. November 1896 unentgeldlich zu übernehmen, und das den Unternehmern ertheilte Privilegium als erloschen zu betrachten. Steinkohlenbetrieb. Anlagecapital: 200,000 fl. Der Fragebogen ist nicht beantwortet worden.

Graudenz (Preussen). 13,486 Einwohner. Eigenthümerin: die Stadt. Dirigent: Herr R. Pischalla. Erbauer: Hr. W. Kornhardt in Stettin. Eröffnet am 19. August 1865 mit 179 Strassenflammen und 1792 Privatflammen. Leuchtkraft für 5 c′ im Argandbrenner 16 Stearinkerzen-Helle, 5 auf 1 Pfd. Gaspreis für Private bis zu 50,000 c′ Jahresconsum 2 Thlr. 15 Sgr., bis 100,000 c′ 2 Thlr. 10 Sgr. und darüber 2 Thlr. 5 Sgr. Die Brennzeit betrug für 179 Strassenflammen, von denen 62 bis Sonnenaufgang, die übrigen bis 10 Uhr Abends brannten, zusammen 2258 Stunden und wurden hiefür 600 Thlr., d. i. pro 1000 c′ preuss.*) 16 Sgr. 6 Pf. vergütet. 181 Strassenflammen und 2003 Privatflammen. Jahresproduktion 5,383,200 c′ preuss. Maximalproduktion in 24 Stunden 33,000 c′, Minimalproduktion 3,500 c′. Betrieb mit englischen (Nettlesworth) Steinkohlen. Die Anstalt hat 12 Thonretorten (1 Ofen à 5, 1 à 4, 1 à 2, 1 à 1 Ret.), 1 Schaufelcondensator mit 2 Cylinder, 12′ hoch, 1′ 10″ im Durchmesser, 1 Cokecondensator $10^3/_4$′ hoch, 3′ 7″ im Durchmesser, 1 Waschmaschine mit Rührwerk $2^1/_2$′ hoch, $3^3/_4$′ Durchmesser, 3 Reiniger mit je 4 Horden $5^1/_4$′ $\times$ $5^1/_4$′ $\times$ 3′, 1 Beale'schen Exhaustor, 1 Gasbehälter mit 20,000 c′ Inhalt, 227 nasse Gasuhren von S. Elster. 936′ 6 zöll., 385′ 5 zöll., 2269′ 4 zöll., 4761′ 3 zöll., 3267′ $2^1/_2$ zöll., 13,174′ 2 zöll. Hauptröhren und 6885′ $1^1/_4$ zöll. Nebenleitungen. Anlagecapital 62,000 Thlr.

Greiffenberg (Schlesien). 2700 Einwohner. Gründer des Unternehmens sind die Herren Kaufleute Keferstein & Lehmann, welche sich Anfang Sept. 1867 mit dem Kaufmann Herrn W. Rössler und dem Zimmermeister Herrn O. Lorenz unter der Firma „Greiffen-

---

*) 1000 c′ preuss. = 1091,84 c′ engl.

berger Gasfabrik" associirten. Sie liessen Anfang September durch den
Mechaniker Herrn Illner in Breslau eine Gasanstalt nach dem
Hirzel'schen System zur Bereitung von Leuchtgas aus Petroleum-
Rückständen erbauen, ein Röhrennetz von ca. 4000' Länge legen, und sind
seit Mitte Dezember mit dem Betrieb im Gange. Die Concession ist
auf 15 Jahre ertheilt, nach welcher Zeit es der Stadt freisteht, die
Fabrik zum Buchwerth zu übernehmen. Preis 12 Thlr. pro 1000 c'.
22 Strassenflammen mit 1 bis $1^1/_6$ c' Consum per Stunde, ca. 170
Privatflammen. Die Anstalt hat 2 Retorten, 2 Condensatoren, 1 Gasbehälter von 1000 c' Inhalt. Anlagecapital 9000 Thlr.

Greifswalde (Preussisch-Pommern). 17,500 Einwohner. Eigenthümerin: die Stadt. Dirigent: Herr Kämmerling unter Controlle
einer Deputation, welche aus 2 Mitgliedern des Magistrats, 2 Mitgliedern der bürgerschaftlichen Repräsentanten und 2 Mitgliedern der
stillen Theilnehmer besteht. Der Beschluss über die Einführung der
Gasbeleuchtung datirt vom December 1857. Das Anlagecapital wurde
theils aus den Mitteln der Stadt hergegeben, theils von sogenannten
stillen Theilnehmern durch Actienzeichnung (zu 100 Thlrn.) als Anleihe aufgebracht. Der Bau der Anstalt wurde von den Herren Stadtbaumeister Becherer in Greifswalde und W. Kornhardt in Stettin
im Jahre 1858 ausgeführt, die Eröffnung fand am 1. October 1858
statt. Der durch die stillen Theilnehmer aufgebrachte Antheil des Anlagecapitals wird durch Ausloosung von Actien jährlich vermindert, so
dass nach einem gewissen Zeitraume die Stadt in schuldenfreien Besitz
der Anstalt gelangt. Leuchtkraft für $5^1/_2$ c' die Helle von 12—13
Stearinkerzen, 5 auf 1 Pfd. Gaspreis seit 1. Januar 1865 von $2^2/_3$ Thlr.
auf $2^1/_3$ Thlr. pro 1000 c' für Private ermässigt, dabei werden die
Gasuhren unentgeldlich geliefert. 309 Strassenflammen (32^0 Porzellan
Argandbrenner) brennen während 9 Monaten im Jahr, und zwar 95
davon die ganze Nacht, die übrigen bis 11 Uhr Abends; sie consumiren
im Ganzen 2,250,000 c' Gas. 2585 Privatflammen consumiren 5 Mill. c'
Gas per Jahr. Gasproduktion 1867: 8 Mill. c'. Maximalproduktion in
24 Stunden 45,650 c', Minimalproduktion 5200 c'. Betrieb mit englischen Steinkohlen (Leversons Walls-end). Die Anstalt hat 19 Chamotteretorten theils rund theils oval von G. Michaelis in Podejuch
(2 Oefen à 5, 3 à 3 Ret.), 1 Exhaustor, 2 Kühlcylinder, 1 Cokecondensator, 2 Waschmaschinen mit Röhrenvorrichtung, 4' Durchmesser,
3' hoch (Kalkmilch), 4 Reiniger $7 \times 3^1/_2 \times 3^1/_2$ ($85^3/_4$ c'), (Wiesen-

9*

erz, Laming'sche Masse und Kalk), 2 Telescopgasbehälter, jeder mit 22,000 c′ Inhalt, 4837 Ruthen Rohrleitung von 6″ bis 1½″ Weite, 285 Gasuhren. Coke und Theer werden verkauft. Die Anstalt hat gekostet 82,865 Thlr. 24 Sgr. 8 Pf. und der dazu gehörige Grund und Boden 2500 Thlr.

Grevenbroich (Rheinpreussen). 2500 Einwohner. Gründer, Erbauer, Eigenthümer und Dirigent: Herr W. Trimborn. Der Bau wurde am 15. Juli 1867 begonnen und die Beleuchtung am 15. December eröffnet. Der am 15. Juni 1867 abgeschlossene Vertrag läuft 30 Jahre. Nach Ablauf dieser Zeit kann die Stadt, wenn sie 2 Jahre vorher gekündigt hat, das Werk zum 12 fachen Betrag des Durchschnittsgewinns aus den letzten 10 Jahren ablösen. Andernfalls kann Concurrenz eintreten. Lichtstärke für 5 c′ Consum pro Stunde 12 Wachskerzen, 6 auf 1 Pfd., 10″ rhl. lang. Preis für Private 2 Thlr. 20 Sgr. pro 1000 c′, für die Strassenbeleuchtung 7 Thlr. 4 Sgr. 4 Pf. pro 1080 Brennstunden und 5 c′ Consum per Stunde. Der Consum wird voraussichtlich in diesem Jahre 2½ Mill. c′ betragen. 22 Strassenflammen und 600 Privatflammen, wovon 300 in Fabriken. Betrieb mit westphälischen Steinkohlen von Gelsenkirchen. Die Anstalt hat 7 Thonretorten 20″ × 14″ × 7½′ (2 Oefen à 3, 1 à 1 Ret.) — Ausdehnung ist vorgesehen — 1 Condensator 14 Stück 5 zöll. Röhren 12′ hoch, 1 Scrubber 9′ hoch, 3½′ Durchmesser, 2 Reiniger 6½′ × 3½′ (Kalk), 1 Stationsgasmesser, 1 Gasbehälter mit 18,000 c′ Inhalt, Regulator von S. Elster, ca. 11,000′ Rohrleitung von 6″ bis 2″ Weite. Gasuhren von S. Elster. Anlagecapital ca. 25,000 Thlr.

Grevismühlen (Mecklenburg). 4200 Einwohner. Erbauer und Eigenthümer: Herr W. Strode in London. Dirigent: Herr W. Mantle in Teterow. Eröffnet am 1. November 1862. Concessionsdauer 20 Jahre. Die Stadt hat sich das Vorkaufsrecht vorbehalten, event. wird der Vertrag verlängert. Lichtstärke 12 Kerzen der Great Western Company in London. Gaspreise für Privaten pro 1000 c′ Hamburger*) in den ersten 3 Jahren 2 Thlr. 24 Sch.**), in den zweiten 3 Jahren 2 Thlr. 16 Sch., in den dritten 5 Jahren 2 Thlr. 8 Sch., in den vierten 9 Jahren 2 Thlr. Städtische Gebäude zahlen 2 Thlr. 8 Sch. pro 1000 c′ Hamb., Laternen 1 Pf. Mecklb. für 1 c′. Etwa 80 Strassen-

---

*) 1000 c′ hamb. = 831,15 c′ engl.

**) 1 Thlr. = 48 Schillinge.

flammen und 750 Privatflammen.   Jahresconsum 1,400,000 c′. Betrieb
mit Newcastle Steinkohlen. Die Anstalt hat 2 Oefen à 3 Thonretorten
und 1 Ofen mit 1 Eisenretorte, 1 Scrubber mit Wasserüberlauf, 2
Reiniger (Raseneisenstein), 1 Gasbehälter mit 18,600 c′ Inhalt, 100
Gasuhren von Wright in London. Nebenprodukte werden verkauft.

Grimma (Sachsen). 6400 Einwohner. Eigenthümerin: die Stadtcommune. Erbauer und Dirigent: Herr Ingenieur A. Gruner jun.
in Lindenau bei Leipzig. Die Errichtung der Anstalt wurde insbe-
sonders veranlasst durch den Bau der Eisenbahn Grimma Döbeln,
welche im Jahre 1866 bis nach Grimma in Betrieb gesetzt wurde.
Die Anstalt wurde nach 6 Monaten Bauzeit am 15. November 1867
eröffnet. Gaspreis 2 Thlr. pro 1000 c′ sächs.*) 230 Strassenflammen,
850 Privatflammen, eine bedeutende Anzahl wird noch eingerichtet.
Betrieb mit Zwickauer Steinkohlen. Die Anstalt hat 6 Thonretorten
(1 Ofen à 3, 1 à 2, 1 à 1 Ret.), 1 stehenden Röhrencondensator, aus
8 Stück 15′ langen 6″ weiten Röhren bestehend, mit zusammen 192 □′
Kühlfläche, 1 Wascher, 2 Reinigungsapparate für Laming'sche Masse,
mit je 5 Hordenflächen à 7 × 3$\frac{1}{2}$′, 1 Wechselhahn, 1 Stationsgasmesser, 1 Gasbehälter mit 15,000 c′ Inhalt, 39,000′ Rohrleitung von
7″ bis 1$\frac{1}{2}$″ Weite, 90 nasse Gasuhren von Siry Lizars & Co.

Grimschleben bei Bernburg. Eigenthümer: die Herrn Bieler & Co.
Die Anstalt wurde vor etwa 15 Jahren von den Herren Hertel & Co.
in Nürnberg erbaut, und 1866 durch den Ingenieur Herrn O. Wagner
umgebaut. Der Umbau wurde im August begonnen und die Anstalt
am 8. October wieder dem Betrieb übergeben, und zwar mit 85 Flammen
der Zuckerfabrik vorläufig. Statt der früheren gusseisernen Retorten
wurden 3 Thonretorten von 6$\frac{1}{4}$′ Länge von Geith in Coburg in neuen
Oefen eingelegt (1 Ofen à 2, 1 à 1 Ret.), 1 neuer Röhrencondensator
errichtet, von 75 □′ Kühlfläche, 1 Wascher 3′ im Durchmesser 3′
hoch mit Stippröhren, 2 Reiniger 6′ × 3′ × 2$\frac{1}{4}$′, 1 Gasbehälter von
20′ Durchmesser und 11′ hoch theilweise verändert.

Gröningen bei Halberstadt. Zwei Zuckerfabriken in Gröningen
haben durch den Herrn Ingenieur H. Liebau in Magdeburg Privatgasanstalten erhalten. Die Fabrik der Herren Wrede, Schütze & Co.
hat 75 Flammen, die Gasanstalt (1863 erbaut) am Kohlenhause, und

---

*) 1000 c′ sächs. = 802 c′ engl.

gewinnt die Kohlensäure zur Saturation. Die Fabrik der Herren
Wiersdorf, Hecker & Co., deren Gasanstalt 1864 erbaut ist, hat
160 Flammen.

Grossenhayn (Sachsen). 10,024 Einwohner. Eigenthümer: der
Gasbeleuchtungs-Actienverein in Grossenhayn. Dirigent: Herr J. Kühn.
Im Jahre 1855 wurde durch mehrere Bürger der Bau einer Gasanstalt
angeregt, doch konnten dieselben weder das dazu nöthige Kapital
beschaffen, noch sonstige Vorarbeiten zur Begründung einleiten, bis
im Jahre 1856 der damalige Bürgermeister Herr Schickert die Sache
in die Hand nahm und glücklich zur Ausführung brachte. Zu den
Berathungen für die Vorarbeiten wurde der damalige Director einer
grösseren Fabrik in Grossenhayn (Firma Gebr. Eckhardt) Herr
C. F. Kühn hinzugezogen, welcher die in genannter Fabrik seit dem
Jahr 1845 bestehende Privatgasanstalt zu leiten hatte, und nach Constituirung des Gasbeleuchtungs-Actienvereins als dessen technischer
Beamter den ganzen Bau der Anstalt ausführte. Die hiezu nöthigen
Voranschläge und Zeichnungen lieferte der Ingenieur Herr Schmidt
in Dresden. Der Bau begann Anfang August 1856 und am 15. Jan.
1857 wurde die Anstalt mit 505 Flammen eröffnet. Die Flammenzahl
stieg bis Ende 1857 auf 1548. Im Jahre 1859 wurde ein Stationsgasmesser angeschafft, 1860 wurden neue Oefen mit Chamotteretorten,
Dampfkessel, Maschine und Exhaustor angelegt, 1865 ein zweiter Gasbehälter, 2 Reiniger, ein zweiter Kohlenschuppen gebaut und das Rohrnetz bedeutend erweitert u. s. w. Die Stadt kann nach 15jährigem
Betriebe jährlich 20 Actien (à 50 Thlr.) durch Ausloosung ankaufen
und sich so im Verlauf von 24 Jahren mit 470 Actien in den ausschliesslichen Besitz der Anstalt setzen, bei welchem sie gegenwärtig
mit $1/_3$ = 11,500 Thlr. betheiligt, und in einer dieser Summe entsprechenden Weise vertreten ist. Die ausgeloosten Actien erhalten
ausser dem Stammcapital ihren Antheil von dem auf 5000 Thlr. an-
gesammelten Reservefond ausbezahlt. Lichtstärke für 5 c′ Gasconsum
12 Kerzen, 6 auf 1 Pfd. Die Leuchtkraft wird monatlich viermal
untersucht und bekanntgegeben. Gaspreis für Strassenbeleuchtung
1 Thlr. 22 Sgr. pro 1000 c′ sächs.*), für Private bis zu einem Jahresconsum von 1000 c′ $2^2/_3$ Thlr., bis 10,000 c′ 2 Thlr. 16 Sgr., bis
25,000 c′ 2 Thlr. 12 Sgr., bis 50,000 c′ 2 Thlr. 4 Sgr., bis 150,000 c′

---

*) 1000 c′ sächs. = 802 c′ engl.

2 Thlr., bis 350,000 c' 1 Thlr. 26 Sgr. und über 350,000 c' 1 Thlr.
22 Sgr. pro 1000 c' sächs. 129 Strassenflammen, welche bis 10½ Uhr
mit 5 c' pro Stunde, von 10½ Uhr an (nur 46 Ecklaternen) mit 4 c'
pro Stunde brennen, 2516 Privatflammen. Durchschnittsconsum einer
Strassenflamme 6775 c', einer Privatflamme 1794 c' per Jahr. Produktion
im Jahre 1867 5,777,000 c'. Maximalproduktion in 24 Stunden 39,740 c',
Minimalproduktion 1100 c'. Betrieb mit Zwickauer Steinkohlen. Die
Anstalt hat 12 ovale Thonretorten Nr. IV der Normalretortenformen
(1 Ofen à 5, 2 à 3, 1 à 1 Ret.) von Oest W$^{we.}$ & Co., 1 Dampfkessel, 1 Röhrencondensator mit 150' 6zöll. Röhren (235½ □' Kühlfläche), 2 Scrubber 3' im Durchmesser, 5' hoch (70½ c') mit Holz-
stücken gefüllt, 1 Beale'schen Exhaustor 12zöll., Dampfmaschine von
2 Pferdekraft, 1 Wascher mit Kalkmilch 4' Durchmesser, 4' hoch,
1 Wascher mit laufendem Wasser 6' lang, 2½' breit, 3' hoch, 4 Reiniger mit je 3 Horden à 36' im Quadrat (Kalk und Laming'sche Masse,
resp. Rasenerz), 1 Stationsgasmesser, 2 Gasbehälter zu 15,000 c' und
25,000 c' Inhalt, 27,373' Rohrleitung von 6" bis 1½" Weite, nämlich
2672' 6zöll., 2185' 5zöll., 1769' 4zöll., 1074' 3½zöll., 3312' 3zöll.,
253' 2½zöll., 4530' 2zöll., und 10,773' 1½zöll. Röhren. 214 nasse Gasuhren von H. Müller, jetzt O. Sachse in Dresden, Siry Lizars & Co.
und S. Elster. Nebenprodukte werden verwerthet. Actiencapital
35,000 Thlr., ausserdem ein Anlehen von 18,190 Thlr. — zusammen
53,190 Thlr. Näheres Journ. f. Gasbel. 1860 S. 133, 1861 S. 134,
1862 S. 281, 1863 S. 189.

Die Fabrik der Herren Gebr. Eckhardt in Grossenhayn hat ihre
Privatgasanstalt; ebenso das Gräflich Einsiedel'sche Eisenwerk zu
Gröditz bei Grossenhayn.

Gross-Lafferde bei Hildesheim. Die Actien-Zuckerfabrik hat eine,
im Jahre 1865 von Herrn Ingenieur H. Liebau in Magdeburg erbaute Privatgasanstalt mit ca. 160 Flammen.

Grottkau (Schlesien) hat eine Gasanstalt. Erbauer: Herr O.
Häntzschel. Nähere Angaben sind nicht eingegangen.

Grünberg (Schlesien). Die Anstalt ist ein Privatunternehmen;
nähere Mittheilungen sind nicht eingegangen.

Grünstadt (Rheinpfalz). 3800 Einw. Gegenwärtige Besitzer: die
Herren Ph. L. Mann, Kaufmann und W. Seltsam, Gutsbesitzer. Firma:
Mann und Seltsam Gasgesellschaft. Gründer: die Obengenannten nebst

Frl. Elise Seltsam, welche vor 2 Jahren austrat. Eröffnet am 5. October 1862. Erbauer: Herr J. A. Willenbrandt in Neustadt a. d. Haardt. Ausführung unter Controlle des gegenwärtigen Verwalters, Herrn Ingenieur Ilgen. Concessionsdauer unbeschränkt. Dauer des Contraktes mit der städtischen Verwaltung 25 Jahre, nach deren Ablauf Concurrenz zulässig ist. Gaspreise: für die städtische Beleuchtung 4 fl., für Private 5 fl. (seit 1. Juli 1867 nur 4 fl. 30 kr.) pro 1000 c′ engl. Lichtstärke 9 Stearinkerzen (6er) bei 4 c′ stündlichem Consum, unter Controlle der städtischen Verwaltung. Produktion reichlich $1\frac{1}{2}$ Mill. c′ engl. 49 Strassenflammen und nahezu 700 Privatflammen. Consum der Strassenflammen reichlich 200,000 c′ in 54,654 Brennstunden (à 4 c′), Privatgasconsum reichlich 1,300,000 c′. Maximalproduktion (Monat December) 250,000 c′, Minimalproduktion (Monat Juni) 46,000 c′. Material: Heinitzkohlen, seit September 1867 getrocknete Weintrester. Chamotteretorten von H. J. Vygen & Co. in Duisburg. 4 Retorten in 3 Oefen. Jeder Ofen hat seine Hydraulik (cylindrisch 0,50 Meter weit), Luftcondensator mit 5 einfachen Röhrentouren (5″); Untersatz des Condensators cylindrisch $2 \times 0,60$ m. lang, 0,27 m. weit. Zwischen Condensation und Reiniger befindet sich ein oblonger Kühlapparat 2,50 m. lang, 0,85 m. breit, 0,45 m. hoch mit 5 Abtheilungen und hydraulischem Verschluss, 2 kreisrunde Reiniger mit Wascher (1,50 m. Durchmesser und 0,90 m. Höhe). Jeder Reiniger hat 6 Horden, à 10,53 □′ engl. Fläche. Gesammthordenfläche $126\frac{1}{3}$ □′ engl. Reinigungsmaterial für Kohlengas Laming'sche Masse $\frac{2}{3}$ und Kalkhydrat $\frac{1}{3}$; für Trestergas Kalkhydrat. Stationsgasmesser von S. Elster in Berlin für eine Maximalproduktion von 20,000 bis 24,000 c′ per Tag. Druckregulator (0,75 m. Durchmesser der Glocke) von S. Elster. 3 Clegg'sche Wechsler, 1 Gasbehälter von 16,500 c′ Inhalt. Hauptröhrensystem 7800′ (5″ bis 2″ weite Gussröhren mit Gummidichtung, 3000′ schmiedeeiserne Zweigröhren $\frac{3}{4}$ bis 1″ weit), 160 nasse Gasuhren von S. Elster und Th. Spielhagen in Berlin. Für Ammoniakwasser keine Verwendung, ausser zum Löschen der Coke etc. (wegen Wassermangel), Theer wird verkauft, Coke desgleichen. Gaskalk wird theilweise an Landwirthe verkauft, theils unter Zusatz von etwas Lehm und Cokeasche auf Luftbacksteine verarbeitet, die zum Ausmauern von Riegelwänden verwendbar sind. Anlagecapital 32,000 fl. (Vergl. Journ. f. Gasbel. 1862 S. 309 u. f.)

Guben (Preussisch-Brandenburg). 18,000 Einwohner. Städtische

Gasanstalt 1857 erbaut. Entwurf vom Herrn Director, Baumeister Kühnell in Berlin, ausgeführt von dem Stadtbaumeister, Herrn Vogt, jetzigem Dirigenten der Anstalt. Eröffnet den 23. December 1857. Die Verwaltung führt im Namen der Commune eine städtische Erleuchtungsdeputation, zur Hälfte vom Magistrat, zur Hälfte von der Stadtverordnetenversammlung aus der Zahl der stimmfähigen Bürger erwählt. Ein Magistratsmitglied führt den Vorsitz, der technische Director gehört ebenfalls zur Deputation. Bei Abstimmungen müssen, falls der Techniker gegen die Majorität stimmt, 'die Gründe seiner Abstimmung besonders im Protokoll aufgenommen und dem Magistrat zur Entscheidung vorgelegt werden. Gaspreis für die Strassenbeleuchtung 2 Thlr. pro 1000 c'. Private zahlen bei einem Consum von 1—20 Mille 2 Thlr. 15 Sgr., bei 20—40 Mille 2 Thlr. 10 Sgr., bei 40 Mille und darüber 2 Thlr. 5 Sgr. pro 1000 c' preuss.*) Produktion 1866: 8,035,700 c' preuss. 151 Strassenflammen mit 1,319,300 c' Consum pro 1866. (112 brennen mit Ausnahme der Mondscheinperiode von $^1/_2$—1 Stunde nach Sonnenuntergang bis 11 Uhr Abends und 39 brennen das ganze Jahr von $^1/_2$—1 Stunde nach Sonnenuntergang bis 1 Stunde vor Sonnenaufgang. Etwa 3000 Privatflammen mit 6,300,000 c' Consum pro 1866. Maximalproduktion 49,777 c', Minimalproduktion 6481 c'. Steinkohlenbetrieb ($^2/_3$ aus Zabrze in Oberschlesien, $^1/_3$ aus Waldenburg in Niederschlesien), 23 Retorten (1 Ofen mit 3 Ret., 1 à 7, 1 à 6, 1 à 5, 1 à 2 Ret.). Ovale Thonretorten von Oest W$^{me.}$ in Berlin, 16 × 18'' im Durchmesser. Röhrencondensator, 2 Wascher mit Coke-Scrubber, 4 Reiniger, Stationsgasuhr, Austrocknungsapparat, Druckregulator, 1 Gasbehälter mit 26,500 c' Inhalt. Zwischen Röhrencondensator und Wascher ist ein Beale'scher Exhaustor mit Bypass-Regulator von S. Elster eingeschaltet. 32,000' Röhrenleitung von 8 bis 2'' Weite. 298 nasse Gasmesser aus den Fabriken von Hanues & Kraaz, S. Elster, Stoll und Kromschröder. Nebenprodukte werden zu mässigen Preisen abgesetzt. Anlagecapital: 72,000 Thlr.

Güstrow (Meklenburg - Schwerin). circa 11,000 Einwohner. Eigenthümer: Herr O. H. Fehlandt in Hamburg. Dirigent: Herr G. Tecklenburg. Die Anstalt wurde im Jahre 1851 von dem englischen Ingenieur Herrn C. H. Corlett gegründet, und ging im Herbste 1854 in die Hände des jetzigen Besitzers über, der die-

---

*) 1000 c' preuss. = 1091,84 c' engl.

selbe durch Erweiterung der Baulichkeiten und durch Anlage eines
zweiten Gasbehälters bedeutend vergrösserte. Am 10 November 1854
wurde ein neuer Contrakt auf 20 Jahre abgeschlossen; nach Ablauf
dieser Zeit hat die Stadt das Recht, die Anstalt zum Taxwerth zu
übernehmen. Leuchtkraft vorschriftsmässig 12 Wachskerzen-Helle, 6
auf 1 Pfd., mit ca. 120 Gran Consum per Stunde für 5 c′ hamb.*)
Gasconsum per Stunde. Für jede Strassenflamme werden jährlich
9 Thlr. vergütet. Nach dem Contract wird der Gaspreis jährlich in
folgender Weise festgestellt: Wenn die Gaskohle incl. Seefracht nach
einem mecklenburgischen Hafen 12 Schill. Sterl.**) pro Ton***) engl.
kostet, werden 1000 c′ mit $2^5/_6$ Thlr. bezahlt; für jede 6 Pence
höheren Preis erhält die Anstalt $^1/_{48}$ Thlr. mehr. Wenn der Kohlen-
preis niedriger wird, so fällt der Preis des Gases in eben demselben
Verhältnisse. Wenn der Consum der Privatflammen auf $3^1/_2$ Mill. c′
steigt, so fällt der Preis des Gases um $^1/_{12}$ Thlr., wenn der Consum
auf 4 Mill. c′ steigt, um $^1/_6$ Thlr., jedoch aus diesem Grund nicht unter
$2^2/_3$ Thlr. Seit einer Reihe von Jahren ist jedoch von der Anstalt
trotz höherer Kohlenpreise pro 1000 c′ Gas nur $2^2/_3$ Thlr. berechnet
worden. 149 Strassenflammen mit ca. 1 Mill. c′ Gasconsum per Jahr,
220 Privatconsumenten mit ca. 1800 Flammen. Letzte Jahresproduktion 4,065,000 c′. Maximalproduktion in 24 Stunden 21,000 c′, Minimalproduktion 3000 c′. Betrieb mit New Pelton Kohle unter Zusatz
von Boghead. Die Anstalt hat 12 Thonretorten aus Berlin (1 Ofen
à 5, 2 à 3, 1 à 1 Ret.), 1 Beale'schen Exhaustor während des
Winters im Gange, Laming'sche Reinigungsmasse, 2 Gasbehälter von
resp. 12,900 c′ und 22,700 c′ Inhalt, ca. 20,000 lfd. Fuss Rohrleitung
von 6″ bis 2″ Weite, Gasuhren theils trocken, theils nass.

Gumbinnen (Preussen). 8000 Einwohner. Eigenthümerin: die
Stadt. Dirigent: Herr W. Masuch. Das Project zur Errichtung
einer Gasanstalt wurde von Herrn Ingenieur Masuch bereits vor 12
Jahren angeregt, allein erst 1864 wurde demselben der Auftrag ertheilt, Entwürfe und Anschläge zu fertigen, und nachdem diese die
Genehmigung der städtischen Behörden erhalten hatten, wurde im Mai
1865 mit dem Bau begonnen, und die Anstalt am 16. Januar 1866

---

*) 1000 c′ hamb. = 831,15 c′ engl.

**) 1 Pfund Sterl. = 20 Schill. Sterl. à 12 Pence = 6 Thlr. 22 Sgr. 6,84 Pf.
= 11 fl. 48 kr. 4 Pf. südd. Währ.

***) 1 engl. Ton Kohlen = circa 21 Centner.

eröffnet. Jahresproduktion ca. 5 Mill. c'. Maximalproduktion in 24 Stunden 24,600 c', Minimalproduktion 2900 c'. 149 Strassenflammen brennen 1100 Brennstunden und werden zu 5 c' per Flamme und Stunde berechnet, 1575 Privatflammen brennen ca. 2000 c' pro Flamme und Jahr. Betrieb mit englischen Steinkohlen (Nettlesworth Primrose). Die Anstalt hat 9 ovale Thonretorten (1 Ofen à 5, 1 à 3, 1 à 1 Ret.), Condensator von 8 Stück 8zöll. Röhren à 9' lang, Exhaustor von Beale, 2 Wascher, 4' im Durchmesser und 3' hoch, 4 Reiniger $6^1/_2' \times 3^3/_4 \times 3'$ (Kalk), 1 Gasbehälter mit 20,000 c' Inhalt, 27,000 lfd. Fuss Rohrleitung, 143 nasse Gasuhren von J. Pintsch. Nebenprodukte werden verwerthet. Anlagekosten 56,000 Thlr.

Gunzenhausen (Bayern). 3400 Einwohner. Knotenpunkt der bayer. Eisenbahnen. Gründer, Erbauer und Besitzer: Herr E. Kausler. Eröffnet im September 1865 mit 58 Strassenflammen und 212 Privatflammen; im September 1867 waren es 58 Strassenflammen und 550 Privatflammen. Nachdem sich die Stadt des Ankaufsrechtes begeben hat, dauert der Vertrag in infinitum fort. Lichtstärke bei 5 c' bayer.*) Consum 14 Stearinkerzen, 6 auf 1 Zollpfd. Der Stadt steht vertragsmässig die Controlle zu. Gaspreis für die Stadt 3 fl. 20 kr., für den Bahnhof 4 fl. 48 kr. und für Private 5 fl. pro 1000 c' bayer. Jährliche Produktion ca. 2,500,000 c' bayer. Betrieb mit Saarbrücker und Zwickauer Kohlen. 6 Retorten (1 Ofen à 3, 1 à 2, 1 à 1 Ret.), Condensator, horizontaler Wascher, 2 Reiniger, Stationsgasuhr, Regulator, 100 nasse Gasuhren von L. A. Riedinger und S. Elster, Gasbehälter mit 10,000 c' Inhalt, 20,000' Röhrenleitung von 4 bis 1" Weite. Anlagecapital ohne Betriebscapital 47,000 fl.

Hadersleben (Schleswig). Einw. 9000. Eigenthümerin: die Stadt. Dirigent: Herr C. Hansen. Erbauer: Herr Gasdirector Howitz in Kopenhagen. Eröffnet im Jahre 1857. Gaspreis 5 Mrk. 15 Sch.**) pro 1000 c' engl. Jahresproduktion 5,059,500 c'. 153 Strassenflammen mit je 1285 Brennstunden jährlich und 5 c' Consum per Stunde. 3800 Privatflammen. Betrieb mit englischen Steinkohlen (Pelaw Main mit 10% Lesmahago Cannel). Die Anstalt hat 4 Oefen mit 5 und 3 Retorten von $\cap$ förmigem Querschnitt, 2 Gasbehälter zu 15,000 c' und 7000 c' Inhalt, nasse Gasuhren von 3 verschiedenen Sorten. Reinigung erfolgt mit Laming'scher Masse. Anlagecapital 132,000 Mrk.

---

*) 1000 c' bayer. = 878 c' engl.
**) 1 Mark Courant = 16 Schilling = 12 Silbergr. = 42 kr. südd. Währ.

Hagen (Westphalen).   22,843 Einwohner.   Eigenthümerin: die deutsche Continental-Gas-Gesellschaft in Dessau.   Deren Generaldirector: Herr W. Oechelhäuser.   Specialdirigent: Herr Grohmann.   Der ursprüngliche Vertrag vom 24. Jan. 1856 ist am 29. Sept./6. Oct. 1862 dahin abgeändert worden, dass die Anstalt dauernd Eigenthum der deutsch. Continental-Gas-Gesellschaft bleibt, aber deren Privilegium im Jahre 1887 erlischt, von da ab kann eine neue Einigung mit dem Magistrate oder freie Concurrenz eintreten; der Preis für 1000 c′ preuss. in den städt. Gebäuden soll 2 Thlr., der Privatgaspreis vom 1. September 1862 ab 2$\frac{1}{2}$ Thlr. und bei Erreichung von 10 Mill. c′ Abgabe, spätestens aber von 1870 ab 2$\frac{1}{3}$ Thlr. betragen, mit Ermässigungen bis zu 2 Thlr. für die grösseren Consumenten nach Maassgabe des jährlichen Consums. Vom 1. October 1865 ab hat die Gesellschaft freiwillig den Preis für die Strassenflamme und Brennstunde auf 2$\frac{3}{4}$ Pf. und nachdem der Normalpreis von 2$\frac{1}{3}$ Thlr. eingetreten war, den grösseren Consumenten neue Rabatte bis zu 1$\frac{2}{3}$ Thlr. pro 1000 c′ preuss.*) gewährt.   Ebenso beträgt vom 1. Januar 1868 durch freies Zugeständniss der Normalpreis 2$\frac{1}{6}$ Thlr., bei Rabatten bis zu 1$\frac{1}{2}$ Thlr. pro 1000 c′ preuss. herab. 191 Strassenflammen (alle Angaben beziehen sich auf das Jahr 1866) mit einem Durchschnittsconsum von 6060 c′ per Jahr, 5807 Privatflammen mit einem Durchschnittsconsum von 3087 c′ per Jahr. Jahresproduktion 19,666,100 c′ preuss. Maximalabgabe in 24 Stunden 121,000 c′, Minimalabgabe 4500 c′. Betrieb mit westphälischen Steinkohlen. 1 Tonne Kohlen ergab 17,65 c′ Gas.   Die Anstalt hat 24 Retorten (3 Oefen à 6, 2 à 3 Ret.), 273′ rhl. 5 zöll. Röhrencondensation, 2 Scrubber 6′ im Durchmesser, 12′ hoch, 1 Wascher, 1 Beale'schen Exhaustor, 4 Reiniger 12′ × 8′ × 3′ (Deicke'sche Masse), 2 Gasbehälter von resp. 25,700 und 42,600 c′ Inhalt, 71,444 lfd. Fuss Rohrleitung von 10″ grösster Weite, 437 nasse Gasuhren von verschiedenen Lieferanten. Baucapital 130,988 Thlr. 9 Sgr. 8 Pf.   Näheres s. Journ. f. Gasbel. 1860 S. 166, 1861 S. 136, 1862 S. 179, 1863 S. 138, 1864 S. 91, 1865 S. 125, 1866 S. 135, 1867 S. 157.

Hainsberg bei Dresden.   Die Papierfabrik von Thode hat eine eigene Privatgasanstalt.

Halberstadt (Preussisch-Sachsen).   23,000 Einwohner.   Eigenthümerin: die Actiengesellschaft für Gasbeleuchtung in Halberstadt,

---

*) 1000 c′ preuss. = 1091,84 c′ engl.

bei der die Stadt mit $^4/_9$ betheiligt ist. Erbauer und Dirigent: Herr C. Brandt. Eröffnet im December 1861. Vom Jahre 1871 anfangend hat die Stadt das Recht, jährlich 50 Actien à 100 Thlr., die durch das Loos bestimmt werden, al pari anzukaufen. Für die Strassenbeleuchtung zahlt die Stadt die Selbstkosten und 6% Aufschlag vom Actiencapital, im Betriebsjahr 1866/67 1 Thlr. 18 Sgr. 9 Pf. pro 1000 c' preuss. Der Preis für Private ist allmählig von 3 Thlr. auf 2 Thlr. pro 1000 c' preuss.*) heruntergesetzt und muss je nach der Rentabilität contraktlich bis auf 1 Thlr. 15 Sgr. heruntergesetzt werden. Das Gas soll die Lichtstärke von 12 Wachskerzen — 6 auf 1 Pfd., 9'' lang — bei einem Verbrauch von 5 c' im Schnittbrenner haben, und ist ein Controlleur angestellt, der zwei Mal monatlich das Gas untersucht. Jahresproduktion im Betriebsjahre 1. Juli 1866/67: 12,076,000 c' preuss. 334 Strassenflammen verbrauchten 2,232,400 c', 5000 Privatflammen und 160 Kochapparate 9,020,000 c'. Maximalabgabe in 24 Stunden 70,500 c', Minimalabgabe 9700 c'. Betrieb mit westphälischen Steinkohlen. 25 Retorten mit ovalem Querschnitt 20'' $\times$ 14'' von H. J. Vygen & Co. (1 Ofen mit 3, 1 à 4, 3 à 6 Ret.). Röhrencondensator, Scrubber, Röhren-Waschmaschine, Exhaustor nach Beale, 4 trockene Reiniger (Laming'sche Masse), 1 Gasbehälter von 50,000 c' Inhalt, 54,000 lfd. Fuss Röhrenleitung von 9'' grösster Weite, 562 nasse Gasmesser von S. Elster und H. G. Dietrich. Actiencapital 90,000 Thlr. in 900 Actien à 100 Thlr.

Hall (Württemberg). 7200 Einwohner. Eigenthümerin: die Stadtgemeinde. Erbauer: Herr L. A. Riedinger. Der Gemeinde-Vorstand, Herr Stadtschultheiss Hager, dem die Stadt schon mehrfache Fortschritte ihrer civilen Entwicklung verdankt, traf im Jahre 1861 die Einleitungen zur Einführung der Gasbeleuchtung, und betrieb die Sache mit solchem Eifer, dass die Eröffnung der Anstalt bereits im Oct. 1862 erfolgen konnte. Gaspreis 5 fl. pro 1000 c'. 142 Strassenflammen, die bis 12$^1/_2$ Uhr brennen, 1500 Privatflammen. Jahresproduktion 1866/67: 3,261,100 c'. Maximalproduktion in 24 Stunden 18,000 c', Minimalproduktion 2200 c'. Betrieb mit Saarbrücker Steinkohlen. Die Anstalt hat 6 Thonretorten (1 Ofen à 3, 1 à 2, 1 à 1 Ret.), 1 liegenden Condensator, 1 Wascher, 2 Reiniger (Laming'sche Masse), 1 Gasbehälter mit 28,000 c' Inhalt, 32,054' Rohrleitung, 200 Gasuhren von verschiedenen Lieferanten. Anlagecapital 92,000 fl.

---

*) 1000 c' preuss. = 1091,84 c' engl.

Halle a. d. Saale (Preussisch-Sachsen). 49,099 Einwohner. Eigenthümerin: die Commune. Dirigent: Herr Schröder. Die Anstalt
ist im Jahre 1856 unter Leitung des Herrn Baumeister Kühnell in
Berlin gebaut, und am 12. December 1856 eröffnet. 710 Strassenflammen, mit durchschnittlich 1448 Stunden Brennzeit jährlich, und
einem Gesammtconsum von 5,074,805 c′. An Privatflammen sind mindestens 11,000 vorhanden. Jahresproduktion im letzten Betriebsjahre
35,863,000 c′ preuss. Maximalconsum in 24 Stunden 201,000 c′,
Minimalconsum 41,000 c′. Betrieb mit westphälischen Steinkohlen.
Die Anstalt hat 44 ovale Thonretorten (5 Oefen à 7, 1 à 6, 1 à 3 Ret.),
1 Blechcondensator mit 1150 □′ Kühlfläche, 1 Beale'schen Exhaustor, 1 Scrubber, 1 Wascher, 4 Reiniger und 1 Nachreiniger, jeder
mit 135□′ Hordenfläche, 3 Gasbehälter mit zusammen 190,000 c′ Inhalt, 150,000′ Röhrenleitung von 12″ grösster Weiter, 963 nasse Gasuhren. Anlagecapital 230,000 Thlr. Journ. f. Gasbel. 1859 S. 302
und 380, 1862 S. 216, 1863 S. 191.

Hamburg (freie Reichs- und Hansestadt). 280,000 Einwohner.
In Folge seitens der städtischen Behörden ausgeschriebener Concurrenz
und der darauf eingegangenen Submissions-Anerbieten acceptirten Rath
und Bürgerschaft die ihnen die günstigsten Bedingungen bietende Offerte
des Bevollmächtigten der „Gascompagnie", welcher die Erleuchtung
der Stadt, Vorstädte u. s. w. demzufolge am 1. April 1844 übertragen
ward. Die Erleuchtung trat am 4. September 1846 ins Leben und
währt seitdem ohne Unterbrechung fort. Mit der ersten Herstellung
der Anlage wurde eine englische Gesellschaft, Malams Crosskill
et Cons., betraut, welche auch bis zum 1. April 1850 den Betrieb
führte und dafür nach Maassgabe des verkauften Gases entschädigt
wurde; die gegenwärtigen gesammten Fabrikations- und Reinigungsapparate, die Gasbehälter, sowie auch theilweise die Gebäude sind von
dem technischen Director, Herrn B. W. Thurston, hergestellt. Die
Gascompagnie ist eine Actiengesellschaft, deren Direction durch zwei
Deputirte des Verwaltungsraths, gegenwärtig Herren Gebr. Schiller
& Co. und H. G. Clauss gebildet wird. Secretär und Bureauchef:
Herr J. Campbell. Oberinspector für das Erleuchtungswesen: Herr
H. Reese. Die Concessionsdauer ist 30 Jahre vom 1. April 1844
bis 31. März 1874. Nach Ablauf derselben verfallen die gesammten
Anlagen mit Inventar und Zubehör dem Staate als freies unbelastetes
Eigenthum, ohne irgendwelchen Entgeld. Betrieb mit englischen Stein-

kohlen (hauptsächlich Old Pelton Main mit etwas Boghead und Lesmahago Cannel). Lichtstärke contractlich 12 Wachskerzen-Helle, deren 6 ca. 27 Loth Hamb. Marktgewicht gleich sind und das Stück 13″ lang ist, für 5 Hamb. c′*) Gasconsum pro Stunde. Consum vom 1. April 1866 bis 31. März 1867: 492 Mill. c′. Maximalconsum im letzten Winter beinahe 3,000,000 c′, Minimalconsum letzten Sommer 725,000 c′ per Tag. 7450 Strassenflammen mit je 5 c′ Hamb. Consum per Stunde vor Mitternacht, $2\frac{1}{2}$ c′ Consum nach Mitternacht; die Flammen in Höfen und Gängen consumiren während der ganzen Nacht $2\frac{1}{2}$ c′ per Stunde. Der Leuchtenkalender von 1858 schreibt $1839\frac{1}{2}$ Brennstunden vor $11\frac{1}{4}$ Uhr, und 1636 Brennstunden nach $11\frac{1}{4}$ Uhr vor. Durchschnittsconsum einer Strassenflamme per Jahr 11,300 c′. Zahl der Privatflammen ca. 100,000. Gaspreise sind gegenwärtig für Strassenbeleuchtung einschliesslich Bedienung und Instandhaltung der Laternen 1 Mark 15 Schilling Courant**) pro 1000 c′ Hamb., für Privatlocalitäten 4 Mark 15 Schilling Courant, für Staats- und öffentliche Gebäude 3 Mark 15 Schilling Courant pro 1000 c′ Hamb. Die Preise werden bei vergrössertem Consum ermässigt, im Verhältniss von 2 Schilling pro 1000 c′ bei je 60 Mill. c′ Zuwachs im Consum. Die Anstalt hat 213 Thonretorten zu 20′, und 48 zu 19′ engl. Länge, theils ⌓, theils ovale, theils runde Form, 6 und 7 in 1 Ofen, 2 Beale'sche Exhaustoren, jeder zu 60,000 c′ per Stunde, 2 grosse Condensatoren, jeder 6′ im Durchmesser, 2 combinirte Apparate von B. W. Thurston (Scrubber, Wascher und Condensator), 2 Scrubber, 4 Reiniger 15′ ✕ 15′ und 2 à 30′ ✕ 15′ (im Winter mit Kalk, im Sommer mit einer Art Laming'scher Masse), 8 Gasbehälter mit zusammen 1,835,000 c′ Hamb. Inhalt (der kleinste 153,000 c′, der grösste 640,000 c′), 2 Stationsgasmesser, von der Fabrik aus bis an die Stadt 3 Röhrenleitungen zu 20″ engl., von da ab 3 Leitungen zu 18″ engl. bis weit in die Stadt, deren Abzweigungen in Stadt, Vorstädten und Landgebiet bis zu $2\frac{1}{2}$″ Weite heruntergehen. Gesammtlänge der Hauptröhren ca. 32 Meilen. 22,000 nasse Gasuhren, jetzt ausschliesslich von E. Smith. Anlagecapital bis jetzt nahe an 3,750,000 Mark Banco (1,875,000 Thlr.). Näheres im Journ. f. Gasbel. 1859 S. 53, 117, 327, 1860 S. 295, 1861 S. 251, 1864 S. 247, 1865 S. 236, 1866 S. 283, 1867 S. 364.

---

*) 1000 c′ hamb. = 831,15 c′ engl.
**) 1 Mark Courant = 16 Schilling = 12 Silbergr. = 42 kr. südd. Währ. = 60 kr. österr. Währ.

Hamm (Westphalen). 14,085 Einwohner. Eigenthümerin: die Actiengesellschaft für Gasbeleuchtung in Hamm. Rendant der Anstalt: Herr A. Lilienfeld. Gasmeister: Herr J. Lengersdorf. Der von Herrn C. Brandt geleitete Bau begann im Juni 1858, und die Eröffnung fand am 1. November desselben Jahres mit 58 Strassenflammen und 94 Privatconsumenten statt. Die Concession läuft vom 3. Febr. 1858 an auf 50 Jahre. Die Stadt, welche mit $1/_3$ der Actien betheiligt ist, hat jedoch nach 20 Jahren das Recht, jährlich 10 Actien zu 100 Thlr. auszuloosen und al pari anzukaufen. Auch steht es der Stadt frei, nach 25 Jahren die Anstalt zum Nominalwerth zu übernehmen. 96 Strassenflammen, 300 Privatconsumenten mit 3400 Flammen. Der Consum einer Strassenflamme ist auf 6 c′ pro Stunde festgesetzt, und soll die Leuchtkraft dann 12 Wachskerzen-Helle betragen. Die Stadt zahlt für 900 Brennstunden 8,8 Thlr., die Eisenbahn für 1000 c′ $1^1/_2$ Thlr., Fabriken $1^1/_3$ Thlr., bei einem Mehrverbrauch von $1^1/_2$ Mill. c′ in einem Jahre noch 20% Rabatt, Private zahlen 1 Thlr. 25 Sgr. Betrieb mit westphälischen Steinkohlen (Hannibal und Zollverein). Letzte Jahresproduktion 14 Mill. c′. Die Anstalt hat 26 Retorten (2 Oefen à 4, 3 à 6 Ret.), Röhrencondensator, Wascher, Scrubber, Exhaustor mit Dampfmaschine von 4 Pferdekraft, 4 Reiniger zu 7′ × $3^1/_2$′ × 3′ mit 4 Horden, 1 Nachreiniger 14′ × $4^1/_2$′ × $3^1/_2$′ (Rasenerz), 1 Gasbehälter zu 24,000 c′, 1 Gasbehälter zu 35,000 c′ Inhalt, Hauptröhren von 10″ grösster Weite. Coke und Theer werden verkauft. Das Baucapital beträgt bis 1. Juli 1867: 57,772 Thlr. 4 Sgr. 5 Pf., der Grunderwerb 2514 Thlr. Das Actiencapital ist 50,000 Thlr. in 500 Actien zu 100 Thlr.

Hanau (Kurhessen). 18,136 Einwohner ohne Militär. Eigenthümer und Dirigent: Herr H. F. Ziegler. Die Anstalt wurde im Jahre 1848 als Portativgasfabrik errichtet, ging indess, da sie als solche nicht rentirte, schon nach kaum einjährigem Betrieb Ende 1849 in die Hände des gegenwärtigen Eigenthümers über, der sie nach den Entwürfen des Herrn Ingenieurs S. Schiele gänzlich umbaute, für Röhrengas einrichtete und im October 1850 dem Betrieb übergab. Seitdem wurde sie mehrfach verändert und vergrössert und in ihren inneren Einrichtungen zweimal nahezu gänzlich umgestaltet. Der Vertrag mit der Stadt datirt vom 29. März 1851 und dauert 20 Jahre. Wird am Schlusse des Vertrages derselbe nicht verlängert, so hört die ausschliessliche Berechtigung des Unternehmers auf. Die Stadt behält sich das

Recht vor, alsdann die dem Unternehmer gehörigen Candelaber, La-
ternenarme und Laternen käuflich zu erwerben. Lichtstärke 5 Wachskerzen, 6 auf 1 Pfd., bei 2 c' engl. stündlichem Consum. Die Controle über die Leuchtkraft wird durch einen von der Stadt hiefür angestellten Physiker ausgeübt. Gaspreis für die öffentliche Beleuchtung
$17^1/_2$ fl. für die Laterne mit 1050 Brennstunden jährlich, einschliesslich
Stellung, Unterhaltung und Bedienung der Laternen; für Private $6^1/_2$ fl.
pro 1000 c' engl. mit Rabattsätzen von 5% bis 15% bei grösserem
Verbrauch. 214 Strassenflammen mit 1050 Brennstunden jährlich und
3 c' Consum per Stunde. Durchschnittsverbrauch einer Privatflamme
820 c' engl. per Jahr. Betrieb mit Ruhrkohlen und Bogheadschiefer.
Die Anstalt hat 33 Retorten, theils ⌓ förmig, theils oval von J. R. Geith
(2 Oefen à 6, 3 à 5 und 2 à 3 Ret.), 2 Doppel-Röhrenkühler von je
5' Durchmesser und $19^1/_2$' engl. Höhe mit zusammen 1016 ☐' Kühlfläche, 1 Scrubber von 5' Durchmesser und 15' Höhe, 3 Reiniger von
je 256 ☐' Hordenfläche (Laming-Deicke'sche Masse), Exhaustor ist vorgesehen, 3 Gasbehälter mit zusammen 68,000 c' Inhalt, 53,432' Rohrleitung von 9" bis $1^1/_2$" Weite, 1470 nasse Gasuhren von verschiedenen Lieferanten. Nebenprodukte werden verkauft.

Hannover. 79,500 Einwohner. Eigenthümerin: die Imperial-
Continental-Gas-Association in London. Dirigent: Herr E. Körting.
Die Gasanstalt in Hannover ist die älteste Gasanstalt Deutschlands,
und wurde im Jahre 1825 erbaut. Sie wurde damals auf etwa 1000
Flammen eingerichtet, die sich auch in den ersten 20 Jahren des Bestehens kaum vermehrten, in dieser Zeit genügte das 5zöll. Hauptrohr
und 2 Gasbehälter von je 12,000 c' Inhalt. Als Hannover durch Eröffnung der Eisenbahn in Hinsicht auf Handel und Industrie, und durch
das königl. Hoflager in Hinblick auf Glanz und Luxus sich hob, wuchs
auch die Gasanstalt mächtig, besonders seit dem Jahre 1852, in welchem
durch Aufstellung der Gasmesser statt der bis dahin üblichen Tariflichter das richtige Prinzip der Bezahlung eingeführt wurde. Am
15. August 1851 wurde ein neuer Vertrag abgeschlossen, der bis zum
1. Juli 1871, und von da an auf weitere 20 Jahre laufen sollte, wenn
er nicht am 1. Juli 1870 gekündigt würde. Nach diesem Vertrag
sollten unter andern für 434 Strassenflammen jährlich 3719 Thlr. und
für jede weitere Laterne $8^1/_2$ Thlr. bezahlt werden. Nach dem An-
schlusse der Vorstadt an die Stadt, am 1. Juli 1859, war es erforderlich, die Strassen, welche dem inneren Stadtgebiet angeschlossen

wurden, gleichfalls zu beleuchten. Zu diesem Zwecke wurde nach lang-
wierigen Verhandlungen der städtischen Collegien unter sich, welche
durch die Entscheidungen der kgl. Behörden erledigt werden mussten,
ein neuer Zusatzcontract Ende October 1859 abgeschlossen, welcher
mit dem Hauptcontracte vom 15. August 1851 nunmehr bis zum 1.
Juli 1900 gelten soll. Darnach ist die Gasgesellschaft verpflichtet, die
jetzige und zukünftige innere Stadt gleichmässig zu erleuchten, den
Privaten darin sofort Gas zu liefern und die Röhren bis auf 6' vor
das betreffende Privatgrundstück zu legen. Der Preis für 1000 c' engl.
beträgt $1\frac{2}{3}$ Thlr., beim Verbrauch von mehr als für 100 Thlr. mit
jährlich 5% Rabatt, über 200 Thlr. mit 10% Rabatt, während die
Preise der Tariflichter die oben angegebenen geblieben sind. Die
Privatcontrakts-Bedingungsformulare müssen zur Kenntniss des Magistrats gebracht werden, der sowohl von Amts wegen als auch auf
desfallsige Beschwerden die Gesellschaft überwacht und wegen Ver-
stössen gegen den Contract bis zu 50 Thlr. gegen die Gesellschaft zum
Besten der Armenkasse erkennen kann. Das gelieferte Gas darf ein
mit Bleizuckerauflösung benetztes Papier nicht schwärzen, muss von
Ammoniak soweit frei sein, dass ein in sehr verdünnten Essig ge-
tauchtes Lackmuspapier durch dasselbe nur höchstens matt bläulich
gefärbt wird, ferner darf es beim Verbrennen so wenig schwefelige
Säure enthalten, dass Lackmuspapier nicht geröthet wird und ein durch
Kalkwasser geleiteter Gasstrom darin einen Niederschlag von kohlensaurem Kalke nicht bewirkt. Die Strassenlaternen sollen bei einer
Verbrennung von 6 c' engl. für 1 Stunde eine Helligkeit von 13 Wall-
rathkerzen (nach dem Bunsen'schen Photometer) erzeugen. Der Tages-
druck in den Röhren soll mindestens 0,5" engl.; zur Abendzeit mindestens 1" engl. betragen. Betrieb mit westphälischen Steinkohlen.
Jahresproduktion 120,000,000 c' engl. Grösste Tagesproduktion 600,000 c',
kleinste 180,000 c'. 1100 Strassenflammen, 26,000 Privatflammen.
Consum der ersteren 6 c' pro Stunde, durchschnittliche Brennzeit 8
Stunden, also Jahresconsum 17,520 c'. Durchschnittsconsum einer
Privatflamme 3000 c'. Die Anstalt hat 26 Oefen, theils mit 6, theils
mit 7 Retorten, darunter 4 Theeröfen, 2 Satz Röhrencondensatoren,
2 Satz Wascher à 3 Stück, 2 Satz Reiniger à 4 Kasten $5\frac{1}{2}' \times 15'$
mit 4 Horden (Reinigung mit Rasenerz), 2 Stationsgasmesser, 1 Nachreiniger, 2 Kasten mit Kalk beschickt, 4 Gasbehälter mit zusammen
560,000 c' Inhalt, 9 Meilen Hauptröhren von 12" bis 2" Weite, 2600
nasse Gasmesser aus der Fabrik der Imperial-Continental-Gas-Association

in Berlin. Theer wird theils verbrannt, theils an eine chemische Fabrik zur Destillation verkauft, Ammoniakwasser wird zur Salmiakbereitung verwandt.

Harburg (Hannover). 6000 Einwohner. Der Fragebogen ist nicht beantwortet worden. Die Anstalt gehört den Herren Noblée & Co. und ist mit einer Hydrocarbürfabrik verbunden. Die Dauer des Contractes ist auf 25 Jahre vom 1. September 1858 festgestellt, und wird auf weitere je 5 Jahre verlängert, wenn 3 Jahre vor dem Ablauf keine Kündigung erfolgt. Beim Aufhören des Contractes verbleibt die gesammte Röhrenleitung nebst Laternen, Pfählen u. s. w. unentgeldlich der Stadt; was die übrigen Theile der Anlage betrifft, so haben sich die Unternehmer verpflichtet, der Stadt auf Verlangen diejenigen Anlagen und Einrichtungen der Anstalt, soweit sie nicht mit anderen Anlagen der Unternehmer in unzertrennlichem Zusammenhange stehen, namentlich die Gasometer, nach deren zu taxirendem Werthe, sowie ein zur Anlage einer besonderen Gasanstalt genügendes Grundstück von dem Grundbesitze, auf welchem bis dahin das Gas producirt ist, oder in dessen unmittelbarer Nähe, namentlich in Verbindung mit dem Grund und Boden, auf welchem sich die Gasometer befinden, nach Wahl der Stadtverwaltung im Wege der Expropriation zu überlassen. Das dessfallsige Verlangen kann von Seite der Stadt 3 Jahre vor dem Ablaufe des Contraktes gestellt und innerhalb dieser Zeit das Expropriations-Verfahren begonnen werden. Boghead-Steinkohlenbetrieb. Contraktlich soll die Lichtstärke von 2 c′ Gas gleich 12 Wachskerzen-Helle sein, 6 Stück von 13″ Länge auf 1 Pfd. Die Stadt hat das Recht, für öffentliche Zwecke jährlich 1 Mill. c′ Gas zum Preise von $1^2/_3$ Thlr. pro 1000 c′ zu verlangen, Private bezahlen 4 Thlr. pro 1000 c′ engl. Wenn der Verbrauch von Seiten der Privaten auf mehr als 4 Mill. c′ pr. Jahr gestiegen ist, so kann die Stadt zu dem für sie stipulirten Preise $1/_6$ des fraglichen Mehr über jene Million c′ zu den angegebenen Zwecken oder eine den Verhältnissen entsprechende Herabsetzung des Preises für das ihr gelieferte Gas fordern. Datum des Vertrages 17. April 1857. Eröffnung der Anstalt 1. August 1858. Im Jahre 1859 waren 294 Strassenflammen zu 2 c′ Consum pro Stunde, 200 Privatconsumenten mit 2050 Flammen. Der Consum betrug vom 1. August 1858 bis ultimo März 1859 in Summa 2,952,400 c′. Die Stadt bezahlt für die Strassenflammen 1 Thlr. 20 gGr. pro 1000 c′ oder 1 Pf. pro Stunde und Flamme. Fabrikations-Apparate sämmtlich

von entsprechender Grösse. Die Anstalt hat 2 Gasbehälter zu je
12,000 c′ Inhalt, 6 engl. Meilen*) Röhrenleitungen von 8 bis 3″ Weite,
nasse Gasuhren von Edge in London. Näheres Journ. f. Gasbel.
1859 S. 255.

Hattingen (Westphalen) soll mit Gasbeleuchtung versehen sein.
Der Fragebogen ist nicht beantwortet worden.

Hausdorf (Schlesien). 3191 Einwohner. Gründerin und Besitzerin:
die Neue Gasgesellschaft Wilh. Nolte & Co. Dirigent: Herr Th.
Sprenger. Erbauer: Herr Ph. O. Oechelhäuser in Berlin. Eröffnet am 17. October 1865 mit 435 Flammen. Dauer der Concession
unbeschränkt. Private zahlen $2^2/_3$ Thlr. pro 1000 c′ preuss.**) in maximo,
grössere Consumenten erhalten Rabatt je nach Maassgabe des Consums.
Oeffentliche Beleuchtung fehlt. Produktion im Jahre 1866 2,519,800 c′
preuss. 1014 Privatflammen am 1. October 1867. Maximalconsum in
24 Stunden 17,200 c′, Minimalconsum 1700 c′. Betrieb mit schlesischen Steinkohlen aus den Hermsdorfer Gruben. Die Anstalt hat 7
ovale Thonretorten (2 Oefen à 3, 1 à 1 Ret.), 1 Scrubber, 1 Wascher,
2 Reiniger (Laming'sche Masse), 1 Nachreiniger, 1 Gasbehälter, mit
16,200 c′ Inhalt, 26,414′ Rohrleitung von 6″ bis $1^1/_3$″ Weite, 49 nasse
Gasuhren von S. Elster. Nebenprodukte werden theils selbst verbraucht, theils verkauft. Anlagecapital 48,500 Thlr. Näheres s. Journ.
f. Gasbel. 1866 S. 239, 1867 S. 268.

Havelberg (Preussen). 4000 Einwohner. Eigenthümerin: die Stadtcommune. Die Anstalt ist unter Leitung und nach den Plänen der
Herren Ingenieure Schulz und Sackur in Berlin 1863 erbaut, und
am 1. December 1863 eröffnet worden. 58 Strassenflammen, welche
nach einer, mit einer Gasuhr versehenen Normallaterne regulirt werden, brennen mit $5^1/_2$ c′ Durchschnittsconsum pro Stunde bis Abends
11 Uhr mit Ausnahme der vier Monate Mai bis August; 3 Laternen
brennen bis Tagesanbruch. 800 Privatflammen consumiren 1,400,000 c′
pro Jahr. Gaspreis ohne Ausnahme $2^1/_2$ Thlr. pro 1000 c′. Jahresproduktion 1,700,000 c′. Betrieb mit englischen Steinkohlen (Pelton
Main). Die Anstalt hat 6 Thonretorten (1 Ofen à 3, 1 à 2, 1 à 1 Ret.)
von F. S. Oest Wwe·, 5 Condensationsröhren, 4zöll., 1 Scrubber, 2 Rei-

---

*) 1 engl. Meile = 5000′ engl. = reichlich $^1/_5$ deutsche Meile.
**) 1000 c′ preuss. = 1091,84 c′ engl.

niger 7' $\times$ 3' (Laming'sche Masse), keinen Exhaustor, 1 Gasbehälter
mit 10,500 c' Inhalt, 10,000' Röhrenleitung von 5'' bis 1$^1/_2$'' Weite,
172 nasse Gasuhren von Mohrmann und S. Elster. Coke und
Theer werden verkauft. Anlagecapital 25,000 Thlr.

Haynau (Schlesien). 5000 Einwohner. Eigenthümerin: die Stadtcommune. Dirigent: Herr H. Goern. Der Bau der Anstalt ist von
den Herren Civil-Ingenieuren und Unternehmern Schulz und Sackur
in Berlin in Entreprise übernommen, im Mai 1867 begonnen und am
1. October 1867 vollendet. 94 Strassenflammen, 1000 Privatflammen.
Maximalproduktion im Winterquartal 1867: 15,000 c'. Betrieb mit $^1/_3$
oberschlesischer Kohle der Zeche Zabrze und $^2/_3$ niederschlesischer aus
Waldenburg. Die Anstalt hat 6 ovale Thonretorten 20'' $\times$ 14'' (1 Ofen
à 3, 1 à 2, 1 à 1 Ret.), 1 Röhrencondensator mit 9 Stück 5zöll.
Röhren, 1 King'schen Scrubber mit 7 durchlöcherten Platten 3' im
Durchmesser, 8' hoch mit darunter gesetztem Waschgefäss, 3 trockene
Reiniger 5' $\times$ 4' für 4 Horden, 1 Stationsgasuhr, 1 Gasbehälter mit
15,000 c' Inhalt von J. Plagge in Berlin, 2 Regulatoren von S. Elster,
Dampfkessel mit abgehenden Feuerungsgasen geheizt, 741' 6zöll., 1352'
4zöll., 5272' 3zöll., 3390' 2$^1/_2$zöll., 4779' 2zöll. Hauptröhren und
4131' 1$^1/_3$zöll. Zuleitungsröhren, 157 nasse Gasuhren von S. Elster.
Anlagekosten 36,214 Thlr.

Hedersleben bei Quedlinburg. Die Zuckerfabrik der Herren Berge,
Braun & Co. hat eine Privatgasanstalt mit ca. 70 Flammen, welche
im Jahre 1863 vom Herrn Ingenieur H. Liebau in Magdeburg eingerichtet ist. Die Anstalt ist am Knochenofenhause angebaut, die
Kohlensäure wird zur Saturation gewonnen.

Heide (Holstein). 7000 Einwohner. Eigenthümer: der Flecken
Heide. Dirigent: Herr Iversen. Nachdem im Jahre 1856 die Vertretung des Fleckens die Anlage einer Gasanstalt für Rechnung der
Commune beschlossen hatte, wurde das Unternehmen von dem dazu
ernannten Bau-Ausschuss soweit vorbereitet, dass nach erfolgter Aller-
höchster Erlaubniss der Bau im Frühjahr 1857 beginnen konnte. Die
Leitung wurde dem städt. Zimmermeister Trede in Glückstadt (selbst
Inhaber einer Gasfabrik, seitdem verstorben), die demnächstige technische Leitung der Anstalt dem späteren Gasinspector, Herrn Hansen,
übertragen. Versuche des Letzteren über Vergasung von Buchen,
Eichen, Birken, veranlassten bei den derzeit mässigen Holzpreisen den

Bau-Ausschuss, die Anstalt für Holzgas anzulegen. Die Eröffnung fand am 17. November 1857 statt. Da aber schon in dem nächsten Verwaltungsjahr sich die Holzgasproduktion wegen unverhältnissmässig hoher Betriebskosten als unrentabel herausstellte, so wurde zur Fabrikation des Gases aus Torf übergegangen, einem Material, welches ganz in der Nähe vorhanden ist. Diese Produktionsmethode wurde mehrere Jahre beibehalten, doch wurden nach und nach auch Steinkohlen (Newcastle Pelton Main) mit verwandt, so dass das Gas aus 2 Thl. Torfgas und 1 Thl. Kohlengas bestand, seit 1864 endlich wurde ganz auf Steinkohlen übergegangen. Leuchtkraft 16 Stearinkerzen, 4 auf 1 Pfd., für 4 c' Gasconsum im Fischschwanzbrenner. Die Vergütung für die Strassenflammen betrug bis ult. Juni 1860 nur 1125 Mk. hamb. Cour. (450 Thlr.) im Jahr, von da an ist sie auf 2625 Mk. Cour. (1050 Thlr.) für's Jahr normirt. Privatconsumenten zahlten bis ult. Juni 1860: 5 Mk. Cour. hamb. (2 Thlr.) pro 1000 c', von da an bis 1. Nov. 1867: 5 Mk. 10 Schill. hamb. ($2^1/_4$ Thlr.), jetzt wieder 5 Mk. Cour. (2 Thlr.). Jahresproduktion ca. 3 Mill. c'. Maximalproduktion in 24 Stunden 20,000 c', Minimalproduktion 1000 c'. 145 Strassenflammen mit 143,453 Brennstunden im Jahr und 543,300 c' Consum. Privatconsum 2,370,100 c'. Die Anstalt hat 7 Thonretorten und 1 eiserne Retorte (2 Oefen à 3, 2 à 1 Ret.), Condensator, 2 Scrubber, 2 Wascher, 4 Reiniger 7' ✕ $3^1/_2'$ ✕ $3^1/_2'$ (Reinigung mit Wiesenerz), 2 Gasbehälter mit je 21,000 c' und 5000 c' Inhalt, 33,000' Rohrleitung von 6" bis 2" Weite, 319 Gasuhren, davon 13 von Jacobsen in Heide. Nebenprodukte werden verwerthet. Anlagecapital ca. 150,000 Mk. Cour. (60,000 Thlr.), worin ca. 7 preuss. Morgen Moorareal.

Heidelberg (Baden). 17,700 Einwohner. Gründerin und Eigenthümerin: die Rheinische Gasgesellschaft in Heidelberg, die ursprünglich beabsichtigte, Coke zu bereiten, und Gas als Nebenprodukt zu gewinnen, von diesem Plan jedoch alsbald abstand, und ausser der Heidelberger auch keine weitere Gasanstalt besitzt. Dirigent: Herr W. F. Riedel. Erbauer: der englische Ingenieur Herr Michiels. Der Vertrag mit der Stadt datirt vom 6. November 1851, begann aber erst am 1. October 1852, und dauert von da an 25 Jahre. Nach Ablauf dieser Zeit ist die Stadt verpflichtet, wenn nicht ein Jahr vorher ein neuer Vertrag mit der gegenwärtigen Gesellschaft zu Stande kommt, die ganze Einrichtung nach einem von beiderseitigen Sachverständigen auszusprechendem Taxatum zu übernehmen, sofern sich das

Werk in gutem Zustande befindet. Leuchtkraft für 5 c′ engl. 14 Stearinkerzen, 6 auf 1 Pfd. Die Controlle führt der Universitätsmechanikus Herr Desaga. Die Resultate werden veröffentlicht. Gaspreis für Private und öffentliche Gebäude 4 fl. 30 kr., für die Strassenbeleuchtung 4 fl. pro 1000 c′ engl. Eine Strassenflamme muss per Stunde 2,875 c′ engl. verzehren. 307 Strassenflammen mit 1,220,000 c′ Jahresconsum. Der Privatconsum betrug im letzten Jahre 15,414,000 c′. Betrieb mit Saarkohlen. Die Anstalt hat 20 Retorten (4 Oefen à 5 Ret.), keinen Exhaustor, Reinigung mit Eisenoxyd in 4 Reinigern, 2 Gasbehälter mit je 60,000 c′ Inhalt, Leitungsröhren von 8″ grösster Weite, 740 nasse Gasuhren aus verschiedenen Fabriken. Theer wird sämmtlich verfeuert. Anlagecapital 220,000 fl.

Heidenheim (Württemberg). 4200 Einwohner. Eigenthümerin: die Stadt. Dirigent: Herr Wallen. Die Anstalt wurde von Herrn L. Barreiss in Göppingen gegründet und erbaut, am 1. December 1864 eröffnet, und am 1. October 1865 an die Stadt verkauft. Gaspreis für die Privaten 5½ fl. pro 1000 c′, für die Fabriken bis 150,000 c′ Jahresconsum 5 fl., für die Kattunmanufaktur bei 400,000 c′ Jahresconsum 4 fl. pro 1000 c′. 54 Strassenflammen mit 434,300 c′ Jahresconsum, 1350 Privatflammen mit 2,047,700 c′ Consum. Grösste Produktion in 24 Stunden 18,000 c′, kleinste Produktion 1500 c′. Betrieb mit Saarkohlen (Heinitz). Die Anstalt hat 7 Retorten (2 Oefen à 3, 1 à 1 Ret.), Röhrencondensator, Scrubber, 2 Reiniger (Kalk), Gasbehälter von 14,000 c′, 14,950′ Röhrenleitung von 5″ bis 1½″ Weite nemlich 20′ 5 zöll., 3650′ 4 zöll., 1200′ 3½ zöll., 2050′ 3 zöll., 2530′ 2 zöll., 5500′ 1½ zöll. Röhren, 90 Gasuhren. Anlagecapital 65,000 fl.

Die Herren Gebr. Zöppritz in Heidenheim haben eine eigene Privatgasanstalt auf ihrer Fabrik Mergelstetten.

Heilbronn (Württemberg). 16,500 Einwohner. Eigenthümer: C. Wolff & Co. Dirigent: Herr C. Wolff. Gründer und Erbauer: Herr G. Schäuffelen. Eröffnet am 1. November 1852. Vertragsdauer 20 Jahre. Die Stadt hat das Recht die Anstalt entweder am 1. November 1872 käuflich zu übernehmen oder den Vertrag auf weitere 10 Jahre zu verlängern und nach Ablauf derselben das Privilegium für erloschen zu erklären und anderweitige Concurrenz zuzulassen. Herr Schäuffelen hatte den Betrieb auf die Dauer von 20 Jahren an Herrn E. Geith verpachtet, doch ist dieser am 1. Juli 1866 gegen Entschädigung zurückgetreten. Lichtstärke 7 Wachskerzen-Helle, 4 auf 1 Pfd. nach dem Rumford'schen Photometer gemessen. 226 Strassenflammen mit 1400 Brennstunden per Jahr, wofür 14 fl. vergütet werden. Etwa 6000 Privatflammen mit 5,500,000 c′ engl. Jahresconsum. Private zahlen 5 fl. 30 kr. pro 1000 c′ engl., Fabriken und königl. Stellen 4 fl., die Zuckerfabrik 3$^1/_4$ fl., Private von 50,000 c′ und mehr Consum erhalten 10% Rabatt. Jahresproduktion 14 Mill. c′. Maximalproduktion in 24 Stunden 80,000 c′, Minimalproduktion 18,000 c′. Betrieb mit Saarkohlen. Die Anstalt hat 42 Thonretorten von Vygen & Co., Condensator mit 12 vertikalen, 13′ hohen, 8zöll. Röhren, 2 Wascher 16 × 3$^1/_2$′, 4 Reiniger mit 2 Clegg'schen Hahnen, 2 Ventilatoren nach neuester bis jetzt in Deutschland noch nicht angewandter Construktion (von Maschinenfabrik-Director Hrn. Zech in Heilbronn), Dampfmaschine von 2 Pferdekraft, Dampfkessel mit 120 □′ Heizfläche, wird durch überschüssige Hitze der Gasöfen geheizt, Reinigung mit Laming'scher Masse und Kalk, 2 Gasbehälter von je 19,000′ Inhalt. 1 Reservedampfkessel im Bau.

6 zöllige Röhren	3132′ rhl.		
4 ″ ″	3236′ ″		
3 ″ ″	3431′ ″		
2 ″ ″	13,189′ ″	}	zusammen 39,262′ rhl.
1$^1/_2$ ″ ″	11,510′ ″		Rohrleitung.
1 ″ ″	4664′ ″		
$^3/_4$ ″ ″	100′ ″		

580 Gasmesser von Siry Lizars & Co. (2 trockene Gasuhren bis jetzt gut bewährt). Gaskalk geht als Dungmittel nach dem Odenwald. Anlagecapital 150,000 fl.

Heinitz und Dechen (Kgl. preussische Steinkohlengruben bei Saarbrücken). Belegschaft der Grube 3100 Mann. Gründer und Eigenthümer: der Fiscus. Dirigent: Herr Bergwerks-Director von Roenne (Berg-Inspection VII). Erbauer: die Herren Raupp & Co. in Saarbrücken. Der Zweck der Anlage ist eine billigere und rationellere Beleuchtung der Schächte, Förder- und Wasserhaltungsmaschinen, Kesselhäuser, Kohlenseparationen, Kohlenwäsche, Cokerei, sowie der dazu gehörigen Reparatur-, Schmiede-, Schlosser-, Schreiner- u. s. w. Werkstätten und Bureaux, der Wege, der Eisenbahn etc. Eröffnet am 20. Januar 1865. Leuchtkraft wenigstens 15 Spermacetikerzen, 6 auf 1 Pfd., für 5 c′ preuss.*) Consum per Stunde. Nach Verträgen

---

*) 1000 c′ preuss. ⚏ 1091,84 c′ engl.

und Verfügungen wird Gas an benachbarte Cokeofenanlagen und eigene Beamte zu 2 Thlr. per 1000 c′ abgegeben. Produktion 1866: 3,405,690 c′ preuss., 1867: 2,814,680 c′ preuss. Maximalproduktion in 24 Stunden 14,980 c′, Minimalproduktion 1340 c′. Flammenzahl auf den eigenen Werken 462, bei Privaten 64. Betrieb mit Heinitzkohlen. Die Anstalt hat 8 Retorten (2 Ofen à 3, 1 à 2 Ret.), Röhrencondensator, Scrubber nach Thurston, 2 Reiniger (Mannheimer Eisenoxyd und Sägespähne), 1 Stationsgasuhr, 1 Gasbehälter von 10,000 c′ Inhalt, ein 3 zöll. Hauptrohr nach Heinitz, ein 2$^1/_2$ zöll. Rohr nach Dechen. Theer wird zeitweise verfeuert.

Mit der Gasanstalt ist ein Gas- und ein chemisches Laboratorium zur Untersuchung der Steinkohlen des Saarbeckens und des daraus gewonnenen Gases verbunden.

Herborn (Nassau). Eigenthümer und Erbauer: Herr C. Mayer in Cöln. Eröffnet Anfang 1864. Der Vertrag datirt vom 26. Juni 1863 und die Concession läuft vom 1. September 1863 an 30 Jahre. Nach Ablauf dieser Zeit hat die Stadt das Recht, aber nicht die Verpflichtung zur käuflichen Uebernahme der Anstalt, und zwar zum zwölffachen durchschnittlichen Nettoertrage aus den letzten 5 Jahren; eine unentgeltliche Uebernahme der Anstalt ist ausgeschlossen. Die Stadt ist berechtigt, wenn sie den Ankauf nicht beabsichtigt, nach Ablauf des Privilegiums Conkurrenz zuzulassen. Leuchtkraft einer Strassenflamme von 4$^1/_2$ c′ Consum gleich 12 Wachskerzen, 6 auf 1 Pfund, jede 10″ nassauisch lang. Im Jahr 1864 waren 30 Strassenflammen à 800 Brennstunden mit je 4$^1/_2$ c′ engl. stündlichem Consum. Für die öffentliche Beleuchtung werden in runder Summe 300 fl. vergütet, Private zahlen 5 fl. 30 kr. pro 1000 c′ engl. Betrieb mit westphälischen Steinkohlen. Die Anstalt hat 6 Chamotteretorten von Möhl & Co. (1 Ofen à 3, 1 à 2, 1 à 1 Ret.), ca. 70 Fuss Condensation von 4″ Weite, 1 Scubber von 100 c′ Inhalt mit continuirlichem Wasserzufluss, 2 Reiniger mit je 70 □′ Hordenfläche (Kalk), 1 Gasbehälter von 30′ Durchmesser und 10′ Höhe, 6800′ Leitungsröhren von 4″ bis 1$^1/_2$″ Weite, nasse Gasuhren von Th. Spielhagen. (Journ. f. Gasbel. 1864 S. 67.)

Herford (Westphalen). 7650 Einwohner. Gründerin und Eigenthümerin: die Stadt. Dirigent: Herr Gutsmuths. Erbauer: Herr Ingenieur Brandt, Director der Gasanstalt in Halberstadt. Eröffnet am 14. August 1864 mit 1267 Flammen. Gaspreis seit 1. Januar 1868 2 Thlr. pro 1000 c' preuss.*) Consumenten mit mehr als 100,000 c' Jahresconsum erhalten 5% Rabatt, eine grössere Spinnerei mit 500,000 c' Jahresverbrauch und die kgl. Strafanstalt 33$^1/_3$% Rabatt. 84 Strassenflammen, 2048 Privatflammen und 29 Kochapparate. Die Strassenflammen haben eine Brennzeit von 1104 Stunden jährlich, und einen Consum von 7 c' pro Stunde. Jahresproduktion 4,523,000 c'. Betrieb mit westphälischen Kohlen (Hannibal und Vereinigte Dorstfeld). Die Anstalt hat 10 Ret. (1 Ofen à 4, 1 à 3, 1 à 2, 1 à 1 Ret.), Röhrencondensator von 168' 5 zöll. Röhren, 1 Wascher von 9 □' Querschnitt, 4 Reiniger à 24$^1/_2$ □' Querschnitt bei 3$^1/_2$' Höhe (Rasenerz und Kalk), 1 Gasbehälter mit 24,500 c' Inhalt, 210 nasse Gusuhren aus Berliner Fabriken. Anlagecapital 37,143 Thlr.

Herisau (Schweiz). 6000 Einwohner. Eigenthümerin: eine Actiengesellschaft. Dirigent: Herr J. J. Sonderegger. Die Anstalt verdankt ihr Entstehen vorzugsweise den Bestrebungen mehrerer Industriellen und Privaten der Gemeinde. Die Gemeinde selbst — resp. der Dorfbezirk — betheiligt sich dabei nur als Actionär und Consument. Erbauer: die Herren Gebr. Sulzer aus Winterthur. Die Unterzeichnung des Vertrages geschah im Februar 1867 und die Eröffnung der Anstalt erfolgte am 2. Oktober 1867. Die Actionäre beziehen nicht mehr als 5%, der Ueberschuss wird zur Amortisation der Actien verwendet. Sobald die Actien amortisirt sind, geht die Anstalt unentgeltlich in den Besitz der Stadt über. Gaspreis vorläufig 14 Frcs.**) pro 1000 c'. 49 Strassenflammen und etwas über 1400 Privatflammen, deren Erstellung noch nicht abgeschlossen ist. Betrieb mit Saarbrücker Steinkohlen (Heinitz) mit Zusatz von böhmischen Plattenkohlen. Die Anstalt hat 5 Thonretorten (1 Ofen à 3, 1 à 2 Ret.) und 1 gusseiserne Ret. in besonderem Ofen, 1 Condensator mit 5 Röhren, 1 Scrubber, 2 Reiniger für je 12 c' Kalk, 1 Stationsgasmesser zu 24,000 c', 1 Gasbehälter für 12,000 c', 1 Regulator für die tiefer gelegenen Fabriken, 1 zweiten für das ca. 130' höher gelegene Dorf, 21,176 schweiz. Fuss Röhrenleitung von 5" bis 2" Weite, 50 nasse Gasuhren. Nebenprodukte sind bisher nicht verwerthet. Anlagecapital 120,000 Frcs.

---

*) 1000 c' preuss. = 1091,84 c' engl.
**) 1 Franc = 100 Centimes = 8 Silbergr. = 28 kr. südd. Währ.

Herne (Westphalen). 2000 Einwohner. Eigenthümerin: die Steinkohlenzeche Shamrock. Die Anstalt wurde hauptsächlich zur Beleuchtung der Zeche erbaut und im October 1866 in Betrieb gesetzt. Seitdem ist sie jedoch, um auch die Nachbarschaft und das Dorf Herne mit Gas versorgen zu können, erweitert worden. Die Dauer der Concession ist nicht begrenzt. Der Gaspreis ist auf 2$^1/_2$ Thlr. pro 1000 c$'$ festgesetzt, die Lichtstärke auf 12 Wachskerzen zu 6 Stück auf 1 Pfd. berechnet. Bis jetzt sind noch keine Strassenflammen vorhanden und da das Unternehmen noch in der Entwickelung liegt, so kann über die Produktion u. s. w. nichts Bestimmtes angegeben werden. Betrieb mit Kohlen aus der Zeche Hibernia in Gelsenkirchen. Die Anstalt hat 8 Thonretorten in 2 Oefen à 4 Retorten, 4 Kalkreiniger 4$'$ 10$''$ × 2$'$ und 3 nasse Reiniger von 2$'$ Durchmesser, 2 Gasbehälter von 10,500 c$'$ und 3000 c$'$ Inhalt, 225 Ruthen 4zöll. Röhren und 700 Ruthen 3zöll. Röhren, 1 nasse Gasuhr von der London Gas Meter Comp. in Osnabrück. Anlagecapital ca. 17,000 Thlr.

Hersfeld (Hessen). 7000 Einwohner. Eigenthümerin: eine Actiengesellschaft, doch sind $^2/_3$ der Actien in Händen der Stadt. Verwaltet wird die Anstalt von drei Directionsmitgliedern, von welchen zwei die Stadt, einer die Actionäre vertreten. Sobald die Privat-Actien zurückgezahlt sind, geht die Anstalt in das ausschliessliche Eigenthum der Stadt über. Schon im Jahre 1847 ging man mit dem Plane um, die Gasanstalt zu errichten, und wurden Zeichnungen und Voranschlag durch Herrn Commissionsrath Dr. Jahn in Dresden dazu angefertigt, allein die Ausführung wurde durch die Ereignisse des Jahres 1848 verschoben, bis sich im Jahre 1861 die Actiengesellschaft bildete. Diese übertrug 1862 den Bau dem Herrn L. A. Riedinger in Augsburg, und von diesem wurde die Anstalt am 2. November desselben Jahres eröffnet. Gaspreis 2$^1/_3$ Thlr. pro 1000 c$'$ engl. und für 800 Brennstunden einer Strassenflamme 7 Thlr. Die Leuchtkraft beträgt 12 Wachskerzen-Helle (6 auf 1 Pfd.) für 3 bis 3$^1/_2$ c$'$ Consum pro Stunde. Die Controle wird durch die städtischen Vertreter ausgeübt. Produktion im Jahre 1866/67: 2,049,300 c$'$ engl., Maximalproduktion am 14. Dec. 13,400 c$'$, Minimalproduktion am 19. August 600 c$'$. 97 Strassenflammen mit je 1043 Brennstunden jährlich und 1111 Privatflammen mit einem Jahresconsum von 1,416,200 c$'$. Betrieb mit westphälischen Steinkohlen (Hibernia) zuweilen mit etwas Boghead-Zusatz. Die Anstalt hat 6 Thonretorten von Vygen & Co. (1 Ofen à 1, 1 à 2,

1 à 3 Ret.), liegende Condensation 8 Stück 5zöll. Röhren 10′ lang, Scrubber von 3¹/₂′ Durchmesser und 15′ Höhe, 2 Reiniger (Laming'sche Masse), Stationsgasmesser, 1 Gasbehälter mit 15,000 c′ Inhalt, Druckregulator, 16,000′ Röhrenleitung von 5″ bis 1¹/₂″ Weite, 137 nasse Gasuhren von L. A. Riedinger und S. Elster und 3 trockene von Th. Glover in London. Coke und Theer werden verwerthet.

Hildburghausen (Sachsen-Hildburghausen). 5500 Einwohner. Eigenthümerin: die Actiengesellschaft für Gasbereitung in Hildburghausen, welche die Anstalt an Herrn E. Schlamp verpachtet hat. Gründer und Erbauer: Herr E. Kausler, der das Unternehmen im December 1865 an obige Actiengesellschaft abgetreten hat. Eröffnet im November 1865. Concessionsdauer 50 Jahre. Wenn nach dieser Zeit keine neue Vereinbarung oder ein Kauf seitens der Stadt erfolgt, so dauert der Vertrag in infinitum fort. Leuchtkraft für 4¹/₂ c′ Gasconsum per Stunde 14 Stearinkerzen-Helle, 6 auf 1 Zollpfd. Die Stadt hat das Recht der Controle. Gaspreis für die Stadt 3 fl. 20 kr. und für die Privaten 5 fl. 30 kr. pro 1000 c′ engl. 87 Strassenflammen mit 4 c′ Consum per Flamme, 870 Privatflammen. Produktion ca. 1,800,000 c′ per Jahr, die sich wohl bald auf 2 Mill. und darüber erhöhen wird. Betrieb mit Zwickauer Steinkohlen. Die Anstalt hat 6 Retorten (1 Ofen à 3, 1 à 2, 1 à 1 Ret.) von J. R. Geith, Condensator mit doppelt wirkendem Luftzug, liegenden Wascher, 2 trockene Reiniger (aufgeschlossenes Eisenoxyd), Gasbehälter mit 10,000 c′ Inhalt, 16,000′ Röhren von 4 bis 1″ Weite, 85 nasse Gasuhren von L. A. Riedinger, Stationsgasuhr und Regulator. Coke wird verkauft, der Theer theilweise verkauft, theilweise auf der Gasanstalt zu chemischen Präparaten verarbeitet. Anlagecapital 54,000 fl. Vergl. Journ. f. Gasbel. 1865 S. 266.

Hilden bei Düsseldorf (Preussen). 3300 Einwohner. Eigenthümerin: eine Actien-Commanditgesellschaft, bestehend aus Bürgern von Hilden, unter der Firma: W. Kampf & Co. Gerant und Dirigent: W. Kampf jun. Erbauer: Herr Ingenieur H. Nachtsheim aus Köln. Eröffnet am 22. September 1864. Gaspreis 2 Thlr. 10 Sgr. pro 1000 c′. 25 Strassenflammen mit 900 Brennstunden jährlich und 6 c′ Consum per Stunde. Produktion 1¹/₂ bis 1³/₄ Mill. c′ jährlich. Betrieb mit Ruhrkohlen. Die Anstalt hat 9 Retorten (2 Oefen à 3, 1 à 2, 1 à 1 Ret.), 1 Condensator und Wascher, 4 Kalkreiniger, 1 Gasbehälter mit 14,000 c′ Inhalt, 700 Ruthen Röhrenleitung von 5″

bis 2'' Weite, 100 nasse Gasuhren von S. Elster. Nebenprodukte werden verkauft. Anlagecapital 18,000 Thlr.

Hildesheim (Hannover). 20,630 Einwohner (einschliesslich des der Stadt angrenzenden Fleckens Moritzberg mit 830 Einwohnern). Eigenthümerin: die Commune Hildesheim, welcher für die Ausdehnung in den Flecken Moritzberg von der Fleckensgemeinde ausschliessliche Concession auf Röhrenanlagen in den öffentlichen Strassen ertheilt ist, unter der Bedingung, dass die Gemeinde und deren Angehörige von der Gasanstalt stets gleiche Preise und Bedingungen der Gasentnahme schon geniessen, wie die Stadt Hildesheim und deren Bewohner. Erbauer und derzeitiger Dirigent: Herr W. Kümmel. Der Beschluss der Commune über Einführung der Gasbeleuchtung datirt vom December 1860. Der Betrieb der Anstalt und deren Verwaltung ist einer städtischen Deputation übertragen, welche dieselbe, unter Verantwortlichkeit ihres Technikers, nach einem von der Stadtverwaltung genehmigten Haushaltsplane ganz selbstständig versieht. Der Bau ist im Juni 1861 begonnen, der Betrieb am 13. December desselben Jahres eröffnet. Betrieb mit westphälischen Steinkohlen, vorwiegend Hannibal und Holland. 460 Strassenflammen zu $5\frac{1}{2}$ c' Consum, welche sämmtlich bis $10\frac{1}{2}$ Uhr, 100 als Nachtlaternen bis zum Morgen brennen. 651 Consumenten mit 6000 Flammen. Die Commune zahlt für die Unterhaltung und den Gasverbrauch der Laternen eine feste Summe von 1500 Thlr., so dass die Gasanstalt zu den auf etwa 4100 Thlr. sich stellenden Kosten der öffentlichen Beleuchtung einen Betrag von 2600 Thlr. zulegen muss. Der Gaspreis für Private ist seit 1863 pro 1000 c' engl. 2 Thlr., ohne allen Rabatt, er soll aber am 1. Juli 1868 auf 1 Thlr. 20 Sgr. herabgesetzt werden. Jahresconsum ca. 15 Mill. c'. Die Strassenflammen consumiren 3,800,000 c', die Privaten 11,048,000 c' vorwiegend in kleinen Beträgen, da grosse Fabriken nicht vorhanden sind. Maximalabgabe in 24 Stunden 105,250 c', Minimalabgabe 12,350 c'. Die Anstalt hat 4 Oefen à 6 und 1 Ofen à 3 Retorten, welcher zu 4 umgebaut wird; Retorten ⌓ Form, Normalprofil V bei 8 Fuss Länge, von der Société de produits réfractaires à St-Ghislain; Unterfeuerung mit Coke und in einem Ofen mit Theer. Ursprünglich kleine Schornsteine für jeden Ofen, welche jetzt, zur Vermeidung der nachbarlichen Einsprachen wegen des Theerofenrauches beim Schüren, durch einen $103\frac{1}{2}$' hohen Schornstein für alle Oefen ersetzt sind, dessen Einfluss auf die Hitze der

Oefen sehr merklich ist. Vergasung in $3\frac{1}{2}$ und 4 Stunden bei regelmässigen Chargirungen von 250 Pfd. Kohlen. 72' Röhren Condensation mit 583 □' Oberfläche (Ventilationsröhren mit 16'' und 8'' Durchmesser), 1 Scrubber $3' \times 7' \times 9'$, 1 Beale'scher Exhaustor, 4 Reiniger
zu je 152 □' Grundfläche (Raseneisenstein), 1 Nachreiniger von gleicher Grösse (Kalk), 2 Gasbehälter von zusammen 120,000 c' Inhalt,
65,000 lfd. Fuss Hauptröhren von 10'' bis 2'' Durchmesser. Nasse
Gasuhren von E. Smith. Die Uhren sind sämmtlich Eigenthum der
Gasanstalt, und werden den Consumenten miethfrei überlassen. Für
die Verarbeitung des Gaswassers ist eine Salmiakfabrik angelegt, zu
welcher Seitens der Gasanstalt die Räumlichkeiten und das Wasser,
Seitens des Unternehmers alle Apparate, Materialien und Arbeitslöhne
gestellt werden; letzterer hat pro Centner fabrizirten rohen Salmiak
eine Zahlung von 2 Thlr. an die Gasanstalt zu leisten. Ursprüngliches
Baucapital 100,000 Thlr., nachträgliche Erweiterungen bis ult. 1867
26,800 Thlr.; diese sind sämmtlich aus den Betriebsmitteln beschafft,
während gleichzeitig von der Bauschuld 16,100 Thlr. abgetragen wurde,
so dass diese jetzt noch 83,900 Thlr. beträgt. Das Baucapital ist von
der Stadtcommune angeliehen und wird mit 4% p. a. verzinst.

Hirschberg (Schlesien). 10,500 Einwohner. Eigenthümer und
Dirigent: Herr C. Schwahn. Der Erwerber der Concession war
Herr A. Neumann in Breslau. Derselbe cedirte sie an die Herren
F. A. Bourzutschky in Potsdam und Holmes in Huddersfield in
England, welche beide das Gaswerk erbauten. Letzterer verkaufte
im Jahre 1859 oder 1860 seinen Antheil an Herrn Bourzutschky,
von dem das Werk im Jahre 1861 an den gegenwärtigen Besitzer
verkauft wurde. Eröffnet am 1. April 1859. Concessionsdauer vom Tage
der Eröffnung an 50 Jahre. Nach deren Ablauf kann die Stadt das
Gaswerk zu einem von Sachverständigen festzustellenden Taxwerth
erwerben, oder den Vertrag auf je weitere 10 Jahre verlängern.
Leuchtkraft für 5 c' Consum 10 Wachskerzen Helle. Gaspreis vom
1. October 1867 an $2\frac{1}{3}$ Thlr. pro 1000 c'. Jahresproduktion pro
1866: 4,606,000 c'. Maximalproduktion in 24 Stunden 28,000 c', Minimalproduktion 3000 c'. 106 Strassenflammen mit 618,000 c' Jahresconsum. Betrieb mit niederschlesischen Kohlen aus der Glückhilfgrube
bei Waldenburg. Die Anstalt hat 10 Retorten (1 Ofen à 5, 1 à 3,
1 à 2 Ret.), 78' Röhrencondensation $5\frac{1}{2}''$ weit, 1 Beale'schen
Exhaustor mit $1\frac{1}{2}$ Pferdekraft Dampfmaschine, 2 Scrubber mit 10 □'

Querschnitt und 60 c′ Inhalt, 3 Reiniger (Wiesenerz und Kalk), 2 Gasbehälter mit 13,000 c′ und 20,000 c′ Inhalt, etwa 22,000 lfd. Fuss Hauptrohrleitung von 6″ bis 1¹/₂″ Durchmesser, 175 nasse Gasuhren von Schäffer & Walcker.

Hirschfelde bei Zittau (Sachsen). Die Flachsspinnerei des Herrn H. C. Müller hat eine eigene Privatgasanstalt.

Höchst (Nassau). 3000 Einwohner. Eigenthümer: die Höchster Gasbeleuchtungs-Gesellschaft. Dirigent: Herr P. A. Bied. Erbauer: die Herren Jooss Söhne in Landau. Eröffnet am 20. Febr. 1865. Der Vertrag läuft 50 Jahre. Nach Ablauf dieser Zeit oder nach Ablauf der behufs der vollständigen Tilgung des Actiencapitals weiter erfolgenden Concessionszeit geht die Anstalt unentgeldlich an die Stadt über, die dann aber verpflichtet ist, das Gas zu einem so billigen Preise zu liefern, dass nur die Betriebs- und Verwaltungskosten gedeckt sind. 43 Strassenflammen, deren jede 4500 c′ jährlich consumirt, 1184 Privatflammen. Produktion vom 1. August 1866 bis dahin 1867: 1,910,981 c′. Normalpreis für 1000 c′ engl. 5 fl. Dabei wird Rabatt gewährt bei einem Jahresconsum von 20,000 c′ 2%, von 30,000 c′ 5%, von 40,000 c′ 8%, von 50,000 c′ 11%, von 60,000 c′ 14% und von 70,000 c′ 17%. Die Stadt und die milden Stiftungen zahlen 4 fl. pro 1000 c′, das Kochgas kostet 3 fl. pro 1000 c′ engl. Bei einer Jahresdividende über 6% werden die Gaspreise ermässigt. Betrieb mit Saarkohlen, selten Ruhrkohlen. Die Anstalt hat für den Winter 1 Ofen mit 3 Retorten, für den Sommer einen Ofen mit 1 Ret., 2 Reiniger (Laming'sche Masse), 1 Gasbehälter mit 10,000 c′ Inhalt, etwa 8000′ Röhrenleitung von 5″ bis 2″ Weite, nasse Gasuhren von Schäffer und Walcker. Theer wird meistens verfeuert. Anlagecapital 50,000 fl. Die Stadt ist mit 9500 fl. Actiencapital betheiligt.

Hörde (Westphalen). 9750 Einwohner. Eigenthümer zu ¹/₄ die Stadt, zu ³/₄ eine stille Gesellschaft. Erbauer: Herr Ingenieur Brandt, Director der Gasanstalt in Halberstadt. Eröffnet am 15. Januar 1862. Leuchtkraft wenigstens 12 Wachskerzen, 6 auf 1 Pfundpacket, bei 9″ 2‴ Länge, für höchstens 6 c′ Gasverbrauch per Stunde. Gaspreis für Private 1⁵/₆ Thlr., für grössere Abnehmer 1 Thlr. 14 Sgr. 8¹/₄ Pf. pro 1000 c′. Für 900 Brennstunden der Strassenflammen werden 6 Thlr. 26¹/₄ Sgr. bezahlt. 54 Strassenflammen mit einem Jahresconsum von 305,702 c′ in 43,009 Brennstunden, 1500 Privatflammen.

Jahresproduktion 4,122,737 c'. Betrieb mit westphälischen Steinkohlen
(Hannibal und Dorstfeld). Die Anstalt hat 10 Retorten 21″ × 15″ × 8′
von Vygen & Co. in Duisburg (1 Ofen à 4, 2 à 3 Ret.), 1 Condensator, 1 Wascher, 3 Reiniger (Laming'sche Masse und Kalk), 1 Gasbehälter mit 16,000 c' Inhalt. Nebenprodukte werden verkauft.

Hötensleben bei Magdeburg. Die Privatgasanstalt der Zuckerfabrik der Herren Brandes & Vasel ist im Jahre 1861 durch den
Herrn Ingenieur H. Liebau in Magdeburg umgebaut worden. Es wird
die Fabrik mit mehr als 200 Flammen und eine grosse Kaserne mit
ca. 60 Flammen beleuchtet.

Höxter (Westphalen). 4500 Einwohner. Gründer und Eigenthümer: Herr F. Aschoff. Erbauer: Herr C. Mayer von Cöln. Eröffnet am 15. September 1867. Nach 30 Jahren hat die Stadt das Recht,
die Anlage käuflich zu übernehmen und zwar zum 15fachen Betrage
des durchschnittlichen Reingewinnes der letzten 3 Jahre, nach 40 Jahren
zum 10fachen, nach 50 Jahren zum 5fachen Reingewinn, und nach
60 Jahren fällt die Anstalt unentgeldlich an die Stadt. Leuchtkraft
für 6 c' Consum pro Stunde 12 Wachskerzen (6 auf 1 Pfd.). Gaspreis
2 Thlr. 20 Sgr. pro 1000 c', bei 2 Mill. c' Gasconsum 2 Thlr. 10 Sgr.,
bei 3 Mill. und darüber 2 Thlr. Die Stadt bezahlt 2 Thlr. und hat
bei 2 Mill. Gesammtconsum 5% Rabatt, bei jeder Million weiter wiederum weitere 5%. 50 Strassenflammen mit 6 c' stündlichem Consum
und 900 Brennstunden jährlich; 750 Privatflammen. Betrieb mit westphälischen Steinkohlen (Hannibal). Die Anstalt hat 7 Retorten von
⌂ Form 18″ × 12″ × 8′ von Möhl & Co. in Mülheim a/Rh. (2 Oefen
à 3, 1 à 1 Ret.), 1 Condensator, 1 Scrubber mit durchlöcherten Platten,
3 Reiniger (Kalk), 1 Gasbehälter von 35′ Durchmesser und 15′ Höhe,
14,000 lfd. Fuss Leitungsröhren von 6″ bis 1½″ Weite, 80 nasse
Gasuhren von Th. Spielhagen.

Hof (Bayern). 14,000 Einw. Eigenthümerin: die Gasbeleuchtungs-
Actiengesellschaft. Dirigent: Herr Baumgärtl. Das Privilegium
datirt von 1854 und läuft auf unbestimmte Zeit. Die Eröffnung fand
am 24. December 1854 statt. Die Anstalt wurde unter der Leitung
des Herrn Commissionsrathes Dr. Jahn von Dresden gebaut. Bei
Verpachtung und Verkauf der Anstalt hat die Stadt das Vorkaufsrecht. Die Gesellschaft ist verpflichtet, falls im Laufe der Zeit eine
bessere Gasart als Steinkohlengas hergestellt werden könnte, die für

die Consumenten vortheilhafter wäre, diese herzustellen. Die Stadt
ist mit 35,000 fl. Actiencapital betheiligt und dafür sind 5% Zinsen
garantirt. Die Gesellschaft hat das Recht in allen Strassen und Plätzen
Röhren zu legen, mit der Bedingung, dass unentgeldlich der Bedarf
an Röhren und Laternen für öffentliche Beleuchtung geschafft wird,
wo immer die Stadt solche wünscht. Lichtstärke 7 Wachskerzen-
Helle, 4 auf 1 Pfd. für 5 c′ bayer.*) Gasconsum per Stunde. Dem
Magistrat steht es stets frei, photometrische Versuche vorzunehmen.
Betrieb mit Zwickauer Steinkohlen. Produktion 1866: 12,378,000 c′
bayer. 262 Strassenflammen mit je 1696 Brennstunden im Jahr. Die
Stadt zahlt für die Strassenbeleuchtung 3 fl. 21 kr. pro 1000 c′ bayer.
4191 Privatflammen mit einem Durchschnittsconsum von 2273 c′ per
Flamme. Private zahlen 4 fl. und Fabriken bei einem Consum von
2 Mill. per Jahr 3 fl. 12 kr. Im Jahr 1868 wird der Gaspreis auf
3 fl. 30 kr. für die kleinen Consumenten und 2 fl. 48 kr. für grosse
Consumenten herabgesetzt. 31 Stück ⌓ Retorten Nr. 5 und 8 der
Normalformen (2 Oefen à 3 Ret., 3 à 6, 1 à 7 Ret.), Condensator
mit 800 □′ Kühlfläche, 1 Scrubber mit 170 □′ Fläche, 1 Scrubber
nach King mit 222 □′ Fläche und 14 Blechlagen, Exhaustor für
100,000 c′ pro 24 Stunden, Wascher, 2 gemauerte Reiniger von je
55 □′ Querschnitt und 6 Hordenlagen (Laming'sche Masse), 4 gusseiserne Reiniger von je 20 □′ Querschnitt mit je 2 Horden für Kalk
zur Nachreinigung, Stationsgasuhr, Regulator, 2 Gasbehälter mit je
16,000 c′ Inhalt und 1 desgleichen mit 40,000 c′ Inhalt, 47,000′ Röhrenleitung von 8 bis 1¹/₂″ excl. Zuleitungen zu den Laternen. 285 nasse
Gasuhren von S. Elster und Siry Lizars & Co. Ammoniakwasser
wird auf schwefelsaures Ammoniak verarbeitet, welches vollkommen
weiss dargestellt wird, Theer zu Dachpappen. Das ganze Anlagecapital beträgt 149,000 fl., das Actiencapital 75,000 fl. Vergl. Journ.
f. Gasbel. 1860 S. 143, 1865 S. 175.

Holzminden (Braunschweig). 5275 Einwohner. Eigenthümerin:
die Stadt. Erbauer: Herr Ingenieur Clauss aus Braunschweig. Eröffnet am 19. September 1867. Mit Herstellung der Eisenbahnen
Kreiensen-Holzminden und Beken-Holzminden war das Bedürfniss einer
angemessenen Strassenbeleuchtung dringender geworden, und da die
Betheiligung des Bahnhofs, sowie der Baugewerkschule, die bis dahin

---

**) 1000 c′ bayer. = 878 c′ engl.

ihr eigenes Gaswerk hatte, in Aussicht gestellt wurde, so wurde der
Beschluss zur Errichtung der städtischen Anstalt gefasst. Gaspreis für
Private $2^1/_2$ Thlr. pro 1000 c′ engl. 87 Strassenflammen. Von der
Eröffnung bis ultimo December 1867 sind 1,691,480 c′ producirt. Betrieb mit westphälischen Steinkohlen (Hibernia). Die Anstalt hat 9
Retorten (2 Oefen à 3, 1 à 2, 1 à 1 Ret.), 1 Condensator, 1 Scrubber von
3′ Durchmesser, 10′ hoch, 3 Reiniger $4^1/_2′ \times 3^1/_2′$ (Laming'sche Masse),
1 Gasbehälter mit 20,000 c′ Inhalt, Hauptröhren von 6″ bis $1^1/_2″$ Weite,
nasse Gasuhren von S. Elster. Anlagecapital 32,616 Thlr.

Homburg v. d. Höhe (Hessen-Homburg). 8039 Einwohner.
Gründerin und Erbauerin: die anonyme Gesellschaft der vereinigten
Pachtungen des Kurhauses und der Mineralquellen in Homburg.
Dirigent: Herr J. M. Schmitt. Erbauer Herr Knoblauch-Diez
aus Frankfurt am Main. Eröffnet am 20. Januar 1859. Von der
Eröffnung bis Ende April wurde die Anstalt nur fürs Kurhaus
benutzt. Mit Anfang Mai desselben Jahres wurde mit dem Legen
der Hauptröhren durch die Strassen der Stadt begonnen, und das Gas
an Privaten zu 13 fl. pro 1000 c′ abgegeben. Ein besonderer Vertrag
mit der Stadt existirt nicht. Seit 1. Juli 1862 wurde der Gaspreis
auf 10 fl. pro 1000 c′ herabgesetzt. Die ganze Strassenbeleuchtung
hat die Gesellschaft auf eigene Rechnung übernommen, auch bei
Mondschein zu beleuchten. Es brennen 160 Flammen bis 1 Uhr, 17
Flammen die ganze Nacht, was bei 2 c′ Consum per Stunde einem
Jahresconsum von 840,360 c′ entspricht. Ferner brennen gratis das
Krankenhaus, Waisenhaus, Versorgungshaus, die neue Synagoge, die
Handwerkerschule und Bürgermeisterei u. s. w. — zusammen 80,500 c′
per Jahr. Der stündliche Verbrauch einer Flamme von 12 bis 13
Normalkerzen Helle ist $1^1/_2$ c′ engl. Spec. Gewicht 0,78 bis 0,80.
Jahresproduktion 7,611,400 c′. (Das Kurhaus mit Theater braucht über
3,600,000 c′ allein). Stärkste Abgabe in 24 Stunden 34,480 c′, schwächste
Abgabe 10,240 c′. 2242 Flammen im Kurhaus und Theater, 2700
Flammen bei 595 Privaten. Betrieb mit Boghead. Die Anstalt hat
19 Thonretorten (Normalform Nr. VIII) (2 Oefen à 5, 3 à 3 Ret.),
180 Fuss 8zöll. Condensationsröhren, 1 Scrubber von 95 c′ Inhalt, 5
trockene Reiniger mit 650 □′ Hordenfläche (4 mit Lamingscher Masse
und 1 hinter den Gasbehältern mit Kalk), 2 Gasbehälter mit zusammen 67000 c′ Inhalt, 32,560 lfd. Fuss Leitungsröhren von 8″ bis 2″
rhl. Weite, 595 nasse und 2 trockene Gasuhren, erstere meistens von

S. Elster. Theer wird an die Fabrik des Herrn J. Brönner verkauft. Anlagecapital ca. 182,000 fl.

Hückeswagen (Preussen). 2768 Einwohner. Eigenthümerin: eine Gesellschaft. Dirigent: Herr E. Johann. Erbauer: Herr Ingenieur O. Kellner in Deutz. Eröffnet Ende 1863. Gaspreis 2 Thlr. 10 Sgr. pro 1000 c′. 31 Strassenflammen mit reichlich 1000 Brennstunden jährlich. Jahresproduktion 1866/67: 2,833,000 c′ engl. Maximalproduktion in 24 Stunden 13,773 c′, Minimalproduktion 3100 c′.

Husum (Schleswig). 5000 Einwohner. Eigenthümerin: die Stadt. Dirigent: Herr C. Hansen. Die Anstalt ist von der Commune Husum gegründet, und von dem Architekten Herrn Mohr in Elmshorn erbaut. Eröffnet den 11. Sept. 1863. Jahresproduktion 3,500,000 c′. Maximalproduktion in 24 Stunden 20,000 c′, Minimalproduktion 4000 c′. 100 Strassenflammen brennen mit 6 c′ pro Stunde von Eintritt der Dunkelheit bis $10^1/_2$ Uhr sämmtlich, von da ab brennen 32 Stück bis 4 Uhr Mrgs. 240 Privatconsumenten consumiren $2^1/_2$ Mill. c′. Das spec. Gewicht des Gases wird auf 0,38 bis 0,40 gehalten. Betrieb mit englischen Steinkohlen (Hartlepool oder Brancepeth). Die Anstalt hat 9 Retorten in 3 Oefen, Röhrencondensator, 10 Röhren 14′ lang, Scrubber $11′ \times 2^1/_2′$, 3 in Cement gemauerte Reiniger à 100 c′, Regulator, Gasbehälter mit 20,000 c′ Inhalt, 25,000′ Röhrenleitung von 6″ bis 2″ Weite, 250 nasse Gasuhren von S. Elster in Berlin. Coke und Theer werden verkauft. Anlagecapital 31,000 Thlr., welches in 20 Jahren abgetragen wird. Ausser den vorschriftsmässigen Abtragungen ist bis jetzt ein Reservefonds von 4400 Thlr. preuss. gesammelt.

Jauer (Schlesien). 9000 Einwohner. Eigenthümerin: die Stadt. Dirigent: Herr Hoensch. Erbauer: Herr Gasdirector Firle aus Breslau. Eröffnet am 1. Dezember 1862. Jahresproduktion 4 Mill. c′. Maximalproduktion in 24 Stunden 28,000 c′, Minimalproduktion 2500 c′. 96 Strassenflammen mit 650,000 c′ Jahrescons. und 1520 Privatflammen mit 300,000 c′ Consum. Betrieb mit schlesischen (Waldenburger) Kohlen. Die Anstalt hat 4 Oefen und zwar 2 à 3 und 1 à 5 Retorten, sämmtlich ⌂ förmig, sodann 1 Ofen à 6 Ret. von ovaler Form, 2 Condensatoren, 1 Scrubber, 1 Wascher, 4 Reiniger (Laming'sche Masse und Kalk), 1 Exhaustor nach Beale, 1 Gasbehälter von 20,000 c′, 20,000′ Röhrenleitung, 194 nasse Gasuhren von J. Pintsch. Neben-

produkte finden guten Absatz. Das von der Stadt aufgenommene Capital
betrug 50,000 Thlr., es wurden hievon aber nur 43,000 Thlr. zum Bau
verwendet.

Jerxheim (Braunschweig). 1300 Einwohner. Eigenthümerin: die
Actien-Zuckerfabrik Söllingen bei Jerxheim. Dirigent: Herr Dr. H.
Eissfeldt. Im Sommer 1866 legte die Zuckerfabrik eine Gasanstalt
für ihren eigenen Gebrauch an, welche auf Wunsch mehrerer Bewohner des Dorfes auf dieses ausgedehnt wurde, nachdem eine hin-
längliche Anzahl Flammen gezeichnet war. Erbauer: Herr Ingenieur
H. Liebau in Magdeburg. Eröffnet am 15. Sept. 1866 und mit Ausnahme der drei Monate Mai, Juni und Juli, wo jedes Jahr wegen
zu geringen Consum ausgesetzt wird, in regelmässigem Betriebe. Der
Vertrag mit den Consumenten des Dorfes läuft ab, wenn die Zuckerfabrik die Gasproduktion einstellt, es wird aber den Consumenten das
Ankaufsrecht gewährt. Gaspreis für die Privatconsumenten $2^1/_2$ Thlr.
pro 1000 c' engl., die Fabrik berechnet sich 1000 c' mit 2 Thlr. Nach
Amortisation von 25% der Anlage tritt eine Ermässigung von $^1/_4$ Thlr.
für die Consumenten des Dorfes ein. Als Lichtstärke sind 15 Kerzen
für 4 c' im Argandbrenner garantirt. Die Gesammtproduktion im Jahre
1866 betrug 900,000 c', wovon die Zuckerfabrik die Hälfte consumirt
hat. In den Wintermonaten, so lange die Fabrik arbeitet, beträgt die
Tagesproduktion 5 bis 6000 c', hernach sinkt sie allmählig auf 4 bis
5000 c' per Woche herunter. 8 bis 10 Strassenflammen sind projectirt,
im Dorfe sind 180 Privatflammen, in der Zuckerfabrik 110. Betrieb
mit westphälischer Steinkohle (Consolidation). Die Anstalt hat 3 Retorten, wovon 1 eiserne in einem, 2 Chamotteretorten im zweiten Ofen,
1 Cokecondensator mit Wäsche, 2 Reiniger 4' lang, 3' breit, 3' hoch,
in der Mitte getheilt mit je 3 Horden (Laming'sche Masse und Kalk),
Gasbehälter von 3000 c' Inhalt, 6500' Leitungsröhren, 45 nasse Gasuhren von S. Elster. Theer und Coke werden verwerthet, ersterer
theilweise verfeuert.

Ausserdem existiren bei Jerxheim noch zwei Privatgasanstalten,
und zwar die eine in der Actien-Zuckerfabrik Watenstedt mit etwa
190 Flammen, die andere in der Zuckerfabrik der Herren Schliep-
hake & Co. in Dedeleben mit etwa 250 Flammen. Beide Fabriken
sind gleichfalls von Herrn Ingenieur H. Liebau in Magdeburg ausgeführt worden.

Ilm (Schwarzburg-Rudolstadt). 2600 Einwohner. Eigenthümer:

Herr Fabrikbesitzer E. W. Schmidt, Firma Schmidt & Reinhardt. Die Anstalt dient nur zur Beleuchtung der Fabrik. Sie wurde im Herbst 1863 durch Herrn E. Below in Leipzig eingerichtet, und am 4. April 1864 eröffnet. Es sind 130 bis 140 Flammen mit sehr verschiedener Brennzeit im Gange und werden täglich 2500 bis 3000 c′ Gas verbraucht. Das Gas wird aus gefetteten Wollabfällen dargestellt, und nur wenn diese nicht ausreichen, aushülfsweise mitunter aus westphälischen Steinkohlen. Es sind zwei gusseiserne Retorten vorhanden, eine im Betrieb und eine in Reserve. Ausserdem hat die Anstalt einen Condensator, einen Wascher, einen Reiniger (Laming'sche Masse) und 1 Gasbehälter mit 3000 c′ Inhalt. Anlagecapital 5700 Thlr.

St. Imier (Schweiz). 5000 Einwohner. Gründerin und Erbauerin: die Société du gaz-riche de St. Imier, eine Actien-Gesellschaft, welche im Jahre 1860 unter Betheiligung der Compagnie générale du gazriche „E. de Caranza & Co." in Paris gebildet worden ist. Letztere Gesellschaft hat den Betrieb der Mitte December 1860 eröffneten Anstalt bis Ende December 1862 geführt. Die Concession läuft vom Jahre 1860 an 30 Jahre. Leuchtkraft für 40 Liter*) Gasconsum 24 Kerzen oder 1 Carcellampe mit 42 Gramm Oelverbrauch per Stunde. Der Gaspreis beträgt 1 Franc 60 Cent.**) für 1 Cubikmeter.***) 51 Strassenflammen, welche bis 11 Uhr Abends 56,450 Stunden mit 50 Litres Consum per Stunde brennen, 98 Privatconsumenten mit 835 Flammen. Jahresproduktion 14,728 Cubikmeter. Betrieb mit einem Material welches ausschliesslich von der Gesellschaft Caranza & Co. geliefert wird, und aus einer Mischung von Boghead, fetten Steinkohlen und Sägespähnen besteht. Zur Heizung der Oefen werden Saarkohlen und Coke von St. Etienne verwendet. Die Anstalt hat 8 gusseiserne Retorten (Thonretorten haben nicht entsprochen) in 4 Oefen, 2 Gasbehälter, jeden mit 75 Cubikmeter Inhalt, 3400 Meter Röhrenleitung von asphaltirtem Blech und 80 bis 30 Millim. Durchmesser, 120 nasse Gasuhren. Actiencapital 85,500 Francs.

Immenstadt (Bayern). Die Bindfadenfabrik Immenstadt hat eine eigene Privatgasanstalt.

St. Ingbert (Rheinpfalz). 7000 Einwohner. Eigenthümerin: die Stadt. Dirigent: Herr W. Klein. Das Capital ist von der Stadt

---

*) 1000 Liter = 1 Cubikmeter.
**) 1 Franc = 100 Centimes = 8 Silbergr. = 28 kr. südd. Währ.
***) 1 Cubikmeter = 35.32 c′ engl.

angeliehen und wird mit 5%, verzinst. Zur Amortisation müssen jährlich mindestens 2000 fl. verwendet werden. Erbauer: Herr J. A.
Hillenbrand aus Neustadt a/H. Eröffnet am 10. Februar 1867.
Der Gaspreis ist vorläufig auf 4 fl. pro 1000 c' engl. festgestellt, grösseren Consumenten wird Rabatt gewährt, und zwar bei 50,000 c' 5%,
bei 100,000 c' 10%, bei 500,000 c' 15% und bei 1 Mill. c' 25%.
Die Anstalt liefert den Consumenten die Leitung bis an die Gasuhren
unentgeltlich. Die Uhren werden gemiethet und mit 7% verzinst.
Von der Eröffnung bis Ende October 1867 sind 3 Mill. c' engl. producirt worden, die geringste Abgabe in 24 Stunden war 7299 c' engl.,
die höchste Ende October 20,000 c'. 88 Strassenflammen, die bis
11½ Uhr Abends brennen und 5 c' Gas per Stunde consumiren. 1324
Privatflammen. Betrieb mit St. Ingbert-Kohlen. 1 Ctnr. dieser Kohlen
liefert 520 — 530 c' engl. Gas. 11 Retorten von J. Sugg & Co. in
Gent. (1 Ofen à 5, 2 à 3 Ret.), Aufsteigeröhren von 6'' Weite, Röhrencondensator mit 11 Röhren von 5'' Weite und 2,75 M. Länge (zur
weiteren Condensation ist noch eine Kühlvorrichtung angebracht), 2
runde Reiniger von 2 M. Durchmesser und 0,95 M. Höhe, in denselben
ist zugleich der Waschapparat angebracht, Clegg'scher Wechselhahn
(Reinigung mit Kalk), Stationsgasuhr von S. Elster, 2 Gasbehälter
mit je 16,500 c' engl. Inhalt, ein Regulator mit 6 zöll. Ausgang für
die Stadt, und 1 Regulator mit 4 zöll. Ausgang für das tiefer gelegene
Eisenwerk. Von der Anstalt gehen zwei Rohrstränge à 4'' in die
Stadt und einer auf das Eisenwerk. Im Ganzen besteht die Leitung
aus 3116 M. 4 zöll., 1070 M. 3 zöll., 340 M. 2½ zöll. und 2346 M.
2 zöll. Gussröhren, die mit Gummiringen gedichtet sind. Die Zweigleitungen zu Häusern und Laternen sind aus ¾ zöll. Eisenröhren hergestellt. 172 nasse Gasuhren von Th. Spielhagen. Zur Sicherheit
ist vor dem Condensator ein Sicherheitsapparat angebracht, welcher
das Gas bei Verstopfungen ins Freie führt und so allenfallsige Explo-
sionen verhindert. Zur Erwärmung der Gasometerbassins ist hinter
den Oefen ein Dampfkessel angelegt, der durch das abgehende Feuer
der Oefen geheizt wird. Der Theer wird zur Unterfeuerung benützt.
Der Grünkalk wird als Dünger verkauft. Das Ammoniakwasser wird
unter den Rosten verdampft. Das Anlagecapital ist 82,000 fl.

Ingolstadt (Bayern). 11,000 Einwohner incl. 3000 Mann Militär.
Eigenthümerin: die Gesellschaft für Gasindustrie in Augsburg. Deren
Director: Herr Winterwerber. Specialdirigent: Herr Merlack.

Gründer und Erbauer: Herr L. A. Riedinger. Eröffnet am 10. October 1863. Lichtstärke 14 Stearinkerzen Helle, 6 auf 1 Pfd., für 5 c′ Gasconsum per Stunde. Gaspreis für Private 5 fl. 30 kr. per 1000 c′, für Strassenbeleuchtung 1,2 Kreuzer pro Brennstunde und Laterne, 116 Strassenflammen mit 114,802 Brennstunden jährlich, 1236 Privatflammen mit 1711 c′ durchschnittlichem Consum per Jahr und Flamme. Jahresproduktion gegen 3,000,000 c′. Maximalconsum in 24 Stunden 16,000 c′, Minimalconsum 2200 c′. Betrieb mit Zwickauer, Stockheimer und böhmischen Steinkohlen. Die Anstalt hat ⌓ Retorten in Oefen von 1, 2 und 3 Ret., Reinigung nach Feldbausch, 22,000 Fuss Rohrleitung von 7″ bis 1¹/₂″ Weite, nasse Gasuhren von L. A. Riedinger in Augsburg.

Insbruck (Tirol). 19,000 Einwohner. Eigenthümerin: die Gesellschaft für Gasindustrie in Augsburg. Deren Director: Herr L. Winterwerber. Specialdirigent: Herr Heinrich. Gründer und Erbauer: Herr L. A. Riedinger. Eröffnet am 20. November 1859. Lichtstärke 14 Wachskerzen, 5 auf 1 Pfd., für 5 c′ Gasconsum per Stunde. Gaspreis für Privaten 6 fl. österr. W. pro 1000 c′ engl., für Laternen 1,64 Neukr. österr. W. per Stunde und Flamme. 235 Strassenflammen mit 407,000 Brennstunden per Jahr, 3210 Privatflammen mit einem Durchschnittsconsum von 1705 c′ per Flamme jährlich. Jahresproduktion gegen 8,000,000 c′. Maximalconsum in 24 Stunden 41,000 c′, Minimalconsum 7000 c′. Betrieb mit Tannenholz aus der Umgegend. Die Anstalt hat ⌓ Retorten in Oefen à 2, 1 und 3 Ret., Reinigung mit trockenem Kalk, ca. 30,000′ Hauptröhren von 7″ bis 1¹/₂″ Weite, nasse Gasuhren von L. A. Riedinger.

Insterburg (Preussen), 13,500 Einwohner. Eigenthümerin: die Stadt. Dirigent: Herr H. Merkens. Die Anstalt wurde 1864 durch Herrn W. Kornhardt in Stettin erbaut, und am 22. September desselben Jahres eröffnet. Der Gaspreis beträgt bei einem Jahresconsum bis incl. 10,000 c′ 2 Thlr. 25 Sgr., bis 50,000 c′ 2 Thlr. 20 Sgr., bis 100,000 c′ 2 Thlr. 15 Sgr., über 100,000 c′ 2 Thlr. 5 Sgr. pro 1000 c′. 186 Strassenflammen, die per Stunde mit 5 c′ berechnet werden, und 1800 Privatflammen. Jahresproduktion 1866/67: 6,211,300 c′ preuss. Maximalproduktion in 24 Stunden 42,400 c′, Minimalproduktion 2000 c′. Betrieb mit englischen Steinkohlen (Nettlesworth, Sunderland,

Prim Rose). Ausbeute 1710 c′ preuss.*) aus 1 Tonne**) (4 Berliner
Scheffel). Die Anstalt hat 12 Retorten (1 Ofen à 5, 1 à 4, 1 à 2,
1 à 1 Ret.). Die Retorten sind oval, 15″ × 21″ weit und 8′ 5″ lang.
Der Dampfkessel liegt auf dem Feuerungscanal. 1 Schaufelcondensator
mit 2 Röhren, 1 Scrubber, 1 Wascher mit Rührwerk, 1 Beale'schen
Exhaustor, 3 Reiniger (Wiesenerz, obere Lage Kalk), 2 Gasbehälter
zu je 20,000 c′ Inhalt, 36,000′ Leitungsröhren von 7″ bis 1¹/₂″ Weite,
174 nasse Gasuhren von S. Elster in Berlin. Coke und Theer werden verwerthet. Die Anstalt kostete ursprünglich 61,365 Thlr. 29¹/₂ Sgr.
Durch den Bau des zweiten Gasbehälters und Verlängerung des
Röhrensystems ist das Anlagecapital auf 75,000 Thlr. gestiegen.

Interlacken (Schweiz). 3000 Einwohner. Gründerin und Eigenthümerin: eine Actiengesellschaft, aus Bürgern und der Gemeinde,
resp. aus den Gasabonnenten gebildet. Dirigent: Herr Senger. Erbauer: die Herren Gebrüder Sulzer von Winterthur. Eröffnet am
1. August 1866. Lichtstärke 13 bis 14 Kerzen, 4 auf 1 Pfd., für
4¹/₂ c′ engl. Gasconsum per Stunde. Gaspreis 14 Francs***) pro 1000 c′
engl. 48 Strassenflammen mit 1000 Brennstunden jährlich und 4¹/₂ c′
Consum per Flamme, 1700 Privatflammen mit einem Durchschnittsconsum von 925 c′ jährlich per Flamme. Jahresproduktion 1,700,000 c′.
Maximalproduktion in 24 Stunden 14,000 c′, Minimalproduktion 1500 c′.
Betrieb mit Saarkohlen. Die Anstalt hat 6 Retorten (1 Ofen à 3, 1 à 2,
1 à 1 Ret.), 1 Condensator mit 5 Stück 7zöll. Röhren, 1 Scrubber von
4′ Durchmesser, 11′ hoch, 2 Reiniger 4′ × 4′ mit 4 Horden (Laming'sche
Masse und Kalk), 1 Gasbehälter mit 13,000 c′ Inhalt, 8000′ Rohrleitung
von 6″ bis 2″ Weite, 57 nasse Gasuhren von Siry Lizars & Co.
Anlagecapital 150,000 Francs.

Iserlohn (Westphalen). 15,000 Einw. Eigenthümerin: die Iserlohner
Gas-Actien-Gesellschaft. Dirigent: Herr C. Rancke. Erbauer: Herr
Ingen. W. Ritter in Solingen. Eröffnet den 21. März 1857. Der Vertrag
läuft vom Tage der Eröffnung an auf 25 Jahre, nach deren Ablauf die
Stadt befugt ist, die Anstalt anzukaufen, und zwar entweder zu den aus
den Büchern der Gesellschaft sich ergebenden Anlagekosten, oder zu dem
arithmetischen Mittel aus dem Bautaxwerth und dem mittleren Ertrags-

---

*) 1000 c′ preuss. = 1091,84 c′ engl.
**) 1 Tonne preuss. Kohlen = ca. 340—360 Pfd.
***) 1 Franc = 100 Centimes = 8 Silbergr. = 28 kr. südd. Währ.

werth der letzten 5 Jahre. Der Entschluss, die Anstalt kaufen zu wollen,
muss von der Stadt 3 Jahre vorher ausgesprochen werden, widrigenfalls eine stillschweigende Verlängerung der Concession auf weitere
15 Jahre eintritt, nach deren Ablauf aber die Anstalt in den unentgeldlichen Besitz der Stadt übergeht. Leuchtkraft 12 Normalkerzen
(gute Wachskerzen $9^{1}/_{2}''$ lang, 6 auf 1 Pfd.) bei einem Maximalverbrauch von 6 c′ preuss.*) per Stunde. Der Gaspreis ist für Private
2 Thlr. 20 Sgr. pro 1000 c′ preuss. mit $5^{0}/_{0}$ Rabatt bei einem jährlichen Consum von für 300 Thlr. und mehr, für die Stadt bei der
Strassenbeleuchtung pro Flamme und Stunde $2^{1}/_{2}$ Pfennige mit $25^{0}/_{0}$
Rabatt, die Flamme zu einem Consum von 5 c′ angenommen. Jahresproduction 8—9 Mill. c′. 168 Strassenflammen mit einem Jahresconsum
von 1,500,000 c′, 5100 Privatflammen. Betrieb mit westphälischen Steinkohlen (Holland). Die Anstalt hat 24 Thonretorten von J. Sugg & Co.
$21'' \times 12^{1}/_{2}'' \times 8^{1}/_{2}'$ (1 Ofen à 6, 3 à 5, 1 à 3 Ret.), Luftcondensator von 285 □′ Kühlfläche, 2 Wascher, 4 Reiniger (3 gleichzeitig
im Gebrauch befindliche haben 290 □′ Hordenfläche), (Reinigung mit
Rasenerz), 1 Exhaustor von Schiele ist projectirt, 1 Gasbehälter von
60,000 c′ Inhalt, 395 nasse Gasuhren von Moran, Rohrleitung von
$8''$ bis $1^{1}/_{2}''$ Weite. Coke, Theer und Grünkalk werden verkauft.
Actiencapital 70,000 Thlr.

Itzehoe (Holstein). 7000 Einwohner. Eigenthümerin: eine Actiengesellschaft. Dirigent: Herr H. Schäff. Gegründet wurde die Anstalt durch die Herren C. Witt, Ch. de Voss, A. Berghofer, C. H.
Westphal, J. Ritters, welche zuerst die Direction bildeten. Erbaut ist die Anstalt durch Herrn Baumeister Kühnell in Berlin, und
eröffnet am 27. October 1857. Die Concession läuft von 1857 an auf
30 Jahre, nach deren Ablauf die Stadt die Anstalt zum derzeitigen
Kostenpreise übernehmen kann, wenn sie den Betrieb selbst in die
Hand nimmt. Lichtstärke für 5 c′ Consum vorschriftsmässig 6 Wachskerzen-Helle, 6 auf 1 Pfd. Gaspreis für Private 5 Mk.**) mit $2—12^{0}/_{0}$
Rabatt bei einem Consum von 100 Mk. bis 3000 Mk. im Jahr. Die
Zuckerfabrik zahlt 3 Mk. 8 Sch., die Kirche 4 Mk., die Stadt für die
öffentliche Beleuchtung 2 Mk. 8 Sch. pro 1000 c′. Jahresproduktion
im letzten Betriebsjahr 8,469,200 c′. Maximalproduktion in 24 Stunden

---

*) 1000 c′ preuss. = 1091,84 c′ engl.
**) 1 Mark Cour. = 16 Schilling = 12 Silbergroschen = 42 kr. südd. Währ.

45,300 c′, Minimalproduktion 6300 c′. 134 Strassenflammen mit je
970 Brennstunden à 5 c′ Consum. 212 Privatleitungen mit 2966
Flammen (darunter eine Zuckerfabrik mit über 600 Flammen). Betrieb
mit Newcastle Kohlen und einem Zusatz von Cannel. Die Anstalt
hat 19 Retorten (1 Ofen à 6, 2 à 5, 1 à 3 Ret.), 140′ 6zöll. Condensationsröhren, 2 Wascher, wovon einer beständig im Betrieb, 4 Reiniger mit zusammen 312 □′ Hordenfläche (Laming'sche Masse und Kalk),
1 Gasbehälter von 36,000 c′ Inhalt, 1 Nachreiniger, 2 ,550′ Leitungsröhren von 6″ bis 2″ Weite, 200 nasse Gasuhren von E. Smith in
Hamburg. Nebenprodukte werden verkauft. Anlagekosten am 1. Mai
1867 168,166 Mk. Das Actiencapital beträgt 131,250 Mk. Ausserdem
sind an Hypothekschulden, von denen in den letzten Jahren abbezahlt
worden sind, 34,000 Mk. vorhanden. Näheres Journ. f. Gasbel. 1861
S. 400, 1866 S. 110.

Jüterbogk (Preussen). Die, den Herren S. Elster, J. Plagge
in Berlin und W. Kornhardt, Director der Gasanstalt in Stettin,
gehörige und von Letzterem erbaute Gasanstalt ist am 18. Oct. 1867
eröffnet worden.

Kaiserslautern (Rheinpfalz). ca. 15,000 Einwohner. Eigenthümerin:
eine Actiengesellschaft. Dirigent: Herr A. Hoffmann. Erbauer:
Herr Martin Aleiter aus Mainz. Eröffnet am 23. December 1858.
Die erste Anregung zur Einführung der Gasbeleuchtung ging von den
Herren O. Beylich und Dr. C. Stölzel im Anfang des Jahres 1856
aus. Ursprünglich wollte man die nöthigen Geldmittel durch ein Anlehen beschaffen, und die Verwaltung auf Regie der Stadt betreiben,
doch zog man später vor, die Gesellschaft zu gründen, bei welcher
übrigens die Stadtgemeinde mit 40,000 fl. betheiligt ist. Ein Vertrag
mit der Stadt ist nicht abgeschlossen. Statutarisch hätte die Leuchtkraft des Gases bei 5 c′ Consum nur 9 Stearinkerzen, 6 auf 1 Pfd.,
gleich zu sein, doch wird darauf gesehen, dass dieselbe nicht unter
12 Kerzen fällt. Der statutengemässe Gaspreis von 4 fl. ist freiwillig
auf 3 fl. 30 kr. pro 1000 c′ ermässigt worden. 207 Strassenflammen,
welche bis 12 Uhr alle, und von da ab 42 Stück an den Hauptorten
vertheilt bis Tag brennen, haben 1423 Brennstunden durchschnittlich.
5101 Privatflammen haben einen Durchschnittsconsum von 1836 c′
per Flamme und Jahr. Jahresproduktion reichlich 14 Mill. c′. Maximalproduktion in 24 Stunden 77,500 c′, Minimalproduktion 11,700 c′.
Betrieb mit Saarbrücker Steinkohlen (Heinitz- und etwas St. Ingbert-

Kohlen). Die Anstalt hat 21 Thonretorten (1 Ofen à 6, 3 à 4, 1 à 3 Ret.)
von ⌂ Form, Condensator aus 20 Stück 7zöll. Röhren von 9' Länge
bestehend, Wascher von 1 Meter Durchmesser, 1 Scrubber von 1,25 M.
Durchmesser und 2,50 M. Höhe mit Schwarzdorn gefüllt, 2 Reiniger
2,80 M. lang, 1,80 M. breit und 1,20 M. tief (Eisenoxyd und Kalk),
1 Stationsgasuhr, 2 alte Gasbehälter mit je 19,000 c' Inhalt und 1 neuer
Gasbehälter mit 35,000 c' Inhalt, 1 Hauptröhrenstrang von 7'' Weite
nach der Stadt und 1 desgleichen von 5'' Weite nach der Bahn und
dem neuen Fabrikviertel, 13,880 M. Rohrleitung von 7'' bis 1'' Weite,
512 nasse Gasuhren meist von S. Elster. Theer wird grösstentheils
verfeuert, Ammoniakwasser in einen nahen Bach geleitet, Grünkalk
als Düngmaterial verkauft. Actiencapital 90,000 fl. Zu Neuanlagen
wurden ohne Erhöhung des Actiencapitals bis jetzt ca. 30,000 fl. verwendet. Näheres Journ. f. Gasbel. 1859 S. 90, 1862 S. 253, 1863
S. 107, 1864 S. 134, 1865 S. 102, 1866 S. 109, 1867 S. 215.

Kalk (Rheinprovinz). 4000 Einwohner. Eigenthümer und Erbauer:
Herr Otto Kellner in Deutz. Eröffnung der Fabrik im September 1863.
Dauer des Vertrags 35 Jahre, nach deren Ablauf freie Concurrenz zulässig ist; nach 25 Jahren vom Tage der Eröffnung an hat die Stadt
jedoch schon das Recht der Erwerbung der Anlage für den zehnfachen
Betrag des Durchschnitts-Reinertrages der letzten 3 Jahre. Lichtstärke
des Gases bei 6 c' Consum pro Stunde gleich 12 Stearinkerzen, wovon
6 auf 1 Pfund gehen. Der Unternehmer hat 24 Strassenlaternen
während der Dauer des Vertrages zu je 1200 Brennstunden unentgeldlich zu unterhalten; für jede Brennstunde darüber hinaus werden
2 Pf. vergütet. Die Privatconsumenten bezahlen bei 2 Mill. c' Gesammtconsum: 2 Thlr. 25 Sgr. bis zum Jahresconsum von 50,000 c', 2 Thlr.
20 Sgr. bei 500 — 10,000 c', 2 Thlr. 10 Sgr. bei 100 — 150,000 c',
2 Thlr. darüber hinaus; bei 2—4 Mill. c' Gesammtconsum vermindert
sich jeder der obigen Preise um 5 Sgr.; bei mehr wie 4 Mill. c' nochmals um 5 Sgr. Privatconsum in Kalk ca. 1,700,000 c'; jedoch ist
die Fabrik auf eine grössere Produktion eingerichtet, da sie nach ge-
troffener Uebereinkunft noch einige gewerbliche Etablissements ausserhalb ihres Concessionsgebietes mit Gas zu versorgen hat. Betrieb mit
Ruhrkohlen, vorzugsweise von der Zeche Bonifacius. Es sind angelegt
4 Oefen à 3 Retorten, 1 Kühlapparat, 1 Wascher, 2 Scrubber, 4 Kalkreiniger, 1 Stationsgasmesser von Elster, 1 Gasbehälter von 32,000 c'
Inhalt von F. Neumann, 1 Regulationsschieber von Walker & Co. in

London, ca. 25,000′ Rohrleitung von 8″ bis 2″ Durchmesser. 70 nasse
Gasmesser von Elster. Coke und Theer werden verkauft. Ammoniakwasser wird unentgeldlich abgegeben, der verbrauchte Kalk muss entfernt werden. Anlagecapital ca. 45,000 Thlr.

Karbitz (Böhmen). Die Spinnerei von Karbitz hat eine eigene
Privat-Gasanstalt.

Kattowitz (Schlesien). 5026 Einwohner. Gründer und Eigenthümer: die Herren Major v. Thiele-Winkler, geheimer Rath
Grundmann, Hüttendirector Kremski, Gasdirector Kornhardt,
Bauinspector Nottebohm. Disponent: Herr Kremski. Erbauer:
Herr Kornhardt, Director der Gasanstalt in Stettin. Tag der Eröffnung: 1. Januar 1864. Jahresproduktion 1867: 5,964,800 c′ gegen
1,993,820 c′ im ersten Jahr. Gaspreis bei einem Consum von über
100,000 c′ 2 Thlr. 10 Sgr., bei über 70,000 c′ 2 Thlr. 15 Sgr., bei
50,000 c′ 2 Thlr. 20 Sgr. und unter 50,000 c′ 2 Thlr. 25 Sgr. Lichtstärke 13 Spermazetikerzen, 4 auf 1 Pfd. 100 Strassenflammen mit
6 c′ Consum per Stunde und ca. 1200 Brennstunden jährlich, 1600
Privatflammen. Betrieb mit Steinkohlen (Königshütte). Die Anstalt
hat 16 ovale Retorten (1 Ofen à 7, 1 à 4, 1 à 3, 1 à 2 Ret.), 1
Schaufelcondensator bestehend aus 2 Röhren von 14′ Höhe und je 1
Rohr 1½′ Durchmesser, 1 Cokecondensator 16′ hoch 3′ im Durchmesser, 1 Scrubber 4′ im Durchmesser mit Rührwerk, 3 Reiniger je
5′ im Quadrat (Wiesenerz und Kalk), 1 Gasbehälter mit 15,500 c′
Inhalt, 11,000′ Röhrenleitung von 5″ bis 1½″ Durchmesser, 104 nasse
Gasuhren von S. Elster in Berlin. Theer wird verkauft. Anlagecapital ca. 38,000 Thlr.

Kaufbeuern (Bayern). 4850 Einwohner. Eigenthümerin: die Gesellschaft für Gasindustrie in Augsburg. Deren Director: Herr L.
Winterwerber. Specialdirigent: Herr M. Feldbausch. Gründer
und Erbauer: Herr L. A. Riedinger. Eröffnet am 28. Oct. 1863.
Lichtstärke für 5 c′ Consum per Stunde 14 Stearinkerzen, 6 auf 1 Pfd.
Gaspreis für Privaten 5 fl. 30 kr. pro 1000 c′ bayer.*), für Strassenflammen 1 kr. pro Brennstunde und Laterne. 76 Strassenflammen mit
zusammen 125,000 Brennstunden per Jahr, 1458 Privatflammen mit
1600 bis 2700 c′ Durchschnittsconsum per Flamme und Jahr. Jahres-

---

*) 1000 c′ bayer. = 878 c′ engl.

produktion je nach der Arbeitszeit der Fabriken 3 bis $4^1/_2$ Mill. c'. Maximalproduktion in 24 Stunden 17,000 bis 25,000 c', Minimalproduktion 1500 c'. Betrieb mit Kohlen aus Zwickau, Böhmen, Bayern und Saarbrücken. Die Anstalt hat ⌓ förmige Retorten, in Oefen mit 1, 2 und 3 Retorten, Reinigung nach Dr. Deicke und Feldbausch, ca. 23,000' Rohrleitung von $5^1/_2''$ bis $1^1/_2''$ Weite, nasse Gasuhren von L. A. Riedinger.

Kehl (Baden). 2000 Einwohner. Eigenthümer: Herrn J. N. Sprengs Erben. Dirigent: Herr Ingenieur C. Lang in Carlsruhe. Gründer Herr J. N. Spreng in Carlsruhe 1861. Erbauer: Herr W. Morstadt. Eröffnet im November 1861. Die Concession läuft bis 1886. Nach ihrem Ablauf kann die Stadt die Anstalt zum Taxwerthe, resp. um die Summe des Nutzens der letzten 10 Jahre übernehmen oder Concurrenz eintreten lassen. Leuchtkraft für $4^1/_2$ c' Gasconsum 7 Wachskerzen, 4 auf 1 Pfd. Gaspreis für öffentliche Beleuchtung sowie städtische und Staatsanstalten 4 fl. 30 kr. pro 1000 c', für Privaten 5 fl. 30 kr. Jahresproduktion 2,650,000 c'. Maximalproduktion in 24 Stunden 14,000 c', Minimalproduktion 3000 c'. 50 Strassenflammen mit durchschnittlich 855 Brennstunden im Jahr, 912 Privatflammen mit 2400 c' durchschnittlichem Jahresconsum per Flamme. Betrieb mit Saarkohlen. Die Anstalt hat 6 Thonretorten von J. R. Geith, (1 Ofen à 3, 1 à 2, 1 à 1 Ret.), 1 Röhrencondensator, 1 Wascher, 2 Reiniger (Laming'sche Masse), 1 Gasbehälter mit 12,000 c' Inhalt, 13,000 c' Röhrenleitung von 6'' grösster Weite, 80 nasse Gasuhren von S. Elster.

Kempten (Bayern). 11,000 Einwohner. Eigenthümerin: die Kempter Actiengesellschaft für Gasbeleuchtung. Dirigent: Herr Chr. Hempel. Im Jahre 1857 hat Herr L. A. Riedinger den Vertrag mit der Stadt Kempten über Einführung der Gasbeleuchtung abgeschlossen, und den Bau der Anstalt ausgeführt, so dass Mitte December 1857 die regelmässige Beleuchtung mit Gas eröffnet werden konnte. Im Jahre 1861 mit dem 1. Januar ging die Anstalt aus dem Besitze des Herrn Riedinger an die Actiengesellschaft über. Die Stadt hat das Recht, die Anstalt nach 40 Jahren für den 15fachen Betrag der Netto-Jahresrente der letzten 10 Jahre anzukaufen. Macht sie von diesem Rechte keinen Gebrauch, so wird die Vertragsdauer auf weitere 5 zu 5 Jahre verlängert, falls nicht zwei Jahre vor deren Ablauf Kündigung eintritt. Gaspreis 5 fl. 30 kr. pro 1000 c', Strassenflammen

kosten pro Flamme und Stunde 1 kr. 177 Strassenflammen mit
150,000 Brennstunden und 750,000 c′ Gasconsum. 3500 Privatflammen
mit 7¹/₄ Mill. c′ Consum. Maximalconsum 70,000 c′, Minimalconsum
4000 c′ in 24 Stunden. Betrieb mit Holz (2 Oefen à 3, 1 à 1, 1 à
6 Retorten), 4 Reiniger, 3 Gasbehälter mit je 17,000 c′ Inhalt. Anlagecapital 200,000 fl.

Kettwig (Rheinpreussen). 4000 Einwohner. Es bestehen zwei
Privatgasanstalten, welche das Gas aus Wollfett und aus Kohlen fabri-
ciren. Die eine dieser Anstalten, dem Herrn Fabrikbesitzer J. Scheid
gehörig, liefert auch Gas für die Strassenbeleuchtung und für Private.

Kiel (Holstein). 20,000 Einwohner. Eigenthümerin: die Stadtcommune. Dirigent: Herr H. Speck. Der Beschluss über Einführung
der Gasbeleuchtung datirt von Ende 1855, die Anstalt wurde von
Herrn Baumeister und Director Kühnell in Berlin erbaut, und am
11. November 1856 eröffnet. Weiter ausgebaut, im Jahre 1864 um
1 Gasbehälter und im Jahre 1867 um 3 Oefen vermehrt, wurde sie
durch den jetzigen Dirigenten. Die Lichtstärke bei 6 c′ stündlichem
Consum im Argandbrenner beträgt 16 Stearinkerzen Helle, 6 auf ein
Pfund mit 120 Gran Consum an Stearin per Stunde. Jahresproduktion 22,500,000 c′ hamb.*). Maximalproduktion in 24 Stunden
113,000 c′, Minimalproduktion 20,700 c′. 326 öffentliche und 28 private Strassenflammen mit 2490 Brennstunden pro Flamme, und
4,929,882 c′ Gesammtconsum per Jahr. 4975 Privatflammen mit einem
jährlichen Durchschnittsconsum von 3232 c′. Im Allgemeinen vertheilt
sich der Consum: auf Private 71;5⁰/₀, auf öffentliche Laternen 21,9⁰/₀,
Selbstverbrauch 1,9⁰/₀ und Verlust 4,7⁰/₀. Betrieb mit englischen
Steinkohlen (Waldridge mit Zusatz von 5⁰/₀ Boghead). 1 Ctr. Kohlen
gibt im Durchschnitt 605 c′ hamb. Gas, 4,5 Pfd. Theer, 1 Raummaass
Kohlen an Coke 1,7; 1 Retortenladung 173,4 Pfd., 1 Ret. liefert pro 24
Stunden 5100 c′. Die Anstalt hat 49 ov. Ret. von Niemann & Co.
in Flensburg 14″ × 22″ × 8′ (5 Oefen à 7, 1 à 6 mit Theerfeuerung,
1 à 5, 1 à 3 Ret.), Röhrencondensator, King'scher Scrubber 8′ × 4′
× 10′, Beale'scher Exhaustor von S. Elster, 2 Wascher, 4 Reiniger
(Laming'sche Masse), 1 Reiniger (Kalk), 3 Gasbehälter zu resp.
20,000 c′, 20,000 c′ und 35,000 c′ Inhalt, 64,416 hamb. Fuss Röhren-

---

*) 1000 c′ hamb. = 831,15 c′ engl.

leitung von 9″ bis 2″ Weite, 605 nasse Gasuhren von Th. Edge und S. Elster, letztere mit Regulirvorrichtung für den Wasserstand. Das Anlagecapital von 126,300 Thlr. ist bis auf 67,450 Thlr. abgetragen. Näheres s. Journ. f. Gasbel. 1859 S. 323, 1860 S. 286, 1861 S. 325, 1863 S. 31 und 365, 1865 S. 298.

Kissingen (Bayern). Man hat lebhafte Anstrengungen gemacht, diesen berühmten Badeort auch endlich mit Gasbeleuchtung zu versehen, und 1864 war Alles soweit vorbereitet, dass Herr L. A. Riedinger den Bau der Anstalt beginnen sollte, aber es ist der Opposition, an deren Spitze Herr Dr. Heim zu stehen scheint (vergl. Journ. f. Gasbel. 1864 S. 245) unbegreiflicher Weise gelungen, die Sache wieder hinauszuschieben, und so rühmt sich denn die Verwaltung der „kgl. Gas- und Soolebadanstalt" in dem Fragebogen, den sie die Güte hatte, zu beantworten, dass ihre Anstalt „keine Leuchtgasanstalt, sondern eine Badeanstalt mit Benützung von kohlensaurem Gase sei."

Kitzingen (Bayern). 6000 Einwohner. Eigenthümerin: die Stadt. Dirigent: Herr W. Ruth. Der Gründer der Anstalt war der rechtsk. Bürgermeister Herr Schmiedel, der Erbauer derselben Herr C. Knoblauch-Diez aus Frankfurt a/M. Eröffnet im Jahre 1861. 120 Strassenflammen und 200 Privatconsumenten. Jahresproduktion ca. 2 Mill. c′. Betrieb mit westphälischen und Saarbrücker Kohlen. Die Anstalt hat 14 Stück ⌂ förmige Thonretorten (1 Ofen à 6, 1 à 5, 1 à 3 Ret.), Condensator, Scrubber, 3 Reiniger (Kalk), 1 Gasbehälter mit 15,000 c′ Inhalt, 200 nasse Gasuhren von Berliner Fabriken und von Jacob Sohn in Würzburg.

Klagenfurt (Kärnthen). 14,000 Einwohner. Herr L. A. Riedinger in Augsburg schloss unterm 16. April 1860 mit der Gemeinde Klagenfurt einen Vertrag, in Folge dessen die Gasanstalt im Jahre 1862 von demselben errichtet wurde. Der Bau, dessen Leitung Herr Ingenieur A. Hilbe führte, wurde am 7. April 1862 begonnen, und am 18. November desselben Jahres fand bereits die Eröffnung des Betriebes statt. Mit diesem Tage ging zugleich die Anstalt in den Besitz des Herrn Fidelis Bütsch Privatiers in Augsburg über laut Kaufvertrag vom 21. November 1862. Die Leitung der Anstalt übernahm sogleich Herr Franz Scherer und führt selbe auch gegenwärtig fort. Die Concession läuft vorläufig auf 40 Jahre, und tritt bei weiterer Verleihung des ausschliesslichen Rechtes zum Betriebe der Gasbeleuchtung eine Ermässigung des Preises für öffentliche Beleuchtung ein. Der Gaspreis für öffentliche Beleuchtung ist $1^7/_{10}$ kr. pro Stunde und Flamme, für Private 6 fl. pro 1000 c'. 241 öffentliche und 2200 Privatflammen consumiren zusammen 5 Mill. c' engl. Gas jährlich. Höchster Consum 31,700 c'. Betrieb mit Holz. Früher eiserne, jetzt Thonretorten in 3 Oefen. 2 Gasbehälter à 15,000 c' Inhalt, 240 nasse Gasmesser von L. A. Riedinger, 29,000' Hauptröhren und 8000' gusseiserne Zuleitungen, also zusammen 37,000' gusseiserne Röhren.

Kochstedt bei Egeln (bei Magdeburg). Die Zuckerfabrik des Herrn Silberschlag hat eine vom Herrn Ingenieur H. Liebau in Magdeburg 1864 erbaute Privatgasanstalt mit ca. 130 Flammen.

Königsberg (Preussen). 100,000 Einwohner. Eigenthümerin: die Commune. Der Beschluss der Behörde über Einführung der Gasbeleuchtung datirt von Ende 1851. Erbauer: Herr Baumeister Kühnell in Berlin. Eröffnet am 19. November 1852. Dirigent: Herr J. G. Hartmann. Betrieb mit englischen Steinkohlen, grösstentheils Pelton Main und Leverson's Wallsend. 1106 Strassenflammen mit je 2100 Brennstunden jährlich und 7 bis 8 c' preuss.*) Consum per Stunde und 1500 Privatconsumenten mit ca. 22,000 Flammen. Für die Strassenflammen wird Nichts vergütet, Private zahlen bei einem jährlichen Consum bis zu 10,000 c' 2 Thlr. 5 Sgr. 6 dl., von 10,000 bis 100,000 c' 2 Thlr. und für 100,000 c' und darüber 1 Thlr. 24 Sgr. 6 dl. pro 1000 c'. Die Produktion im letzten Betriebsjahre war 77,727,910 c', die grösste Abgabe in 24 Stunden 440,000 c', die geringste Abgabe 70,300 c'. Der Kohlenverbrauch 1866 war 48,097 Tonnen à 4 Berliner Scheffel**). Der Anstalt stehen 148 Retorten zu Gebote, Oefen zu 3, zu 6 und zu 7 Retorten, die meisten mit 6. Zwei Oefen werden mit Theer und Zufluss von Wasser geheizt. 12 Condensatoren von Gusseisen, 3' Durchmesser und 12' Höhe mit Kühlung durch Luft von Innen und Aussen; innerer Cylinder $1^1/_2$' Durchmesser. Der Ring zwischen den Cylindern ist durch vertikale Scheidewände in zwei Hälften getheilt, so dass das Gas in der einen Hälfte unten einströmt, aufsteigt, und in der zweiten Hälfte herunter fällt

---

*) 1000 c' preuss. $=$ 1091,84 c' engl.

**) 1 Tonne preuss. Kohlen $=$ ca. 340—360 Pfd.

und unten in den nächsten Condensator übergeht, 2 Beale'sche Exhaustoren (1 à 24″, 1 à 16″ Durchmesser), 4 Wascher von 5′ Durchmesser, zu je 2 mit einander verbunden, 8 Reiniger mit 1584 □′
Hordenfläche (Reinigung mit Eisenerz, verbessert nach der Deicke'-
schen Methode), 3 Gasbehälter mit zusammen 200,000 c′ Inhalt, 253,200
lfd. Fuss Röhrenleitung von 18″ bis 1¹/₂″ Weite, 1700 nasse Gasuhren,
meist von Pintsch. Anlagecapital 400,000 Thlr. Näheres s. Journ.
f. Gasbel. 1861 S. 63 und 403, 1862 S. 445, 1864 S. 390, 1866 S.
69, 1867 S. 212.

Königshütte (Schlesien). ca. 4000 Einwohner, wird aber durch
Hinzutreten der Nachbargemeinden bald 16,000 Einwohner erhalten.
Eigenthümer: das königl. preuss. Hüttenamt. Dirigent: Herr Julius
Schubert. Erbauer: Herr W. Kornhardt, Director der Gasanstalt
in Stettin. Eröffnet am 1. November 1865 mit 900 Flammen. Im
Sommer 1867 wurde ein zweiter Dampfkessel, eine vierte Reinigungs-
maschine, ein Sechserofen und ein Anbau zur Bereitung der Reinigungsmasse vom Dirigenten der Anstalt aufgestellt. In diesem Jahre
wird die Anstalt wegen der grösseren Ausdehnung der Hütte und
Grube abermals vergrössert und zwar verdoppelt werden. Die Beamten der Hütte und Grube bezahlen 25 Sgr., Private 1 Thlr. 25 Sgr.
pro 1000 c′. Die Grube hat über Tage 120 und unter Tage (200 bis
220′ tief) 40 Flammen, die Hütte zur Beleuchtung der Hohöfen,
Walzwerke, Maschinen und Kessel 800 Flammen, zur Beleuchtung der
Schienenwege und der Hauptstrasse 200 Laternen, zusammen 1160
Flammen. Ausserdem werden aus Gefälligkeit bei Privaten 240
Flammen versorgt. Jahresproduktion 12,000,000 c′. Maximalproduktion in 24 Stunden 46,000 c′, Minimalproduktion 26,000 c′. Betrieb
mit Kleinkohlen von der Königshütter Grube. Die Anstalt hat 23
elliptische Retorten, (1 Ofen à 7, 1 à 6, 2 à 4, 1 à 2 Ret.), 1 Schaufelcondensator, 1 Scrubber mit durchlöcherten Blechplatten, 1 Beale'-
schen Exhaustor, 1 Wascher mit Rührwerk, 4 Reiniger 5′ × 5′ mit
4 Horden (Laming'sche Masse und Kalk), Stationsgasmesser von
S. Elster, 1 Gasbehälter von 18,000 c′ Inhalt, 25,000′ Rohrleitung
von 6″ bis 1¹/₂″ Weite, 13 nasse Gasuhren von S. Elster. Coke
und Theer werden verwerthet. Der Theer theilweise verfeuert. Anlagecapital 42,000 Thlr.

Königslutter (Braunschweig). 2342 Einwohner. Eigenthümerin:
die Stadt. Im Jahre 1865 wurde das Project, eine Anstalt zu er-

richten, aufgenommen, und im Jahre 1866 wurde der Bau durch den Ingenieur Herrn H. Liebau in Magdeburg ausgeführt, resp. die Hochbauten unter dessen specieller Leitung hergestellt. Die Eröffnung fand am 22. November 1866 statt. Seit dem 1. November 1867 ist der Betrieb, den bis dahin Herr Liebau geführt hatte, auf die städtische Verwaltung übergegangen. Gaspreis für Privaten 2 Thlr. 15 Sgr. pro 1000 c′, für die Stadt und Fabriken 2 Thlr. Leuchtkraft 12 Kerzen. Die Anstalt kann jährlich 4 Mill. c′ erzeugen. 40 Strassenflammen mit einem Consum von 4 c′ pro Stunde, und 4—5 Stunden Brennzeit per Abend. Etwa 400 Privatflammen — meist in den nahe an der Stadt gelegenen Zuckerfabriken. Steinkohlenbetrieb. 2 Oefen mit zusammen 6 eisernen Retorten. Coke und Theer werden verkauft. Anlagekosten 25,000 Thlr.

Königswinter (Preussen). 2800 Einwohner. Eigenthümer: Herr Apotheker G. Koldeweg. Erbauer: Herr A. Oster in Bonn. Eröffnet am 1. Sept. 1863. Der Vertrag läuft 45 Jahre. Leuchtkraft 14 engl. Wallrathkerzen. Das Gas kostet pro 1000 c′ die ersten 10 Jahre 3 Thlr. 10 Sgr., die zweiten 10 Jahre 3 Thlr., 5 Jahre weiter 2 Thlr. 20 Sgr. Nach Ablauf dieser 25 Jahre wird ein neuer Preis vereinbart, welcher 3 Thlr. nicht übersteigen darf. Betrieb mit westphälischen Steinkohlen. Die Anstalt hat 6 Retorten (1 Ofen à 3, 1 à 2, 1 à 1 Ret.), 2 Condensatoren, 3 Reiniger (Kalk), 1 Gasbehälter mit 9000 c′ Inhalt, 790 Ruthen Röhrenleitung von 5″ bis 2″ Weite, Gasuhren von Moran in Cöln und S. Elster in Berlin.

Körbisdorf bei Merseburg. Die Zuckerfabrik der Herren Brumhardt, Koch & Co. mit 130 Flammen hat eine eigene am Kohlenhause angebaute Gasfabrik, welche im Jahre 1862 vom Herrn Ingenieur H. Liebau aus Magdeburg eingerichtet ist. Die Kohlensäure wird zur Saturation gewonnen. Anlagecapital 3964 Thlr.

Kohlfurt (Schlesien). Eigenthümerin: die kgl. Direction der Niederschlesisch-Märkischen Eisenbahn. Dirigent: Herr Bahnmeister Thies. Die Anstalt, seit Anfang October 1867 im Betriebe, dient nur für den Bahnhof Kohlfurt, und versorgt bis jetzt die Bahnhofstrasse, die Bureaux, Locomotivschuppen und Empfangssäle. 11 Familienhäuser, die von 71 Beamten bewohnt werden, und 143 Weichen werden später mit Gasbeleuchtung versehen werden. Erbauer: Herr Director Kornhardt in Stettin. Gegenwärtig sind 250 Flammen vorhanden. Tägliche Produktion Anfang November 1867 10,000 c′. Brennzeit der Flammen die ganze Nacht hindurch. Betrieb mit oberschlesischer Kohle. Die Anstalt hat 7 Retorten (1 Ofen à 4, 1 à 2, 1 à 1 Ret.), Condensator, Scrubber, Waschmaschine, Exhaustor mit Dampfmaschine, 3 Reiniger, Gasbehälter mit 10,000 c′ Inhalt, an Röhrenleitung 298′ 5 zöll., 995′ 4 zöll., 1214′ 3 zöll., 2167′ 2¹/₂ zöll., 5900′ 2 zöll., 3789′ 1¹/₂ zöll., 2388′ 1¹/₄ zöll. 10 nasse Gasmesser. Anlagecapital 30,000 Thlr.

Kolbermoor (Bayern). Die mechanische Spinnerei Kolbermoor hat eine von Herrn L. A. Riedinger eingerichtete Privatgasanstalt, in welcher das Gas theils aus Torf dargestellt wird.

Komotau (Böhmen). Die Stadt schloss im Jahre 1864 mit der englischen Gesellschaft J. T. B. Porter & Co. — Firma: Imperial Austrian Gas-Company — einen Vertrag über Einführung der Gasbeleuchtung auf 25 Jahre ab. (Vergl. Journ. f. Gasbel. 1864 S. 215.) Der Bau der Anstalt ist jedoch nicht zur Ausführung gekommen, und die Gesellschaft ist in Auflösung begriffen. Komotau ist heute noch ohne Gasbeleuchtung.

Krakau-Podgòrze (Oesterreichisch-Gallizien). 45,876 Einwohner. Eigenthümerin: die deutsche Continental-Gasgesellschaft in Dessau. Deren Generaldirector: Herr W. Oechelhäuser. Specialdirigent der Anstalt: Herr Albert Voss. Der Vertrag mit der Stadt ist am 16. April 1856 abgeschlossen und läuft vom 1. November 1857 an auf 25 Jahre. Eröffnung der Anstalt am 21. December 1857. Nach Ablauf des Vertrages erfolgt entweder eine Prolongation auf weitere 15 Jahre oder Ankauf der Anstalt. Tritt Prolongation ein, so geht die Anstalt nach deren Verlauf unentgeldlich in den Besitz der Stadt über. Ende 1866 waren 516 Strassenflammen mit einem Durchschnittsconsum von 11251 c′ per Jahr vorhanden und 4146 Privatflammen mit einem Durchschnittsconsum von 2076 c′ per Jahr. Die Strassenflammen werden in ganznächtige und halbnächtige geschieden, die Zahl der jährlichen Brennstunden jener ist 3780, der Consum 5 und 4 c′ Wiener[*]) pro Stunde. Die 5 cub.-füssigen Strassenflammen müssen eine Lichtstärke von 12 Wachskerzen, die 4 cub.-füssigen von 9 — 10 Wachskerzen-Helle haben, von denen 6 auf 1 Pfund gehen. Für eine 5 cub.-füssige ganznächtige Strassenflamme werden jährlich 56 fl. C. M.[**]), für eine 5 cub.-füssige halbnächtige 28 fl. C. M., für eine

---

[*]) 1000 c′ Wiener = 1115,57 c′ engl.
[**]) 1 fl. C. M. = 21 Silbergr. = 1 fl. 13¹/₂ kr. südd. Währ.

4 cub.-füssige ganznächtige 50 fl. C. M. und für eine 4 cub.-füssige
halbnächtige 25 fl. C. M. bezahlt. Der Normalpreis für Private ist
6 fl. C. M. für 1000 c′ Wiener. Rabatt ist contractlich nicht vorgeschrieben. Die Gesellschaft hat den Consumenten aber freiwillig einen
ermässigten Preis gestellt, der nach Maassgabe ihres jährlichen Verbrauches bis auf 5 fl. C. M. herunter reicht. Jahresproduktion (alle
Betriebsangaben beziehen sich auf 1866): 15,432,000 c′ engl. Stärkste
Abgabe in 24 Stunden 75,700 c′, schwächste Abgabe 20,000 c′. Betrieb
mit oberschlesischen Steinkohlen. Aus 1 Tonne Kohlen[*]) wurden
1742 c′ Gas gezogen. Die Anstalt hat 34 Retorten und zwar 3 Oefen
zu je 7 Ret., 2 zu 5, 1 zu 3, Exhaustor nach Beale, 292 lfd. Fuss 7 zöll.
Röhrencondensation, 1 Scrubber von $6^{1}/_{2}$′ Weite, 12′ Höhe, also
398 c′ Inhalt und 33,18 □′ Querschnitt, 1 Wascher mit continuirlich
überfliessendem Wasser, 5 Reiniger mit zusammen 1126 □′ Rostfläche
(Deicke'sche Masse), 1 Gasbehälter mit 58,700 c′ Inhalt, 81,695′ Rohrleitung mit 9″ grösstem Durchmesser, 467 nasse Gasuhren von S.
Elster in Berlin. Anlagecapital: 373,341 fl. $30^{1}/_{2}$ kr. österr. W.[**]).
Näheres s. Journ. f. Gasbeleuchtung 1859 S. 174, 1860 S. 166, 1861
S. 162, 1862 S. 179, 1863 S. 138, 1864 S. 91, 1865 S. 125, 1866
S. 135, 1867 S. 157.

Kreuz (Preussen, Kreuzungspunkt der preussischen Ostbahn). Für
den Bahnhof ist von Herrn W. Kornhardt in Stettin eine Gasanstalt
erbaut und im August 1860 eröffnet worden. Eigenthümerin: die
kgl. preussische Ostbahn.

Kreuzburg (Schlesien) hat eine Gasanstalt. Nähere Nachrichten
sind nicht eingegangen.

Kronach (Bayern). Eigenthümerin: die Stadt. Die Anstalt wurde
durch Herrn Knoblauch-Diez in Frankfurt a/M. auf Kosten der
Stadt erbaut. Die Stadt hat dem Erbauer den Betrieb vertragsmässig
übergeben, wofür derselbe das Baucapital verzinst. Eröffnet im Januar
1863. Jahresproduktion etwa $2^{1}/_{2}$ Mill. c′. Betrieb mit Stockheimer
Kohlen. Der Fragebogen ist nicht beantwortet worden.

Kronstadt (Siebenbürgen). 28,000 Einwohner. Eigenthümer: Herr
John R. H. Keyworth in Lincoln. Dirigent: Herr E. Fritsch.

---

[*]) 1 Tonne preuss. Kohlen = ca. 340—360 Pfd.
[**]) 1 fl. Oesterr. Währ. = 100 Nkr. = 20 Silbergr. = 1 fl. 10 kr. südd. Währ.

Gründer der Anstalt war die Firma J. L. & A. Hesshaimer und
Herr E. Fritsch in Kronstadt, welche sich behufs Ausführung des
mit der Stadt abgeschlossenen Vertrages mit den Herren John R. H.
Keyworth, Fabrik- und Gutsbesitzer und J. T. B. Porter, Maschinenfabrikant, beide in Lincoln (England) verbanden. Die Anstalt
wurde von Herrn Porter erbaut, und am 12. Sept. 1864 eröffnet.
Im Jahre 1865 wurde dieselbe von der „Imperial Austrian Gas-Company in London" übernommen. In Folge vorgekommener Differenzen
nahmen jedoch die ursprünglichen Besitzer am 1. Januar 1867 die
Anstalt wieder zurück, und erscheint jetzt Herr Keyworth in Lincoln
als Firmaträger und Commanditär. Derselbe ist soeben im Begriff
eine „Anglo-Ungarische Gasgesellschaft" zur Errichtung mehrerer Gaswerke in Ungarn zu gründen, an welche auch das Kronstadter Gaswerk übergehen soll. Im Laufe des Betriebes ergab sich, dass beim
Bau nicht genügend auf die klimatischen Verhältnisse Rücksicht genommen wurde, die Gebäude zu leicht, das Rohrnetz zu seicht, und
das ganze Werk mehr für Steinkohlen- als für Holzgasbetrieb angelegt
wurde. Es stellte sich sohin die Nothwendigkeit eines totalen Umbaues
des Werkes und einer Umlegung des Rohrnetzes heraus, welche soeben
nach den Plänen des Herrn L. A. Riedinger in Augsburg vorgenommen werden. Der Vertrag läuft 75 Jahre in 3 Perioden. In der
ersten Periode kann die Commune das Werk zum ganzen Inventars-
werthe, in der zweiten mit $^2/_3$, und in der dritten mit $^1/_3$ desselben
ablösen. Nach 75 Jahren fällt das Werk ohne Entgeld der Commune
anheim. Leuchtkraft für 2 c′ engl. Gasconsum per Stunde 6 Wachskerzen-Helle, 5 auf 1 Pfd., bei 14‴ engl. Flammenhöhe. Gaspreis für
Private 6 fl. 25 kr. österr. Währ. pro 1000 c′ engl.; die Commune
zahlt in der ersten Periode 6 fl. 25 kr., in der zweiten 4 fl. 16$^2/_3$ kr.,
in der dritten erhält die Commune denselben Consum der ersten Periode
unentgeldlich, den Mehrconsum hat sie wieder mit 6 fl. 25 kr. pro
1000 c′ engl. zu bezahlen. 196 Strassenflammen mit 2 c′ Consum per
Stunde, der aber dieses Jahr auf 4 c′ erhöht werden soll, und etwa
1000 Brennstunden jährlich. 1144 Privatconsumenten. Jahresproduktion
4 Mill. c′. Maximalproduktion in 24 Stunden 21,332 c′, Minimalproduktion 4,840 c′. Betrieb mit Holz unter Beigabe von etwas Oel-
kuchen. Die Anstalt hat 11 Stück ⌓ förmige gusseiserne Retorten
(1 Ofen à 5, 2 à 3 Ret.), 4 Reiniger von je 50 □′ Fläche (Kalk),
1 Gasbehälter mit 50,000 c′ Inhalt, etwa 30,000′ Rohrleitung von 8″
bis 2″ Weite, trockene Gasuhren von G. Glover & Co. in London

und Manchester. Nebenprodukte werden verwerthet. Anlagecapital
gegenwärtig 300,000 fl. österr. Währ.

Der Herr J. T. B. Porter, resp. die „Imperial Austrian Gas-Company" hatte ausserdem Verträge mit 12 Städten abgeschlossen, nämlich
mit Baden bei Wien, Raab, Fünfkirchen, Ischl, Karlsbad, St. Pölten,
Krems, Wels, Znaym, Komotau, Görz und Zara, die alle im Jahre 1865
erbaut werden sollten. Privatmittheilungen zufolge sind indess nur
St. Pölten und Baden ausgeführt worden, in anderen Städten haben die
Unternehmer ihre Caution im Stich gelassen, und die Gesellschaft selbst
ist im Begriff sich aufzulösen.

Krotoschin (Preussisch-Posen). 8502 Einwohner. Eigenthümerin:
die Stadtgemeinde. Dirigent: Herr R. Flosky. Erbauer: die Herren
J. & A. Aird in Berlin. Eröffnet am 1. Nov. 1867. Leuchtkraft für
5 c' im Argandbrenner mit 7 zöll. Cylinder 14 bis 15 Stearinkerzen,
6 Stück à 9" lang auf 1 Pfd. mit einer Flammenhöhe von $1^5/_8$". Gaspreis 2 Thlr. 15 Sgr. pro 1000 c'. 98 Strassenflammen und 500 Privatflammen. Die Jahresproduktion wird voraussichtlich zunächst $2^1/_2$ Mill.
übersteigen. Betrieb mit oberschlesischen Kohlen von Zabrze. Die
Anstalt hat 8 Thonretorten (2 Oefen à 3, 1 à 2 Ret.), 2 Condensatoren, Exhaustor, 3 Reiniger, 1 Gasbehälter mit 18,000 c' Inhalt,
18,500' Röhrenleitung, 104 nasse Gasuhren von L. H. Hanues und
J. Pintsch. Anlagecapital 30,000 Thlr.

Lahr (Baden). 7000 Einwohner. Eigenthümer seit 1865: Herr
L. Dölling in Carlsruhe. Dirigent: Herr H. Reimbold. Erbauer:
die Herren Raupp & Dölling in Carlsruhe. Eröffnet am 1. October
1858. Das Privilegium läuft vom Tage der Eröffnung an auf 30 Jahre;
nach Ablauf dieser Zeit steht der Stadt das Recht zu, die Anstalt entweder zum Taxwerth oder für den Ertrag der letzten 10 Jahre anzukaufen. Leuchtkraft für $4^1/_2$ c' Gasconsum per Stunde 9 Wachskerzen-Helle, 6 auf 1 Pfd.. 127 Strassenflammen mit je 1200 Brennstunden
jährlich und $4^1/_2$ c' Consum per Stunde, 2295 Privatflammen. Durchschnittsconsum einer Privatflamme pro 1866: 1333 c'. Jahresproduktion
4,149,500 c' engl. Maximalproduktion in 24 Stunden 23,100 c', Minimalproduktion 2700 c'. Die Stadt zahlt für die Strassenbeleuchtung 3 fl.
pro 1000 c' engl., Private zahlen 6 fl. pro 1000 c' engl. Bei einem
Consum von 100,000 c' tritt eine Ermässigung auf 5 fl. 30 kr. pro
1000 c' ein. Die Anstalt hat 16 Thonretorten (8 bis 3 Ret. in einem
Ofen), 200' Röhrencondensation von 6" Weite, 1 Wascher 12' × 4',

zwei Reiniger mit 480 □' Hordenfläche (Kalk), 2 Gasbehälter zu je 12,000 c' Inhalt, 21,000' Röhrenleitung von 6" bis 1½" Weite, nasse Gasmesser. Anlagecapital 85,000 fl. Vergl. Journ. f. Gasbel. 1859 S. 295.

Laibach (Oesterreich). 20,000 Einwohner. Eigenthümer war früher der Erbauer, Herr L. A. Riedinger, doch ist die Anstalt seit dem 1. Mai 1863 an die Laibacher Actiengesellschaft für Gasbeleuchtung als Eigenthum übergegangen. Dirigent: Herr C. Beyschlag. Die Concession ist 1860 auf 36 Jahre ertheilt, die Eröffnung fand den 11. November 1861 Statt. Gaspreis 6 fl. pro 1000 c', Leuchtkraft 12 Kerzen-Helle, 5 auf 1 Pfd., für 4½ c' Gasconsum per Stunde. Holzbetrieb. Jahresproduktion 5,000,000 c'. 272 Strassenflammen und 1800 Privatflammen. Die Anstalt hat 5 Thonretorten, Condensator, Wascher, Kalkreiniger, Gasbehälter von 40,000 c' Inhalt und 255 Gasmesser von L. A. Riedinger.

Lambach (Oberösterreich). Die Spinnerei des Herrn F. Schuppler hat eine eigene Privatgasanstalt.

Lambrecht (Rheinpfalz). 2500 Einwohner. Eigenthümerin: die Stadt. Erbauer: Herr J. A. Hillenbrand in Neustadt. Eröffnet am 26. December 1862. Jahresproduktion 3,000,000 c'. Die Anstalt hat 10 Retorten (1 Ofen à 4, 1 à 3, 1 à 2, 1 à 1 Ret.), 2 Reiniger 2,40 M.*) Durchmesser, 0,90 M. hoch, 2 Gasbehälter von zusammen 33,000 c' Inhalt, 8000 Meter Röhrenleitung von 6" bis 1" Durchmesser, 210 nasse Gasuhren von Th. Spielhagen in Berlin. Anlagecapital 55,000 fl.

Landau (Rheinpfalz). 6000 Einwohner. Eigenthümerin: eine Actiengesellschaft. Dirigent: Herr H. Saalfeld. Erbauer: die Herren Schäffer & Walcker in Berlin. Eröffnet am 13. December 1861. Nach Ablauf von 50 Jahren fällt die Anstalt mit allem Zubehör unentgeltlich an die Stadt, jedoch darf die Stadt nicht die Anstalt als Finanzquelle ausbeuten, sondern sie soll gehalten sein, den Preis des Gases so zu ermässigen, dass durch die von den Consumenten eingehenden Gelder die Betriebs- und Verwaltungskosten gedeckt werden, und die Stadt höchstens die Hälfte ihres eigenen Consums frei hat. Gaspreis für Private 4 fl. 36 kr., für die Stadt 3 fl. 36 kr. pro 1000 c',

---

*) 1 Meter = 3,28 Fuss engl.

doch geniessen die Consumenten bei Abnahme von jährlich 20,000 c′ 2 % Rabatt und steigt der Rabatt bei jeden weiteren 10,000 c′ um 3 %, so dass bei Abnahme von 70,000 c′ ein Rabatt von 17 % gewährt wird. 166 Strassenflammen mit je 4 c′ Consum per Stunde brennen bis 11¹/₂ Uhr, und consumirten im letzten Jahr 620,342 c′, 3200 Privatflammen. Jahresproduktion 5,154,495 c′. Maximalproduktion in 24 Stunden 26,000 c′, Minimalproduktion 5000 c′. Betrieb mit Saarkohlen (Heinitz- und Dechen). Die Anstalt hat 12 ovale Thonretorten (1 Ofen à 4, 1 à 5, 1 à 3 Ret. nach Kornhardt'schem System), 4 Condensatoren aus Kesselblech, 3 Meter*) hoch, 70 Centim. im Durchmesser mit durchgehendem Luftzug, 1 Dampfmaschine von 2 Pferdekräften, 1 Beale'schen Exhaustor von J. Pintsch, 2 Scrubber mit Cokefüllung (3 × 1,20 × 1,20 Meter), 4 Reiniger (2,80 × 1,25 × 1,25 Meter — Laming'sche Masse), 1 Nachreiniger (Kalk), 1 Stationsgasuhr für 600 Flammen, 1 Gasbehälter für 30,000 c′ Inhalt, Hauptröhren von 6″ grösster Weite, 292 Gasuhren von S. Elster. Coke wird verkauft, Theer verfeuert. Anlagecapital 105,000 fl.

Landeshut (Schlesien). Die hiesige Flachsgarnfabrik hat eine vom verstorbenen Herrn Ingenieur R. Firle, Director der Gasanstalt in Breslau eingerichtete Privatgasanstalt.

Landsberg a/d. Warthe (Preussen). 18,400 Einwohner incl. Militär. Gründerin und Eigenthümerin: die allgemeine Gas-Actiengesellschaft in Magdeburg. Deren Generaldirector: Herr Bethe. Special-Dirigent: Herr M. Bergau. Erbauer: Herr John Moore, früherer Oberingenieur der Gesellschaft. Eröffnet am 1. November 1857. Der Vertrag läuft 25 Jahre, resp. 45 Jahre. Nach 25 Jahren kann die Stadt die Anstalt käuflich erwerben, oder den Vertrag auf je 5 Jahre weiter verlängern. Nach 45 Jahren fällt die Anstalt der Stadt als Eigenthum unentgeldlich zu. Gaspreis: für öffentliche Flammen 3¹/₂ Pfennig pro Stunde und Flamme von 5 c′ Consum, für Private 2 Thlr. 25 Sgr. pro 1000 c′ preuss.**). 209 Strassenflammen mit contractlich je 1000 Brennstunden und 5 c′ per Jahr, 1953 Privatflammen. Jahresproduktion: 5 Mill. c′. Betrieb mit englischen Steinkohlen (Leversons Wallsend und Pelton Main). Die Anstalt hat 13 Retorten, theils ⌓ förmig 18″ × 12″ × 7¹/₂′, theils oval 17¹/₂″ × 14″ × 8¹/₂′ (2 Oefen à 5,

*) 1 Meter = 3,28 Fuss engl.
**) 1000 c′ preuss. = 1091,84 c′ engl.

2 à 3, 1 à 1 Ret.), 1 Röhrencondensator 7 zöll., 1 Cokescrubber 7' hoch, 4' weit, 4 Reiniger (Laming'sche Masse und Kalk), 1 rotirenden Exhaustor, 28,000' Hauptröhren von 8'' bis 7½'' Weite, 130 nasse Gasuhren von der Imperial-Continental-Gas-Association, von Schäffer & Walcker und Elster in Berlin. Coke wird verkauft. Anlagecapital 96,281 Thlr.

Landshut (Bayern). 11,552 Einwohner. Eigenthümerin: die Stadtgemeinde. Dirigent: Herr Tenscherz. Erbauer: Herr L. A. Riedinger. Der Beschluss der Gemeinde, Gasbeleuchtung einzuführen, datirt vom 15. April 1858, der Vertrag mit Herrn Riedinger über Erbauung der Anstalt wurde am 16. Juni 1858 abgeschlossen, und die Eröffnung fand am 13. December 1858 statt. Leuchtkraft 15 Kerzen-Helle bei 4½ c' Consum per Stunde. Eine öffentliche Flamme kostet pro Stunde 1,2 kr. Private zahlen 5 fl. 30 kr., die Stadt zahlt 4 fl. pro 1000 c' bayer. Jahresproduktion von October 1866 bis ultimo September 1867: 5,263,000 c'. Maximalproduktion in 24 Stunden 37,000 c', Minimalproduktion 4000 c'. 211 Strassenflammen zu 5 c' Consum per Stunde und mit 280,979 Brennstunden im Jahre brauchten 1,406,898 c', und 1571 Privatflammen 3,472,600 c'. Betrieb mit Holz. Die Anstalt hat 5 Retorten (2 Oefen à 2 Ret., 1 à 1 Ret.), die erforderlichen Apparate, einen Gasbehälter für 24,000 c'. Die Nebenprodukte, 80 bis 90,000 Pfd. Holzkohlen und 4 bis 5000 Pfd. Theer, werden verkauft. Anlagecapital 100,000 fl.

Langenberg (Rheinpreussen). Der Fragebogen ist nicht beantwortet worden. Die Statistik von 1862 enthält folgende Angaben: 3500 Einwohner. Eigenthümerin: eine Commandit-Actiengesellschaft unter der Firma „Wilh. Ritter & Co." Gründer des Unternehmens, Erbauer und Dirigent der Anstalt: Herr W. Ritter. Die Concession ist auf 30 Jahre (vom 16. Januar 1850 an) ertheilt. Nach Ablauf dieser Zeit kann die Commune das Werk für den Kostenpreis übernehmen, worüber dieselbe sich 2 Jahre vorher zu erklären hat. Unterbleibt diese Erklärung, so läuft der Vertrag stillschweigend 20 Jahre weiter mit der Wirkung, dass die Commune nach Ablauf dieser Zeit in den unentgeldlichen Besitz der ganzen Anlage tritt. Die Anstalt wurde nach einer Bauzeit von 8⅓ Monat am 16. Januar 1859 eröffnet mit 35 Strassen- und 430 Privatflammen. Am 30 April 1861 waren 35 Strassen- und 557 Privatflammen vorhanden. Betrieb mit westphälischer Steinkohle (Hibernia). Maximalproduktion in 24 Stdn.

7200 c', Minimalproduktion 1000 c'. Lichtstärke der Strassenflammen
soll wenigstens 10 Wachskerzen-Helle sein, wovon 6 auf 1 Pfundpaket gehen bei $9^{1}/_{2}''$ Kerzenlänge. Durchschnittliche Brennzeit der
Strassenflammen jährlich 900 Stunden. Für diese 900 Stunden werden
12 Thlr. bezahlt, und für jede 100 Stunden mehr 1 Thlr. 5 Sgr. Bei
mehr als 50 Strassenflammen werden auf den Preis von 12 Thlr. $10^{0}/_{0}$
Rabatt vergütet. Privatgaspreis 3 Thlr. 10 Sgr. pro 1000 c' preuss.*)
Durchschnittsconsum einer Privatflamme im letzten Jahre 1299 c'.
Die Anstalt hat 3 Oefen mit 6 Thonretorten (viereckig. Querschnitt
mit abgerundeten Kanten $17^{1}/_{2}''$ breit, $12^{1}/_{2}''$ hoch, 7' 4'' preuss.
nutzb. Länge, $2^{1}/_{4}''$ Wand-, $4^{1}/_{2}''$ Kopf-, $3^{1}/_{2}''$ Bodenstärke) (1 Ofen
zu 1, 1 zu 2, 1 zu 3 Ret.), 1 Luftcondensator mit $168^{1}/_{3}$ $\square'$ Kühlfläche, 1 Wascher in 2 Abtheilungen mit $62^{1}/_{3}$ $\square'$ Abkühlungsfläche,
4 Reiniger mit zusammen 208 $\square'$ Hordenfläche (Kalk), 1 Gasbehälter
von 18,000 c' preuss. Inhalt, 8600' preuss. Leitungsröhren von 4'' bis
$1^{1}/_{2}''$ Weite, 86 nasse Gasmesser von W. H. Moran in Cöln. Nebenproducte werden verkauft. Anlagecapital am 1. April 1861: 36,737 Thlr.
16 Sgr. 5 Pf.

Langenbielau (Schlesien). ca. 16,000 Einwohner. Gründer und
Eigenthümer: die Herren Commerzienrath Oechelhäuser zu Dessau
und Jul. Ebbinghaus, Kaufmann in Berlin. Dirigent: Herr Ingenieur Strassberg. Die Anstalt ist nach den Plänen des General-
direktors Herrn Oechelhäuser in Dessau unter Leitung von Herrn
Menzel gebaut. Eröffnet am 30. Juli 1864. Die Concession ist von
der Gemeinde, dem Grundherrn Grafen Sandretzky und der Actiengesellschaft, welcher die Langenbielau durchlaufende Chaussee gehört,
auf so lange ertheilt, als die Gasanstalt betrieben werden wird. Gaspreis pro 1000 c' preuss. 2 Thlr. 20 Sgr. Sobald 4,500,000 c' von
Privaten jährlich consumirt werden, tritt eine Ermässigung von 5 Sgr.
ein. Grössere Consumenten erhalten das Gas billiger. Oeffentliche
Beleuchtung ist zur Zeit noch nicht eingerichtet. 1427 Privatflammen.
Jahresproduktion: 2,278,300 c' preuss. (Alle Betriebsangaben beziehen
sich auf 1866.) Stärkste Abgabe in 24 Stunden 17,600 c', schwächste
Abgabe 1000 c' preuss. Betrieb mit Waldenburger Steinkohlen. Die
Anstalt hat keinen Condensator, 1 Scrubber von 5' Durchmesser und
10' Höhe, 1 Waschmaschine, 3 Reiniger $5' \times 5'$, 1 Nachreiniger von

---

*) 1000 c' preuss. $=$ 1091,84 c' engl.

gleicher Grösse (Laming-Deicke'sche Masse), keinen Exhaustor, 1 Gasbehälter von 28,000 c′ Inhalt, 22,000′ Rohrleitung von 8″ grösster Weite. Bau- und Betriebscapital 49,078 Thlr. 20 Sgr. 9 Pf.

Langensalza (Preussisch-Sachsen). 8724 Einwohner. Eigenthümer: die Herren Commerzienrath O e c h e l h ä u s e r zu Dessau und J. Ebbinghaus, Kaufmann in Berlin. Dirigent: Herr H. Auberlé. Ursprünglicher Inhaber der Concession Herr G. W. Lehmicke, der die Anstalt nach den Plänen des Herrn Generaldirector O e c h e l h ä u s e r in Dessau auch gebaut hat. Eröffnet am 6. December 1863. Contraktsdauer 40 Jahre, alsdann freie Concurrenz. Leuchtkraft bei 5 c′ Gasconsum per Stunde 11—12 Kerzen-Helle, 6 auf 1 Pfund, 9—10″ lang mit einer Flammenhöhe von $1^5/_8$″ engl. Preis für öffentliche Beleuchtung $2^1/_2$ Thlr. und für Private 3 Thlr. pro 1000 c′ engl., der sich nach Eröffnung der Eisenbahn um 10 Sgr., und später noch weiterhin ermässigt. (Alle Betriebszahlen beziehen sich auf 1866.) 119 Strassenflammen, 2029 Privatflammen. Jahresproduktion 4,583,983 c′ preuss.[*]). Maximalabgabe in 24 Stunden 32,800 c′, Minimalabgabe 3200 c′. Betrieb mit westphälischen Steinkohlen. Die Anstalt hat 10 Retorten (3 Oefen à 3, 1 à 1 Ret.), keinen Condensator, 1 Scrubber, 1 Wascher, 3 Reiniger (Laming-Deicke'sche Masse), 1 Nachreiniger, 1 Gasbehälter mit 22,570 c′ Inhalt, 28,140 lfd. Fuss Rohrleitung mit 7″ grösstem Durchmesser, 150 nasse Gasuhren von S. Elster. Bau- und Betriebscapital: 57,253 Thlr. 3 Sgr. 11 Pf.

Langenschwalbach (Nassau). 3000 Einwohner. Die Gasbeleuchtung wird 1868 durch den Unternehmer, Herrn E. Büchner aus Frankfurt a/M. eingeführt.

Langenweddingen bei Magdeburg. Die Zuckerfabrik der Herren Gebr. R e c k l e b e n hat eine von Herrn Ingenieur H. Liebau in Magdeburg 1864 erbaute Privatgasanstalt mit ca. 110 Flammen.

Lanisch (Schlesien). Die hiesige Zuckerfabrik hat eine vom verstorbenen Herrn Ingenieur R. Firle, Director der Breslauer Gasanstalt, eingerichtete Privatgasanstalt.

Lauban (Schlesien). 8500 Einwohner. Eigenthümerin: die Stadtcommune. Dirigent: der jedesmalige Stadtbaumeister. Erbauer: Herr Rud. Kühnell. Eröffnet am 19. December 1863. Gaspreis für Pri-

---

[*]) 1000 c′ preuss. = 1091,84 c′ engl.

vate bei einem Jahresconsum unter 50,000 c′ 2 Thlr. 15 Sgr., bei
50,000 — 100,000 c′ 2 Thlr. 10 Sgr. und bei mehr als 100,000· c′
2 Thlr. 5 Sgr. pro 1000 c′. Jahresproduktion 4,300,000 c′. 129
Strassenflammen und 1640 Privatflammen. Betrieb mit schlesischen
Steinkohlen (Hermsdorf bei Waldenburg). Die Anstalt hat 7 Chamotteretorten, (2 Oefen à 3, 1 à 1 Ret.), Reinigung mit Kalk und Wiesenerz,
213 nasse Gasuhren von J. Stoll. Anlagecapital 35,000 Thlr.

Lauenburg. Der Fragebogen ist nicht beantwortet worden. Die
Statistik von 1862 enthält folgende Angaben: 4000 Einwohner. Der
Uhrmacher, Herr F. Hack in Lauenburg, erbaute das Gaswerk 1852.
Nachdem derselbe mit vielen Vorurtheilen und grossen Schwierigkeiten
zu kämpfen gehabt, da die Behörde, von dem Grundsatze ausgehend,
dass eine Gasanstalt an einem so kleinen Orte nicht lebensfähig sei,
ihm die Concession verweigerte, bekam er letztere endlich direct von
der Landesregierung. Wie viel besser letztere berathen war, als die
städtischen Behörden, ergibt sich aus der Thatsache, dass das Unternehmen vollkommen rentirt. Der jetzige Eigenthümer, Herr Kaufmann
C. Haack, hat die Anstalt am 1. Mai 1857 von dem Erbauer für
den Preis von 12,250 Thlr. käuflich übernommen. Die Concession erstreckt sich auf die Lebensdauer des jetzigen Eigners. Betrieb mit
englicher Bowden Close Kohle. Production ca. 1¹/₄ Mill. c′ pro Jahr.
Der Preis des Gases für Privaten beträgt 2¹/₃ Thlr. pro 1000 c′ bei
einer Lichtstärke von 10 Normalkerzen-Helle. Für Strassenflammen
wird bei einer Brennzeit von September bis Mai incl. im Ganzen
6²/₃ Thlr. pro Flamme vergütet. Dieselben werden mit Dunkelwerden
angezündet und brennen bis 11 Uhr. Zahl der Strassenflammen 36,
Privatflammen gegen 1000, von welchen letzteren jedoch nur ca. 300
regelmässig benutzt werden. Im Winter sind 2 Retorten im Betriebe,
im Sommer eine. Trockene Kalkreinigung mit Scrubber verbunden.
116 Gasmesser von E. Smith in Hamburg.

Lausanne (Schweiz). 20,515 Einwohner. Eigenthümerin: die
„Société lausannoise d'éclairage et de chauffage par le gaz". Dirigent:
Herr Regamey. Die Concession war ursprünglich Herrn Fr. Loba,
dem Erbauer der Anstalt, auf 25 Jahre vom 28. Juli 1846 an ertheilt,
derselbe, nachdem er die Anstalt am 15. Februar 1847 eröffnet hatte,
trat jedoch seine Rechte an eine Commanditgesellschaft, Samuel
Eberlé & Co., ab, welche aus 11 Bürgern gebildet war; am 30. Juni

1857 trat an ihre Stelle die gegenwärtige anonyme Gesellschaft, für welche der Vertrag bis zum 31. December 1895 verlängert worden ist. Nach Ablauf des Vertrages kann die Stadt das Werk zum Taxwerth übernehmen. Leuchtkraft für 150 Liter*) Consum per Stunde 16 Kerzen, 5 auf 1 Pfd. Gaspreis für die Strassenflammen 4 Centimes per Flamme und Stunde, dabei muss die Flamme 5 Centimes hoch und 10 Centim. breit sein. Gaspreis für Private 45 Centimes für 1 Cubikmeter**), und soweit sie noch nach Tarif brennen, 5 und 6 Centimes per Brenner und Stunde bei 90 und 120 Liter stündlichem Consum. 277 Strassenflammen verbrauchten 114,313 Cubikmeter, 4055 Privatflammen consumirten 298,580 Cubikmeter. Jahresconsum 412,893 Cubikm. Betrieb mit Kohlen von St. Etienne. Aus 100 Kilo werden 24 bis 26 Cubikmeter Gas und 60 bis 65°/₀ grosse Coke gewonnen. Die Anstalt hat 29 Thonretorten aus Frankreich (2 Oefen à 7, 3 à 5 Ret.), Condensator, 2 Scrubber, 3 Reiniger (Kalk), Stationsgasmesser, 3 Gasbehälter mit 1100, 350 und 350, zusammen 1800 Cubikmeter Inhalt, Leitungsröhren von 8" grösster Weite, 390 nasse Gasuhren von S. Brunt & Co. in Paris. Coke und Theer werden verkauft. Actiencapital: 700,000 Frcs. ***)

Lauscha (Sachsen-Meiningen). 3000 Einwohner. Die Gasanstalt ist 1867 eröffnet worden.

Lebus bei Frankfurt a. d. Oder. Die Zuckerfabrik des Herrn E. v. Gansauge hat eine von Herrn Ingenieur H. Liebau in Magdeburg 1865 gebaute Privatgasanstalt mit 190 Flammen.

Leer (Hannover). 9000 Einwohner. Eigenthümerin: die Stadt. Dirigent: Herr W. Francke in Dortmund. Am 23. April 1860 fassten die städtischen Collegien, Magistrat und Bürgervorsteher-Collegium, den Beschluss, ein Gaswerk auf städtische Kosten zu bauen. Mit dem Dirigenten der Dortmunder Gasanstalt, Herrn Francke, wurde wegen Ausführung des Baues contrahirt, Anfangs Juli das erforderliche Areal gekauft, und am 12. Juli geschah der erste Spatenstich. Die einzelnen Baulichkeiten wurden meist in Accord vergeben, die Maurer- und Zimmerarbeiten von einheimischen Meistern ausgeführt. Am 23. Dec. brannte das erste Gas, am 25. December wurde der Betrieb eröffnet.

---

*) 1000 Liter = 1 Cubikmeter.
**) 1 Cubikmeter = 35,32 c′ engl.
***) 1 Franc = 100 Cent. = 8 Silbergr. = 28 kr. südd. Währ.

Betrieb mit englischer Steinkohle (Peltonmain). Produktion von der
Eröffnung bis 7. November 1867: 27,030,000 c', seit dem 1. Januar
1867: 4 Mill. c'. 182 Strassenflammen und 239 Privatconsumenten
mit 1872 Flammen. Der Gaspreis von 2 Thlr. pro 1000 c' wird wahrscheinlich demnächst herabgesetzt. Die Anstalt hat 11 Thonretorten
aus verschiedenen Fabriken (1 Ofen à 5, 1 à 3, 1 à 2, 1 à 1 Ret.),
1 Condensator mit 5 Röhren, 2 Wascher, 4 Reiniger (Laming'sche
Masse), Exhaustor, 1 Gasbehälter von 46' Durchmesser und 18' Tiefe,
Nachreiniger, etwa 30,000' Röhrenleitung von 6'' bis 1½'' Weite,
Gasuhren von J. Pintsch in Berlin und Dieckmann & Prentzler
in Osnabrück. Coke und Theer werden verwerthet. Anlagekosten
62,780 Thlr.

Leipzig (Sachsen). 91,780 Einwohner. Eigenthümerin: die Stadt.
Dirigent: Herr J. R. Westerholz. Die städtischen Behörden der
Stadt Leipzig beschlossen nach Vorgang der Commune in Dresden im
Jahre 1836 die Einführung der Gasbeleuchtung, und liessen eine Anstalt zur Versorgung von 2800 Flammen durch den Herrn Commissionsrath Blochmann in Dresden herstellen. Die Anstalt ward in den
Jahren 1837 und 1838 in Ausführung gebracht, und versorgte bei
ihrer Vollendung mit Beginn des Jahres 1841 877 Strassenflammen
und 1189 Privatflammen. Bei der Neuheit der Sache fand in den
ersten Jahren ein verhältnissmässig geringer Zuwachs an Privatflammen
statt, aber die Messverhältnisse machten sich sehr bald dahin geltend,
dass sie die Versorgung der Privatflammen erschwerten, und so ward
es schon 1842 nöthig, ein zweites 6zöll. Hauptrohr zu legen, und den
Gasometerinhalt durch einen Telescop-Gasbehälter zu vermehren. Der
Plan der Anstalt war so eingerichtet, dass die Apparate bis zu einer
Versorgung von 4800 Flammen systematisch ergänzt werden konnten,
welche Zahl im Jahre 1849 erreicht wurde. Um jedoch die durch
Beleuchtung des Stadttheaters, besonders in dessen Nähe, eingetre-
tenen Störungen zu beseitigen, errichtete man 1848 einen Gasbehälter
auf dem Fleischerplatze. Durch den erlangten Mehrinhalt der Gasbehälter und durch die Erbauung eines zweiten Feuerungshauses mit
der entsprechenden Anzahl Retortenöfen in demselben Jahre vergrösserte
sich die Capacität der Anstalt auf die Versorgung bis zu 6000 Flammen.
Der Errichtung des fünften Gasbehälters (65,000 c' Inhalt) und der
Vergrösserung des Röhrensystems durch ein 10zöll. Hauptrohr im Jahre
1854 lag eine fernere Abgabe bis zur Höhe von 10,000 Flammen zu

Grunde. Durch diese allmähligen Anforderungen war die ursprünglich in ihren Theilen übereinstimmende Anstalt aus jedem symmetrischen Verhältnisse herausgerissen. Die Deputation der Stadtverordneten stellte in Folge dessen im Jahre 1856 den Antrag, den Stadtrath zu ersuchen, nach einem von Herrn Blochmann vorliegenden Plane eine zweite Gasanstalt zu errichten. Dieser bestimmte nach eingeholtem Gutachten über die Zweckmässigkeit einer zweiten Gasanstalt durch den Herrn Director Drory, dass dieselbe auf 20,000 Flammen basirt werde, wovon jedoch erst ein Theil in Ausführung kommen solle, während man die jetzige Anstalt, die bestehenden Haupttheile derselben berücksichtigend, auf eine Abgabe von nur 10,000 Flammen basirt, neu zu organisiren beabsichtigte. Der Plan des Herrn Blochmann gelangte, nachdem wegen der Wahl des Grundstückes entstandene Differenzen endlich beseitigt waren, unter dem 7. December 1857 an die Behörde. Unterdessen war die Zahl der zu versorgenden Flammen auf mehr als 14,000 gestiegen, und man musste von 1858 an die Aufnahme neuer Consumenten sistiren, weil man nicht mehr im Stande war, mit der alten Anstalt das nöthige Gas zu liefern. Anstatt durch den Neubau schnell zu Hülfe zu kommen, verlor man sich wieder in Verhandlungen, und es dauerte noch länger als 2 Jahre, bis man sich endlich entschloss, die Errichtung der zweiten Anstalt aufzugeben, und das vorhandene Werk in der erforderlichen Weise umzubauen. Ueber die Betriebsverhältnisse in den fünfziger Jahren sind folgende specielle Angaben bekannt. Rohmaterial: Zwickauer Kohle mit etwas Bogheadzusatz. Produktion wegen Fehlens der Stationsuhr nicht genau zu ermitteln, im Jahre 1855 angenommen zu 39,731,649 c' sächs.[*]), 1856 zu 43,416,092 c' sächs. Für jede Strassenflamme wurden jährlich 24 Thlr. berechnet, Private zahlten 3 Thlr. pro 1000 c' sächs. Letzteren wurde auf einen jährlichen Verbrauch für 100 bis 199 Thlr. 3%, bis 399 Thlr. $3\frac{1}{2}$%, bis 599 Thlr. 4%, bis 799 Thlr. 5%, bis 999 Thlr. 6%, bis 1499 Thlr. 8%, für 1500 Thlr. und mehr 10% Rabatt gewährt. Im Jahre 1859 hatte die Anstalt 126 Retorten (theilweise eiserne) in 18 Oefen und 5 Gasbehälter mit zusammen 159,000 c' Inhalt. Es waren 1036 Strassenflammen und 13,400 Privatflammen vorhanden, das Anlagecapital betrug 358,594 Thlr. 6 Sgr. 1 Pf. Im Jahre 1860 wurde der Gaspreis für Private auf 2 Thlr. 12 Sgr. pro 1000 c' sächs. ermässigt. Der gegenwärtige Dirigent Herr Westerholz ver-

---

[*]) 1000 c' sächs. = 802 c' engl.

grösserte die Gasanstalt in der Art, dass dieselbe am Schlusse des
Jahres 1867 3 Retortenhäuser mit 32 Oefen à 7 und 1 Ofen à 3, zu-
sammen 227 Chamotteretorten und 6 Gasbehälter mit zusammen 465,000 c′
Inhalt hat (1 à 20,500, 1 à 37,900, 1 à 28,700, 1 à 63,900, 2 à 157,000 c′).
Die Produktion pro 1867 betrug 154,775,500 c′ sächs., die Zahl der
öffentlichen Flammen 1993 und die der Consumenten 3132 mit 42,567
Flammen, zusammen 44,560 Flammen. Der Gaspreis beträgt pro 1000 c′
1 Thlr. 20 Sgr. und per Laterne 11 Thlr. Die Anstalt arbeitet mit
Beale'schem Exhaustor, hat ca. 310,000′ Rohrleitung von 18″ bis 2″
Weite und nasse Gasuhren von Ad. Siry Lizars & Co. in Leipzig.
Näheres Journ. f. Gasbel. 1860 S. 151, 185, 199, 212, 231.

Leisnig (Sachsen).   6500 Einwohner.   Eigenthümerin: der Actienverein für Gasbeleuchtung in Leisnig. Der Verein bildete sich Anfang
1859 mit einem Capital von 28,000 Thlr. in 560 Actien zu 50 Thlr.,
nahm noch ein Anlehen von 4000 Thlr. auf, und stellte mit den auf
diese Weise zusammengebrachten 32,000 Thlr. die Anstalt her, deren
Eröffnung am 22. December 1859 stattfand. Der Bau der Gebäude
wurde durch die Gesellschaft selbst besorgt, die Pläne zur ganzen
Anlage, die sämmtlichen Apparate und das Röhrensystem lieferte Herr
Commissionsrath G. M. S. Blochmann jun. in Dresden. Dirigent:
Herr J. Herzog. Bei der Actiengesellschaft ist die Commune mit
einem Viertheil betheiligt, eine Beschränkung des Privilegiums findet
nicht statt. Lichtstärke 39° des Erdmann'schen Gasprüfers. Gaspreise bei einem Jahresconsum bis 10,000 c′ 2 Thlr. 20 Sgr. per
1000 c′, bis 50,000 c′ 2 Thlr. 15 Sgr. und über 50,000 c′ 2 Thlr. 10 Sgr.
Jahresproduktion 2,450,000 c′. 58 Strassenflammen mit 280,000 c′
Consum und 1160 Privatflammen mit 1,990,000 c′ Consum. Betrieb
mit Zwickauer Steinkohlen. Die Anstalt hat 8 Stück ⌂ förmige Thonretorten von Oest Wwe & Co. (1 Ofen à 5, 1 à 2, 1 à 1 Ret.), 24′
7zöll. Röhrencondensation, 1 gusseis. Wascher, 17 ☐′ im Querschnitt,
2¼′ hoch mit Tauchröhren, 1 schmiedeis. Scrubber mit 18 ☐′ Querschnitt, 10′ hoch, 2 Reiniger von 50 ☐′ Querschnitt, 2¼′ hoch (Laming'sche Masse), 1 Gasbehälter mit Ueberdachung und 11,000 c′
Inhalt, zwei getrennte Rohrleitungen von 5″ bis 1½″ Weite und
20,010′ sächs. Gesammtlänge, nämlich 1754′ 5zöll., 3156′ 4½′ zöll.,
1800′ 4zöll., 2010′ 3½ zöll., 1160′ 3zöll., 3150′ 2zöll., 6980′ 1½ zöll.
170 nasse Gasuhren von Blochmann in Dresden. Anlagecapital:
33,000 Thlr.

Lemberg (Oesterr. Galizien). 74,000 Einwohner. Eigenthümerin: die deutsche Continental-Gasgesellschaft in Dessau. Deren General-director: Herr W. Oechelhäuser, Specialdirigent der Anstalt: Herr Peters. Der Vertrag datirt vom 12. Februar 1856 und läuft vom 1. September 1858 auf 25 Jahre. Eröffnung der Anstalt am 21. Mai 1858. Nach Ablauf der Vertragszeit erfolgt entweder eine Prolongation auf weitere 15 Jahre, oder Ankauf der Anstalt. Tritt Prolongation ein, so geht die Anstalt nach deren Ablauf unentgeldlich in den Besitz der Stadt über. 543 Strassenflammen mit variabler Brennzeit und 5 c′ Wiener*) Consum pro Stunde. (Alle Betriebsangaben beziehen sich auf 1866.) Jede Strassenflamme muss mit der Leuchtkraft von 12 Wachskerzen brennen, von denen 6 auf 1 Pfd. Zollgewicht gehen, und die 9 bis 10″ lang sind. Die Strassenflammen kosten pro Stunde 1½ kr. C.-M. Der Normalpreis für Private ist 6 fl. C.-M.**) pro 1000 c′ Wiener. Rabatt ist contractlich nicht vorgeschrieben. Die Gesellschaft hat den Consumenten aber freiwillig einen ermässigten Preis gestellt, der nach Maassgabe ihres jährlichen Verbrauches bis auf 5 fl. C.-M. herunterreicht. Betrieb mit Birken- und Kiefernholz. Aus 1 Klafter Holz wurden 13,787 c′ engl. Gas gezogen. 629 Strassenflammen mit einem Durchschnittsconsum von 8260 c′ per Jahr, 4898 Privatflammen mit einem jährlichen Durchschnittsconsum von 2048 c′. Jahresproduktion: 16,550,200 c′. Stärkste Abgabe in 24 Stunden 94,100 c′, schwächste Abgabe 11,800 c′. Die Anstalt hat 24 Retorten (3 Oefen à 6, 2 à 3 Ret.), 2 Condensatoren mit zusammen 517 lfd. Fuss 8 zöll. Röhren, 2 Scrubber 18′ hoch 2½′ Durchmesser, 2 Scrubber 12′ hoch 6½′ Durchmesser, 1 Waschmaschine, 1 Beale'schen Exhaustor, 8 Reiniger mit zusammen 1376 □′ Hordenfläche (Kalk), 1 Gasbehälter mit 58,700 c′ englisch Inhalt, 81,805 lfd. Fuss Röhrenleitung mit 10″ grösstem Durchmesser, 364 nasse Gasuhren von S. Elster. Anlagecapital Ende 1866 328,289 fl. 42¼ kr. Näheres s. Journ. f. Gasbel. 1859 S. 174, 1860 S. 166, 1861 S. 162, 1862 S. 179, 1863 S. 138, 1864 S. 91, 1865 S. 125, 1866 S. 135, 1867 S. 157.

Lemgo (Lippe-Detmold). Eigenthümerin: eine Actiengesellschaft. Dirigent: Herr Salm. Erbauer: die Herren Gebr. Hendrix. Grundcapital: 26,000 Thlr.

---

*) 1000 c′ Wiener = 1115,57 c′ engl.
**) 1 fl. C.-M. = 21 Silbergr. = 1 fl. 18½ kr. südd. Währ.

Lennep (Rheinpreussen). 9000 Einwohner. Eigenthümerin: die Gasbeleuchtungsgesellschaft in Lennep. Dirigent: Herr S. Berndgen. Erbauer: Herr A. Sabey. Eröffnet im Jahre 1843. Die Anstalt kann nur durch Kauf in andere Hände gelangen. Lichtstärke 10 Wachskerzen-Helle, 6 auf 1 Pfd., bei $9^1/_2''$ Kerzenlänge. Jahresproduktion 5,594,800 c'. 63 Strassenflammen mit 7 c' Consum per Stunde und 582,300 c' Consum im Jahr, 2600 Privatflammen mit 3,590,800 c' Consum. Betrieb mit westphälischen Steinkohlen (Zollverein, Consolidation und Holland). Die Anstalt hat 15 Thonretorten, $19^3/_4'' \times 12^3/_4'' \times 7' 10''$, von P. Ch. Forsbach in Mülheim a/Rh. (3 Oefen à 5 Ret.), 1 Luftcondensator, 1 Wascher in zwei Abtheilungen mit 45 c' Abkühlung, 4 Reiniger mit zusammen 316 □' Hordenfläche (Kalk), 1 Scrubber 64 c' gross, 2 Gasbehälter, jeder mit 13,000 c' Inhalt, 10,500 lfd. Fuss Rohrleitung von $6''$ bis $1^1/_2''$ Weite, 216 nasse Gasuhren von F. Piepersberg. Nebenprodukte werden verkauft. Anlagecapital: 32,000 Thlr.

Leobschütz (Schlesien). Man beabsichtigte schon 1863, eine Gasanstalt für Rechnung der Stadt anzulegen. Der Fragebogen ist nicht beantwortet worden.

Lichtenfels (Bayern). ca. 3000 Einw. Eigenthümer: E. Sprengs Erben in Nürnberg. Pächter und Dirigent: Herr E. Schlamp. Gründer und Erbauer: Herr E. Spreng in Nürnberg, die Ausführung leitete Herr Ingenieur E. Kausler. Eröffnet am 1. October 1864. Am 1. November 1866 wurde die Anstalt an den gegenwärtigen Pächter auf 5 Jahre verpachtet. Die Concession läuft 50 Jahre. Lichtstärke für 5 c' bayer.[**]) Gasconsum per Stunde die Helle von 12 Stearinkerzen, 6 auf 1 Pfd. 36 Strassenflammen mit 5 c' Consum per Std. und 145,000 c' Gesammtcons. per Jahr. Zwischen 700 und 800 Privatflammen. Jahresproduktion 1,400,000 c'. Betrieb mit Zwickauer und etwas böhm. Steinkohlen. Die Anstalt hat 5 Thonretorten (2 Oefen à 2, 1 à 1 Ret.) von J. R. Geith in Coburg, 1 Condensator, 2 Reiniger (Laming'sche Masse und Eisenerz), 1 Gasbehälter mit 10,000 c' Inhalt. Anlagecapital: 36,000 fl.

Lichterfelde bei Berlin wird in diesem Frühjahr (1868) eine Gasanstalt von einer Produktionsfähigkeit von 25,000 c' per 24 Stunden erhalten. Eigenthümer: Herr Rittergutsbesitzer Carstenn. Erbauer: die Herren J. & A. Aird in Berlin.

---

[*]) 1000 c' bayer. = 878 c' engl.

Liebschwitz (Sachsen). Die Kammgarnspinnerei des Herrn J. C. G. Neumärkel hat eine eigene Privatgasanstalt.

Liegnitz (Schlesien). 20,000 Einwohner. Eigenthümerin: die Stadt. Dirigent: Herr H. Voss. Erbauer: Herr Gasdirector R. Firle aus Breslau. Eröffnet am 10. November 1857. Durch Zunahme des Consums wurde 1863 die Erbauung eines zweiten Gasbehälters und 1864 die Aufstellung eines King'schen Scrubbers, ebenso 1867 die Auswechslung des alten Exhaustors gegen einen 20 zöll. nothwendig, und wird binnen Kurzem der Neubau eines dritten Gasbehälters und eines Reinigungshauses nöthig werden. Anfang 1863 wurde der Gaspreis von $2^1/_3$—3 Thr. auf $2^1/_3$—$2^2/_3$ Thlr., u. 1864 auf 2 bis $2^1/_3$ Thlr. ermässigt. Anfang 1866 kam die Gasuhrenmiethe in Wegfall. Gegenwärtig beträgt der Gaspreis bei einem Jahresconsum bis 50,000 c' $2^1/_3$ Thlr., bis 100,000 c' $2^1/_6$ Thlr. und über 100,000 c' 2 Thlr. Communale und fiskalische Gebäude zahlen 2 Thlr. pro 1000 c', dasselbe wird für die Strassenflammen bezahlt. Jahresproduktion 1866: 11,742,200 c' preuss.[*]. Maximalconsum in 24 Stunden 64,500 c', Minimalconsum 6300 c'. 343 Strassenflammen mit 5 c' Consum per Stunde und theils 918 jährlichen Brennstunden (Abendlaternen), theils 1855 Brennstunden (Nacht-laternen). 4345 Privatflammen mit einem jährlichen Durchschnitts-consum von 1991,46 c' per Flamme. Betrieb mit schlesischen Steinkohlen (Waldenburg). Die Anstalt hat 17 ⌂ förmige Retorten 18″ ⨯ 14″ ⨯ $8^1/_2$' (1 Ofen à 6, 2 à 3, 1 à 5 Ret.) und 6 elliptische Retorten, 20″ ⨯ 14″ ⨯ $8^1/_6$' in einem Ofen, 172' preuss.[**] 6 zöll. Condensations-röhren, 1 King'schen Scrubber, $4^1/_2$' im Durchmesser und 10' 3″ Höhe mit 10 durchlöcherten Blechböden, 1 Wascher von $20^1/_2$ c' Inhalt, 4 Reiniger mit je 4 Horden, jede Horde zu 34 ☐', (Rasenerz und Kalk), 1 Nachreiniger von gleicher Grösse, 1 Beale'schen Exhaustor, 1 Bypass-Regulator, 2 Gasbehälter von zusammen 44,000 c' Inhalt, 42,959 lfd. Fuss Hauptröhren von 8″ bis $1^1/_3$″ Weite, 486 Gasuhren von Härtelt in Liegnitz und J. Pintsch in Berlin. Anlagecapital ursprünglich 82,650 Thlr., jetzt auf 104,180 Thlr. angewachsen. Näheres s. Journ. f. Gasbel. 1862 S. 110 und 283.

Limbach (Sachsen). 5400 Einwohner. Gründerin und Eigenthümerin: die neue Gasgesellschaft Wilh. Nolte & Co. Dirigent:

---

[*] 1000 c' preuss. = 1091,84 c' engl.

[**] 1 Fuss preuss. = 1,02972 Fuss engl.

Herr O. Ullrich. Erbauer: Herr Ph. O. Oechelhäuser. Eröffnet am 12. Dezember 1865 mit 319 Flammen. Die Concession
läuft auf 30 Jahre vom Eröffnungstage an. Nach Ablauf dieser Zeit
kann die Gemeinde die Anstalt nach vorangegangener einjähriger
Kündigung laut Taxe übernehmen. Private zahlen 2 Thlr. 10 Sgr.
pro 1000 c′ sächs.*), grössere Consumenten erhalten Rabatt je nach
Maassgabe ihres Consums. Der Preis für die öffentliche Beleuchtung
ist in den ersten 10 Jahren 1 Thlr. 15 Sgr. pro 1000 c′ sächs.,
in den letzten 20 Jahren 1 Thlr. 10 Sgr. bei 5 c′ sächs. Consum
per Stunde. Lichtstärke bei 6,4 c′ Consum im Argandbrenner 13
bis 14 Kerzen-Helle 9—10″ englisch lang, 5 auf 1 Pfund. Produktion im Jahre 1866: 2,275,400 c′ preuss. Maximalconsum pro
24 Stunden 18,100 c′, Minimalconsum 1000 c′. 52 Strassenflammen,
1860 Privatflammen mit einem durchschnittlichen Jahresconsum von
1561 c′ preuss. pro Flamme. Betrieb mit sächsischen Steinkohlen
(Hedwigschacht bei Oelsnitz). Die Anstalt hat 7 ovale Retorten (2 Oefen
à 3, 1 à 1 Ret.), 1 Scrubber, 1 Wascher, 2 Reiniger (Laming'sche
Masse), 1 Nachreiniger, 1 Gasbehälter von 17,000 c′ preuss. Inhalt,
ca. 20,000′ Rohrleitung von 6—1$\frac{1}{2}$″ Weite, 110 nasse Gasuhren von
S. Elster. Anlagecapital bis 1. October 1867 ca. 45,800 Thlr.
Näheres s. Journ. f. Gasbel. 1866 S. 239 und 1867 S. 269.

Limburg a. d. Lahn (Nassau). 4600 Einwohner. Eigenthümer:
H. A. Hilf & Co. in Limburg. Dirigent: Herr G. Blanc. Gründer:
Herr Procurator H. A. Hilf. Erbauer: Herr C. Mayer in Cöln und
Herr G. Blanc von Wetzlar. Eröffnet am 28. August 1862. Die
Concession läuft 25 Jahre, alsdann tritt freie Concurrenz ein. Die
Stadt hat bei Ablauf des Vertrages das Recht, die Anstalt anzukaufen,
wenn sie den jeweiligen Unternehmern den Durchschnitt vom Reinertrag
der letzten 10 Jahre, multiplizirt mit 12, als Kaufsumme bezahlt.
Leuchtkraft 12 Normalkerzen-Helle (6 auf 1 Pfd.) für 4$\frac{1}{2}$ c′ Consum
per Stunde. Gaspreis für Privaten 3$\frac{1}{3}$ Thlr. pro 1000 c′ engl., für
Strassenflammen bei 1200 Brennstunden 17 fl., für die nass. Eisenbahn,
Bahnhof Limburg und Central-Reparatur-Werkstätte 4$\frac{1}{4}$ fl. pro 1000 c′.
Jahresproduktion vom 1. October 1866 bis dahin 1867: 2,516,000 c′
engl. Maximalconsum in 24 Stunden 16,210 c′, Minimalconsum 1620 c′.
60 Strassenflammen consumirten in 1006$\frac{1}{2}$ Brennstunden 262,682 c′,

---

*) 1000 c′ sächs. = 802 c′ engl.

2000 Privatflammen consumirten 1,490,600 c′ engl. Betrieb mit Saarbrücker und westphälischen Kohlen, sowie mit Braunkohlen und Putz-
wolle aus den Centralwerkstätten. Die Anstalt enthält 10 Retorten
(8 von ⌂ Form und 2 oval), (1 Ofen à 2, 1 à 3, 1 à 5 Ret.), 10
Condensationsröhren 6zöll., 1 Scrubber 3¹/₂′ im Durchmesser und 10′
hoch, 1 Wascher, 3 trockene Reiniger (Laming'sche Masse und Kalk),
Stationsgasuhr, Regulator, 1 Gasbehälter mit 23,000 c′ engl. Inhalt,
274 nasse Gasuhren von Th. Spielhagen und J. Pintsch in Berlin,
Dienenthal & Nicolai in Singen, Tebay in Offenbach a/M.,
13,000′ Leitungsröhren von 6 bis 1¹/₂″ Weite. Coke wird verkauft,
Theer verfeuert. Anlagecapital 70,000 fl.

Lindau (Bayern). 4100 Einwohner. Eigenthümer: Herr Chr.
Zethner. Verwalter: Herr Litzelberger. Gründer und Erbauer:
Herr L. A. Riedinger. Eröffnet am 24. August 1865. Concessionsdauer 35 Jahre vom Tage der Eröffnung an. Lichtstärke für 5 c′
Gasconsum 14 Stearinkerzen, 6 auf 1 Zollpfd. Gaspreis pro Brennstunde 1,25, 1,15 und 1 kr. je nach dem Consum der Privaten, Private zahlen 5 fl. 30 kr. pro 1000 c′. 101 Strassenflammen mit je
1056 Brennstunden im Jahr, 1070 Privatflammen mit einem durchschnittlichen Jahresconsum von 1580 c′. Jahresproduktion 1866/67:
2,250,000 c′. Betrieb mit Saarbrücker Kohlen (Heinitz). Die Anstalt
hat 6 Thonretorten von Bousquet & Co. in Lyon, (1 Ofen à 3,
1 à 2, 1 à 1 Ret.), 1 Gasbehälter mit 18,000 c′ Inhalt, ca. 16,000′
Röhrenleitung mit 5″ grösstem Durchmesser, 79 nasse Gasuhren von
L. A. Riedinger.

Lindenau-Plagwitz bei Leipzig (Sachsen). 9000 Einwohner. Eigenthümer: der Lindenau-Plagwitzer Gasbeleuchtungs-Actienverein. Auf
Anregung des Herrn Dr. Heine in Plagwitz, bekannt durch seine
grossartigen Strassen- und Canalbauten daselbst, übernahm es der Ingenieur Herr A. Gruner jun. für die beiden Ortschaften eine gemein-
schaftliche Gasanstalt zu gründen. Zu diesem Zwecke kaufte derselbe
einen geeigneten, namentlich für die in Aussicht stehende Erweiterung
der Gasanstalt berechneten Platz und suchte um eine Concession nach,
die ihm für die Dauer von 25 Jahren auch ertheilt wurde. Herr
Gruner übertrug jedoch diese Concession unter der Bedingung, den
Bau der Anstalt ausführen zu können, einer sich inzwischen bildenden
Actiengesellschaft, welche sich am 30. December 1862 mit einem

Actiencapital von 40,000 Thlrn. constituirte. Der Bau der Anstalt begann am 27. Febr. 1863, der Betrieb derselben wurde am 26. Nov. desselben Jahres eröffnet. Letzterer wurde Herrn Gruner auf die Dauer von 25 Jahren pachtweise übertragen, und zwar gegen einen Pachtzins von 1 Thlr. für jedes verkaufte 1000 c′ Gas. Der Gaspreis für Private beträgt 2 Thlr. pro 1000 c′ sächs.*) mit einem Rabatt bei mehr als 100,000 c′ Consum, für Strassenbeleuchtung 27¹/₂ Sgr. resp. 1 Thlr. pro 1000 c′, ferner für Unterhaltung und Bedienung der Laternen jährlich 2 Thlr. 5 Sgr. pro Laterne. Leuchtkraft für 6 c′ Consum per Stunde 12 Stearinkerzen-Helle, 6 auf 1 Pfd., bei 1¹/₂″ sächs. Flammenhöhe. Jahresproduktion vom 1. Juli 1866 bis dahin 1867: 2,330,000 c′ sächs. Maximalconsum in 24 Stunden 17,000 c′, Minimalconsum 2500 c′. 65 Strassenflammen mit ca. 800 Brennstunden jährlich und 6 c′ Consum per Stunde, 1230 Privatflammen mit einem Durchschnittsconsum von 1800 c′ pro Flamme. Betrieb mit Zwickauer Steinkohlen. Die Anstalt hat 1 Ofen mit 2 übereinander liegenden, und 2 Oefen zu je 3 Chamotteretorten, 1 Ofen mit einer eisernen Retorte für den Sommerbetrieb und 1 Theerdestillationsofen, 250 lfd. Fuss 6 zöll. liegende Röhrencondensation, 1 Wascher mit Spirale, 2 Reiniger, jeder mit 5 Hordenflächen à 24,5 □′ (Laming'sche Masse und Kalk), 1 Gasbehälter mit 15,000 c′ sächs. Inhalt, 26,200 lfd. Fuss Röhrenleitungen von 6″ bis 1¹/₂″ Weite, 72 Gasuhren von Siry Lizars & Co. Die Nebenprodukte werden entweder verkauft, oder verarbeitet. Insbesondere sind Vorrichtungen getroffen, den Theer zu vergasen oder zu destilliren. Anlagecapital 41,000 Thlr.

Lingen (Hannover) soll durch die Unternehmer Herren Langschmidt & Co. mit Gasbeleuchtung versehen sein.

Linz (Oesterreich). 32000 Einwohner. Die Linzer Anstalt gehört der allgemeinen österreichischen Gasgesellschaft in Triest, und wurde von dieser auch errichtet. Der Bau wurde von der Gesellschaft selbst durch einen ihrer Ingenieure Herrn R. Kühnell unter Einvernehmen mit dem technischen Oberleiter der Gesellschaft, Herrn L. Stephani, ausgeführt, und die Eröffnung fand im April 1858 statt. Bei der Eröffnung hatte das Werk 269 öffentliche und 1488 Privatflammen, und seither entwickelte sich das Geschäft in regelmässigem Fortschritte bis zu seinem jetzigen Umfange. Betriebsdirigent: Herr Th. Giese. Der

---

*) 1000 c′ sächs. = 802 c′ engl.

Vertrag wurde durch den technischen Oberleiter der Gesellschaft, Herrn L. Stephani, am 31. März 1857 mit der Commune abgeschlossen. Die Concessionsdauer ist 35 Jahre, von der Eröffnung an gerechnet. Bei Ablauf des Vertrages kann die Stadt das Werk kaufen, entweder nach der durchschnittlichen Rente der letzten 10 Jahre, oder nach dem Schätzungswerthe. Will sie von diesem Rechte keinen Gebrauch machen, so kann sie auch den Vertrag von 10 zu 10 Jahren verlängern, in welchem Falle die Strassenbeleuchtung jedesmal um $\frac{1}{3}$ billiger wird; oder freie Concurrenz eintreten lassen, wobei jedoch die Gesellschaft Vorrechte hat. Lichtstärke für $4\frac{1}{2}$ c' engl. Gasconsum pro Stde. wenigstens 8 Wachskerzen-Helle, 4 auf 1 Zollpfd. Seit 1862 wurde die Beleuchtung auch auf den auf der anderen Seite der Donau gelegenen Marktflecken Urfahr ausgedehnt. 540 Strassenflammen mit je $4\frac{1}{2}$ c' Consum per Stunde und theilweise 1930 Stunden (230 Stück), theilweise 4000 Stunden jährlicher Brennzeit (156 Stück), 4062 Privatflammen mit je 1824 c' Jahresconsum. Für die Strassenbeleuchtung werden 1000 c' engl. mit 2 fl. 52 kr. Oe. Whrg. und für die Privatbeleuchtung 1000 c' engl. mit 5 fl. 88 kr. Oe. Whrg. bezahlt. Jahresproduktion 13,300,000 c'. Maximalproduktion in 24 Stunden 60,000 c', Minimalproduktion 16,000 c'. Der frühere Holzgasbetrieb wurde nach Eröffnung der Eisenbahnverbindung mit dem Pilsener Kohlenbecken im Jahre 1865 auf Steinkohlengas umgeändert. Die Anstalt hat 19 Thonretorten, 1 doppelröhrigen Condensator, 1 Beale'schen Exhaustor, 2 Wascher, 2 Systeme Kalkreiniger zu je 4 Stück, (jeder Reiniger 10' lang, 4' breit, 4' hoch), 2 Gasbehälter mit je 30,000 c' Inhalt, Rohrleitung von 10'' bis 1'' engl. Weite, nasse Gasuhren meist von Sholefield & Co. Anlagecapital 303,000 fl. Oe. Whrg. Näheres s. Journ. f. Gasbel. 1860 S. 356, 1861 S. 426, 1862 S. 448, 1863 S. 392, 1864 S. 415, 1865 S. 404, 1866 S. 432, 1867 S. 528.

Linz a/Rhein incl. Linzerhausen (Preussen). 3200 Einwohner. Gründer, Erbauer, Besitzer und Dirigent: Herr C. Mayer aus Cöln. Eröffnet am 1. December 1865. Die Concession läuft 40 Jahre, nach Ablauf welcher Zeit die Anstalt unentgeldlich an die Stadt übergeht. Lichtstärke bei $5\frac{1}{2}$ c' Verbrauch pro Stunde 14 engl. Parlamentskerzen 5 auf 1 Pfd. Gaspreis 3 Thlr. pro 1000 c'. 50 Strassenflammen mit 800 Brennstunden, wofür 4 Pf. pro Brennstunde bezahlt wird, und 500 Privatflammen. Betrieb mit westphälischen Steinkohlen

(Zollverein). Die Anstalt hat 6 Stück ⌒ förmige Thonretorten von
Mohl & Co. in Mülheim a/Rhein, 18″ × 12″ × 8′ (1 Ofen à 3, 1 à 2,
1 à 1 Ret.), 70′ Condensation 5″ weit, 1 Scrubber mit 100 c′ Inhalt
und Sieben mit continuirlichem Wasserzufluss, 2 Reiniger mit je 70 ☐′
Hordenfläche, 1 Gasbehälter von 32′ Durchmesser und 10′ Höhe, etwa
6000′ Leitungsröhren, nasse Gasuhren von Th. Spielhagen in Berlin.

Lipine, Walzwerk bei Morgenroth in Schlesien, ist durch den verstorbenen Herrn Ingenieur R. Firle, Director der Gasanstalt in
Breslau, mit Gasbeleuchtung versehen.

Lippstadt (Westphalen). 7250 Einwohner, excl. Militär. Gründerin
und Eigenthümerin: die Stadt. Erbauer: Herr Francke, Director der
Gasanstalt in Dortmund. Eröffnet am 3. October 1863. Gaspreis
2 Thlr. 20 Sgr. pro 1000 c′, bei 100,000 c′ Jahresconsum wird Rabatt gegeben. 88 Strassenflammen mit je 1288 Brennstunden jährlich
und 683,956 c′ Gesammtconsum, 980 Privatflammen mit einem Consum
von 2,231,070 c′. Jahresproduktion 1867: 3,083,690 c′. Maximalproduktion in 24 Stunden 21,530 c′, Minimalproduktion 950 c′. Betrieb
mit westphälischen Steinkohlen (Consolidation). Die Anstalt hat 6 Thonretorten von H. J. Vygen & Co. in Duisburg, 1 Waschmaschine,
4 Reiniger (Laming'sche Masse), 1 Stationsgasuhr, 1 Regulator, 1 Gasbehälter von 20,000 c′ Inhalt, 19,500′ Rohrleitung von 7″ bis 2″ Weite,
86 nasse Gasuhren von L. Stirl in Berlin. Coke und Theer werden
verkauft. Anlagecapital 31,600 Thlr.

Lissa (Preussisch-Posen). 10,000 Einwohner. Eigenthümerin: eine
Commandit-Gesellschaft unter der Firma „Gasgesellschaft C. F. Gierth
& Co. in Lissa“. Dirigent: Herr Ingenieur Heinke. Der erste Uebernehmer war eine englische Gesellschaft, welche aber ihre Caution
verlor, da der Bau nicht zur festgesetzten Zeit in Angriff genommen
worden war. Demnächst contrahirte Herr Director Firle aus Breslau,
durch dessen Tod aber sein Contract aufgelöst wurde. Der nächste
Unternehmer, Herr H. Meinecke in Breslau, verkaufte die Concession
an Herrn Lehmann, Director der städtischen Gasanstalt in Breslau,
der mit der zu diesem Zwecke gebildeten gegenwärtigen Commandit-
Gesellschaft die Anstalt baute und am 15. August 1865 eröffnete. Die
specielle Leitung des Baues hatte der gegenwärtige Dirigent, Herr
Heinke. Die Concession läuft 25 Jahre. Nach dieser Zeit hat die
Stadt das Erwerbsrecht zum Taxpreise, während dieser Zeit das Vor-

kaufsrecht. Lichtstärke für 5 c′ Gasconsum per Stunde 12 Stearinkerzen, 6 auf 1 Pfd., 9″ lang. Der Preis des Gases an Private ist
2½ Thlr. pro 1000 c′, für die öffentliche Beleuchtung 3½ Pfennige
pro Stunde und Flamme. Erreicht der Consum in der Stadt eine
Höhe von 3 Mill. c′, so tritt der Preis von 3 Pf. pro Stunde und
Flamme ein. Bei einem Consum über 50,000 c′ erhalten Private einen
Rabatt von 5 Sgr. pro 1000 c′. 140 Strassenflammen mit 5 c′ Consum
per Stunde und 900 Brennstunden per Jahr, ca. 1000 Privatflammen.
Jahresproduktion 3½ Mill. c′. Maximalproduktion in 24 Stunden
25,000 c′, Minimalproduktion 3000 c′. Betrieb mit oberschlesischen
Kohlen. Die Anstalt hat 11 ovale Thonretorten von Oest W^{we.} in
Berlin 17″ × 14″ × 9′ (1 Ofen à 5, 1 à 3, 1 à 2, 1 à 1 Ret.), 2 Wasser-
condensatoren, mit eingelegten Siebplatten 8′ × 3′, 3 Reiniger 8′ × 6′
mit je 3 Horden (Laming'sche Masse und Kalk), Exhaustor nach Beale,
1 Gasbehälter von 15,000 c′ Inhalt, 10,000′ Rohrleitung von 5″ bis
1½″ Weite, 150 nasse Gasuhren von J. Pintsch in Berlin und
H. Meinecke in Breslau. Anlagecapital 40,000 Thlr.

Locle (Schweiz). Der Fragebogen ist nicht beantwortet worden.

Löbau (Sachsen). 5300 Einwohner. Eigenthümerin: die Stadtcommune. Als im Jahre 1857 mehrere Bürger eine Gasanstalt zu
gründen beabsichtigten, übernahm der Stadtrath den Bau derselben
und übertrug die Oberleitung dem Herrn Schröder in Görlitz, unter
dessen Aufsicht Herr Ingenieur Koritzky die Ausführung besorgte.
Die Eröffnung fand am 20. December 1857 statt. Der Preis für 1000 c′
sächs.*) Gas ist für Private 2 Thlr. 15 Sgr. und bei einem Jahresconsum von über 25,000 c′ wird 5 Sgr. pro Mille Rabatt gewährt,
bei der öffentlichen Beleuchtung kosten 1000 c′ 1 Thlr. 20 Sgr. Die
Lichtstärke beträgt 34—35° nach dem Erdmann'schen Gasprüfer.
Die Produktion erreichte im letzten Rechnungsjahre die Höhe von
3,340,580 c′ sächs. Maximalproduktion in 24 Stunden 17,760 c′, Minimalproduktion 1240 c′ sächs. 104 Strassenflammen mit einem Verbrauch
von 830,446 c′ per Jahr, und 1114 Privatflammen mit einem Consum
von 2,248,200 c′ im letzten Jahr. Betrieb mit niederschlesischen
(Waldenburger) Steinkohlen. Die Anstalt hat 13 glasirte Chamotteretorten, 1 Condensator, 1 Wascher, 3 Kalkreiniger mit 140 c′ Inhalt,
1 Gasbehälter mit 22,000 c′ sächs. Inhalt, Röhrenleitung von 6″ bis

*) 1000 c′ sächs. = 802 c′ engl.

$1^1/_3''$ Weite, 154 nasse Gasmesser, davon 132 Stück von Stoll in Görlitz, die übrigen von S. Elster in Berlin. Anlagecapital 45,546 Thlr.

Lörrach (Baden). ca. 6000 Einwohner. Gründer, Erbauer, Eigenthümer und Dirigent: Herr H. Gruner-His, Civilingenieur in Basel. Die Gasbeleuchtung der Stadt findet seit October 1865 statt, doch bezog der Unternehmer das Gas bis October 1867 von den Herren Köchlin, Baumgartner & Co., die für ihre bedeutenden Etablissements in Lörrach eine umfängliche eigene Gasanstalt haben. Im Jahre 1867 baute Herr Gruner-His eine eigene Fabrik und eröffnete sie im October desselben Jahres. Die Concession läuft 25 Jahre. Die Stadt nimmt zur Hälfte Antheil am Reingewinn, wenn derselbe über $7^0/_0$ beträgt. Zwei Jahre vor Ablauf des Vertrages hat sich die Stadt zu erklären, ob sie die Anstalt mit allem Zubehör bei Ablauf des Vertrages zum Schätzungswerth übernehmen will, sonst dauert der Vertrag von 5 zu 5 Jahren weiter fort. Die Stadt zahlt 4 fl. pro 1000 c' engl., Private zahlen 5 fl. 24 kr., der Preis ermässigt sich jedoch auf 5 fl., wenn der Consum die Höhe von 2 Mill. c' per Jahr erreicht. Die grösseren Abnehmer geniessen einen z. Th. sehr bedeutenden Rabatt. Lichtstärke für $4^1/_2$ c' Gasconsum pro Stunde die Helle von 12 Kerzen. 50 Strassenflammen mit 5 c' Consum per Stunde und 1200 Brennstunden per Jahr. 1200 Privatflammen werden etwa 2 Mill. c' jährlich consumiren. Betrieb mit Steinkohlen und Zusatz von ca. $5^0/_0$ Swinter oder Boghead. Die Anstalt hat 10 Stück $\cap$ förmige Thonretorten (1 Ofen à 5, 1 à 3, 1 à 2 Ret.), 1 Condensator mit 6 Stück 6 zöll. Röhren von 12' Länge, 1 Scrubber 12' hoch 4' im Durchmesser, 2 Reiniger $5' \times 5' \times 3' \, 3''$, 1 Stationsgasmesser für 3000 c' pro Stunde, 1 Gasbehälter für 10,000 c', 1 Druckregulator, 15,000 lfd. Fuss Rohrleitung von $6''$ bis $1^1/_2''$ Weite, 80 nasse Gasuhren. Anlagecapital ca. 50,000 fl.

Löwenberg (Schlesien). 3000 Einwohner. Eigenthümerin: die Stadtgemeinde. Dirigent: Herr G. Schwarzbach. Die Anstalt wurde nach den Plänen und unter Leitung des Directors der Gasanstalt zu Glauchau, Herrn J. Schädlich durch die Firma Rockstroh in Chemnitz erbaut, und am 12. October 1864 dem Betriebe übergeben. Im ersten Betriebsjahre befanden sich 102 Gasuhren von S. Elster mit 571 Privatflammen, sowie 87 öffentliche Flammen im Betriebe. Die Produktion im ersten Jahre war 2,013,780 c' preuss.*). Anfangs

---

*) 1000 c' preuss. $=$ 1091,84 c' engl.

kosteten 1000 c′ preuss. 2 Thlr. 20 Sgr., seit dem ersten Oct. 1867 aber 2 Thlr. 15 Sgr. Jetzt sind 113 Gasuhren aufgestellt, und versorgen diese 704 Privatflammen incl. Kochapparate, zur Strassenbeleuchtung sind 14 Candelaber mit 18 Flammen, und 73 Flammen an Consolen vorhanden. Die Produktion im letzten Betriebsjahr war 1,867,780 c′ preuss., Maximalproduktion in 24 Stunden 14,400 c′ und Minimalproduktion 1120 c′. Der Consum und die Leuchtkraft der öffentlichen Flammen ist nicht vorgeschrieben, erstere beträgt etwa 6 c′ pro Flamme und Stunde. Betrieb mit Waldenburger Steinkohlen. Die Anstalt hat 6 ovale Chamotteretorten von J. R. Geith in Coburg. (1 Ofen à 1, 1 à 2, 1 à 3 Ret.) und Raum für einen vierten Ofen zu 5 Retorten, auch lässt sich der Zweier-Ofen für 3 Ret. umändern, 1 stehenden Röhrencondensator, 9 Röhren 13′ lang, 5″ weit, 1 Scrubber 3′ im Durchmesser 6′ hoch mit darunter befindlichem und damit verbundenem Wascher von 4′ im Quadrat und 2′ Höhe, 3 gusseiserne Reiniger je 7′ lang, 4′ breit und 3′ 6″ hoch mit 4 Horden (Laming′sche Masse und Kalk), 1 Stationsuhr für 2000 c′ per Stunde von S. Elster, Regulator für 6000 c′ per Stunde, 5½ zöll. Betriebsröhren, 1 Gasbehälter von 16,000 c′ rhl. Inhalt mit schmiedeeisernem Führungsgerüst von der köln. Maschinenbau-Gesellschaft, Clegg′sche Wechselhähne, 1 kleinen Dampfkessel hinter den Oefen von 4′ 9″ Länge und 2′ Durchmesser zu Heizzwecken, 11,940′ Rohrleitung (846′ 5″, 888′ 4″, 915′ 3″, 1552′ 2½″, 7204′ 2″ und 535′ 1½″) nebst 2989′ Zuleitungsröhren, 1 zöll. für Private und 1757′ dergleichen für Laternen. Anlagecapital: 25,200 Thlr.

Lohr (Bayern). 4500 Einwohner. Eigenthümerin: die Stadt. Erbauer, Pächter und Dirigent: Herr C. Müller. Der Vertragsabschluss fand im Frühjahr 1866 statt, wegen des Krieges wurde die Ausführung jedoch verschoben, und wurde das im April 1867 begonnene Werk am 27. October desselben Jahres eröffnet. Ausführender Techniker: Herr J. Seuffert. Die Pacht läuft 30 Jahre. Vertragsmässige Lichtstärke bei 4 c′ Consum per Stunde 7 Wachskerzen-Helle, 4 auf 1 Pfd. Gaspreis für Private 5 fl., für Strassenbeleuchtung 3 fl. pro 1000 c′ bayer.*). Betrieb mit westphälischen Steinkohlen. Die Anstalt hat 5 Thonretorten aus Lyon (1 Ofen à 3, 1 à 2 Ret.) und 1 eiserne Retorte, 1 Condensator, Scrubber, 3 Reiniger, 1 Gasbehälter

---

*) 1000 c′ bayer. = 878 c′ engl.

mit ca. 15,000 c′ Inhalt, 18,000 Fuss Rohrleitung von 5″ bis 1¹/₂″ Weite, nasse Gasuhren von L. A. Riedinger in Augsburg und J. Sohn in Würzburg. Anlagekapital: 50,000 fl.

Louisenthal (Steinkohlengrube bei Saarbrücken). Die zur Berg-inspection II zu Louisenthal gehörende Gasanstalt wurde auf Veran-lassung der kgl. Bergwerksdirection durch den Director der Gasanstalt zu Saarbrücken & St. Johann, Herrn A. Bonnet, erbaut, und am 28. December 1863 eröffnet. Die Anstalt liefert Gas für 33 Bureau-flammen, 114 Werkstattflammen und 96 Strassenflammen, von denen erstere 3 Stunden, die anderen 4 Stunden und letztere 12 Stunden im Winter durchschnittlich täglich brennen. Im Sommer brennen nur die Strassenlaternen einige Stunden. Im Jahre 1867 ergaben 3580 Ctr. Kohlen aus dem Maxflötze 1,482,020 c′ Gas. Die Anstalt hat 2 Oefen, einen mit 3, den anderen mit 2 Thonretorten, 1 Condensator, 1 Scrub-ber, 2 Reiniger von 3¹/₂′ Durchmesser, 1 Gasbehälter von 2500 c′ Inhalt. Anlagecapital: 6434 Thaler.

Luckau (Preussen). 5000 Einwohner. Eigenthümer: die Herren Markscheider Aschenborn und Kaufmann Bader in Luckau, und ist Ersterer zugleich Dirigent der Anstalt. Erbauer: Herr Schippke, Director der Gasanstalt zu Brandenburg. Eröffnet am 1. December 1866 mit fast 400 Flammen. Die Concession läuft 30 Jahre, nach welcher Zeit die Anstalt von der Stadt um den aus den Büchern sich ergebenden Werth erworben werden kann. Lichtstärke 18 Kerzen, 6 auf 1 Pfd. Gaspreis für die Strassenbeleuchtung 2¹/₃ Thlr., für Privatbeleuchtung 2²/₃ Thlr. pro 1000 c′. 54 Strassenflammen brennen während 8 Monaten im Jahr jede nicht ganz 3000 c′ Gas, 400 Privat-flammen. Betrieb im Sommer mit Maschinentorf, im Winter mit schlesischer Steinkohle. 1 Tonne Kohlen*) ergiebt 1600 c′ Gas, und 1 Klafter (80 c′ trockene Masse) Torf 8000 c′ Gas. Die Anstalt hat 10 Retorten (1 Ofen à 5, 1 à 4, 1 à 1 Ret.), 3 Reiniger von je 216 c′ Inhalt (bei Kohlengas Laming'sche Masse und Kalk, bei Torfgas bloss Kalk), 1 Gasbehälter von 14,000 c′ Inhalt, 9000′ rhl. Rohrleitung, 68 nasse Gasuhren von Th. Spielhagen in Berlin. Anlagecapital ca. 30,000 Thlr.

Luckenwalde (Preussen). 12,202 Einwohner. Eigenthümerin: die deutsche Continental-Gasgesellschaft in Dessau. Deren Generaldirector:

---

*) 1 preuss. Tonne Kohlen = 340 bis 360 Pfd.

Herr W. Oechelhäuser. Anstalts-Dirigent: Herr Mudra. Der Vertrag datirt vom 10. Januar 1856, die 50 jährige Dauer des Vertrages beginnt mit dem 13. October 1856, dem Tage der Eröffnung der Anstalt; die Stadt kann die letztere entweder nach 30 Jahren ankaufen, oder nach 50 Jahren unentgeldlich übernehmen. Contractliche Lichtstärke einer Strassenflamme bei nicht über 6 c′ preuss.*) Consum pro Stunde, 12 Wachskerzen-Helle, 6 auf 1 Paket. Für jede Strassenflamme werden pro Stunde $3\frac{1}{2}$ Pf. vergütet, Private zahlen im Maximum 3 Thlr. pro 1000 c′ preuss., grössere Consumenten zahlen nach Maassgabe ihres jährlichen Verbrauches bis 2 Thlr. herunter, städtische und fiskalische Gebäude zahlen $2\frac{1}{2}$ Thlr. Im Jahre 1866 waren vorhanden 83 Strassenflammen mit einem Durchschnittsconsum von 5338 c′ pro Jahr, 3930 Privatflammen mit einem Durchschnittsconsum von 1716 c′ per Jahr. Jahresproduktion (alle Betriebszahlen beziehen sich auf 1866) 7,886,200 c′ engl. Stärkste Abgabe in 24 Stdn. 76,100 c′, schwächste Abgabe 14,000 c′. Betrieb mit Steinkohlen (76% niederschlesische und 24% westphälische) Produktion per Tonne 1813 c′. Die Anstalt hat 23 Retorten (2 Oefen à 6, 1 à 5, 2 à 3 Ret.), 14 Condensationsröhren zu $19\frac{1}{4}$′ Länge und 6″ Weite, 1 Beale'schen Exhaustor, 1 Scrubber von 159 c′ Inhalt und $4\frac{1}{2}$′ Durchmesser, 1 Waschmaschine, 5 Reiniger von zusammen 680 □′ rhl. Hordenfläche (Deicke'sche Masse), 2 Gasbehälter mit 25,400 c′, resp. 41,900 c′ engl. Inhalt, 38,317 lfd. Fuss preuss.**). Rohrleitung mit 10″ grösstem Durchmesser, 219 nasse Gasuhren von Schäffer & Walcker und S. Elster in Berlin. Anlagecapital Ende 1866: 112,359 Thlr. 20 Sgr. 10 Pf. Näheres s. Journ. f. Gasbel. 1860 S. 166, 1861 S. 136, 1862 S. 179, 1863 S. 138, 1864 S. 91, 1865 S. 125, 1866 S. 135, 1867 S. 157.

Ludwigsburg (Württemberg). Nahezu 12,000 Einwohner. Ein Bauwerkmeister in Ludwigsburg hatte 1855 eine kleine Anstalt für portatives Gas unternommen, und versorgte etwa 12 Abonnenten; er gab das Unternehmen jedoch wieder auf, und die Abonnenten setzten den Betrieb für eigene Rechnung fort. Das Unbequeme dieser Einrichtung wurde bald immer fühlbarer, und da eine durchgreifende Verbesserung der Strassenbeleuchtung nothwendig war, so wurde der Gemeinderath von der allgemeinen Stimme gedrängt, Verhandlungen über Einführung einer Röhrengas-Beleuchtung anzuknüpfen, und am 25. Dec.

---

*) 1000 c′ preuss. = 1091,84 c′ engl.

**) 1 Fuss preuss. = 1,02972 Fuss engl.

1857 wurde mit dem Londoner Ingenieur, Herrn H. P. Stephenson ein Vertrag über die Herstellung und den pachtweisen Betrieb der Anstalt abgeschlossen. Die Eröffnung der Anstalt fand am 1. Dec. 1858 statt. Die Dauer des Pachtvertrages war vom 1. Oct. an auf 25 Jahre festgesetzt, auf Antrag des Herrn Stephenson kam jedoch schon im Jahre 1860 ein weiterer Vertrag zu Stande, nach welchem auf den 1. Aug. dess. Jahres auch der Betrieb der Anstalt in die Hände der Stadt überging, gegen einen bis zum Jahre 1883 dauernden Abtrag von 600 fl. pro Jahr an den früheren Pächter. Verwalter: Herr Gemeinderath V. Körner. Technischer Berather ist der Gasingenieur Herr Böhm in Stuttgart, der die Anstalt ordentlicher Weise alle Monat einmal zu besuchen hat. Leuchtkraft für $4^1/_2$ c' engl. Gasconsum pro Stunde bei 15 Millim. Druck, mindestens 9 Wachskerzen-Helle von 10'' württ. Länge, wovon 4 auf 1 Pfd. gehen, und welche bei einer Flammenhöhe von 1·8'' württ. 10 Gramm Wachs pro Stunde verzehren. Gaspreis für Privaten seit 1. Juli 1867: 4 fl. 30 kr. pro 1000 c' engl.; dabei tritt bei einem Verbrauch von 10,000 c' in 3 Monaten ein Rabatt von $2^1/_2$ %, bei einem Verbrauch von 20,000 c' in derselben Zeit ein Rabatt von 5% ein. Für die Strassenbeleuchtung vergütet die Stadt per Jahr 1000 fl. 147 Strassenflammen zu je $4^1/_2$ c' Consum pro Stunde und 1000 Brennstunden jährlich (im Monat Juni und Juli keine Strassenbeleuchtung), 2480 Privatflammen. Jahresproduktion 4,600,000 c'. Maximalproduktion in 24 Stunden 25,000 c', Minimalproduktion 7000 c'. Betrieb mit Saarbrücker, aushilfsweise auch mit westphälischen Steinkohlen. Die Anstalt hat 15 Retorten (2 Oefen à 5, 1 à 3, 1 à 2 Ret.), 1 Condensator mit 3 Doppelröhren, 1 Scrubber, 1 Beale'schen Exhaustor mit Dampfmaschine, 3 Reiniger $6' \times 6' \times 3'$, 1 Gasbehälter mit 36,000 c' Inhalt, 27,725' Leitungsröhren von 7'' bis 2'' Weite, ca. 7000' schmiedeeiserne Zuleitungen, 275 nasse Gasuhren von S. Elster. Nebenprodukte werden verkauft. Anlagecapital 75,000 fl.

Ludwigshafen. Der Fragebogen ist nicht beantwortet worden.

Lübeck (freie und Hansestadt). 30,500 Einwohner, mit den Vorstädten 37,000 Einwohner. Die Anstalt ist im Jahre 1854 nach einem Plane des Herrn Baumeisters Kühnell von Berlin unter Oberleitung des Herrn Baudirectors Müller in Lübeck von den Herren Baumeister Schnuhr und Ingenieur Fähndrich erbaut, am 20. December 1854 eröffnet, gehört der Stadt und wird für deren Rechnung verwaltet.

Dirigent: Herr C. Stooss. Die Baukosten betrugen (mit 89,000′ Strassenröhren) 169,500 Thlr.; zum Betriebscapital waren 10,500 Thlr. bestimmt. Im Ganzen sind daher 180,000 Thlr. zu 4°/₀ angeliehen und werden mit 1°/₀ und den ersparten Zinsen in 41 Jahren amortisirt. Die Entwickelung war folgende:

		Gesammt-Consum (rund)	Am Jahres-schluss		Consum der Haus-flammen	Kosten d. Anlage u. deren Er-weiterung	
			Later-nen	Haus-flammen			
		c′	Stück	Stück	c′	Thlr.	
Baujahr	1854/55	6,000,000	758	2.065	2,250,000	169,500	bis ult. Juni 1855.
1. Jahr	1855/56	22,000,000	772	3,339	9,905,500	—	
2. „	1856/57	25,000,000	784	3,875	10,794,450	4,500	} Kohlenschuppen, Theeröfen etc.
3. „	1857/58	26,250,000	795	4,263	10,998,050	400	} für den dritten Gasbehälter etc.
4. „	1858/59	27,160,000	804	5,175	12,201,800	15,000	
5. „	1859/60	28,980,000	806	6,127	13,448,800	—	} Kohlenschuppen, grossen Schornstein u. dgl.
6. „	1860/61	29,840,000	811	6,697	15,109,550	6,400	
7. „	1861/62	31,690,000	814	7,290	16,383,850	1,300	
8. „	1862/63	32,660,000	816	7,934	17,613,400	2,200	
9. „	1863/64	34,290,000	820	8,490	18,635,100	100	} Reinigungshaus vergrössert u. Apparate vermehrt.
10. „	1864/65	35,660,000	823	8,790	19,570,150	6,200	
11. „	1865/66	38,780,000	851	9,705	21,610,600	7,600	
12. „	1866/67	42,000,000	855	10,835	23,617,800	3,800	Neuer Exhaustor etc.
bis ult. Juni 1867		380,310,000			192,139,050	217,000	

Im Betriebsjahre 1856/57 wurde das Gas zuerst durch Zusatz von Cannelkohle verbessert; im Jahre 1857/58 kamen 470 Flammen im neuen Theater und 1860/61 570 Flammen im neuen Casinogebäude hinzu. Das Gas hat bei einem stündlichen Verbrauch von 6 c′ lüb. (= 5 c′ engl.) eine Leuchtkraft von 17½ Wachskerzen, von denen 6 Stück à 13″ rhl. lang, 26 Loth wiegen. Die Strassenbeleuchtung wird hergestellt innerhalb der Stadt durch 630 öffentliche Strassenlaternen (à durchschnittl. 18,300 c′ in 12 Monaten mit ca. 3600 Brennstunden) und durch 138 (kleine) Ganglaternen (à circa 11,500 c′ in 10 Monaten mit 3350 Brennstunden), auf den Hauptstrassen der Vorstädte durch 26 Laternen (in 10 Monaten mit ca. 1750 Brennstunden). Die Stadtgemeinde zahlt für die Beleuchtung der Stadt jährl. 10,000 Thlr.; für die Beleuchtung der Vorstadtstrassen wird von den Anwohnern ein besonderer Beleuchtungsbeitrag erhoben. Ausserdem bestehen 61 Privatlaternen, für welche flammenweise bezahlt wird. Die Hausflammen consumiren (incl. Theater, Casino u. dgl.) pro Flamme im Jahr durchschnittlich 2330 c′. Das Gas wird seit 1865 mit 1¾ Thlr. per 1000 c′ lüb. bezahlt, und denjenigen Consumenten, welche in einem Jahre mehr als 100,000 c′ verbrauchen, auf den Mehrverbrauch ein Rabatt in Abstufungen von 4, 8, 12 und 16°/₀ per 1000 c′ gewährt; zum Heizen etc. wird das Gas (durch besondere Gasmesser) für 1½ Thlr. pro 1000 c′

abgegeben. Die Privatleitungen in den Häusern werden seitens der
Anstalt ausgeführt, obgleich auch die Concessionirung von Privat-Gas-
fittern gesetzlich zulässig ist. Die Gasproduktion wechselte im letzten
Jahre per 24 Stunden zwischen 40,000 c' und 235,000 c'. Vergast
wurden Newcastler Steinkohlen (Pelaw und Pelton) mit Zusatz von $4\frac{1}{2}$
Gewichtsprocent Boghead-Cannelkohle. Zur Retortenfeuerung verwendet
man Kohlen, welche mit den feinsten Cokesabfällen gemischt werden,
oder man verwendet neben der Kohle ein Gemenge dieser feinen
Cokesabfälle mit Theer. Für die Dampfkesselfeuerung werden Kohlen
und die Reste von der Vergasung der Bogheadkohlen gebraucht. Die
Fabrikeinrichtung besteht aus 59 ovalen Chamotte-Retorten ($8\frac{1}{2}'$ $\times$
$16\frac{5}{8}''$ $\times$ $13\frac{5}{8}''$ rhl.) in 8 Oefen à 7 Ret. und 1 Ofen (unbenutzt)
à 3 Ret.; einem 8zöll. Röhrencondensator; einem 24zöll. Exhaustor nach
Beale, welcher, nebst den Wasserpumpen, durch eine 4pferd. Dampfmaschine bewegt wird; 2 Paar Waschgefässe, jedes 6' lang, 3' hoch
und 3' breit mit ca. 800 Stück 2zöll. Eintauchröhren; 2 Gruppen zu
je 4 Stück Trockenreinigern (Rasenerzmasse) von $9\frac{1}{2}'$ lang, 4' breit
und 5' hoch, mit 4 Hordenflächen; 2 Stationsgasmesser; 3 unbedeckte
Gasbehälter von zusammen 100,000 c' lüb. Inhalt; 1 Nachreiniger und
1 Regulator. Die Leitungsröhren (Hauptröhren) haben eine Gesammtlänge von ca. 96,000' lüb., darunter 2400' 10zöll., 6400' 8zöll., 13,800'
6zöll. und 15,300' 4zöll. Röhren. An Gasuhren sind 1030 nasse von
Edge in London und Pintsch in Berlin vorhanden. Coke und grobe
Asche (Cokegrus) werden verkauft, ebenso Theer, wenn dessen Preis
günstig ist. Der Gewinn der Anstalt betrug im Jahre 1866/67 rund
24,800 Thlr. — seit Eröffnung des Betriebes im Ganzen 213,500 Thlr.
Hievon sind verwendet zu Erweiterungen der Anstalt 47,500 Thlr.
und als Zuschuss zu den Baukosten einer neuen Stadtwasserkunst
80,000 Thlr. Vom Betriebsjahre 1866/67 ab wird nach gesetzlicher
Bestimmung nur $\frac{1}{3}$ des Reingewinns der Anstalt dem Betriebs- und
Reservefond derselben zugeschrieben, die andern zwei Dritttheil werden
an die städtische Gemeindekasse für Communalzwecke abgeliefert.
Näheres s. Journ. f. Gasbel. 1860 S. 102, 1861 S. 29, 1862 S. 106,
1863 S. 109, 1864 S. 69, 1865 S. 38.

Lüben (Schlesien). Die Anstalt ist von Herrn Ingenieur Hornig
in Görlitz erbaut, und Ende 1867 eröffnet worden.

Lüdenscheid (Westphalen). 7300 Einwohner. Eigenthümerin: eine
Gesellschaft unter der Firma: „Lüdenscheider Gasfabrik". Dirigent:

Herr B. Arland. Gründer und Erbauer: Herr Ingenieur W. Ritter in Solingen. Eröffnet am 19. März 1858 mit 89 Consumenten, 476 Privatflammen und 53 Strassenlaternen. Nach 30 Jahren wird der mit der Stadt bestehende Vertrag entweder auf weitere 20 Jahre prolongirt, oder die Stadt bringt die Anstalt gegen Erstattung der Anlagekosten käuflich an sich. Nach 50 Jahren (1908) tritt die Stadt unentgeldlich in den Besitz der Anstalt ein. Leuchtkraft der Strassenflammen 10 Wachskerzen, 6 auf 1 Pfd. bei $9^1/_2''$ Länge. Gaspreis für Private 3 Thlr. 5 Sgr. pro 1000 c'. Die Stadt zahlt für die Strassenflamme pro Brennstunde 4 Pfennige mit $5^0/_0$ Rabatt. 60 Strassenflammen mit 6 c' Consum pro Stunde und wenigstens 900 Brennstunden per Jahr. 1778 Privatflammen mit durchschnittlich je 1412 c' Jahresconsum. Jahresproduktion 1866/67: 3,326,000 c'. Grösster Consum in 24 Stunden 19,300 c', kleinster Consum 2600 c'. Betrieb mit westphälischen Kohlen (Consolidation). Die Anstalt hat 8 Thonretorten von rechteckigem Querschnitt $18'' \times 13''$ mit abgerundeten Ecken, 7' lang (1 Ofen à 4, 1 à 3, 1 à 1 Ret.), 76' Luftcondensation in drei Paar stehenden 6zöll. Röhren, 2 Waschapparate mit je 140 1zölligen Oeffnungen, 4 Kalkreiniger von je 50 c' Inhalt ($6^2/_3' \times 2' \times 2^2/_3'$) mit 4 Horden von Eichenholz, 1 Gasbehälter von 30,000 c' Inhalt, 13,320' Rohrleitung, nämlich $129^3/_4$ Ruthen*) 4zöll., $140^1/_2$ Ruthen 3zöll., $745^1/_2$ Ruth. 2zöll., 20 Ruth. $1^1/_2$zöll. und $74^1/_4$ Ruth. $^3/_4$zöll., 138 nasse Gasuhren von W. H. Moran in Cöln. Nebenprodukte, mit Ausnahme des Ammoniakwassers, werden verkauft. Anlagecapital 52,000 Thlr.

Lüneburg (Hannover). 16,072 Einwohner. Eigenthümerin: die allgemeine Gas-Actien-Gesellschaft zu Magdeburg. Dirigent: Herr Gerlach. Gründer des Unternehmens ist Herr Waitz aus Hamburg, welcher am 23. Febr. 1857 den noch heute gültigen Vertrag mit dem Magistrat abschloss, die Anstalt projektirte und den Bau begann. Am 7. Juli 1857 cedirte derselbe den Vertrag an die allgemeine Gas-Actien-Gesellschaft zu Magdeburg, deren General-Betriebsdirector Herr John Moore den Bau beendete und den Betrieb im October 1858 eröffnete. Der Vertrag läuft 30 Jahre. Der Magistrat kann 18 Monate vor Ablauf kündigen, andernfalls gilt er für je weitere 5 Jahre prolongirt. Kündigt der Magistrat, so kann er die Anstalt zum Taxwerth oder für einen Kaufpreis erwerben, welcher dem 12fachen Reinertrage des

---

*) 1 Ruthe = 12 Fuss.

Durchschnitts von den letzten 10 Jahren gleichkommt. Lichtstärke
für 5 c′ hann. im Schnittbrenner 10 Wachskerzen-Helle, 6 auf 27 Loth
hann. bei 13″ Länge. Conventionalstrafe für ungenügende Leuchtkraft
pro Tag und Flamme 1 Sgr. 3 Pf., für verspätetes Anzünden oder zu
frühes Erlöschen per Laterne 2½ Sgr. Gaspreis für öffentliche Erleuchtung 1 Thlr. 7½ Sgr. pro 1000 c′ hann.*), für Private 2 Thlr.
15 Sgr. pro 1000 c′ hann. Produktion vom 1. December 1866 bis
dahin 1867: 6,650,000 c′ preuss.**) Stärkste Abgabe in 24 Stunden
36,700 c′ preuss., schwächste Abgabe 2200 c′. 374 Strassenflammen
mit je wenigstens 1000 Brennstunden per Jahr und 5 c′ hann. Consum
pro Stunde und Flamme. 2016 Privatflammen ult. November 1867.
Betrieb mit englischen Steinkohlen. Die Anstalt hat 17 Thonretorten
(2 Oefen à 5, 2 à 3, 1 à 1 Ret.), 9 Condensationsröhren 8″ weit und
17½′ lang, 1 Scrubber 5′ weit und 10′ hoch, 1 Beale'schen Exhaustor 12 zöll. nebst Bypass- und Umgangshahn, 4 Reiniger 7½′ ×
4′ × 2′, (Kalk und Eisenerz), 1 Stationsgasuhr von S. Elster, Gasbehälter von 45,000 c′ preuss. Inhalt, Druckregulator, 51,400′ Rohrleitung
von 8″ bis 1½″ Weite, 170 Gasuhren von S. Elster. Coke und Theer
werden verkauft. Anlagecapital excl. Vorräthe 96,174 Thlr. 20 Sgr. 6 Pf.

Lünen (Westphalen). 3000 Einw. Gründerin und Eigenthümerin:
die Stadt. Die Luisenhütte des Herrn W. Patthof wollte eine Anstalt aus eigenen Mitteln bauen, da beschloss der Magistrat im Frühjahr 1866, die Sache in die Hand zu nehmen. Zeichnung und Bau-
anschlag lieferte Herr Ingenieur C. Mayer als Bauunternehmer, bau-
ausführender Ingenieur war Herr C. Wollmann. Der Bau wurde
im Juni 1867 begonnen und am 1. Nov. 1867 eröffnet. Gaspreis für
das erste Jahr 2⅔ Thlr. pro 1000 c′. Maximalproduktion in 24 Stunden
bis jetzt 8000 c′. 32 Strassenflammen mit 1000 Brennstunden per
Jahr, 4 Nachtlaternen brennen 2000 Stunden. 400 Privatflammen.
Betrieb mit westphälischen Kohlen (Holland, Hannibal). Die Anstalt
hat 8 Thonretorten (1 Ofen à 5, 1 à 2, 1 à 1 Ret.), 100′ Röhrencondensation, Scrubber 3′ weit 10′ hoch mit Traufwasser, 2 Reiniger
und 1 in Reserve 5′ × 3′ (Laming'sche Masse und Kalk), 1 Stationsgasuhr, 1 Gasbehälter mit 11,500 c′ Inhalt, 6000′ Rohrleitung von
5″ bis 1½″ Weite, und 6000′ ¾ zöll. schmiedeeiserne Zuleitungs-

*) 1000 c′ hann. = 880,14 c′ engl.
**) 1000 c′ preuss. = 1091,84 c′ engl.

röhren, 80 nasse Gasuhren von Th. Spielhagen. Verwerthung der Nebenprodukte ist schwach. Anlagecapital: 16,000 Thlr.

Lugano (Schweiz). 5500 Einw. Gründerin und Eigenthümerin: die Societa Anonima dell' Illuminazione a Gas di Coira (Chur). Dirigent: Herr C. F. Hax. Erbauer: Herr L. A. Riedinger in Augsburg. Eröffnet den 24. Dec. 1864. Die Concession ist auf 30 Jahre ertheilt. Lichtstärke 13 Wachskerzen. Gaspreis 52 Centimes*) pro 1 Cubikmeter**). Jahresproduktion 53,900 Cubikm. Maximalproduktion im December 7168 Cubikm., Minimalproduktion im Juli 2767 Cubikm. 88 Strassenflammen mit je $4\frac{1}{2}$ c′ engl. Consum per Stunde und 1800 Brennstunden per Jahr, 730 Privatflammen mit einem Durchschnittsconsum von 43,4 Cubikm. per Jahr. Betrieb mit Holz, welches bis auf 22 Stunden per Achse herbeigeschafft werden muss. Bis jetzt hatte die Anstalt 3 Oefen mit je 1 eisernen Retorte, im Winter 1867 ist ein weiterer Zweierofen eingerichtet. Wascher von 125 Centim. Durchmesser und 375 Cent. Höhe, 2 Reiniger von je 7 Cubikm. Inhalt (Kalk), 1 Gasbehälter mit 500 Cubikm. Inhalt, Rohrleitung von 5″ bis 1″ Weite, Fabrikgasmesser. Nebenprodukte ohne Absatz. Anlagecapital 196,000 Frcs.

Luxemburg mit den Vorstädten Grund, Pfaffenthal und Clausen. ca. 14,000 Einwohner. Eigenthümerin: eine Actiengesellschaft. Die Anstalt wird durch einen Gasmeister und einen Buchhalter unter Oberaufsicht des Herrn Ingenieur Ch. Grote in Frankfurt a/M. betrieben. Sie wurde vom 10. Aug. bis Ende Dec. 1865 für Rechnung des Herrn Baron Erlanger & Söhne in Frankfurt a/M. von dessen Ingenieur, Herrn Ch. Grote erbaut, und die Beleuchtung am 1. Jan. 1866 eröffnet. Der Vertrag dauert 40 Jahre; nach Ablauf dieser Zeit wird die Anstalt ohne irgend welche Entschädigung Eigenthum der Stadt. Leuchtkraft für 150 Liter Gasconsum 12 Stearinkerzen-Helle, 6 auf 1 Zollpfd. Gaspreise für Private für die Strassenbeleuchtung während d. ersten 10 Jahre 35 Cent. 22 Cent. pro Cubikmeter

„	„ zweit. 10 „	32 „	18 „	„	„	„
„	„ dritt. 10 „	28 „	14 „	„	„	„
„	„ viert. 10 „	24 „	12 „	„	„	„

200 Strassenflammen müssen mindestens 1656 Brennstunden haben,

---

*) 1 Franc = 100 Centimes = 8 Silbergr. = 28 kr. südd. Währ.
**) Cubikmeter = 35,32 c′ engl.

14*

und im Ganzen müssen wenigstens 32,000 Cubikm.*) Gas consumirt werden. 2000 Privatflammen brauchen etwa 200,000 Cubikm. Maximalproduktion in 24 Stunden 950 Cubikm., Minimalproduktion 310 Cubikm. Betrieb mit Saarkohlen. Die Anstalt hat 16 Thonretorten (2 Oefen à 5, 2 à 3 Ret.) 65 Meter 6 zöll. Condensation, Wascher, 3 Reiniger, 2,80 × 1,60 Meter (Eisenoxyd und Kalk), 2 Gasbehälter à 600 Cubikm. Inhalt, 15,000 Meter Hauptröhren von 6" bis 1$\frac{1}{2}$" Weite, 300 Gasuhren von S. Elster. Coke und Ammoniakwasser werden verkauft, Theer verheizt. Anlagecapital 325,000 Frcs. Vergl. Journ. f. Gasbel. 1863 S. 414 und 1865 S. 98.

Luzern (Schweiz). 13,000 Einwohner. Die Anstalt ist von Herrn Präsident Salzmann gegründet, von Herrn L. A. Riedinger erbaut und im Oct. 1858 eröffnet worden. Zuerst war sie Eigenthum der Herrn Riedinger, ging jedoch nach einem Jahre an eine Actiengesellschaft über. Dirigent: Herr A. Gloggner. Die Concession läuft 36 Jahre. Nach Ablauf hat die Stadt das Recht, das Unternehmen abzulösen, die reine unbelastete jährliche Rente, welche die Unternehmung im Laufe der letzten 10 Jahre nach den Büchern und Rechnungen der Gasfabrik durchschnittlich abgeworfen hat, mit 16 multiplicirt, bildet das Ablösungscapital. Das vorhandene Material ist ausserdem zu vergüten. Der Preis des Gases für Private ist 14$\frac{1}{2}$ Frcs.**) pro 1000 c', bei grösserem Consum wird Rabatt gegeben, und zwar bei einem Jahresconsum von 50—100,000 c': 3%, bei 100,000 bis 200,000 c': 5%, bei 200,000 c' und darüber 7%. Die Stadt bezahlt 4$\frac{1}{2}$ Cent. per Laterne und Brennstunde. Die Lichtstärke soll für 5 c' Consum per Stunde 10 Wachskerzen-Helle, 4 auf 1 Pfd., bei einer Flammenhöhe von 22 Linien 12 theil. Maass betragen. Jahresproduktion 6,500,000 c'. Maximalproduktion in 24 Stunden 33,000 c', Minimalproduktion 8000 c'. 165 Strassenflammen mit je 9350 c' Durchschnittsconsum, und 3000 Privatflammen mit je 1360 c' Durchschnittsconsum per Jahr. Betrieb mit Holz. 3 Oefen mit je 3 Retorten. Reinigung mit Kalk, 1 Gasbehälter zu 30,000 c' und 1 Gasbehälter zu 9000 c' Inhalt. Anlagecapital: 400,000 Frcs.

Magdeburg (95,700 Einwohner). Eigenthümerin: eine Actiengesellschaft. Technischer Dirigent: Herr A. Wernär, kaufmännischer

---

*) 1 Cubikmeter = 35,32 c' engl.
**) 1 Franc = 100 Centimes = 8 Silbergr. = 28 kr. südd. Währ.

Dirigent: Herr C. Fabricius. Die Gesellschaft bildete sich im Jahre 1852, und übertrug dem Herrn v. Unruh die Ausführung der Anlage. Der Bau begann am 22. März 1852 und die Eröffnung erfolgte am 10. Februar 1853. Zunächst war nur die Altstadt mit Röhren belegt, im Herbst 1855 wurde das Röhrensystem nach der Neustadt ausgedehnt, im Frühjahr 1856 auch nach dem Werder und nach der Friedrichstadt. Hiebei musste das Rohr über 3 Elbarme geführt werden, wovon der eine mit einem Durchlass versehen, die Versenkung des Rohres nöthig machte. In demselben Jahre 1856 wurde durch den gegenwärtigen technischen Director, Herrn Wernaer, eine Filialgasanstalt in der Sudenburg, einer Vorstadt mit 6 Zucker- und 2 Maschinen-Fabriken, erbaut. Dieser Bau begann am 4. Juli und die Eröffnung erfolgte am 14. November. Vom 1. Januar 1854 angefangen hat die Stadt das Recht — aber nicht die Verpflichtung — nach 25 Jahren sämmtliche Actien zum Nominalwerthe zu übernehmen. Den Vorstand bildet ein Curatorium von 6 Mitgliedern, wovon 2 den Stadtvorständen angehören. Lichtstärke für 5 c' engl. Gasconsum per Stunde 12 Wachskerzen-Helle, 6 auf 1 Pfd., 9 Zoll lang. Gaspreis für Private $2\frac{1}{2}$ Thl. pro 1000 c' engl., und da der Gewinn über 8% zwischen den Actionären und Consumenten getheilt wird, betrug derselbe pro 1866: 1 Thlr. 26 Sgr. Die Stadt erhält einen Rabatt von 15% für die öffentliche Beleuchtung. 842 Strassenflammen mit 7 c', 5 und 4 c' Consum per Stunde, 22,648 Privatflammen. Jahresproduktion 1866 in der Hauptanstalt: 69,000,000 c', in der Filialanstalt 7,300,000 c'. Maximalproduktion in 24 Stunden in der Hauptanstalt 388,900 c', in der Filiale 37,200 c', Minimalproduktion 44,800, resp. 5400 c'. Betrieb mit westphälischen Steinkohlen. Die Hauptanstalt hat 86 Stück ⌒ Retorten $20'' \times 15'' \times 8' 5''$ in 13 Oefen à 6 und 7 Ret., 1 Röhrencondensator von Gusseisen, 1 desgleichen von Blech, 2 Cokecondensatoren, 2 Beale'sche Exhaustoren 24 zöll., 2 nasse Kalkreiniger, 8 Reiniger für Laming'sche Masse, 3 Gasbehälter mit zusammen 185,000 c' Inhalt. Die Filialanstalt hat 23 Retorten (2 Oefen à 7, 1 à 6, 1 à 3 Ret.), 1 gusseisernen Röhrencondensator, 1 Scrubber, 1 Beale'schen Exhaustor 12 zöll., 4 Reiniger (Laming'sche Masse), 1 Gasbehälter mit 21,000 c' Inhalt, 1 Nachreiniger. Die Rohrleitung beträgt 190,730' mit einer Weite von 12 bis 2 Zoll. 1700 nasse Gasuhren sind meistens von S. Elster. Anlagecapital 400,000 Thlr. in 800 Actien à 500 Thlr. Vergl. Journ. f. Gasbel. 1865 S. 267 und 1866 S. 37.

Magdeburg ist der Sitz der „Allgemeinen Gas-Actiengesellschaft

in Magdeburg", welche die 5 Gasanstalten in Calbe, Landsberg a. d.
Warthe, Lüneburg, Prenzlau und Ratibor betreibt. Generaldirector
der Gesellschaft ist Herr A. Bethe. Näheres bei den einzelnen
Anstalten.

Mainz (Hessen-Darmstadt). 40,000 Einwohner. Eigenthümerin:
die Stadt, welche die Anstalt ursprünglich an die Erbauer, die Herren
Spreng und Sonntag, Firma: Badische Gesellschaft für Gasbeleuchtung auf 30 Jahre verpachtet hat. Tag der Eröffnung: 1. Febr. 1855.
In Folge stattgehabter Trennung ist jedoch die Pacht an Herrn
F. Sonntag allein übergegangen, welcher die Direction des Werkes selbst
fortführt. Nach dem Pachtvertrag sollte der Pachtschilling im ersten
Jahre 9000 fl., im zweiten 11,000 fl., und seitdem 13,000 fl. betragen,
wie er auch bis zum Ablauf am 30. Sept. 1884 bleiben sollte. Weiter
bestimmt der Vertrag, dass, sowie der von den Pächtern zu erzielende
reine Nutzen, nach Abzug aller durch den Betrieb veranlassten Kosten,
Gehalte, Pachtzinsen an die Stadt und an sich selbst zur Amortisation
der 70,000 fl. Bauauslage, und der sonstigen kleinen Auslagen, die
Summe von 12,000 fl. in einem Jahre erreiche, die Hälfte des Ueber-
schusses über 12,000 fl. zwischen der Stadt und den Uebernehmern
pro rata ihrer Einlagen zum Bau des Werkes von 200,000 fl. und
70,000 fl. getheilt werden soll. Der Pächter gibt die gegenwärtige
Pacht an zu 14,000 fl., zuzüglich 5500 fl. für Abfindung der Betheiligung. Vertragsmässige Leuchtkraft 11 Wachskerzen-Helle, 6 auf
1 Pfd., von 11 hessischen Zoll Länge für $4\frac{1}{2}$ c' Consum per Stunde
bei offener Flamme. Es werden 15 bis 16 Kerzen geliefert. Ein be-
soldeter städtischer Beamter besorgt die Controlle. Gaspreis für Private 4 fl. 30 kr. pro 1000 c'. Für die Strassenbeleuchtung zahlt die
Stadt dem Vertrage gemäss bei 735 Flammen und einer jährlichen
Brennzeit von 1400 Stunden 7100 fl. per Jahr oder 1 fl. $32\frac{1}{2}$ kr. pro
1000 c' engl. Das Koch- und Heizgas kostet $2\frac{1}{2}$ fl. Jahresproduktion
50,000,000 c'. Maximalproduktion in 24 Stunden 245,000 c', Minimalproduktion 70,000 c'. Betrieb mit Saarbrücker Kohlen (Heinitz &
Dechen). Die Anstalt hat 4 Oefen mit je 8 Retorten, im Ganzen
32 Stück durchgehende ⌂ Retorten 20' engl. lang mit 2 Köpfen, 2
Aufsteigröhren 6" engl. Das Laden geschieht reihenweise nicht ofen-
weise, und wird pro Retorte gew. 400 Pfd. eingetragen. 2 Hydrauliken
von 30" engl. Durchmesser. Das Hauptrohr auf dem Werk hat 8"
engl. Oeffnung und liegt auf 60' engl. Länge im Wasserreservoir.

1 stehenden Röhrencondensator. 24 Stück Röhren 9' engl. lang, 8'' Oeffnung. 2 Dampfmaschinen zu 6 Pferdekr. und 4 Pferdekr. 2 Dampfkessel. 1 Beale'schen Exhaustor bei 80 Touren 100 c' liefernd für den Winterbetrieb, gewöhnlich 160 bis 180 Touren per Minute bei 12 bis 14,000 c' Produktion per Stunde gegen 25 bis 40 Centim. Druck. 1 Schiele'scher Ventilator-Exhaustor für 8'' Rohr für den Sommerbetrieb bei 1 Meter Flügelrad-Durchmesser und 2000 Touren per Minute 10,000 c' gegen 20 Centim. Druck liefernd. 1 Wascher (der frühere alte Kalkmilchwascher). 2 Scrubber rund mit Coaksfüllung ohne Wasserzulauf, der eine 12' hoch, 8' Diamet. engl. Maass, der andere 9' hoch, 6' Diamet. engl. Maass. 4 Reiniger jeder 12' engl. lang, 4' breit ohne Scheidewand. Die Eisenoxydmasse, bestehend aus 12 Centner Eisenoxyd, 12 Centner ungelöschten Kalk, 6 Centner Sägspähne pro Reiniger, wird 80 bis 90 Centim. hoch in einer Lage eingetragen. Die Hordenlage besteht aus über Rundeisen-Rahmen geflochtene Spanischrohrhorden von je 4' Länge, 2' Breite. Immer 3 Reiniger im Gang, ein Reiniger reinigt 200—240,000 c'. Die Masse wird einmal durch Ausblasen mit Luft im Reiniger selbst regenerirt, mittelst eines eigenen Ventilators, das zweitemal jedoch wieder ausgetragen. Jährlich einmal wird die Masse erneuert. 1 Stationsuhr. 4 Gasometer, jeder von 50,000 c' engl. Inhalt mit 8 Führungssäulen, jeder mit 8'' Ein- und 10'' Ausgangsrohr. 2 Hauptröhren in die Stadt, eines von 12'' und eines von 10'' engl. Oeffnung. Sämmtliche Apparate sind mit Schieberhahnen versehen. Das Ammoniakwasser wird auf Salmiakgeist und demnächst auf Salmiaksalz verarbeitet. Alle Oefen sind zur Theerfeuerung eingerichtet, der Theer wird von der Maschine in ein Reservoir auf die Oefen gepumpt. Gedeckte Lagerräume für 20,000 Ctr. Kohlen. 1700 □' engl. Regenerationsschuppen. Die Theergruben fassen 600 Ctr. Theer. Elektrischer Telegraph von der Anzünderstube auf die Fabrik zur Regulirung der Druckverhältnisse. Druck in der Stadt, Abends 18—15 Zehntelzoll, Nachts 12 Zehntelzoll, Tags 14 Zehntelz. (wegen der vielen Gasöfen).

Malchin (Mecklenburg). 5000 Einwohner. Erbauer und Eigenthümer: Herr W. Strode in London. Dirigent: Herr W. Mantle in Teterow. Eröffnet am 29. September 1862. Concessionsdauer 20 Jahre. Die Stadt hat sich das Vorkaufsrecht vorbehalten, event. wird der Vertrag verlängert. Lichtstärke 12 Kerzen der Great Western Company in London. Gaspreise für Privaten pro 1000 c' hamb.*) in

---

*) 1000 c' hamb. = 831,15 c' engl.

den ersten 3 Jahren 2 Thlr. 32 Sch.*), in den zweiten 3 Jahren
2 Thlr. 24 Sch., in den dritten 5 Jahren 2 Thlr. 16 Sch., in den
vierten 9 Jahren 2 Thlr. 8 Sch. Städtische Gebäude zahlen 2 Thlr.
8 Sch. Strassenlaternen pro Cubikfuss 1 Pfg. meckl. Etwa 80 Strassenflammen und 750 Privatflammen. Jahresconsum 1,400,000 c'. Betrieb
mit Newcastle Steinkohlen. Die Anstalt hat 1 Ofen à 5 und 1 Ofen
à 3 Thonretorten, sowie 1 Ofen mit 1 Eisenretorte, 1 Scrubber mit
Wasserdurchlauf, 2 Reiniger (Raseneisenstein), 1 Gasbehälter mit
23,000 c' Inhalt, 100 Gasuhren von Wright in London. Nebenprodukte
werden verkauft.

Mannheim. 30,700 Einwohner. Die Stadt hat die Anstalt aus
ihren Mitteln durch die Herren Spreng, Sonntag und Engelhorn,
Firma: Badische Gesellschaft für Gasbeleuchtung, erbauen lassen und
dieselbe den Unternehmern alsdann in 30 jährigen Pacht (vom 1. Dec.
1851) gegeben. Die Gemeinde hat aber das Recht, schon nach Ablauf
von 25 Jahren den Pacht zu kündigen. Seit Frühjahr 1864 ist Herr
Fried. Sonntag alleiniger Pächter. Dirigent: Herr Eisenlohr.
Der Pächter hat die Verpflichtung der Unterhaltung des Werkes in
seiner ganzen Ausdehnung auf seine Kosten und hat es bei Beendigung
des Pachtes in gutem betriebbarem Stande an die Stadt zu übergeben.
Von der Stadt verlangte Erweiterungen des Werkes, der Canalisation,
des Beleuchtungsapparates, sind von dem Pächter gegen sofortige Vergütung seiner Verlagen auszuführen. Der Pachtschilling steigt von
8000 fl. im ersten, bis zu 22,000 fl. im vorletzten und letzten Jahre,
so dass am Ende der Pachtzeit das ganze ursprüngliche Anlagecapital
sammt Zinsen getilgt und das Gaswerk freies Eigenthum der Stadt ist.
Der Gaspreis ist für öffentliche Strassenflammen 1 fl. 32 kr. pro 1000 c'
engl., Private zahlen 5 fl. pro 1000 c', und für Gas zu technischen
Zwecken oder zum Heizen die Hälfte. Einige öffentliche Anstalten
geniessen einen Gaspreis von $4\frac{1}{2}$ fl. und 4 fl. Die Stärke des Gas-
lichtes von $4\frac{1}{2}$ c' Gas per Stunde muss bei offener Flamme der Lichtstärke von 9 Wachskerzen von 9'' bad. Länge, wovon 6 auf 1 Pfd.
gehen, gleich kommen. Eine städtische Controle besteht nicht Das
ursprüngliche Anlagecapital beträgt 200,000 fl.; dazu durch Erweiterungen des Werkes und der Canalisation 70,000 fl. Die Jahresproduktion
betrug 35 Mill. c' engl., die Maximalproduktion 190,000 c', die Minimal-

---

*) 1 Thlr. = 48 Schilling Meckl.

produktion 40,000 c'. Oeffentliche Flammen, deren Zahl 700 ist, verzehren zum Theil 6 c' engl., zum grösseren Theil 4½ c' per Stunde
und Flamme; die jährliche Brennzeit ist 1400 Stunden. Privatflammen
ca. 10,000. Steinkohlenbetrieb (Saarkohlen). 8 Oefen mit je 7 Ret. in einem
Ofen. 1 Condensator, 1 Wascher, 1 Scrubber, 3 Trockenreiniger, 1 Schiele'scher Exhaustor. Die Gasreinigung wird bewirkt mit einer Masse, die
aus Eisenoxyd, Kalk und Sägespänen bereitet ist. 3 Gasbehälter, einer
zu 42,000, die beiden andern zu je 30,000 c' Inhalt. Als Nebenprodukt
wird Salmiakgeist gewonnen. Stärkste Dimension der Röhren 10''; es
gehen zwei 10zöll. Röhren von der Fabrik nach der Stadt. Nasse Gasmesser von Brunt & Co. in Paris und J. Tebay in Offenbach.

Die Firma Kemner & Co. in Mannheim hat eine Privatgasanstalt.

Marburg (Kurhessen). 8557 Einwohner incl. Militär. Die Fabrik
wurde 1862/63 durch Herrn C. Knoblauch-Diez erbaut und ging
von dem Bankhause v. Erlanger & Söhne, als Concessionären auf
Herrn C. Knoblauch-Diez, und von diesem auf eine Commandit-
Actiengesellschaft unter der Firma „Central-Gasgesellschaft zu Marburg a/L." über, deren verantwortlicher Theilhaber Herr C. Knoblauch ist. Die ausschliessliche Concession läuft 50 Jahre. 175 Strassenflammen und 315 Privatconsumenten mit über 3000 Flammen, wobei
sämmtliche Universitätsgebäude. Gaspreis 2 Thlr. 25 Sgr. pro 1000 c'.
Jahresproduktion reichlich 5,500,000 c'. Betrieb mit westphälischen
Kohlen. Die Fabrik hat 16 Retorten, 8zöll. Condensation, 4 Reiniger,
Scrubber, Regulator, 2 Gasbehälter, 35,000' Rohrleitung. Die 8zöllige
Leitung unter dem Lahnbette ist mit Gummiringen gedichtet, und hat
sich bei den höchsten Wasserständen vollständig dicht erwiesen. Die
Circulation des Gases in der sehr bergigen Stadt ist durch Ventile
regulirt. Actiencapital 120,000 Thlr., bei welchem die Stadt mit einem
Capital von 34,000 Thlr. betheiligt ist.

Marburg (Steiermark). 12,000 Einwohner. Eigenthümerin: die
Südbahn-Gesellschaft. Die von der Südbahn-Gesellschaft erbaute Anstalt wurde am 22. December 1863 eröffnet, und hat den Zweck, die
Werkstätten und Heizhausräume in Marburg von Innen und Aussen
zu beleuchten. Die Flammenzahl beträgt im Winter etwa 700, im
Sommer 75. Jahresproduktion 26,676 Cubikmeter.*) Der Gaspreis
beträgt 9 bis 10 Neukreuzer pro Cubikmeter. Betrieb mit Leobner

---

*) 1 Cubikmeter = 35,32 c' engl.

Kohle (Braunkohle), ferner mit fetten Putzabfällen, welche bei der
Pechbereitung zurückbleiben. Reinigung mit Kalk. Der Gasbehälter
hat 360 Cubikmeter Inhalt. 7 Gasuhren von Sholefield & Co. und
Siry Lizars & Co.

Marienburg (Westpreussen). 8000 Einwohner. Gründerin und
Eigenthümerin: die neue Gasgesellschaft Wilh. Nolte & Co. Erbauer:
Herr Ph. O. Oechelhäuser. Eröffnet am 17. October 1867. Der
Vertrag lautet auf 25 Jahre vom Tage der Eröffnung an. Nach Ablauf kann die Stadt die Anstalt gegen den 15 fachen Betrag des Jahresgewinnes übernehmen, der sich als Durchschnitt der letzten 5 Betriebsjahre herausstellt, oder der Vertrag gilt von 10 zu 10 Jahren verlängert, wenn keine Kündigung erfolgt. Betrieb mit englischen Steinkohlen (New Pelton Main). Private zahlen $2^2/_3$ Thlr. pro 1000 c′
preuss.*); öffentliche Beleuchtung $3^1/_2$ Pf. pro Brennstunde und Laterne.
Vorläufig 50 Laternen mit 850 garantirten Brennstunden.

Marienwerder (Westpreussen). 7000 Einwohner. Gründerin und
Eigenthümerin: die neue Gasgesellschaft Wilh. Nolte & Co. Erbauer:
Herr Ph. O. Oechelhäuser. Eröffnet im December 1867. Der Ver-
trag lautet auf 25 Jahre vom Tage der Eröffnung an. Die Stadt
kann nach Ablauf und nach vorangegangener zweijähriger Kündigung die
Anstalt nach Taxe übernehmen oder der Vertrag gilt von 10 zu 10
Jahren verlängert. Betrieb mit englischen Steinkohlen (New Pelton
Main). Private zahlen $2^2/_3$ Thlr. pro 1000 c′ preuss., nach den ersten
10 Jahren 2 Thlr. 15 Sgr., nach 15 Jahren 2 Thlr. 10 Sgr., nach
20 Jahren 2 Thlr. $7^1/_2$ Sgr. in maximo. Der Preis für öffentliche
Beleuchtung ist $3^1/_2$ Pf. pro Brennstunde und Flamme, nach 10 Jahren
$3^1/_4$ Pf., nach 15 Jahren 3 Pf.

Mayen (Preussen). 7000 Einw. Eigenthümer: Herr C. Mayer
& Co. Dirigent: Herr Baumeister Wiersteiner. Erbauer: Herr
C. Mayer in Cöln. Der Vertrag ist am 22. März 1859 abgeschlossen
und läuft vom Tage der Eröffnung der Anstalt, den 28. December 1860
25 resp. 40 Jahre. Nach 25 Jahren ist die Stadt berechtigt, das
Werk käuflich zu erwerben nach einer 18 Monate vorhergegangenen
Ankündigung dieses Entschlusses. Der Kaufpreis ist gleich dem zwölf-
fachen durchschnittlichen Nettoertrage der letzten 10 Jahre. Im Falle

---

*) 1000 c′ preuss. = 1091,84 c′ engl.

des Nichtankaufes durch die Stadt dauert das Privilegium noch weitere
15 Jahre, nach deren Ablauf die Stadt in den unentgeldlichen Besitz
der Anstalt gelangt. 64 Strassenflammen und 220 Privatconsumenten
mit ca. 1100 Privatflammen. Jede Strassenflamme hat 900 Brennstunden und werden pro Brennstunde $3^1/_2$ Pf. vergütet, für Private
kosten 1000 c′ 3 Thlr. 10 Sgr. Die Leuchtkraft soll 14 englische
Parlamentskerzen für $5^1/_2$ c′ Gasconsum pro Stunde betragen. Betrieb
mit westphälischen Steinkohlen. Produktion im letzten Jahre 2,500,000 c′.
Die Anstalt hat 8 Retorten von M ö h l & Co. in 3 Oefen (3, 3 und
2 Ret.). Röhrencondensator von ca. 70′ Länge, Scrubber von 100 c′
Inhalt mit continuirlichem Wasserzufluss, 3 Reiniger von je 70 □′
Hordenfläche (Kalk), 1 Gasbehälter von 35′ preuss. Durchmesser und
15′ Höhe, 9500′ preuss. Leitungsröhren von 5″ bis $1^1/_2$″ Weite, nasse
Gasmesser von Th. S p i e l h a g e n. Vergl. Journ. f. Gasbel. 1864 S. 65.

Meerane (Sachsen). 17,000 Einwohner. Eigenthümerin: die Gasbeleuchtungs-Actiengesellschaft in Meerane. Dirigent: Herr C. G.
D ö h n e r t. Erbauer: Herr Ingenieur F r a n c k e von Gera. Die Eröffnung fand im December 1856 statt. Nach 30 Jahren — von 1856
an — kann die Commune die Anstalt nach dem Schätzungswerthe ankaufen. 108 Strassenflammen, welche zur Hälfte bis 11 Uhr, zur
Hälfte bis Sonnenaufgang brennen, und für welche jährlich 10 Thlr.
per Flamme (incl. Unterhaltung der Laternen) vergütet werden. Private
zahlen $2^1/_6$ Thlr. pro 1000 c′ sächs.*), bei einem Jahresconsum über
100,000 c′ werden 10% Rabatt gewährt. Jahresproduktion 6,980,117 c′
sächs., hievon gebrauchen die Strassenflammen 1,138,317 c′, die Privatflammen 5,688,200 c′. Betrieb mit Zwickauer Steinkohlen. Die Anstalt hat 17 Chamotteretorten (1 Ofen à 6, 1 à 5, 2 à 3 Ret.), Röhrencondensator, eisernen Scrubber, Wascher, 3 Reiniger (Laming'sche
Masse), 1 desgl. (mit Kalk) — sämmtliche aus Backsteinmauerwerk
in Cement — 2 Gasbehälter mit 13,000 und 40,000 c′ Inhalt, 13,819
Ellen Rohrleitung mit 10″ grösster Weite, nasse Gasuhren von S i r y
L i z a r s & Co. in Leipzig. Coke wird verkauft, Theer meist verheizt.
Anlagecapital 56,000 Thlr. Journ. f. Gasbel. 1859 S. 295, 1861 S. 394,
1866 S. 150.

Meiningen (Sachsen-Meiningen). 8100 Einwohner. Pächter und
Dirigent: Herr M. R e n n e r. Die Anstalt wurde 1859 von der Actien-

---

*) 1000 c′ sächs. = 802 c′ engl.

gesellschaft für Gasbeleuchtung in Meiningen mit einem Actiencapital von 83,000 fl. durch Herr E. Spreng in Nürnberg erbaut, und am 21. Nov. eröffnet. Im Jahr 1863 machte die Stadt von ihrem Recht, das Unternehmen mit jedem Jahr ablösen zu dürfen, Gebrauch, was um so weniger Schwierigkeiten hatte, als dieselbe bereits im Besitz von drei Viertheil der Actien war, und die Actionäre gerne bereit waren, die ihren Erwartungen nicht entsprechend rentirenden Actien al pari abzugeben. Die Stadt verpachtete vom 1. April 1863 ab auf 12 Jahre die Anstalt an den Hofbuchhändler M. Renner in Meiningen gegen eine Pacht von jährlich 4300 fl. Nach Ablauf der ersten 4 Pachtjahre zahlt derselbe mit Beibehaltung des obigen Betrages als Minimum, 36% der Brutto-Einnahme als Pacht. Leuchtkraft 10 Stearin-kerzen-Helle (6 auf 1 Pfd.) für 4 c' engl. Gasconsum per Stunde. Produktion 3,200,000 c' per Jahr. Maximalproduktion in 24 Stunden 23,000 c', Minimalproduktion 2,500 c'. 128 Strassenflammen, deren jede 1000 Stunden jährlich brennt. 1900 Privatflammen (gegen 927 bei Eröffnung der Gasanstalt am 1. Jan. 1860). Für die Strassenbe-leuchtung werden für je 1000 Brennstunden 12 fl. 48 kr. bezahlt. Private zahlen 6 fl. 20 kr. pro 1000 c' engl. Betrieb mit Zwickauer und Westphälischen Kohlen. 14 Retorten (2 Oefen à 5, 1 à 3, 1 à 1 Ret.), 120' horizontale Wassercondensation, Wascher $10 \times 5'$, zwei Reiniger $10 \times 5'$, Gasbehälter von 12,000 c' Inhalt, 6 zöll. Fabrik-röhren, 24,000' Leitungsröhren (1975' 6 zöll., 300' 5 zöll., 760' $3^1/_2$ zöll., 1600' 3 zöll., 1700' $2^1/_2$ zöll., 3400' 2 zöll., 6700' $1^1/_2$ zöll., 5500' 1 zöll.), 170 nasse Gasuhren von S. Elster. Theer wird zum grössten Theil zum Unterfeuern benutzt. Journ. f. Gasbel. 1860 S. 248, 1861 S. 103.

Meissen (Sachsen). 14,000 Einwohner mit Einschluss der um-liegenden Orte, welche die Anstalt mit Gas versorgt. Eigenthümer: der Actienverein für Gasbeleuchtung in Meissen. Dirigent: Herr H. Tzchucke. Erbauer: Herr Ingenieur Schmidt. Das Privilegium datirt von 1858. Der Stadt steht es frei, nach Ablauf von 25 Jahren die Anstalt käuflich zu übernehmen, und zwar gegen einen Kaufpreis, der wenigstens dem mit 25 capitalisirten Durchschnittsertrag der letzten 5 Jahre vor der Uebernahme gleich kommt. Die Absicht der Ueber-nahme Seitens der Commune muss der Gesellschaft mindestens 2 Jahre vor Ablauf der Frist angezeigt werden. Die Anstalt wurde am 27. Sept. 1857 eröffnet. Im Kriegsjahre 1866 wurde sie von schweren Verlusten betroffen. Das Röhrennetz war zur Versorgung der auf dem rechten Elbufer gelegenen Ortschaften Vorbrücke, Niederfähre und Cölln im Jahre 1862 über die Elbbrücke geführt worden, in der Nacht vom 15. auf den 16. Juni 1866 wurde die Brücke auf Befehl des sächsischen Armeecommandos gesprengt. Erst am 1. Sept. 1867 konnte die unterbrochene Rohrverbindung wieder hergestellt werden. Leuchtkraft einer Strassenflamme gleich 8 Paraffinkerzen. Der Gaspreis beträgt für die öffentliche Beleuchtung $1^5/_6$ Thlr. und für die Privaten $2^1/_2$ Thlr. pro 1000 c' sächs. Die Produktion betrug im Jahre 1866, wo wie erwähnt, ein Theil des Rohrnetzes während eines halben Jahres unbenützt bleiben musste, 4,110,547 c', nemlich 208,700 c' weniger als im Jahre vorher. Betrieb mit Zwickauer Steinkohlen. 109 Strassenflammen, die sämmtlich bis 10 Uhr brennen, nach 10 Uhr nach Bedürfniss etwa ein Viertel. 1710 Privatflammen, die etwa 3 Mill. c' verbrauchen. Stärkste Abgabe in 24 Stunden 24,000 c', schwächste Abgabe 2400 c'. Die Anstalt hat 13 Retorten (in 4 Oefen) von Oest W^w· & Co. in Berlin, 90' 6zöll. Röhrencondensation, 1 Scrubber, 1 Wascher mit 300 sächs. Kannen Wasserzufluss in 24 Stunden, 2 Reiniger, jeder zu 60 ☐ Ellen sächs. (Laming'sche Masse), 1 Gasbehälter mit 16,000 c' Inhalt, 20,462' sächs. Röhrenleitung von 6'' grösster Weite, nasse Gasmesser, namentlich von S. Elster. Nebenprodukte werden verwerthet. Das ursprüngliche Anlagecapital betrug 35,000 Thlr. Im Laufe der Zeit ist ein Baureserveconto von 6463 Thlr. 18 Sgr. 5 Pf. zur Erweiterung der Anstalt verwendet, und ausserdem ein Reservefond von 3391 Thlr. 10 Sgr. 6 Pf. angesammelt worden.

Memel (Preussen). 17,705 Einwohner. Eigenthümerin: die Stadtcommune. Dirigent: Herr H. Hartmann. Der von der Commune übernommene und unter Leitung des Herrn J. Hartmann in Königsberg ausgeführte Bau begann im Frühjahre 1861 und am 1. November desselben Jahres wurde die Anstalt eröffnet. Der Bau des zweiten Gasbehälters wurde im Sommer 1867 ausgeführt. Jahresproduktion 10,059,500 c' per Jahr; Maximalproduktion in 24 Stunden 53,000 c', Minimalproduktion 5000 c'. 400 Strassenflammen mit durchschnittlich 7 Brennstunden pro Tag consumirten 3,713,000 c'. 2808 Privatflammen hatten einen Durchschnittsconsum von 1886 c' pro Flamme. Lichtstärke für eine Strassenflamme 18 Stearinkerzen, 6 auf 1 Pfd. Betrieb mit englischen Steinkohlen (Pelton Main). Die Anstalt hat 23 Retorten von ⌂ und ovaler Form, zu je 6, 3 und 1 in einem Ofen, 1 Beale'schen Exhaustor 16zöll., 2 Wascher von 4' Durchmesser,

3 Reiniger, Dampfmaschine von 4 Pferdekraft, 2 Gasbehälter mit je 25,000 c′ Inhalt, 86,000 Röhrenleitung von 9″ bis 2″ Weite, 338 nasse Gasuhren von J. Pintsch in Berlin. Nebenprodukte, Coke, Theer und Grünkalk werden verkauft. Anlagecapital 120,000 Thlr.

Memmingen (Bayern). 6107 Einwohner. Eigenthümerin: die Gesellschaft für Gasindustrie in Augsburg. Deren Director: Herr L. Winterwerber. Dirigent der Anstalt: Herr Fassold. Gründer und Erbauer: Herr L. A. Riedinger. Eröffnet am 13. Nov. 1862. Lichtstärke für $4^1/_2$ c′ Consum per Stunde die Helle von 12 Stearinkerzen, 6 auf 1 Pfd. Gaspreis für Privaten 5 fl. 30 kr. pro 1000 c′ bayer.*), für öffentliche Beleuchtung 1,15 kr. per Strassenflamme und Stunde. 110 Strassenflammen mit zusammen 111,760 Brennstunden per Jahr, 1456 Privatflammen mit durchschnittlich 1100 c′ Consum per Flamme und Jahr. Jahresproduktion 2 bis 3 Mill. c′. Maximalconsum in 24 Stunden 17,000 c′, Minimalconsum 1600 c′. Betrieb mit Saarbrücker (Heinitz) Steinkohlen. Die Anstalt hat ⌓ Retorten in Oefen mit 1, 2 und 3 Ret., Reinigung nach Deicke, 20,000′ Rohrleitung von 7″ bis $1^1/_2$″, nasse Gasuhren von L. A. Riedinger.

Menden (Westphalen). Der Fragebogen ist nicht beantwortet worden. Nach der Statistik von 1862 war die Anstalt damals erst kürzlich eröffnet worden; man hatte auf nur 700 Flammen gerechnet, doch war die Zahl damals bereits auf 1100 gestiegen.

Merseburg (Preussisch-Sachsen). 13,500 Einwohner. Eigenthümerin: die Stadt. Dirigent: Herr Happach. Erbauer: Herr A. Mohr, Oberingenieur der Dessauer Gesellschaft. Eröffnet am 23. September 1866. Gaspreis $2^1/_2$ Thlr. pro 1000 c′ preuss.**) für Privaten und $1^2/_3$ Thlr. für die Strassenbeleuchtung. Jahresproduktion ca. $4^1/_2$ Mill. c′ engl. Maximalproduktion in 24 Stunden 32,200 c′, Minimalproduktion 3200 c′. 145 Strassenflammen mit 6 c′ preuss. Consum per Stunde. Betrieb mit Steinkohlen, und zwar zur Hälfte von Zwickau, zur Hälfte aus Westphalen (Holland). Die Anstalt hat 7 Thonretorten, $20″ \times 14″ \times 8^1/_2$′ (2 Oefen à 3, 1 à 1 Ret.), 1 Condensator, 1 Wascher, 3 Reiniger (Laming'sche Masse), 1 Gasbehälter mit 16,000 c′ preuss. Inhalt, 32,000 lfd. Fuss Rohrleitung von 6″ bis 2″ Weite und ausserdem 6000′ Ableitungsröhren, 241 nasse Gasuhren von S. Elster.

---

*) 1000 c′ bayer. $=$ 878 c′ engl.
**) 1000 c′ preuss. $=$ 1091,84 c′ engl.

Anlagecapital 48,000 Thlr., einschliesslich 5000 Thlr., welche für Privatleitungen verausgabt wurden; diese werden durch Abzahlung von 10%
pro anno verzinst und in 14¹/₃ Jahren amortisirt.

In der Umgebung Merseburgs sind jetzt eine grosse Anzahl Braun-
kohlentheer-Gasanstalten entstanden, man hat sogar für 5 bis 10 Flammen derartige Apparate aufgestellt.

Mettlach bei Saarlouis in Preussen. Die Porzellanfabrik der
Herren Villeroi & Bach hat eine Gasanstalt mit einer Jahresproduktion von etwa 1,500,000 c'.

Mettmann (Preussen). 3500 Einwohner. Eigenthümerin: eine
Commandit-Gesellschaft. Den Betrieb leitet der verantwortliche Gesellschafter Herr C. A. Burberg, Maschinenfabrikant in Mettmann,
der auch im März 1863 die Gesellschaft unter der Firma „Mettmanns
Gasanstalt Burberg & Co." gegründet hat. Die Commandit-Antheile
von je 500 Thlr. wurden bis zu 16,000 Thlr. fast alle in der Stadt
selbst untergebracht, und nachdem am 8. Juli 1863 der Vertrag mit
der Stadt vollzogen, die Ausführung dem Ingenieur Herrn H. Nachtsheim in Cöln übertragen. Am 13. Nov. 1863 fand die Eröffnung
statt. Der Vertrag läuft bis 31. Oct. 1893, also 30 Jahre. Nach
Ablauf dieser Frist steht es der Stadt frei, die Anstalt zum Taxwerth
zu übernehmen oder den Vertrag auf 30 Jahre zu verlängern. Leuchtkraft für 6 c' Consum per Stunde 12 Starinkerzen, 6 auf 1 Pfund.
Gaspreis für Private nach Vertrag bei einem Gesammtconsum von
1¹/₂ Mill. c' 3 Thlr., 1¹/₂—1³/₄ Mill. 2⁵/₆ Thlr., und bei 1³/₄—2 Mill.
2²/₃ Thlr., wobei der Gesammtconsum nach Strassen- und Privatbeleuchtung zusammen genommen verstanden ist. Gegenwärtig ist der
Privatgaspreis 2³/₄ Thlr., für jede Strassenflamme wird bei 900 Brennstunden 12 Thlr. vergütet; letzterer Preis wird auf 11 Thlr. ermässigt
bei 1¹/₂ Mill. Gesammtconsum und auf 10 Thlr. bei 2 Mill. Jahresproduktion 1866/67: 1,232,600 c'. 18 Strassenflammen und am 1. Juli
1867 bei 128 Consumenten 718 Privatflammen. Betrieb mit westphälischen Steinkohlen (meistens Zollverein). Die Anstalt hat 7 ovale
Thonretorten (2 Oefen à 3, 1 à 1 Ret.), Wascher, 4 Kalkreiniger,
1 Gasbehälter mit 10,000 c' Inhalt, 128 nasse Gasuhren mit constantem
Wasserstand von S. Elster. Anlagecapital 18,300 Thlr.

Mezingen (Württemberg). 5000 Einwohner. Das Unternehmen
wurde im Jahre 1866 durch Herrn E. Kausler gegründet. Mezingen

hatte früher gar keine Strassenbeleuchtung. Mit dem Bau wurde im
Mai 1866 begonnen, die Eröffnung fand am 1. October 1866 statt.
Das Eröffnungsjahr traf gerade mit dem Kriegsjahr zusammen, die
Fabrikanten waren entmuthigt und die Betheiligung war in Folge der
Arbeitseinstellung eine sehr geringe, was man bis zum heutigen Tag
merkt. Ein Zuwachs der Flammen hat aber doch stattgefunden, und
wenn erst die Geschäfte wieder lebhaft gehen, wird die Betheiligung
eine sehr bedeutende werden; jedenfalls hat die Gasanstalt Mezingen
eine grosse Zukunft. Im October 1866 wurde die Anstalt von dem
Unternehmer und Erbauer, Herrn E. Kausler, an eine Gesellschaft
unter der Firma „Actiengesellschaft für Gasbeleuchtung in Mezingen" verkauft, von dieser jedoch im October 1867 auf 5 Jahre wieder in Pacht
genommen. Die Concession läuft 30 Jahre. Nach Ablauf erlischt sie,
wenn keine neue Vereinbarung getroffen wird. Bei einem Consum
von $4^{1}/_{2}$ c' engl. pro Stunde muss das Gas eine Leuchtkraft haben
von 10 Wachskerzen 10 Zoll lang, deren 4 auf ein Zollpfund gehen.
Die Controlle wird durch eine gemeinderäthliche Commission, bei der
die Gasanstalt mit gleicher Stimmenzahl vertreten ist, ausgeübt; alle
Streitigkeiten werden durch ein Schiedsgericht geschlichtet. Der Gaspreis für die Stadt beträgt 3 fl. 20 kr., für die Privaten 5 fl. 30 kr.
pro 1000 c' engl. 100 Strassenflammen mit je 900 Brennstunden und
$4^{1}/_{2}$ c' Consum per Stunde. 546 Privatflammen gegen 437 des Vorjahres.
Betrieb mit Saarkohlen. Die Anstalt hat 6 Retorten (1 Ofen mit 3, 1 à 2,
1 à 1 Ret.) von J. R. Geith in Coburg, Condensator mit doppelt
wirkendem Luftzug, horizontalen Wascher ($6 \times 3 \times 4'$), 2 Reiniger
$6 \times 3 \times 4^{1}/_{2}'$, Reinigung mit aufgeschlossenem Eisenoxyd, Regulator,
Stationsgasuhr, 60 trockene Uhren von S. Elster, 22,000' Röhrenleitung von 4" bis 1".Weite, Gasbehälter von 10,000 c' Inhalt. Theer
und Coke werden gut verkauft. Anlagecapital 66,000 fl.

Minden (Westphalen). Der Fragebogen ist nicht beantwortet worden. Eine Notiz im Journ. f. Gasbel. vom Januar 1864 besagt, dass
die Anstalt um 44,000 Thlr. von der Stadt angekauft worden ist.

Mittweida (Sachsen) ist im Begriff, Gasbeleuchtung einzuführen.

Mölln (Lauenburg). 3902 Einwohner. Eigenthümer: Herr J. H.
Elberling in Mölln. Nachdem in einigen kleineren Städten Gas-
anstalten bestanden, ersuchte der Eigenthümer den Stadtmagistrat um
Erlaubniss zur Anlegung der Anstalt, sowie um den nöthigen Grund

und Boden. Das Gesuch wurde am 19. April 1855 bewilligt, und ein Bauplatz von 60' Fronte und 110' Tiefe gegen jährlichen Canon angewiesen, auf welchem auch der Bau sofort begonnen und die Anstalt noch am 14. November desselben Jahres eröffnet wurde. Besondere Bedingungen bei Ertheilung der Concession wurden nicht gemacht. Für jede Strassenflamme werden bis zum Jahr 1875 jährlich 10 Thlr. vergütet, alsdann findet eine neue Vereinbarung statt. Die Flammen brennen vom 1. September bis 1. Mai von Dunkelwerden bis 11 Uhr, und brauchen 4 c' pro Stunde. Private zahlen 2 Thlr. 10 Sgr. pro 1000 c'. 39 Strassenflammen. Jahresproduktion circa $1\frac{1}{2}$ Mill. c'. Betrieb mit englischen Steinkohlen (Bowdon close). Für den Winter sind 2 Oefen mit 3 Retorten, für den Sommer 2 Oefen mit 1 Retorte vorhanden, die Reinigung geschieht mit Kalk. Gasbehälter von 10' Höhe und 20' Weite, 5000' Rohrleitung von 4", 3" und 2" Weite, 72 nasse Gasuhren von W. Smith. Coke werden verkauft. Anlagecapital 18,000 Thlr.

Montjoie (Rheinpreussen). 4000 Einwohner. Eigenthümerin: die Commanditgesellschaft „Rheinische Gasgesellschaft J. F. Richter & Co. in Eupen." Gerant: Herr J. F. Richter. Die Anstalt ist 1857 von Herrn Richter erbaut und im December desselben Jahres eröffnet. Der mit der Stadtgemeinde abgeschlossene Vertrag ist für 30 Jahre gültig, jedoch ist die Stadt befugt, nach Ablauf von 15 Jahren, und von da an nach Ablauf von 5 zu 5 ferneren Jahren die Anstalt gegen Zahlung des, dem wirklichen Werthe des Objektes gleichkommenden, durch Schiedsrichter zu bestimmenden Kaufpreises zu übernehmen, bei welcher Ermittelung indess die Rentabilität der Anstalt nach dem Durchschnitt der drei letzten Jahre mit berücksichtigt werden soll. Der Preis des Gases ist für die öffentliche Beleuchtung $3\frac{1}{2}$ Pf. pro Flamme und Stunde, für die Fabriken 3 Thlr. 3 Sgr. 4 Pf. pro 1000 c' preuss., und für die Privaten 3 Thlr. 20 Sgr. pro 1000 c'. Anlagecapital 35,000 Thlr.

Morgenroth (Ober-Schlesien). Die Kohlengrube Paulus in Morgenroth hat im Jahre 1865 durch Herrn W. Kornhardt, Director der Gasanstalt in Stettin, Gasbeleuchtung erhalten.

Morges (Schweiz) hat Gasbeleuchtung.

Mühlacker (Württemberg). Der Bahnhof in Mühlacker hat eine eigene Gasanstalt.

Mühlhausen in Thüringen. 18,000 Einwohner. Eigenthümerin:
die Stadt. Dirigent: Herr Ingenieur H. E. Heyerdahl. Der Bau
der Anstalt wurde seitens der Stadtverordnetenversammlung im Mai
1864 beschlossen, vom Herrn Ingenieur W. Kümmel in Hildesheim
unter specieller Leitung des Herrn Heyerdahl am Anfang Juni 1864
begonnen und am 18. Januar 1865 eröffnet. Jahresproduktion 8 Mill. c′.
226 Strassenflammen mit 270,000 Brennstunden und 1,620,000 c′ Consum, 4970 Privatflammen mit etwa 5,800,000 c′ Jahresconsum. Betrieb
mit westphälischen Steinkohlen. Die Anstalt hat 25 Chamotteretorten
(per Ofen 3, 5 und 6 Ret.), 1 doppelten Röhrencondensator, 1 Scrubber, 1 Beale'schen Exhaustor mit Bypass-Ventil-Regulator, 4 Reiniger
(Rasenerz), 1 Nachreiniger, 1 Druckregulator, 1 Gasbehälter von
50,000 c′ Inh., 60,000′ Rohrleitung, 450 nasse Gasuhren von S. Elster.
Theer wird grösstentheils verfeuert. Anlagecapital 120,000 Thlr. Journ.
f. Gasbel. 1864 S. 415, 1865 S. 297, 1866 S. 280.

Mülheim am Rhein (Rheinpreussen). Der Fragebogen ist nicht
beantwortet worden. Die Statistik von 1862 enthält folgende Angaben.
7000 Einwohner. Eigenthümerin: die Actiengesellschaft für Gasbeleuchtung in Mülheim am Rhein, bei welcher die Stadt mit 10,000 Thlrn.
(200 Actien zu 50 Thlr.) betheiligt ist. Letztere hat das Recht, die
Anstalt nach 15 Jahren käuflich zu übernehmen. Die Anstalt ist nach
den Plänen des Herrn Pepys in Cöln von Herrn O. Kellner erbaut
und von letzterem seit der Eröffnung am 1. Februar 1854 bis 1. Mai
1860 als Director verwaltet worden. Von diesem Tage an hat der
Verwaltungsrath die obere Leitung persönlich in die Hand genommen,
und die Beaufsichtigung der Fabrik einem Werkmeister übergeben.
Betrieb mit westphälischen Steinkohlen. Oeffentliche Strassenflammen
von 6 c′ Consum pro Stunde kosten 4 Pf. Für Private ist der Normalpreis 3 Thlr. 5 Sgr. pro 1000 c′ preuss.*); der Preis ermässigt sich
auf 3 Thlr. für 500,000 c′, 2 Thlr. 25 Sgr. für 1,000,000 c′, 2 Thlr. 20 Sgr.
für 1,500,000 c′ und 2 Thlr. 15 Sgr. für 2,000,000 c′. Bau- und
Betriebscapital 32,000 Thr., wovon 20,000 Thlr. durch 400 Actien zu
50 Thlr. und der Rest durch eine Anleihe aufgebracht worden ist. Nach
der Statistik von 1859 war die Produktion 1856 etwas über 3 Mill. c′,
und die Flammenzahl Ende 1856 ca. 800.

Mülheim a. d. Ruhr (Rheinpreussen) mit Eppinghofen und Broich.
19,557 Einwohner. Eigenthümerin: die deutsche Continental-Gasgesell-

---

*) 1000 c′ preuss. = 1091,84 c′ engl.

schaft in Dessau. Deren General-Director: Herr W. Oechelhäuser. Special-Dirigent: Herr F. Schultz. Das Privilegium läuft vom 21. Jan. 1856 auf 50 Jahre. Die Stadtgemeinde hat das Recht, die Anstalt nach 30 Jahren anzukaufen oder nach 50 Jahren unentgeldlich zu übernehmen. Die Eröffnung fand am 21. Jan. 1856 statt. Jahresproduktion (alle Zahlenangaben beziehen sich auf das Jahr 1866) 11,961,600 c' engl. Stärkste Abgabe in 24 Stunden 70,000 c', schwächste Abgabe 10,000 c'. Leuchtkraft einer Strassenflamme bei einem stündlichen Verbrauch von nicht über 6 c' preuss. mindestens 12 gute Wachskerzen, 6 auf 1 Pfd. 139 Strassenflammen mit einem jährlichen Durchschnittsconsum von 7029 c' pro Flamme, 5295 Privatflammen mit einem jährlichen Durchschnittsconsum von 1919 c'. Für die Strassenbeleuchtung wird 3$\frac{1}{2}$ Pf. resp. 3 Pf. pro Flamme und Brennstunde vergütet, Private zahlen in Broich 2$\frac{1}{3}$ und in Mülheim 2$\frac{1}{6}$ Thlr. pro 1000 c' preuss.*), öffentliche Gebäude zahlen 2 Thaler pro 1000 c' preuss. Grössere Consumenten erhalten billigere Preise, ausserdem findet ein Rabatt statt: 1$\frac{1}{2}$% von 100 bis 200 Thlr. Consum, 2$\frac{1}{4}$% bis 400 Thlr., 3% bis 600 Thlr., 4% bis 800 Thlr., 6% bis 1000 Thlr., 8% bis 1500 Thlr., 12% bis 2000 Thlr., 16% bis 2500 Thlr., 20% über 2500 Thlr. Consum. Betrieb mit westphälischen Steinkohlen. Die Anstalt hat 5 Oefen mit 24 Retorten (2 à 3, 3 à 6), 14 Condensationsröhren zu 18$\frac{1}{2}$' Länge und 6'' Durchmesser, 2 Scrubber à 25 $\square$' Grundfläche und 12' Höhe, 1 Wascher, 1 Beale'schen Exhaustor, 5 Reiniger mit einer Gesammthordenfläche von 680 $\square$' rhl. (Deicke'sche Masse), 2 Gasbehälter mit 22,800 c' resp. 21,200 c' nutzbarem Inhalt, 37,684 lfd. Fuss preuss. Röhrenleitung mit 10'' grösster Weite, 364 nasse Gasuhren von verschiedenen Lieferanten. Das Ammoniakwasser wird auf Salmiakgeist verarbeitet. Baucapital: 121,765 Thlr. 12 Sgr. 4 Pf. Journ. f. Gasbel. 1860 S. 166, 1861 S. 136, 1862 S. 179, 1863 S. 138, 1864 S. 91, 1865 S. 125, 1866 S. 135, 1867 S. 157.

München (Bayern). 145,132 Einwohner ohne Militär. Eigenthümerin: die Gasbeleuchtungs-Gesellschaft in München. Dirigent: Herr Dr. N. H. Schilling. Der ursprüngliche Unternehmer, Herr Banquier Ch. F. Kohler aus Genf, liess die Anstalt durch den Ingenieur Herrn Wolfsberger erbauen, und eröffnete sie im October 1850. Schon während des Baues wurde die gegenwärtige Gesellschaft gebildet, und das Unternehmen an dieselbe abgetreten. Der Vertrag

---

*) 1000 c' preuss. = 1091,84 c' engl.

mit der Stadt vom 31. October 1848 war auf 25 Jahre abgeschlossen,
gab jedoch dem Magistrat das Recht, auch schon nach 15 Jahren das
Geschäft käuflich zu erwerben, und zwar zu einem Preise, der sich
nach dem Nettoertrag der letztvorhergehenden 10 Jahre richten sollte.
Da bei der verhältnissmässig geringen Betheiligung, welche die Gasbeleuchtung in München fand, die Rente nicht erzielt werden konnte,
welche für den Fall der Ablösung eine volle Entschädigung der Actionäre ergeben hätte, so hatte schon im Jahr 1859 die Gesellschaft
dem Magistrate den Wunsch ausgedrückt, wegen Verlängerung des
Vertrages in Unterhandlung zu treten. Das Offert der Gesellschaft
wurde indess vorläufig nicht acceptirt und am 24. Oct. 1862 trat
wirklich die Kündigung des Vertrages ein. Mit der Kündigung wurden
jedoch gleichzeitig die früher abgebrochenen Unterhandlungen wieder
angeknüpft und führten am 25. August 1863 zum Abschluss eines
neuen Vertrages, durch welchen das Privilegium der Gesellschaft auf
36 Jahre, d. i. bis 31. Oct. 1899 verlängert worden ist. Die Gesellschaft verpflichtete sich zur Herstellung von etwa 82,000' Röhrenleitung
in den Vorstädten und Aussendistrikten, zur Erhöhung der Leuchtkraft
des Gases, zur Herabsetzung der Gaspreise und zur Zahlung eines
jährlichen Betrages an die Gemeinde, in den ersten 6 Jahren des
Vertrages von jährlich 8000 fl., in den zweiten 6 Jahren 12,000 fl.,
in den dritten 16,000 fl., den vierten 20,000 fl., den fünften 24,000 fl.
und den sechsten 28,000 fl. Nach Ablauf des Vertrages kann die
Stadt die Anstalt zum Schätzungswerth übernehmen, andernfalls hören
alle Rechte und Verpflichtungen auf. Leuchtkraft für $4^1/_2$ c' engl.
Gasconsum per Stunde die Helle von mindestens 10 Stearinkerzen,
welche aus einem Stearin von 76 bis 76,6% Kohlenstoffgehalt angefertigt sind, und in der Stunde 10,2 bis 10,6 Gramm Stearin in ruhiger
Luft ohne zu russen und ohne geputzt zu werden, verbrennen. Gaspreis pro 1000 c' engl. in den ersten 6 Jahren des Vertrages 4 fl. 48 kr.,
in den zweiten 6 Jahren 4 fl. 36 kr., in den dritten 6 Jahren 4 fl.
24 kr., in den vierten 6 Jahren 4 fl. 12 kr., in den letzten 12 Jahren
4 fl. Dabei wird Rabatt gewährt bei einer jährlichen Gasabnahme
von, über 200,000 c' $2^1/_2$%, über 300,000 c' 5%, über 500,000 c'
10%, über 1,000,000 c' 15%, über 2,000,000 20%, über 8,000,000 c'
(Strassenbeleuchtung) 28%. Produktion im Betriebsjahre 1866/67:
98,949,000 c' engl. Stärkste Abgabe in 24 Stunden 460,000 c',
schwächste Abgabe 140,000 c'. Kohlenverbrauch im gleichen Jahr
189,899 Zollcentner. 1911 Strassenflammen mit zusammen 3,444,048

Brennstunden, 31,980 Privatflammen. Betrieb mit Saarbrücker (Heinitz) und etwas böhmischen (Thurn und Taxis) Steinkohlen unter Zusatz von Plattenkohlen. Die Anstalt hat 168 Stück ⌓ förmige Thonretorten 21″ × 16″ × 8′ im Lichten in 28 Oefen à 6 Retorten und zwei Retortenhäusern (im letzten Winter 84 Ret. in Betrieb), 2 ringförmige Condensatoren von 8 Doppelsäulen und 2376 ☐′ Kühlfläche (äusseres Rohr 30″ engl. weit, inneres Rohr 18″ engl. weit, beide von Schmiedeeisen, Sockel von Gusseisen), 2 Beale'sche Exhaustoren von 24″ Durchmesser und Elster'schen Bypass-Regulator, 2 Dampfmaschinen und 2 Kessel, 5 Scrubber 8′ × 4′ × 12′ mit Cokefüllung und Dampfreinigung (1 von Gusseisen, 4 von Schmiedeeisen), 4 Reiniger (Laming'sche Masse und Kalk), jeder 12′ im Quadrat mit 3 Horden, eine Stationsgasuhr von 20,000 c′ Durchgang per Stunde und eine zweite von halber Grösse, 3 Gasbehälter mit je 65,000 c′ engl. Inhalt und 1 Gasbehälter mit 220,000 c′ Inhalt, 2 Regulatoren, 1 Hauptrohr 15 zöll., und ein zweites 10 zöll. zur Stadt, etwa 13 Meilen Rohrleitung von 15″ bis 1½″ Weite, ca. 3400 nasse Gasuhren von Siry Lizars & Co. Coke werden verkauft, der Theer grösstentheils verfeuert, für Ammoniakwasser ist keine Verwendung. Actiencapital: 1,150,000 fl. in 4600 Actien zu 250 fl. Journ. f. Gasbel. 1864 S. 42.

Für einige, zum Theil ausserhalb des Beleuchtungs-Rayons der Gasanstalt liegende Etablissements sind eigene kleine Petroleum-Gasapparate eingerichtet worden. Näheres über eine derselben im Journ. f. Gasbel. Jahrg. 1867 S. 152.

Münden (Hannover). Der Fragebogen ist nicht beantwortet worden.

Münster (Westphalen). Der Fragebogen ist nicht beantwortet worden. Eigenthümerin: die Stadt, welche die Anstalt an den Erbauer, Herrn A. Sabey in Aachen, verpachtet hat. Der Vertrag läuft vom 1. Januar 1854 an 25 Jahre. Betrieb mit Steinkohlen. Anlagecapital 90,000 Thlr.

Myslowitz (Schlesien). 6000 Einwohner. Eigenthümerin: eine Actiengesellschaft. Erbauer: Herr W. Kornhardt, Director der Gasanstalt in Stettin. Eröffnet am 1. Januar 1866. Die Concession läuft 20 Jahre. Gaspreis für Private 3 Thlr., und je nach dem Verbrauch bis zu 2½ Thlr. 41 Strassenflammen brennen jährlich je 900 Stunden mit einem stündlichen Consum von 5½ c′. 700 Privatflammen. Be-

trieb mit oberschlesischen Steinkohlen (Königsgrube). Die Anstalt hat
6 Retorten (1 Ofen à 3, 1 à 2, 1 à 1 Ret.), Beale'schen Exhaustor.

Namslau (Schlesien). Die Anstalt wird in diesem Jahre 1868 gebaut.

Nauen (Preussen). 6000 Einwohner. Eigenthümerin: die Stadt.
Dirigent: Herr Gasmeister Unger unter Oberleitung des Erbauers,
Herrn A. Karl, Betriebsdirigent der Gasanstalt zu Spandau. Eröffnet
am 3. November 1865 mit 52 Strassenflammen und 850 Privatflammen.
Lichtstärke 12—14 Millykerzen, 8 auf 1 Pfd., für 6 c′ Gasconsum per
Stunde. Gaspreis für Private und Strassenbeleuchtung 2¹/₂ Thlr. pro
1000 c′ rhl.*), für den Bahnhof 2¹/₄ Thlr. pro 1000 c′. 53 Strassenflammen mit 6 c′ stündlichem Consum und ca. 860 Brennstunden per
Jahr, 900 Privatflammen mit durchschnittlich je 2100 c′ Jahresconsum.
Jahresproduktion etwa 3 Mill. c′. Maximalproduktion in 24 Stunden
18,400 c′, Minimalproduktion 1090 c′. Betrieb mit englischen Steinkohlen (New-Pelton Main). Aus 1 preuss. Tonne Kohlen**) werden
1630 c′ preuss. Gas gezogen. Die Anstalt hat 6 Retorten mit Raum
zur Anlage eines Ofens mit 5 Retorten, — Retortenform oval 20″ ×
14¹/₂″ × 8′ 9″ (1 Ofen à 3, 1 à 2, 1 à 1 Ret.) — 1 Röhrencondensator 5zöll., 1 Scrubber 3¹/₂′ im Durchmesser 10′ hoch, 1 Wascher
3′ × 3′, 3 Reiniger 6¹/₂′ × 3³/₄′ × 3¹/₂′ (Wiesenerz), 1 Stationsgasmesser für 1500 c′ per Stunde, 1 Gasbehälter mit 15,000 c′ Inhalt,
18,500′ Haupt- und Zuleitungsröhren von 5″ bis 1¹/₃″ Weite, 200 nasse
Gasmesser von J. Pintsch. Nebenprodukte werden verkauft. Anlagecapital 32,000 Thlr.

Nauheim (Kurhessen). 2200 Einwohner. Gründer, Erbauer und
Eigenthümer: die Herren Gebr. Hendrix aus New-York. Dirigent:
Herr A. Tiefenthal. Eröffnet im April 1864. Die Concession läuft
35 Jahre. In den ersten zwei Jahren hat die Stadt das Recht des
Erwerbes der Fabrik, und zwar in den ersten 6 Monaten unter 20%,
nach den ersten zwei Wintern unter 25% Zuschlag zu den Selbstkosten.
Nach den ersten zwei Jahren fällt das Erwerbsrecht weg, und darf
der Unternehmer seine Rechte und Pflichten an Dritte übertragen.
Lichtstärke 12 Wachskerzen-Helle, 6 auf 1 Pf., für 5—6 c′ Consum
per Stunde. Gaspreis für Private 6 fl. 25 kr. pro 1000 c′ engl., der
sich jedoch auf 5 fl. 30 kr. ermässigt, wenn der Absatz an Gas 2 Mill. c′

---

*) 1000 c′ rhl. = 1091,84 c′ engl.
**) 1 preuss. Tonne Kohlen = ca. 340—360 Pfd.

per Jahr überstiegen hat. 44 Strassenflammen mit $4\frac{1}{2}$ c′ Consum
per Stunde und 43,800 Brennstunden per Jahr zahlen 800 fl. Die
Privaten brauchen mit 800 Flammen 1,402,900 c′ jährlich. Jahresproduktion 1,600,000 c′. Betrieb mit westphälischen Steinkohlen. Die
Anstalt hat 9 Retorten von ⌒ Form (3 Retorten per Ofen), 2 Condensatoren, Reinigung mit Kalk, 2 Gasbehälter à 10,000 c′ und 14,000 c′
Inhalt, 70 trockene Gasuhren von Th. Glover in London, 3100′ 5zöll.,
1000′ 4zöll., 3100′ 3zöll., 3500′ 2zöll. Gasröhren. Nebenprodukte
werden verkauft. Anlagecapital 450,000 fl.

Naumburg a/d. Saale (Preussisch-Sachsen). 15,000 Einwohner.
Eigenthümer: beinahe zur Hälfte die Stadtcommune; die andere Hälfte
gehört den Kaufleuten Herren Höltz & Söhne und dem Rentier,
früheren Kammfabrikanten Herrn Mahr sen. Dirigent: Herr W.
Bäcker. Die oben genannten beiden Besitzer, in Verbindung mit
noch zwei anderen Herren, erbauten die Anstalt im Jahre 1858, einer
der letzteren trat jedoch zurück, weil die Stadtgemeinde sich mit einem
Capital von 10,000 Thlrn. an dem Unternehmen zu betheiligen wünschte.
Die Herstellung des Werkes ist nach Angabe des Ingenieurs, Herrn
Stephenson in London erfolgt; die Eröffnung fand am 10. October
1858 statt. Die Concession läuft vom Tage der Eröffnung an auf 30
Jahre. Nach Ablauf dieser Zeit ist der Magistrat berechtigt, den Vertrag entweder auf weitere 15 Jahre zu prolongiren, oder nach 3 Jahre
vorher zu erklärender Kündigung die Anstalt käuflich zu übernehmen.
Die Kaufsumme wird entweder gütlich vereinbart, oder dadurch ermittelt, dass der Taxwerth der Anstalt als ein Factor, und der 25fache
Betrag des Durchschnittsertrages in den letzten 5 Jahren als anderer
Factor gilt, und die Summe dieser beiden Factoren durch 4 dividirt
wird. Oder auch kann der Magistrat den Taxwerth mit Zuschlag von
25% des Fertigungswerthes, oder endlich die gesammten Herstellungs-
kosten — wenn er es vorzieht — als Kaufpreis nehmen. Betrieb mit
westphälischen Steinkohlen. Für die Strassenbeleuchtung soll die
Leuchtkraft von $4\frac{1}{2}$ c′ sächs.*) Gasconsum per Stunde gleich 6 bis
8 Wachskerzen-Helle sein, von denen 6 auf 1 Pfd. gehen, und deren
Länge nicht über 9″ ist. Die Produktion war bisher etwa 4 Mill. c′
sächs. per Jahr, sie wird sich indess in Folge der jetzt vorgenommenen
Erweiterung der öffentlichen Beleuchtung auf 5 bis 6 Mill. steigern.

---

*) 1000 c′ sächs. = 802 c′ engl.

176 Strassenflammen (ausserdem noch ca. 30 Photogenlampen, und 200 Privatconsumenten mit ca. 2000 Flammen. Jede Strassenflamme brennt jetzt 6 c′ preuss.*) (statt früher 4¹/₂ c′ sächs.) pro Stunde, und werden bei 800 Brennstunden dafür 11 Thlr. jährlich vergütet. Die Gaspreise für Private variiren zwischen 3 Thlr. und 2²/₃ Thlr. pro 1000 c′. Die Anstalt hat 8 Retorten, (2 Oefen à 3, 1 à 2 Ret.) von J. R. Geith und aus Berlin, Condensator, Scrubber, Exhaustor mit Dampfmaschine, Waschmaschine, 3 Reiniger (Laming'sche Masse), 2 Gasbehälter zu 11,000 resp. zu 18,000 c′ Inhalt. Anlagecapital reichlich 50,000 Thlr.

Neisse (Preussisch-Schlesien). 15,000 Einwohner exclus, 4300 Mann Militär. Eigenthümerin: die Stadt. Dirigent: Herr C. Arendt. Der Bau der Anstalt begann im April 1860 aus Communalmitteln durch Herrn Director R. Firle aus Breslau unter specieller Leitung des gegenwärtigen Dirigenten der Anstalt. Die Eröffnung erfolgte am 7. Nov. 1860 mit 1030 Privatflammen bei 180 Consumenten und 175 öffentlichen Flammen. Im Jahre 1861 wurde das Röhrensystem nach der jenseits der Neisse gelegenen Friedrichstadt verlängert. Leuchtkraft für 5 c′ Gasconsum per Stunde 16 Stearinkerzen, 6 auf 1 Pfd. Seit 1. Jan. 1866 ist der Gaspreis für Privatconsumenten von über 100,000 c′ Consum auf 1 Thlr. 25 Sgr., unter 100,000 c′ auf 2 Thlr. pro 1000 c′ preuss. herabgesetzt. 244 Strassenflammen mit 5 c′ stündl. Consum und 1508 Brennstunden per Jahr, für welche 1¹/₂ Thlr. pro 1000 c′ preuss. bezahlt werden. Auch die städtischen Gebäude zahlen 1¹/₂ Thlr. pro 1000 c′ preuss. 440 Privatconsumenten mit 3700 Flammen. Jahresproduktion 10,067,000 c′ preuss. Maximalconsum in 24 Stunden 55,300 c′, Minimalconsum 8000 c′. Betrieb mit oberschlesischen Steinkohlen (Königin Luisengrube bei Zabrze). Die Anstalt hat 23 Stück ⌓ förmige Retorten 18″ × 14″ × 9′, (1 Ofen à 7, 2 à 5, 2 à 3 Ret.), 1 Beale'schen Exhaustor mit Regulator von J. Pintsch, stehenden Condensator von 10 flachen segmentförmigen Blechröhren, 1 trockenen Scrubber, 1 Wäscher, 4 Reiniger (Laming'sche Masse und Kalk), 1 Gasbehälter mit 35,000 c′ Inhalt, 45,000′ Rohrleitung von 10″ bis 1¹/₃″ Weite, 445 nasse Gasuhren von J. Pintsch, welche den Consumenten gegen eine sehr mässige Miethe geliehen und unterhalten werden. Anlagecapital 80,000 Thlr., wovon

---

*) 1000 c′ preuss. = 1091,84 c′ engl.

$^2/_3$ nach einem von der Regierung bestätigten Amortisationsplan in 30 Jahren amortisirt worden.

Neubrandenburg (Mecklenburg). 7000 Einwohner. Eigenthümerin: die Stadt. Erbauer: Herr W. Mantle in Teterow für Herrn W. Strode in London mit dreijähriger Garantie, während welcher Zeit die Anstalt unter Leitung des Herrn Mantle betrieben wird. Eröffnet im October 1867. Gaspreise für Privaten 2 Thlr. 24 Sch. pro 1000 c′ hamb., für öffentl. Gebäude 2 Thlr. und für Strassenflammen 1 Thlr. 36 Sch. pro 1000 c′. Bei diesen Gaspreisen garantirt Herr Strode der Stadt 5°/₀ Zinsen vom Anlagecapitale. 108 Strassenflammen und bis jetzt 600 Privatflammen. Betrieb mit Newcastle Steinkohlen. Die Anstalt hat 2 Oefen à 5 und 1 Ofen à 3 Thonretorten, 1 Scrubber mit Wasserüberlauf, 2 Reiniger (Raseneisenstein), 1 Gasbehälter von 22,000 c′, nasse Gasuhren von Wright in London. Anlagecapital: 43,300 Thlr., von welcher Summe 5000 Thlr. einbehalten sind als Caution für den gangbaren dreijährigen Betrieb der Anstalt. Wenn sich die Anstalt nach dreijährigem Betriebe als tadellos bewährt hat, so werden dem Unternehmer auch diese 5000 Thlr. ausbezahlt.

Neuenburg (Schweiz). 12,000 Einwohner. Eigenthümerin: eine Actien-Gesellschaft. Dirigent und Erbauer: Herr J. P. Stucker. Gründer: Herr Ingenieur P. Jeanneney aus Strassburg. Eröffnet am 1. October 1859. Seit dem Tode des Erbauers 1862 ist die Actiengesellschaft in den Besitz eingetreten. Die Concession läuft 30 Jahre. Leuchtkraft für 135 Liter*) Gasconsum per Stunde bei 7 Millimeter Druck 8 Stearinkerzen Helle mit 9¹/₂ Gramm Stearinverbrauch per Stunde. Ein Angestellter der Stadtbehörde übt die Controle aus. Gaspreis für 1 Cubikmeter **) 50 Centimes ***). 290 Strassenflammen, welche sämmtlich bis 12 Uhr, und wovon 150 die ganze Nacht brennen. Für dieselben werden von der Stadt 26,200 Frcs. vergütet. 2500 Privatflammen. Maximalproduktion in 24 Stunden 1000 Cubikmeter, Minimalproduktion 300 Cubikmeter. Betrieb mit Saarbrücker Steinkohlen (Heinitz). Die Anstalt hat 14 Retorten (1 Ofen à 5, 3 à 3 Ret.), Reinigung mit Laming'scher Masse, 2 Gasbehälter, jeder mit 750 Cubikmeter Inhalt, 14,000 Meter Rohrleitung. Anlagecapital: 450,000 Frcs. in 90 Actien à 5000 Francs.

---

*) 1000 Liter = 1 Cubikmeter.
**) 1 Cubikmeter = 35,32 c′ engl.
***) 1 Franc = 100 Centimes = 8 Silbergr. = 28 kr. südd. Währ.

Neumünster (Holstein). 8500 Einwohner. Eigenthümerin: die Commune des Fleckens Neumünster. Die Anstalt wurde für deren Rechnung im Jahre 1857 von den englischen Civilingenieuren Herren Holmes & Co. aus Huddersfield erbaut und am 6. Oct. desselben Jahres eröffnet. Lichtstärke für 5 c′ Gas Consum 15 Normalkerzen, 6 auf 1 Pfd. Der ursprüngliche Preis des Gases mit 1 Thlr. 28¹/₂ Sgr. pro 1000 c′ wurde 1859 durch Beschluss der Communalverwaltung auf 2 Thlr. 7¹/₂ Sgr. erhöht, für 1862 und 1863 auf 1 Thlr. 28¹/₂ Sgr. ermässigt und von 1864 bis jetzt mit 1 Thlr. 22¹/₂ Sgr. berechnet. Letzte Jahresproduktion 5,511,420 c′ engl. 125 Strassenflammen mit einem Consum von circa 70,000 c′ und ungefähr 1100 Brennstunden per Jahr, 230 Privatconsumenten mit 5,179,750 c′ hamb.*) Consum im letzten Jahre. Betrieb mit englischen Kohlen (früher Pelton Main, seit einem Jahr Waldridge mit Zusatz von Boghead). Die Anstalt hat 13 Thonretorten von Niemann & Biester in Flensburg (1 Ofen à 6, 2 à 3, 1 à 1 Ret.), Condensator, King'schen Scrubber, 3 Reiniger à 25 c′ Inhalt (Laming'sche Masse), 2 Gasbehälter mit 40,000 c′ Inhalt, 50,000′ engl. Röhren von 6″ bis 2″ Weite, 250 nasse Gasuhren. Theer wird theilweise verfeuert, zum Theil auch wie die Coke verkauft. Anlagecapital: 41,600 Thlr.

Neunkirchen (Preussen) hat Gasbeleuchtung. Der Fragebogen ist nicht beantwortet worden.

Neu-Ruppin (Preussen). 10,500 Einwohner. Eigenthümerin: die Stadt. Dirigent: Herr L. Dorn. Erbauer: Herr Francke, Director der Gasanstalt in Dortmund. Eröffnet am 17. December 1864. Leuchtkraft für 5 c′ Consum per Stunde 14 Sparmacetikerzen. Gaspreis 2¹/₃ Thlr. pro 1000 c′ preuss. Jahresproduktion 5 Mill. c′. 165 Strassenflammen brennen von Dunkelwerden bis 11 Uhr, 23 Flammen von 11 Uhr bis Sonnenaufgang, 1600 Privatflammen. Maximalproduktion in 24 Stdn. 34,000 c′, Minimalproduktion 3000 c′. Betrieb mit englischen (Pelton Main) und schlesischen (Königin-Luisengrube) Steinkohlen. Die Anstalt hat 11 Thonretorten (1 Ofen à 5, 1 à 3, 1 à 2, 1 à 1 Ret.), 1 Condensator, 8zöll., 1 Wascher mit Wasserfüllung, 4 Reiniger (Wiesenerz), 1 Stationsgasmesser, 1 Regulator, 1 Gasbehälter von 30,000 c′ Inhalt.

---

*) 1000 c′ hamb. = 831,15 c′ engl.

Neusalz (Schlesien). 4881 Einwohner. Gründerin und Eigenthümerin: die neue Gasgesellschaft Wilh. Nolte & Co. Dirigent: Herr A. Döring. Erbauer: Herr Ph. O. Oechelhäuser. Eröffnet am 9. December 1865 mit 732 Flammen. Die Dauer des Vertrages ist auf 30 Jahre vom Tage der Eröffnung der Anstalt festgesetzt. Kündigung 1 Jahr vor Ablauf des Vertrages, widrigenfalls derselbe als von 10 zu 10 Jahren verlängert angesehen wird. Nach Ablauf des 25. Jahres kann die Stadt die Anstalt käuflich übernehmen, indem sie als Kaufpreis in der Zeit vom 26. bis 40. Betriebsjahre den 12 fachen, in der Zeit vom 41. bis 50. Betriebsjahre den 8 fachen, und im Verlauf weiterer Betriebsjahre den 6 fachen Betrag des Jahresgewinnes entrichtet, der sich als Durchschnitt der letzten drei Betriebsjahre herausstellt. Private zahlen $2^1/_2$ Thlr., grössere Consumenten haben Rabatt je nach Maassgabe ihres Consums. Der Preis für die öffentliche Beleuchtung ist $3^1/_2$ Pf. pro Flamme und Brennstunde. Lichtstärke bei 5 c' Consum pro Stunde in einem Zweiloch- (Lava-) Brenner 11—12 Kerzen-Helle 9—10'' engl. Länge, 6 auf 1 Pfd. Produktion im Jahre 1866: 3,250,950 c'. Maximalconsum in 24 Stunden 29,420 c', Minimalconsum 1000 c'. 66 Strassenflammen mit 900 garantirten Brennstunden, 1431 Privatflammen mit einem Durchschnittsconsum von 2224 c' pro Flamme. Betrieb mit schlesischen (Waldenburger) Steinkohlen. Die Anstalt hat 7 ovale Thonretorten (2 Oefen à 3, 1 à 1 Ret.), 2 Scrubber, 1 Wascher, 2 Reiniger (Laming'sche Masse), 1 Nachreiniger, Beale'schen Exhaustor, 1 Gasbehälter von 18,265 c' Inhalt, 17,800' Röhrenleitung von 6 bis $1^1/_3$'' Weite, 69 nasse Gasuhren. Nebenprodukte werden theils selbst verbraucht, theils verkauft. Anlagecapital bis 1 October 1867: 44,285 Thlr. Näheres s. Journ. f. Gasbel. 1866 S. 239 und 1867 S. 268.

Die Gruswitz'sche Zwirnfabrik bei Neusalz hat ihre eigene Privatgasanstalt, welche durch den verstorbenen Herrn Ingenieur R. Firle, Director der Gasanstalt in Breslau, eingerichtet worden ist.

Neuss (Rheinpreussen). 12,000 Einwohner. Die Anstalt ist Eigenthum der Herren P. und L. Sels in Neuss, und wurde unter Leitung des Herrn O. Kellner in Deutz im Jahre 1857 erbaut, die Eröffnung fand im Februar 1858 statt. Die Consession ist auf 30 Jahre ertheilt, doch steht der Stadt eventuell schon nach 25 Jahren das Recht zu, die Anstalt käuflich zu übernehmen. Betrieb mit westphälischen Steinkohlen (Hibernia, Wilhelm Victoria). Lichtstärke für eine Strassen-

flamme von höchstens 5 c′ preuss. Consum 10 Wachskerzen-Helle bester
Qualität, 6 auf 1 Pfd. von $10^{1}/_{3}''$ Länge. 143 Strassenflammen, wofür per Flamme jährlich 1000 Brennstunden garantirt sind, und circa
2000 Privatflammen. Für die Strassenbeleuchtung wird pro Flamme
und Stunde $3^{1}/_{2}$ Pfennig vergütet, Private zahlen $2^{1}/_{3}-2$ Thlr. pro
1000 c′ preuss.*), nämlich es wird bei einem Consum von 50,000 c′
per Jahr ein Rabatt von 5 Sgr. pro 1000 c′ bewilligt, bei mehr 10 Sgr.
Die Anstalt hat 13 Thonretorten von J. Sugg in Gent (2 Oefen à
5 Ret., 1 à 3 Ret.), 1 Condensator, 3 Waschapparate, 4 Reiniger
(Kalk), 1 Gasbehälter von 23,275 c′ Inhalt, nasse Gasmesser von S.
Elster und Moran. Nebenprodukte werden verwerthet, Ammoniakwasser und Kalk an Oekonomen als Düngemittel.

Neustadt (Oberschlesien). Etwa 10,000 Einwohner. Eigenthümerin: die Stadt. Erbauer: Herr Ingenieur F. W. Stiefel. Eröffnet Anfang December 1864. Gaspreis für Private 2 Thlr. 20 Sgr.
pro 1000 c′ mit Rabatt für grössere Consumenten, die Stadt zahlt ein
Pauschquantum von 1500 Thlr., bei 150 Strassenflammen mit 1200
jährlichen Brennstunden. An Privatflammen sind etwa 1000 vorhanden.
Betrieb mit oberschlesischen Steinkohlen aus der Königin Luisengrube
bei Zabrze. Die Anstalt hat 6 ovale Thonretorten $18'' \times 15'' \times 8' 9''$
(1 Ofen à 3, 1 à 2, 1 à 1 Ret.). Die Ofenanlage kann jedoch bis
auf 17 Retorten erweitert werden, 1 Condensator von 4 doppelten
Röhren mit je $2' 6''$ Durchmesser, 1 gusseisernen Scrubber mit Holzeinlagen von 16 □′ Fläche, 1 Wascher von 4′ Durchmesser, 1 Beale'-
schen Exhaustor, 3 Reiniger $7' \times 3^{1}/_{2}' \times 4'$ mit 4 Hordenlagen
(Wiesenerz), 1 Gasbehälter von 43′ Durchmesser und 19′ 6″ nutzbarer
Höhe, Stationsgasuhr, Regulator, 25,000′ Rohrnetz von 7″ grösster
Weite, nasse Gasuhren von J. Pintsch. Coke und Theer werden
verkauft. Anlagekosten 48,000 Thlr. Näheres s. Journ. f. Gasbel.
1866 S. 403.

Neustadt a/d. Hardt (Rheinpfalz). 8661 Einwohner. Eigenthümerin: eine Actiengesellschaft unter der Firma: „Gasanstalt Neustadt", bei welcher die Stadt mit einem Capital von 25,000 fl. betheiligt ist. Dirigent: Herr H. Guth. Die vorbereitenden Schritte
zur Einführung der Gasbeleuchtung geschahen durch einige energische
Bürger, deren Bemühungen die Gründung der oben erwähnten ano-

---

*) 1000 c′ preuss. = 1091,84 c′ engl.

nymen Gesellschaft gelang. Letztere leitete durch ihren Verwaltungsrath die Anlage der Anstalt, deren Ausführung den Mechanikern Herren
Hillenbrand und Guth in Neustadt übertragen wurde; die Eröffnung fand am 13. Februar 1861 statt. Die Dauer der Concession
ist auf 90 Jahre festgesetzt, doch steht der Stadtgemeinde das Recht
zu, die Anstalt nach einjähriger Kündigung jederzeit zum Kostenpreise
zu übernehmen. Vorgeschriebene Lichtstärke für eine Strassenflamme
von 5 c′ engl. Consum per Stunde 9 Wachskerzen-Helle, 6 auf 1 Pfd.
1000 c′ kosten vertragsmässig bei einem jährlichen Verbrauche bis zu
4 Mill. c′ 5 fl., bei einem solchen zwischen 4 und 5 Mill. 4 fl. 54 kr.,
zwischen 5 und 6 Mill. 4 fl. 48 kr., zwischen 6 und 7 Mill. 4 fl. 36 kr.,
zwischen 7 und 8 Mill. 4 fl. 24 kr., zwischen 8 und 9 Mill. 4 fl. 12 kr.
und zwischen 9 und 10 Mill. 4 fl. Weiter erhalten grössere Consumenten Rabatt, und zwar bei einem jährlichen Verbrauche von 50,000 c′
5%, bei 100,000 c′ 10%, bei 250,000 c′ 15%, bei 500,000 c′ 20%
und bei 1,000,000 c′ 25%; zu diesem niedrigsten Preise wird auch
das Gas für die Strassenbeleuchtung berechnet. Der Bahnhof hatte bis
zum 1. October 1866 sein eigenes Gaswerk, und schloss von dort ab
mit der Gasanstalt einen Vertrag auf 10 Jahre ab zum Preise von
3 fl. 6 kr. pro 1000 c′, welcher Preis später sich dahin änderte, dass
die Bahn den gleichen Rabatt wie die Privaten geniesst. Der Verbrauch auf dem Bahnhofe war im verflossenen Betriebsjahre 1,579,000 c′,
wodurch die Resultate der Anstalt sich bedeutend günstiger gestalteten.
Die Leitung bis zum Bahnhofe wurde von der Anstalt direct bis
dorthin auf Kosten der Anstalt in einer Länge von 518 Meter*) mit
4″ Weite ausgeführt. 124 Strassenflammen brennen von Eintritt der
Dunkelheit bis 11½ Uhr, und die Richtungslaternen 24 an der Zahl
bis gegen Morgen. Während der Sommermonate brennen bloss 60
Abendlaternen und von 11½ Uhr wieder dieselben 24 Richtungslaternen. Jede Laterne brennt 5 c′ per Stunde, und war der Verbrauch
der sämmtlichen Strassenflammen im letzten Betriebsjahr 693,145 c′,
so dass auf 1 Laterne ein Jahresconsum von 5590 c′ trifft. 2668
Privatflammen, incl. der Bahn, brannten 4,950,000 c′ Gas, also 1 Flamme
durchschnittlich 1855 c′. Jahresproduktion 6,118,500 c′. Maximalproduktion in 24 Stunden 37,000 c′, Minimalproduktion 4800 c′. Betrieb
mit Saarbrücker Kohlen (Heinitz und Dechen) mit etwas Zusatz von
Boghead oder Plattenkohlen. Die Anstalt hat 13 Thonretorten von

---

*) 1 Meter = 3,28 Fuss engl.

H. Vygen & Co. in Duisburg (1 Ofen à 5, 2 à 3, 1 à 2 Ret.),
von denen bis jetzt immer nur einer zur Zeit in Betrieb war, 1 Condensator 7 zöll., 26 Meter lang, 1 alten Condensator 5 zöll. von
28,75 M. Länge, 1 horizontalen Wasserkühlapparat mit 7 je 2,00 M.
langen Canälen, in denen das Gas circulirt, 1 Scrubber von 2,75 M.
Höhe und 1,00 M. Lichtweite, 4 Reiniger von 1,20 M. Durchmesser
und 0,80 M. Höhe (Eisenoxyd mit etwas Kalk), 2 Gasbehälter mit
zusammen 38,000 c' Inhalt, 357 nasse Gasuhren von S. Elster. Das
Röhrennetz betrug 1862 im Ganzen 7124 M. (232 M. zu 7'', 200 zu
6'', 206 zu 5'', 671 zu 4'', 1786 zu 3'', 2791 zu 2½'', 532 zu 2'',
706 zu 1½'') Verdichtungen mit Gummirungen und Portlandcement-
Bedeckung. Im Monat Juli 1866 wurde die Hauptleitung gegen die
nach Lambrecht zu gelegenen Fabriken um 2152 M. von 3'', 2½''
und 2'' Weite verlängert, und dadurch ein Mehrconsum der Anstalt
von 500,000 c' erzielt. In der Stadt selbst wurden in verschiedenen
Strassen 696 M. Röhren gelegt, so dass das Hauptrohrnetz im Ganzen
um 3366 M. verlängert ist. Coke wird verkauft, Theer verfeuert.
Anlagecapital 93,500 fl.

Neustadt (Holstein). Der Fragebogen ist nicht beantwortet worden.
Die Statistik von 1862 enthält folgende Angaben: 3000 Einwohner.
Eigenthümer: die Herren Sander, Johannemann und Johannsen.
Die Stadt hat das Recht, die Anstalt (Weihnachten 1857 eröffnet)
nach 30 Jahren zu einem Taxwerth zu übernehmen, Betrieb mit englischen Steinkohlen. Als Lichtstärke ist vorgeschrieben die Helle von
12 Wachskerzen bester Qualität, 6 auf 1 Pfd. und 13'' lang, für 5 c'
hamb. Gasconsum pro Stde. Strassenflammen brennen bis 11 Uhr mit
5 c' Consum pro Stde. und Flamme, von 11 Uhr an bis gegen Hell-
werden brennt die Hälfte noch in halber Grösse. Privatpreis 2¼ Thlr.
pro 1000 c' hamb.*). Für die öffentliche Beleuchtung ⅓ Preisermässigung. Anlagekosten ca. 18,000 Thlr. preuss. Die Zahl der
Strassenflammen ist in der Statistik von 1859 zu 37 angegeben, die
Zahl der Privatanlagen im ersten Jahre zu 60.

Neustadt-Eberswalde (Preussen). 8000 Einwohner excl. Militär.
Eigenthümerin: die Stadt. Die Anstalt wird durch ein Curatorium,
bestehend aus 3 Magistratsmitgliedern und 4 Stadtverordneten, unter
dem Vorsitz des Bürgermeisters, verwaltet. Den Betrieb leitet ein

---

*) 1000 c' hamb. = 831,15 c' engl.

Gasmeister. Die Anstalt wurde auf Anregung und Betrieb des Bürgermeisters, Herrn Michaelis, Seitens der Stadt im Jahre 1863 gebaut, und am 1. November 1863 eröffnet. Der Bau geschah unter
Leitung des Ingenieurs Herrn Wollmann nach Zeichnung des Directors Herrn Kornhardt zu Stettin. Gaspreis 2 Thlr. pro 1000 c′
preuss. Jahresproduktion 1866: 5,046,500 c′. Kohlenverbrauch 2831
Tonnen*). 102 Strassenflammen, excl. derjenigen auf dem Bahnhof,
brennen vom September bis April ca. $^2/_3$ jeden Monats vom Beginne
der Dunkelheit bis $11^1/_2$ Uhr, von April bis $12^1/_2$ Uhr, und consumirten 1866: 434,800 c′. Consum der Privatflammen incl. 300 in der
Landesirrenanstalt und 120 auf dem Bahnhof 4,100,000 c′. Betrieb
mit engl. Steinkohlen (Newcastle), welche über Swinemünde, resp. Stettin
bezogen auf dem Canal herkommen, und vom Kahn direkt in den am
Canal belegenen Kohlenschuppen geladen werden. Die Anstalt hat
11 Retorten (1 Ofen à 1, 1 à 2, 1 à 3, 1 à 5 Ret. nach Kornhardt'-
schem System), 1 Cokecondensator, 1 Cylindercondensator, 1 Wascher mit
Rührwerk, 1 Exhaustor mit Dampfmaschine, Kessel und Regulator,
3 Reiniger (Laming'sche Masse), Stationsgasuhr, Druckregulator, 1 Gasbehälter von 15,528 c′ Inhalt, 141 nasse Gasuhren von S. Elster,
18,000′ Röhrenleitung. Coke und Theer werden verkauft. Anlagecapital 47,500 Thlr.

Die etwa eine Stunde von Neustadt-Eberswalde entfernte Papierfabrik in Spechthausen hat eine eigene Gasfabrik.

Neustrelitz (Mecklenburg). 7500 Einwohner. Gründer und Eigenthümer: Herr Kaufmann A. Saefkow. Erbauer: die Herren Beach
& Minte aus Birmingham. Eröffnet am 21. Januar 1858. Concessionsdauer 20 Jahre. Findet nach Ablauf derselben eine weitere Einigung mit dem Magistrate nicht Statt, so hat Letzterer das Recht, die
Anstalt käuflich zum Taxwerth an sich zu bringen. Lichtstärke für
5 c′ Consum 12 Wachskerzen Helle. Zur Controle ist vom Magistrat ein Beamter mit 200 Thlr. angestellt. Gaspreis für Private pro
1000 c′ engl. 1000 Silberpfennige = 2 Thlr. 23 Sgr. 4 Pf., für die
Strassenflammen pro 1000 Brennstunden à 5 c′ Consum 7 Thlr. 15 Sgr.
Jahresproduktion ca. $4^1/_2$ Mill. c′. 216 Strassenflammen und 1600 Privatflammen. Betrieb mit englischen (Pelton Main) Steinkohlen, Die Anstalt hat 13 Thonretorten (2 Oefen à 5, 1 à 3 Ret.), Exhaustor von
S. Elster, Reinigung mit Laming'scher Masse, 1 Gasbehälter mit

---

*) 1 preuss. Tonne Kohlen = 340 bis 360 Pfd.

20,000 c′ Inhalt, 24,000 lfd. Fuss Hauptröhren von 6″ bis 2″ Weite,
210 nasse Gasmesser, theils von England, theils von S. Elster. Anlagecapital ca. 70,000 Thlr.

Neuwied (Rheinpreussen). 8900 Einwohner. Eigenthümerin: die
Stadt. Dirigent: Herr F. Klein. Nachdem von dem Stadtverordneten-
Collegium der Beschluss gefasst worden war, die Stadt mit Steinkohlengas zu beleuchten und eine Gasanstalt auf städtische Rechnung zu
errichten, wurde hiezu am 30. März 1858 der Grundstein gelegt und
das Werk nach den Plänen und unter Leitung des Herrn O. Kellner
ausgeführt, am 25. November 1858 dem Betrieb übergeben. Produktion vom Juli 1866 bis dahin 1867: 9,177,810 c′ engl. Maximalproduktion in 24 Stunden 48,565 c′ engl., Minimalproduktion 5685 c′.
177 Strassenflammen consumirten in 180,550 Stunden (sämmtlich bis
11 Uhr Abends und 25 bis Tagesanbruch) 1,083,295 c′ preuss.*), der
Privatverbrauch betrug 6,916,700 c′. Gaspreis 2 Thlr. pro 1000 c′
preuss. Betrieb mit westphälischen Kohlen (Hibernia, Holland, Zollverein,
Rhein-Elbe, Bonifacius u. s. w.). Die Anstalt hat 18 Retorten (3 à 5, 1 à 3
Ret.), Condensator, 3 Waschapparate, 4 Kalkreiniger, 1 Stationsgasuhr,
1 Schiele'schen Exhaustor, 2 Gasbehälter à 25,000 c′, Hauptröhren
von 6—2″ Weite, 450 nasse Gasmesser von S. Elster. Anlagekosten
61,750 Thlr., hievon sind 25,000 Thlr. von der Rhein-Provincial-Hülfskasse zu 4$\frac{1}{2}$%, die übrigen 36,750 Thlr. von Privaten in Neuwied
zu 5% aufgenommen.

Neviges (Preussen). 2300 Einwohner. Eigenthümerin: eine Actien-
Commandit-Gesellschaft unter der Firma „Assmann, Peters & Co.",
aus 24 Actionären bestehend. Die Herren D. Peters, E. Assmann,
C. Menken und J. Hendrix sind Geranten der Gesellschaft, und beaufsichtigen abwechselnd den durch einen Gasmeister und 1, resp. 2 Arbeiter geführten Betrieb. Erbauer: Herr Baumeister Chr. Heyden
aus Barmen. Eröffnet im November 1863. Die Concession läuft bis
zum Jahre 1898. Bei Ablauf des Vertrages steht es der Ortsbehörde
frei, das Werk zum Taxwerth zu übernehmen oder ein weiteres Abkommen zu treffen. Lichtstärke 17 bis 18 Wachskerzen, 6 auf 1 Pfd.,
für 5 c′ Gasconsum per Stunde. Gaspreis 2$\frac{2}{3}$ Thlr. pro 1000 c′, mit
einem Rabatt von 5% bei einem Jahresconsum von 100 Thlr., der
mit je 100 Thlr. steigend, um 2 resp. 3% höher wird bis zum Maxi-

---

*) 1000 c′ preuss. = 1091,84 c′ engl.

mum von 1000 Thlr. Consum, wo dann der Rabatt 25%, resp. der Gaspreis 2 Thlr. pro 1000 c' beträgt. 18 Strassenflammen, für welche von der Gemeinde jährlich 12 Thlr. pro Flamme vergütet werden, und welche je 900 Stunden jährlich brennen. Privatflammen sind ca. 400 in Gebrauch, ausser 3 Fabriken, deren Bedarf 650,000 c' jährlich beträgt. Der Betrieb der Anstalt erstreckt sich gegenwärtig auf Beleuchtung des Bahnhofes und Stationshauses der Eisenbahn, den Consum von Privatwohnungen, kleiner Gewerbeanstalten und 3 grösseren Fabriken, von denen die letztere in jüngster Zeit entstanden ist, 10 Minuten von der Anstalt entfernt liegt, und bei völliger Fertigstellung nahe an $^3/_4$ Mill. c' Consum in Aussicht stellt. Jahresproduktion gegenwärtig ca. 2 Mill. c'. Betrieb mit westphälischen Steinkohlen (Zollverein). Die Anstalt hat 7 Retorten (2 Oefen à 3, 1 à 1 Ret.), Condensator, 3 Reiniger $7' \times 3^1/_2' \times 2^1/_2'$ (Kalk), 1 Gasbehälter mit 14,000 c' Inhalt, 600 Ruthen Röhrennetz, 80 Gasuhren von S. Elster und Piepersberg. Coke und Theer werden verkauft. Anlagecapital 20,000 Thlr. in 800 Actien à 25 Thlr.

Nicolai (Schlesien) ist mit Gasbeleuchtung versehen.

Nienburg a/S. (Anhalt-Dessau). 3600 Einwohner. Gründerin und Eigenthümerin: die neue Gasgesellschaft Wilh. Nolte & Co. Dirigent: Herr Hahn. Erbauer: Herr Ph. O. Oechelhäuser. Eröffnet am 17. September 1866. Die Dauer des Vertrages ist auf 35 Jahre vom Tage der Eröffnung der Anstalt an festgesetzt. Die Stadt kann 1 Jahr vor Ablauf des Vertrages kündigen und tritt dann freie Concurrenz ein, anderenfalls der Vertrag als von 10 zu 10 Jahren verlängert angesehen wird. Private zahlen $2^5/_6$ Thlr. pro 1000 c' preuss.*) in Maximo. Grössere Consumenten erhalten Rabatt. Preis der öffentlichen Beleuchtung pro Flamme und Brennstunde 4 Pf. Bei 5 c' engl. Consum per Stunde im Argandbrenner Lichtstärke $= 11—12$ Kerzen, 6 auf 1 Pfd., 9—10'' engl. Länge. Produktion bis 1. October 1867: 1,628,000 c' preuss. Maximalconsum in 24 Stunden 11,164 c', Minimalconsum 1445 c'. 35 Strassenflammen mit 800 garantirten Brennstunden, 704 Privatflammen. Betrieb mit westphälischen Steinkohlen. Die Anstalt hat 7 ovale Retorten, (2 Oefen à 3, 1 à 1 Ret.), 1 Scrubber, 1 Wascher, 2 Reiniger (Laming'sche Masse und Kalk), 1 Nachreiniger, 1 Gasbehälter von 16,519 c' Inhalt, etwa 12,000' Rohrleitung von

---

*) 1000 c' preuss. = 1091,84 c' engl.

6″—1⅓″ Weite, 40 nasse Gasmesser. Nebenprodukte werden theils selbst verbraucht, theils verkauft. Anlagecapital bis 1. October 1867: 33,000 Thlr. Näheres s. Journ. f. Gasbel. 1866 S. 240, 1867 S. 36.

Nippes bei Cöln. Die Gasanstalt der Rheinischen Eisenbahn-Gesellschaft neben den Central-Reparatur-Werkstätten zu Nippes bei Cöln gelegen, wurde im Auftrage und auf Kosten genannter Gesellschaft unter Leitung und nach dem Entwurfe des Hrn. Gasingenieur Krackow, (zur Zeit Director der städtischen Gasfabrik in Essen) ausgeführt. Mit dem Bau der Anstalt wurde am 21. Mai 1861 begonnen und dieselbe mit dem 15. October desselben Jahres dem Betrieb übergeben. Apparate und Gasbehälter (letztere mit einem räumlichen Inhalte von 28,000 c′ = 44′ Durchmesser 19′ Höhe) wurden von der Cölnischen Maschinenbau-Actien-Gesellschaft zu Bayenthal bei Cöln geliefert. Die Anstalt hatte im Anfange ihres Bestehens den Consum der Central-Werkstätten, sowie den des Central-Güter-Bahnhofes mit in Summa ca. 900 Flammen zu decken, welche Zahl indessen durch fortgesetzte Erweiterungen in immerwährendem Steigen begriffen ist. Mit dem 19. März 1866 traten sodann die Central-Personen-Station, sowie mehrere Bureaux und Gebäude der Gesellschaft mit ca. 800 Flammen hinzu, so dass zur Zeit, nachdem die Flammenzahl der Central-Güter-Station auf 800, die der Central-Werkstätten auf ca. 600 gestiegen ist, gegen 2200 Flammen durch die Anstalt gespeist werden. In Folge der fortwährenden Erweiterungen der Beleuchtungs-Anlagen auf den Centralstationen, wurde bereits im Jahre 1866 die Anlage eines 2. Gasbehälters (von 50,000 c′ räumlichem Inhalt bei 60′ Durchmesser und 18′ Mantelhöhe) erforderlich. Derselbe wurde ebenfalls von der Cölner Maschinenbau-Actiengesellschaft zu Bayenthal geliefert und am 18. October 1866 in Betrieb genommen. Dirigent: Herr Matheis. Die Produktion betrug von der Inbetriebsetzung,

vom 15. October 1861	bis 1. Januar 1862	=	1,768,000 c′
„ 1. Januar 1862	„ 1. „ 1863	=	5,612,000 c′
„ 1. „ 1863	„ 1. „ 1864	=	6,745,000 c′
„ 1. „ 1864	„ 1. „ 1865	=	7,280,000 c′
„ 1. „ 1865	„ 1. „ 1866	=	8,325,000 c′
„ 1. „ 1866	„ 1. „ 1867	=	14,285,000 c′
„ 1. „ 1867	„ 1. „ 1868	=	17,490,000 c′

Die Minimalproduktion betrug am 21. Juni 23,500 c′, die Maximalproduktion am 18. December 88,000 c′, die Flammenzahl von ca.

2200 vertheilt sich auf ungefähr 400 Stück Aussenlaternen, deren Consum auf $4\frac{1}{2}$ c′ per Brennstunde normirt ist, welcher Satz indessen in der Regel überschritten wird; 350 Stück Weichenlaternen mit $2\frac{1}{2}$ bis 3 c′ Normalconsum pro Brennstunde; 1450 Stück innere Flammen, theils Argand- theils Schnittbrenner; der Consum der ersteren wird zu 5 c′ pro Brennstunde berechnet. Die Aussenlaternen brennen zum grössten Theile während der ganzen Nacht, ebenso auch die Weichenflammen, während die innern Flammen je nach Bedürfniss gebraucht werden, über deren Brennzeit also keine Angaben möglich sind. Zur Vergasung wurden bisher ausschliesslich Ruhrkohlen verwandt. Das Retortenhaus enthält 4 Oefen, davon 2 zu je 6 (resp. 7) und 2 zu 3 (resp. 4) Retorten.; im Herbste 1867 wurde noch ein 3. Ofen zu 3 (resp. 4) Retorten angebaut, so dass in Summa 24 Retorten vorhanden waren, von denen indessen mit Ausnahme der Zeit vom 15. Dec. bis 10. Januar 1868 nur 20 Stück in Betrieb waren. Zur Condensation dient ein Röhrencondensator mit 16 Stück 6 zölligen Röhren von 12′ Höhe mit circa 350 □′ Kühlfläche. Da eine ausreichende Condensation bei einer Produktion bis zu 4500 c′ per Stunde hiedurch nicht erzielt werden konnte, so wurden die vier ersten Röhren mit einer straffgespannten einfachen Leinwandumhüllung versehen, welche durch schwachen continuirlichen Wasserzufluss von oben stetig benetzt, ausreichende Wirkung gaben. Nach dem Condensator passirt das Gas durch den Coaksscrubber von 8′ Höhe, $3\frac{1}{2}$′ Dicke, sowie durch je 2 von den 3 Reinigern, welche mit Laming'scher Masse gefüllt werden. Zur Nachreinigung mit Kalk dient ein vierter Reiniger, der wie die 3 übrigen eine Grösse von 7′ ✕ 3′ bei 4′ Tiefe hat. Die lichte Weite der Verbindungsröhren beträgt 5″. Gasbehälterinhalt = 28,000 resp. 50,000 c′. Die Anstalt arbeitet ohne Exhaustor. Der Stationsmesser hat 20 c′ Messraum. Die Rohrleitung zur Stadt hat 9 zöll., die zur Werkstätte 6 zöll. l. D.; für jede ist ein besonderer Regulator vorhanden. Es sind nur nasse Gasuhren aus der Fabrik von S. Elster aufgestellt. Die Anstalt soll im laufenden Jahre umgebaut und für eine Tagesproduktion bis zu 150,000 c′ eingerichtet werden. Mit dem Umbau wird in nächster Zeit begonnen. Die Nebenprodukte Coaks und Theer werden, erstere zum Heizen der stetigen Maschinen, letztere zum Imprägniren der Eisenbahnschwellen von der Bahn selbst verbraucht. Das Anlagecapital beträgt 60,000 Thlr.

Nördlingen (Bayern). 7000 Einwohner. Eigenthümerin: die Stadt.

16*

Dirigent: Herr E. Poltschick. Gründer und Erbauer: Herr E. Spreng in Nürnberg. Die Anstalt wurde am 22. October 1863 eröffnet, und wurde der Betrieb für Herrn Sprengs Rechnung bis 31. October 1864 geführt, an welchem Tage die Stadt um den Kaufpreis von 74,175 fl. in den Besitz eintrat. Gaspreis für Private 4 fl. 45 kr., für den Bahnhof 4 fl. 30 kr. pro 1000 c' bayer.*) Lichtstärke 14 Stearinkerzen, 6 auf 1 Pfd., für 5 c' Gasconsum pro Stunde. Die Controle wird durch einen Magistratsrath geführt. Jahresproduktion 3,630,600 c' bayer. Maximalproduktion in 24 Stunden 21,600 c', Minimalproduktion 3,120 c'. 126 Strassenflammen brennen von Eintritt der Dämmerung bis 12 Uhr Nachts, 24 davon bis Morgens, 100 Stück consumiren 5 c' pro Stunde, 26 Stück 4 c' pro Stunde. 1020 Privatflammen. Betrieb mit Steinkohlen (Saarbrücker und Zwickauer mit Zusatz von böhmischer Plattelkohle). Die Anstalt hat 11 Thonretorten (1 Ofen à 5, 1 à 4, 1 à 2 Ret.), 3 doppelte Luftcondensatoren mit äusserem Rohr von 24", innerem von 15" Weite, 1 Wascher $8^1/_2$" $\times$ $4^1/_2$" $\times$ 5', 2 Reiniger $8^1/_2$' $\times$ $4^1/_2$' $\times$ 5' (Eisenoxyd), Stationsgasuhr, Regulator, 1 Gasbehälter von 18,250 c' engl. Inhalt, 26,690' Leitungsröhren (667' 6 zöll., 745' 5 zöll., 610' 4 zöll., 4314' 3 zöll., 1509' $2^1/_2$ zöll., 3802' 2 zöll., 12,891' $1^1/_2$ zöll., 2152' 1 zöll.), 110 nasse Gasuhren von Siry Lizars & Co. Coke wird verkauft, Theer verfeuert. Anlagecapital 74,175 fl. Näheres s. Journ. f. Gasbeleuchtung 1864 S. 25.

Nordhausen (Preussisch-Sachsen). 18,510 Einw. Eigenthümerin: die deutsche Continental-Gasgesellschaft zu Dessau. Deren Generaldirector: Herr W. Oechelhäuser. Specialdirigent der Anstalt: Herr Pritzschow. Der Contractschluss erfolgte am 14. März 1857. Der ursprüngliche Vertrag ist am 20./24. September 1867 dahin abgeändert worden, dass die Anstalt dauernd Eigenthum der Continental-Gasgesellschaft verbleibt, aber deren Privilegium am 1. October 1888 erlischt, von wo ab eine neue Vereinbarung mit dem Magistrate oder freie Concurrenz eintreten kann. Die Strassenflammen sollen mit 5 c' engl. Consum pro Stunde brennen, und der Preis für das Strassengas $2^1/_2$ Pf. per Stunde und Flamme betragen. Der Preis für das Privatgas soll $2^1/_2$ Thlr. pro 1000 c' engl. betragen mit stufenweiser Herabsetzung bis 2 Thlr. bei 24 Mill. c' Totalconsum in einem Jahre. Ausserdem werden Rabatte von $2^1/_2$ Sgr. bei mehr als 100,000 c' und bis 10 Sgr.

---

*) 1000 c' bayer. = 878 c' engl.

bei mehr als 1 Mill. c′ Consum pro 1000 c′ engl. gegeben. Städtische und fiscalische Gebäude, sowie die Eisenbahn erhalten $16\frac{2}{3}$ % Rabatt. Die contraktliche Leuchtkraft einer Strassenflamme soll bei 5 c′ engl. Consum gleich der Lichtstärke von 11 Wachskerzen Helle sein, von denen 6 auf 1 Pfd. gehen, und die nicht über 10″ lang sein dürfen. 281 Strassenflammen (alle diese Angaben beziehen sich auf das Jahr 1866) mit einem durchschnittl. Consum von 5262 c′ engl. per Jahr; 4024 Privatflammen mit einem Durchschnittsconsum von 1771 c′ engl. per Jahr. Jahresproduktion 8,354,166 c′ engl. Maximalabgabe in 24 Stunden 57,300 c′, Minimalabgabe 4900 c′. Betrieb mit Steinkohlen (95 % westphälische und 5 % Zwickauer); aus 1 Tonne Kohlen*) wurden 1788 c′ Gas gezogen. Die Anstalt hat 19 Thonretorten (1 Ofen à 7, 1 à 6, 2 à 3 Ret.), 288′ 7zöll. Röhrencondensator, Beale'schen Exhaustor, 1 Scrubber in Cylinderform $7\frac{1}{2}′$ hoch und 5′ im Durchmesser, von ca. 150 c′ Inhalt, 1 Wascher mit continuirlich überfliessendem Wasser, 5 Reiniger zu 128 □′ Hordenfläche (Deicke'sche Masse), 1 Gasbehälter mit 44,100 c′ nutzbarem Inhalt, 37,156 lfd. Fuss rhl. Rohrleitung mit 8″ grösstem Durchmesser, 378 nasse Gasuhren. Nebenprodukte werden verkauft. Anlagecapital: 109,609 Thlr. 8 Sgr. 4 Pf. Näheres s. Journ. f. Gasbel. 1860 S. 166, 1861 S. 136, 1862 S. 179, 1863 S. 138, 1864 S. 91, 1865 S. 125, 1866 S. 135, 1867 S. 157.

Northeim (Hannover) soll Gasbeleuchtung haben. Der Fragebogen ist nicht beantwortet worden.

Nürnberg (Bayern). 72,000 Einw. Eigenthümer: **Sprengs & Maier's Erben**. Dirigent bis 1. April: Herr **G. A. Spielhagen**. Die Herren **James Barlow**, **Charles Forster** und **Ziegler** bauten die Anstalt und übergaben die sämmtlichen Rechte und Verbindlichkeiten am 28. April 1847 an Herrn Civil-Ingenieur **Dollfuss**. Der Bau begann am 3. September 1846 und wurde im November 1847 eröffnet. Am 27. Juli 1849 wurde eine Actiengesellschaft unter dem Namen „Nürnberger Gasbeleuchtungs-Gesellschaft" gebildet, und diese trat das Unternehmen dann an die Herren **Spreng**, **Sonntag** und **Maier** ab. Das Privilegium datirt von 1846 und läuft 25 Jahre. Nach Ablauf dieser Zeit hat die Stadt das Recht, die Anstalt käuflich zu übernehmen oder das Privilegium für erloschen zu erklären und anderweitige Concurrenz zuzulassen. Die Leuchtkraft einer Strassenflamme von $4\frac{1}{2}$ c′

---

*) 1 preuss. Tonne Kohlen = 840—360 Pfd.

Consum soll vorschriftsmässig gleich der Lichthelle von 7 Wachskerzen sein, 4 auf 1 Pfd. Die Gaspreise betragen für Privaten 4 fl. bis 3 fl. 36 kr. pro 1000 c′ engl., für Strassenbeleuchtung 2 fl. 48 kr. pro 1000 c′. Jahresproduktion 60 Mill. c′ engl. 1060 Strassenflammen mit vorschriftsmässig je 1400 Brennstunden jährlich, welche Brennzeit jedoch bedeutend überschritten wird. Maximalproduktion in 24 Stunden 300,000 c′, Minimalproduktion 70,000 c′. Betrieb mit Saarbrücker Steinkohlen (Heinitz, Dechen). Die Anstalt hat 66 Stück ⌒ förmige Retorten 20″ × 13″ × 9′ (11 Oefen à 6 Ret.), Scrubber von 145 □′, Condensator von 1432 □′, Beale'schen Exhaustor, 2 Reiniger 20′ × 8′ × 5′ und 2 Reiniger 12′ × 4′ × 3′ (Laming'sche Masse), Stationsgasuhr für 12,000 c′ per Stunde, 4 Gasbehälter mit resp. 25,000 c′, 24,000 c′, 37,000 c′ und 64,000 c′ Inhalt, 200,000 lfd. Fuss Röhrenleitung von 12″ bis 1½″ Weite, 2500 nasse Gasuhren. Nebenprodukte werden verwerthet. Anlagecapital 450,000 fl.

Nürtingen (Württemberg). 4900 Einwohner. Eigenthümerin: die Stadt. Gründer und Erbauer: die Herren A. Müller & Th. Link in Stuttgart. Eröffnet am 17. November 1864, am 1. December 1865 ging das Werk vermittelst Ankaufs an die Stadt über. 46 Strassenflammen mit 4½ c′ Gasconsum per Stunde und einer Brennzeit im Winter bis 11 Uhr. 700 Privatflammen. Jahresproduktion 1,500,000 c′. Betrieb mit Saarbrücker Steinkohlen (Heinitz). Die Anstalt hat 3 Thonretorten (1 Ofen à 2, 1 à 1 Ret.), 3 Reiniger (Kalk), 1 Gasbehälter mit 10,000 c′ Inhalt, ca. 15,000′ Rohrleitung, 85 nasse Gasuhren von L. A. Riedinger, S. Elster und Siry Lizars & Co. Coke wird verkauft, Theer meist verheizt. Anlagecapital 46,000 fl.

Nyon (Schweiz) hat Gasbeleuchtung. Der Fragebogen ist nicht beantwortet worden.

Oberfrohna (Fabrikdorf bei Limbach bei Chemnitz in Sachsen). 1800 Einwohner. Eigenthümerin: die Gasbeleuchtungs-Actiengesellschaft zu Oberfrohna. Dirigent: Herr O. Schröder unter Beirath des Herrn Gasdirectors Werner zu Wurzen, welch' Letzterer auch das Werk erbaut und am 3. November 1867 eröffnet hat. Strassenflammen sind keine vorhanden, an Privatflammen sind 450 eingerichtet, weitere 100 stehen in sicherer Aussicht. Die Produktion betrug im November 1867: 106,000 c′ sächs.*) Betrieb mit Zwickauer Steinkohlen. Die Anstalt

---

*) 1000 c′ sächs. = 802 c′ engl.

hat 3 Retorten (1 Ofen à 2, 1 à 1 Ret.), 2 Plattencondensatoren, 2 trockene Reiniger, 1 Stationsgasmesser, 1 Gasbehälter von 10,000 c' sächs. Inhalt, 9954' sächs. Rohrleitung von 4" bis 1$\frac{1}{2}$" Weite, 33 nasse Gasuhren von Ad. Siry Lizars & Co. Anlagecapital 12,000 Thlr.

Oberhausen (Preussen). 5000 Einw. Die Anstalt, vor 10 Jahren durch den jetzigen Besitzer, Herrn W. Grillo zunächst zur Beleuchtung seiner eigenen Fabrik-Etablissements gegründet, versorgt etwa 2000 Flammen und liefert jährlich 8 Mill. c' Gas. Zur Gasbereitung werden Steinkohlen aus dem Dortmunder Oberbergamtsbezirke verwendet.

Privatbeleuchtungs-Anstalten für einzelne Etablissements in Oberhausen und nächster Umgegend sind verschiedene vorhanden, u. A. für die Actiengesellschaft für Eisenindustrie in Oberhausen, für Jacobi Haniel & Huyssen zu Oberhausen, für D. Morion zu Neumühl u. s. w., letztere beide bedeutende Anstalten.

Oberlahnstein (Nassau) soll mit Gasbeleuchtung versehen sein.

Oberrad bei Frankfurt a/M. hat Gasbeleuchtung.

Oberursel bei Frankfurt a/M. 3535 Einwohner. Eigenthümerin: die Actiengesellschaft „Gasgesellschaft Oberursel." Dirigenten: die Vorstandsmitglieder Herr Gustav Schmidt in Frankfurt a/M. und Herr J. Schuckart, Chemiker in Oberursel. Gründer und Erbauer: Herr G. Schmidt in Frankfurt a/M. und Chr. Friedleben, Director der Gasgesellschaft in Offenbach. Eröffnet am 20. October 1864. Die Concession läuft vom 1. Januar 1864 an auf 30 Jahre. Bei Ablauf des Vertrages kann die Stadt das Werk kaufen zu einem von Sachverständigen zu ermittelnden Kaufpreis, der mindestens dem Betrag gleich kommt, der sich ergiebt, wenn man die Durchschnittsrente der letzten 5 Jahre mit 5$^0/_0$ capitalisirt. Die Gesellschaft darf unter keinen Umständen verhindert werden, auch über die Dauer des Vertrages hinaus Gas an Private abzugeben. Leuchtkraft 9 Wachskerzen, 6 auf 1 Pfd. für 4$\frac{1}{2}$ c' Gasconsum per Stunde. Gaspreis 6 fl. 15 kr. pro 1000 c'. 51 Strassenflammen mit 1000 Brennstunden jährlich und 4$\frac{1}{2}$ c' Consum per Stunde, 961 Privatflammen. Jahresproduktion 1$\frac{1}{2}$ Mill. c' engl. Maximalconsum in 24 Stunden 12,000 c', Minimalconsum 2000 c'. Betrieb mit westphälischen und Saarbrücker Steinkohlen. Die Anstalt hat 8 Stück ⌓ Retorten von Sugg & Co. in Gent, (1 Ofen à 5, 1 à 2, 1 à 1 Ret.), 4 sehr grosse Reiniger, (Mangan-Eisen-Oxyd Reinigungsmasse), 1 Gasbehälter mit 15,000 c'

Inhalt, 18,000′ Rohrleitung, 115 nasse Gasuhren aus diversen Fabriken. Anlagecapital 50,000 fl.

Eine etwa 4000′ vom Ende der Rohrleitung entfernte Baumwoll-spinnerei mit 35,000 Spindeln hat seit 10 Jahren eine eigene Gasanstalt.

Oedenburg (Ungarn). 17,000 Einwohner. Besitzer: die Oedenburger Gasbeleuchtungs-Actiengesellschaft, deren Director: Herr J. Flau-dorffer. Erbauer: Herr Gustav Fähndrich in Wien, welcher gleichzeitig die technische Oberleitung hat. Verwalter: Herr G. Kirohner. Eröffnet am 31. December 1866. 245 öffentliche Flammen, 1282 Privatflammen. Für öffentliche Beleuchtung zahlt die Stadtge-meinde bei 4½ c′ engl. Consum pro 1000 c′ 3 fl. 15 kr. österr. Währ. Privatgaspreis 5 fl. 60 kr. österr. Währ. pro 1000 c′. Gesammtpro-duktion 1867: 5,660,000 c′ engl. Maximalproduktion in 24 Stunden 27,000 c′, Minimalproduktion 10,000 c′. Betrieb mit Mährischen und Pilsener Kohlen (Plattenkohlen von Pankraz). Im Jahr 1867 wurden 11,700 Ctr. Kohlen vergast.

Oels (Schlesien). Man ist daran, eine Gasanstalt ins Leben zu rufen.

Oelsnitz (Sachsen). Die Errichtung einer Gasanstalt ist im Werke, und wird dieselbe im Jahr 1868 höchst wahrscheinlich in Betrieb ge-setzt werden.

Oettingen (Bayern). Man ist damit beschäftigt, eine Gasanstalt zu errichten. Den Bau führt Herr E. Poltschick aus Nördlingen aus.

Offenbach (Hessen-Darmstadt). Der Fragebogen ist nicht beant-wortet worden. Die Statistik von 1862 enthält folgende Angaben: 16,000 Einwohner. Eigenthümerin: die Gasgesellschaft in Offenbach. Dirigent: Herr Ch. Friedleben. Der Vertrag läuft vom 1. Juli 1855 an 25 Jahre, nach Ablauf dieser Zeit hat die Stadt das Recht, das Werk zu einem dem wirklichen Werth und der Rentabilität entspre-chenden Preis zu übernehmen. Macht sie hievon keinen Gebrauch, so bleibt die Concession, aber nicht mehr ausschliesslich bestehen. Die Eröffnung der Anstalt fand im Jahre 1847 statt, von da bis 1855 befand sie sich in einem Provisorium. 220 Strassenflammen mit je 850 Brennstunden jährlich und 4½ c′ engl. Consum per Stunde, 570 Privatconsumenten mit ca. 6000 Flammen incl. Heizapparaten. Leucht-kraft für 4½ c′ Gasconsum per Stunde 7 Wachskerzen-Helle, 4 auf 1 Pfd. Für eine Strassenflamme werden jährlich 12 fl. vergütet. Der Preis für Private war ursprünglich 6 fl. 30 kr. pro 1000 c′, ist aber

seit 1858 freiwillig auf 5 fl. 30 kr. ermässigt, die Stadt zahlt für ihre
inneren Flammen 3 fl. 15 kr. pro 1000 c'. Betieb mit Steinkohlen
(Heinitz und Hibernia). Produktion im Jahre 1861 etwa 10 Mill. c',
stärkste Abgabe in 24 Stunden 70,000 c', schwächste Abgabe 9000 c'.
Kohlenverbrauch in demselben Jahre ca. 25,000 Ctr. Die Anstalt hat
23 Retorten (4 Oefen zu 5, 1 zu 3 Ret.) von A. Keller in Gent,
keinen Exhaustor, 230' 6 zöll. Röhrencondensation, 1 Scrubber von
ca. 50 c' engl. Inhalt und 6,5 □' Querschnitt, 1 Wascher mit continuirlich abfliessendem Wasser, 5 Reiniger mit ca. 800 □' Hordenfläche (Laming'sche Masse und Kalk), 3 Gasbehälter von zusammen
60,000 c' engl. Inhalt, ca. 56,000' Röhrenleitung von 6'' bis 1$^{1}/_{2}$''
Weite, nasse Gasmesser. Anlagecapital ca. 150,000 fl.

Offenburg (Baden). 5300 Einwohner. Nach Vertrag vom 13. Nov.
1860 hat die Stadt dem Bezirksgeometer Herrn J. A. Nussbaum
60,000 fl. zur Erbauung der Gasanstalt übergeben. Letzterer betreibt
die Anstalt 35 Jahre lang, vom 1. October 1861 an gerechnet, auf
seine Rechnung und Gefahr. Nach dieser Zeit fällt das Werk ohne
Entschädigung der Stadt als Eigenthum anheim, nachdem in den genannten 35 Jahren Herr Nussbaum das Capital von 60,000 fl. nach
vorgeschriebenem Tilgungsplan mit 4% Zinsen der Stadt zurückzu-
zahlen hat. Der Bau hat im April 1861 begonnen und die Eröffnung
fand am 1. October 1861 statt. 117 Strassenflammen, die von Eintritt
der Dämmerung bis 11 Uhr, und 36 davon die ganze Nacht, erstere
mit 4,5 c' Consum per Stunde, letztere mit 3 c' Consum per Stunde
zu brennen haben; 1200 Privatflammen. Eine Gasflamme von 4,5 c'
Consum pro Stunde muss gleiche Lichtstärke haben mit 9 bis 12
Wachskerzen, wovon 6 auf 1 Pfd. gehen. Die Strassenbeleuchtung
consumirt jährlich 630,000 c', die Privatbeleuchtung 2,400,000 c'.
Maximalverbrauch in 24 Stunden 17,000 c', Minimalverbrauch 3000 c'.
Die Stadt zahlt für die Strassenbeleuchtung die Pauschalsumme von
jährlich 3000 fl. Privatgas kostet bis zum Verbrauch von 3 Mill. c'
durch Private 6 fl. pro 1000 c'. Betrieb mit Saarkohlen. Die Anstalt hat 2 Oefen mit je 3 Retorten, 1 Ofen mit 2 Retorten und
1 Ofen mit 1 Ret. für den Sommerdienst, 6 zöll. Röhrencondensation,
1 Wascher von 2' 6'' Durchmesser und 2' 2'' Höhe, 1 Scrubber von
9' Höhe und 3' 8'' Weite, 4 Reiniger von 5' 8'' Länge, 2' 8'' Breite
und 2' 5'' Höhe, 1 Gasbehälter von 20,000 c' Inhalt, 28,000' Röhrenleitung von 6'' bis 1'' Weite, nasse Gasmesser von S. Elster in

Berlin und **Ketterer** in Feuchtwangen. Das Ammoniakwasser und
der abgebrauchte Kalk wird an Landwirthe verkauft und der Theer
bis daher an Farbefabrikanten. Näheres s. Journ. für Gasbeleuchtung.
1862. S. 170.

Die Spinnerei und Weberei Offenburg besitzt seit dem Jahre 1858
ein eigenes Gaswerk.

Offleben bei Schöningen. Die Zuckerfabrik der Herren **Brandes**
& Co. hat eine von Herrn Ingenieur H. **Libau** in Magdeburg 1864
erbaute Privatgasanstalt mit ca. 160 Flammen.

Oggersheim (Pfalz) hat zwei Privatgasanstalten; die eine gehört
den Herren **König & Herf**, und wird zugleich zur öffentl. Beleuchtung benutzt, die andere gehört der Actien-Sammtfabrik zu Oggersheim.

Ohlau (Schlesien). 8000 Einwohner. Eigenthümerin: die Stadt.
Dirigent: Herr F. **Eitner**. Nachdem schon in den Jahren 1861,
1862 und früher der Gedanke, auf städtische Rechnung eine Gasanstalt zu bauen, angeregt, aber immer wieder fallen gelassen worden
war, wurde endlich Ende 1862 der Beschluss zum Bau gefasst, und
die Vorarbeiten unverzüglich begonnen. Von den verschiedenen Entwürfen, die bald darauf von mehreren hiezu aufgeforderten Gastechnikern eingingen, wurde dem des Gasdirectors Herrn R. **Firle** in
Breslau der Vorzug gegeben und derselbe beauftragt, im Sommer des
Jahres 1863 die Anstalt zu bauen. Die Arbeiten wurden so beschleunigt, dass die Eröffnung derselben bereits am 6. October genannten
Jahres erfolgen konnte, und trotzdem dass der inzwischen verstorbene
Director **Firle** schon im Frühjahr 1863 auf das Krankenlager gewor-
fen wurde, also weder persönlich noch schriftlich den Bau leiten konnte,
wurde dieser doch zur vollen Zufriedenheit der Stadt ausgeführt. Private zahlen für 1000 c′ preuss.*) Gas bei einem Jahresverbrauch bis
incl. 10,000 c′ $2^2/_3$ Thlr., bis incl. 30,000 c′ $2^1/_2$ Thlr. und über
30,000 c′ $2^1/_3$ Thlr. Der Bahnhof der oberschles. Eisenbahn bezahlt
$2^1/_3$ Thlr., erhält aber am Jahresschluss bei einem Verbrauch von
über 400,000 c′ noch einen Rabatt von 10%. Jahresproduktion nahezu
4 Mill. c′. 150 Strassenflammen brauchen pro Brenner und Stunde
7 c′ und brennen bis 10 Uhr Abends. Es werden dann $^2/_3$ derselben
ausgelöscht, und nur $^1/_3$ bleibt während der Nacht bis zur Morgen-

---

*) 1000 c′ preuss. = 1091,84 c′ engl.

dämmerung brennen. Eine Privatflamme verbrauchte durchschnittlich
2250 c' per Jahr. Maximalproduktion in 24 Stunden 24,000 c', Minimalproduktion 4000 c'. Betrieb mit Steinkohlen und zwar niederschlesischer (Wrangelschacht) und oberschlesischer (Königshütter) Kleinkohle
etwa zu gleichen Theilen gemischt. Die Anstalt hat 9 Stück ⌓ förmige Retorten (1 Ofen à 5, 1 à 3, 1 à 1 Ret.) von Kulmitz in
Saarau, 2 King'sche Condensatoren von je 3' Durchmesser und 8'
Höhe mit je 8 durchlöcherten Blechböden, 1 Beale'schen Exhaustor
mit Bypass und Regulator mit einer $2^1/_2$ pferdigen Dampfmaschine,
(die Heizung des Kessels mit abgehender Ofenhitze wird demnächst
eingeführt werden), 1 cylindr. Wascher, 3' Durchmesser, $2^2/_3$' Höhe
mit cylindrischem Einsatz, 3 Reiniger mit je 3 Holzhorden zu je 6 ✕
4 ☐' Fläche (die unterste Horde mit Aetzkalk, die beiden oberen mit
Rasenerz beschickt), Gasbehälter von 24,500 c' Inhalt (Führungspfeiler
in Cement gemauert), 28,500' Röhren von 6" bis $1^1/_3$" Weite, 198
nasse Gasuhren von J. Pintsch, welcher auch Stationsuhr, Regulator
und den Exhaustor geliefert hat. Coke, Theer und Grünkalk werden
verkauft. Anlagecapital: 48,500 Thlr., von denen jährlich 1000 Thlr.
amortisirt werden. Journ. f. Gasbel. 1865 S. 100 und 1867 S. 79.

Oldenburg. 14,000 Einwohner. Eigenthümer: Herr W. Fortmann und 3 Privatpersonen. Ersterer ist Pächter auf 22 Jahre.
Erbauer: Herr Commissionsrath G. M. S. Blochmann jun. Das
Privilegium datirt vom Jahre 1853 und läuft 25 Jahre. Nach Verfluss
dieser Zeit erlischt die Berechtigung Gas zu verkaufen. Die Anstalt
ist im Herbst 1853 eröffnet. 309 Strassenflammen mit je 1000 Brennstunden jährlich und 5 c' engl. Consum per Stunde, 221 Privatconsumenten mit 2350 Brennern, hierunter sind jedoch viele, die nur
temporär benützt werden. Als Leuchtkraft ist die Helle von 12 Wachskerzen vorgeschrieben, wovon 6 Stück etwa 27 Loth wiegen und das
Stück 13" lang ist. Für jede Strassenflamme zahlt die Stadt jährlich
$12^1/_2$ Thlr., für Private ist der höchste Preis $3^1/_2$ Thlr., der niedrigste
$2^1/_2$ Thlr. pro 1000 c'. Bei über 100 Thlr. jährlichem Verbrauche
werden 5% Rabatt gewährt, über 200 Thlr. 10%, über 300 Thlr.
kosten 1000 c' 3 Thlr., über 600 Thlr. $2^1/_2$ Thlr. Betrieb während
der ersten Jahre mit Holz, jetzt mit englischen und westphälischen
Steinkohlen. Produktion 1866/67: 7,390,000 c' engl. Die Anstalt
hat 18 ovale Thonretorten (2 Oefen à 5, 2 à 4 Ret.), 30' 5zöll. und
154' 4zöll. Röhrencondensation, 1 Scrubber von 300 c' Inhalt und

30 □' Querschnitt, 4 Reiniger mit 110 □' Hordenfläche (Laming'sche Masse, im Winter auch Kalk), 3 Gasbehälter mit 44,000 c' Inhalt, 45,000' Rohrleitung von 5'' bis 2'' Weite, 257 nasse Gasuhren aus Berliner Fabriken. Anlagecapital vor der Verpachtung 35,000 Thlr., nach der auf Kosten des Pächters vorgenommenen Erweiterung 65,000 Thlr.

Oldesloe (Holstein). 4000 Einwohner. Der Fragebogen ist nicht beantwortet worden. Die Statistik von 1862 enthält folgende Angaben: Eigenthümer: die Herren P. P. Schmidt, C. E. Hahn und G. W. Wiedemann in Oldesloe. Erbauer: die Herren Holmes & Co. aus Huddersfield in England unter Leitung des Ingenieurs Herrn Dr. N. H. Schilling, derzeit in Hamburg. Eröffnet Ende 1858. Strassenflammen brennen 5 c' pro Stunde und Flamme. Leuchtkraft vertragsmässig 12 Wachskerzen, 6 auf 1 Pfd., für 5 c' Gasconsum per Stunde. Gaspreis für Private $2\frac{1}{4}$ Thlr. pro 1000 c'. 50 Strassenflammen und ca. 500 Privatflammen. Die Anstalt hat 6 Retorten (1 Ofen à 3, 1 à 2, 1 à 1 Ret.), 1 combinirten Condensations- und Reinigungsapparat von W. Holmes, enthaltend 120' 6zöll. Condensationsröhren, 1 Wascher, 1 Cokescrubber und 2 Reiniger für 60,000 c' in 24 Stunden, 2 Gasbehälter je 23' im Durchmesser und 12' hoch, 10,734' Leitungsröhren und zwar 1800' 5zöll., 2000' 4zöll., 3000' 3zöll., 3934' 2zöll. Bau- und Betriebscapital ca. 26,250 Thlr.

Olmütz (Mähren). 15,000 Einwohner. Besitzer: die Zwirzinae'sche Kohlengewerkschaft in Ostrau. Erbauer und technischer Oberleiter: Herr G. Fähndrich in Wien. Verwalter der Anstalt: Herr E. Hauer. Eröffnet im October 1864. Der Vertrag läuft 50 Jahre, nach welcher Zeit das ganze Werk unentgeldlich in den Besitz der Stadt übergeht. Leuchtkraft einer Strassenflamme gleich 8 Wachskerzen, 6 auf 1 Zollpfund, 9'' lang. 252 öffentliche und 1640 Privatflammen. Für ganz nächtliche (4015 Brennstunden) Flammen zahlt die Stadt 60 fl., für halbnächtliche (2007 Brennstunden) 30 fl. österr. Whr. per Jahr. Privatgaspreis 5 fl. 50 kr. österr. Währ. pro 1000 c' engl. Gesammtproduktion 1867: 7,890,000 c' engl. Maximalproduktion in 24 Stunden 32,000 c', Minimalproduktion 10,000 c'. Betrieb mit Kohlen der Zwirzinae'schen Gewerkschaft in Ostrau. Kohlenverbrauch 1867: 13,700 Wiener Ctr.*) Die Anstalt hat 14 ovale emaillirte Thonretorten

---

*) 1 Wiener Centner = 112 Zollpfd.

von O est W^{we.} in Berlin (1 Ofen à 6, 1 à 5, 1 à 3 Ret.), 1 Röhrencondensator 10zöll., 2 Scrubher mit durchlöcherten Platten, 1 Beale'schen Exhaustor von S. Elster, 1 Dampfmaschine, 4 Reiniger (Deicke'sche Masse), 1 Stationsgasmesser, 1 Gasbehälter von 22,000 c′ Inhalt, etwa 40,000′ Rohrleitung von 7″ bis 1″ Weite, 229 nasse Gasuhren von S. Elster. Anlagecapital 154,000 fl. österr. Währ. (Hierin sind auch zwei Wohnhäuser und zwei Ackerfelder mit inbegriffen.)

Olten (Schweiz). Eigenthümerin: die Schweizerische Centralbahn. Dirigent: Herr Ingenieur N. Rigenbach, Maschinenmeister der Centralbahn. Erbauer: Herr G. Dollfus in Basel. Eröffnet im September 1856. Die Anstalt liefert nur Gas zur Beleuchtung des Bahnhofs und der Eisenbahnwerkstätte, an Private wird kein Gas abgegeben. Jahresproduktion 2,193,000 c′. 668 Flammen, von denen 523 regelmässig brennen. Betrieb früher mit Holz, jetzt mit Saarkohlen. Die Anstalt hat 8 Stück ⌂ Retorten (6 eiserne und 2 thönerne) (2 Oefen à 3, 1 à 2 Ret.), Wascher, Scrubber 3′ im Durchmesser 9′ hoch, 2 gusseiserne Reiniger mit je 12 Horden und 215 □′ Fläche (Laming'sche Masse), 2 Gasbehälter à 4000 c′ Inhalt, 2 nasse Gasuhren. Anlagecapital 65,000 Frcs.

Oppeln (Schlesien). Reichlich 10,000 Einwohner. Eigenthümer: die Erben des Herrn Rud. Firle in Breslau, von dem die Anstalt unter specieller Leitung des gegenwärtigen Dirigenten, Herrn H. Springer erbaut, und am 18. November 1862 eröffnet wurde. Vertragsdauer 40 Jahre vom Tage der Eröffnung an. Bei Ablauf der Contractzeit hat der Magistrat, falls die Anstalt alsdann zum Verkauf kommt, das Vorkaufsrecht, und wird die Kaufsumme durch Schätzung bestimmt. Leuchtkraft für 5′ Gasconsum per Stunde 12 StearinkerzenHelle, 6 auf 1 Pfd. Die Commune zahlt für die Strassenbeleuchtung 3½ Pf. pro Flamme und Stunde. Privatgaspreis 2 Thlr. pro 1000 c′. 149 Strassenflammen mit vertragsmässig 5′, in Wirklichkeit jedoch über 6 c′ Consum pro Stunde, und 1040 Brennstunden im Jahr, 2090 Privatflammen mit durchschnittlich 2049 c′ Consum im Jahr. Jahresproduktion 1867: 7,168,000 c′. Betrieb mit oberschlesischen Steinkohlen von Zabrze. Die Anstalt hat 13 theils ovale, theils ⌂ förmige Retorten 18 × 14″, (2 Oefen à 4, 1 à 3, 1 à 2 Ret., erstere mit Lehmann'scher Druckentlastung), 1 Condensator rund 8′ hoch, 4′ im Durchmesser mit 6 Blecheinlagen, 1 Scrubber 7′ × 4′ mit Blecheinlagen,

1 Wascher 4′ × 4′, 4 Reiniger 5′ × 4′ mit 4 Horden (Wiesenerz und
Kalk), 1 Exhaustor, 1 Gasbehälter mit 25,000 c′ Inhalt, 33,000′ Rohrleitung von 6″ bis 1$^1/_3$″, 246 nasse mit Glycerin gefüllte Gasuhren
von J. Pintsch. Coke und Theer werden verkauft. Anlagecapital
ohngefähr 40,000 Thlr.

Osnabrück (Hannover). 20,000 Einwohner. Eigenthümerin: die
Stadt. Eine aus 2 Mitgliedern des Magistrats und einem des Bürger-
vorstehercollegiums gebildete Commission hat die obere Leitung des
Gaswerkes. Technischer Dirigent: Herr Stadtbaumeister W. Richard.
Der Entwurf der Disposition und der Gaserzeugungsapparate wurde
von dem damaligen Inspector des städtischen Gaswerkes am Stralauer
Platze in Berlin, jetzigem Gasdirector, Herrn Francke in Dortmund
angefertigt, welchem auch die Leitung der Ausführung desselben oblag.
Der Entwurf und die Ausführung der Bauwerke, sowie die obere
Leitung der Ausführung des gesammten Unternehmens war Herrn
Stadtbaumeister Richard übertragen. Zur speciellen Führung des
Baues war der Herr Ingenieur Masuch aus Berlin engagirt. Der
erste Spatenstich geschah am 23. April 1857, die Eröffnung erfolgte
am 10. Januar 1858. An Strassenlaternen brennen insgesammt 374,
bei halber Beleuchtung 157, Nachtlaternen 72; die ersteren hatten im
Jahre 1867 eine Brennzeit von je 958 Stunden, die zweiten von
155$^3/_4$ Stunden, die dritten von 1652 Stunden, ausserdem 5 Thorlaternen von je 3766 Stunden. Der Consum jeder Strassenflamme ist
früher zu 4$^1/_2$ c′ pro Stunde ermittelt worden, dieser Satz ist indess
durchschnittlich zu gering, wenn gleich die Consumrechnung noch
immer darauf basirt wird. Der ganze Consum der Strassenbeleuchtung
betrug 2,910,196 c′ Gas. Die Zahl der Privatflammen war Ende
1867 = 6210. Der durchschnittliche Consum einer Privatflamme betrug 1867 = 1751 c′. Die Produktion betrug im Jahre 1867: 16,410,300 c′,
im Maximum 92,375 c′, im Minimum 12,100 c′ in 24 Stunden. Für
die Strassenbeleuchtung werden 1320 Thlr. vergütet. Private bezahlen
2 Thlr. 15 Sgr. für 1000 c′ engl., der Bahnhof 2 Thlr. Betrieb mit
Steinkohlen, und zwar zu $^4/_5$ Westphälische (von der Zeche Vereinigte
Dorstfeld bei Dortmund) zu $^1/_5$ Borgloher (Osnabrücker) Kohle (Flötz
Dickebank). Im Jahre 1867 wurden 34,000 Riegel oder 38,200 Ctr.
vergast. Verfeuert wurden 12,547 Riegel Coke und 93,125 Pfund
Theer. Die Anstalt hat 29 Retorten (1 Ofen zu 7 Retorten, 3 zu 6,
1 zu 4) von ovalem — grossem — Querschnitt, 1 Beale'schen Ex-

haustor, 1 aufrechten Röhrencondensator, 1 Scrubber 15′ hoch, 4′ weit,
4 Reiniger und 1 Nachreiniger, sämmtlich 4′ breit und 8′ lang (Laming'sche Masse und Kalk), 2 überbaute Gasbehälter von je 54,000 c′
Inhalt engl., Bassin aus Bruchsteinen in Trassmörtel 62′ 4″ im Durchmesser und 22′ 7″ tief. 72,617′ Röhrenleitung von 8″ bis 2″ Weite,
nasse Gasmesser, grösstentheils von J. Pintsch in Berlin, und von
Prentzler und Dieckmann in Osnabrück. Anlagecapital 100,000 Thlr.,
welches gegenwärtig bis auf 83,000 Thlr. amortisirt ist.

Ostrowo (Preussisch-Posen). 6000 Einwohner. Die Herren Holmes & Co. aus Huddersfield in England richten hier auf eigene Kosten
eine Gasanstalt ein, die jedoch gegenwärtig (Januar 1868) noch nicht
eröffnet ist.

Paderborn (Westphalen). 12,000 Einwohner. Frühere Besitzer
waren die Herren: R. Dullo, M. Meyersberg, M. Katz und F. W.
Löffelmann Wwe; seit 1. September 1866 hat die Stadt Paderborn
die Anstalt käuflich erworben. Gaspreis für die öffentliche Beleuchtung
1¹⁄₂ Thlr. pro 1000 c′ preuss., für Private 2 Thlr. Jahresproduktion
im letzten Jahr, 1. Sept. bis 31. August, 6 Mill. c′. 66 Strassenflammen, die aber in Kurzem auf 120 gebracht werden, mit je 1000
Brennstunden und 6800 c′ Consum per Jahr. An Privatflammen sind
seit September 1866 hinzugegangen 400 Stück. Betrieb mit westphälischer Steinkohle (Hannibal). Die Anstalt hat 17 ovale Thonretorten (1 Ofen à 1, 1 à 2, 1 à 3, 1 à 4, 1 à 7 Ret.), 1 Condensator, 1 Scrubber, 1 Wascher, 4 Reiniger (Laming'sche Masse) und
1 Nachreiniger, 2 Gasbehälter mit je 12,000 und 18,000 c′ Inhalt,
16,000′ 6zöll. Röhren, 18,000′ 4zöll., 7400′ 3zöll., 8000′ 2zöll. und
600′ 1¹⁄₂zöll. Röhren, 200 nasse Gasuhren von S. Elster, Spielhagen und Moran. Coke und Theer werden verkauft.

Parchim (Mecklenburg). 7200 Einwohner. Eigenthümerin: die
Stadt. Die Gasanstalt ist durch Herrn W. Strode in London auf
Kosten der Stadt erbaut, im November 1862 eröffnet, und wird noch
heute für Rechnung der Stadt verwaltet und berechnet, durch den
Werkführer Herrn V. Möller unter Leitung des Herrn Senators
F. Beyer. Die Stadt zahlt für 118 Strassenflammen, welche bis
11 Uhr Nachts brennen, 8 Thlr. pro Flamme und für 22 Laternen,
welche die Nacht hindurch brennen, 16 Thlr. In den Monaten Juni
und Juli brennen die Strassenflammen überall nicht. Die Privatcon-

sumenten zahlen für 1000 c′ hamb.*) 2 Thlr. 4 Sgr. Jahresproduktion
2,869,674 c′ hamb. Hievon zur Strassenbeleuchtung 787,795 c′, zur
Privatbeleuchtung 1,829,425 c′ (160 Consumenten), Selbstverbrauch
35,640 c′ und Verlust 216,854 c′. Betrieb mit Newcastle Kohle (Pelton
Main) die über Hamburg bezogen wird. 13 Thonretorten von J. Cowen
in Newcastle in 3 Oefen. Kein Exhaustor. Reinigung mit Rasenerz.

Pasewalk (Preussen). 8000 Einwohner. Eigenthümer: Herr Kaufmann Schwabe in Berlin. Dirigent: Herr Civilingenieur Lehmann.
Gründer und Erbauer: Herr Civilingenieur G. Helms aus Magdeburg. Der Vertrag mit der Stadt läuft vom 1. October 1864 an auf
40 Jahre. Nach Ablauf dieser Zeit geht die Anstalt mit allen Per-
tinentien unentgeldlich in den Besitz der Stadt über. Leuchtkraft für
5 c′ preuss. Gasconsum per Stunde 14 Wachskerzen-Helle, 6 auf 1 Pfd.,
mit einem Wachsconsum von $^6/_{10}$ Loth per Stunde. Gaspreis für die
Strassenbeleuchtung 3 Pf. pro Stunde und Flamme, für Privaten
3 Thlr. pro 1000 c′ preuss.**) mit einigem Rabatt, für städtische Gebäude 1 Thlr. 20 Sgr., für den Bahnhof 2 Thlr. 20 Sgr. 118 Strassenflammen mit zusammen 94,400 Brennstunden per Jahr, 750 Privatflammen. Jahresproduktion 3,445,100 c′ preuss. Betrieb mit englischen
(New Pelton Main) Kohlen. Kohlenverbrauch im letzten Jahr 2095
Tonnen à 4 Berliner Scheffel***). Die Anstalt hat 7 Thonretorten,
(1 Ofen à 4, 1 à 2, 1 à 1 Ret.), 2 Cylindercondensatoren von 24″
Durchmesser und 18′ Höhe, 1 cylindrischen Scrubber, 3′ weit 12′ hoch
mit Blechplatten, 3 Reiniger 7′ × 3$^1/_2$′ × 2$^1/_2$′ (Laming'sche Masse),
1 Stationsgasmesser, 1 Druckregulator, 1 Gasbehälter von 17,000 c′
Inhalt, 16,000′ Hauptrohrleitung, nemlich 2500′ 5 zöll., 2000′ 4 zöll.,
2000′ 3 zöll., 1000′ 2$^1/_2$ zöll., 4000′ 2 zöll., 4500′ 1$^1/_2$ zöll., ferner 13,000′
Zuleitungsröhren von $^3/_4$ zöll. schmiedeisernem Rohr, 100 nasse Gasuhren von S. Elster und H. Dietrich in Berlin. Nebenprodukte
werden verkauft. Anlagecapital 40,000 Thlr.

Passau (Bayern). 13,400 Einwohner. Eigenthümerin: die Passauer
Actiengesellschaft für Gasbeleuchtung. Dirigent: Herr E. Dennerl.
Erbauer: Herr L. A. Riedinger in Augsburg. Mit dem Grundmauer-
werk wurde im Herbste 1859 begonnen, mit dem Fabrikbaue, Rohr-

---

*) 1000 c′ hamb. = 831,15 c′ engl.
**) 1000 c′ preuss. = 1091,84 c′ engl.
***) 1 Berliner Scheffel Kohlen = ca. 90 Pfund.

legen u. s. w. im darauffolgenden Frühjahre fortgefahren, und Ende 1860 beendet, so dass am 12. October die Stadt Passau zum ersten Male mit Gas beleuchtet werden konnte. Der Vertrag läuft vom Tage der Eröffnung an auf 40 Jahre. Bei Ablauf hat die Stadt das Recht, die Anstalt nach Maassgabe der Rentabilität für die Summe abzulösen, welche sich ergibt, wenn die reine jährliche unbelastete Rente, welche die Unternehmung im Laufe der letzten 10 Jahre geliefert hat, mit sechzehn multiplizirt wird. Leuchtkraft für die Strassenflammen die Helle von 12 Stearinkerzen, 6 auf 1 Pfd., bei einer Flammenhöhe der Kerzen von 22 Duodezimallinien. Betrieb mit Föhrenholz. Produktion im letzten Jahre (1. Juli 1866 bis 30. Juni 1867) 4,393,500 c' engl. Davon consumirten 196 Strassenflammen in der Stadt in 271,290 Brennstunden 1,152,980 c', 4 Strassenflammen in der Vorstadt in 7546 Brennstunden 31,270 c' und 159 Privatconsumenten mit 1697 Flammen 3,126,400 c'. Jährlicher Consum einer Privatflamme 1842 c'. Grösster täglicher Consum 23,500 c' am 9. Januar 1867, kleinster täglicher Consum 3100 c' am 22. Juli 1866. Die Stadt bezahlt pro Brennstunde 1,15 kr., so lange nicht 2000 Privatflammen vorhanden sind, später 1 kr. Die Ostbahn zahlt pro 1000 c' 4 fl. 6 kr., die Privaten 5 fl. 30 kr. Die Anstalt hat 4 Oefen (1 à 1 Ret., 1 à 2, 1 à 3 Ret. 1 unmontirt), seit 1½ Jahren Thonretorten von J. R. Geith in Coburg, getrennte Hydrauliken, vertikalen Röhrencondensator in einem gemauerten Wasserbassin, Wascher, 2 Reiniger (Kalkhydrat), Stationsgasmesser, 1 Regulator für die Stadt und 1 für den Bahnhof, 5zöll. Fabrikröhren, 2 Gasbehälter mit zusammen 41,000 c' Inhalt, 31,000' Röhrenleitung für die Stadt (6" grösste Weite) und 5000' Bahnhofleitung, 4zöll. Heizung mit Steinkohlen. Die produzirten Holzkohlen werden sehr billig verkauft, so auch der Theer. Kohlensaurer Kalk geht als Dungmittel ab. Anlagecapital 165,000 fl. in 325 Prioritäts-Obligationen, für welche hypothekarische Sicherheit eingeräumt ist, und 500 Actien, jede zu 200 fl. Journ. f. Gasbel. 1861 S. 122.

Peine (Hannover). 4300 Einwohner. Eigenthümerin: die Stadt. Dirigent: Herr Fortmüller. Erbauer: Herr W. Kümmel in Hildesheim. Eröffnet am 12. October 1866. Mit der 3000' entfernt liegenden „Actien-Zuckerfabrik Peine", sowie mit der königl. Eisenbahn-Verwaltung sind Verträge auf 10 Jahre abgeschlossen. Leuchtkraft nach diesen Verträgen für 5 c' Cons. im Fledermausbrenner 12 Wachskerzen, 6 auf 1 Pfd. à 13" Länge. Jahresproduktion 2,500,000 c'.

Maximalproduktion in 24 Stunden 17,600 c′, Minimalproduktion 1300 c′.
87 Strassenflammen brennen vom 1. August bis ult. April, im letzten
Jahr consumirten sie 492,300 c′. 1136 Privatflammen, darunter 112
in der Zuckerfabrik und 52 im Bahnhof verbrauchten 1,837,000 c′.
Gaspreis für Private 2 Thlr. 10 Sgr. pro 1000 c′, für die Zuckerfabrik
1 Thlr. 27½ Sgr., für den Bahnhof 2 Thlr. 3 Sgr. Betrieb mit westphälischen Kohlen (Zeche Holland). Die Anstalt hat 11 Chamotteretorten von Boucher in St. Ghislain (1 Ofen à 5, 1 à 3, 1 à 2,
1 à 1 Ret.), 1 Röhrencondensator mit 8 Röhren von 12′ Länge und
5″ Weite auf eisernem Kasten $8\frac{1}{2}′ \times 11″ \times 10″$, 1 Cokecondensator mit vertikaler Scheidewand $9\frac{1}{2}′ \times 5′ \times 2′$, 3 Reiniger (Eisenerde mit Sägespähnen), 1 Gasbehälter von 12,000 c′ Inhalt, 21,121′
Röhrenleitung (2247′ 5zöll., 2684′ 4zöll., 4988′ 3zöll., 5852′ 2zöll., 5350′
$1\frac{1}{2}$ zöll.), 158 nasse Gasuhren von S. Elster. Anlagecapital 27,000 Thlr.

Peitz (Preussen). 4000 Einwohner. Eigenthümerin: die „Neue
Gasgesellschaft Wilh. Nolte & Co. in Berlin". Dirigent: Herr Ingenieur Conr. Voss. Erbauer: Herr Ph. O. Oechelhäuser in
Berlin. Eröffnet den 31. October 1866. Der Vertrag läuft 35 Jahre,
nach welcher Zeit der Stadt das Recht zusteht, gegen Bezahlung vom
zehnfachen Betrag des Reingewinnes in den letzten 3 Jahren die
Anstalt (ohne Mobilien und Materialien) zu übernehmen. Leuchtkraft
für 5 c′ Consum per Stunde im Argandbrenner 11 — 12 Wachskerzen,
6 auf 1 Pfd., 9 — 10″ lang und mit $1\frac{5}{8}″$ Flammenhöhe. In Folge
der ungünstigen Conjuncturen in der Tuch- und Buckskinfabrikation
letztes Jahr wird eine Produktion von nur $3—3\frac{1}{2}$ Mill. c′ erreicht,
es sind vorläufig nur 1200 Flammen im Betriebe; unter normalen Verhältnissen würde die doppelte Anzahl Flammen brennen und der doppelte Consum erreicht werden. Gaspreis 2 Thlr. 20 Sgr. pro 1000 c′.
Betrieb mit schlesischen Steinkohlen. Die Anstalt hat 13 Thonretorten
$20″ \times 15″ \times 8′$ (1 Ofen à 6, 2 à 3, 1 à 1 Ret.), 2 Blechscrubber,
$3\frac{1}{2}′$ weit und 10′ hoch, mit eingelegten durchlöcherten Blechböden,
1 Wascher $5′ \times 6′ \times 4\frac{1}{2}′$, 1 Beale'schen Exhaustor 12 zöll., 3 Reiniger $5′ \times 6′ \times 4\frac{1}{2}′$ (Laming'sche Masse nach Dr. Deicke), 1 Gasbehälter von 31,000 c′ Inhalt, 8000′ Röhrenleitung von 7″ bis 2″ rhl.
Weite, nasse Gasuhren von S. Elster und J. Pintsch. Anlagecapital 47,000 Thlr. Vergl. Journ. f. Gasbel. 1867 S. 67.

Penig bei Altenburg. 4000 Einwohner. Die Papierfabrik des
Herrn F. Flinsch erhielt 1864 durch den Herrn Ingenieur H. Liebau

in Magdeburg eine Privatgasanstalt mit ca. 130 Flammen. Die Anstalt wurde bezüglich der Baulichkeit so gross projektirt, dass eine spätere Erweiterung der Anlage, für Beleuchtung der Stadt Penig ermöglicht wurde. Diese Ausdehnung kam schon im Jahr 1865 zur Ausführung. Die Stadt erhielt 30 Strassenflammen und ca. 450 Privatflammen, und etwa 8000' Rohrleitung.

Die Schafwollspinnerei der Herren J. G. Schmidt jun. Söhne in Penig, hat im Jahre 1866 gleichfalls durch Herrn Ingenieur H. Liebau eine Privatgasanstalt mit ca. 300 Flammen erhalten. Die Anstalt ist so gross eingerichtet, dass sie bequem 3 Mill. c' Gas jährlich abgeben kann. Die Rückstände der Schafwolle werden auf Gas verarbeitet. Doch ist die Anlage auch auf Steinkohlengas eingerichtet.

Perleberg (Preussen). 7496 Einwohner. Eigenthümerin: die Stadtgemeinde. Die Anstalt steht unter der Leitung einer städtischen Gasdeputation, welche für die technische Betriebsbranche einen Gasmeister und für das Cassawesen einen städtischen Bureaubeamten verwendet. Erbauer: Herr Ingenieur H. Liebau in Magdeburg. Eröffnet am 21. September 1866. Gaspreis 2 Thlr. 10 Sgr. für 1000 c'. Im Betriebsjahre vom 21. September 1866 bis 30. September 1867 sind 2,658,900 c' Gas producirt, davon consumirten 92 Strassenflammen 448,600 c', 52 Flammen städtischer Anstalten 110,100 c' und 1126 Privatflammen 1,954,400 c'. Von den Strassenlaternen brennen 8 durchschnittlich 12 Stunden, 77 durchschnittlich 6 Stunden, 7 nur bei aussergewöhnlichen Gelegenheiten. Als Consum der Strassenflammen werden 5 c' pro Stunde gerechnet. Die Strassenerleuchtung erstreckt sich auf die Monate Januar bis April und September bis December jedes Jahres. Betrieb mit englischen Steinkohlen. Die Anstalt hat 9 ovale 6' lange Thonretorten, (2 Oefen à 3, 1 à 2, 1 à 1 Ret.), 1 Condensator, 2 Cokescrubber, 2 Reiniger (Laming'sche Masse), 1 Nachreiniger, 1 Stationsgasuhr, 1 Druckregulator, 1 Gasbehälter mit 18,000 c' Inhalt, 1 Dampfkessel, 22,566' Rohrleitung von 6'' grösster Weite, 202 nasse Gasuhren von S. Elster. Coke und Theer werden verkauft. Für den Bau sind inclusive 3000 Thlr. zu Betriebszwecken 39,500 Thlr. angeliehen, welche in 50 Jahren zu amortisiren sind. Ausserdem wird ein Reservefond von 6320 Thlr. und ein Ersatzfond von 745 Thlr. gebildet.

Pest-Ofen (Ungarn). Pest hat 130,000 Einwohner, aber nur Gasbeleuchtung in einem Rayon von 80,000 Seelen, Ofen hat 60,000

Einwohner, und Gasbeleuchtung in einem Rayon von 25,000 Seelen. Eigenthümerin: die allgemeine österreichische Gasgesellschaft. Deren technischer Oberleiter und Betriebsdirector der Anstalt: Herr L. Stephani. Das Unternehmen wurde gegründet auf Basis eines durch Herrn Maier-Kapferer aus Nürnberg und Herrn L. Stephani aus Mannheim für die allgemeine österreichische Gasgesellschaft abgeschlossenen Vertrages d. d. 20. Mai 1855. Die Erbauung der Anstalt übernahmen die Herren Maier-Kapferer und Stephani von der Gesellschaft gegen Vergütung eines Pauschalbetrages. Schon während des Baues starb aber Herr Maier-Kapferer, und Herr Stephani führte denselben allein zu Ende, so dass am 21. December 1856 die Eröffnung der Beleuchtung stattfinden konnte mit 802 öffentlichen und 9184 Privatflammen. Der mit der Commune bestehende Vertrag enthält ein Privilegium exclusivum auf 25 Jahre, vom Tage der Eröffnung der Beleuchtung an gerechnet. Bei Ablauf des Vertrages kann die Commune denselben jedesmal um weitere 25 Jahre verlängern, in welchem Falle die Strassenbeleuchtung immer um $1/3$ billiger werden muss, bis sie vom 75. Jahre an gratis geschieht. Convenirt der Commune eine Verlängerung nicht, so hört das Recht der Gesellschaft zur Strassenbeleuchtung, nicht aber zur Privatbeleuchtung auf, und bei der Concurrenz hat die bestehende Gesellschaft unter gleichen Bedingungen das Vorrecht. In Ofen wurde auf Grund eines selbstständigen, im December 1865 abgeschlossenen und bis zum 15. September 1898 laufenden Vertrages, der jenem mit Pest ganz gleichkommt, im Sommer 1866 ein eigenes Gaswerk erbaut, und im August des gleichen Jahres eröffnet. Dasselbe ist durch 2 dreizöllige schmiedeeiserne Rohrstränge, welche unter den Donau-Kettenbrücken aufgehängt sind, mit dem Pester Gaswerk verbunden. Die Leuchtkraft des Gases darf im Winter nicht unter 8, im Sommer nicht unter 9 Londoner Spermacetikerzen kommen, wovon 6 auf 1 Pfund gehen, bei einem stündlichen Consum von 5 c′ engl.; beträgt aber gewöhnlich 2 bis 3 Kerzen mehr. Die Gaspreise betragen für die Gemeinden 3 fl. österr. Währ., für die Privaten 5 fl. 60 kr. österr. Währ. für 1000 c′ engl. In Pest sind 1550 Strassenflammen und 24,000 Privatflammen, in Ofen 365 Strassenflammen und 3500 Privatflammen vorhanden. Die Hälfte der Strassenflammen sind ganznächtige, die andere Hälfte halbnächtige, die ersteren brennen 3782 Stunden, die letzteren 2039 Stunden jährlich, und mit einem Consum von 5 c′ pro Stunde. Eine Privatflamme hat einen Durchschnittsconsum per Jahr in Pest

von 3042 c′, in Ofen von 2753 c′. Jahresproduktion in Pest vom
1. Juli 1866 bis 1. Juli 1867: 92 Mill. c′, und dürfte sich in dem
laufenden Jahre auf mehr als 100 Mill. c′ stellen; in Ofen 15 Mill.
c′ engl. Maximalproduktion pro 24 Stunden in Pest 490,000 c′, in
Ofen 150,000 c′, Minimalproduktion in Pest 75,000 c′, in Ofen 20,000 c′.
Betrieb mit Steinkohlen aus Orawicza in Ungarn, aus Mähren und
Schlesien. Die Anstalt in Pest hat 49 Stück 20′ lange Retorten und
14 Stück 9′ lange, sämmtlich aus Thon, 1 Condensator, 2 Exhaustoren, 3 Scrubber, 4 grosse Kalkreiniger (Laming'sche Masse und
Kalk), noch 1 Scrubber, 3 Gasbehälter von je 100,000 c′ Inhalt. Die
Anstalt in Ofen hat 30 Retorten à 8′ lang in 5 Oefen à 6 Ret., 1
Luftcondensator mit 4 Doppelröhren von 20″ äusserm Durchmesser
und 15′ Höhe, 1 Beale'schen Exhaustor, 2 Dampfmaschinen, 2 Scrubber
von 14′ Höhe und 6′ Durchmesser, 3 Reiniger 8′ × 8′ × 4½′ (Laming'sche Masse), 1 Gasbehälter mit 56,000 c′ Inhalt, 1 Stationsgasuhr,
1 Regulator für das 10″ Hauptrohr der untern Stadt, 1 Regulator für
die 5″ Hauptleitung der 300′ höher gelegenen Festung, 1 Regulator
für die 3″ Hauptleitung nach der ungarischen Landes-Irrenanstalt.
Die Röhrenleitung beträgt etwa 250,000′ in Pest von 15″ bis 1″
Weite, 65,000′ von 10″ bis 1″ Weite in Ofen, und 18,000′ 3zöll. nach
der Landes-Irrenanstalt in Leopoldifelde, wo auch ein besonderer Gasbehälter von 14,000 c′ Inhalt aufgestellt ist. In Pest sind 3400 nasse
Gasuhren. Nebenprodukte werden verwerthet. Anlagecapital für Pest
1,090,000 fl. österr. Währ., für Ofen 260,000 fl. österr. Währ. Näheres
s. Journ. f. Gasbel. 1860 S. 356, 1861 S. 426, 1862 S. 448, 1863
S. 392, 1864 S. 415, 1865 S. 404, 1866 S. 432, 1867 S. 528.

Peterswaldau (Schlesien). 8000 Einwohner. Eigenthümer und
Dirigent: Herr H. Menzel. Nachdem Herr Menzel bereits die
Anstalten in Reichenbach, Langenbielau und Frankenstein gegründet
und gebaut hatte, unternahm derselbe den Bau der Gasanstalt in
Peterswaldau, welches durch seine bedeutenden Baumwollsspinnereien
und Barchentfabriken eine gute Rentabilität in Aussicht stellte, im
Jahre 1865 für eigene Rechnung. Die Verhandlungen zogen sich in
die Länge, so dass mit dem Bau erst im Herbst begonnen werden
konnte, indessen gelang es, unterstützt durch den milden Winter, das
Werk ohne Unterbrechung zur rechten Zeit fertig zu stellen, so dass
die Eröffnung am 1. April 1866 erfolgen konnte. Die bald darauf
eintretenden politischen Verwickelungen und der Krieg, dessen Schau-

platz ganz in der Nähe war, wirkten sehr nachtheilig auf die Industrie
und dadurch wiederum auf das junge Unternehmen, so dass eine normale Entwickelung des Geschäftes sich erst jetzt anzubahnen scheint.
Die Genehmigung von der Majoratsherrschaft und Actien-Chaussee-
direction zur Benutzung der öffentlichen Wege etc. ist unbegrenzt.
Die Verträge mit den grösseren Spinnereien etc., nach welchen diese
zur ausschliesslichen Beleuchtung durch Gas verpflichtet sind, sind einst-
weilen auf 15 Jahre geschlossen; über eine Fortdauer ist noch nichts
vereinbart. Der Preis des Gases ist $2^2/_3$ Thlr. pro 1000 c′ preuss.*)
und sinkt stufenweise bis auf 2 Thlr. bei einem Consum von $1/_2$ Million c′ und darüber. Lichtstärke bei 5 c′ = 12 Stearinkerzen von
9″ Länge und $1^1/_2$ Pfd. Gewicht. Oeffentliche Flammen, obgleich
dringendes Bedürfniss, sind noch nicht eingerichtet. Der Consum der
Privaten hat zuletzt $1^1/_2$ Mill. c′ pro anno betragen, wird sich aber
jetzt auf 2 Mill., und mehr heben. Aus den bereits oben angegebenen
Gründen ist ein maassgebendes Bild des Betriebes noch nicht aufzustellen, und wird erst möglich sein, wenn die noch nöthige Verlängerung
des Hauptrohrs um ca. 3000′ vollendet sein wird. Betrieb mit Hermsdorfer Kohlen (consolidirte Glückhülfsgruben). Die Anstalt hat 3 Retorten
15″ × 20″ × $8^1/_2$′ (1 Ofen à 2, 1 à 1 Ret.), schmiedeiserne Vorlage,
Sieb-Scrubber von 125 c′ Inhalt mit 18 Sieben und $1^1/_4$″ — $^3/_4$″
Löchern, Theercysterne von 600 c′ Inhalt, Wascher mit Zu- und Ab-
flusseinrichtung, Ammoniakwassercysterne von 370 c′ Inhalt, 2 Trockenreiniger à 30 c′ nutzbaren Raum (Laming'sche Masse), Stationsgasmesser, Gasbehälter mit 14,000 c′ Inhalt, Heizung des Bassins durch
circulirenden Warmwasserapparat, welcher bei 18⁰ Kälte $1^1/_2$ Tonnen
Cokeabfall brauchte und das Wasser im Bassin auf 2⁰ + erhielt,
Patentregulator von S. Elster, für sämmtliche Apparate Schieberventile und Manometer, Fabrikröhren bis zum Scrubber 6zöll., von
da ab 5zöll., Ausgangsrohr vom Gasbehälter 7zöll., Hauptrohr vom
Regulator ab 6zöll. mit 1zöll. Umgangsrohr und Controleuhr für den
Tagesdienst. Hauptrohrleitung 6000′ lang von 6″—2″ Weite. Alle
Röhren, auch die Fabrikröhren von der Vorlage anfangend, sind mit
Gummiringen von Voigt & Winde in Berlin gedichtet und bewähren
sich diese Dichtungen sehr gut. (Gasverlust 6,3%.) 15 vorherrschend
grosse Gasuhren von S. Elster. Nebenprodukte werden verkauft.
Anlagecapital 25,000 Thlr.

---

*) 1000 c′ preuss. = 1091,84 c′ engl.

Pforzheim (Baden). 16,500 Einwohner. Gründer, Erbauer und Eigenthümer: Herr A. Benckiser. Dirigent: Herr H. Brehm. Die Anstalt wurde am 12. December 1853 eröffnet und entwickelte sich mit der Pforzheimer Industrie (Bijouteriefabrikation). Durch die Ausdehnung der Stadt hat auch sie eine wesentliche Erweiterung, und vor drei Jahren einen vollständigen Umbau erfahren. Die Concessionsdauer ist 30 Jahre vom 1. Januar 1854 an. Werden der Stadt bei Ablauf des Vertrages von anderen Personen günstigere Bedingungen offerirt, als der gegenwärtige Vertrag enthält, so ist dem jetzigen Besitzer der Vorzug vor Anderen zu gewähren, sofern derselbe auf die gleichen Anerbietungen eingeht. Lichtstärke für $4^1/_2$ c' englisch 9 Wachskerzen, 6 auf 1 Pfund. Die Stadt lässt regelmässige Controle üben. Gaspreis für Private seit März ds. Jahres 3 fl. 30 kr. pro 1000 c', die Stadt zahlt für 1200 Brennstunden 10 fl. 294 Strassenflammen mit $4^1/_2$ c' Consum und 440,664 Brennstunden im letzten Jahr, circa 3000 Privatflammen. Maximalproduktion in 24 Stunden 70,000 c', Minimalproduktion 25,000 c'. Betrieb bis zum September 1857 mit Holz, gegenwärtig mit Saarbrücker (Heinitz) Kohlen. Die Anstalt hat 25 Thonretorten (5 Oefen à 5 Retorten), 46 Condensationsröhren 7'' weit, 15' hoch mit 1380 ☐' Kühlfläche, 1 Wascher 4' im Durchmesser, 25' hoch mit gehacktem Schwarzdorn gefüllt, 1 Beale'schen Exhaustor, 2 Reiniger 20' × 12' (Laming'sche Masse), 2 Reiniger 12' × 8' (Kalkhydrat), 4 Gasbehälter 52,000 c', 24,000 c', 10,000 c' und 10,000 c', zusammen 96,000 c', ca. 80,000 lfd. Fuss Röhrenleitung von 8'' bis $1^1/_2$'' Weite, 560 Gasuhren von badischen Fabrikanten, Siry Lizars & Co., S. Elster und J. Tebay. Theer wird verfeuert. Das Anlagecapital ursprünglich 163,000 fl., hat sich bis 1. Januar 1867 mit dem Betriebscapital auf 208,000 fl. gesteigert.

Pfullingen bei Reutlingen (Württemberg). Die Papierfabrik der Herren Gebr. Laiblen in Pfullingen hat eine eigene Steinkohlengasanstalt.

Pilsen (Böhmen). 23,000 Einwohner. Eigenthümer: die Herren Franz Belani, Franz Hyra, Joseph Kolb, Franz Wanka und Georg Forster. Dirigent: Herr Franz Belani. Im Jahre 1858 wurde die Errichtung eines Gaswerkes auf Actien vom Gemeinderath beschlossen, und zu diesem Behufe eine Subscription veranlasst. Die Sache fand jedoch bei den Stadtbewohnern keinen Anklang, und man liess sie

wieder fallen. Im Jahre 1860 trat eine Gesellschaft zur Wiederauf-
nahme des Projectes zusammen, und nachdem die diesfallsigen Unterhandlungen mit der Stadtgemeinde ihren Abschluss erhalten, wurde
noch in demselben Jahre mit dem Bau der Anstalt begonnen. Die
erste Anlage wurde von dem Prager Maschinenfabrikanten Herrn F.
Ringhofer unter Leitung seines Ingenieurs, Herrn Hansberg bewerkstelligt, allein schon nach Verlauf eines Jahres stellte sich heraus,
dass die ganze Anlage zu klein und mangelhaft war, wesshalb zur Errichtung neuer Oefen und Reinigungsapparate, sowie eines zweiten
Gasbehälters geschritten werden musste. Die erste Gaserzeugung erfolgte im Juli 1860. Der Vertrag läuft 20 Jahre und endet im October 1880. Nach Ablauf dieser Zeit tritt freie Concurrenz ein. Lichtstärke 10 bis 12 Millykerzen für 5 c' Gasconsum per Stunde. Gaspreis
für Private 4 fl. 50 kr. österr. Währ. für 1000 c'. Für eine Strassenflamme, die in 1250 Stunden jährlich 7500 c' Gas consumirt, vergütet
die Stadt 21 fl. österr. Whrg., 200 Strassenflammen, 2300 Privatflammen. Jahresproduktion 8 Mill. c'. Maximalproduktion in 24 Stunden
44,000 c', Minimalproduktion 12,000 c'. Betrieb mit Steinkohlen aus
dem Pilsener Becken. Die Anstalt hat 22 Stück $\cap$ Retorten von
8' 6" Länge (1 Ofen à 7, 3 à 5 Ret.), 1 Doppelwascher von 6' Durchmesser, 4 Reiniger 10' $\times$ 4$^1/_2$' (Laming'sche Masse und Kalk), 2 Gasbehälter mit je 12,500 c' Inhalt, 6000' Rohrleitung mit 6" grösster
Weite, 320 nasse Gasuhren von Siry Lizars & Co. in Leipzig. Coke
und Theer werden verwerthet. Anlagecapital 130,000 fl. österr. Whrg.
Journ. f. Gasbel. 1863 S. 136.

Pinneberg (Holstein). 2850 Einwohner. Eigenthümerin: die Gas-
actiengesellschaft in Pinneberg. Diese Gesellschaft trat im Anfange
des Jahres 1856 zusammen, eine aus ihrer Mitte gewählte Direction,
die sich bei jährlicher Ausscheidung zweier Mitglieder durch Neuwahl
ergänzt, besorgt die Verwaltung der Anstalt. Erbauer: Herr Architekt Mohr aus Elmshorn. Eröffnet den 9. Januar 1857. Die Concession datirt vom 5. September 1856 und läuft von da an 25 Jahre.
Nach Ablauf dieser Zeit wird entweder das Privilegium verlängert,
oder die Gesellschaft löst sich auf. Gaspreis für Private 2 Thlr.
preuss. Crt., für die Strassenbeleuchtung 1$^1/_2$ Thlr. pro 1000 c'. 63
Strassenflammen mit je 4 c' Consum pro Stunde und durchschnittlich
4 Stunden Brennzeit täglich, ausgenommen 7 Mondscheintage in jedem
Monat und die Sommermonate Mai bis August, wo gar keine Strassen-

beleuchtung statt findet. Etwa 1000 Privatflammen. Jahresproduktion
2,250,000 c'. Betrieb mit englischen Steinkohlen. Die Anstalt hat
6 Retorten, 2 Waschapparate 3' im Quadrat, 2 Reiniger 6' × 3'
(Rasenerz), 15,000' Röhrenleitung von 6'' bis 2'' Weite, 136 nasse Gasuhren von J. Bent in Birmingham. Vom ursprünglichen Anlagecapital
von 23,100 Thlr. waren am 1. Mai 1867 noch zu Lasten der Gesellschaft 17,720 Thlr.

Pirna (Sachsen). Der Fragebogen ist nicht beantwortet worden.
Die Statistik von 1862 enthält folgende Angaben: 7441 Einwohner.
Eigenthümer: der Actienverein für Gasbeleuchtung in Pirna. Dirigent:
Herr F. A. Pfitzmann. Erbauer: Herr Commissionsrath G. M. S.
Blochmann jun. Eröffnet am 18. December 1859. Das Privilegium
datirt vom 1. Mai 1859 und läuft vom 1. October 1860 an auf 40
Jahre. Nach Ablauf dieser Zeit steht der Stadtgemeinde das Vorkaufsrecht vor dritten Personen dergestalt zu, dass das durchschnittliche Einkommen der letzten 12 Jahre mit 20 capitalisirt den Kaufpreis bestimmt. Tritt eine Kündigung nicht ein, so ist das Privilegium
auf 10 Jahre verlängert zu betrachten; die Stadtgemeinde besitzt das
Recht, nach 30 Jahren von dem Vertrage der öffentlichen Beleuchtung
zurückzutreten. 96 Strassenflammen mit je 16 bis 1700 Brennstunden
jährlich und 5 c' engl. Consum per Stunde, 128 Privatconsumenten
mit 1072 Flammen. Lichtstärke ist nicht vorgeschrieben. Für jede
Strassenflamme werden jährlich 10 Thlr. vergütet, Private zahlen
$2^5/_6$ Thlr. pr. 1000 c' als Normalpreis, doch ermässigt sich der Preis
bei 20,000 bis 40,000 c' jährlichem Consum auf 2 Thlr. 20 Sgr., bei
40,000—60,000 c' auf 2 Thlr. 15 Sgr., bei 60,000 bis 80,000 c' auf
2 Thlr. 10 Sgr. und bei 80,000 bis 100,000 c' und darüber auf
2 Thlr. 5 Sgr. Betrieb mit Burgker Steinkohlen und Zusatz von 5°/₀
Boghead. Produktion im letzten Jahre 2,600,000 c' sächsisch *).
Stärkste Abgabe in 24 Stunden 16,500 c', schwächste Abgabe 2200 c'.
Kohlenverbrauch in demselben Jahre 4300 Scheffel à 160 Pfd. Die
Anstalt hat 2 Oefen mit je 3 Retorten, 1 Ofen mit 1 Ret., 72' sächs.**)
7 zöll. Condensationsröhren, 1 Scrubber von 144 c' sächs. Inhalt, 1
Wascher mit etwa 8 c' Wasserconsum in 24 Stunden, 2 Reiniger von
je 504 c' Inhalt (Laming'sche Masse und Kalk), 1 Gasbehälter mit

---

*) 1000 c' sächs. = 802 c' engl.
**) 1 Fuss sächs. = 0,929 Fuss engl.

12,000 c′ sächs. Inhalt, 22,726′ sächs. Röhrenleitung, 2 Stränge (5zöll. und 4zöll.) von der Anstalt aus, nasse Gasmesser. Anlagecapital 37,000 Thlr.

Plaue bei Chemnitz. Die Baumwoll-Spinnerei des Herrn E. J. Claus hat eine im Jahr 1865 von Herrn Ingenieur H. Liebau in Magdeburg erbaute Privatgasanstalt mit 260 Flammen.

Plauen (Sachsen). 21,000 Einwohner. Eigenthümerin: die Stadt. Dirigent: Herr R. Merkel. Der Beschluss der Behörde, Gasbeleuchtung einzuführen, datirt vom 29. November 1854. Erbauer: Herr Lorenz. Eröffnet den 26. October 1856. Der Normalpreis für Privatgas ist vom 1. Januar 1867 an $1^5/_6$ Thlr. Dabei wird aber Rabatt gewährt bei einem Jahresconsum von 50,000 c′ 2%, von 100,000 c′ 4%, 150,000 c′ 6%, 200,000 c′ 8%, 250,000 c′ 10%, 300,000 c′ 12%, 350,000 c′ 15%, 400,000 c′ 20%, 450,000 c′ und mehr 25%. Im Jahr 1866 betrug der Durchschnittspreis für Private 1 Thlr. 27 Sgr. 3,57 Pf. Für jede Strassenflamme zahlte bisher die Commune incl. Bedienung und Instandhaltung 10 Thlr. jährlich. Vom 1. Januar 1867 an wird der durch die totalen Brennstunden sich ergebende Jahresconsum zum Fabrikationspreis berechnet. Die Lichtstärke wird bei 5 c′ sächs.*) Consum per Stunde auf 13 Stearinkerzen-Helle gehalten, deren jede 160 Gran Stearin per Stunde verbraucht. 260 Strassenflammen zu je 6 c′ sächs. Consum per Stunde und durchschnittlich 1600 Brennstunden per Jahr, 303 Privatconsumenten mit 4126 Flammen und 3 Gassengemaschinen. Eine Privatflamme gebraucht im Durchschnitt 2100 c′ per Jahr. Jahresproduktion 13,500,000 c′. Maximalproduktion in 24 Stunden 92,000 c′, Minimalproduktion 13,000 c′. Betrieb mit Zwickauer Steinkohlen. Die Anstalt hat 23 elliptische Thon-Retorten (2 Oefen à 6 Ret. 15″ × 20″ × 8′, 1 à 5 und 2 à 3 Ret. 14″ × 17″ × 8½′), 4 ringförmige Blechcondensatoren (der 1862 aufgeführte Röhrencondensator ist entfernt) von 3′ äusserem und 2′ innerem Durchmesser bei 10′ Höhe, 1 Scrubber von 216 c′ Inhalt und 18 □′ sächs. Querschnitt, 1 Wascher mit 10 bis 15 c′ Wasserzufluss in 24 Stunden, 1 Beale'schen Exhaustor von 4500 c′ Durchlass per Stunde mit Elster'schem Bypass-Regulator, 2 gemauerte Reiniger von je 96 □′ sächs. Querschnitt und 4 Hordenlagen, ferner 4 gusseiserne Reiniger (seit Erbauung der Anstalt) von je 23 □′ Querschnitt und ebenfalls 4 Hordenlagen, 1 Stationsgasmesser zu 2500 c′ Durchgang

---

*) 1000 c′ sächs. = 802 c′ engl.

per Stunde (wird 1868 gegen einen andern von doppelter Grösse um-
getauscht), 1 selbstthätigen Druckregulator für 12zöll. Hauptröhren.
Der neue Condensator ist mit 10'' sächs. weiten Röhren verbunden,
die übrigen Fabrikröhren sind noch 6 Zoll weit, werden aber nach
und nach gegen 10zöll. ausgewechselt. 2 Gasbehälter mit je 20,000 c'
und 30,000 c' Inhalt (ein dritter steht in Aussicht). Reinigung mit
Laming'scher Masse. 46,122' sächs. Röhrenleitung excl. Laternen- und
Privatzuleitungen von 12'' bis 1$^{1}/_{2}$'' Weite. 303 nasse Gasuhren von
G. M. S. Blochmann und Siry, Lizars & Co. Coke werden am
Platz verkauft, Theer theilweise verheizt, für Ammoniakwasser ist
kein Absatz. Anlagecapital 69,055 Thlr.

Pless (Schlesien). Man ist daran, die Gasbeleuchtung einzuführen.

St. Pölten (Oesterreich). 6000 Einwohner. Eigenthümerin: die
Imperial Austrian Gas-Company in London, welche aber schlechter
Geschäfte halber gegenwärtig sich aufzulösen im Begriff ist. Erbauer:
Herr J. T. B. Porter.

Pössneck (Sachsen-Meiningen) im Zusammenhang mit dem Orte
Jüdewein ca. 7000 Einwohner. Eigenthümer: Herr Th. Weigel in
Arnstadt. Dirigent: Herr A. R. Jahn. Die Anstalt wurde von
Herrn Weigel im Sommer 1867 auf Grund eines mit der Stadt im
Frühjahre 1867 geschlossenen Contractes erbaut und am 24. October
eröffnet. Der Eigenthümer steht wegen Verkauf des Werkes in Unter-
handlung mit der Thüringer Gasgesellschaft, deren Mitgründer er ist.
Die Stadt kann die Anstalt innerhalb der ersten 10 Jahre gegen
Gewährung der Selbstkosten mit gewissen, sich steigernden Procent-
zuschlägen kaufen. Nach Ablauf der 10 Jahre tritt freie Concurrenz
ein. Lichtstärke für 5 c' sächs. Consum 10 Kerzen-Helle, 6 auf 1 Pfd.
Gaspreis für die Strassenbeleuchtung 1$^{2}/_{3}$ Thlr., für die Privaten
2$^{1}/_{4}$ Thlr. pro 1000 c' sächs.*) Jahresproduktion im ersten Jahre
etwa 2$^{1}/_{2}$ bis 3 Mill. c'. 85 Strassenflammen müssen mindestens 600
Stunden jährlich brennen, 1500 Privatflammen. Betrieb mit Steinkohlen (früher sächsische Kohlen, neuerdings ein Gemisch mit Kohlen
aus den grossherzogl. sächs. Gruben Kammerberg). Die Anstalt hat
9 Thonretorten von J. R. Geith (1 Ofen à 5, 1 à 3, 1 à 1 Ret.),
2 Scrubber 10' $\times$ 3', 1 Wascher, 3 Reiniger (Laming'sche Masse),

---

*) 1000 c' sächs. $=$ 802 c' engl.

1 Stationsgasuhr zu 48,000 c′ per 24 Stunden, 1 Druckregulator, 1 Gasbehälter mit 20,000 c′ Inhalt, 18,000 lfd. Fuss Röhren von 7″ bis 1¹⁄₂″ Weite, nasse Gasuhren von J. Pintsch. Nebenprodukte werden verwerthet. Anlage- (Bau- und Betriebs-) Capital ca. 44,000 Thlr.

Posen (Preussen). 50,000 Einwohner. Eigenthümerin: die Stadt. Dirigent: Herr Wilschek. Erbauer: Herr Ingenieur Moore. Eröffnet im November 1856. Lichtstärke für 5 c′ preuss. Consum per Stunde mindestens 12 Kerzen. Gaspreis für Private 2 Thlr. 10 Sgr. pro 1000 c′ preuss.*), jede Strassenflamme wird bei 1600 Brennstunden mit 12 Thlr. jährlich berechnet. Jahresproduktion 30 Mill. c′. Maximalproduktion in 24 Stunden 160,000 c′, Minimalproduktion 30,000 c′. 554 Strassenflammen und 9500 Privatflammen, letztere mit einem durchschnittlichen Jahresconsum von 2300 c′. Betrieb mit englischen (Ravensworth und Pelaw) und oberschlesischen (Königin Luisengrube) Steinkohlen. Die Anstalt hat 50 Thonretorten von Didier in Stettin (2 Oefen à 9, 4 à 7, 1 à 4 Ret.), Röhrencondensator, 2 grosse, inwendig mit Flügeln versehene schmiedeiserne Condensations-Cylinder, mit Coke gefüllten Scrubber, in welchem das Gas ein Regenbad passirt, Rotations-Exhaustor, 2 Waschmaschinen mit Rührwerk 6′ × 4′, 4 Reiniger 8′ × 4′ (Laming'sche Masse, Wiesenerz und Kalk), 2 Gasbehälter à 40,000 c′ Inhalt, 75,800 lfd. Fuss Strassenröhren von 10″ bis 1¹⁄₂″ Weite, 1400 nasse Gasuhren von S. Elster. Coke und Theer werden verkauft. Anlagecapital 240,000 Thlr. Journ. f. Gasbeleuchtung 1859 S. 262, 1860 S. 130, 1862 S. 142.

Potsdam (Preussisch-Brandenburg). 41,643 Einwohner, incl. 6661 Mann Militär. Eigenthümerin: die deutsche Continental-Gasgesellschaft zu Dessau. Deren Generaldirector: Herr W. Oechelhäuser. Specialdirigent der Anstalt: Herr Blume. Der ursprüngliche Vertrag vom 31. Mai 1855 ist am 20./31. März 1866 abgeändert worden. Die Anstalt bleibt dauernd Eigenthum der Gesellschaft, aber deren Privilegium erlischt am 1. Januar 1886, so dass dann ein neuer Vertrag mit dem Magistrate oder freie Concurrenz eintreten kann. Der Preis für Privaten beträgt pro 1000 c′ preuss. 2 Thlr. 5 Sgr. und vom 1. Januar 1870 ab 2 Thlr. Grössere Consumenten erhalten Rabatt nach besonderem Uebereinkommen. Für öffentliche Flammen beträgt der Preis 3 Pfennig preuss. pro Brennstunde, vom 1. Januar 1870 ab 2⁷⁄₁₀ Pf.

---

*) 1000 c′ preuss. = 1091,84 c′ engl.

Eine Fischschwanzflamme, welche bei einem Druck von höchstens $^7/_{12}''$ preuss. Wassersäule 5 c' engl. per Stunde consumirt, muss gleich stark leuchten, wie 11—12 Kerzen aus reinem weissen Wachs, deren jede $^3/_4''$ preuss. im Durchmesser stark ist, dabei einen Docht von 1''' preuss. im Durchmesser hat, und mit einer Flammenhöhe von $1^5/_8''$ engl. brennt. Die Prüfungen geschehen am Bunsen'schen Photometer; die Messungen werden sechsmal innerhalb einer Stunde in Zwischenräumen von circa 10 Minuten gemacht, und aus dem Ergebnisse wird das arithmetische Mittel gezogen. Bei der Controlle für die öffentliche Beleuchtung werden die sämmtlichen Strassenflammen in einem Stadtbezirke mit der Chablone gemessen, und tritt die Conventionalstrafe ein, wenn über $10^0/_0$ der gemessenen Flammen zu kleines Maass haben. 674 Strassenflammen mit einem Durchschnittsconsum von 5973 c' per Jahr und 8990 Privatflammen mit einem Durchschnittsconsum von 2525 c' per Jahr. Jahresprodukion (alle diese Angaben beziehen sich auf das Jahr 1866) 29,169,400 c' engl. Maximalabgabe in 24 Stunden 181,200 c', Minimalabgabe 17,100 c'. Betrieb mit Steinkohlen (im Jahre 1866: $30^0/_0$ englische, $17^0/_0$ westphälische und $53^0/_0$ niederschlesische). Produktion pro Tonne[*]) 1884 c' engl. Die Anstalt hat 39 Thonretorten (6 Oefen à 6, 1 à 3 Ret.), 1 Röhrencondensator mit 14 Röhren von 20' Länge und 6'' rhl. Durchmesser, 2 Scrubber von 5' Durchmesser und $10^1/_2'$ resp. 12' Höhe, 1 Waschmaschine, 1 Beale'schen Exhaustor, 5 Reiniger mit zusammen ca. 1000 □' Hordenfläche (Deicke'sche Masse, nur in der 5. Maschine zur Nachreinigung Kalk), 3 Gasbehälter (einen in Neuendorf seit 1866) mit 52,000 c', 58,000 c' und 64,000 c' engl. nutzbarem Inhalt, 121,222 lfd. Fuss preuss. Rohrsystem von 10'' grösster Weite, 831 nasse Gasuhren, fast alle von S. Elster. Anlagecapital Ende 1866: 251,184 Thlr. 29 Sgr. 5 Pf. Näheres im Journ. f. Gasbel. 1859 S. 174, 1860 S. 166, 1861 S. 162, 1862 S. 179, 1863 S. 138, 1864 S. 91, 1865 S. 125, 1866 S. 135, 1867 S. 157.

Prag (Böhmen). 180,000 Einwohner.

a) **Die Privat-Gasanstalt.** Diese Anstalt, gegründet von der Breslauer Gasactien-Gesellschaft, nach den Plänen und unter Ueberwachung des Herrn Commissionsrathes Blochmann sen. erbaut durch Herrn Commissionsrath Dr. Jahn, wurde am 15. Sept. 1847 eröffnet, ging durch Kauf in den Besitz der Herren Steffek und

---

[*]) 1 preuss. Tonne Kohlen $=$ ca. 340—360 Pfd.

Friedland über, welche sie bis zum Jahre 1863 betrieben, und wurde
dann laut Vertrag vom 19. Mai 1863 an die belgische Gesellschaft
„Compagnie générale pour l'eclairage et de chauffage par le gaz" in
Brüssel — angeblich um die Summe von 1,700,000 fl. österr. Währ. —
verkauft. Technischer Dirigent: Herr Ingenieur H. Gretschel. Nach
dem mit der Stadt bestehenden Vertrag ist das Privilegium für die
ausschliessliche Benützung der Strassen zur Röhrenlegung mit dem
16. September 1867 erloschen, seitdem concurrirt die Anstalt mit der
neu erbauten städtischen Gasanstalt. Die Strassenbeleuchtung ist
gänzlich von der städtischen Anstalt übernommen, wie sich die Privatconsumenten auf die beiden Anstalten vertheilen werden, lässt sich
zur Zeit noch nicht übersehen. Im Jahre 1866 dürfte sich die Produktion der Privatanstalt auf etwa 80 Mill. c' belaufen haben. Der
Gaspreis beträgt gegenwärtig 3 fl. 50 kr. österr. Währ. pro 1000 c'
engl., und wird dabei den grösseren Consumenten noch wesentlicher
Rabatt gewährt. Die Anstalt, für böhmische Steinkohlen gebaut, und
mit denselben betrieben, hatte im Jahre 1862 ein Ofenhaus für 27
Siebener-Oefen, wovon aber erst 147 Retorten eingelegt waren. Dieselben waren von Thon (böhmisches Fabrikat), einseitig gedrückter
elliptischer Form von $8^1/_2'$ Länge, $^2/_3$ der Oefen hatten durchgehende
Retorten. Zwei Dampfmaschinen treiben abwechselnd 3 Beale'sche
Exhaustoren. Zur Abkühlung des Gases dient ein stehender Luftcon-
densater mit 8 doppelten Röhren (15" innere und 25" äussere Röhren
bei 15' Höhe), 4 Wäscher verbunden mit Scrubber und 4 einfache
Wascher zu 5' im Quadrat mit 330 Stück 2zöll. Röhren (eigener
Construction), ersterer zur Entfernung des Ammoniaks, letzterer eines
Theiles von Schwefelwasserstoff, 8 Reiniger mit je 100 □' Fläche und
5 Horden (halb mit Laming'scher Masse, halb mit Kalk), 3 Gasbe-
hälter von 300,000 c' summarischem Inhalt, ca. 180,000 lfd. Fuss
Leitungsröhren, ein 12zöll., und ein 15zöll. Hauptstrang, nasse Gas-
uhren theils von Siry Lizars & Co., theils von Stoll & Co. Näheres
Journ. f. Gasbel. 1664 S. 145, 1865 S. 68. 204. 267 u. 403, 1866 S. 37.

b) Die Gemeinde-Gasanstalt. Dirigent: Herr Commissionsrath Dr. C. F. A. Jahn. Der Beschluss, eine Gemeinde-Gasanstalt
zu bauen, wurde von dem Stadtrath im November 1862 gefasst. Trotzdem dass die belgische Gesellschaft sehr billige Offerten stellte, sowohl
in Betreff der Preise als der Qualität des Gases, und der Stadt nach
25 bis 30 Jahren auch die unentgeldliche Uebergabe ihrer Anstalt
zusicherte, falls die Stadt von dem Bau einer eigenen Anstalt abstehen

wolle, wurde doch der Beschluss, selbst zu bauen, aufrecht erhalten, und die Ausführung dem Herrn Commissionsrath Dr. Jahn übertragen. Der kleine Betrieb der neuen Anstalt wurde im October 1866 begonnen, nämlich für den Theil der Stadt, welcher von der belgischen Gesellschaft noch nicht occupirt war. Der eigentliche Betrieb begann erst mit Ablauf des Privilegiums der belgischen Gesellschaft, am 16. Sept. 1867. An Strassenflammen sind ca. 2000 vorhanden, die theils als halbnächtige 1445 Stunden jährlich brennen, theils als ganznächtige 2547 Stunden, theils als aussergewöhnliche 3645 Stunden. Der Consum derselben beträgt 5 bis 10 c' pro Stunde und Flamme. An Privatflammen sind etwa 12,000 vorhanden, doch ist die Zahl derselben in schnellem Steigen begriffen. Der grösste Gasverbrauch in 24 Stunden betrug bisher 300,000 c'. Betrieb mit Steinkohlen von Bustehrad und Pilsen unter Zusatz von 20% Plattenkohlen aus dem Pilsener Becken. Die Anstalt hat 14 durchgehende Retorten von 18' Länge in 2 Oefen, und 4 Oefen mit Retorten von $8\frac{1}{2}'$ Länge, 1 Röhrencondensator, 2 Scrubber mit Wasserzuführung, 2 Wascher, 2 Beale'sche Exhaustoren mit Bypass-Regulatoren, 2 Dampfmaschinen, 8 Kalkreiniger, 2 Stationsgasuhren, 2 Gasbehälter à 180,000 c' Inhalt, etwa 700 Gasuhren aus einer Prager Fabrik. Anlagecapital 700,000 fl. österr. Whrg. Näheres Journ. f. Gasbel. Jahrg. 1864 S. 145 u. f.

Preetz (Holstein). 5280 Einwohner. Eigenthümerin: die Stadt. Die Leitung führt eine aus den Mitgliedern des Flecken-Collegiums ernannte Gascommission, deren Vorsitzender Herr Cramer ist. Auf Veranlassung mehrerer angesehener Einwohner wurde 1863 das damalige Flecken-Collegium aufgefordert, für Rechnung der Commune eine Gasanstalt zu errichten, dasselbe lehnte aber die Aufforderung ab, weil es die Verantwortung nicht übernehmen wollte, für eine nicht handgreiflich rentable Sache eine Schuldenlast von ca. 30,000 Thlr. auf Communerechnung zu negociren. Im Januar 1865 trat das alte Collegium ab, und ein neues, aus ganz anderen Persönlichkeiten bestehendes, trat dafür ein. Dieses nahm die Sache wieder auf, erhielt höheren Orts die Bewilligung der Anleihe, und brachte das Geld zu $3\frac{1}{2}\%$ pro anno von Privaten leicht auf. Herr Architekt Mohr in Elmshorn legte Ende Februar Plan und Kostenanschlag vor, der genehmigt wurde, und nachdem ein passender Platz von 140 □ Ruthen hamb. Maass für 600 Thlr. gekauft, und die nöthigen Contracte abgeschlossen waren, begann der Bau der Anstalt Mitte April 1865,

und am 1. November desselben Jahres wurde die Anstalt eröffnet.
Gaspreis für Privaten 1 Thlr. 20 Sgr. pro 1000 c'. Der Klosterhof,
dessen Bewohner die dortige Röhrenleitung und Strassenerleuchtung
zum Kostenpreise mit ca. 2000 Thlr. bezahlt haben, erhalten $12^1/_2$ %
Rabatt. Das gleiche ist mit dem Territorium und den Gebäuden des
Bahnhofes der Fall. 72 Strassenflammen, welche mit Ausnahme von
6—8 Tagen jeden Monat vor und nach dem Vollmond, und mit Ausnahme der Monate vom 15. Mai bis 15. August bis 11 Uhr Abends
je 930 Stunden im Jahr, und 6 von ihnen bis Morgens je 2214 Stunden
brennen. Die Commune vergütet für jede Laterne jährlich 7 Thlr. 6 Sgr.
132 Privatconsumenten mit 750 Flammen. Jahresproduktion reichlich
2,000,000 c'. Betrieb mit Newcastle-Kohlen. Die Anstalt hat 4 Thonretorten, (1 Ofen à 3, 1 à 1 Rct.) und 1 Eisenretorte für den Sommerbetrieb, Reinigung mit Laming'scher Masse oder Wiesenerz und
Kalk, 1 Gasbehälter mit 15,000 c' Inhalt, 17,500 hamb. Fuss Rohrleitung von 4″ grösster Weite, 144 Gasuhren von S. Elster. Nebenprodukte werden verkauft. Anlagecapital 28,000 Thlr.

Prenzlau (Preuss.-Brandenburg). ca. 15,000 Einwohner. Eigenthümerin: die Allgemeine Gas-Actiengesellschaft zu Magdeburg. Dirigent: Herr Zschimmer. Erbauer: Herr Moore. Eröffnet am
15. October 1858. Contractsdauer: 25 Jahre, nach welcher Zeit der
Magistrat berechtigt ist, die Anstalt mit Inventar etc. zu übernehmen,
oder den Contract auf weitere 5 Jahre zu verlängern. Bei beabsich-
tigtem Ankauf von Seiten des Magistrats muss derselbe diesen seinen
Entschluss der Gesellschaft 3 Jahre vor Ablauf der Contractsdauer
kundgeben, andernfalls die Verlängerung des Contractes stillschweigend
eintritt. Zur Ermittelung des Kaufpreises wird der Reingewinn der
letzten 3 Jahre zu Grunde gelegt, und der aus dem Durchschnitt dieser
Jahre sich ergebende Reingewinn je nach der Contractsdauer verschieden capitalisirt, nach 45 jähriger Dauer jedoch geht die Anstalt
unentgeldlich an die Stadt über. Lichtstärke 10 Wachskerzen 6 auf
31 Loth bei einer Länge von 9″. Gaspreis $2^5/_6$ Thlr. pro 1000 c'
preuss.*). Jahresproduktion ca. $4^1/_2$ Mill. c'. Maximalabgabe in 24 Stunden
30,300 c', Minimalabgabe 1300 c' preuss. 205 Strassenflammen mit je
5 c' Consum per Stunde, sind aber nur Abendlaternen und dürfen nicht
unter 1000 Stunden jährlich brennen. 1800 Privatflammen consumiren

---

*) 1000 c' preuss. = 1091,84 c' engl.

etwa 3 Mill. c' jährlich. Betrieb mit englischen (Pelton Main) Steinkohlen. Die Anstalt hat 12 Retorten in ⌒ Form 18″ × 12″ × 8¼′ (2 Oefen à 3, 1 à 5, 1 à 1 Ret.), 6 Condensationsröhren in Ringstellung, 5″ weit, 12′ hoch, 1 gusseis. Scrubber mit Cokefüllung 5′ im Durchmesser 10′ hoch, 4 Reiniger, davon einer in Cementmauerwerk à 56 c' Inhalt, rotirenden Exhaustor von Beale 12″ × 13″, getrieben durch eine Bügelmaschine, 1 Stationsgasmesser und 1 Druckregulator von S. Elster, 1 Gasbehälter mit 24,000 c' Inhalt, 2540′ 6zöll. Röhren, 1560′ 5zöll., 4799′ 3zöll., 2930′ 2½zöll., 9956′ 2zöll. u. 11,466′ 1½zöll. Leitungsröhren, 210 nasse Gasuhren aus diversen Fabriken. Coke und Theer werden verkauft. Anlagecapital excl. Vorräthe 68,000 Thlr.

Pressburg (Ungarn). 40,000 Einwohner. Besitzerin: die österr. Gasbeleuchtungs-Actiengesellschaft. Deren Director: Herr G. Fähndrich in Wien. Verwalter der Anstalt: Herr Colloseus. Erbaut im Jahre 1856. 876 Strassenflammen, 4033 Privatflammen. Preis der öffentlichen Beleuchtung für ganznächtliche Flammen mit 3800 Brennstunden 63 fl. öster. W., für halbnächtliche Flammen mit 2000 Brennstunden 31½ fl. österr. W. bei 5 c' engl. stündl. Verbrauche. Private zahlen 5 fl. 77½ kr. österr. W. pro 1000 c' engl. Gesammtproduktion 1867: 16¼ Mill. c'. Maximalproduktion in 24 Stunden 75,000 c', Minimalproduktion 24,000 c'. Kohlenverbrauch in demselben Jahr 31,500 Ctr. mährische Kohlen.

Pritzwalk (Preussen). 6000 Einwohner. Eigenthümerin: die Stadtcommune. Die Anstalt wird durch eine Gascommission unter Vorsitz des Tuchfabrikanten Herrn G. A. Dräger verwaltet. Erbauer: die Herren Civilingenieure Schulz & Sackur in Berlin. Eröffnet am 31. December 1864 mit 75 Strassenflammen und 1150 Privatflammen. Jahresproduktion 2,250,000 c'. Maximalproduktion in 24 Stunden 17,000 c', Minimalproduktion 1600 c'. Betrieb mit englischen Steinkohlen. Die Anstalt hat 11 Retorten 20″ × 14″ (1 Ofen à 5, 1 à 3, 1 à 2, 1 à 1 Ret.), nach Kornhardt'schem System eingemauert, Dampfkessel im Feuerkanal hinter den Oefen, Röhrencondensator mit 8 Stück 5zöll. Kühlröhren, 12zöll. Beale'schen Exhaustor mit Elster'schem Bypass-Regulator, 2 Scrubber mit je 3 kegelförmigen Platten, darüber Cokefüllung, 3 Reiniger 7′ × 3′ mit 4 Lagen (Laming'sche Masse), Stationsgasuhr von S. Elster, Gasbehälter mit 17,700 c' nutzbarem Inhalt, Regulator von S. Elster, 1080′ 5zöll., 1200′ 4zöll., 1560′ 3zöll., 2720′ 2½zöll., 8160′ 2zöll. und 1170′ 1½zöll. Haupt-

röhren, 3600' schmiedeeiserne Zuleitungsröhren, 170 nasse Gasuhren von
S. Elster und Th. Spielhagen in Berlin. Anlagekosten 34,000 Thlr.
einschliesslich der Zuleitungen bis zu den Gasuhren. Das Capital der
vermietheten Gasmesser 2400 Thlr., das Gesammtcapital der Privatrohrleitungen in einer Länge von 19,000' 4300 Thlr.

Pyritz (Preussen). 6000 Einwohner. Eigenthümerin: die Stadt.
Dirigent: Herr Rudolph. Die Einführung der Gasbeleuchtung wurde
ursprünglich von einigen Privatpersonen angeregt, welche die erforderlichen Mittel durch Actienzeichnung aufbringen wollten; als sie bei
der Stadtbehörde um die Concession einkamen, nahm diese die Sache
selbst in die Hand, und liess durch den Ingenieur Herrn G. Helms
1863 die Fabrik für eigene Rechnung bauen. Eröffnet am 20. October
1863. Gaspreis für Private $2^2/_3$ Thlr. pro 1000 c'. Für die Strassenbeleuchtung wird die Brennstunde und Flamme mit 3 Pfennig bezahlt
($1^2/_3$ Thlr. pro 1000 c'). Leuchtkraft 15—17 Kerzen, 4 auf 1 Pfd.
Jahresproduktion 1866/67: 2,136,500 c'. Maximalproduktion in 24
Stunden 13,300 c', Minimalproduktion 1200 c'. 110 Strassenflammen,
welche nur im Winter, und dann nur mit Ausnahme der Mondscheinnächte brennen, consumirten zu 5 c' per Stunde gerechnet 420,000 c'.
574 Privatflammen brauchten 1,568,100 c'. Betrieb mit englischen
Steinkohlen (Nettlesworth Primrose). Die Anstalt hat 6 ovale Retorten
$18'' \times 15'' \times 8'$ (1 Ofen à 3, 1 à 2, 1 à 1 Ret.), 24 Condensationsröhren 11' lang, 5'' weit, 1 Scrubber von 8' Höhe und 5' Weite,
3 Reiniger $6' \times 3'$ mit zusammen 216 $\square'$ Hordenfläche (Laming'sche
Masse und Kalk), 1 Gasbehälter mit 18,000 c' Inhalt, 8700' Röhrenleitung von 5'' bis 1'' Weite, 142 nasse Gasmesser von G. Dietrich
und J. Pintsch in Berlin. Nebenprodukte werden verwerthet. Anlagecapital 34,500 Thlr.

In nächster Nähe von Pyritz ist die Zuckersiederei des Herrn
Tummeley durch eine eigene Gasanstalt beleuchtet. Auch die Herren
Lindner & Jonas haben auf ihrer Zuckersiederei zu Jarden bei
Greiffenhagen eine eigene Gasfabrik.

Pyrmont (Waldeck). ca. 2000 Einwohner. Unternehmer, Erbauer
und Dirigent: Herr Ingenieur G. F. Plate. Eröffnet am 13. December
1866. Concessionsdauer 25 Jahre. Die Stadt zahlt für 5 c' per Stde.
und 12 Lichtstärken 3 Pf., Private zahlen $2^2/_3$ Thlr. pro 1000 c'.
Steinkohlenbetrieb. Reinigung mit trockenem Kalk.

Quedlinburg (Preuss. Sachsen). 16,574 Einwohner. Eigenthümerin: die Stadt. Dirigent: Herr C. Wolff. Die ersten Anregungen zur Erbauung einer Gasanstalt datiren von 1861. Es wurde sogleich beschlossen, die Anstalt auf städtische Kosten zu erbauen. Nachdem im Frühjahre 1862 einige Offerten von anderen Seiten eingelaufen waren, trat der Magistrat mit dem Erbauer, Herrn Regierungs- und Baurath v. Unruh in Berlin in Verbindung. Demselben wurde im November 1862 der Bau in Entreprise gegeben, und dieser sofort in Angriff genommen, so dass die Anstalt noch einige Tage vor der contractlich festgesetzten Zeit am 26. September 1863 eröffnet werden konnte. Normalgaspreis $2^1/_6$ Thlr. pro 1000 c′ preuss.*). Die Stadt bezahlt für die Strassenbeleuchtung 2000 Thlr. 268 Strassenflammen brennen bis $10^1/_2$ Uhr Abends, 74 Nachtlaternen von $10^1/_2$ Uhr bis zur Morgendämmerung. Während der Mondscheinperiode brennen an trüben Abenden 150 Flammen. Die Strassenbeleuchtung dauert vom Aug. bis Mai. 2490 Privatflammen haben einen jährlichen Durchschnitts-consum von 1905 c′ per Flamme. Produktion vom 1. Juli 1866 bis 30. Juni 1867: 6,566,200 c′, davon zur Strassenbeleuchtung 1,515,014 c′, zur Privatbeleuchtung 4,498,201 c′. Betrieb mit westphälischen Stein-kohlen (Vereinigte Hannibal und Zollverein). Die Anstalt hat 15 ovale Chamotteretorten von F. S. Oest W$^{we.}$ (2 Oefen à 6, 1 à 3 Ret.), 2 Kornhardt'sche Schaufelcondensatoren auf gemeinschaftlichem Unter-satz 2′ weit und 12′ hoch, 2 Scrubber mit Blechböden (15 Böden in jedem mit $1^1/_2$ resp. 1 zöll. Löchern anfangend und $^3/_4$ resp. $^1/_2$ zöll. aufhörend) von Blech mit gusseisern. Untersatz $4^1/_2$′ weit und 9′ hoch, 1 Beale'schen Exhaustor 12″ weit mit Dampfkessel auf dem Feuer-canal, 3 gusseis. Reiniger $6^1/_2$′ im Quadrat mit je 3 Lagen (Wiesenerz und Laming'sche Masse, im letzten Kasten eine Lage Kalk), 1 Gas-behälter mit 29,000 c′ rhl. Inhalt, 45,042 lfd. Fuss Rohrleitung von 9″ bis 2″ Weite, 290 nasse Gasuhren von S. Elster. Coke wird verkauft, Theer verfeuert. Anlagecapital 88,900 Thlr. wird der Stadt mit $4^1/_2\%$ verzinst und mit $1^1/_2\%$ amortisirt. Der Tilgungsfond wird Zins auf Zins belegt.

Rastatt (Baden). 12,000 Einwohner incl. 5000 Mann Militär. Eigenthümerin: die Stadt. Dirigent: Herr L. Berblinger. Erbauer: Herr W. Morstadt in Carlsruhe. Eröffnet am 27. August 1863.

---

*) 1000 c′ preuss. = 1091,84 c′ engl.

Gaspreis 5 fl. pro 1000 c′ engl. 270 Strassenflammen mit einem Jahresconsum von 1¹/₂ Mill. c′, und circa 1000 Privatflammen. Jahresproduktion ca. 4 Mill. c′. Betrieb mit Saarbrücker Steinkohlen (Heinitz) unter Zusatz von etwas Boghead. Die Anstalt hat 14 Stück
⌓ förmige Thonretorten (1 Ofen à 5, 1 à 4, 1 à 3, 1 à 2 Ret.),
liegenden Luftcondensator, 1 Wascher, 2 Reiniger (Laming'sche Masse
und Kalk), 1 Stationsgasuhr, 2 Gasbehälter à 10,000 c′ Inhalt, 1 Regulator, etwa 48,000′ Leitungsröhren von 6″ bis 1″ Weite, 180 nasse
Gasuhren von S. Elster und Siry Lizars & Co. Nebenprodukte
werden verkauft. Anlagecapital 94,000 fl. Näheres Journ. f. Gasbel.
1863 S. 362.

Ratibor (Schlesien). 14,455 Einwohner. Eigenthümerin: die allgemeine Gasactien-Gesellschaft zu Magdeburg. Deren Director: Herr
A. Bethe. Dirigent der Anstalt: Herr von Kleditsch. Der von
dem Agenten Herrn Neumann in Breslau mit dem Magistrate
von Ratibor unterm 18. Januar 1856 abgeschlossene Vertrag wurde
am 28. März 1857 im Einverständniss mit dem Magistrate an die
gegenwärtige Gesellschaft cedirt. Der Bau wurde von dem General-
Betriebs-Director der letzteren, damals Herrn J. Moore geleitet,
der Betrieb im März 1858 eröffnet. Der Vertrag läuft 25 Jahre.
Nach Ablauf kann die Stadt entweder den Vertrag verlängern, oder
die Anstalt käuflich übernehmen. Der Entschluss zum Ankauf muss
1 Jahr vorher mitgetheilt werden, und wird die Kaufsumme durch
Sachverständige ermittelt. Auch kann die Stadt schon nach 15 Jahren
jedes Jahr die Anstalt kaufen, wenn sie das ganze Anlagecapital und
noch 1000 Thlr. für jedes an 25 fehlende Jahr bezahlt. Will die
Stadt nicht kaufen, so hat die Gesellschaft das Recht, an Private auch
ferner Gas zu verkaufen. Leuchtkraft für 5 c′ preuss.*) die Lichtstärke einer Carcellampe erster Classe mit einem Dochtdurchmesser
von 30 Millimetern oder 1³/₄″ preuss. und einem Oelconsum von
42 Gramm oder 2,87 Loth preuss. in der Stunde. Gaspreis für Private 3 Thlr. pro 1000 c′ preuss., doch wird Rabatt gewährt bei einem
Jahresverbrauch von 100 bis 200 Thlr. 3¹/₃%, bis 400 Thlr. 4²/₃%,
bis 600 Thlr. 6%, bis 800 Thlr. 8%, bis 1000 Thlr. 10%, bis
1500 Thlr. 15%, bis 2000 Thlr. 20%, bis 2500 Thlr. 25%, über
2500 Thlr. 30%. Städtische Gebäude zahlen 2¹/₂ Thlr. Für die

---

*) 1000 c′ preuss. = 1091,84 c′ engl.

Strassenflammen werden 3 Pf. pro Stunde mit 5 c′ Consum bezahlt.
189 Strassenflammen brannten je 791 Stunden und 41 Nachtlaternen
je 1395 Stunden, im Ganzen einschliesslich aussergewöhnlicher Beleuchtung bei Mondscheinnächten 1,042,322 c′ preuss.; 2374 Privatflammen brannten 3,604,775 c′. Jahresproduktion 1867: 5,601,523 c′.
Stärkste Abgabe in 24 Stunden 31,800 c′, schwächste Abgabe 3600 c′.
Betrieb mit oberschlesischen Steinkohlen der Königin Luisengrube bei
Zabrze. Die Anstalt hat 18 Thonretorten (2 Oefen à 5, 2 à 3, 1 à 2
Ret.), 1 Condensator, 1 Scrubber mit Cokefüllung und Wasserreinigung,
4 Reiniger 7½′ × 4½′ × 2′ mit 3 Hordenlagen (Laming'sche Masse),
1 Stationsgasmesser, 1 Druckregulator, 1 Dampfkessel, 1 Exhaustor
seit 1864 ausser Betrieb, 1 Dampfmaschine, 1 Gasbehälter mit 32,500 c′
engl. Inhalt, 28,000′ Rohrleitung, nemlich 2300′ 7 zöll., 400′ 6 zöll.,
500′ 5 zöll., 1900′ 4 zöll., 9000′ 3 zöll., 13,900′ 2½ zöll., und 2 zöll.,
224 nasse Gasuhren aus verschiedenen Fabriken. Nebenprodukte werden
verkauft. Anlagecapital 91,300 Thlr.

Ratzeburg (Preussen). 4000 Einwohner ohne die Garnison. Eigenthümer: Herr Kaufmann J. Gussmann. Die von dem Eigenthümer
gegründete Anstalt wurde im Jahre 1856 von dem Hauptmann a. D.
Herrn G. von Kamecke erbaut und am 17. Januar 1857 eröffnet.
Das von der königl. Regierung in Kopenhagen ertheilte Privilegium
ist unbeschränkt. Der Preis für 1000 c′ hamb. Gas ist 2 Thlr. 10 Sgr.
ohne Rabatt. Jahresproduktion 1,382,800 c′ hamb.*), im December
235,000 c′, im Juni 30,100 c′. 50 Strassenflammen brennen vom 1. Sept.
bis 1. Mai von Dunkelwerden bis 11 Uhr, brauchen 3½ c′ pro Stunde,
und im Ganzen 219,450 c′. Für jede Strassenflamme werden jährlich
7 Thlr. vergütet. 102 Privatconsumenten mit circa 1600 Flammen.
Betrieb mit englischen Steinkohlen. Die Anstalt hat 9 Retorten
(2 Oefen à 3 Ret., 1 à 2, 1 à 1 Ret.) von C. F. Oest Wwe. & Co.,
4 Reiniger mit je 2 Abtheilungen, mit je 3 Horden (Reinigung mit
Rasenerz), 2 Gasbehälter à 4000 c′ hamb., 102 nasse Gasuhren von
E. Smith in Hamburg, 16,000′ hamb. Röhren von 6 bis 1½″ Weite.
Nebenprodukte werden verwerthet. Anlagecapital 31,000 Thlr.

Ravensburg (Württemberg). 8000 Einwohner. Eigenthümerin:
die Stadt. Dirigent: Herr R. Lindenlaub. Die Erbauer und ursprünglichen Unternehmer sind die Herren Raupp & Dölling, die

---

*) 1000 c′ hamb. = 831,15 c′ engl.

Anstalt ist am 28. October 1862 eröffnet und am 1. November 1867
in den Besitz der Stadt übergegangen. Der Gaspreis für Private ist
6 fl. pro 1000 c′, bei einem Consum von $\frac{1}{2}$ Mill. c′ $5\frac{1}{2}$ fl. mit $5^0/_0$
Sconto. Für die Stadtbeleuchtung und für die städtischen Anstalten
werden 1000 c′ mit $4\frac{1}{2}$ fl. bezahlt. Lichtstärke 12 Stearinkerzen, 6
auf 1 Pfd. für $4\frac{1}{2}$ c′ Gasconsum. Die Controlle wird durch eine aus
4 Mitgliedern bestehende Gascommission ausgeübt. 110 Strassenflammen mit 635,500 c′ Consum per Jahr und 1890 Privatflammen
mit 2,324,000 c′ Cosum per Jahr. Die Brennzeit richtet sich nach
dem Mainzer Brennkalender. Maximalproduktion in 24 Stunden 22,000 c′,
Minimalproduktion 2000 c′. Betrieb mit Saarkohlen und böhmischen
Plattelkohlen. Die Anstalt hat 10 Retorten, (1 Ofen à 5, 1 à 3,
1 à 2 Ret.), 1 Condensator, 1 Scrubber, 2 Reiniger (Eisenoxyd), 6 zöll.
Fabrikröhren, 1 Gasbehälter von 20,000 c′ Inhalt, 236 Gasuhren von
L. A. Riedinger, 1 Stationsgasmesser, 1 Regulator von L. A. Riedinger. Anlage- und Betriebscapital 100,000 fl.

Ravicz (Posen). 10,100 Einwohner. Eigenthümer: die Herren
königl. Hüttendirector Brand, königl. Maschineninspector Chuchul
und Apotheker Jüttner aus Gleiwitz. Dirigent: Herr Jüttner. Die
oben genannten jetzigen Eigenthümer traten auf Anregung des Herrn
Directors Brand zur Gründung des Unternehmens zusammen, der
Bau begann im März 1865. wurde von Herrn Inspector Chuchul
geleitet, und konnte die Austalt schom 23. September 1865 dem Betriebe übergeben werden. Besondere technische Schwierigkeiten waren
nicht zu überwinden, bis etwa auf die Füllung des Bassins mit Wasser,
die insoferne äusserst langsam erreicht wurde, weil die Stadt Ravicz
durchaus kein Flusswasser besitzt, und daher der gesammte Wasser-
bedarf mittelst einer Dampfmaschine aus einem einzigen Brunnen gepumpt werden musste. Der Vertrag mit der Commune lautet auf 25
Jahre. Lichtstärke für eine Flamme von 5 c′ Consum pro Stunde
12 Stearinkerzen, 6 auf 1 Pfd. mit $1^5/_8$″ Flammenhöhe der Kerze.
Für die Strassenflammen werden pro Stunde 3 Pf., für den Privatconsum 2 Thlr. 15 Sgr. pro 1000 c′ bezahlt. Jahresproduktion 3,900,000 c′.
98 Strassenflammen mit 900 Stunden jährlich vertragsmässiger Brennzeit.
Maximalproduktion in 24 Stunden 26,000 c′, Minimalproduktion 4500 c′.
Betrieb mit Steinkohlen aus Niederschlesien. Die Anstalt hat 6 Thon-
retorten aus Antonienhütte in Oberschlesien, (1 Ofen à 1, 1 à 2, 1 à 3
Ret.), Beale's chen Exhaustor, 2 Cylinder - Condensatoren, Scrubber,

Wascher, 3 Reiniger (Raseneisenerz) und 1 Nachreiniger (Kalk), 23,200′ Rohrleitung, 1 Gasbehälter von 19,000 c′ Inhalt, 130 nasse Gasuhren von Pintsch. Anlagecapital 39,000 Thlr.

Die Gefangenen-Anstalt in Ravicz hat ihre eigene Privatgasanstalt.

Rees (Preussen). ca. 3500 Einwohner. Eigenthümerin: die Stadt. Erbauer: Herr Ingenieur H. Nachtsheim in Cöln. Eröffnet am 22. Sept. 1867. Die Verwaltung der Anstalt hat der Bürgermeister der Stadt mit Hinzuziehung eines Rendanten, die Aufsicht in der Fabrik ein Gasmeister, die obere Aufsicht der Erbauer. 44 Strassenflammen mit 900 Brennstunden jährlich und 6 c′ Consum per Stunde, ca. 700 Privatflammen. Jahresproduktion $1^1/_4$—$1^1/_2$ Mill. c′. Betrieb mit westphälischen Steinkohlen. Die Anstalt hat 8 ovale Retorten (2 Oefen à 3, 2 à 1 Ret., welche beiden letzteren sich leicht in einen Fünferofen umwandeln lassen), 1 combinirten Wascher mit Condensator, 4 Kalkreiniger mit je 4 Doppelrostlagen, 1 Gasbehälter von 13,500 c′ Inhalt, 1100 Ruthen Rohrleitung von 5″ bis 2″ Weite, 150 nasse Gasuhren von S. Elster. Nebenprodukte werden verkauft. Anlagecapital 22,000 Thlr.

Regensburg (Bayern). 28,900 Einwohner. Eigenthümerin: eine Actiengesellschaft. Vorstand des Verwaltungsraths: Herr Chr. Rehbach. Verwalter der Fabrik: Herr C. Lang. Gründer und Erbauer: Herr L. A. Riedinger in Augsburg. Das Privilegium datirt vom 19. November 1856 und läuft vom 21. December 1857 an 61 Jahre. Nach Ablauf von 36 Jahren kann die Stadtgemeinde das Gaswerk als städtisches Eigenthum durch Ablösung käuflich erwerben. Eröffnet den 21. December 1857. Die contraktliche Lichtstärke für eine Strassenflamme ist die Helle von 12 Stearinkerzen, 6 auf 1 Pfd. 463 Strassenflammen mit 646,391 Brennstunden und 3,231,956 c′ bayer.*) Consum per Jahr, 5090 Privatflammen mit 9,152,684 c′ bayer. jährlichem Consum, also durchschnittlich pro Privatflamme 1798 c′. Produktion im letzten Jahre 12,822,700 c′ bayer. Maximalproduktion in 24 Stunden 78,000 c′, Minimalproduktion 9000 c′. Betrieb mit Holz. Die Anstalt hat 15 Thonretorten von ⌂ Form (5 Oefen à 3 Ret.), Ladung 80—100 Pfd. bayer., 30′ 6zöll. Röhrencondensator, 2 Wascher mit continuirlich zufliessendem Wasser, etwa 270 Eimer oder 743 c′ bayer. Wasser in 24 Stunden während der längsten Nacht, 3 Reiniger mit

---

*) 1000 c′ bayer. = 878 c′ engl.

112 □' Gesammthordenfläche, 2 Gasbehälter mit zusammen 50,000 c'
bayer. Inhalt, 90,500' bayer. Röhrenleitung von 9" bis 1½" Weite,
429 nasse Gasmesser von L. A. Riedinger. Der Gewinn an Nebenprodukten beträgt 2886 Centner Holzkohlen und 686 Ctr. Theer, davon
1716 Ctr. Holzkohlen verheizt, und 1170 Ctr. verkauft. Anlagecapital
260,000 fl. Journ. f. Gasbel. 1861 S. 394 und 1863 S. 75.

Rehmsdorf (Preussisch-Sachsen). Die Mineralölfabrik zu Rehmsdorf stellt Gas für ihren Privatbedarf aus Braunkohlentheerprodukten
her. Herr Mehliss, Techniker der Gas- und Mineralölindustrie zu
Zeitz hat die Anlage hergestellt.

Reichenau bei Zittau in Sachsen. Die Fabrik des Herrn C. A.
Preibisch hat eine Privatgasanstalt, welche auch an Private Gas
abgibt und Strassenlaternen unterhält.

Reichenbach (Sachsen). 12,000 Einwohner. Eigenthümer: der
Gasbeleuchtungs-Actien-Verein zu Reichenbach. Die Anstalt wird von
einem aus drei Personen bestehenden Directorium verwaltet und steht
unter der technischen Leitung des Inspectors Herrn E. Below aus
Leipzig. Nachdem das Bedürfniss nach Gasbeleuchtung laut geworden
war, traten gegen Ende des Jahres 1858 mehrere Bürger zusammen,
und ein aus ihnen gebildetes Comité forderte am 12. Februar 1859
zur Zeichnung von Actien auf. Es waren 1000 Actien zu je 50 Thlr.
projectirt, davon hatte sich die Stadtgemeinde 300 Stück und das
provisorische Comité 100 Stück vorbehalten, so dass nur 600 zur öffentlichen Zeichnung ausgelegt wurden. In einigen Stunden waren statt
dieser 600 Stück nicht weniger als 1700 gezeichnet, und nachdem die
Repartition vorgenommen, wurde eine constituirende Generalversammlung ausgeschrieben, die Herrn Commissionsrath G. M. S. Blochmann
jun. in Dresden mit dem Bau der Anstalt beauftragte. Der Bau begann
im Mai 1859, und wurde dergestalt beeilt, dass am 15. December
desselben Jahres die Eröffnung mit 56 Strassenflammen und 263 Privatflammen erfolgte. Die Concession der Gesellschaft läuft 50 Jahre mit
der Bedingung, dass die Stadtgemeinde das Recht hat, nach Ablauf
der ersten 15 Jahre vom Tage der Eröffnung an jährlich 20 Actien
zum Preis von 50 Thlr. und unter Zurechnung des Antheils vom
Reservefond zu kaufen, die durch Ausloosung bestimmt werden. Die
Stadtgemeinde hat aber auch die Verpflichtung, nach Ablauf der Concessionszeit sämmtliche Actien zum festen Preis von 50 Thlr. pro

Stück und Vergütung für den Antheil am' Reservefond zu übernehmen.
Gaspreis für Private 2 Thlr. 25 Sgr. pro 1000 c′, hiebei wird ein
Rabatt gegeben bei einem Jahresverbrauche von 3 — 200 Thlr. von
25 %, bis 300 Thlr. 27 %, über 300 Thlr. 30 % und für die Strassenbeleuchtung und den Bahnhof 33 $1/_3$ %. 114 Strassenflammen mit 5 c′
Consum per Stunde und 103,102 Brennstunden 1866/67, 2400 Privatflammen. Jahresproduktion 7 $1/_4$ Mill. c′ sächs. Maximalproduktion in
24 Std. 45,000 c′, Minimalproduktion 2400 c′. Betrieb mit Zwickauer
Steinkohlen. Die Anstalt hat 21 Chamotteretorten von J. R. Geith
in Coburg theils oval 19″ × 15″, theils ⌓ förmig 22″ × 18″ (1 Ofen
à 6, 2 à 5, 1 à 3, 1 à 2 Ret.), 1 liegenden 4 fachen Röhrencondensator 26′ lang, 7″ weit, 2 Vorreiniger 10′ × 6 $1/_2$′ × 3 $1/_2$′ und 13′ ×
6′ × 4′, 5 Reiniger 9′ × 5 $1/_2$′ × 5′ (Laming'sche Masse und Kalk),
1 Stationsgasmesser, 2 Gasbehälter mit 17,075 c′ und 27,000 c′ Inhalt,
24,600′ Rohrleitung von 7″ bis 2″ Weite, und 4600′ 1 $1/_2$ zöll., 182 nasse
Gasuhren von Blochmann u. Siry Lizars & Co. Theer wird verfeuert,
Coke und Kalk verkauft. Anlagecapital 73,000 fl. Actiencapital 50,000 fl.

Reichenbach-Ernsdorf (Schlesien). 11,093 Einwohner. Eigenthümer: die Herren Commerzienrath Oechelhäuser in Dessau und
J. Ebbinghaus, Kaufmann in Berlin. Dirigent: Herr Rob. Schlegel.
Ursprünglicher Inhaber der Concession war Herr H. Menzel, welcher
auch die Anstalt nach den Plänen des Herrn Generaldirectors
W. Oechelhäuser in Dessau ausgeführt hat. Der Vertrag läuft
vom 1. October 1863 an auf 25 Jahre. Nach Ablauf dieser Zeit steht
es der Commune frei, die Anstalt zum 12 fachen Betrag der Jahresrente käuflich zu erwerben. Leuchtkraft für 5 c′ Gasconsum per
Stunde 12 Stearinkerzen, 6 Stück à 9″ lang auf $3/_4$ Zollpfund. Der
Gaspreis pro 1000 c′ preuss.*) beträgt 2 Thlr. 20 Sgr. Sobald 4 $1/_2$ Mill. c′
von Privaten jährlich consumirt werden, tritt eine Ermässigung von
5 Sgr. ein. Grössere Consumenten erhalten das Gas billiger. 61
Strassenflammen und 1430 Privatflammen. Jahresproduktion 3,290,000 c′,
stärkste Abgabe in 24 Stunden 19,800 c′, schwächste Abgabe 3000 c′.
Betrieb mit Steinkohlen aus dem Waldenburger Revier. Die Anstalt
hat 6 Retorten (1 Ofen à 3, 1 à 2, 1 à 1 Ret.), keinen Exhaustor,
1 Scrubber, 1 Wascher, 3 Reiniger, 1 Nachreiniger (Reinigung nach
Dr. Deicke), 1 Gasbehälter von 16,000 c′ Inhalt, 21,462′ Rohrleitung

---

*) 1000 c′ preuss. = 1091,84 c′ engl.

von 6″ grösster Weite, 146 nasse Gasuhren vorwiegend von S. Elster. Baucapital incl. Betriebscapital Ende 1866: 45,632 Thlr. 29 Sgr. 4 Pf.

Reichenberg (Böhmen). 20,000 Einwohner. Gründerin und Eigenthümerin: die allgemeine österreich. Gasgesellschaft. Betriebsdirector: Herr Carl von Auer. Der betreffende Vertrag mit der Commune wurde durch den technischen Oberleiter der Gesellschaft, Herrn L. Stephani, am 7. October 1857 abgeschlossen. Den Bau liess die Gesellschaft in eigener Regie unter Einvernehmen mit Herrn L. Stephani durch den Ingenieur Herrn R. Kühnell ausführen. Die Eröffnung fand am 18. Juni 1859 statt. Seither geht das Werk in regelmässiger Entwickelung. Der Vertrag mit ausschliesslichem Privilegium läuft vom 1. August 1859 an auf 35 Jahre. Nach Ablauf dieser Zeit kann die Stadt das Werk an sich kaufen, entweder nach der durchschnittlichen Rente der letzten 10 Jahre oder nach Taxirung des Werkes als Gaswerk durch beiderseits gewählte beeidete Sachverständige; oder es kann auch der Contract auf 10 zu 10 Jahre verlängert werden, in welch' letztem Falle die Strassenbeleuchtung jedesmal um $\frac{1}{3}$ billiger wird, oder endlich die Commune kann Concurrenz eintreten lassen, in welchem Falle aber bei gleichem Gebot die jetzige Gesellschaft das Vorrecht hat. Gaspreis für die öffentliche Beleuchtung 3 fl. 88 kr. öst. W. pro 1000 c′ engl. und für Privaten 5 fl. öst. W. pro 1000 c′. Die Leuchtkraft des Gases muss contractlich wenigstens für $4\frac{1}{2}$ c′ engl. Consum per Stunde gleich sein 8 reinen und gewerbsmässig erzeugten Wachskerzen, 4 auf 1 Pfd. 237 Strassenflammen mit je 4998 c′ Jahresconsum, 4500 Privatflammen mit je 1413 c′ Jahresconsum. Jahresproduktion 8,400,000 c′, Maximalproduktion in 24 Stunden 50,000 c′, Minimalproduktion 6500 c′. Betrieb mit schlesischen Kohlen aus dem Waldenburger Revier. Die Anstalt hat 22 Thonretorten 8′ lang, 1 Exhaustor, der im Winter benutzt wird, 50′ ringförmige Condensatoren und zwar 5 Doppelröhren von 2′ äusserem und 1′ innerem Durchmesser, 2 Wascher mit etwa 5 c′ Wasserzufluss in 24 Stunden, 4 Kalkreiniger mit zusammen 640 □′ Hordenfläche (Laming'sche Masse und Kalk), 1 Gasbehälter von 45,000 c′ Inhalt, 50,000 lfd. Fuss Rohrleitung von 10″ bis 1″ Weite, 370 nasse Gasuhren meist von Hanues & Kraaz in Berlin. Coke und Theer werden verkauft. Anlagecapital 253,000 fl. Journ. f. Gasbel. 1860 S. 356, 1861 S. 426, 1862 S. 448, 1863 S. 392, 1864 S. 415, 1865 S. 404, 1866 S. 432, 1867 S. 528.

Reichenhall (Bayern). 3000 Einwohner. Gründer, Erbauer und Besitzer: Herr L. A. Riedinger. Dirigent: Herr E. Felgentreu. Eröffnet am 18. October 1863. Concessionsdauer 40 Jahre vom Tage der Eröffnung. Leuchtkraft 14 Stearinkerzen, 6 auf 1 Pfd., für 5 c′. Gasconsum in der Stunde. Gaspreis für öffentliche Beleuchtung $1\frac{1}{4}$ kr. pro Brennstunde, für Private 6 fl. pro 1000 c′. 47 Strassenflammen mit je 1000 Brennstunden, 716 Privatflammen. Jahresproduktion $1\frac{1}{2}$ Mill. c′. Grösster Tagesverbrauch 9000 c′, kleinster Tagesverbrauch 1300 c′. Betrieb mit Holz. Die Anstalt hat 3 Oefen mit 3 Retorten, Kalkreinigung, 1 Gasbehälter mit 18,000 c′ Inhalt, ca. 12,000′ Hauptröhren von 5″ bis $1\frac{1}{2}$″ Weite, nasse Gasuhren von L. A. Riedinger.

Remscheid (Preussen). Eigenthümerin: die Stadt. Die Anstalt ist von Herrn O. Kellner in Deutz im Jahre 1863 erbaut. Anlagecapital 39,000 Thlr. Journ. f. Gasbel. 1863 S. 74, 1864 S. 182 u. 296.

Rendsburg (Holstein). 12,000 Einwohner incl. Militär. Eigenthümerin: die Stadt. Dirigent: Herr von Wenck, Major a. D. Erbauer, Herr B. W. Thurston technischer Director der Gasanstalt in Hamburg. Eröffnet am 29. October 1861 mit 182 Strassenflammen und 1600 Privatflammen. Leuchtkraft $12\frac{1}{2}$ Spermacetikerzen-Helle für 6 c′ hamb. stündlichem Gasconsum im Argandbrenner. Gaspreis für Privaten vom 1. Januar 1868 an 1 Thlr. 22 Sgr. 6 Pf. pro 1000 c′ hamb. *). Für 32 öffentliche Laternen auf Festungsgebiet bezahlte die Garnison bisher 422 Thlr. 12 Sgr. jährlich, die Verwaltung des Schleswig-Holsteinischen Canals bezahlt für 2 Laternen auf ihrem Gebiet 51 Thlr. per Jahr, die Stadt zahlt für die Strassenbeleuchtung $1\frac{1}{4}$ Thlr. pro 1000 c′ hamb. und trägt ausserdem alle Kosten für Reparaturen an den Laternen und den Geräthen der Laternenwärter, besoldet die letzteren, liefert ihnen Regenröcke und das für ihre Lampen nöthige Oel. 222 Strassenflammen brennen alle bis 10 Uhr, 103 derselben von da bis 12 Uhr, und 30 bis Tagesanbruch, ausgenommen wirkliche Mondscheinnächte, und mit 5 c′ hamb. Consum per Stunde. Jahresproduktion 1867: 7,851,400 c′ hamb. Maximalproduktion in 24 Stunden 41,400 c′, Minimalproduktion 6100 c′. Betrieb mit Kohlen von Newcastle (Old Pelton Main), Kohlenverbrauch im letzten Jahre 6617,59 Tonnen à 242 Pfd. Zollgew. Die Anstalt hat 20 elliptische Thonre-

---

*) 1000 c′ hamb. = 831,15 c′ engl.

torten von Niemann & Biester in Flensburg (3 Oefen à 5, 1 à 3,
1 à 2 Ret.), 2 Thurston'sche combinirte Condensatoren und Scrubber,
3 Reiniger (Kalk), 2 Gasbehälter à 20,096 c' engl. Inhalt, 28,885'
engl. Rohrleitung von 7" bis 2" Weite, 387 nasse Gasuhren mit constantem Wasserstand von S. Elster. Theer wird theilweise verfeuert, theilweise wie auch Coke verkauft. Anlagecapital 72,000 Thlr.

Die Karlshütte bei Rendsburg hat ihre eigene Privatgasanstalt.

Reutlingen (Württemberg). 15,000 Einwohner. Eigenthümerin:
eine Actiengesellschaft. Dirigent: Herr Appenzeller. Herr L. A.
Riedinger in Augsburg schloss im Jahre 1857 den Vertrag mit der
Stadt ab, baute die Anstalt im Jahre 1860 und eröffnete sie am 17. Nov.
desselben Jahres, behielt sie in Selbstbetrieb bis zum 1. Mai 1861,
wo dann die jetzige Actiengesellschaft gebildet wurde, deren Vorstand
Herr Riedinger ist. Die Concession läuft 30 Jahre vom Tage der
Eröffnung der Gasbeleuchtung an gerechnet. Wird der Vertrag nicht
spätestens 1 Jahr vor seinem Ablaufe gekündigt, so dauert er unver-
ändert weitere 5 Jahre fort, und ebenso je von 5 zu 5 Jahren, wenn
nicht eine Kündigung vor dem Jahre seines Ablaufes erfolgt. Die
Stadtbehörde behält sich das Recht vor, auf vorhergegangene Kündigung mit dem Ablaufe des Vertrages die ganze Unternehmung nach
bestimmten Normen abzulösen. Der Gaspreis ist für Privaten 5 fl. 10 kr.
per 1000 c' engl., doch erhalten grössere Consumenten Rabatt, bei
25,000 c' Jahresconsum 1%, bei 50,000 c' 2%, bei 75,000 c' 3%, bei
100,000 c' 4% u. s. f. Für die Strassenbeleuchtung wird 0,9 kr. pro
Brennstunde und Laterne bezahlt. 138 Strassenflammen brannten im
letzten Jahre 225,523 Stunden und consumirten 1,014,800 c', 2200
Privatflammen haben einen Durchschnittsconsum von 1163 c' pr. Flamme.
Jahresproduktion im letzten Jahre 4 Mill. c'. Maximalproduktion in
24 Stunden 23,000 c', Minimalproduktion 2900 c'. Bis zum Jahre 1864
Holzbetrieb, von da ab Saarkohlen. Die Anstalt hat 9 Thonretorten
(2 Oefen à 3, 1 à 2, 1 à 1 Ret.), 1 Condensator, 1 Wascher, 3 Rei-
niger (Eisenreinigung), 1 Gasbehälter von 25,000 c' Inhalt, 236 nasse
Gasuhren von L. A. Riedinger.

Reval (Russland). 29,000 Einwohner. Eigenthümerin: eine Rigaer
Gesellschaft für Gas und Wasser unter der Firma W. Weir & Co.
Dieselben sind Gründer und Erbauer der Anstalt. Eröffnet am 5. Dec.
1865. Dirigent: Herr A. Hornbruch. Betrieb mit Steinkohle. Leuchtkraft für 5 c' pro Stunde 12 Kerzen 5 auf 1 Pfd. Strassenflammen

à 1500 Brennstunden jährlich und 5 c′ Consum per Stunde, Zahlung für 1500 Brennstunden 16 Rub. Silb.*). Privatconsumenten zahlen 3 S. R. per 1000 c′. Die Anstalt hat 3 Oefen mit 13 Retorten (Thon), 1 Röhrencondensator, 1 Wascher, 1 Scrubber, 4 Reiniger mit 34 □′ Querschnitt und 4 Horden (Kalk), 1 Gasmesser, 1 Gasbehälter 24,000 c′ engl. Inhalt, 46,000 lfd. Fuss Röhrensystem von 7″ bis 2¹/₂″ Durchmesser. Die Nebenprodukte werden verkauft. Journ. f. Gasbel. 1866 S. 63 und 130.

Ribnitz (Mecklenburg). 4600 Einwohner. Der Gründer, Erbauer und Besitzer der Anstalt, Herr Zimmermeister H. Muhl, eröffnete dieselbe am 1. November 1864 mit 72 Strassen- und 75 Privatflammen. Diese schwache Betheiligung hat auch bis jetzt angedauert, indem zu Anfang des zweiten Jahres 9, und zu Anfang des dritten Jahres ebenfalls 9 Privatconsumenten hinzukamen. Die Zahl der Strassenflammen wurden im zweiten Jahr um 18, und im dritten ebenfalls um 18 vermehrt. Nach Verlauf von 20 Jahren kann die Stadt die Anstalt nach beiderseitiger und vermittelnder Taxe übernehmen. Gaspreis 2 Thlr. pro 1000 c′. Contractlich war derselbe auf 2 Thlr. 24 Sgr. während der ersten 6 Jahre festgestellt, doch fühlte der Eigenthümer sich bewogen, den Preis sofort auf 2 Thlr. herabzusetzen, weil er dann auf eine grössere Betheiligung hoffte. Die Stadt bezahlt 1 Pf. pro c′. 108 Strassenflammen und 169 Privatflammen. Brennzeit der ersteren von August bis April, resp. Mai 824 Stunden. Betrieb mit englischen Steinkohlen (Pelton Main). Die Anstalt hat 6 Thonretorten von ovalem Querschnitt (1 Ofen à 3, 1 à 2, 1 à 1 Ret.), Röhrencondensator (die Condensationsröhren von Blech, 2¹/₂″ lichte Weite, 20″ ganzer Durchmesser), Scrubber von Gusseisen 3′ im Durchmesser, Reinigung mit Laming'scher Masse, Gasbehälter von 12,000 c′ Inhalt, 15,000′ Leitungsröhren von 6 bis 1¹/₂″ Weite, ausserdem schmiedeeiserne Zuleitungen zu Laternen und Häusern, 44 nasse Gasmesser von J. Pintsch. Anlagekosten ca. 25,000 Thlr. Die Stadt hat unter der Bedingung, dass keine weiteren Posten eingetragen werden, 12,000 Thaler in die Anstalt eingeschossen.

Riesa (Sachsen). 5368 Einwohner incl. der Garnison. Der Stadtrath hat die Gasanstalt im Jahre 1865 auf städtische Kosten erbauen lassen, unter Leitung des Herrn Commissionsrathes Blochmann in

---

*) 1 Rubel Silber = 100 Kopeken = 1 Thlr. 2¹/₄ Sgr. = 1 fl. 53 kr. südd. Whrg.

Dresden. Die Eröffnung fand am 21. October 1865 statt. Leuchtkraft für 5 c' Gasconsum im Argandbrenner mit 7 zöll. Zugglas 18 Stearinkerzen-Helle 6 à 9" lang auf 1 Pfd. mit einer Flammenhöhe von 1⅝". Gaspreis 2 Thlr. 15 Sgr. pro 1000 c', grössere Consumenten erhalten Rabatt. 50 Strassenflammen mit einem Jahresconsum von zusammen 300,741 c' in 42,963 Brennstunden, 573 Privatflammen. Jahresproduktion 1,500,000 c'. Betrieb mit Zwickauer Steinkohlen. Die Anstalt hat 3 elliptische Thonretorten, (1 Ofen à 2, 1 à 1 Ret.), 1 Condensator, 1 Scrubber, 2 Reiniger, 1 Gasbehälter mit 9000 c' Inhalt, 19,000' Leitungsröhren von 6" bis 1½" Weite, 89 nasse Gasuhren von **Blochmann.** Coke und Theer werden verkauft. Anlagecapital 20,500 fl.

Der Bahnhof zu Riesa hat seine eigene Privatgasanstalt, Eigenthum der Leipzig Dresdener Eisenbahn-Compagnie.

Riga (Russland). 102,000 Einwohner, im Rayon der Gasbeleuchtung jedoch nur 80,000 Einwohner. Eigenthümer: die Stände der Stadt. Die Verwaltung leitet eine ständische Verwaltungscommission der Gas- und Wasserwerke. Technischer Director: Herr E. **Kurgas.** Die schon im Jahre 1842 durch Communalbeschluss angeregte Einführung der Gasbeleuchtung fand erst nach erfolgter Abtragung der Festungswerke thatsächliche Erledigung im Jahre 1858, und zwar wesentlich durch den Herrn Bürgermeister **Bothführ.** Erbauer: Herr Director und Baumeister **Kühnell** von Berlin. Eröffnet im August 1862. Lichtstärke 12 Wachskerzen-Helle, 6 auf 1 Pfd., 9" lang für 5 c' Gasconsum per Stunde im Schnittbrenner. Gaspreis für die öffentliche Beleuchtung 24 Rubel[*]) pro anno und Laterne; Private zahlen bis 100,000 c' russ.[**]) jährlich Consum 3 Rubel, über 100,000 c' 2 Thlr. 50 Kop., öffentliche Gebäude und Institute 2 Thlr. 50 Kop., das Theater 2 Thlr. 25 Kop. pro 1000 c'. 798 Strassenflammen mit 7 c' Consum per Stunde und Flamme und durchschnittlicher Brennzeit von 2700 Brennstunden im Jahr, 10,022 Privatflammen mit einem Durchschnittsconsum von 2832 c' per Jahr. Jahresproduktion 1866/67 39 Mill. c' russ. Maximalproduktion in 24 Stunden 250,000 c', Minimalproduktion 40,000 c'. Betrieb mit englischen Steinkohlen (New-Pelaw und Ravensworth mit einem Zusatz von 5% Newcastle-Cannel). Die Anstalt hat 60 ovale Thonretorten, theils 21" ✕ 15", theils 18" ✕ 14" und 8' 9" lang von **Didier**

---

[*]) 1 Rubel Silber = 100 Kopeken = 1 Thlr. 2¼ Sgr. = 1 fl. 53 kr. südd. Whrg.
[**]) 1 c' russisch = 1 c' englisch.

in Stettin (6 Ret. per Ofen), 1 ringförmigen Condensator von 680 □′ Kühlfläche, gemauerten Scrubber mit Cokefüllung und Wasserüber-rieselung 6′ ×6′ × 9′, 2 Beale'sche Exhaustoren mit Regulator und Bypass, 1 Dampfmaschine und 2 Kessel, 2 Wascher mit 1zöll. Ein-tauchröhren, 4 Reiniger mit je 150 □′ Hordenfläche und 2 desgleichen mit je 126 □′ Hordenfläche, Stationsgasmesser, 2 Regulatoren, 1 Nach-reiniger hinter dem Gasbehälter mit 150 □′ Hordenfläche, (Reinigung mit Wiesenerz und Kalk), 2 überbaute Gasbehälter von je 57,000 c′ Inhalt, 105,246′ Rohrleitung von 10″ bis 2½″ Weite, 802 nasse Gas-uhren von J. Pintsch und S. Elster in Berlin, Th. Edge in London und eigener Fabrikation. Anlagecapital 318,876 Rubel 70 Kopeken. Journ. f. Gasbel. 1864 S. 229.

Rochlitz (Sachsen). 5000 Einwohner. Eigenthümerin: ein Actien-verein. Erbauer: Herr H. Liebau aus Magdeburg, der die Anstalt auch bis zum 30. November 1867 in Pacht hatte. Eröffnet am 12. Dec. 1865 mit 600 Privatflammen. Dauer der Concession 25 Jahre, nach welcher Zeit der Stadtcommune das Recht zusteht, die Anstalt käuflich an sich zu bringen. 59 Strassenflammen mit einem Jahresconsum von 420,000 c′. Die Strassenbeleuchtung wird mit 1⅔ Thlr. pro 1000 c′ bezahlt, Private zahlen 1⅚ bis 2⅓ Thlr. Betrieb mit Zwickauer Steinkohlen. Die Anstalt hat 6 Retorten (1 Ofen à 3, 1 à 2, 1 à 1 Ret.), 1 Condensator, 2 Scrubber, 3 Reiniger (Laming'sche Masse), 1 Gas-behälter mit 16,000 c′ Inhalt. Anlagecapital 22,000 Thlr.

Röbel (Mecklenburg-Schwerin). Der Fragebogen ist nicht beant-wortet worden. Die Statistik von 1862 enthält folgende Angaben: 4500 Einwohner. Besitzer und Dirigent: Herr Zimmermeister Elber-ling aus Mölln. Im Jahre 1855 proponirte der derzeitige Substitut des Bürgermeisters, Herr Advokat Hermes, der repräsentirenden Bürgerschaft, eine Strassenbeleuchtung, und zwar eine Gasbeleuchtung, ins Leben treten zu lassen. Nach vielen Schwierigkeiten wurde am 23. April 1857 mit Herrn Elberling in Mölln ein Vertrag abgeschlossen, der Bau begann sofort, und am 8. December desselben Jahres wurde die Gasbeleuchtung eröffnet. Der Vertrag mit Herrn Elberling ist auf 10 Jahres abgeschlossen, und erhält derselbe für die Dauer dieser Zeit für die Strassenbeleuchtung in den 8 Wintermonaten für die Dauer der Brennstunden an den Wochentagen vom Dunkelwerden bis 11 Uhr, und an den Sonn-, Fest- und Markttagen bis 12 Uhr, pro Laterne 10 Thlr. und von den Privaten pro 1000 c′ 2⅔ Thlr. Nach

Ablauf dieser contractlichen Verbindung wird ein anderer Contract vereinbart werden, und wird noch bemerkt, dass bei einem etwaigen Verkauf sich der Magistrat das Vorkaufsrecht vorbehalten hat. 43 Strassenflammen und 300 Privatflammen. Der Consum der ersteren beträgt 4 c′ pro Stunde. Betrieb mit englischen Steinkohlen. Die Anstalt hat 8 Retorten, und zwar 2 Oefen zu 3 und 2 zu 1 Retorte, die Reinigung geschieht mit Wasser und Kalk, 2 Gasbehälter, jeder mit 20′ Durchmesser und 10′ Höhe, 7040′ Röhrenleitung von 4″ bis 1½″ Weite, nasse Gasuhren von Schäffer & Walker in Berlin. Coke werden mit ⅔ Thlr. pro Ctr. und Theer mit 2⅔ Thlr. pro Tonne verwerthet. Anlagecapital 15,000 Thlr. preuss.

Ronneburg (Sachsen-Altenburg). ca. 6500 Einwohner. Eigenthümerin: die Stadt. Erbauer Herr Th. Weigel in Arnstadt. Eröffnet am 15. September 1866. Vom Tage der Eröffnung an hat der Erbauer die Anstalt auf 10 Jahre in Pacht genommen gegen Zahlung von 5½°/₀ auf das Baucapital während der ersten 3 Jahre und von 6°/₀ auf fernere 7 Jahre. Vom 1. October 1857 ab hat Herr Weigel den Betrieb der Anstalt Herrn C. Stickel selbständig überlassen. Lichtstärke für 5 c′ sächs.*) Gasconsum pro Stunde 10 Kerzen-Helle, 6 auf 1 Pfd., 10″ lang. Gaspreis für öffentliche Beleuchtung 1⁵/₆ Thlr. pro. 1000 c′ sächs., für Privaten 2¼ Thlr. 90 Strassenflammen mit je 700 Brennstunden per Jahr, 958 Privatflammen. Jahresconsum nahe an 2 Mill. c′. Betrieb mit Zwickauer Steinkohlen. Die Anstalt hat 6 Thonretorten 20″ × 14″ × 7¾′ (1 Ofen à 3, 1 à 2, 1 à 1 Ret.), 2 Scrubber 3′ × 10′, 1 Wascher, 3 Reiniger (Laming'sche Masse), 1 Stationsgasuhr, 1 Gasbehälter von 12,500′ c′ Inhalt, 1 Druckregulator, 20,000′ Rohrleitung von 5″ bis 1½″ Weite, nasse Gasuhren von J. Pintsch. Baucapital etwas über 28,000 Thlr., Betriebsapital: 2000 Thlr.

Ronsdorf (Preussen). 4550 Einwohner. Eigenthümerin: die Bürgermeisterei. Nicht ohne Besorgniss fassten die Stadtverordneten den Beschluss, für städtische Rechnung eine Gasfabrik zu bauen und zu betreiben, indem man befürchtete, dass die Stadt nicht bedeutend genug sein würde, um die Rentabilität sicher zu stellen. Die Besorgnisse schwanden indess, als man die Sicherheit hatte, dass die in bedeutender Zahl vorhandenen Bandstühle bei Gaslicht zweckmässig betrieben werden

---

*) 1000 c′ sächs. = 802 c′ engl.

konnten. Im Frühjahr 1862 wurde mit dem Bau begonnen, und im Monat November desselben Jahres die Gasfabrik eröffnet. Der Gasingenieur, Herr O. Kellner in Deutz hat die Fabrik erbaut. Produktion im Jahre 1866: 4,374,280 c′. 44 Strassenflammen, für welche eine Brennzeit von 1200 Stunden angenommen wird und für welche pro Stück und Jahr 10 Thlr. an die Gasfabrik vergütet werden. 252 Privatconsumenten mit 2080 Flammen consumirten 3,360,350 c′. Private zahlen 2 Thlr. 10 Sgr. pro 1000 c′. Dieser Preis wird herabgesetzt, wenn nach Abzug der Betriebskosten mehr als 10% an Ueberschuss verbleibt. Der Ueberschuss betrug 1866: 10⅚%. Betrieb mit westphälischen Steinkohlen aus der Zeche Holland. 3 Oefen mit je 3 Retorten von H. J. Vygen & Co. Kein Exhaustor, Condensation, Wechsler, 4 Kalkreiniger, Gasbehälter von 36′ Durchmesser, 1000 Ruthen Röhrenleitung von 5 bis 1½″ Weite, 260 nasse Gasuhren von S. Elster. Die durch den Bau der Gasfabrik, der Wohnung für den Gasmeister, eines Kohlen- und Cokeschuppens bis jetzt entstandenen Kosten betragen . . . . 31,864 Thlr. 18 Sgr. 7 Pf.
Für Beschaffung der Gasmesser ist aus-
gegeben worden . . . . 3,677 Thlr. 16 Sgr. 4 Pf.
Gesammtsumme der Kosten . . . . 35,542 Thlr. 4 Sgr. 11 Pf.

Rosenburg bei Calbe a/d. Saale. Die Zuckerfabrik des Herrn M. Elsner hat eine von Herrn Ingenieur H. Liebau in Magdeburg 1865 erbaute Privatgasanstalt mit ca. 130 Flammen.

Rosenheim (Bayern). 4600 Einwohner. Eigenthümerin die Stadt. Dirigent: Herr C. Roth. Die Anstalt wurde durch Herrn Knoblauch-Diez in Frankfurt a./M. auf Kosten der Stadt erbaut. Die Stadt hat den Betrieb auf 15 Jahre dem Erbauer vertragsmässig übergeben, wofür derselbe das Baucapital mit 6% verzinst. Dadurch ist die Stadt in der Lage, während der Pachtzeit 2% auf Amortisation verwenden zu können. Die Fabrik wurde im October 1863 eröffnet, der Bahnhof erhielt jedoch erst im Mai 1865 und die kgl. Saline im März 1866 Gasbeleuchtung. Nach Verfluss der 15jährigen Pachtperiode wird die Stadt den Betrieb auf eigene Rechnung übernehmen. Der Gaspreis beträgt für Private 6 fl., für den Bahnhof 5 fl., für die Saline 4 fl. 30 kr., für die Strassenflammen 3 fl. 54 kr. pro 1000 c′ bayer.*). Lichtstärke für 4 c′ Gasconsum per Stunde 7 Wachskerzen-

---

*) 1000 c′ bayer. = 878 c′ engl.

Helle, 4 auf 1 Pfd. Die Controlle wird von der Stadt ausgeübt. Produktion im letzten Jahr 3,026,000 c'. Maximalproduktion in 24 Stunden
18,000 c', Minimalproduktion 4500 c'. Flammenzahl incl. Strassenflammen
1165. Betrieb mit Steinkohlen von Littic in Böhmen. Die Anstalt
hat 13 Retorten von J. R. Geith (2 Oefen à 5, 1 à 3 Ret.), Condensation mit liegenden Röhren von zusammen 66' Länge, Scrubber
$12\frac{1}{2}'$ hoch, 3' 2'' weit, für Cokefüllung, 3 Reiniger, Clegg'schen
Wechselhahn, Stationsgasuhr für 2000 Flammen, Gasbehälter mit
13,500 c' Inhalt, keinen Exhaustor, 5 zöll. Fabrikröhren und Hauptrohr
in die Stadt, 84 Gasmesser von Hanues in Berlin. Reinigung mit
Laming'scher Masse und Kalk. Coke und Theer wird verkauft, Ammoniakwasser und Grünkalk wird den Oeconomen als Düngungsmittel unentgeldlich überlassen. Anlagecapital 62,000 fl. Journ. f. Gasbel. 1864 S. 242.

Rosslau (Anhalt-Dessau). Die Maschinenfabrik der Herren Gebr.
Sachsenberg hat seit Mitte November 1861 eine Privatgasanstalt,
welche auch einige in nächster Nähe liegende Privaten mit Gas versorgt. Die Stadt hat noch keine Gasbeleuchtung, obgleich die Herren
Sachsenberg bereit sind, auch für diese die Produktion zu mässigen
Preisen zu übernehmen, wozu die Anlage ausreichend ist. Die Anstalt
hat im Jahre 1867 ca. 525,000 c' preuss. aus westphälischer Kohle
producirt. Davon sind an 7 Privaten ca. 160,000 c' zum Preise von
$2\frac{1}{2}$ Thlr. pro 1000 c' abgegeben worden.

Rostock (Mecklenburg-Schwerin). Der Fragebogen ist nicht beantwortet worden. Die Statistik von 1862 enthält folgende Angaben:
28,000 Einwohner. Eigenthümerin: die Stadt. Dirigent: Herr Pörtner.
Die Anstalt wurde am 15. Nov. 1856 eröffnet. Betrieb mit englischen
Steinkohlen. Am 15. Nov. 1856 waren 576 öffentliche, 4202 Privat-
und etwa 1000 Gartenflammen vorhanden, dieselben sollen sich jetzt
auf etwa 600 Strassenflammen, reichlich 5000 Privat- und 1500
Gartenflammen vermehrt haben. Die Strassenflammen verzehren bei
voller Beleuchtung 6 c' engl. pro Stunde und Flamme, bei Mondschein
und nach 11 Uhr Nachts 3—4 c'. Für jede Strassenflamme mit der
Brennzeit vom Dunkelwerden bis Mitternacht werden 10 Thlr. und
von da ab bis Morgen 6 Thlr. per Jahr berechnet. Privatpreis pro
1000 c' hamb.*) früher 2 Thlr., soll jetzt auf $1\frac{2}{3}$ Thlr. herabgesetzt

---

*) 1000 c' hamb. = 831,15 c' engl.

worden sein. Die Produktion wird zu einigen 20 Mill. c′ per Jahr angegeben. Bau- und Betriebscapital nach der Statistik von 1859 am Schluss des ersten Betriebsjahres 233,966 Thlr.*) 37 Schill. 11 Pf.

Rottenburg (Württemberg). 6000 Einwohner. Eigenthümerin: die Stadtgemeinde. Dirigent: Herr Gemeinderath Neuer. Erbauer: Herr E. Spreng aus Nürnberg. Eröffnet im Herbst 1863. 78 Strassenflammen brennen bis 11 Uhr Abends und consumirten vom 1. Juli 1866/67: 357,703 c′; 130 Privatconsumenten consumirten 1,313,148 c′. Betrieb mit Saarbrücker Kohlen (Heinitz). Die Anstalt hat 6 Thonretorten (1 Ofen à 3, 1 à 2, 1 à 1 Ret.), 1 Röhrencondensator, 1 Wascher, 2 Reiniger (Laming'sche Masse), 1 Gasbehälter von 15,000 c′ Inhalt, 136 Gasuhren von Siry Lizars & Co. und S. Elster. Theer wird verfeuert, Coke verbrannt. Journ. f. Gasbel. 1864 S. 208.

Rudolstadt (Schwarzburg). ca. 7000 Einwohner. Man ist im Begriff, die Gasbeleuchtung einzuführen.

Rüdesheim (Nassau). 3000 Einwohner. Eigenthümer: Herr A. Koch und die Stadtcommune. Dirigent: Herr A. Baumann. Von dem eine halbe Stunde entfernt liegenden Geisenheim ging die Idee aus, beide Orte durch ein Gaswerk zu verbinden. Bei der Unterhandlung mit dem Gaswerkbesitzer in Geisenheim scheiterte das Projekt daran, dass Rüdesheim die gleichen Bedingungen haben wollte wie Geisenheim, obgleich die Flammenzahl um $1/3$ weniger betrug. Die Anstalt ist von Herrn A. Koch in Altona erbaut und wurde am 12. Nov. 1862 eröffnet. Die Concession läuft 25 Jahre. Die Lichtstärke beträgt 9 Wachskerzen-Helle für $4^1/_2$ c′ Gas per Stunde. Gaspreis 6 fl. pro 1000 c′. Für jede Strassenflamme werden per Jahr 17 fl. vergütet. 50 Strassenflammen mit je 950 Stunden Brennzeit jährlich, 1200 Privatflammen. Jahresproduktion 1,080,000 c′. Betrieb mit Steinkohlen von der Saar und von der Ruhr. Die Anstalt hat 6 Retorten (1 Ofen à 3, 1 à 2, 1 à 1 Ret.), Reinigung mit Laming'scher Masse, 2 Gasbehälter à 5000 c′ Inhalt, 120 nasse Gasuhren von S. Elster. Theer wird zum Theil verheizt.

Rybnick (Schlesien). Man ist daran, die Gasbeleuchtung einzuführen.

---

*) 1 Thlr. = 48 Schillinge.

Ruhrort (Rheinpreussen). 5000 Einwohner. Eigenthümerin: die Commanditgesellschaft „Rheinische Gasgesellschaft J. F. Richter & Co. in Eupen." Gerant: Herr J. F. Richter. Die Anstalt ist 1858 von Herrn Richter erbaut worden. Die Stadtgemeinde ist berechtigt, nach 30 Jahren die Anstalt gegen Vergütung des durch Sachverständige unter Berücksichtigung der Rentabilität zu ermittelnden Werthes derselben käuflich zu übernehmen. Findet die Uebernahme nicht statt, so tritt stillschweigend eine Verlängerung des Contraktes auf weitere 20 Jahre ein, nach Ablauf welcher Frist dann die Anstalt unentgeldlich in den Besitz der Gemeinde übergeht. Der Preis des Gases ist während der ersten 20 Jahre für die öffentliche Beleuchtung $3^1/_2$ Pf. pro Flamme und Stunde und für die Privaten $2^2/_3$ Thlr. pro 1000 c′ preuss.*) In der weiteren Zeit sollen für die öffentliche Beleuchtung 3 Pf. pro Flamme und Stunde und von den Privaten 2 Thlr. 15 Sgr. pro 1000 c′ preuss. bezahlt werden. Private erhalten ausserdem bei einem Verbrauch von 100 bis 200 Thlr. pro Jahr $1^1/_2 \%$ und bei 200 bis 400 Thlr. $2^1/_4 \%$ u. s. w. Rabatt. Anlagecapital 56,000 Thlr.

Saarbrücken & St. Johann (Preussen). 14,850 Einwohner. Herr H. Raupp schloss den betr. Contrakt mit beiden Städten im Sommer 1856 ab, erbaute das Werk im Sommer 1857 und eröffnete es am 1. Oct. desselben Jahres, nachdem schon früher ein Theil Saarbrückens mit dem von Herrn Raupp übernommenen Gaswerkchen der Casinogesellschaft beleuchtet worden war. Letzteres ist unterdessen aufgegeben. Als Associé und kaufmänn. Director fungirte anfänglich Herr C. F. Dietrich. Vom 1. Jan. 1859 ging dessen Antheil an Herrn Justizrath Bonnet aus St. Johann über. Die Eigenthümer, Herren H. Raupp und L. Bonnet, firmiren: H. Raupp und Comp. Dirigent: Herr A. Bonnet, Architekt. Concessionsdauer 30 Jahre. Mit Anfang des Jahres 1862 ward der Bahnhof zu St. Johann vollständig mit Gas beleuchtet, und hat eine wesentliche Ausdehnung der Betriebsmittel nöthig gemacht. In Folge Eröffnung der neuen Brücke über die Saar und der daran gränzenden Strassen mussten 1866 diese Strecken canalisirt werden. Zu diesen Vergrösserungen trat noch im letzten Jahre die Beleuchtung der ganzen Hafenanlage zwischen St. Johann und Malstatt hinzu. Letztere Erweiterung ist in soferne von Wichtigkeit, als die per Saarcanal nach dem Elsass, dem badischen Oberland und der Schweiz zu

---

*) 1000 c′ preuss. = 1091,84 c′ engl.

verfrachtenden Kohlen nunmehr Tag und Nacht verladen, und bei
starkem Begehr in höherem Maasse als bisher zu Wasser geliefert
werden können. 1867 ist ein besonderes Reinigungs- und Regenerations-
haus gebaut worden, ferner ein Scrubberraum und ein Vorbau am Retortenhaus. Concessionsdauer 30 Jahre, nach deren Ablauf beide Städte
das Werk gegen Capitalisirung des Reingewinns der letzten 5 Jahre
ankaufen können. Lichtstärke 9 bis 12 Wachskerzen-Helle, 6 auf
1 Pfd. Gaspreis pro 1000 c' preuss., jetzt für Private 2 Thlr. 25 Sgr.,
bei 50,000 c' Consum 2 Thlr. 20 Sgr., bei 100,000 c' Consum 2 Thlr.
Für die Städte, Hafen, Staatsinstitute 1 Thlr. 25 Sgr. und für den
Bahnhof 1 Thlr. 22 Sgr. 6 Pf. Jahresproduktion 12,150,700 c'. Maximalconsum in 24 Stunden 61,500 c', Minimalconsum 13,100 c'. 175
Strassenflammen, deren jede vertragsmässig 1000 Stunden per Jahr
brennt, consumiren zusammen 919,200 c'. 3857 Privatflammen consumirten 5,975,500 c', also durchschnittlich 1532 c' im Jahr, 893
Bahnhofs- und Hafenflammen brauchten 3,728,700 c'. Betrieb mit
Saarbrücker Steinkohlen (Heinitz, Dudweiler und Altenwald) mit Zusatz von etwas Boghead. Kohlenverbrauch 1867: 28,410 Centner
Saarbrücker und 378 Centner Boghead. Die Anstalt hat 21 Thonretorten, (3 Oefen à 5, 2 à 3 Ret.), 1 Condensator mit 8 Rohrpaaren
von 7″ Durchmesser, 1 Wascher 12′ × 4′, 1 Scrubber 5′ Durchmesser
und 11′ hoch, 3 Reiniger 12′ × 4′, (2 mit präparirtem Eisenoxyd aus
der badischen Anilin- und Sodafabrik in Mannheim und 1 mit Kalk),
1 Stationsgasmesser, 1 Regulator, 2 Gasbehälter von je 12,000 c' und
1 desgl. von 22,000 c' Inhalt (zusammen 46,000 c'), 490 nasse Gasuhren von Scholefield, S. Elster, Siry Lizars & Co. u. Moran,
75,000′ Röhrenleitung von 7″ abwärts. Nebenprodukte werden verwerthet. Anlagecapital 90,000 Thlr.

Für das königl. preuss. Bergamt Saarbrücken sind von Herrn
Bonnet die Grubengaswerke Dudweiler, Luisenthal, Heinitz, Fried-
richsthal und Altenwald gebaut. In Dudweiler ausserdem eine Gasanstalt für den Ort von Herrn G. Baum angelegt.

Saarlouis (Preussen). 8000 Einwohner incl. 3200 Mann Militär.
Eigenthümer: Herr Ingenieur G. Franke nebst einem Compagnon,
Firma Gustav Franke & Co. Gründer, Erbauer und Dirigent: Herr
G. Franke. Eröffnet am 22. December 1862. Der Vertrag läuft
25 Jahre, nach deren Ablauf kann Concurrenz zugelassen werden.
Gaspreis pro 1000 c' preuss. für die Stadtverwaltungsbehörde und

grössere Abonnenten 3 Thlr., kleinere Abonnenten zahlen $3\frac{1}{5}$ und
$3\frac{1}{3}$ Thlr. 72 Strassenflammen und 1300 Privatflammen, die ersteren
haben jährlich 1000 Brennstunden à $4\frac{1}{2}$ c' Consum. Jahresproduktion
2,500,000 c'. Maximalproduktion in 24 Stunden 21,000 c', Minimalproduktion 4000 c'. Betrieb mit Saarbrücker (Dudweiler) Kohle. Die
Anstalt hat 7 Retorten, (2 Oefen à 3, 1 à 1 Ret.) von Th. Boucher
in St. Ghislain, 1 cylinderförmigen Blechcondensator eigener Construction, Scrubber, 3 Kalkreiniger, Stationsgasuhr, Gasbehälter von
10,000 c' preuss. Inhalt, nebst Wärmapparat eigener Construktion,
Regulator etc., 14,000 lfd. Fuss Rohrleitung in Blei und Gummidichtung
von 4'' grösster Weite, 285 nasse Gasuhren von S. Elster, 40
Kochapparate.

Sagan (Schlesien). 10,000 Einwohner. Eigenthümerin: die Stadtgemeinde. Dirigent: Herr Aebert. Erbauer: Herr R. Firle, Director
der Gasanstalt in Breslau. Eröffnet am 17. September 1863 mit
158 Strassenflammen und 1500 Privatflammen. Lichtstärke 15—16
Kerzen für 5 c' Gas. Gaspreis 2 Thlr. 10 Sgr. pro 1000 c' preuss.*),
mit einem Rabatt bei über 10,000 c' jährlich von 5 Sgr., bei über
100,000 c' von 10 Sgr. 162 Strassenflammen, welche sämmtlich bis
11 Uhr, und von da ab 35 bis 5 Uhr Morgens brennen, mit einem
Jahresconsum von 5400 c' pro Laterne. 2743 Privatflammen mit
einem Durchschnittsconsum von 1850 c' pro Flamme. Jahresproduktion
6,500,000 c'. Maximalproduktion in 24 Stunden 38,000 c', Minimalproduktion 2400 c'. Betrieb mit niederschlesischen Kohlen. Die
Anstalt hat 17 Retorten theils ⌓ förmig 18'' $\times$ 14'', theils oval
$20\frac{1}{2}'' \times 15''$, 1 Beale'schen Exhaustor, 2 King'sche Scrubber 4'
im Durchmesser, 8' hoch, 4 Reiniger 6' $\times$ 4' mit je 72 ☐' Hordenfläche,
1 Gasbehälter von 25,000 c' preuss. Inhalt, 39,912' Rohrleitung und
zwar 2572' 6zöll., 548' 5zöll., 9225' 4zöll., 7024' 3zöll., 242' $2\frac{1}{2}$zöll.,
12,041' 2zöll. und 8260' $1\frac{1}{2}$zöll. Anlagecapital 58,000 Thlr. Näheres
Journ. f. Gasbel. 1867 S. 365.

Salach bei Göppingen (Württemberg). Die Kammgarnspinnerei
der Herren Schachenmayer, Mann & Co. hat eine eigene Privatgasanstalt für etwa 250 Flammen, und die Papierfabrik der Herren
J. C. Schwarz & Söhne eine solche für etwa 150 Flammen. In
beiden Anstalten wird das Gas aus Steinkohlen dargestellt.

---

*) 1000 c' preuss. $=$ 1091,84 c' engl.

Salzbrunn (Dorf und Kurort in Schlesien). 5000 Einw. Eigenthümer: die Herren Robert Hauptmann, Kaufmann und Hotelbesitzer — zugleich Gründer und Dirigent — und Maurermeister Rudolph Schmidt. Die Anstalt wurde von Herrn Braun, Director der Gasanstalt in Breslau, erbaut, und am 11. August 1865 eröffnet. In nächster Zukunft ist eine Erweiterung des Röhrennetzes nach dem nahe gelegenen Orte Weisstein projektirt, wo bedeutende Gruben-Etablissements zu beleuchten sind. Zur Ertheilung der Concession ist der Grundherr, Fürst von Pless berechtigt, der ein Anlagecapital zur Erbauung der Anstalt gegeben hat. Ein besonderer Vertrag über die Concessionsdauer ist mit dem Fürsten nicht gemacht worden. Jahresproduktion ca. 1 Mill. c'. Betrieb mit schlesischer Steinkohle. Die Anstalt hat 2 Retorten in 2 Oefen, einen kleinen englischen Reinigungs-Apparat (Laming'sche Masse), 1 Gasbehälter von 5000 c' Inhalt, ca. 6000' Röhrenleitung, ca. 50 nasse Gasuhren von J. Pintsch. Nebenprodukte werden verwerthet. Anlagecapital 15,000 Thlr.

Salzburg (Oesterreich). 19,300 Einwohner. Eigenthümer: Herr Dr. Reinhold von Liphart. Dirigent: Herr C. Sand. Die erste Anlage der Gasbeleuchtung wurde zufolge Vertrages vom 23. December 1857 dem Gasingenieur, Herrn P. Gräser aus Darmstadt übertragen und von diesem ausgeführt. Die Eröffnung der öffentlichen und Privatbeleuchtung erfolgte in dem Stadttheile links der Salzach am 16. Jan. 1859. Am 30. Januar 1859 wurde jedoch in Folge hohen Regierungs-Erlasses die von Herrn Gräser ausgeführte Gasbeleuchtung wieder eingestellt, nachdem durch zahlreich vorgekommene Ausströmungen von Leuchtgas, durch welche Leben und Gesundheit der Bewohner bedroht wurden, diese Maassregel aus Rücksichten für die öffentliche Sicherheit dringend geboten erschien. Die damalige Gesellschaft, welche angehalten wurde, durch einen vollkommen geeigneten und durch seine an anderen Orten im Fache der Gasmanipulation bethätigte Geschicklichkeit und Erfahrung volle Beruhigung darbietenden Gastechniker die Röhrenleitung einer umfassenden Untersuchung unterziehen zu lassen, und die vorgefundenen Mängel und Gebrechen gründlich und vollständig zu heben, wandte sich an Herrn L. A. Riedinger in Augsburg, und schloss mit demselben am 3. Mai 1859 einen Contract, demgemäss die Anstalt vollständig in Stand gesetzt wurde, und die Beleuchtung der Stadt mit dem 24. September desselben Jahres definitiv wieder beginnen konnte. Im Jahre 1862 ging die Anstalt

durch Kauf in die Hände des Herrn Dr. v. Liphart über. Das
Röhrensystem hatte damals 44,000' Länge. In den Jahren 1863 und
1864 wurde der Beleuchtungsrayon auf die neuen Stadttheile ausgedehnt, und 26,000' neue Röhrenleitung von 6" bis 2" Weite und 114
neue öffentliche Laternen mehr hergestellt. Die Concession dauert
bis zum Jahre 1889. Gaspreis 5 fl. 25 kr. öst. W. für 1000 c' engl.
für Behörden und öffentliche Anstalten, 5 fl. 60 kr. für den Consum
der Privaten, der sich, wenn der Gesammtconsum 10 Mill. c' erreicht,
ebenfalls auf 5 fl. 25 kr. abmindert. Für die öffentliche Beleuchtung sind pro Brennstunde 4 c' $=$ 11 Wachskerzen-Helle, von denen
5 auf 1 Pfd. gehen, und 22 Linien Flammenhöhe angenommen. Für
dieselben werden pro Brennstunde 1,05 Neukreuzer vergütet. Die
Lichtstärke wird gemeinsam durch ein Bunsen'sches Photometer geprüft.
Die Concession erlischt am 1. October 1889, gilt jedoch, wenn der
Vertrag nicht 2 Jahre vorher gekündigt wird, auf 10 Jahre verlängert.
Produktion vom 1. Oct. 1866 bis dahin 1867: 11,007,000 c' engl. 409
Strassenflammen und zwar 102 ganznächtige und 307 mitternächtige, welche
um 12 Uhr gelöscht werden mit zusammen 811,200 Brennstunden vom
1. October 1866 bis dahin 1867. 3218 Privatflammen mit 6,480,000 c'
Consum in derselben Zeit, also per Flamme durchschnittlich 2013 c'
Consum. Maximalverbrauch in 24 Stunden 53,000 c', Minimalverbrauch
15,000 c'. Gesammtverbrauch ohne den Consum in den eigenen Localen,
9,725,000 c', also 11,6 % Verlust durch Condensation, Mehrverbrauch
der öffentlichen Beleuchtung und Entweichung. Die Fabrikation ist
für Holzgas eingerichtet und werden $^2/_3$ Föhrenholz und $^1/_3$ Fichten,
Erlen und Birkenholz verwendet. Die Anstalt hat 2 Oefen mit je 3,
und 2 Oefen mit je 2 Retorten. Seit Kurzem sind Thonretorten in
Betrieb. Zur Dichtung derselben werden von Zeit zu Zeit Beschickun-
gen mit böhmischer Plattenkohle vorgenommen. Heizung mit Torf
und $^1/_4$ Holzkohlen. Jeder Ofen hat eine eigene getrennte Hydraulik.
Liegender Condensator mit 160 ☐' Kühlfläche und fliessendem Wasser,
Wascher, 3 Reiniger mit je 4 Horden von 50 ☐' Fläche und ein
grösserer mit 5 Horden und je 95 ☐' Fläche. Reinigung mit Kalk,
von welchem 39,5 Pfd. pro 1000 c' gebraucht werden. Zwei Gasbehälter mit je 20,000 c' Inhalt. Das Röhrensystem besteht aus 3420'
8zöll., 5910' 6zöll., 1680' 5zöll., 2850' 4zöll., 5340' $3^1/_2$ zöll., 8760'
3 zöll., 8210' $2^1/_2$ zöll., 17,300' 2zöll., 16,500' $1^1/_2$ zöll. und 1zöll. —
zusammen 69,970' Röhren. Von den Nebenprodukten werden Holz-
kohlen zu $^3/_4$ verkauft, die übrigen verheizt. Theer findet theilweise

Absatz und es wird derselbe abdestillirt, wobei dann Theeröle leicht
zu verwerthen sind, während für das Theerpech ungenügender Absatz
vorhanden. Der abgenutzte Reinigungskalk wird nicht verwendet.
Anlagecapital 334,000 fl. öst. W. Journ. f. Gasbel. 1859 S. 335.

Die Kais. Elisabeth-Bahn hat für den Bahnhof zu Salzburg eine
eigene Privat-Gasanstalt.

Salzgitter (Hannover). Die Flachsspinnerei der Herren Gercke
& Co. hat im Jahre 1861 durch den Herrn Ingenieur H. Liebau in
Magdeburg eine Privatgasanstalt für 74 Flammen erhalten.

Salzufflen (Lippe-Detmold). Zur Beleuchtung einer Stärkefabrik
ist hier 1867 eine Petroleum-Gasfabrik erbaut worden, die 1 Retorte
und 1 Gasbehälter mit 4000 c′ Inhalt hat.

Schaffhausen (Schweiz). 10,500 Einwohner. Eigenthümerin: die
Schweizerische Gasgesellschaft. Dirigent: Herr E. Ringk, zugleich
Generaldirector der Gesellschaft. Die Anstalt ist von den Herren H.
Raupp und L. Dölling von Carlsruhe, L. v. Peyer und E. Ringk
von Schaffhausen gegründet worden. Vertragsabschluss mit der Stadt
am 29. November 1859 auf 36 Jahre vom Tage der am 8. Oct. 1860
erfolgten Eröffnung an. Nach Ablauf der Concessionsdauer kann die
Stadt das Unternehmen ablösen gegen eine Entschädigungssumme, die
sich ergiebt, wenn die durchschnittliche Rente der letzten 10 Jahre mit
16 multiplicirt wird. Geschieht dies nicht, so können die Unternehmer
um eine neue Concession nachsuchen, und erhalten bei gleichen Leist-
ungen gegen andere Concurrenten den Vorzug. Betrieb mit Saarbrücker Steinkohlen unter Zusatz von Boghead oder Böhmischer Plattelkohle. Leuchtkraft 12 Stearinkerzen-Helle mit beständig geputztem
Docht (6 Stück auf 1 Pfundpaket), bei 22″ Linien 12theil. engl. Maass
Flammenhöhe für 4½ c′ engl. Gasconsum per Stunde. Für jede
Strassenflamme werden per Stunde 4 Rappen*) (Centimes) vergütet.
Private zahlen 13 Frcs. pro 1000 c′ engl. Ende October 1867 waren
vorhanden 171 öffentliche Flammen, wovon 5 in der auf der andern
Seite des Rheins gelegenen Gemeinde Feuerthal, die seit Mai 1862
auch beleuchtet ist, 3455 Privatflammen (incl. Bahnhof und Theater).
Im Jahr 1866 brauchte die öffentliche Beleuchtung 1,063,100 c′ Gas,
die Privatbeleuchtung 2,821,400 c′ Gas. Der Durchschnittsconsum einer
Privatflamme war 950 c′. Die Maximalproduktion in 24 Stunden be-

---

*) 1 Franc = 100 Rappen oder Cent. = 8 Silbergr. = 28 kr. südd. Währ.

trug 26,300 c′, die Minimalproduktion 3500 c′. Die Anstalt enthält
16 Retorten, (2 Oefen à 5, 2 à 3 Ret.), 176′ Röhrencondensator 5″
weit, keinen Exhaustor, 1 Wascher mit 420 c′ Wasserabfluss in 24
Stunden, zwei Reiniger 14′ × 4′ mit je 5 Horden und 480 □′ Gesammthordenfläche, (Laming'sche Masse und Kalk), zwei Gasbehälter
zu je 12,000 c′ Inhalt, 41,696 lfd. Fuss Röhrenleitung von 6″ bis 1″
Weite, 417 nasse Gasuhren. Anlagecapital 340,000 Frcs.

Schaffhausen ist zugleich der Sitz der „Schweizerischen
Gasgesellschaft,“ welche sich am 27. October 1862 mit einem
Capital von 1,000,000 Francs in 2000 Actien von je 500 Francs bildete,
und welche jetzt die schweizerischen Gaswerke in Burgdorf und Schaffhausen, sowie in Italien die Anstalten in Pisa und Reggio betreibt.
Generaldirector der Gesellschaft ist Herr E. Ringk, zugleich Director
der Gasanstalt in Schaffhausen. Die Geschäftsberichte der Gesellschaft
finden sich im Journ. f. Gasbel. 1864 S. 127, 1865 S. 201, 1866 S. 189
und 1867 S. 370. Näheres bei den einzelnen Anstalten.

Schafstedt bei Halle a. d. Saale. Die Actien-Zuckerfabrik zu
Schafstedt mit 130 Flammen hat eine vom Herrn Ingenieur H. Liebau
in Magdeburg im Jahre 1863 erbaute eigene Gasfabrik. Die Gasfabrik ist am Kohlenhause angebaut, die Kohlensäure wird zur Saturation gewonnen.

Schedewitz bei Zwickau (Sachsen). Die Kammgarnspinnerei der
Herren Petrikowsky & Co. und die Maschinenweberei der Herren
Claus & Co. haben ihre eigenen Privatgasanstalten.

Schleiz (Reuss-Schleiz). 4953 Einwohner. Eigenthümerin: die
Stadt, welche am 20. Mai 1867 mit den Herren Graff & Gabler
einen Bau- und Pachtvertrag abschloss. Die Eröffnung fand am 3. Nov.
1867 statt. Lichtstärke 12 Wachskerzen-Helle, 6 auf 1 Pfd., für 5 c′
sächs.*) Gasconsum per Stunde. Gaspreis für die Stadt 2 Thlr., für die Privaten 2 Thlr. 12½ Sgr. pro 1000 c′ sächs. 91 Strassenflammen und
460 Privatflammen. Consum im December 1867 201,000 c′. Betrieb
mit Zwickauer Steinkohlen. Die Anstalt hat 6 Thonretorten (1 Ofen
à 3, 1 à 2, 1 à 1 Ret.), Condensation von 6 zöll. Röhren, Wascher,
2 Reiniger (Laming'sche Masse), 1 Gasbehälter mit 12,000 c′ Inhalt,
18,000′ Rohrleitung von 5″ bis 1½″ Weite, nasse Gasuhren von S. Elster.

_____

*) 1000 c′ sächs. = 802 c′ engl.

Schleswig (Schleswig). 16,000 Einwohner. Eigenthümerin: die Schleswiger Gas-Compagnie. Die Dauer des Contraktes ist 25 Jahre, vom Eröffnungsjahr 1858 ab. Nach 10 Jahren kann die Stadt die Anstalt übernehmen gegen Entschädigung einer Summe, die sich ergibt, wenn der Netto-Durchschnittsertrag der beiden letzten Jahre mit 5% zum Capital erhoben wird. Betrieb mit englischen Steinkohlen. Bau- und Betriebscapital 99,000 Thlr. preuss. Der Fragebogen ist nicht beantwortet worden.

Schmölln (Preussen). Eigenthümerin: die Stadt. Dirigent: Herr Cruziger in Schmölln, der den Betrieb vom 1. October 1867 ab selbstständig übernommen hat. Herr Th. Weigel in Arnstadt erbaute die Anstalt im Jahre 1866 für Rechnung der Stadt, und nahm sie vom Tage der Eröffnung, dem 15. September ab, auf die Dauer von 10 Jahren in Pacht. Er gewährt der Stadt $5\frac{1}{2}$% des Anlagecapitals als Pachtschilling. Gaspreise für Strassenbeleuchtung $1\frac{5}{6}$ Thlr. und für Privaten $2\frac{1}{4}$ Thlr. pro 1000 c′ sächs.*). Bei $2\frac{1}{2}$ Mill. Jahresconsum ermässigen sich die Preise um 5 Sgr., bei je 1 Mill. c′ Consumsteigerung im Jahre um fernere 5 Sgr. Leuchtkraft 10 Kerzen-Helle, 6 auf 1 Pfd., 10″ lang für 5 c′ sächs. Gasconsum per Stunde. Jahresproduktion im ersten Betriebsjahre reichlich $1\frac{1}{2}$ Mill. c′. 65 Strassenflammen, die jährl. 700 Stunden brennen und 556 Privatflammen. Betrieb mit Zwickauer Steinkohlen. Die Anstalt hat 4 Thonretorten 20″ $\times$ 14″ $\times$ 7′ 9″ (1 Ofen à 2, 2 à 1 Ret.), 1 Scrubber 3′ $\times$ 10′, 1 Wascher, 2 Reiniger (Laming'sche Masse), 1 Stationsgasuhr, 1 Druckregulator, 1 Gasbehälter à 15,000 c′ sächs. Inhalt, ca. 16,000′ Rohrleitung von 5″ bis $1\frac{1}{2}$″ Weite, 82 nasse Gasuhren von J. Pintsch. Anlagecapital incl. Betriebscapital 25,000 Thlr.

Schneeberg-Neustädtel (Sachsen). 11,350 Einwohner. Gründerin und Eigenthümerin: die Neue Gasgesellschaft Wilh. Nolte & Co. Dirigent: Herr F. Lehr. Erbauer: Herr Ph. O. Oechelhäuser. Eröffnet am 11. December 1866 mit 596 Flammen. Die Concession läuft auf 30 Jahre. Nach Ablauf dieser Zeit kann die Gemeinde die Anstalt nach Taxwerth übernehmen, oder der Vertrag läuft auf weitere 30 Jahre. Private zahlen $2\frac{1}{2}$ Thlr. pro 1000 c′ sächs., öffentliche Beleuchtung 3 Pf. pro Laterne und Brennstunde. Produktion bis jetzt 1,023,000 c′ preuss.**) 18 Strassenflammen, 728 Privatflammen; die

---

*) 1000 c′ sächs. = 802 c′ engl.

**) 1000 c′ preuss. = 1091,84 c′ engl.

Vermehrung der ersteren steht bevor. Betrieb mit Zwickauer Steinkohlen. Die Anstalt hat 7 ovale Retorten (2 Oefen à 3, 1 à 1 Ret.), 1 Scrubber, 1 Wascher, 2 Reiniger (Laming'sche Masse), 1 Nachreiniger, 1 Gasbehälter mit 20,700 c′ sächs. Inhalt, 18,800 lfd. Fuss Rohrleitung von 6″ bis 1⅓″ Weite, 54 nasse Gasuhren. Anlagecapital bis 1. Oct. 1867: 40,200 Thlr. Journ. f. Gasbel. 1866 S. 240.

Schönebeck bei Magdeburg. Eigenthümerin: eine Commandit-Gesellschaft. Dirigent: Herr Thieme. Erbauer: die Herren Gebr. Hendrix. Grundcapital 60,000 Thlr.

Schönlinde (Böhmen). Die Fabrik der Herren Hille & Dietrich hat eine eigene Privatgasanstalt.

Schopfheim (Baden). 2500 Einw. Gründer, Erbauer, Eigenthümer und Dirigent: Herr H. Gruner-His, Civilingenieur in Basel. Eröffnet Anfang November 1867. Den Hauptanlass zu dem Unternehmen in dem kleinen und mehr ländlichen Städtchen gaben einige Fabriken, besonders eine Spinnerei, eine Weberei, eine Papierfabrik, sowie der Bahnhof. Das Unternehmen war nur möglich, wenn diese Etablissements gewisse Verpflichtungen eingingen, und dies ist auch geschehen, indem sie sich verpflichtet haben, 10 Jahre lang kein anderes Material zur Beleuchtung zu verwenden. Dafür ist ihnen andererseits vom Unternehmer die Möglichkeit eingeräumt, sich bei dem Unternehmen zu betheiligen, und zwar nach Ablauf von 5 Jahren mit der Hälfte des Anlagecapitals, nach 10 Jahren mit 75 %. Jeder Gasabnehmer kann dann nach Anzahl seiner von Anfang des Unternehmens an eingerichteten Flammen an demselben participiren und nach Verhältniss seines Gasconsums während der letzten 3 Jahre. Die Concession läuft 20 Jahre. Lichtstärke für 5 c′ Gasconsum per Stunde 12 Stearinkerzen-Helle. Gaspreis für Private 5 fl. 30 kr. pro 1000 c′ mit Rabatt für grössere Abnahme. Bei einem Consum von 3 Mill. c′ per Jahr wird der Preis auf 5 fl. ermässigt. Städtischer Gaspreis 4 fl. 30 kr. pro 1000 c′, der auf 4 fl. ermässigt wird. 25 Strassenflammen mit 5 c′ Consum per Stunde und 1200 Brennstunden jährlich, etwa 500 Privatflammen. Betrieb mit Steinkohlen und Zusatz von 5 % Swinter oder Boghead. Die Anstalt hat 5 Thonretorten (1 Ofen à 3, 1 à 2 Ret.), 6 Condensationsröhren von 6″ Weite und 12′ Länge, 1 Scrubber von 12′ Höhe und 4′ Durchmesser, 2 Reiniger von 3′ 3″ Durchmesser und 3′ 3″ Höhe, 1 Stationsgasmesser für 1000 c′ Gas per Stunde, 1 Gasbehälter für 8000 c′,

1 Druckregulator, etwa 12,000 lfd. Fuss Leitungsröhren von $3^1/_2''$ bis $1^1/_2''$ Weite, 46 nasse Gasuhren. Anlagecapital ca. 25,000 fl.

Schortewitz bei Stumsdorf, an der Magdeburg-Leipziger Eisenbahn. Die Schortewitzer Zuckerfabrik hat eine vom Herrn Ingenieur H. Liebau in Magdeburg erbaute Privatgasanstalt für 126 Flammen. Anlage zur Gewinnung der Kohlensäure zu Saturation, verbunden mit der Gasanstalt, Gasometer eingebaut, Gasfabrik angebaut am Knochenkohlenhause. Eröffnet 1860.

Schwabach (Bayern). 6877 Einwohner. Eigenthümerin: die Stadt. Die Anstalt wurde auf 36 Jahre an Herrn **Knoblauch-Diez** in Frankfurt a. M., der sie erbaut und am 25. Juli 1864 eröffnet hat, in Pacht gegeben, der Stadt steht indess das Recht zu, von 12 zu 12 Jahren den Betrieb selbst zu übernehmen. Leuchtkraft 12 Wachskerzen-Helle, 6 auf 1 Pfund, für 4 c′ Gasconsum per Stunde. Gaspreise während der ersten 12 Jahre 5 fl. 48 kr. pro 1000 c′, während der zweiten 12 Jahre 5 fl. 24 kr. und während der dritten 12 Jahre 5 fl. 115 Strassenflammen mit einem Jahresconsum von 520,000 c′, 930 Privatflammen mit einem Jahresconsum von 1 Mill. c′. Betrieb mit Steinkohlen von Zwickau und Stockheim. Die Anstalt hat 11 Retorten (1 Ofen à 5, 2 à 3 Ret.), Reinigung mit Laming'scher Masse und Kalk, 1 Gasbehälter mit 14,000 c′ Inhalt, 22,730′ Leitungsröhren von 6″ bis $1^1/_2''$ Weite, 150 Gasuhren von **Hanues & Kraatz** in Berlin. Coke und Theer werden verkauft. Anlagecapital 75,000 fl., wofür der Pächter 6% als Pacht zu zahlen hat. Journ. f. Gasbel. 1865 S. 59.

Schwäbisch-Gmünd (Württemberg). 8600 Einwohner. Eigenthümerin: die Actiengesellschaft für Gasbeleuchtung in Schwäbisch-Gmünd. Dirigent: Herr A. Geyer. Erbauer: Herr L. A. Riedinger in Augsburg. Derselbe schloss im April 1861 einen Vertrag mit der Stadt auf 36 Jahre ab, die Arbeiten wurden am 1. Juli begonnen und so beschleunigt, dass die Anstalt am 28. December 1861 dem Betrieb übergeben werden konnte. Im Mai 1862 ging die Fabrik von Herrn Riedinger auf die Actiengesellschaft als Eigenthum über. Wird der Vertrag nicht 1 Jahr vor seinem Ablauf gekündigt, so besteht er weitere 6 Jahre fort. Bei Ablösung der Fabrik wird die sich in den letzten 10 Jahren ergebende Durchschnittsrente mit 16 multiplicirt, und dies ergiebt das Ablösungscapital. Das Gas muss eine Leuchtkraft von 14 Stearinkerzen, 6 auf 1 Pfd. für 4$^{1}/_{2}$ c′ engl. Consum besitzen, und steht sowohl der Stadt als auch den Staatsanstalten eine Controlle hierüber zu. Die Stadt bezahlt per Brennstunde und Laterne 4$^{1}/_{2}$ c′ und pro 1000 c′ 4 fl. 36 kr., dagegen Privaten ursprünglich 7 fl. pro 1000 c′, doch ist der letztere Preis von Jahr zu Jahr bis auf 5 fl. ermässigt worden. 120 Strassenflammen mit zusammen 11,227$^{1}/_{2}$ Brennstunden und 3033 Privatflammen mit 3,482,260 c′ Consum. Betrieb mit Saarkohlen (Heinitz und Dechen) mit Beimischung von 1$^0/_0$ böhmischer Plattenkohlen. Die Anstalt hat 14 Thonretorten von Bousquet & Co. in Lyon, (1 Ofen à 6 Ret., 2 à 3, 1 à 2 Ret. theilweise mit Theerheizung), liegende Condensation, Wascher mit Cokefüllung und freiem Wassernachlauf, 2 Reiniger (Laming'sche Masse), Stationsgasuhr, 2 Gasbehälter à 18,000 c′ Inhalt, Regulator, 170 Gasuhren von L. A. Riedinger, 25,000′ Röhrenleitung von 6″ bis 1$^{1}/_{2}$″ Weite. Die Anstalt ist von der Gesellschaft um 130,000 fl. übernommen, durch den Bau des zweiten Gasbehälters ist das Anlagecapital um 10,000 fl. erhöht.

Schwandorf (Bayern). Der Bahnhof der kgl. bayer. privilegirten Ostbahngesellschaft hat eine eigene Privatgasanstalt.

Schwedt (Preussen). 8815 Einwohner. Eigenthümerin: die Stadt. Dirigent: Herr H. Oelert. Erbauer: Herr W. Kornhardt in Stettin, nachdem ca. 5 Jahre mit den Vorberathungen u. s. w. verloren gegangen waren. Eröffnet am 29. September 1865 mit 130 Strassenflammen und 776 Privatflammen. Gaspreis für Privaten 2 Thlr. pro 1000 c′ preuss.*). 136 Strassenflammen mit jährlich 890 Brennstunden in 7 Monaten und 5 c′ Consum pro Stunde, 1150 Privatflammen mit einem Jahresconsum von 1,810,000 c′. Jahresproduktion: 2,698,000 c′. Maximalproduktion in 24 Stunden 19,200 c′, Minimalproduktion 6000 c′. Betrieb mit Steinkohlen von Newcastle. Die Anstalt hat 7 ovale Retorten von Diedier in Stettin 17$^{1}/_{2}$″ × 14″ × 8′, (1 Ofen à 4, 1 à 2, 1 à 1 Ret.), 1 Schaufelcondensator von Kornhardt 20″ im Durchmesser 12′ hoch, 1 Scrubber 3$^{1}/_{2}$′ weit 12′ hoch, 3 Reiniger 5′ × 5′ mit 4 Lagen Laming'scher Masse, 1 Beale'schen Exhaustor, 1 Gasbehälter von 16,000 c′ Inhalt, 25,523′ Rohrleitung von 6″ bis 1$^{1}/_{4}$″ Weite, 148 nasse Gasuhren von S. Elster. Anlagecapital 45,769 Thlr. incl. der auf Stadtrechnung gemachten Privatleitungen.

---

*) 1000 c′ preuss. = 1091,84 c′ engl.

Schweidnitz (Schlesien). 16,000 Einwohner. Eigenthümerin: die Stadt. Dirigent: Herr Schlosser. Erbauer: Herr W. Kornhardt aus Stettin. Eröffnet am 28. August 1863. Leuchtkraft 11 Spermacetikerzen mit 120 Gran Consum per Stunde für 5 c′ Gasconsum per Stunde im Argandbrenner. Die Controle übt der Stadtbaurath und die Gasanstalts-Deputation aus. Gaspreis für Private 2¹/₃ Thlr. pro 1000 c′ preuss.*) und bei Abnahme von 100,000 c′ per Jahr 2 Thlr. 288 Strassenflammen brennen bis 10³/₄ Uhr, 40 derselben bis Morgens und consumirten 1867: 2,012,000 c′, 2280 Privatflammen verbrauchten 4,615,000 c′. Jahresproduktion 1867: 7,500,000 c′. Maximalproduktion in 24 Stunden 42,000 c′, Minimalproduktion 7000 c′. Betrieb mit schlesischer Steinkohle (Wrangelschacht im Waldenburger Revier). Die Anstalt hat 17 ovale Thonretorten 20″ × 14″ × 8′ (1 Ofen à 7, 2 à 4, 1 à 2 nach Kornhardt'schem System), 1 Beale'schen Exhaustor, 1 Schaufelcondensator aus 2 Stück 18″ weiten, 14′ hohen Blechcylindern, 1 Cokescrubber 4′ weit, 18′ hoch, mit Einspritzvorrichtung, 1 Kalkwascher mit Rührvorrichtung, der aber nur als Wasserwascher benutzt wird, 4 Reiniger, jeder mit 25 □′ Querschnitt und 4 Lagen (Eisenoxyd und Kalk), 2 Gasbehälter mit je 20,000 c′ Inhalt, 44,500′ Rohrleitung von 7″ bis 2″ Weite, 350 nasse Gasuhren von Elster. Coke, Theer und Grünkalk werden verkauft, Ammoniakwasser an die Bauern gratis abgegeben. Anlagecapital 70,000 Thlr.

Schweinfurt (Bayern). 10,000 Einwohner. Die Anstalt wurde 1857 von Herrn L. A. Riedinger erbaut, später an eine von demselben gegründete Actiengesellschaft abgetreten, welche die Fabrik betreibt. Die Stadt ist mit Actien betheiligt. Anlagecapital 125,000 fl. Steinkohlenbetrieb. Im Jahre 1859 kosteten die Strassenflammen 1 kr. pro Stunde und Flamme, Private zahlten 7 fl. 24 kr. pro 1000 c′ engl. Es waren damals 154 öffentliche und 1547 Privatflammen vorhanden. Der Fragebogen ist nicht beantwortet worden.

Schwelm (Westphalen). 6500 Einwohner. Hat seit 1857 Gasbeleuchtung. Jahresproduktion 6 bis 7 Mill. c′.

Schwerin (Mecklenburg). Der Fragebogen ist nicht beantwortet worden. Die Statistik von 1862 enthält folgende Angaben: 24,000 Einwohner. Eigenthümer und Dirigent: Herr G. Lindemann daselbst,

---

*) 1000 c′ preuss. = 1091,84 c′ engl.

in Firma: G. Lindemann & Co. Der Contrakt mit dem Magistrate der Stadt läuft von Michaelis 1854 auf 35 Jahre. Bei Ablauf dieser Zeit sind fernere Vereinbarungen offen gelassen. Die Anstalt wurde in den Jahren 1853 bis 1855, in der ungünstigsten Periode, wo Eisen und Frachten mehr als das Doppelte des jetzigen Preises kosteten, durch den jetzigen Besitzer erbaut, und am 1. April 1855 eröffnet. Erweiterungen sind fast jährlich nöthig geworden und noch immer nicht beendigt. Betrieb mit englischen Steinkohlen. Der jährliche Consum hat sich von 6 Mill. c′ auf 12 Mill. c′ engl. gehoben. Die Lichtstärke des Gases soll der von 12 Wachskerzen gleich sein, von denen jede 13″ lang ist, und 6 Stück 26 Loth wiegen. 400 Strassenflammen mit nur je 856 Brennstunden im gegenwärtigen Jahre und 5 c′ hamb. Consum pro Stunde; 5000 bis 6000 Privatflammen. Für die Strassenflammen wird pro Flamme und Stunde $\frac{1}{3}$ Schilling Mecklenburg. Cour. (5/24 Sgr. preuss.) bezahlt, Private zahlen $2\frac{1}{3}$ Thlr. pro 1000 c′ hamb. Maass*). Die Anstalt hat 30 englische Chamotteretorten, 2 Wasserapparate zur Bindung des Ammoniaks, 1 aufrechtstehenden Condensator zur Theerabsonderung, 4 Reiniger (Laming'sche Masse) zur Entfernung des Schwefels, 2 Exhaustoren, wovon gewöhnlich nur einer in Gebrauch (eigener Construktion), 2 Gasbehälter mit je 25,000 c′ engl. Inhalt, nasse Gasuhren aus verschiedenen Fabriken. Die Nebenprodukte werden verarbeitet. Aus Theer wird Benzin, Photogen, Gasäther, Naphthalin u. s. w. bereitet und der Rest verkauft oder zur Heizung der Retorten verwandt; aus dem Ammoniakwasser werden werthvolle Dungstoffe, schwefelsaures Ammoniak u. s. w. hergestellt, die auf den in der Nähe gelegenen Gütern des Besitzers zur Düngung dienen. Anlagecapital gegenwärtig reichlich 260,000 Thlr. preuss.

Schwiebus (Preussen). 7615 Einwohner. Eigenthümerin: die Stadt. Dirigent: Herr Ehrhardt. Die Anstalt ist unter der Leitung des Herrn Fabrikbesitzers G. F. Dornbusch in Berlin erbaut, die Gebäude hat Herr Baumeister Lobach mit den Maurermeistern Herren Bohne, Kramm und Zimmermann ausgeführt. Eröffnet am 10. November 1865. Gaspreis 2 Thlr. 15 Sgr. pro 1000 c′. 86 Strassenflammen und ca. 800 Privatflammen. Jahresprod. 1866: 1,997,200 c′. Betrieb mit Kiefernholz aus der Umgegend. Die Anstalt hat 10 ovale Thonretorten (1 Ofen à 5, 1 à 3, 1 à 2 Ret.), 4 Reiniger (Kalk), 1 Gas-

---

*) 1000 c′ hamb. = 831,15 c′ engl.

behälter mit 20,000 c' Inhalt, 17,900' Leitungsröhren von 5" bis 2"
Weite, 107 nasse Gasuhren von Jahn, Pintsch und S. Elster.
Nebenprodukte werden bis auf den Holzessig verwerthet. Anlage-
capital 40,000 Thlr.

Seesen (Braunschweig). 3052 Einwohner, meistens Ackerbau
treibende Bevölkerung. Eigenthümerin: die Stadt. Gründer und Dirigent: Herr Bürgermeister Kruse. Erbauer: Herr Ingen. W. Clauss
in Braunschweig. Die Gebäude und das Gasbehälterbassin sind nach
dessen Plänen von der städtischen Baudeputation ausgeführt. Der
Bau wurde am 13. Mai 1866 begonnen und am 16. October 1866
eröffnet. Gaspreis bis zum 1. November 1867 2 Thlr. 20 Sgr., seitdem 2 Thlr. 15 Sgr. pro 1000 c' engl. Der Bahnhof, welcher circa
300,000 c' jährlich verbraucht, zahlt 2 Thlr. 5 Sgr., die Stadt 1 Thlr.
20 Sgr. pro 1000 c' engl. Jahresproduktion vom 1. Nov. 1866/67:
1,282,000 c' engl. Maximalproduktion in 24 Stunden 9700 c', Minimalproduktion 900 c'. 42 Strassenflammen mit je 5½ c' Consum per
Stunde und 4600 c' Jahresconsum brennen von Dunkelwerden bis
11 Uhr (Sonntags bis 11½ Uhr) mit Ausnahme der Zeit vom 6. Mai
bis 22. August und der Mondscheinabende. 516 Privatflammen. Betrieb
mit westphälischen Steinkohlen (Hibernia). Die Anstalt hat 5 ovale
Chamotteretorten von Oest Wwe. (2 Oefen à 2, 1 à 1 Ret.), 2 combinirte Scrubber (unten Kalkwäsche, oben Wasserberieselung), 3 Reiniger 4' × 4' × 4' mit je 4 Horden (Laming'sche Masse), Stationsgasuhr, 1 Gasbehälter von 10,000 c' Inhalt, 1144' 4zöll., 542' 3zöll.,
789' 2½ zöll., 3319' 2zöll., 3578' 1½ zöll. Rohrleitung, 590' 1zöll.
und 1704' ¾ zöll. Ableitungsröhren, 117 nasse Gasuhren von S. Elster.
Nebenprodukte werden bis auf das Ammoniakwasser verwerthet. Anlagecapital 17,919 Thlr. Die Amortisation geschieht in den ersten 5 Jahren
mit 1½%, in den zweiten 5 Jahren mit 2%, von da ab jährlich mit
2½% des Anlagecapitals, währt also 43 Jahre.

Segeberg (Holstein). 4774 Einwohner. Eigenthümerin: die Gasgesellschaft in Segeberg. Dirigent: Herr Gasinspector Chr. Fr.
Schmüser. Im October 1855 wurde die erste Anregung von Herrn
Schmüser gegeben, am 21. December desselben Jahres constituirte
sich die Gesellschaft, und am letzten December 1856 fand die Eröffnung der von dem Hauptmann a. D., Herrn G. v. Kameke, erbauten Anstalt statt. Im Juli und August 1857 wurden jedoch die

Oefen wieder abgebrochen und vom Architecten, Herrn Mohr in
Elmshorn neu aufgeführt, zu gleicher Zeit auch vieles Andere an der
ersten Einrichtung abgeändert, Die Concession datirt vom 4. November
1856, die ministerielle Bestätigung der Statuten vom 30. Aug. 1856.
Nach Ablauf von 40 Jahren vom 1. Juli 1857 an kann die Commune
gegen von Sachverständigen ermittelten Taxationswerth die Anstalt
alljährlich übernehmen; muss sodann 2 Jahre vorher die Anzeige
machen. 51 Strassenflammen (neben 9 Oelflammen) mit je 1150 Brennstunden im Jahre und 4 c′ Gasconsum pro Stunde, 134 Privatabnehmer
mit 456 Gasuhrflammen oder eingerichteten 1240 mittleren Flammen.
Für jede Strassenflamme werden jährlich 10 Thlr. R.-M.*) vergütet,
Private zahlen 3 Thlr. R.-M. pro 1000 c′ Gas. Betrieb mit englischen
Steinkohlen. Produktion im letzten Betriebsjahr 1,885,323 c′; im De-
cembermonat 317,036 c′, im Juni 39,030. Der Consum der Strassenflammen betrug 249,913 c′, derjenige der Privatflammen 1,615,785 c′,
Kohlenverbrauch in demselben Jahre 1480 hamb. Tonnen. Die Anstalt hat 6 eiserne Retorten (5 grössere ⌒ förmig 8′ 6″ lang, 2′ 2″
breit, 16½″ hoch und 1 kleinere 6′ 10″ × 19½″ × 15″ hamb. Mass),
2 Ret. im Maximum und 1 Ret. im Minimum in 1 Ofen, 150½′ Röhrencondensation von der Vorlage bis zum Waschkasten, (der Condensator
selbst besteht aus 8 Röhren, zu 9′ und 1 desgl. zu 7′ nebst 4 Ver-
bindungsstücken zu 4′ engl., mithin 95′ engl. vom Theerabfluss an gerechnet), 2 Wäscher mit continuirlich zufliessendem Wasser, die abwechselnd gebraucht werden, 1 mit Coke gefüllten Trockenkasten,
2 Reiniger mit je 2 Abtheilungen mit je 3 Horden, zusammen 60¾ □′
hamb. Hordenfläche (Laming'sche Masse), 2 Gasbehälter von je 4000 c′
Inhalt, 15,200 hamb. Fuss Röhrenleitung von 6″ bis 1½″ englisch
Weite, 136 nasse Gasuhren. Anlagecapital 36,000 Thlr. R.-M. Für
spätere Bauten verausgabte 2851 Thlr. 25 Schill. sind aus den Ein-
nahmen amortisirt.

Sharley (Schlesien). Die Colonie hat 2100 Einwohner und
ca. 800 auswärts wohnende Arbeiter, welche auf den Etablissements
der Gruben arbeiten. Eigenthümerin: die Gewerkschaft der Sharleygrube. Dirigent: Herr Maschinenmeister Freudenberg. Durch
die Anlage einiger grosser Aufbereitungsanstalten und wegen des aus-
gedehnten Maschinenbetriebes der Sharleygrube stellte sich schon vor

---

*) 1 Thaler Reichsmünze = 96 Schillinge = ¾ Thlr. preuss.

6 Jahren das Bedürfniss heraus, eine gute und billige Beleuchtung einzurichten. Erbauer: Herr W. Kornhardt in Stettin. Eröffnet im November 1863. Die Gaspreise sind verschieden, an Nachbargruben wird das Gas zu 1 Thlr. pro 1000 c', an Private zu $1^2/_3$ Thlr. abgegeben. 50 Strassenflammen und 265 Flammen in Gebäuden. Jahresproduktion 1867: 4,070,350 c'. Betrieb mit Kleinkohlen aus der Königsgrube. Die Anstalt hat 10 ovale Chamotteretorten (2 Oefen à 4, 1 à 2 Ret.), 1 Cokecondensator, 1 Schaufelcondensator, 1 Kalkwaschmaschine, 1 Exhaustor, 2 Reiniger 4' $\times$ 4', 1 Gasbehälter mit 4500 c' Inhalt, 5300' Rohrleitung. Anlagecapital 16,100 Thlr.

Siegburg (Rheinpreussen). 4012 Einwohner. Eigenthümerin: die Stadtgemeinde. Dirigent: Herr Schäfer. Der Beschluss der Behörde über Einführung der Gasbeleuchtung datirt vom 3. Februar 1862, der Bau, der von den Herren Communalbaumeister Court und Gasingenieur Maier ausgeführt wurde, wurde im August 1862 begonnen, und am 1. Jan. 1863 eröffnet. Leuchtkraft für 5 c' Consum per Stunde 10 Stearinkerzen-Helle, 6 auf 1 Pfd. Gaspreis 2 Thlr. pro 1000 c', die Provinzial-Irrenanstalt hat 10% Rabatt. Die öffentliche Beleuchtung erfolgt ohne jedwede Entschädigung resp. ohne einen Zuschuss von der Stadtgemeinde. Jahresproduktion 1866: 4,310,500 c'. 40 Strassenflammen u. 1580 Privatflammen, letztere consumirten 2,522,600 c' Gas. Betrieb mit westphälischen Steinkohlen (Zeche Holland). Die Anstalt hat 9 Thonretorten ⌓ förmig von Möhl & Co. in Mühlheim a/R. (3 Oefen à 3 Ret.), Luftcondensator mit 6 senkrechten 5zöll. Röhren, Scrubber von $2^1/_2$' Durchmesser und 7' Höhe, 3 Reiniger, 1 Gasbehälter von 15,000 c' Inhalt, 227 nasse Gasuhren v. Th. Spielhagen in Berlin und Moran in Cöln. Coke und Theer werden verkauft. Anlagecapital 25,000 Thlr. Journ. f. Gasbel. 1864 S. 68, 1867 S. 221.

Siegen (Westphalen). 8000 Einwohner. Eigenthümerin: eine Commandit-Gesellschaft unter der Firma: „W. Francke & Co.". Gerant und Erbauer: Herr W. Francke, Director der Gasanstalt in Dortmund. Die Concession datirt vom 17. Mai 1861 und läuft 25 Jahre. Nach Ablauf kann die Stadt die Anstalt gegen eine Kaufsumme übernehmen, welche sich ergibt, wenn der durchschnittliche einjährige Reinertrag der letzten 10 Jahre mit 10 multiplizirt wird, oder auch nach dem Taxwerthe. Leuchtkraft 12 Wachskerzen-Helle, 6 auf 1 Pfd., 9 bis 10'' lang, für 5 c' engl. Gasconsum pro Stunde.

20*

Gaspreis für Private $2^5/_6$ Thlr. pro 1000 c′ preuss.*), eine weitere
Ermässigung auf $2^2/_3$ Thlr. tritt 6 Jahre nach Eröffnung des Betriebes
ein. 102 Strassenflammen, für welche bei 1000 Brennstunden jährlich
pro Flamme und Stunde 3,3 Pf. bezahlt wird, 1925 Privatflammen.
Jahresproduktion 4,500,000 c′. Betrieb mit westphälischen Kohlen
(meist Hannibal). Die Anstalt hat 11 Retorten, (1 Ofen à 5, 1 à 3,
1 à 2, 1 à 1 Ret.), 1 Röhrencondensator mit 6 Stück 6 zöll. Röhren,
1 Wascher, 4 Reiniger (Laming'sche Masse), 1 Gasbehälter zu 30,000 c′
preuss. Inhalt, Röhrenleitung von 7″ bis 1″. Nebenprodukte werden
verwerthet. Anlagecapital 45,000 Thlr.

Sigmaringen (Preussen). 2800 Einwohner. Eigenthümerin: die
Gesellschaft für Gasindustrie in Augsburg. Deren Director: Herr L.
Winterwerber. Dirigent der Anstalt: Herr Walter. Gründer
und Erbauer: Herr L. A. Riedinger. Eröffnet am 15. Jan. 1862.
Leuchtkraft 12 Stearinkerzen, 6 auf 1 Pfd. für $4^1/_2$ c′ engl. Gas.
Gaspreis für die Strassenbeleuchtung $1^1/_4$ kr. pro Flamme und Stunde,
für Privaten 7 fl. pro 1000 c′ engl. 33 Strassenflammen mit zusammen
44,000 Brennstunden im Jahr, 1090 Privatflammen mit einem durchschnittlichen Jahresconsum von 723 c′. Jahresproduktion 1 bis $1^1/_4$ Mill. c′.
Maximalproduktion in 24 Stunden 5500 c′, Minimalproduktion 1000 c′.
Betrieb mit Tannenholz aus der Umgegend. Die Anstalt hat ⌂ Retorten in Einer-Oefen, Reinigung mit Kalk, 8000′ Rohrleitung von
5″ bis $1^1/_2$″ Weite, nasse Gasuhren von L. A. Riedinger.

Sitten (Schweiz). Die Anstalt ist von Herrn Ingen. J. P. Gräser
erbaut, und Anfangs 1868 eröffnet.

Smichow (Vorstadt von Prag). 18,000 Einwohner. Eigenthümerin:
Die allgemeine österreich. Gasgesellschaft in Triest. Betriebs-Director:
Herr C. Korte. Die Gesellschaft übernahm das dem Fabrikanten,
Herrn Fr. Ringhoffer in Smichow von der Commune dieses sehr
industriösen Ortes ertheilte Privilegium am 4. Juli 1857 und führte
den Bau des Gaswerkes in eigener Regie durch ihren technischen
Oberleiter Herrn L. Stephani aus. Bei dem Bau waren beschäftigt
Anfangs der Ingenieur Herr E. Hansberger und dann zur Vollendung
der Ingenieur Herr C. Korte. Der Betrieb begann im September
1858, und entwickelte sich seither in regelmässigem Verlaufe. Der Vertrag

---

*) 1000 c′ preuss. = 1091,84 c′ engl.

mit der Commune läuft vom 1. October 1857 an 20 Jahre, und ertheilt für diese Zeit das Privilegium exclusivum. Nach Ablauf der 20 Jahre hat die Commune das Recht, nicht aber die Pflicht, die ganze Anstalt nach einer Schätzung von beeidigten Sachverständigen nicht als blosses Material, sondern mit Rücksicht auf Zweck, Brauchbarkeit, Umfang und Ertragsfähigkeit an sich zu kaufen. Leuchtkraft ist contractlich nicht vorgeschrieben, das aus der in der Nähe liegenden Kohle erzeugte Gas hat jedoch bei guter Reinigung pro 5 c' engl. Consum pro Stunde 8 bis 9 Londoner Spermacetikerzen-Helle, 6 auf 1 Pfd. 81 Strassenflammen, die bis 11 Uhr Nachts brennen, mit gänzlicher Auslassung der Mondscheinnächte; 4150 Privatflammen mit einem durchschnittl. Jahresconsum von 2200 c' engl. Jährliche Produktion 8,145,000 c'; im Maximum 56,000 c', im Minimum 7000 c' pro 24 Stunden. Der Preis pro 1000 c' Gas für die Strassenbeleuchtung beträgt 2 fl. 80 kr. österr. W., für Private ist kein Preis contractlich festgesetzt, jedoch ist derselbe 5 fl. 75 kr. bei gewöhnlichen Abonnenten, mit entsprechenden Rabatten für die grossen Fabriken. Die Anstalt hat incl. der Reserve 20 Thonretorten 8' lang, Condensator, 1 Wascher, 4 gewöhnliche Kalkreiniger (Kalk), 22,000' Leitungsröhren von 9'' bis 1'' Weite, nasse Gasuhren meist von Siry Lizars & Co., versuchsweise auch einige trockene. Das Anlagecapital beträgt gegenwärtig 206,000 fl. Näheres s. Journ. f. Gasbel. Jahrg. 1860 S. 356, 1861 S. 426, 1862 S. 448, 1863 S. 392, 1864 S. 415, 1865 S. 404, 1866 S. 432, 1867 S. 528.

Soden bei Frankfurt, Badeort, hat Gasbeleuchtung. Die Anstalt ist von den Herren Gebr. Joos in Worms erbaut.

Soest (Westphalen). 11,000 Einwohner ohne 534 Mann Militär. Eigenthümerin: die Actiengesellschaft für Gasbeleuchtung. Dirigent: Herr Geometer Heim. Im December 1860 veranlasste der Stadtverordnete, Herr Geometer Heim den Zusammentritt eines aus den Herren Rathmann Kaufmann Heunert, Stadtverordneten v. Köppen und Schütte, Kaufleuten E. W. Holtzwadt und G. Schüerhoff bestehenden Comité's, welches sich mit der Gründung einer Actiengesellschaft zur Erbauung eines Gaswerkes beschäftigte, und im Sommer 1862, nach Ueberwindung aller möglichen Einreden und Widersprüche, endlich ein Actiencapital von 36,000 Thlr. zusammengebracht hatte. Der Baumeister Herr Heyden zu Barmen fertigte die Pläne und führte vom April bis zum 24. November 1863, dem Eröffnungstage, den Bau der Anstalt aus. Die Gesellschaft ist auf 30 Jahre gegründet.

Die Stadt, die mit 10,000 Thlr. betheiligt ist, stimmt in den Generalversammlungen so lange mit $^1/_3$ sämmtlicher anwesender Stimmen,
bis sie 20,000 Thlr. oder 20 Actien besitzt, dann stimmt sie nach
Anzahl ihrer Actien. Nach 15 vollen Betriebsjahren loost die Stadt
jährlich 20 Actien aus und zwar zum Nominalwerthe. Der Gaspreis
beträgt für Privaten 2$^1/_3$ Thlr., für die Stadt und die fiskalischen Anstalten 2 Thlr. pro 1000 c'. Lichtstärke 14—16 Stearinkerzen, 6 auf
1 Pfd. Produktion 1866/67: 3$^1/_6$ Mill. c', dieselbe wird sich, nachdem
vom 1. Januar 1868 sich der Bahnhof betheiligt, um mindestens 1 Mill.
heben. 97 Strassenflammen mit je 987 Brennstunden und 6 c' Consum
per Stunde beleuchten bis jetzt nur etwa $^1/_3$ der Stadt. (Die Stadt
enthält in ihren Ringmauern 3$^1/_4$ Meile Strassen, worunter viele nur
von Gärten begrenzt werden.) 217 Privatconsumenten. Die Privat-
betheiligung ist trotz des Reichthums der Stadt so gering, weil Soest
ohne alle Industrie eine bloss Ackerbau treibende Stadt ist. Betrieb
mit westphälischen Steinkohlen (Gelsenkirchen). Die Anstalt hat 12
Retorten (2 Oefen à 5, 1 à 2 Ret.), 1 Wascher, 4 Reiniger (Kalk),
1 Gasbehälter von 25,000 c' Inhalt, 28,840' rhl. Röhrenleitung von 8''
abwärts, 217 nasse Gasuhren von S. Elster und Kromschröder.
Anlagecapital 36,000 Thlr.

Solingen (Rheinpreussen). Der Fragebogen ist nicht beantwortet
worden. Die Statistik von 1862 enthält folgende Angaben: 6000
Einwohner. Eigenthümerin: eine Commandit-Actiengesellschaft unter
der Firma: Wilh. Ritter & Co. Gründer des Unternehmens, Erbauer
und Dirigent der Anstalt: Herr Ingenieur W. Ritter. Die Concession läuft vom 1. October 1859 an 30 Jahre. Nach Ablauf dieser
Zeit kann die Commune das Werk für den Kostenpreis übernehmen,
worüber dieselbe sich 1 Jahr vorher zu erklären hat. Unterbleibt diese
Erklärung, so läuft der Vertrag stillschweigend 20 Jahre weiter mit
der Wirkung, dass die Commune bei Ablauf dieser Zeit in den unentgeldlichen Besitz der ganzen Anstalt tritt. Die Anstalt wurde nach
einer Bauzeit von 6$^1/_2$ Monaten am 19. October 1859 eröffnet, mit
85 Strassen- und 1456 Privatflammen. Am 30. April 1860 waren
89 Strassen- und 1600 Privatflammen vorhanden, und am 30. April
1861: 89 Strassen- nnd 2044 Privatflammen. Die Lichtstärke einer
Strassenflamme (Schnittbrenner aus Speckstein) soll bei 5 bis 5$^1/_2$ c'
preuss. Consum pro Stunde wenigstens 10 Wachskerzen-Helle sein,
ist aber in der Regel bei 5 c' mindestens 15, wovon 6 auf 1 Pfund-

packet (26—27 Loth altes preuss. Gewicht) gehen, bei $9^1/_2''$ Kerzen-
länge. Die Brennzeit einer Strassenflamme ist in diesem Jahr 988
Stunden, der Durchschnittsconsum einer Privatflamme war im vorigen
Jahre 1686 c'. Für die Strassenbeleuchtung werden für 900 Stunden
$9^1/_2$ Thlr. bezahlt und für jede 100 Stunden mehr 1 Thlr. Nach dem
Satze ad $9^1/_2$ Thlr. und 5 c' Consum pro Stunde berechnet sich der
Gaspreis für städtische und fiscalische Gebäude, der also 2 Thlr. 3 Sgr.
4 Pf. pro 1000 c' beträgt. Der Privatpreis ist 3 Thlr. pro 1000 c'
preuss.*) Die gesammten Preise ermässigen sich bei 4000 Flammen
um $5^0/_0$ und bei 6000 Flammen um $10''/_0$. Im Maximum wurden im
vorigen Jahre 31,200 c', im Minimum 4500 c' pro 24 Stunden producirt. Betrieb mit westphälischer Steinkohle (Hibernia). In 4 nebeneinander stehenden Oefen liegen 16 Retorten $(3 + 5 + 5 + 3)$, die
Hälfte hat bisher ausgereicht. Die Retorten aus Thon haben einen
☐ Querschnitt von $17^1/_2''$ Breite und $12^1/_2''$ Höhe (abgerundete Kanten)
und $7^1/_4'$ preuss. nutzbare Länge, $2^1/_4''$ Wand-, $3^1/_2''$ Boden- und $4^1/_2''$
Kopfstärke. Der Reinigungsapparat besteht aus 1 Luftcondensator
mit $231^1/_3$ ☐' Kühlfläche, 1 Wascher in 2 Abtheilungen mit $86^1/_2$ ☐'
Kühlfläche, 4 Reinigern mit zusammen 320 ☐' Hordenfläche (Kalkhydrat). 1 Gasbehälter hat 36,000 c' preuss. Inhalt. Die Länge der
Röhren ist gegenwärtig 22,600' preuss., nämlich: 1900' 6 zöll., 600'
5 zöll., 600' 4 zöll., 150' 3 zöll., 10,850' 2 zöll. und 2900' $1^1/_2$ zöll. Im
Laufe dieses Sommers werden 3800' 2 zöll. Röhren gegen 2800' 4 zöll.
und 1000' 3 zöll. ausgewechselt. Auch wird die Leitung wenigstens um
1400' (2 zöll. Röhren) verlängert, und alsdann ca. 24,000' betragen.
291 nasse Gasuhren sind von W. H. Moran in Cöln. Nebenprodukte
werden verkauft. Das Anlagecapital war am 30. September 1861:
62,078 Thlr. 4 Sgr. 4 Pf.

Solothurn (Schweiz). 6000 Einwohner. Eigenthümerin: „die Gas-
Actiengesellschaft Solothurn." Dirigent: Herr A. Terray. Erbauer:
Herr L. A. Riedinger in Augsburg. Eröffnet am 12. Nov. 1860.
Die gegenwärtige Gesellschaft wurde am 1. Januar 1861 gebildet.
Die Concession läuft 36 Jahre. Die Stadt kann das Unternehmen er-
werben, wenn sie die einbezahlten Actien nach der ihnen beim letzten
Abschlusse zugefallenen Jahresrente, mit dem zwanzigfachen Werthe
dieser Rente einlöst. Stünde die Jahresrente unter $5^0/_0$, so müsste

---

*) 1000 c' preuss. = 1091,84 c engl.

nichts destoweniger 5% als Basis angenommen werden. Leuchtkraft
für 5 c′ engl. Consum 10 Wachskerzen, 4 auf 1 Pfd., bei deren
günstigster Flammenhöhe von 22 Duodezimallinien engl. Gaspreis für
Privaten 14¹/₂ Francs*) pro 1000 c′ engl., die Stadt zahlt 5 Centimes
pro Stunde für 112,000 Brennstunden, und für Alles was darüber ist
4¹/₂ Cent. 85 Strassenflammen mit 119,985 Brennstunden und 571,257 c′
Consum, 1720 Privatflammen mit 1,742,790 c′ engl. Consum. Jahresproduktion 2,445,800 c′ engl. Maximalproduktion in 24 Stunden
15,700 c′, Minimalproduktion 2000 c′. Betrieb mit Saarbrücker Steinkohlen (Heinitz). Die Anstalt hat 7 ovale Retorten (1 Ofen à 3,
2 à 2 Ret.), 1 Condensator mit liegenden Röhren, 1 Wascher, 2 Reiniger
7′ × 7′ × 3¹/₂′ mit je 5 hölzernen Horden, 1 Stationsgasuhr, 1 Regulator, 1 Gasbehälter mit 21,000 c′ Inhalt, 216 nasse Gasuhren von
L. A. Riedinger. Coke und Theer wird verkauft. Anlagecapital
220,000 Francs.

Sommerfeld (Preussisch-Brandenburg). 8—9000 Einwohner. Eigenthümer: der Magistrat der Stadt Sommerfeld. Dirigent: Herr O.
Schulz, unter einer Gasdeputation, die aus Magistratsmitgliedern und
Stadtverordneten zusammengesetzt ist. Der Magistrat gründete die
Anstalt 1857 behufs der Herstellung einer guten öffentlichen Beleuchtung in Folge des lebhaften Aufblühens der dortigen Tuchfabrikation
in den fünfziger Jahren. Sie wurde von Herrn R. Firle, Director
der Breslauer Anstalt, gebaut und Anfang December 1857 in Betrieb
gesetzt. Da die Tuchfabrikation in den ersten 5 Jahren des Bestehens der Gasanstalt eher zurück als vorwärts ging, so erschien die
Anstalt für die bestehenden Verhältnisse reichlich gross, was zu vielen
Klagen Veranlassung gab; in den letzten 5 Jahren hat sich jedoch
der Consum so gehoben, dass die Zweckmässigkeit der etwas grossen
Anlage sich täglich mehr bewährt. Der Gaspreis für Private beträgt
seit Neujahr 1867 pro 1000 c′ preuss. 2 Thlr. 10 Sgr. und erhalten
dabei die Consumenten, welche jährlich für 100 Thlr. Gas und darüber brauchen, 5% Rabatt. Im Jahre 1866 betrug die Produktion
5,091,640 c′, im December 787,120 c′, im Juni 101,680 c′. An Privaten sind per Gasmesser 4,125,400 c′ abgesetzt worden; 2000 Privatflammen brauchten 1866 hiernach durchschnittlich je 2063 c′. 85
Strassenflammen à 5 c′ Consum per Stunde brauchten 549,527 c′ Gas.

---

*) 1 Franc = 100 Centimes = 8 Silbergr. = 28 kr. südd. Währ.

Sie brennen sämmtlich bis 11 Uhr, und 30 Stück nach 11 Uhr, die Gesammtbrennzeit einer Flamme beträgt ca. 1650 Stunden pro Jahr. Betrieb mit Waldenburger Kohlen (Wrangel- und von der Heydt Schacht) — 1 Tonne ergab 1530 c′ Gas. — Die Anstalt hat 18 ovale Chamotteretorten von O e s t Wwe. in Berlin, (1 Ofen à 1, 2 à 3, 1 à 5, 1 à 6 Ret.), der Ofen mit 6 Ret. ist zur Theerfeuerung eingerichtet, 1 Condensator mit 6 Doppelröhren 6″ weit und 14′ hoch, 1 Coke-scrubber 8$\frac{1}{2}$′ × 4′ × 4′, 1 Wascher 5′ × 2$\frac{3}{4}$′ × 3′, 4 trockene Reiniger 8$\frac{1}{2}$′ × 4′ × 4′ mit je 4 Horden, B e a l e 'schen Exhaustor seit 1865 im Betriebe, jedoch nur im Winter — Reinigung mit L a m i n g'-scher Masse, theils mit Kalk. — Gasbehälter von 27,000 c′ Inhalt, 44′ Durchmesser, 18$\frac{1}{2}$′ hoch. — Bei der Eröffnung waren 18,515′ Röhrenleitung vorhanden, nemlich 837′ 6 zöll., 2520′ 5 zöll., 2520′ 4 zöll., 1611′ 3 zöll., 1617′ 2$\frac{1}{2}$ zöll., 5034′ 2 zöll., 3700′ 1$\frac{1}{3}$ zöll. und 676′ diverse Röhren. Seitdem ist die Leitung erweitert worden. 190 Gasmesser von S. E l s t e r, P i n t s c h und S p i e l h a g e n in Berlin. Die Nebenprodukte werden verwerthet. Das Anlagecapital beträgt excl. des Betriebscapitales 55,000 Thlr., und wird mit 3$\frac{1}{2}$ bis 5% von der Anstalt verzinst. Das Anlagecapital wird mit 2% amortisirt.

Sonderburg auf Alsen (Schleswig) soll mit Gasbeleuchtung versehen sein.

Sondershausen (Schwarzburg - Sondershausen). 7000 Einwohner. Eigenthümerin: die Stadt, welche die Anstalt an die Herren B e n n-w i t z & W e i g e l von 1863 an auf 15 Jahre verpachtet hat. Dirigent: Herr A. F u n k e. Die Anstalt wurde im Sommer 1857 als Holzgasanstalt erbaut, wurde jedoch bald auf Steinkohlenbetrieb abgeändert. Mangelhafte Einrichtung erwies sowohl den einen als den anderen Betrieb als unvortheilhaft. Ende 1858 waren vorhanden: 1 Ofen mit 5 guss-eisernen Retorten, 1 desgl. mit 2 Ret., 1 desgl. mit 1 Ret., 3″ weite Steigeröhren, Vorlagen, 120′ Condensationsröhren 5″ weit, 2 Wascher, 4 kleine Kalkreiniger von je 25 c′ Inhalt, 1 Gasbehälter von 12,000 c′ rhl.*), 16,500′ rhl.**) Röhrenleitung von 5″ bis 2″ Weite, 110 Strassenflammen und 902 Privatflammen. Die Oefen waren zur Cokefeuerung eingerichtet, der Condensator wirkte unvollständig für den Holzgasbetrieb, die Steinkohlen (Zollverein) berechneten sich dagegen zu theuer (22$\frac{1}{2}$

---

*) 1000 c′ rhl. = 1091,84 c′ engl.

**) 1 Fuss rhl. = 1,02972 Fuss engl.

bis 25 Sgr. pro Scheffel*) und gaben einen Gasertrag von 250 bis
300 c' rhl. Nach einmonatlichem Steinkohlenbetriebe wurde zur Anwendung von Steinkohlen und Holz übergegangen, d. h. nur soviel
Steinkohlen vergast, als zur Gewinnung der Feuerungs-Coke nöthig
waren. Dann wurde wieder ausschliesslich auf Holz übergegangen, und
ausschliesslich Aspen- und Birkenholz, seltener Buchenholz verwendet,
dabei die Feuerung mit Rodewurzeln und Rodeklötzen bewirkt. Trotz
aller Anstrengungen ging aber der Betrieb immer rückwärts, so lange
derselbe von Seite der Stadt geführt wurde. Der Gasconsum betrug 1858:
2,208,320 c', 1859: 1,701,600 c', 1860: 1,423,500 c'. Seit die Anstalt
in Pacht gegeben ist, nimmt die Entwickelung wieder erfreulichen Auf-
schwung; im Jahre 1866 betrug der Consum schon wieder 1,800,000 c'
und im Jahre 1867 wird er bedeutend grösser werden. Die Gaspreise
stellen sich für kleine Consumenten bis zu 10,000 c' Jahresconsum auf
$3^1/_3$ Thlr. pro 1000 c', bis zu 50,000 c' Consum auf 3 Thlr., bei
grösserem Consum auf $2^5/_6$ Thlr. Die Stadt zahlt für die Strassenbeleuchtung $2^1/_2$ Thlr. pro 1000 c', bis ein Gesammtconsum von
$2^1/_4$ Million erreicht ist, alsdann erniedrigt sich für jeden Consumenten
der Preis um $7^1/_2$ Sgr. pro 1000 c'. Die Lichtstärke einer Flamme
von 5 c' pro Stunde soll gleich 12 Wachskerzen sein, 6 auf 1 Pfd.,
und 11'' lang mit $1^5/_8$'' engl. Flammenhöhe. Spec. Gewicht des Gases
beträgt 0,48—0,5. 116 Strassenflammen und 1100 Privatflammen.
Erstere müssen contraktlich per Jahr $1/_2$ Mill. c' consumiren. Betrieb
mit westphälischen und Zwickauer Steinkohlen. Die Anstalt hat jetzt
6 Thonretorten (1 Ofen à 3, 1 à 2, 1 à 1 Ret.), 5 zöll. Aufsteigröhren,
Condensator von 120' Länge, Wascher, Scrubber, 4 Reiniger (Reinigung
mit Masse eigener Composition, welche 12—16,000 c' Gas pro 1 c'
Masse reinigt). Journ. f. Gasbel. 1862 S. 98.

Sonneberg (Sachsen-Meiningen). 6000 Einwohner. Eigenthümerin:
die Actiengesellschaft für Gasbeleuchtung in Sonneberg. Dirigent:
Herr C. Hermann. Erbauer: Herr E. Spreng. Eröffnet den 2. Nov.
1861. Die Concession ist unbeschränkt. Gaspreis 6 fl. pro 1000 c'
engl. Lichtstärke 11 Stearinkerzen-Helle, 6 auf 1 Pfd., für $4^1/_2$ c'
Gasconsum per Stunde. Jahresproduktion vom 1. November 1866 bis
31. October 1867: 2,240,150 c'. Maximalproduktion in 24 Stunden
14,000 c', Minimalproduktion 2000 c'. 58 Strassenflammen consumirten
in 815 Brennstunden 189,973 c', 1773 Privatflammen. Betrieb mit

---

*) 1 preuss. Scheffel Kohlen = ca. 90 Pfd.

Steinkohlen von Zwickau, von Saarbrücken und aus Böhmen. Die Anstalt hat 8 Thonretorten (2 Oefen à 3, 1 à 2 Ret.), Luftcondensation über der Erde, 1 Wascher 10′ × 5′, 2 Reiniger 10′ × 5′ (Laming'sche Masse), 1 Gasbehälter von 12,000 c′ Inhalt, 22,000′ Rohrleitung von 6″ bis 1″ Weite, nasse Gasuhren von Siry Lizars & Co. Anlagecapital 63,000 fl. Journ. f. Gasbeleuchtung 1862 S. 143.

Sorau (Preussisch - Brandenburg). 10,000 Einwohner. Eigenthümerin: die Stadt. Dirigent: Herr Umlauf. Der Beschluss der Behörden über die Einführung der Gasbeleuchtung datirt von 1857, der Bau wurde 1858 durch Herrn R. Firle, Director der Gasanstalt in Breslau, ausgeführt und die Eröffnung fand mit 1107 Privatflammen am 10. October 1858 statt. Die Anstalt machte bald bedeutende Fortschritte, 1863 wurde ein Exhaustor mit Dampfmaschine aufgestellt, 1864 ein zweiter Gasbehälter gebaut; die Retorten wurden um 6 Stück und die Leitungsröhren um 18,000′ vermehrt, gegenwärtig ist auch die Vergrösserung der Kühl - und Reinigungsapparate Bedürfniss geworden. Gaspreis für Strassenbeleuchtung und Private 2 Thlr. 10 Sgr. pro 1000 c′ preuss. *) Jahresproduktion 1866: 7,682,000 c′, hievon zur Strassenbeleuchtung 606,720 c′, an Private 6,869,850 c′. 123 Strassenflammen brennen in 7 Monaten bis 11 Uhr, die übrigen 14 brennen nur selten; 30 Nachtlaternen brennen von 11 Uhr bis Morgens, sowie in den 5 Sommermonaten. Durchschnittsconsum einer Strassenflamme, die mit 5 c′ pro Stunde gerechnet wird, 4428 c′. 2660 Privatflammen bei 288 Consumenten. Maximalproduktion in 24 Stunden 44,000 c′, Minimalproduktion 5300 c′. Betrieb mit niederschlesischen Förderkohlen (Waldenburg). Die Anstalt hat 18 ⌂ förmige Retorten von Oest Wwe. (1 Ofen à 7, 1 à 5, 1 à 3 Ret.), 1 Röhrencondensator mit 16 Stück 5 zöll. Röhren, 10′ lang, 1 Wascher 4′ × 2³/₄′ × 3′ (mit Scheidewand), 1 Beale'schen Exhaustor von Pintsch, 5 gusseiserne Reiniger 4′ × 6¹/₂′ × 4′ (jeder in 4 Lagen mit 104 ☐′ Fläche) (Laming'sche Masse und Kalk), Stationsgasmesser von Pintsch, Regulator von Elster, 2 Gasbehälter mit resp. 20,000 c′ und 22,000 c′ Inhalt, 38,139′ Rohrleitung (1737′ 6 zöll., 3721′ 5 zöll., 4572′ 4 zöll., 4585′ 3 zöll., 5051′ 2¹/₂ zöll., 10,128′ 2 zöll., 8345′ 1¹/₃ zöll.), 317 nasse Gasuhren von Pintsch. Anlagekosten bis ult. 1866 im Ganzen 69,522 Thlr. 29 Sgr. 2 Pf. Die Kosten der Anstalt bei der Eröffnung

---

*) 1000 c′ preuss. = 1091,84 c′ engl.

betrugen 46,500 Thlr.   Darauf sind zurückbezahlt bis ult. 1866:
8500 Thlr.   Es bleibt demnach noch schuldiges Capital 38,000 Thlr.
zu 5% verzinslich.   Der Mehrwerth der Anlage ist vom Reingewinn
bestritten.   Journ. f. Gasbel. 1862 S. 218, 1865 S. 196, 1867 S. 216.

Spandau (Preussen).   18,500 Einwohner.   Gründerin und Eigenthümerin: die Stadtgemeinde.   Dirigent: Herr A. Karl.   Erbauer:
Herr Baumeister Menzel in Berlin.   Eröffnet am 15. October 1858
mit 101 Strassenflammen und 1440 Privatflammen.   Lichtstärke 14
bis 18 Millykerzen, 8 auf 1 Pfund für 6 c′ Gasconsum im Schnittbrenner.   Gaspreis für Private 2 Thlr. pro 1000 c′ preuss.   110
Strassenflammen mit 5 c′ stündlichem Consum per Flamme, 1118 Brennstunden vor Mitternacht, ⅕ der Flammen 1070 Brennstunden nach
Mitternacht als sogenannte Sicherheitslaternen.   1970 Privatflammen
mit 3143 c′ Durchschnittsconsum pro Flamme und Jahr.   Jahresproduktion 8 Mill. c′.   Maximalproduktion in 24 Stunden 43,340 c′,
Minimalproduktion 7000 c′.   Betrieb mit engl. Steinkohlen (New Pelton
Main unter Zusatz von ca. 7% Boghead), 1 Tonne*) Kohle ergab
1650 c′ preuss.**)   Die Anstalt hat 19 Thonretorten (1 Ofen à 6, 1 à 5, 2
à 3, 1 à 2 Ret.), 1 Röhrencondensator 5 zöll., 1 Scrubber mit 15
durchlochten Einlagen aus Eisenblech, 1 Wascher 4½′ im Durchmesser und 3′ Höhe, 3 Reiniger 7¾′ × 3′ 9″ × 3′ 3″ (Wiesenerz aus
Marienhütte bei Kotzenau in Schlesien), 1 Nachreiniger 5¼′ × 3¾′
× 3¼′ (Kalk), 1 Beale'schen Exhaustor 12″ im Durchm., 1 Stationsgasuhr, 1 Gasbehälter mit 28,000 c′ Inhalt, 23,500 lfd. Fuss Rohrleitung von 7″ bis 2″ Weite, 270 nasse Gasuhren von S. Elster,
J. Pintsch und Spielhagen.   Coke und Theer werden verkauft,
letzterer auch versuchsweise verfeuert.   Anlagecapital: 69,000 Thlr.
Journ. f. Gasbel. 1859 S. 320, 1864 S. 339.

Für die kgl. Militär-Etablissements wird eine besondere Gasanstalt
gebaut, die angeblich auf 3000 Flammen berechnet sein soll.

Speyer (Rheinpfalz).   12,196 Einwohner.   Eigenthümerin: die Stadt.
Die Anstalt steht unter Leitung des Bürgermeisteramtes, die unmittel-
bare Aufsicht führt der städtische Gasmeister Herr Stadtmüller.
Nachdem die Stadtverwaltung längst das Bedürfniss und die Zweckmässigkeit der Einführung einer Gasbeleuchtung erkannt hatte, ver-

---

*) 1 preuss. Tonne Kohlen = ca. 340—360 Pfd.
**) 1000 c′ preuss. = 1091,84 c′ engl.

zögerten verschiedene überwiegende locale Interessen die Ausführung dieses Projektes. Auch die politischen Constellationen waren demselben nicht besonders günstig, da im Falle eines ausbrechenden Krieges die Pfalz zunächst bedroht erschien, und die etwaigen Kriegskosten nicht unbedeutend in die Wagschale fielen. Vor etwa $8^{1}/_{2}$ Jahren wurde endlich die Errichtung eines Gaswerkes definitiv beschlossen, unterm 4. April 1860 mit Hrn. P. Jeannenay, Civilingenieur in Strassburg, ein Vertrag abgeschlossen und am 18. Juni 1860 der Grundstein gelegt. Am 28. November 1860 fand die Eröffnung statt. Leuchtkraft bei 9 Millimeter Druck und 4 c' Consum per Stunde, 9 Stearinkerzen mit $9^{1}/_{2}$ Gramm Consum und gut geputztem Docht. Der Gaspreis war anfänglich 5 fl. per 1000 c' engl., wurde aber in verschiedenen Perioden auf 4 fl. 30 kr., 4 fl. und im April 1867 auf 3 fl. 40 kr. herabgesetzt. Für die Strassenbeleuchtung vergütet die Stadt, da für die Gasanstalt ein getrenntes Rechnungswesen besteht, als Aversum per Jahr 2000 fl. Jahresproduktion vom 1. Oct. 1866 bis 1. Oct. 1867: 8,600,000 c' engl. Maximalproduktion in 24 Stunden 47,000 c', Minimalproduktion 10,000 c'. 315 Strassenflammen mit $4^{1}/_{2}$ c' Consum per Stunde, 13 Stunden grösster und 6 Stunden kleinster Brenndauer. 3500 Privatflammen consumirten im letzten Jahr 6,171,300 c'. Betrieb mit Saarbrücker Kohlen (Heinitz, Dechen). Die Anstalt hat 16 Stück ⌒ förmige Thonretorten, (2 Oefen à 5, 2 à 3 Ret.), 120 Meter Condensation von 22 Centim. Weite, 6 Reiniger von 2 Meter Durchmesser und 1 Meter Höhe, (Laming'sche Masse und Kalk). 2 Gasbehälter von je 28,000 c' Inhalt, 14,000 Meter*) Röhrenleitung von 22 bis 3 Centim. Weite, 400 nasse Gasuhren mit constantem Wasserstand von S. Elster. Theer wird theilweise verfeuert, sonst wie auch die Coke verkauft, Anlagecapital 170,000 fl. Journ. f. Gasbel. 1860 S. 321.

Spremberg (Preussen). 8600 Einwohner. Eigenthümerin: die Stadt. Dirigent: Herr O. Peschke. Der Beschluss über Einführung der Gasbeleuchtung datirt vom 14. November 1863. Die Ausführung geschah unter der Verwaltung des Herrn Bürgermeisters Peschke unterstützt von einem berathenden Directorium aus dem Stadtverordneten-Collegium und der technischen Leitung des Ingenieurs Herrn Petzsch, Dirigent der Bautzner Gasanstalt. Eröffnet am 28. October 1864. Gaspreis für Private bei einem Jahresconsum bis incl. 15,000 c'

---

*) 1 Meter = 3,28 Fuss engl.

3 Thlr., bis 40,000 c′ 2 Thlr. 25 Sgr., bis 80,000 c′ 2 Thlr. 20 Sgr., bis 100,000 c′ 2 Thlr. 15 Sgr. pro 1000 c′. Für den 1. Febr. 1868 war eine weitere Ermässigung in Aussicht genommen. Für die Strassenbeleuchtung vergütet die Stadt $4^1/_2$ Pf. pro Stunde und Flamme. 120 Strassenflammen und ca. 2600 Privatflammen, die sich jedoch rasch vermehren. Die Strassenflammen brennen 6 c′ pro Stunde, und brennen bei Nicht-Mondschein in den Wintermonaten bis 11 Uhr Abends, 36 Ecklaternen brennen bis zum Morgen. Jahresproduktion 5 Mill. c′. Maximalverbrauch in 24 Stunden 33,000 c′. Betrieb mit Steinkohlen aus dem Wrangelschacht. Die Anstalt hat 11 ovale Thonretorten 20″ $\times$ 14″ (1 Ofen à 5, 1 à 3, 1 à 2, 1 à 1 Ret.), 1 Condensator mit 8 Röhren und 270 □′ Kühlfläche, 1 King'schen Scrubber, 1 Exhaustor mit Bypass, Regulator, Kessel und Dampfmaschine, 1 Röhrenwascher, 3 Reiniger, (Rasenerz und Kalk), Stationsgasuhr, Druckregulator, 1 Gasbehälter mit 25,000 c′ Inhalt, 22,352′ Rohrleitung von 7″ bis $1^1/_3$″ Weite, 240 nasse Gasuhren von S c h ä f f e r & W a l c k e r und J. P i n t s c h. Coke und Theer werden verkauft. Anlagecapital 70,000 Thlr.

Sprottau (Schlesien). 5700 Einwohner. Eigenthümerin: die Stadt. Dirigent: Herr K i s t e n m a c h e r. Die Anstalt wurde unter Leitung des städtischen Baurathsherrn, Herrn F a b i a n und des Ingenieurs, Herrn H ä n t z s c h e l aus Zittau im Herbst 1863 erbaut, und am 9. Juni 1864 eröffnet. Gaspreis $2^1/_2$ Thlr. pro 1000 c′ ohne Berechnung von Gasmessermiethe. Produktion im Jahre 1866: 3,462,000 c′. 90 Strassenflammen consumirten 772,000 c′ und 1400 Privatflammen 2,401,000 c′. Betrieb mit oberschlesischen Steinkohlen (Zabrze). Die Anstalt hat 12 Retorten (1 Ofen à 5, 1 à 3, 2 à 2 Ret.), Exhaustor von B e a l e, 3 Reiniger 6′ $\times$ 4′ (Eisenstein und Kalk), 1 Gasbehälter von 22,000 c′ Inhalt, 31,200′ Rohrleitung von 6″ bis 2″ Weite und 216 nasse Gasuhren von S. E l s t e r. Nebenprodukte werden verkauft. Anlagecapital 42,076 Thlr. 15 Sgr.

Die Wilhelmshütte bei Sprottau, Maschinenbauanstalt und Eisenhüttenwerk, hat ihre eigene Gasanstalt.

Stade (Hannover). Eigenthümerin: die Stadt. Dirigent: Herr W. H. J o b e l m a n n. Erbauer: Herr B. W. T h u r s t o n, techn. Director der Gasanstalt in Hamburg. Eröffnet 1859. Im Jahre 1856/57 bewarben sich verschiedene Privaten um die Concession zur Anlegung einer Gasfabrik, doch hielt es der jetzige Dirigent, damals Mitglied des Magistrats und Stadtbauherr, dem Interesse der Stadt und der Einwohnerschaft angemessener, die Anstalt als Communalsache zu behandeln. Leuchtkraft 12 Stearinkerzen-Helle für 5 c′ Consum. 156 Strassenflammen mit 5 c′ hamb.*) Consum per Stunde und 1200 Stunden abendlicher Brennzeit im Jahr, 35 Nachtlaternen mit noch 1110 Brennstunden jährlich. 1091 Uhr-flammen, gerechnet zu 1637 Nutzflammen à 2389 c′ Consum. Für die Strassenflammen werden 1 Thlr. 16 Sgr. 7 Pf. pro 1000 c′ hamb. ver-gütet, Private zahlen 1 Thlr. 25 Sgr. pro 1000 c′ hamb., früher 2 Thlr. 15 Sgr. Jahresproduktion 1866/67: 5,555,770 c′ hamb. Betrieb mit Lever-sons-Wallsend-Kohlen. Kohlenverbrauch im letzten Jahre 265,821 Last à 40 Centner Zollgew. Die Anstalt hat 15 Stück ◻ förmige Thon-retorten 19″ × 13″ × 8′ 9″ (2 Oefen à 5, 1 à 3, 1 à 2 Ret.), 1 Dampf-kessel, 2 combinirte Scrubber und Condensatoren nach **Thurston**, 4 Reiniger (Eisenerz, Laming'sche Masse und Kalk), 2 Gasbehälter von je 36½′ engl. Durchmesser und 18¾′ Höhe, 22,000′ Rohrleitung von 7″ bis 2″ Weite, 244 nasse Gasuhren von E. **Smith**, S. **Elster** und **Kromschröder**. Nebenprodukte werden bis auf das Ammoniakwasser verwerthet. Anlagecapital 65,497 Thlr. Hievon sind durch Amorti-sation und Betriebsfond 25,959 Thlr. gedeckt. Einen Rückschritt eigener Art erfuhr die Anstalt durch die Einverleibung Hannovers in den preussischen Staat. Die Garnisonsverwaltung liess in den 5 Kasernen und 3 Thorwachen die Gasbeleuchtung einstellen, die Leitungen heraus-nehmen und Oelbeleuchtung einführen. Auch die Aussenbeleuchtung dieser Institute fiel weg. Der Absatz der Anstalt verringert sich da-durch um etwa ⅓ Mill. c′ Gas per Jahr. Journ. f. Gasbel. 1863 S. 278.

Stargard (Pommern). Nicht ganz 17,000 Einwohner. Eigen-thümerin: die Gasbeleuchtungs-Actiengesellschaft in Stargard. Sie wird von einem Verwaltungsrathe mit oberer technischer Leitung des Herrn W. **Kornhardt**, Directors der Gasanstalt in Stettin, verwaltet. Erbaut im Jahre 1856 durch Hrn. W. **Kornhardt**, eröffnet am 27. Nov. desselben Jahres. Die Stadt hat das Recht, die Anstalt nach 25 Jahren käuflich zu übernehmen, aber keine Verpflichtung dazu. Die Dauer der Actiengesellschaft ist auf 50 Jahre festgesetzt. Lichtstärke für 5 c′ preuss. Gasconsum pro Stunde im 32° Argandbrenner die Helle von 18 Stearinkerzen, 5 auf 1 Pfund, und mit 1⅝″ Flammenhöhe. Preis für die Strassenbeleuchtung 2 Thlr. pro 1000 c′ preuss. **), für die

---

*) 1000 c′ hamb. = 831,15 c′ engl.
**) 1000 c′ preuss. = 1091,84 c′ engl.

Privaten $2^1/_6$ Thlr. 180 Strassenflammen consumiren 6378 c' Gas pro Flamme jährlich, 3140 Privatflammen mit einem jährl. Durchschnittsconsum von 2248 c' per Flamme. Jahresproduktion 8,307,000 c' preuss. Maximalproduktion in 24 Stunden 50,000 c', Minimalproduktion 4500 c'. Betrieb mit engl. Steinkohlen. Die Anstalt hat 20 ovale Chamotteretorten von Didier in Stettin (1 Ofen à 7, 2 à 4, 1 à 3, 1 à 2 Ret.), Röhrencondensator, Cokecondensator, Exhaustor, 2 Kalkmilchwascher, 4 Reiniger mit Laming'scher Masse, 2 Gasbehälter zu je 15,000 c' Inhalt, 32,000' Röhrenleitung von 6'' bis $1^1/_2$'' Weite, 280 nasse Gasuhren von S. Elster. Nebenprodukte werden verkauft. Anlagecapital: 90,000 Thlr. Journ. f. Gasbel. 1858 S. 263, 1861 S. 127.

Stassfurt mit Alt-Stassfurt und Leopoldshall (Preussisch-Sachsen) zusammen 9100 Einwohner. Gründer und Eigenthümer: die Herren Budenberg & Co. in Buckau bei Magdeburg unter der Firma: Gasanstalt von **Budenberg & Co.**, Leopoldshall. Der Mitbesitzer, Gasdirector Herr C. Brandt von Halberstadt, zugleich Erbauer der Anstalt, ist Dirigent, und werden die laufenden Geschäfte von einem Rechnungsführer geleitet. Die Concession läuft 36 Jahre. Nach Ablauf dieser Zeit hat die Stadt Stassfurt das Recht, die Anstalt zum Taxwerth zu erwerben und erlischt nur dann die Concession. Lichtstärke für 6 c' Gasconsum per Stunde 12 Wachskerzen Helle, 6 auf 1 Pfd., 9'' lang. Gaspreis $2^1/_2$ Thlr. pro 1000 c' preuss.*) Grössere Consumenten haben besondere Contracte, für die Strassenbeleuchtung wird 18% Rabatt gewährt. 59 Strassenflammen consumirten 1866/67 in 43,385 Brennstunden 260,310 c', ca. 1900 Privatflammen verbrauchen $4^1/_2$ Mill. c'. Jahresproduktion 1867/68: $6^1/_2$ Mill. c'. Maximalproduktion in 24 Stunden 32,400 c', Minimalproduktion 4400 c'. Betrieb mit westphälischen Steinkohlen. Die Anstalt hat 13 elliptische Thonretorten 20'' $\times$ 14'' $\times$ 8' von H. J. Vygen & Co. (1 Ofen à 6, 1 à 4, 1 à 3 Ret.), 1 Röhrencondensator von 350 □' Kühlfläche, 1 Röhrenwaschmaschine von $2^1/_2$ □', 3 trockene Reiniger $5^1/_2$' $\times$ 2' 10'' $\times$ $2^1/_2$' (Laming'sche Masse), 1 Gasbehälter mit 35,000 c' Inhalt, 22,800' Rohrleitung von 7'' bis 2'' Weite, 84 nasse Gasuhren von S. Elster und H. G. Dietrich.

Steele und **Königsteele** (Preussen). ca. 5600 Einwohner. Eigenthümer: die Stadt Steele und die Commanditgesellschaft Alb. Badenberg & Co. in Steele. Dirigent: Herr Geometer A. Badenberg.

---

*) 1000 c' preuss. = 1091,84 c' engl.

Die Fabrik befindet sich in Königsteele und wurde in diesem Bezirk das Gas zuerst eingeführt, und zwar am 15. December 1864. Im Frühjahr 1865 wurde dann auch das Rohrnetz durch Steele geführt, nachdem diese Stadt noch gerade zeitig genug eingesehen hatte, dass eine eigene Gasanstalt für sie allein nicht rentabel sei. Gründer: die Commandit-Gesellschaft mit dem Herrn Geh. Regierungsrath D r u c k e n - m ü l l e r an der Spitze. Erbauer: Herr Ingenieur H. N a c h t s h e i m. Concessionsdauer: 30 Jahre. Nach dieser Zeit kann der Vertrag verlängert werden, oder es erfolgt die Liquidation nach Maasgabe der Gesetze. Gaspreis 2 Thlr. pro 1000 c′. 56 Strassenflammen à 1000 Brennstunden jährlich und 6 c′ Consum per Stunde. Jahresproduktion 4¹/₂ bis 5 Mill. c′. Betrieb mit westphälischen Steinkohlen. Die Anstalt hat 4 Oefen à 3 Retorten, elliptischer Form 21″ × 19″ × 8′, 1 Luftcondensator, 1 Wascher, 4 Reiniger mit je 4 Doppel-Rost-Etagen, 1 Gasbehälter mit 32,000 c′ Inhalt, 1800 Ruthen Rohrleitung von 8″ bis 2″ Weite, 220 nasse Gasuhren von S. E l s t e r. Anlage-capital 36,000 Thlr.

Stendal (Preussisch-Sachsen). 8500 Einwohner. Eigenthümerin: die Stadt. Erbauer und Dirigent: Herr Ingenieur C. S c h r e c k. Der Bau wurde am 4. März 1866 begonnen und am 3. October desselben Jahres eröffnet. Gaspreis 2 Thlr. 15 Sgr. pro 1000 c′ preuss.*) Jahresproduktion im ersten Betriebsjahr 2,700,000 c′ preuss. Maximalproduktion in 24 Stunden 14,000 c′, Minimalproduktion 1300 c′. 125 Strassenflammen und 900 Privatflammen. Betrieb mit englischen (Pelton Main) Steinkohlen. Die Anstalt hat 6 Thonretorten, (1 Ofen à 3, 1 à 2, 1 à 1 Ret.), 1 Condensator 2′ im Durchmesser, 12′ hoch, 1 Scrubber 4′ im Durchmesser, 12′ hoch, 2 Reiniger 7′ × 3¹/₂′ × 2′ 6″, 1 Nachreiniger 5′ × 3′ × 2¹/₂′, 1 Gasbehälter von 18,000 c′ Inhalt, 26,000 lfd. Fuss Rohrleitung mit 6″ grösster Weite. Die Anstalt ist für eine Produktionsfähigkeit bis zu 6 Mill. c′ angelegt und kostet 37,000 Thlr.

Stettin (Pommern). 73,602 Einwohner. Eigenthümerin: die Stadt. Dirigent: Herr W. K o r n h a r d t. Erbauer: Herr Commissionsrath G. M. S. B l o c h m a n n jun. in Dresden. Die specielle Bauführung hatte Herr Ingenieur K o r n h a r d t. Der Bau begann im Mai 1847 und die Anstalt wurde eröffnet am 23. April 1848 mit 500 Strassenflammen

---

*) 1000 c′ preuss. = 1091,84 c′ engl.

und wenigen Privatflammen. Die Betheiligung des Publikums war anfangs
schwach. Ende 1866: 917 öffentliche städtische Strassenlaternen mit
12,543,000 c′ Consum, 201 öffentliche Doppellaternen, Privaten gehörig, mit 2,418,000 c′ Consum, etwa 20,000 Privatflammen. Leuchtkraft für 5 c′ Consum im Argandbrenner mit 32 Löchern die Helle
von 16 Kerzen mit $1^5/_8''$ preuss. Flammenhöhe. Jahresproduktion 1867:
59,422,000 c′ preuss.[*] Maximalproduktion in 24 Stunden 295,000 c′,
Minimalproduktion 54,000 c′ preuss. Gaspreis für die Strassenbeleuchtung 1 Thlr. pro 1000 c′ preuss., für Privaten 2 Thlr. Betrieb
mit englischen Steinkohlen (Nettlesworth). Kohlenverbrauch 1867:
1970 Last[**]). Die Anstalt hat 76 Retorten, (6 Oefen à 9, 2 à 7,
2 à 4 Ret.) — im stärksten Betriebe 54 Ret. im Feuer, im schwächsten 9 —
Schaufelcondensator, 2 Scrubber, 2 Beale'sche Exhaustoren, 3 Wasch-
maschinen mit Rührwerk, 3 Reiniger $7^1/_2' \times 8^1/_2'$ und einer aus 2 Stück
$4' \times 8'$, 1 Gasbehälter zu 52,000 c′, 1 desgl. zu 46,000 c′, 1 desgl.
zu 57,000 c′, im Bau einer von 140,000 c′, nasse Gasuhren von S.
Elster. Das Anlagecapital von 280,000 Thlr. ist bis auf 194,075 Thlr.
abgeschrieben, und werden davon jährlich 7453 Thlr. für Verschlech-
terung abgeschrieben. Journ. f. Gasbel. 1859 S. 264, 1860 S. 19, 1861
S. 431, 1863 S. 22, 1864 S. 276.

Steyr (Oesterreich). ca. 12,000 Einwohner. Gründer, Erbauer
und Eigenthümer: Herr L. A. Riedinger. Verwalter: Herr Otto
Pettenkofer. Eröffnet am 24. August 1867. Vertragsdauer 30 Jahre.
Leuchtkraft 12 Wachskerzen, 5 auf 1 Pfd. für $4^1/_2$ c′ engl. Gas. Gaspreis für öffentliche Beleuchtung $1^1/_2$ Neukreuzer pro Brennstunde, für
Privaten 6 fl. Oesterr. Währ. pro 1000 c′ engl. 130 Strassenflammen
und 1300 Privatflammen. Muthmasslicher Consum im ersten Betriebsjahr $3^1/_2$ bis 4 Mill. c′. Gas aus Pilsener (Littizer) Kohlen. Die Anstalt hat 11 Retorten, (1 Ofen à 6, 1 à 3, 1 à 2 Ret.), 1 Gasbehälter
für 24,000 c′, 30,000′ Rohrleitung von 6″ bis $1^1/_2''$ Weite, nasse Gasuhren von L. A. Riedinger.

Stolberg bei Chemnitz (Sachsen). Herr Fr. E. Woller hat für
seine Strumpfwirkerei eine von Herrn Ingenieur H. Liebau erbaute
Gasfabrik, welche zugleich das Gas für die Stadt Stolberg abgibt.
Fabrikflammen ca. 500, Stadtflammen ca. 300. Rohrleitung 6000′.

---

[*]) 1000 c′ preuss. = 1091,84 c′ engl.
[**]) 1 preuss. Last Kohlen = 18 preuss. oder hamb. Tonnen = 60—65 Ctr.

Gasometer eingebaut. Gasfabrik am Dampfkesselhause der Fabrik. Anlagecapital 16,200 Thlr.

Stolp (Pommern). 14,000 Einwohner. Eigenthümerin: die Stadt. Dirigent: Herr A. Fischer. Zu Anfang des Jahres 1862 fassten die Vertreter der Stadt Stolp den Beschluss, auf eigene Rechnung eine Gasanstalt zu bauen, und ersuchten Herrn Director Kornhardt in Stettin um Entwerfung eines Planes und Anschlag hiezu. Nachdem solcher gefertigt, wurde mit Herrn Kornhardt Contrakt geschlossen, der Bau im Juni begonnen, durch den Ingenieur Herrn F. Pfannenbecker geleitet und die Anstalt am 17. October mit 183 öffentlichen Flammen, 160 Gaszählern bei Privaten und 1300 Privatflammen eröffnet. Den Bau der Gebäude excl. Gasbehälterbassin führte die Stadt für eigene Rechnung aus. Nachdem noch im Herbst 1862 und im Laufe des Jahres 1863 die theilweise schon während des Baues der Anstalt angemeldeten Privatflammen eingerichtet worden, schloss das Jahr 1863 mit 186 Strassenflammen, 225 Gaszählern und 1765 Privatflammen ab. Die Gussrohrlänge betrug 28,280 lfd. Fuss, die Kosten betrugen 55,000 Thlr. Im Jahre 1866 war die Produktion 4,391,000 c' und steigt dieselbe für 1867 auf mindestens 4,800,000 c'. 226 Strassenflammen, 262 Privatconsumenten mit 2500 Flammen. Im Jahr 1866 brannten 214 Abendflammen an 210 Abenden (excl. Juni und Juli), jede durchschnittlich 1082 Stunden (bis 11 Uhr Abends) und consumirten 1,116,830 c' Gas. Hievon brannten 14 Nachtflammen an 144 Nächten jede durchschnittlich $629\frac{1}{6}$ Stunden und consumirten an Gas 35,644 c'. Die Privatflammen consumirten 2,989,400 c'. Der Preis für 1000 c' Gas beträgt $2\frac{1}{2}$ Thlr. Betrieb mit englischen Steinkohlen (Leversons Wallsend von M. J. Jonasson & Wiener in Sunderland). Die Anstalt hat 15 ovale Retorten (1 Ofen à 7, 1 à 4, 2 à 2 Ret.), Exhaustor von S. Elster, 1 doppelten Schaufelcondensator, 1 Cokecondensator, 1 Waschmaschine (Kalkmilch), 3 Reiniger (Laming'sche Masse), Gasbehälter von 15,000 c' Inhalt (ein zweiter von 20,000 c' Inhalt wird 1868 gebaut), 36,590 lfd. Fuss Röhren von 6" bis $1\frac{1}{2}$" Weite (excl. der Zuleitungen von $1\frac{1}{4}$"), 262 nasse Gasuhren von S. Elster. Coke und Theer werden verkauft.

Stralsund (Pommern). 26,000 Einwohner. Eigenthümerin: die Stadt Stralsund. Dirigent: Herr G. Liegel. Erbauer: Herr W. Kornhardt, Director der Gasanstalt in Stettin. Der Bau begann Ende Juli 1856 und die Eröffnung fand am 27. Mai 1857 statt. Anfangs

war die Anstalt auf eine Produktion von 6¹/₂ bis 8¹/₂ Mill. c′ angelegt, in
den Jahren 1862—1865 wurde sie in allen ihren Theilen umgebaut und
vergrössert. Für die Strassenbeleuchtung werden ca. 2600 Thlr. jährlich
vergütet, was im letzt. Jahre für 1000 c′ preuss. 10 Sgr. 1¹/₅ Pf. ausmachte.
Private zahlen 2 Thr. 5 Sgr. für 1000 c′ preuss.*) Die Privatgasmesser
wurden bis zum 1. Juli 1867 von der Gasanstalt unentgeldl. geliefert, seitdem aber nicht mehr. Produktion im Betriebsjahr 1866/67: 18,379,000 c′
preuss. 363 Strassenflammen brennen vom Dunkelwerden bis 11¹/₂ Uhr,
während des wirklichen Mondscheins brennen jedoch nur 90 Stück,
die auch sonst von 11¹/₂ Uhr bis zum Morgen brennen. Während
eines Monats ist gar keine Strassenbeleuchtung. Der Consum einer
Strassenflamme betrug 1866/67: 10,092 c′. 6576 Privatflammen mit
einem Durchschnittsconsum von 2008 c′ per Flamme. Maximalproduktion
in 24 Stunden 94,400 c′, Minimalproduktion 8200 c′. Betrieb mit englischen Steinkohlen (Nettlesworth aus Sunderland mit Zusatz von
Lesmahogo Cannel und Leversons Wallsend). Die Anstalt hat 56
ovale Thonretorten 15″ × 20″ preuss., sämmtlich inwendig emaillirt,
(1 Ofen à 11, 2 à 8, 2 à 7, 1 à 6, 1 à 5, 1 à 4 Ret.) Oefen mit
Kellerfeuerung und secundärem Luftzug, Gasfeuerung ohne Roststäbe,
1 Luftcondensator aus Blech besteht aus 2 senkrechten Cylindern
von 23″ Durchmesser und 14′ Höhe, jeder Cylinder enthält 23 durchgehende 2″ weite Luftrohre, 1 Scrubber von 4′ Weite und 12′ Höhe
enthält durchlochte Blechplatten, mit einer Druckpumpe wird Ammoniakwasser gegen den oberen Boden gespritzt, 1 Scrubber 4′ weit, 12′
hoch mit Coke gefüllt wird ebenfalls mit Ammoniakwasser berieselt,
1 Beale'scher Exhaustor 16″ weit, 2 Wascher mit permanentem reinem Wasserzufluss 4′ Durchmesser 3′ weit, 4 trockene Vorreiniger
mit zusammen 162 □′ Hordenfläche (Rasenerz möglichst fein gepulvert,
ohne Sägespähne), 4 trock. Nachreiniger mit zusammen 98 □′ Hordenfläche (mit gleicher Beschickung), 2 Stationsgasuhren zu je 60,000 c′
in 24 Stunden, 1 Gasbehälter zu 60,000 c′, 2 desgl. à 30,000 c′,
1 Druckregulator, 52,000′ Röhrenleitung von 12″ bis 1¹/₂″ Weite, 601
nasse Gasuhren von S. Elster, Pintsch, Schäffer & Walker und
Dietrich. Theer wird theilweise verfeuert. Anlagecapital war am
1. Juli 1867: 197,842 Thlr. 17 Sgr.

Straubing (Bayern). 11,044 Einwohner. Eigenthümerin seit 1. Juli
1863 eine Actiengesellschaft. Verwalter: Herr Ph. Kothe. Die An-

---

*) 1000 c′ preuss. = 1091,84 c′ engl.

stalt wurde von Herrn L. A. Riedinger für eigene Rechnung erbaut
und am 23. Oct. 1862 eröffnet. Vertragsdauer: 36 Jahre vom Tage
der Eröffnung an. Leuchtkraft: 14 Stearinkerzen, 6 auf 1 Pfd., für
5 c' Consum per Stunde. Die Stadt zahlt für öffentliche Beleuchtung
$1^{15}/_{100}$ kr. pro Brennstunde, Privaten zahlen jetzt 5 fl. 30 kr. pro 1000 c'.
bayer.*) 117 Strassenflammen mit je 1040 Brennstunden per Jahr,
1416 Privatflammen. Jahresproduktion: 3 Mill. c' bayer. Grösster
Consum in 24 Stunden 16,800 c', kleinster Consum 2000 c'. Betrieb
mit Pilsener (Littizer) Steinkohlen. Die Anstalt hat 3 Oefen mit 6 Stück
⌒ förmigen Retorten, 1 Gasbehälter für 24,000 c' Inhalt, 5 zöll. Hauptrohr, nasse Gasuhren von L. A. Riedinger. Anlagecapital 120,000 fl.

Striegau (Schlesien). Die Anstalt ist von Herrn H. Meinecke
in Breslau auf eigene Rechnung erbaut.

Stuttgart (Württemberg). 70,000 Einwohner. Eigenthümerin:
eine anonyme Actiengesellschaft. Director: Herr Otto Kreuser, Ingenieur: Herr W. Böhm. Erbauer: Herr Dollfuss. Eröffnet im
November 1845. Das Privilegium datirt von 1845 und läuft 25, resp.
40 Jahre. Wenn nach 25 Jahren die Stadt von ihrem Recht, die
Anstalt gegen eine nach der Rentabilität normirte Entschädigung abzulösen, keinen Gebrauch macht, so kann die Stadt entweder Concurrenz eintreten, oder das Verhältniss weitere 15 Jahre fortbestehen
lassen. Leuchtkraft vertragsmässig für $4^{1}/_{2}$ c' engl. die Helle von 7
Wachskerzen, 4 auf 1 Pfd.; es wird aber mehr geliefert. Gaspreis
für Privaten 4 fl. 30 kr. pro 1000 c' engl. Für die Strassenbeleuchtung werden je 1625 Brennstunden mit $23^{1}/_{2}$ fl. oder die 1000 c' engl.
mit 3 fl. 12 kr. bezahlt. 900 Strassenflammen mit je 1200 Brennstunden, 2300 Privatconsumenten mit ca. 20,000 Flammen. Jahresproduktion 50 Mill. c'. Maximalproduktion in 24 Stunden 300,000 c',
Minimalproduktion 50,000 c'. Betrieb mit Saarbrücker und westphälischen Steinkohlen mit etwas Zusatz böhmischer Plattenkohlen.
Die Anstalt hat 14 Oefen à 7 Retorten von J. R. Geith in Coburg,
1 Kuhn'schen Kolbenexhaustor, 1 Condensator aus 8 Cylindern 20'
hoch, 3' Durchmesser mit 2' weiten Luftröhren, 2 Scrubber 20' hoch
6' weit, 4 Trockenreiniger mit je 320 ◻' Hordenfläche (Laming'sche
Masse), 6 nasse Kalkreiniger mit Trommeln, 4 Gasbehälter mit zusammen 230,000 c' Inhalt, ca. 130,000' Rohrleitung von 15" bis 2"

---

*) 1000 c' bayer. = 878 c' engl.

Weite, nasse Gasuhren meist von S. Elster. Anlagecapital 800,000 fl.
Journ. f. Gasbel. 1867 S. 67.

Suhl (Preussisch-Sachsen). 9000 Einwohner. Eigenthümer: Herr
Th. Weigel, Firma: Gasanstalt von Th. Weigel in Suhl. Technischer Dirigent: Herr C. Brandenburger und kaufmännischer Vertreter: Herr E. Greifeld, beide in Suhl. Die Anstalt wurde auf
Grund eines mit der Stadt Suhl am 7. Januar 1864 abgeschlossenen
Vertrages im Sommer desselben Jahres von Herrn Weigel erbaut,
und am 24. November 1864 eröffnet. Die Contractsdauer ist zunächst
30 Jahre; kauft die Stadt die Anstalt nach deren Ablauf nicht, so
wird der Vertrag auf 15 Jahre prolongirt, und die Anstalt geht alsdann unentgeldlich in den Besitz der Commune über. Für Strassenbeleuchtung werden 1000 c′ preuss.*) Gas mit $2^1/_3$ Thlr., für Privatbeleuchtung mit 3 Thlr. bezahlt. 5 c′ preuss. stündl. Consum sollen
wenigstens 12 Lichtstärken haben, (Kerzen von 10—11″ Länge, 6 auf
1 Pfd.) Produktion im letzten Jahre ca. 2 Mill. c′. 84 Strassenflammen und 956 Privatflammen. Eine Strassenflamme hat jährlich
700 Stunden zu brennen. Die Privatflammen verbrauchten im Durchschnitt je etwa 1500 c′. Das zeitweilige Darniederliegen der Gewehr-
fabrikation trägt die Schuld an der geringen Consumtion der Privatflammen. Seit Frühjahr 1867 ist indess eine wesentliche Steigerung
im Gasverbrauche Seitens der Privaten eingetreten. Die höchste Abgabe am Tage war 10,164 c′, die niedrigste 819 c′. Betrieb mit westphälischen Steinkohlen. Die Anstalt hat 6 Thonretorten von J. R.
Geith 14″ × 20″ × 7′ 9″, (1 Ofen à 3, 1 à 2, 1 à 1 Ret.), 2 runde
Scrubber 3′ × 10′, Wascher, 3 Reiniger nebst Wechsler, Stationsgasuhr für 48,000 c′ in 24 Stunden, Druckregulator mit 5 zöll. Röhren,
keinen Exhaustor, (Reinigung durch Laming'sche Masse mit Eisenspahn-
zusatz), Gasbehälter von 12,500 c′ Inhalt, 108 nasse Gasuhren von
J. Pintsch. Nebenprodukte werden verkauft. Anlage- (Bau und
Betriebs-) Capital etwa 38,000 Thlr.

Szegedin (Ungarn). 70,000 Einwohner. Gründer, Erbauer und
Eigenthümer: Herr L. A. Riedinger. Verwalter: Herr M. Kaul.
Eröffnet am 1. November 1865. Lichtstärke für $4^1/_2$ c′ engl. 12 Wachskerzen, 5 auf 1 Pfd. Preis für öffentliche Beleuchtung $2^1/_4$ bis $1^1/_2$ Neukr.
pro Brennstunde je nach dem Consum der Privaten, Gaspreis für Pri-

---

*) 1000 c′ preuss. = 1091,84 c′ engl.

vaten 6 fl. 50 kr. österr. W. pro 1000 c' engl. 416 Strassenflammen
und 1342 Privatflammen. Jahresproduktion 6,305,000 c'. Maximalproduktion in 24 Stunden 34,000 c', Minimalproduktion 6000 c'. Betrieb
mit Steinkohlen von Oravicza. Die Anstalt hat 18 Thonretorten in
Oefen à 6 und 3 Ret., Reinigung mit Laming'scher Masse, 2 Gasbehälter von je 25,000 c' Inhalt, 58,000' Hauptröhren von 10'' bis 2''
Weite, nasse Gasuhren von L. A. Riedinger.

Tannhausen bei Waldenburg (Schlesien). Die Anstalt gehört dem
Besitzer des Ritterguts Tannhausen, kgl. Commerzienrath Krister,
und ist nur zur Beleuchtung des Schlosses und der dazu gehörigen
Wirthschaftsgebäude und der Brauerei bestimmt. Erbauer und Dirigent: Herr Ingenieur Porst, Dirigent der Gasanstalt in Waldenburg.
Eröffnet im October 1865. Jahresproduktion ca. 1 Mill. c'. Betrieb
mit Steinkohlen aus den eigenen Gruben des Besitzers. Die Anstalt
hat 2 Thonretorten ⌓ Form von Oest Wᵂᵉ. Reinigung mit Laming'scher
Masse.

Die Flachsgarnfabrik zu Tannhausen ist durch den verstorbenen
Herrn Ingenieur R. Firle, Director der Gasanstalt in Breslau, mit
Gasbeleuchtung versehen worden.

Tarnowitz (Schlesien), 6000 Einwohner. Eigenthümer: die
Herren Kössler & Co. Erbauer und Dirigent: Herr Ingenieur
F. W. Stiefel. Herr Holzhändler J. Kössler hatte 1865 den Vertrag mit der Stadt abgeschlossen, während des Baues traten die beiden
weiteren Theilnehmer Herr S. Feig und Herr L. Schäfer in das
Unternehmen ein. Eröffnet am 15. December 1865. Der Vertrag
läuft 25 Jahre vom Tage der Eröffnung an gerechnet. Nach Ablauf
kauft die Commune die Anstalt zum Schätzungswerthe. Leuchtkraft
für 6 c' im schottischen Brenner 12 Wachskerzen, 6 auf 1 Pfd., 12''
lang und mit 1⅝'' Flammenhöhe. Gaspreis für die Commune 2 Thlr.
pro 1000 c' preuss.*), für die Privaten 2 Thlr. 20 Sgr. Die Commune
zahlt so lange diesen Preis, als der Privatconsum nicht mehr als 800
Flammen à 3000 c' beträgt, alsdann zahlt sie die ersten 250,000 c'
mit 2 Thlr., Alles darüber mit 1 Thlr. 25 Sgr. Nur kleine Privaten
zahlen gegenwärtig noch 2⅔ Thlr., die grösseren je nach ihrem Consum 2½ bis 2 Thlr. 50 Strassenflammen mit je 1000 Brennstunden

---

*) 1000 c' preuss. = 1091,84 c' engl.

jährlich, 600 Privatflammen, die sich jedoch in nächster Zeit bedeutend vermehren werden. Jahresproduktion 1,780,000 c'. Maximalproduktion in 24 Stunden 11,000 c', Minimalproduktion 2000 c'. Betrieb mit oberschlesischen Kohlen aus der Königin Luisengrube bei Zabrze. Die Anstalt hat 6 ovale Thonretorten $18'' \times 15'' \times 8' 9''$ aus Antonienhütte bei Morgenroth (1 Ofen à 3, 1 à 2, 1 à 1 Ret.), 2 ringförmige Condensatoren mit 2' äusserem, 1' 6'' innerem Durchmesser, 1 Scrubber mit Holzeinlagen, 1 Beale'schen Exhaustor, 1 Wascher 3' 6'' weit mit Blecheinsatz, 2 Reiniger $6' \times 3' \times 4'$ (Wiesenerz und Sägespähne), 1 Stationsgasuhr, 1 Gasbehälter mit 15,000 c' Inhalt, 2 Regulatoren, ein 5zöll. Hauptrohr für die Stadt, ein 4zöll. für die Hochöfen-Anlagen der Tarnowitzer Actiengesellschaft und die Dampfmühlen, 16,000' Leitungsröhren, 101 nasse Gasuhren von J. Pintsch. Theer wird verkauft. Anlagecapital 35,000 Thlr., incl. 5000 Thlr. für eine mit der Anstalt verbundene Sägemühle.

Temesvar (Ungarn). 25,000 Einwohner. Besitzer: die österr. Gasbeleuchtungs-Actiengesellschaft. Deren Director: Herr G. Fähndrich in Wien. Dirigent der Anstalt Herr C. Müller. Erbaut 1857. 428 öffentliche und 2495 Privatflammen. Für jede ganznächtliche (3800 Brennstunden) Laterne zahlt die Stadt 63 fl. öst. W., jede halbnächtliche Laterne (2000 Brennstunden) 31½ fl. öst. W. bei 5 c' stündl. Consum. Private zahlen 6 fl. 30 kr. österr. W. pro 1000 c' engl. Jahresproduktion 1867: 12,750,000 c'. Maximalproduktion in 24 Stunden 58,000 c', Minimalproduktion 27,000 c'. Betrieb mit Orawitza'er (Steierdorf) Kohlen, und zwar wurden 1867: 23,800 Zollcentner davon vergast.

Teplitz und Schönau (Böhmen). Zusammen 14,000 Einwohner. Eigenthümer: S. Durchlaucht Fürst Clary und Herr Dr. F. Stradel. Dirigent: Herr C. Herrmann. Im Jahre 1860 erwarb Herr Advocat Dr. Stradel in Teplitz die Concession auf 70 Jahre, verkaufte sie um 25,000 fl. österr. W. an den Herrn Fürsten Clary, liess jedoch die 25,000 fl. als Capitaleinlage stehen und zahlte noch einen Theil zum Bau. Bevollmächtigter der Gasanstalt ist Herr J. Straka, fürstl. Clary'scher Güteradministrator. Die Pläne zum Bau der Anstalt lieferte Herr Korte, Director der Gasanstalt Smichow, Herr J. Stoll führte als Uebernehmer die innere Einrichtung der Fabrik unter Leitung des gegenwärtigen Dirigenten, Herrn C. Herrmann aus. Eröffnet am 11. Aug. 1861 mit 820 Privatflammen. Leuchtkraft für eine Strassenflamme contractlich nicht unter 8 Kerzen, in Wirklichkeit 16—18

Kerzen, 6 auf 1 Pfd. Für 1250 Brennstunden bei 100 und mehr Strassenflammen werden 20 fl. österr. W. vergütet, Private zahlen 6 fl. öst. W. pro 1000 c'. 125 städtische Strassenflammen und 23 Privat-Strassenflammen mit 146,790 Brennstunden im Jahr, 2900 Privatflammen. Jahresproduktion 6,240,000 c'. Betrieb mit Braunkohlen aus dem Teplitzer Bereich, vom Wenzelschacht bei Teplitz. Die Anstalt hat 11 Retorten (1 Ofen à 5, 2 à 3 Ret.), 6 zöll. Röhrencondensation, 1 Wascher mit überfliessendem Wasser, 4 Reiniger mit 40 □' Hordenfläche (Laming'sche Masse), 1 Gasbehälter mit 22000 c' Inhalt, Röhrenleitung von 7" bis 1" Weite, nasse Gasuhren. Anlagecapital 140,000 fl. österr. Währ.

Teterow (Mecklenburg). 5100 Einwohner. Eigenthümer: Herr W. Strode in London unter Garantie des Magistrates. Dirigent: Herr W. Mantle. Erbauer: Herr W. Strode. Eröffnet am 15. Nov. 1861. Concessionsdauer 20 Jahre. Das Vorkaufsrecht haben sich die städtischen Behörden vorbehalten, eventuell wird die Concession erneuert. Lichtstärke 12 Kerzen der Great Western Comp. in London. Gaspreis pro 1000 c' hamb.*) für die ersten 3 Jahre 2 Thlr. 32 Schill.**), für die zweiten 3 Jahre 2 Thlr. 24 Sch., für die dritten 5 Jahre 2 Thlr. 16 Sch., für die vierten 9 Jahre 2 Thlr. 8 Sch. Alle städtischen Gebäude zahlen pro 1000 c' 2 Thlr. 8 Sch. Die Strassenlaternen zahlen pro Cubikfuss 1 Pfg. Meckl. 80 Strassenflammen, die vom September bis incl. April brennen, und ca. 750 Privatflammen. Jahresproduktion 1,400,000 c'. Betrieb mit Newcastle-Steinkohlen. Die Anstalt hat 2 Oefen mit je 3 Thonretorten und 1 Ofen mit 1 Eisenretorte, 1 Scrubber mit Wasserdurchlauf, 2 Reiniger (Raseneisentein), 100 nasse Gasuhren von Wright in London, 1 Gasbehälter mit 22,500 c' Inhalt. Nebenprodukte werden verkauft.

Thale a./Harz (Preussen). 2870 Einwohner. Gründer, Erbauer, Eigenthümer und Dirigent: Herr C. Brandt, Director der Gasanstalt in Halberstadt. Eröffnet am 24. Nov. 1866. Die Concession läuft bis zum 1. Januar 1917. Leuchtkraft für 5 c' im Argandbrenner 12 Wachskerzen, 6 auf 1 Pfd., 9" lang. Gaspreis 2½ Thlr. pro 1000 c' preuss.***) sowohl für Strassen- als für Privatbeleuchtung. 2 Strassen-

---

*) 1000 c' hamb. = 831,15 c' engl.
**) 1 Thlr. = 48 Schilling Meckl.
***) 1000 c' preuss. = 1091,84 c' engl.

flammen mit je 650 Brennstunden à 6 c', 360 Privatflammen mit
durchschnittlich 1600 c' Jahresverbrauch per Flamme. Produktion von
der Eröffnung bis 1. Januar 1868: 680,000 c'. Maximalproduktion in
24 Stunden 4000 c'. Im Sommer reicht der Inhalt des Gasbehälters
längere Zeit und wird nur zeitweise fabrizirt. Betrieb mit westphälischen Steinkohlen. Die Anstalt hat 2 Thonretorten und 1 eiserne Retorte in 3 Oefen, 1 combinirten Condensations-, Wasch- und Reinigungs-
Apparat nebst Regulator von Ziegelsteinen in Cement gemauert, Condensator mit innerem Luftzug, 2 Reiniger 6' $\times$ 2^3/$_4$' (Laming'sche Masse),
1 Gasbehälter mit 8000 c' Inhalt, 12,000' Rohrleitung von 5'' bis 1^1/$_2$''
Weite, 35 nasse Gasuhren von G. H. Dietrich.

Thalweil (Schweiz) soll mit Gasbeleuchtung versehen sein.

Thorn (Preussen). 15,000 Einwohner. Eigenthümerin: die Stadt.
Dirigent: Herr C. Müllet. Die Pläne wurden vom Herrn Baumeister
Kühnell entworfen, welcher auch die Oberleitung über den Bau
führte; den speciellen Bau der Gebäude leitete der Herr Stadtbaurath
Kaumann, die technischen Arbeiten der Herr Ingenieur C. Müller.
Der Bau begann im März 1859 und sollte im October desselben
Jahres vollendet sein. Drei Tage jedoch vor der projectirten Eröffnung
sprang das Gasometerbassin, nachdem es 15' hoch mit Wasser gefüllt
war, und musste gänzlich abgebrochen und da sich die Baustelle nicht
geeignet fand, 1000' von der Gasanstalt verlegt werden. Um das Anlagecapital nicht todt ruhen zu lassen, wurde ein provisorischer Gasbehälter von 10,000 c' Inhalt angefertigt, und mit diesem die Anstalt
am 15. December 1859 mit ca. 60 Strassenflammen und 800 Privatflammen eröffnet, und ein Jahr lang bis zum 1. December 1860, um
welche Zeit der neue Gasbehälter fertig war, gearbeitet. Im Jahre
1864 wurde die Rohrleitung über beide Weichselbrücken nach dem
Ostbahnhofe um 4000' verlängert. Lichtstärke 21 Spermacetikerzen-
Helle, 6 auf 1 Pfd., mit 1^1/$_4$'' Flammenhöhe für 6,7 c' Gasverbrauch
pro Stunde im Argandbrenner. Preis vom 1. Januar 1868 ab 2 Thlr.
pro 1000 c'. Gasproduktion 1866/67: 8,951,900 c'. Maximalproduktion
in 24 Stunden 54,000 c', Minimalproduktion 8500 c'. 167 Strassenflammen, worunter 40 Nachtlaternen. Dieselben brennen ca. 1200
Stunden à 5^1/$_4$ c' Consum, so dass der durchschnittliche Jahresverbrauch 6700 c' per Laterne beträgt. 2836 Privatflammen haben einen
Durchschnittsverbrauch von 2490 c' per Flamme. Betrieb mit englischen Steinkohlen (Leversons Wallsend). Die Anstalt hat 15 Re-

torten 20″ × 14″ × 8′ 5″, (2 Oefen à 6, 1 à 3 Ret.), 4 Condensator-
röhren 12′ × 2′, 1 Absonderungsapparat, 1 Beale'schen Exhaustor,
2 Wascher 5′ × 3′, 3 Reiniger 10′ × 4¹/₂′ (Wiesenerz), 1 Nachreiniger 10′ × 4¹/₂′ (Kalk), der durch Umstellen eines Wechselhahns
auch hinter dem Gasbehälter als Austrocknungsapparat gebraucht werden
kann, 1 Gasbehälter von 26,500 c′ Inhalt unter Dach, 38,342′ Rohrleitung von 7″ bis 2″ Weite, einschliesslich der 1¹/₂ zöll. gusseisernen
Zuleitungsröhren. Anlagecapital: 106,934 Thlr., wovon aber bereits
23,934 Thlr. amortisirt sind. Journ. f. Gasbel. 1864 S. 142, 1866 S. 49.

Thun (Schweiz). 4500 Einwohner. Eigenthümerin: die Stadt.
Erbauer: Herr L. A. Riedinger in Augsburg, der die Anstalt am
25. October 1862 eröffnete und am 1. Januar 1865 an die Stadt verkaufte. Gaspreis 14 Francs für 1000 c′ engl. Jahresproduktion
2 Mill. c′. 83 Strassenflammen consumirten in 80,000 Brennstunden
400,000 c′ Gas, 1300 Privatflammen brauchten 1,600,000 c′. Betrieb
mit Saarbrücker und böhmischen Steinkohlen. Die Anstalt hat 5 Stück
∩ förmige Thonretorten von Bousquet in Lyon, (2 Oefen à 2, 1 à 1
Ret.), 8 liegende 5 zöll. Condensationsröhren 16′ lang (200 □′), 1 Cokescrubber 3′ 5″ im Durchmesser, 15′ hoch, 2 gusseiserne Reiniger mit
je 170 c′ Inhalt und 250 □′ Reinigungsfläche, (Laming'sche Masse und
Kalk), 1 Stationsgasmesser, 1 Gasbehälter mit 18,000 c′ Inhalt, 1 Regulator, 11,000′ Leitungsröhren von 6″ bis 1″ Weite, 130 nasse Gasuhren von L. A. Riedinger. Anlagecapital 212,600 Frcs.

Tiegenhoff (Preussen). 2600 Einwohner. Man geht damit um,
die Gasbeleuchtung einzuführen.

Tilsit (Preussen). 17,293 Einwohner. Eigenthümerin: die Stadtcommune Tilsit. Dirigent: Herr H. Zuckschwerdt. Die erste Anregung zur Einführung der Gasbeleuchtung ging im Jahre 1853 von
dem verstorbenen Herrn Commerzienrath Wächter aus, hatte aber
keinen Erfolg. Im Jahre 1854 gelang es Herrn Fabrikdirector Könen,
die Stadtverordnetenversammlung zur Aussetzung einer Summe von
200 Thlrn. für die ersten Vorarbeiten zu vermögen, und Ende 1856
kam man dazu das Projekt zu verwirklichen. Man war der Ansicht,
dass man die Einrichtungen am besten durch Engländer herstellen
lassen werde und schloss einen Vertrag mit Herrn H. P. Stephenson
in London ab, nach welchem sich dieser dazu verpflichtete, die Pläne
anzufertigen, soweit sie das Fabrikwesen beträfen, die Anfertigung

der Fabrikeinrichtung und Röhren in England auf dem Wege der
Minuslizitation zu besorgen, die Anfertigung selbst zu beaufsichtigen
und zu betreiben, die Oberaufsicht bei Aufstellung der Fabrik zu führen,
und dieselbe Namens der Stadt zu revidiren und abzunehmen. Die
Lieferungen erhielt das Haus Laidlaw & Son in Glasgow für den
Preis von 34,833 Thlr. Mittlerweile entwarf der Herr Maurermeister
Herschel in Tilsit die Pläne und Anschläge für die Gebäude, bei
der Ausführung wurde jedoch der Kostenanschlag bedeutend überschritten, hauptsächlich desshalb, weil bei der Herstellung des Gas-
behälterbassins die Wasserförderung sehr viel Schwierigkeiten machte.
Am 15. December 1857 wurden zum ersten Male die Strassen und
viele Privatlokalitäten mit Gas beleuchtet, und am 1. Januar 1858 die
Anstalt für Rechnung der Stadt in regelmässigen Betrieb genommen.
Im Jahre 1862 wurde der Bau eines zweiten Gasbehälters von 25,000 c′
preuss.*), eines zweiten Kohlenmagazins, eines Bureau- und Wohnhauses
nebst mehrfachen Umänderungen in der gesammten Fabrikanlage ausgeführt. Das Rohrnetz wurde in mehrere früher nicht beleuchtete
Stadttheile und nach dem Bahnhofe hin nicht unbedeutend erweitert.
Leuchtkraft für 5 c′ Gasconsum per Stunde 10—12 Spermacetikerzen-
Helle, mit 120 Grains Consum per Stunde. Für die Strassenbeleuchtung
wurden zuerst pro 1000 c′ 1 Thlr. 24 Sgr. 6 Pf. vergütet, und Privaten zahlten bis zu incl. 10,000 c′ preuss. Jahresconsum 2 Thlr. 5 Sgr.,
bis 100,000 c′ 2 Thlr. und bei über 100,000 c′ 1 Thlr. 24 Sgr. 6 Pf.
Da sich jedoch hierbei ein Defizit im Abschluss ergab, so wurden die
Preise seit dem 1. Januar 1862 für die Strassenflammen auf 2 Thlr.
pro 1000 c′, für Private bis 10,000 c′ auf 2 Thlr. 10 Sgr., bis 100,000 c′
auf 2 Thlr. 5 Sgr. und bei über 100,000 c′ auf 2 Thlr. erhöht. Diese
Preise erfuhren im October 1866 eine neue Aenderung, indem jeder
Rabatt, aber auch jede Entschädigung an Gasmessermiethe gestrichen
wurde. 228 Strassenflammen mit 1,457,286 c′ Consum, 2671 Privatflammen mit 4,799,550 c′ Consum, ausserdem noch 7 Tariffflammen.
Die Strassenflammen brennen mit 6 c′ Consum per Stunde. Jahresconsum 1867: 7,029,320 c′. Maximalverbrauch in 24 Stunden 45,650 c′,
Minimalverbrauch 5000 c′. Betrieb mit englischen Steinkohlen (Nettlesworth, Primrose und Leversons Wallsend). Kohlenverbrauch 1867:
4374 Tonnen à 4 preuss. Scheffel. Die Anstalt hat 21 theils runde,
theils ovale Retorten (1 Ofen à 6, 2 à 5, 1 à 3, 1 à 2 Ret.), 1 Con-

---

*) 1000 c′ preuss. = 1091,84 c′ engl.

densator mit 4 Doppelröhren von 400 □′ Oberfläche, 1 Scrubber von
100 □′ Oberfläche und 64 c′ Inhalt zum Theil mit Schaufeln, zum
Theil mit Sieben belegt, 1 Exhaustor von 16″ Durchmesser von B e a l e
mit Maschinen von 2 Pferdekräften, 1 Bypass-Regulator von S. E l s t e r
(der Dampfkessel wird mit den abziehenden Feuergasen geheizt), 1
Wascher von 24 c′ Inhalt, mit Eintauchröhren, 2 Reiniger à 64 □′
Querschnitt und 4 Horden, Stationsgasmesser, 2 Gasbehälter mit 18,000 c′
und 25,000 c′ Inhalt, 53,000′ preuss. Rohrleitung von 9″ bis 1¹/₂″
Weite, 242 nasse Gasuhren von J. P i n t s c h und S. E l s t e r. Die Neben-
produkte, mit Ausnahme der Coke, finden nur schwachen Absatz, Theer
wird theilweise verfeuert. Anlagecapital im Ganzen 134,000 Thlr.
Durch vorschriftsmässige Amortisation von 1 % pro Anno und durch
ausserordentliche Abzahlungen aus den erzielten Ueberschüssen ist diese
Schuld gegenwärtig bis auf 116,000 Thlr. reducirt worden.   J o u r n. f.
G a s b e l. Jahrg. 1859 S. 316, 1860 S. 15.

Tönning (Schleswig). Die Anstalt wird gegenwärtig in Betrieb gesetzt.

Tondern (Schleswig). 3300 Einwohner. Eigenthümerin: die Stadt.
Dirigent: Herr Landmesser S c h ö n f e l d t. Erbauer: Herr Eisengiesser
B o n n i d i s e n in Hadersleben. Eröffnet am 31. December 1864
mit 80 Consumenten. Gaspreis 5 Mark 10 Schill.*) pro 1000 c′ engl. 77
Strassenflammen consumiren 4¹/₂ c′ per Stunde und Brenner, und brennen
von Dunkelwerden bis 11 Uhr alle, von da bis Morgens 18 Stück.
178 Privatconsumenten. Jahresproduktion 2 Mill. c′ Betrieb mit engl.
Steinkohlen (Pelton Main). Die Anstalt hat 9 Retorten (1 Ofen à 5,
1 à 3, 1 à 1 Ret.), 2 Reiniger mit 225 c′ Inhalt (Eisenoxyd und Lohe),
1 Gasbehälter mit 13,000 c′ Inhalt, 370′ 6 zöll., 567′ 5 zöll., 1056′
4 zöll., 8217′ 3 zöll. Leitungsröhren, 178 nasse Gasuhren von S. E l s t e r.
Anlagecapital 75,000 Mark.

Torgau (Preussen), 10,221 Einwohner, darunter 2806 Militärs.
Eigenthümerin: die Stadt. Erbauer: der Gasanstaltsdirector Herr
W e r n e r in Wurzen. Eröffnet wurde die Anstalt am 20. December
1863 mit 159 öffentlichen und circa 1600 Privatflammen. Preis des
Gases für Private 2 Thlr. pro 1000 c′ preuss., nur die Militäranstalten
erhalten 1000 c′ für 1²/₃ Thlr. Die Produktion im Jahr 1866 betrug

---

*) 1 Mark Courant = 16 Schilling = 12 Silbergr. = 42 kr. südd. Währ.

6,016,640 c′ preuss. 174 Strassenflammen und 1958 Privatflammen.
Erstere brennen 1100 Stunden per Jahr und consumiren 5 c′ pro
Stunde. Der Privatconsum betrug im letzten Jahr nahezu 4 Mill. c′.
Betrieb mit Zwickauer und Lugauer Steinkohlen. Die Anstalt hat
12 Chamotte-Retorten von ⌓ Form (1 Ofen à 6, 1 à 4, 1 à 2 Ret.),
1 Condensator aus 8 Stück 6 zöll. Röhren 11′ hoch, 1 Scrubber von
Eisenblech 3$\frac{1}{2}$′ weit 10′ hoch, 1 Beale'schen Exhaustor, 4 Reiniger
8′ $\times$ 4′ (Laming'sche Masse), 2 Gasbehälter à 15,000 c′ Inhalt, 24350′
Leitungsröhren (1250′ 6 zöll., 700′ 4 zöll., 1300′ 3 zöll., 5400′ 2$\frac{1}{2}$ zöll.,
5700′ 2 zöll., 10,000′ 1$\frac{3}{4}$ zöll. und 1$\frac{1}{3}$ zöll., 296 nasse Gasuhren von
Schäffer & Walcker. Nebenprodukte werden verwerthet. Anlage-
capital ca. 60,000 Thlr.

Trachenberg (Schlesien). Man ist daran, die Gasbeleuchtung einzuführen.

Traunstein (Bayern). Nahezu 4000 Einwohner. Der Gründer,
Erbauer, Eigenthümer und Dirigent der Anstalt ist Herr J. Enderlen.
Eröffnet den 22. November 1865. Der mit der Stadt abgeschlossene
Vertrag läuft 35 Jahre. Gaspreis für die Privaten 5 fl. 30 kr., für
die Saline und den Bahnhof 5 fl. pro 1000 c′ bayer.*). Die Stadt
zahlt pro Brennstunde der öffentlichen Laternen 1,2 kr. Lichtstärke
für 5 c′ bayer. Consum pro Stunde 14 Münchener Normalkerzen-Helle.
55 Strassenflammen, für welche jährlich je 1050 Brennstunden garantirt sind, 450 Privatflammen mit einem Verbrauch von 1,431,800 c′
im letzten Jahr. Jahresproduktion 1,703,000 c′, Maximalverbrauch in
24 Stunden 10,100 c′, Minimalverbrauch 1800 c′. Steinkohlenbetrieb.
Eingerichtet sind 1 Ofen mit 2 Retorten und 3 desgl. mit 1 Retorte
(Thonretorten), 11,000′ Röhrenleitung, 48 nasse Gasuhren von L. A.
Riedinger, welcher sämmtliche Apparate geliefert hat. Anlagecapital 50,000 fl.

Treptow (Preussen) soll mit Gasbeleuchtung versehen sein.

Trient (Tyrol). 15,000 Einwohner. Eigenthümer: Herr Kaufmann
C. E. Herold. Die Anstalt wurde von Herrn L. A. Riedinger in
Augsburg erbaut, der Vertrag mit der Stadt 1858 abgeschlossen, der
Bau 1859 ausgeführt, die Anstalt am 8. Februar 1860 eröffnet und
am 1. Januar 1866 an den gegenwärtigen Eigenthümer verkauft. Das

---

*) 1000 c′ bayer. $=$ 878 c′ engl.

Missrathen des Seidenbaues, die Traubenkrankheit und die unglück-
lichen politischen Verhältnisse des Trientiner Bezirks waren seither
der grösseren Entwickelung des Gasgeschäftes höchst nachtheilig, doch
mit Eröffnung der Brennerbahn hat sich grössere Ausbreitung ge-
zeigt und steht weitere Entwickelung in naher Aussicht. Die Concession läuft vom 8. Februar 1860 an auf 30 Jahre. Lichtstärke für
142 Liter*) Consum per Stunde die Helle von 12 Stearinkerzen, 5
auf 1 Pfd. Die Stadt zahlt $1\frac{1}{6}$ kr. Reichswährung per Flamme und
Brennstunde, Private 65 Centesimi**) pro Cubikmeter***). 207 Strassenflammen mit 406,578 Brennstunden zu 142 Liter haben 50,142 Cubikmeter oder 1,770,012 c' consumirt, 1972 Privatflammen ergeben 60,659
Cubikmeter oder 2,141,263 c' Consum. Betrieb mit Holz, (Kiefer oder
Föhren, Fichten, Tannen, auch Krüppelföhren (mugo). Die Anstalt hat
Thonretorten von L. Bousquet & Co. in Lyon, zur Heizung dient
Schieferkohle von Valdagno, später böhmische Kohle, Kalkreinigung,
2 Gasbehälter von zusammen 900 Cubikmeter Inhalt, eine Röhrenleit-
ung von 7'' engl. grösster Weite und 304 nasse Gasuhren von L. A.
Riedinger.

Trier (Rheinpreussen). 21,000 Einwohner. Der Fragebogen ist
nicht beantwortet worden. Die Statistik von 1859 enthält Folgendes:
Besitzer: die Herren Wagner & Schömann. Die Stadt hat das
Recht, die Anstalt nach 25 Jahren vom Beginne des Contraktes ab
zum Abschätzungswerth zu übernehmen. Steinkohlenbetrieb. Für 411,450
Brennstunden der öffentlichen Strassenflammen von $5\frac{1}{2}$ c' preuss. wer-
den 1700 Thlr. per Jahr bezahlt, per Flamme und Stunde also $1\frac{1}{6}$ Pf.
Private zahlen per 1000 c' den Normalpreis von $3\frac{1}{3}$ Thlr. Oeffentliche
Gebäude erhalten bei einem Consum für über 800 Thlr. 5 % Rabatt.
Produktion Ende 1856: $4\frac{1}{2}$ Mill. c'. Ende 1856: 166 öffentliche
Strassenflammen.

Triest (Oesterreich). Eigenthümerin: die Stadt. Dirigent: Herr
R. Kühnell. Die Commune hatte zwar im Jahr 1844 mit den Herren
Franchette & Co. ein Abkommen für die Beleuchtung der öffentlichen Strassen und Plätze abgeschlossen, sich jedoch das Recht vorbehalten, von 6 zu 6 Jahren über den Preis der öffentlichen und Privatbeleuchtung zu unterhandeln, und auch andere Bewerber zuzulassen.

---

*) 1000 Liter = 1 Cubikmeter.
**) 1 Franc = 100 Centimes = 8 Silbergr. = 28 kr. südd. Währ.
***) 1 Cubikmeter = 35,32 c' engl.

Zugesichert war den Unternehmern nur, dass sie bis zum Jahr 1877 ihre Röhren auf Gemeindegrund liegen lassen, und die Privatbeleuchtung bis dahin fortsetzen dürften. Diese Gesellschaft lieferte in der letzten Periode die Strassenbeleuchtung zu einem verhältnissmässig billigen Preis, nemlich eine Strassenflamme von 5 österr. c', welche per Jahr 3720 Stunden brannte, zu 50 fl. österr. Währ. oder 1000 c' engl. zu 2 fl. 41 Nkr. incl. Bedienung. Dagegen verlangten sie vom Publikum desto höhere Bezahlung, und zwar pro Cubikmeter durchschnittlich 24 Nkr. oder per 1000 c' 6 fl. 80 Nkr. Vor Ablauf der dritten 6jährigen Beleuchtungsperiode forderte die Commune die im Laufe der Zeit von Herrn Franchette & Co. an die Lyoner Gasgesellschaft übergangene Unternehmung auf, die Preise zu ermässigen, und trat zugleich mit dem Baumeister Herrn Kühnell in Berlin in Unterhandlung, welcher Pläne und Anschläge für eine neue Gasanstalt lieferte. Hieraus war ersichtlich, dass die franz. Gasanstalt bei einem Preise von 18 Nkr. pro Cubikmeter recht gut bestehen konnte. Die Gesellschaft wollte schliesslich nach vielem Unterhandeln auch auf diesen Preis eingehen, verlangte aber ein 90 jähriges ausschliessliches Privilegium. Da der Rath der Stadt auf eine so lange Zeitdauer sich nicht binden wollte, und weitere Unterhandlungen die Möglichkeit selbst bis Ablauf des Vertrages ein Gaswerk zu errichten, vernichtet hätte, so entschloss sich derselbe selbst ein Gaswerk zu errichten. Dieses Gaswerk versorgte am 1. November 1864 an 5000 Privatflammen, und 600 öffentliche Flammen. Am 1. Januar 1867 speiste es bereits 10,000 Privatflammen und 1280 öffentliche Flammen. Am 24. Juni 1867 übergab die französische Gasgesellschaft der Communalanstalt ihre sämmtlichen Flammen circa 2500 Stück, und verzichtete auf ihr Privilegium, welches noch 9 Jahre Dauer hatte, gegen eine Entschädigung von 8000 fl. per Jahr, während der 9jährigen Dauer. Sie behält dagegen ihren Grund, und ist verpflichtet, die Oefen zu demoliren. Produktion im Jahre 1866 = 63,575,000 c' engl., seit Ablösung der franz. Gesellschaft etwa $^1/_3$ mehr, d. i. 84 Mill. c' per Jahr. 1300 Strassenflammen, davon 600 à 5$^1/_2$ c' mit 3700 Brennstunden und 700 à 3$^1/_2$ c' mit 3700 Brennstunden, 14,000 Privatflammen mit je 3600 c' Consum per Jahr. Betrieb mit englischen (Newcastle) Steinkohlen. Die Anstalt hat 72 Retorten, (12 Oefen à 6 Ret.), Condensator von 6 Stück 3' weiten Röhren auswendig und 2' weiten Röhren inwendig 14' hoch, Scrubber 10' $\times$ 10' $\times$ 14' mit schiefliegenden Holzhorden und Coke mit Wasserberieselung, 2 Beale's che Exhaustoren von 20''

Durchmesser, 2 Wascher $8' \times 4' \times 5'$ mit Blechhauben und Zertheilungsröhren, 4 Reiniger à 84 $\square'$ Fläche $5'$ hoch mit 4 Horden, davon 3 mit Laming'scher Masse und die untere mit Kalk, 2 Gasbehälter à 100,000 c' Inhalt, 180,000 lfd. Fuss Rohrleitung, davon $2000'$ 20zöll., $4000'$ 18zöll. u. s. w., 2600 Gasuhren, theils von Mayland, in letzter Zeit von S. Elster. Coke wird verkauft, Theer theilweise verfeuert. Baucapital 733,000 fl., Betriebscapital 115,000 fl. (Vergl. Journ. f. Gasbel. 1865 S. 64.)

Triest ist der Sitz der „Allgemeinen Oesterreichischen Gasgesellschaft", welche sich im Jahre 1856 constituirte, und welche die vier Gaswerke in Pest, Linz, Smichow und Reichenberg betreibt. Das Actiencapital der Gesellschaft beträgt 1,815,000 fl. österr. Währ. in 9075 Actien à 200 fl. Der Generaldirector der Gesellschaft ist Herr L. Stephani, zugleich Director der Gasanstalt in Pest. Die Geschäftsberichte der Gesellschaft finden sich im Journ. f. Gasbel. 1860 S. 356, 1861 S. 426, 1862 S. 448, 1863 S. 392, 1864 S. 415, 1865 S. 404, 1866 S. 432, 1867 S. 528. Näheres bei den einzelnen Anstalten.

Tübingen (Württemberg). 9000 Einwohner. Eigenthümerin: die Stadt. Dirigent: Herr W. Pregizer. Erbauer: Herr E. Spreng in Nürnberg. Eröffnet am 23. October 1862. Gaspreis 5 fl. für 1000 c' bei Privaten; für die Strassenbeleuchtung wird ein Aversum von 2400 fl. per Jahr vergütet. 185 Strassenflammen mit 5 c' Consum pro Stunde und einem Jahresverbrauch von 852,000 c' engl. 160 Abonnenten mit 1600 Flammen und einem Consum von 2,427,000 c'. Jahresproduktion 3,496,000 c'. Betrieb mit Saarbrücker Steinkohlen (Duttweiler). Die Anstalt hat 10 Retorten (1 Ofen à 5, 1 à 3, 1 à 2 Ret.), 1 Scrubber $10'$ hoch $4'$ im Durchmesser, 1 Wascher $10' \times 5' \times 3^{1}/_{2}'$, 2 Reiniger $10' \times 5' \times 3^{1}/_{2}'$, $180'$ Condensation, 1 Gasbehälter mit 20,000 c' engl. Inhalt, $33,000'$ Leitungsröhren von $8''$ bis $2''$ Weite, 160 nasse Gasuhren von A. Siry Lizars & Co. und S. Elster. Nebenprodukte werden verkauft. Anlagecapital 93,000 fl. Journal f. Gasbel. 1862 S. 362, 1863 S. 99.

Uelzen (Hannover). 4800 Einwohner. Im Sommer 1856 wurde die Anstalt von den ersten Unternehmern, Herren Maurermeister Gehrts und Fabrikant Schlüter, erbaut. Vor Vollendung, im Herbst desselben Jahres, trat der Stadtkämmerer, Herr Siburg, dem Unternehmen bei und an Stelle des Herrn Schlüter trat im September 1857 der jetzige Inhaber, Herr E. Becker. Herr Siburg schied schon im Jahre 1858 mit einer Entschädigung aus, und am 1. Mai 1866 wurde auch Herr Gehrts abgefunden, an dessen Stelle Herr E. Becker jun., Sohn des bisherigen Mitinhabers, trat. Die Concession läuft bis 1877. Alsdann hat die Stadt das Recht, die Anstalt zu übernehmen, in welchem Falle sie den zeitigen Taxwerth und als Entschädigung den Durchschnitts-Reinertrag der letzten 10 Jahre mit 4% capitalisirt, zu zahlen hat. Leuchtkraft für 5 c' 12 Wachskerzen, 6 bis 7 auf 1 Pfd., und 12 bis 13″ lang. Private zahlen 2$\frac{1}{3}$ Thlr., Strassenbeleuchtung 2 Thlr. pro 1000 c' engl. Der Bahnhof zahlt 1 Thlr. 29 Sgr. 6$\frac{1}{2}$ Pf. pro 1000 c' engl. 86 Strassenflammen mit 5 c' Consum per Stunde 14 während des ganzen Jahres (9 bis 12 Uhr Abends, 5 die ganze Nacht), 72 vom 1. September bis 1. Mai pro Monat etwa drei Wochen bis 11 Uhr Abends. Jahresconsum der Strassenflammen 445,000 c'. 1240 Privatflammen consumiren 2,632,000 c'. Jahresproduktion 3,300,000 c'. Betrieb mit westphälischen Steinkohlen (Holland und Hannibal). Die Anstalt hat 5 Oefen mit je 2 ovalen Retorten von Oest W^{we}, Scrubber, 3 Reiniger 9′ × 6′ (Eisenerde), 2 Gasbehälter mit 3000 c' und 6000 c' Inhalt, 140 Gasuhren, bis 1866 nasse von E. Smith, später trockene von der London Gas-Meter-Comp. in Osnabrück. Coke wird verkauft.

Uerdingen (Rheinpreussen). 3500 Einwohner. Erbauer und Eigenthümer: Herr J. F. Richter. Eröffnet 1862. Der Vertrag mit der Stadt ist auf 30 Jahre abgeschlossen, nach welcher Zeit die Stadt das Recht besitzt, gegen Herausgabe der Einlage des Unternehmers in den alleinigen Besitz der Anstalt zu treten. Gaspreis für Private 2 Thlr. 25 Sgr. pro 1000 c', für die Stadtbeleuchtung 3$\frac{1}{2}$ Pf. pro Stunde und Flamme. Betrieb mit westphälischen Steinkohlen (Zollverein). Reinigung mit Kalkhydrat. Anlagecapital 18,000 Thlr., wozu die Stadt einen Theil beigetragen, welcher vom Unternehmer 30 Jahre lang verzinst wird.

Uetersen (Holstein). Der Fragebogen ist nicht beantwortet worden. Die Statistik von 1862 enthält folgende Angaben. 4000 Einwohner. Eigenthümerin: die Commune. Eröffnung den 12. October 1858. 96 Strassenflammen, die nur an dunklen Abenden vom 1. September bis ult. April angezündet werden, und 4 c' pro Stunde consumiren, 157 Privatconsumenten mit 1052 Flammen. Für die Strassenbeleuchtung werden im Ganzen 560 Thlr. R.-M.*) vergütet; Private zahlen 2 Thlr.

---

*) 1 Thaler Reichsmünze = 96 Schilling = $\frac{3}{4}$ Thlr. preuss.

64 Sch. R.-M. pro 1000 c′; zu technischen Zwecken verwandt kostet
das Gas 1 Thlr. 83 Sch. pro 1000 c′. Früher wurde das Gas aus
Torf gemacht, die Fabrication stellte sich jedoch ungünstig, seit September 1861 werden desshalb englische Pelton Main Steinkohlen destillirt. Die Beschreibung der Torfgasanstalt vom Jahre 1859 findet
sich im Journal für Gasbeleuchtung Jahrg. 1859 S. 130, worauf wir
desswegen verweisen. Die Produktion betrug im letzten Jahre 1,710,345 c′
Torfgas; in diesem Jahre wird das Quantum in Folge der grösseren
Leuchtkraft des Steinkohlengases wohl kleiner werden. Gegenwärtig
hat die Anstalt: 4 Retorten (1 Ofen mit 2, 2 mit 1 Ret.), 2 Scrubber,
1 Wäscher, 2 Reiniger mit 128 □′ Fläche (Laming'sche Masse), 1 Gasbehälter von 14,000 c′ Inhalt, 1410 hamb. Ruthen*) Röhrenleitung
von 5″ bis 2″ Weite, nasse Gasuhren von E. Smith, Hamburg. 2
Tonnen Steinkohlen zu 336 Pfd. geben 3 Tonnen Coke zu je 160 Pfd.
und 12 Tonnen Steinkohlen geben ⅔ Tonnen Theer zu 220 Pfd. In
der Statistik von 1859 ist das Bau- und Betriebs-Capital zu 29,250 Thlr.
preussisch angegeben.

Ulm (Württemberg). 25,000 Einwohner. Eigenthümerin: die
Stadtgemeinde. Dirigent: Herr G. Sachse, unter Controle eines
aus 5 Mitgliedern bestehenden Verwaltungsraths. Der Beschluss, die
Gasbeleuchtung einzuführen, datirt vom 15. Februar 1856. Erbauer:
Herr L. A. Riedinger. Eröffnet den 1. December 1857. Bis zum
Jahre 1864 Holzgasbereitung, von da ab Betrieb mit Steinkohlen.
Leuchtkraft 18 Münchner Stearinkerzen (6 auf 1 Pfd.), Helle für 5 c′
engl. Gas per Stunde. Die Stadt bezahlt pro 1000 c′ engl. 4 fl., Privaten als Normalpreis 5 fl., letztere geniessen einen Rabatt bei einem
Jahresconsum von 60,000 c′. 9 kr. pro 1000 c′, bei 60—80,000 c′
12 kr., bei 80—100,000 c′ 15 kr. und über 100,000 c′ 18 kr. Jahresproduktion 1866/67 10 Mill. c′. 336 Strassenflammen mit 5 c′ Consum
per Stunde brennen von Dunkelwerden bis 10 Uhr, 172 Stück von
10 Uhr bis 11½ Uhr, und 38 von 11½ Uhr bis Tagesanbruch. 5000
Privatflammen mit einem jährlichen Durchschnittsconsum von 1520 c′
per Flamme. Maximalproduktion in 24 Stunden 60,000 c′, Minimalproduktion 15,000 c′. Betrieb mit Saarbrücker Kohlen (Heinitz). Die
Anstalt hat 18 Retorten (2 Oefen à 6 Ret., 2 à 3 Ret.), 175′ horizontale 6 zöll. Röhrencondensation, 2 Wascher, 3 Reiniger (Laming'sche Masse), 2 Gasbehälter mit je 16,000 c′ Inhalt, 60,500′ württem.

---

*) 1 hamb. Ruthe = 16 Fuss.

Röhrenleitung von 8″ bis 1″ Weite, 480 nasse Gasuhren von Siry Lizars & Co. und L. A. Riedinger. Anlagecapital 195,000 fl.

Unna (Westphalen). 6000 Einwohner. Eigenthümerin: die Stadt. Die Anstalt wird von einem Vorstande unter Assistenz des Herrn Gasdirectors Francke in Dortmund als technisches Mitglied verwaltet. Erbauer: Herr C. Brandt, Director der Gasanstalt in Halberstadt. Eröffnet am 10. November 1860. Leuchtkraft für 6 c′ Gasconsum per Stunde 12 Stearinkerzen. Gaspreis 1 Thlr. 25 Sgr. pro 1000 c′ für Private, für 900 Brennstunden der städtischen Laternen werden 7 Thlr. 22 Sgr. 6 Pf. vergütet. 50 Strassenflammen mit 273,394 c′ Jahresconsum (durchschnittl. 5468 c′), 1215 Privatflammen mit 2,505,282 c′ Jahresconsum (durchschnittl. 2062 c′). Jahresproduktion 3,177,900 c′, Maximalproduktion in 24 Stunden 22,400 c′, Minimalproduktion 1200 c′. Betrieb mit westphälischen Steinkohlen (Hannibal und Consolidation). Die Anstalt hat 10 Thonretorten (1 Ofen à 4, 1 à 3, 1 à 2, 1 à 1 Ret.), Reinigung mit Deicke'scher Masse, 1 Gasbehälter mit 17,000 c′ Inhalt, Rohrleitung von 5″ bis 1″ Weite, 167 Gasuhren von S. Elster und H. G. Dietrich. Als der Magistrat den Beschluss fasste die Anstalt auf eigene Rechnung zu bauen, behielt er sich vor, von dem vorgesehenen Anlagecapital von 30,000 Thlr. nur $\frac{1}{4}$ Theil für sich zu behalten und $\frac{3}{4}$ Betheiligungsscheine an stille Gesellschafter abzugeben. Diesen stillen Gesellschaftern wurden 4% Zinsen garantirt, und nachdem diese gedeckt und die Stadt ebenfalls ihre 4% aus dem Reingewinn erhalten hatte, sollte der fernere Ueberschuss, nach Abzug von Reservefond und Tantième für den Vorstand gleichmässig unter alle Theilhaber, die Stadt inbegriffen, vertheilt werden. Die Stadt ist ferner nicht befugt, in den ersten 10 Jahren Actien auszuloosen, kann aber nach zehnjährigem Bestehen jährlich für 1000 Thlr. Actien ausloosen, und ist endlich gehalten, binnen 50 Jahren sämmtliche Actien auszuloosen, resp. an sich zu bringen. Der Reservefond (10% des Reingewinnes) soll bis auf 5000 Thlr. gebracht werden, und fällt der Stadt als Eigenthum zu. Das Anlagecapital von 30,000 Thlr. wurde nicht ganz gebraucht, und wurde desshalb auf 25,000 Thlr. herabgesetzt. Durch Erweiterung der Anstalt stellt sich nach der letzten Bilanz am 1. Juli 1867 das Anlagecapital auf 25,134 Thlr. 8 Sgr. 1 Pf.

Unterboihingen (Württemberg). Die Baumwollspinnerei Unterboihingen hat eine Steinkohlengasanstalt.

Unterhausen bei Reutlingen (Württemberg). Die Spinnerei der Herren **Solivo & Fierz** in Unterhausen hat eine eigene Anstalt, in der das Gas aus Boghead dargestellt wird.

Urach (Württemberg). Die mechanische Flachsspinnerei in Urach hat eine eigene Anstalt, in der sie Gas aus Schiefertheer darstellt. Die mechanische Baumwollspinnerei des Herrn **Zeuck** in Urach ist mit Gas aus Boghead beleuchtet. Die Papierfabrik zum Bruderhaus in Dettlingen bei Urach hat eine Steinkohlengasanstalt.

Vallendar (Preussen) soll mit Gasbeleuchtung versehen sein.

Varel (Oldenburg). 5000 Einwohner. Gründer, Unternehmer, Eigenthümer und Dirigent: Herr W. **Fortmann** aus Oldenburg. Eröffnet im September 1862. Concessionsdauer 30 Jahre. Nach Ablauf kann die Stadt die Anstalt zum Schätzungswerthe übernehmen, die Anlegung einer zweiten Gasanstalt concessioniren oder eine Herabsetzung des Gaspreises verlangen. Die Entscheidung Sachverständiger, die wie Schiedsrichter gewählt werden, ist in zweifelhaften Fällen maassgebend. Gaspreis für Privaten 3 Thlr. pro 1000 c' engl., für Fabriken 2 Thlr. Für jede Strassenflamme mit 1000 Brennstunden und 5 c' Consum per Stunde werden jährlich 10 Thlr. vergütet. Lichtstärke die Helle von 12 Wachskerzen, wovon 6 Stück etwa 27 Loth wiegen und das Stück 13" lang ist. 90 Strassenflammen. Maximalproduktion in 24 Stunden 16,000 c', Minimalproduktion 1600 c'. Betrieb mit englischen und westphälischen Steinkohlen unter Zusatz von Cannel. Die Anstalt hat 10 ovale Thonretorten (2 Oefen à 3, 1 à 4 Ret.), 2 Scrubber, 4 Reiniger in Cement gemauert (Reinigung mit Laming'scher Masse und Kalk), 1 Gasbehälter zu 25,000 c' Inhalt, 16,500' Rohrleitung von 5" bis 2" Weite, 57 nasse Gasuhren aus Berliner Fabriken. Anlagecapital 32,000 Thlr.

Verden (Hannover). Ungefähr 6700 Einwohner. Eigenthümerin: die Stadt. Dirigent: Herr **Meybier**. Nachdem der Bau einer Gasanstalt für selbst eigene Rechnung der Stadt beschlossen, Pläne, Risse und Anschläge auch Bedingungen von dem Ingenieur Herrn **Lienau** in Hamburg entworfen und die Schwierigkeiten, welche in der Auswahl und dem Ankaufe des von den Technikern am geeignetsten gehaltenen Grundstücks sich in den städtischen Collegien selbst geltend machten, gehoben worden, wurde auf dem Wege der schriftlichen Submission der Bau der Anstalt dem Mindestfordernden, den Herren

Fabrikanten L a n g e und Z e i s e in Ottensen bei Altona, für 39,800 Thlr.
Cour. am 9. Mai 1866 contractlich zugeschlagen mit der Bestimmung,
dass die Anstalt am 1. October l. J. dem Betriebe übergeben werden
solle. Doch nicht schon an diesem Tage, sondern erst am 3. November brannten die Strassenlaternen zum ersten Male und übernahm
die Stadt den Betrieb am 5. l. Mts., von welchem Tage an die Erbauer ein Jahr lang haften mussten. Der Preis des Gases ist für alle
Consumenten gleich auf 2 Thlr. 20 Sgr. pro 1000 c′ zuerst festgesetzt
gewesen, doch ist er vom 1. Juli 1867 an auf 2 Thlr. 10 Sgr. ermässigt worden. Die Zahl der Strassenflammen betrug zuerst 199,
jetzt beläuft sie sich auf 202; die Zahl der Privatconsumenten beträgt
168, die Zahl der Flammen nach den Uhren ist 1070. Im Jahre 1867
sind von den Privatconsumenten 1,600,000 c′ Gas verbraucht. Die 202
Strassenflammen verbrennen in 800 Brennstunden im Jahre 796,000 c′
Gas. Betrieb mit westphälischen Steinkohlen (Hibernia und Shamrock). Die Anstalt enthält 3 Oefen, wovon 1 mit 2, 1 mit 3 und 1
mit 5 Thonretorten, ferner 2 Scrubber nach T h u r s t o n, deren Würfel 3²/₃′
im Quadrat enthalten und Röhren 7¹/₂′ lang sind, 4 Reiniger mit Scheidewänden, jede von 36 c′ Inhalt, von denen 3 zur L a m i n g 'schen Masse
und einer als Nachreiniger mit trockenem Kalk benutzt werden, und
2 Gasometer, jeder zu 20,000 c′. Das unmittelbar von der Anstalt
aus nach 3 verschiedenen Richtungen gehende Röhrennetz auf den
Strassen enthält 3640′ 4 zöll., 8940′ 3 zöll. und 17,800′ 2 zöll. Röhren,
168 nasse Gasuhren von S. E l s t e r. Von den Nebenprodukten werden
nur Coaks und Theer abgesetzt. Anlagecapital 52,000 Thlr.

Vevey (Schweiz) ist mit Gas beleuchtet. Der Fragebogen ist nicht
beantwortet worden.

Viersen (Rheinpreussen). Gründer: Herr Philipp E n g e l s in Cöln.
Jetziger Eigenthümer und Dirigent: Herr Otto E n g e l s. Die Anstalt
wurde am 12. November 1859 eröffnet, und versorgt ausser Viersen
auch noch das ¹/₂ Stunde entfernt liegende Städtchen S ü c h t e l n.
Concessionsdauer für beide Städte 40 Jahre. Nach Ablauf derselben
wird die Anstalt nebst dem Rohrsystem in Viersen unentgeldliches
Eigenthum der Gemeinde Viersen, während die Leitung nach und in
Süchteln Eigenthum des Unternehmers bleibt. Die Leuchtkraft der
Strassenflammen soll 12 Wachskerzen Lichtstärke (6 auf 1 Pfd.) betragen.
Betrieb mit Steinkohlen (Hibernia). Angelegt sind 2 Oefen zu je
3 Retorten, und 1 Ofen zu 2 Retorten. Bei einer Maximalproduktion

von 29,000 c′ sind 5 Retorten im Gange. Es wird ohne Exhaustor gearbeitet. Trockene Kalkreinigung. Ein Gasbehälter hat 25,000 c′ Inhalt. Die Gasmesser sind aus der Fabrik von W. H. Moran in Cöln.

Vlotho (Westphalen). 2800 Einwohner. Eigenthümerin: eine offene Handelsgesellschaft „Vlothoer Gasanstalt Schmidt & Co." Dirigent: Herr F. Schmidt. Erbauer: Herr Jngenieur A. Hendrix aus New-York. Eröffnet am 23. Januar 1863. Die Concession läuft 35 Jahre. Leuchtkraft für 5 c′ Consum per Stunde 12 Wachskerzen, 6 auf 1 Pfd., 12″ lang. Gaspreis für Privaten 3 Thlr. per 1000 c′ engl. im Maximum, für Strassenflammen 4 Pf. pr. Flamme und Stunde. Jahresproduktion 1½ Mill. c′. 41 Strassenflammen mit 1000 Brennstunden per Jahr und ca. 600 Privatflammen. Betrieb mit westphäl. Steinkohlen. Die Anstalt hat 6 Thonretorten (1 Ofen à 1, 1 à 2, 1 à 3 Ret.), 2 Condensatoren, 2 Reiniger, 1 Gasbehälter von 7000 c′ Inhalt, 9000′ Leitungsröhren von 4, 3 und 2″ Durchmesser, 72 Gasuhren, darunter 10 trockene. Anlagecapitel 21,000 Thlr.

Wackersleben, Zuckerfabrik bei Gr. Oschersleben (Preussen) hat eine Privatgasanstalt von Herrn Ingenieur H. Liebau in Magdeburg. 150 Flammen in der Fabrik, 8 Hoflaternen, 40 Flammen in der Stallung und der Kaserne. Eröffnet 1859.

Wald (Rheinpreussen). Etwa 4000 Einwohner. Gründer, Erbauer, Eigenthümer und Dirigent: Herr W. Meissner. Eröffnet am 1. Dec. 1865. Die Concession ist an keine Bedingung geknüpft. Lichtstärke 16 Stearinkerzen-Helle für 5 c′ Consum per Stunde. Gaspreis 2 bis 2½ Thlr. pro 1000 c′. Jahresproduktion 2 Mill. c′. Maximalconsum in 24 Stunden 12,000 c′, Minimalconsum 1500 c′. 32 Strassenflammen mit je 700 Brennstunden jährlich und 5 c′ Consum per Stunde. 1000 Privatflammen mit 18—19,000 c′ Durchschnittsconsum per Jahr. Betrieb mit westphälischen Steinkohlen. Die Anstalt hat 4 Thonretorten von Vygen & Co. (1 Ofen à 3, 1 à 1 Ret.), 3 Kalkreiniger 8′ × 3½′ mit 4 Sieben, 1 Gasbehälter mit 18,000 c′ Inhalt, 8800′ Rohrleitung von 5″ bis 1½″ Weite, 108 Gasuhren von F. Piepersberg in Lüttringhausen. Coke und Theer werden verwerthet. Anlagecapital: 25,000 Thlr.

Waldenburg (Schlesien). 8500 Einwohner. Gründer und Eigenthümer: Herr A. Richter in Waldenburg. Dirigent: Herr E. Porst.

Die Anstalt wurde 1863 unter Anwendung der Baupläne vom Director
der Breslauer Gasanstalt, Herrn Firle, erbaut, und da dieser während
des Baues starb, von dem gegenwärtigen Dirigenten, der mit der Bau-
beaufsichtigung und Legung von Röhren von Herrn Firle betraut
war, zu Ende geführt. Eröffnet am 30. October 1863. Im Jahre 1866
wurden die Röhren nach dem Dorfe Hermsdorf und 1867 nach den
Grubenwerken in Hermsdorf gelegt, auch wurde im letzteren Jahr der
Bau eines neuen Gasbehälters von 70,000 c' Inhalt ausgeführt. Der
Vertrag ist vom Tage der Eröffnung an auf 30 Jahre abgeschlossen.
Nach Ablauf dieser Zeit steht es der Stadt Waldenburg frei, die Anstalt zu kaufen, oder eine neue Anstalt zu gründen. Leuchtkraft 14
Stearinkerzen. Durchschnittspreis des Gases nach Abrechnung der diversen Rabatte $1^5/_6$ Thlr. pro 1000 c'. Jahresproduktion 8,000,000 c'.
102 Strassenflammen und 3000 Privatflammen. Betrieb mit Steinkohlen von Hermsdorf. Die Anstalt hat 21 Retorten von ⌓ Form
und elliptisch (3 Oefen à 5, 2 à 3 Retorten), Exhaustor, 2 Gasbehälter 25,000 c' und 70,000 c' haltend, 40,000' Röhrenleitungen, nasse
Gasuhren von J. Pintsch. Anlagecapital 100,000 Thlr.

Waldheim (Sachsen). 5000 Einwohner, excl. 900 Sträflinge.
Eigenthümerin: die Stadt. Erbauer: Herr Commissionsrath G. M. S.
Blochmann in Dresden. Eröffnet am 12. December 1866. Leuchtkraft für 5 c' im Argandbrenner 14 Stearinkerzen, 6 auf 1 Pfund,
9'' lang mit $1^5/_8$'' Flammenhöhe. Gaspreis für Private 2 Thlr. 15 Sgr.
pro 1000 c' mit $3^1/_3$ bis 20% Rabatt bei 20,000 bis 1 Mill. c' Consum,
und von 20% bis 30% Rabatt bei 1 bis 3 Mill. c' Consum. 65
Strassenflammen mit 66,700 Brennstunden und 466,900 c' Consum per
Jahr, 626 Privatflammen und 412 Flammen in der kgl. Strafanstalt.
Jahresproduktion 4,200,000 c'. Maximalproduktion in 24 Stunden
24,600 c', Minimalproduktion 1100 c'. Betrieb mit Zwickauer Steinkohlen (Erzgebirgische Verein). Die Anstalt hat 11 Thonretorten theils
oval, theils ⌓ förmig (1 Ofen à 5, 1 à 3, 1 à 2, 1 à 1 Ret.), 1 Condensator, 6 Röhren mit innerem Luftzug, 2 Scrubber 3' weit, 10' hoch,
2 Reiniger (Wiesenerz), 1 Beale'schen Exhaustor, 1 Gasbehälter mit
24,000 c' Inhalt, 15,800' Rohrleitung von 5'' bis $1^1/_2$'' Weite, nasse
Gasuhren von Blochmann. Anlagecapital 38,500 Thlr.

Wallerfangen bei Saarlouis in Preussen. Herr Rittergutsbesitzer
von Palhan hat für sein Schloss und seine Oeconomiegebäude eine
kleine Gasanstalt, die gegen 50 Flammen zu versorgen hat.

Waltenhofen (Bayern). Die Baumwollspinn- und Weberei Waltenhofen hat eine Privatgasanstalt.

Waltershausen (Coburg-Gotha). ca. 5000 Einwohner. Herr Bauinspector Regel in Ohrdruff hat den Consens zur Erbauung einer
Gasanstalt in Waltershausen erworben und sich wegen der Ausführung
mit Herrn Th. Weigel in Arnstadt sociirt. Die Errichtung soll im
Jahre 1868 erfolgen, und werden die Kosten der Anstalt ca. 22,500 Thlr.
betragen.

Wandsbeck (Holstein). Mit Marienthal zusammen 10,125 Einwohner. Eigenthümerin: die Commune des Fleckens. Dirigent: Herr
von Hennings, Artilleriemajor a. D. Schon im Jahre 1846 be-
mühten sich einige der angesehensten Einwohner, eine Gasbeleuchtung
in's Leben zu rufen, aber ohne Erfolg. Eilf Jahre später, 1857, nahm
die Commune den Plan wieder auf, und brachte ihn zur Ausführung.
Der Bau wurde nach den Plänen und unter Oberaufsicht des Herrn
B. W. Thurston, techn. Directors der Gasanstalt in Hamburg, durch
das Haus A. Koch in Altona ausgeführt, im Frühjahre 1858 begonnen und am 21. October desselben Jahres eröffnet. Im Laufe der
Jahre hat die Anstalt mehrfach erweitert werden müssen, da sie im
letzten Jahre $11\frac{1}{2}$ Mill. c′ Gas abzugeben hatte, während die erste
Anlage nur für $4\frac{1}{2}$ Mill. c′ eingerichtet war. Für die Lichtstärke
gelten die Hamburger Vorschriften. Gaspreis für Private 1 Thlr. 20 Sgr.
pro 1000 c′ hamb.*), für die öffentliche Beleuchtung 10 Sgr. 6 Pf.
pro 1000 c′. 214 Strassenflammen mit 1993 Brennstunden vor Mitternacht à 6 c′ Consum und 1567 Brennstunden nach Mitternacht à $3\frac{1}{2}$ c′
Consum, zusammen 3560 Brennstunden; 3537 Privatflammen mit einem
Durchschnittsconsum von 2056 c′ per Jahr. Jahresproduktion 1867:
11,638,900 c′ hamb. aus 2,055,658 Pfd. Kohlen. Maximalproduktion
in 24 Stunden 71,000 c′, Minimalproduktion 15,000 c′. Vom Gesammtconsum treffen auf die Strassenflammen 30,26%, auf die Hausflammen
62,67%. Betrieb mit englischen Steinkohlen (Burnhope mit etwas
Bogheadzusatz). Die Anstalt hat 21 Thonretorten von J. Sugg & Co.
in Gent (1 Ofen à 6, 3 à 5 Ret.), 2 Thurston'sche combinirte
Apparate, von 4′ im Quadrat, 2 Reiniger für Laming'sche Masse
8′ × 5′ × 3′, 3 Reiniger für Kalk mit 4 Rostlagen à 4′ × 4′, 2 Gasbehälter à 13,000 c′ und 1 desgl. à 20,000 c′ Inhalt, 2 Regulatoren,

---

*) 1000 c′ hamb. = 831,15 c′ engl.

1 Stationsgasuhr, 42,592′*) Hauptröhren von 8″ bis 2″ Weite, 22,439′ schmiedeeiserne Abzweigungsröhren, 456 nasse Gasuhren von Th. Edge, E. Smith und S. Elster. Zu dem im Jahre 1858 angeliehenen Anlagecapital von 48,000 Thlr. kamen 1863 noch andere 4500 Thlr. hinzu, so dass die ganze Schuld, abzüglich der bereits geleisteten Abträge 52,500 Thlr. ausmacht. Der zu entrichtende Zins beträgt durchschnittlich 4°/₀ per Anno und der statutenmässige Abtrag 1¹/₄°/₀ des ursprünglich aufgenommenen Anlagecapitals.

Waren (Mecklenburg). 5511 Einw. Eigenthümerin: die Stadt. Sie wird durch einen Inspector, der unter einem Specialdirectorium, bestehend aus je einem Mitgliede des Magistrats und der repräsent. Bürgerschaft, steht, geleitet. Erbauer: Herr Pörtner, Director der Gasanstalt in Rostock. Eröffnet Neujahr 1863. Mit der Amortisation des Anlagecapitals werden die Gaspreise herabgesetzt, der augenblickliche Preis für Privatflammen ist 2 Thlr. 7 gGr.**) für 1000 c′ hamb. ***) Für Consumenten, die über 30,000 c′ Gas per Jahr verbrauchen, tritt eine Ermässigung des Preises auf 2 Thlr. 2 ggr. pro 1000 c′ ein. Für die öffentlichen Flammen wird 10 Thlr. per Jahr und per Stück berechnet. Die Controle über die Qualität des Gases wird durch Ermittlung des spec. Gewichtes ausgeführt, und wird darauf gehalten, dass dasselbe nicht unter 0,45 kommt. Das Rechnungsjahr schliesst mit Johannis. Im Jahre 1866/67 waren 100 Strassenflammen und 718 Privatflammen vorhanden. Die ersteren brauchten in 81,245 Brennstunden 406,600 c′, die letzteren 1,233,300 c′ Gas. Durchschnittsconsum einer Privatflamme 1717 c′. Jahresproduktion 1,854,300 c′. Maximalconsum in 24 Stunden 13,700 c′. Betrieb mit engl. Kohlen (New Pelton Main). Die Anstalt hat 6 Chamotteretorten von Oest Wᵂ* in Berlin (2 Oefen à 3 Ret.) und 2 eiserne Retorten in 2 Oefen à 1 Ret., Röhrencondensator, Scrubber, Wascher, 2 Reiniger (Raseneisenstein), Gasbehälter mit 20,000 c′ Inhalt, 114 nasse Gasuhren. Coke und Theer werden verkauft. Anlagecapital, incl. einiger Baureste und Magazinbestände 39,500 Thlr.

Warschau (Russisch Polen). 211,593 Einwohner. Eigenthümerin: die deutsche Continental-Gasgesellschaft in Dessau. Deren General-

---

*) 1 Fuss hamb. = 0,94 Fuss engl.
**) 1 Thlr. = 24 gute Groschen.
***) 1000 c′ hamb. = 831,15 c′ engl.

director: Herr W. Oechelhäuser. Specialdirigent der Anstalt: Herr von Rein. Der ursprüngliche Vertrag vom 19. April/1. Mai 1856 ist am 29. November/11. December 1866 dahin abgeändert worden, dass die Anstalt dauernd Eigenthum der deutschen Continental-Gasgesellschaft verbleibt, deren Privilegium am 26. Sept. 1883 erlischt, von da ab eine neue Einigung mit dem Magistrate oder freie Concurrenz eintritt, dass zweitens der Privatgaspreis vom 1. December 1866 ab auf 2 Rubel 50 Kopeken*) pro 1000 c′ engl. und mit stufenweiser Herabsetzung innerhalb 4 Jahren auf 2 Rub. 35 Kop. herabgesetzt werden soll; grosse Consumenten erhalten billigere Preise; dass drittens eine Strassenflamme von 5 c′ engl. Consum pro Stunde eine Leuchtkraft von 8 Wachskerzen, 4 auf 1 Pfund, am Bunsen'schen Photometer gemessen, haben soll. Der provisorische Betrieb ward am 28. December 1856, der definitive Betrieb am 27. December 1857 eröffnet. 1073 Strassenflammen mit einem Durchschnittsconsum von 17,131 c′ per Jahr (alle Betriebszahlen beziehen sich auf 1866), 17,208 Privatflammen mit einem Durchschnittsconsum von 3462 c′ per Jahr. Jahresproduktion 76,530,600 c′ engl. Maximalproduktion in 24 Stunden 401,900 c′, Minimalproduktion 78,000 c′. Betrieb mit oberschlesischen Steinkohlen (aus 1 Tonne Kohlen**) wurden 1734 c′ Gas gezogen). Die Anstalt hat 98 Retorten (13 Oefen à 6, 4 à 5 Ret.), 550 lfd. Fuss 9 zöll. Röhrencondensation, 2 Scrubber zu je 80 □′ Querschnitt und zusammen 1600 c′ Inhalt, 2 Wascher mit continuirlichem Wasserzufluss, 2 Beale'sche Exhaustoren, 6 Reiniger, davon 4 Stück 10¹/₄′ × 10³/₄′ × 3′ und 2 Stück 6¹/₄′ × 10³/₄′ × 3′ (Deicke'sche Masse), 2 Gasbehälter mit je 101,400 c′ Inhalt, 227,450 lfd. Fuss preuss. Rohrleitung mit 18″ grösster Weite, 1182 nasse Gasuhren, vorwiegend von S. Elster. Anlagecapital 621,317 Rub. 50 Kop. Journ. f. Gasbel. 1859 S. 174, 1860 S. 166, 1861 S. 162, 1862 S. 179, 1863 S. 138, 1864 S.91, 1865 S. 125, 1866 S. 135, 1867 S. 157.

Wasseralfingen (kgl. Württembergisches Hüttenwerk). Die Anstalt wurde im Jahre 1856 zur Beleuchtung des Hüttenwerks eingerichtet, und enthält 4 Oefen, jeden mit 1 gusseisernen Retorte, die mittelst der abgehenden Hohofengase geheizt werden, und 12,000 bis 15,000 c′ Gas pro 24 Stunden liefern. Die Beschreibung der Oefen findet sich im Journ. f. Gasbeleuchtung 1865 S. 13.

---

*) 1 Rubel Silber = 100 Kopeken = 1 Thlr. 2¹/₄ Sgr. = 1 fl. 53 kr. südd. Whrg.
**) 1 preuss. Tonne Kohlen = 340 bis 360 Pfd.

Wehlau (Preussen). Die Gasbeleuchtung wird durch Herrn Ph.
O. Oechelhäuser eingeführt werden.

Weilburg (Nassau). 3000 Einw. Gründerin und Eigenthümerin:
die Weilburger Gasbeleuchtungs-Gesellschaft. Dirigent: Hr. H. Müller.
Erbauer: Herr Ingenieur C. Maier in Cöln. Eröffnet am 15. October 1863. Der Vertrag mit der Stadt vom 2. April 1863 läuft 25 Jahre.
Nach Ablauf hat die Stadt das Recht aber nicht die Verpflichtung,
das Werk zu dem zehnfachen Durchschnittsertrag der letzten 10 Jahre
zu erwerben, andernfalls aber anderweitige Concession an Dritte zu
ertheilen. Vertragsmässiger Gaspreis 6 fl. pro 1000 c′ engl., bei einem
Jahresconsum von $1^1/_2$ Mill. c′ 5 fl. 45 kr., bei 2 Mill. 5 fl. 30 kr.
Vom 15. Januar 1868 an ist der Preis, obgleich der Consum nicht
einmal 1,200,000 c′ erreichte, auf 5 fl. $32^1/_2$ kr. (3 Thlr. 5 Sgr.) ermässigt worden. Für 1200 Brennstunden der Strassenflammen à $4^1/_2$ c′
Consum werden 17 fl. vergütet. 59 Strassenflammen, ca. 250 beständig
brennende Privatflammen. Produktion in den vier verflossenen Betriebsjahren durchschnittlich im Jahr 1,500,000 c′. Maximalproduktion in
24 Stunden 9800 c′, Minimalproduktion 1100 c′. Betrieb mit westphälischen (Zollverein) und Saarbrücker (Heinitz) Steinkohlen. Die
Anstalt hat 6 ovale Thonretorten (1 Ofen à 3, 1 à 2, 1 à 1 Ret.),
1 vertikalen Röhrencondensator, 6 Röhren 16″ hoch, 6″ weit, Cokescrubber $4' \times 12'$, 3 Reiniger $8' \times 3^1/_2'$ (Laming′sche Masse), Stationsgasuhr, 1 Gasbehälter mit 15,500 c′ Inhalt, 26,400′ Rohrleitung mit
5″ grösstem Durchmesser, 180 nasse Gasuhren von Th. Spielhagen
in Berlin und Gebr. Dienenthal & Nicolai in Singen. Anlagecapital 56,000 fl.

Weilheim (Bayern). 3000 Einwohner. Eigenthümer und Dirigent:
Herr A. Wagner. Erbauer Herr L. A. Riedinger. Eröffnet am
1. December 1864. Die Concession läuft 35 Jahre. Nach Ablauf
dieser Zeit hat die Stadtgemeinde das Recht, die Anstalt zum 16fachen
Betrag der Netto-Jahresrente aus den letzten 10 Jahren abzulösen.
Leuchtkraft 14 Stearinkerzen-Helle, 6 auf 1 Zollpfd., für 5 c′ Consum
per Stunde. Gaspreis für öffentliche Beleuchtung $1^1/_4$ kr. per Brennstunde, für Private 6 fl. pro 1000 c′ Gas. Im Jahre 1866/67 sind
producirt 1,117,600 c′, im Maximum pro 24 Stunden 6100 c′, im Minimum 1200 c′. 52 Strassenflammen hatten 62,398 Brennstunden à 5 c′
Consum, 685 Privatflammen brauchten 764,800 c′ Gas. Betrieb mit

böhmischer Steinkohle. Die Anstalt hat 4 Retorten (2 Oefen à 1, 1 à 2 Ret.), 1 Gasbehälter zu 8500 c′ Inhalt, 100 Gasuhren von L. A. Riedinger.

Weimar (Sachsen-Weimar-Eisenach). 14,500 Einwohner incl. Militär. Eigenthümerin: die Gasbeleuchtungsgesellschaft. Dirigent: Herr W. Hirsch. Auf Anregung des Grossherzogs und unter Betheiligung desselben mit 200 Actien à 100 Thlr. hat der damalige Oberbürgermeister Herr Böck das wesentlichste Verdienst um das Inslebentreten der Gasbeleuchtung. Die Stadtgemeinde übernahm für 20,000 Thlr. Actien, die übrigen 40,000 Thlr. des im Ganzen 80,000 Thlr. betragenden Actiencapitals wurden hauptsächlich von hiesigen Einwohnern aufgebracht. Der Herr Ingenieur A. Gruner aus Dresden fertigte die Pläne und Kostenanschläge und führte den Bau aus, vor Beendigung des Baues mussten zur Vollendung noch 20,000 Thlr. Hypothekencapital aufgenommen werden. Eröffnet im Nov. 1855. Das Privilegium ist landesherrlich durch Statut vom 23. Aug. 1854 bestätigt. Sobald die durchschnittliche Höhe der gezahlten Dividende auf 10 Jahre 6%, auf alle übrigen Jahre seit Beginn des Geschäftsbetriebes aber 5% betragen haben wird, sollen den Actionären in keinem Jahre mehr als 6% Dividende gewährt werden. Der überschüssige Reinertrag soll zur Bildung eines Amortisationsfonds dienen, mittelst dessen die Actien nach und nach ausgeloost und durch Bezahlung ihres Nennwerthes eingelöst werden. Ist auf diese Weise auch die letzte Actie eingelöst, so geht die ganze Anstalt an Gebäuden, Einrichtungen, aussenstehenden Forderungen sammt etwaigen Reservefonds unentgeldlich an die Stadt als Eigenthum über. Es schweben gegenwärtig Verhandlungen mit der Stadt, um die statutarische Beschränkung der mit dem 1. Juli 1867 zu Ende gegangenen unbeschränkten Dividendenzahlung auf fernere 5 Jahre aufzuheben. Gaspreis für Private seit 1. October 1867: 2 Thlr. 12½ Sgr. pro 1000 c′ sächs. *). Bei 200,000 c′ Jahresconsum sind seither 5 Sgr. Rabatt gewährt worden, Consumenten von 500,000 c′ Jahresconsum, sowie die Stadtgemeinde erhalten 12 % Rabatt. 265 Strassenflammen mit 4 c′ und 6 c′ stündl. Consum, und 832 jährlichen Brennstunden der ordentlichen Abendlaternen, 2676 Privatflammen, mit einem jährlichen Durchschnittsconsum von 2555 c′ pro Flamme. Jahresproduktion 7,402,500 c′.

---

*) 1000 c′ sächs. = 802 c′ engl.

Maximalabgabe in 24 Stunden 43,510 c′, Minimalabgabe 5,900 c′.
Betrieb mit Zwickauer Steinkohlen. Geheizt wird mit Zwickauer Ma-
schinencoke. Die Anstalt hat 18 ovale Chamotteretorten 23 × 19″ × 9½′,
(2 Oefen à 5, 2 à 3, 1 à 2 Ret.), 305′ 8zöll. liegende Condensation,
1 King'schen Scrubber 10 × 5′ mit 10 Blechplatten von 1½‴ rhl.
Dicke, die Löcher der untern 5 Platten 1¼″, die der oberen 1″ im
Durchmesser und 3½″ von Mittel zu Mittel entfernt, 1 Beale'schen
Exhaustor, Wasserwascher nach Schulze's System, 4½′ in Durchmesser, 2′ 9″ hoch, 5 Reiniger 9′ × 4½′ × 3½′ mit 200 □′ Hordenfläche per Stück, (Laming'sche Masse), 2 Gasbehälter (einer überbaut)
von je 19,000 c′ sächs. Inhalt, 53,000′ Rohrleitung von 8″ bis 1½″
Weite, 218 nasse Gasuhren meist von S. Elster. Nebenprodukte
werden verkauft. Die Anstalt ist leider mit Rücksicht auf den er-
leichterten Kohlentransport in der Nähe der Eisenbahn 70′ über dem
niedrigsten Punkte der Stadt angelegt worden, wesshalb mit einem
Druck von 3¼″ sächs. in der Anstalt gearbeitet werden muss. An-
lage- und Betriebscapital am 1. Juli 1867: 102,126 Thlr. Journ. f.
Gasbel. 1861 S. 31, 1862 S. 39, 1863 S. 24, 406, 1864 S. 342, 1866
S. 242, 1867 S. 70.

Weinheim (Baden). Die Lederfabrik der Herren Heintze und
Freudenberg hat eine Privatgasanstalt mit 3 Retorten in 3 Oefen
und etwa 350 Flammen.

Weissenburg (Bayern). 5000 Einwohner. Eigenthümerin: die
Stadt. Ein bürgerlicher Magistratsrath hat z. Z. den Betrieb und die
Leitung der Fabrik. Das Bedürfniss einer besseren und reinlicheren
Beleuchtung als der früheren Oelbeleuchtung, namentlich auch in den
vorhandenen Fabriken und Gewerben, veranlasste die städtischen Collegien, im Herbst 1862 mit Herrn E. Spreng Unterhandlungen über
die Herstellung einer Gasfabrik anzuknüpfen. Im Sommer 1863 wurde
der Bau zur Ausführung gebracht, und Ende October desselben Jahres
eröffnet. Der Gaspreis für Private ist 5 fl. 30 kr., für die Stadt 4 fl.
pro 1000 c′. Bei 5 c′ Consum soll die Lichtstärke 16 Kerzen, 6 auf
1 Pfund, betragen. Produktion im Jahr 1,670,990 c′. 101 Strassenflammen mit zusammen 90,489 Brennstunden jährlich, 700 Privatflammen mit 1200 c′ Durchschnittsconsum pro Flamme. Seit Bestehen
der Anstalt hat sich der Consum wenig verändert. Betrieb mit
Zwickauer Steinkohle. Die Anstalt hat 7 Retorten (1 Ofen à 3, 1 à
2, 2 à 1 Ret.), Condensator, Scrubber, Wascher, 2 Reiniger (Kalk),

1 Gasbehälter mit 15,000 c′ Inhalt, 19,000′ Hauptröhren von 6″ bis
1″ Weite, 150 nasse Gasuhren von Siry Lizars & Co. Theer wird
zum Theil verfeuert. Anlagecapital 60,000 fl.

Seit 6 Jahren hat die Tuchfabrik des Herrn G. Pflaumer in
Weissenburg eine eigene Privatgasanstalt für 60 Flammen.

Weissenfels (Preuss. Sachsen). 13,700 Einwohner. Die Stadt
hatte bis jetzt nur in 2 Gasthöfen Braunkohlentheer-Gasapparate zum
eigenen Bedarf, sie erhält indess im Jahre 1868 durch Herrn Ph. O:
Oechelhäuser in Berlin eine Gasanstalt.

Werdau (Sachsen). 11,000 Einwohner. Eigenthümerin: eine Actiengesellschaft. Dirigent: Herr F. Teichmann. Die Anstalt wurde 1857
durch Herrn Commissionsrath G. M. S. Blochmann in Dresden erbaut, und am 18. December 1857 mit 42 Strassenflammen und 685
Privatflammen eröffnet. Die Concession datirt von 1856 und läuft bis
1906. Nach Ablauf kann die Stadt die Anstalt zum Taxwerth übernehmen; die Taxation geschieht durch zwei Sachverständige, von denen
der eine abseiten der Gesellschaft, der andere von der Stadt aufgestellt wird. Ueber Lichtstärke existirt keine gesetzliche Vorschrift.
Gaspreis 2 Thlr. pro 1000 c′ sächs.*) Produktion 6,500,000 c′ sächs.
104 Strassenflammen, 186 Consumenten mit 2703 Privatflammen. Die
Strassenflammen werden nach 5 Gasuhren berechnet, wobei 1 Gasmesser für 36 Nachtlaternen zählt. Der Commune wird vom Gaspreis
von 2 Thlr. 20% Rabatt gewährt, wofür indess die Gesellschaft die
Laternenwärterlöhne zu tragen hat. Im Jahre 1866 consumirten die
Laternen 1,071,000 c′ und eine Privatflamme im Durchschnitt 1800 c′.
Maximalproduktion in 24 Stunden 48,000 c′, Minimalproduktion 6000 c′.
Betrieb mit Zwickauer Steinkohlen. Die Anstalt hat 17 Stück ⌓ Retorten in 4 Oefen (2 à 3 Ret., 1 à 5, 1 à 6 Ret. von der Normalform
Nr. 5), liegende 8zöll. Condensation, 2 Scrubber von je 90 c′ Inhalt
mit Wechselböden und Wasserzufluss, 1 Cokeapparat, 3 trockene Rei-
niger mit je 12 Horden (Laming'sche Masse und Kalk), 2 Gasbehälter
von 17,000 c′ und 30,000 c′ Inhalt, Exhaustor von Beale mit Bypass-
Regulator, 14,983 Ellen Röhrenleitung von 8″ bis 1½″ Weite, 186
nasse Gasmesser von Blochmann und Siry Lizars & Co. Theer
wird, was nicht im Detail abgeht, verfeuert. Coke wird verkauft.
Anlagecapital 50,000 Thlr. in 1000 Actien à 50 Thlr.

---

*) 1000 c′ sächs. = 802 c′ engl.

Werden (Rheinpreussen). 5200 Einwohner. Eigenthümerin: die Gasactiengesellschaft in Werden. Dirigent: Herr E. Meissner. Wie bei fast allen Gaswerken, war auch in Werden die Beschaffung der Geldmittel ein jahrelanges Hinderniss für den Angriff der Ausführung. Zwei grosse Tuchfabriken hatten eigene Gasanstalten und die Direction der Strafanstalt hatte wenig Aussicht zur Betheiligung gegeben. Schon 1859 hatte der Baumeister etc. Herr Chr. Heyden in Barmen Offerten an den Magistrat der Stadt Werden eingereicht, nach welchen die Stadt eine Gas-Garántie übernehmen sollte. Dagegen sollte der Magistrat dem jährlichen Rechnungsabschluss beiwohnen, und den Ueberschuss über 5 % Gewinn an sich nehmen oder die Gaspreise ermässigen dürfen. Im März 1860 wiederholte Herr Heyden seine Offerte und erreichte durch den Commerzienrath, Herrn Forstmann, dass die Stadt und die Bürgerschaft das Capital beschafften. Der von Hrn. Ch. Heyden ausgeführte Bau begann im April 1860, die Eröffnung fand am 29. Oct. desselben Jahres statt. Die Gesellschaft hat 40 Betriebsjahre, die Stadt hat für 10,000 Thlr. Actien, die Actionäre haben für 30,000 Thlr., ausserdem ist eine Anleihe von 7000 Thlr. gemacht worden. Die Stadt amortisirt nach 10 Jahren, und erhält nach Ablauf der Concessionsdauer die Anstalt unentgeldlich. Ein Zehntel des Reingewinns wird als Reservefond bis zur Höhe von 4000 Thlr. verwendet. Die Gesellschaft darf niemals mehr als 10 % verdienen, und muss demnach den Gaspreis stellen. Der Gewinn dient für die Unterhaltung der Wohlthätigkeitsanstalten. Leuchtkraft für 5 c′ Consum per Stunde 14 Stearinkerzen-Helle, 6 auf 1 Pfund. Gaspreis für kleine Consumenten 1 Thlr. 25 Sgr., für grössere 1 Thlr. 15 Sgr. pro 1000 c′. Jahresproduktion vom 1. Mai 1866 bis 30. April 1867: 6,552,700 c′. Maximalproduktion in 24 Stunden 39,200 c′, Minimalproduktion 4900 c′. 54 Strassenflammen mit 1284 Brennstunden und 346,535 c′ Consum, etwa 3000 Privatflammen mit einem durchschnittlichen Consum von 1920 c′ per Flamme und Jahr. Betrieb mit westphälischen Steinkohlen (Zollverein). Die Anstalt hat 16 Thonretorten (2 Oefen à 5, 2 à 3 Ret.), 1 Scrubber von 10′ Höhe und 3½′ Durchmesser, 3 Condensatoren von 450 □′ Kühlfläche, 4 Reiniger mit 448 □′ Hordenfläche, 1 Gasbehälter von 32,000 c′ Inhalt, etwa 1500 Ruthen Röhrenleitung von 8″ bis 1½″ Weite, 226 nasse Gasuhren von F. Pipersberg in Lüttringhausen. Coke wird verkauft, Theer meistens verfeuert. Anlagecapital 47,000 Thlr.

Werder (Preussen). Dem Gasingenieur Herrn J. Herzog in Brandenburg a. d. Havel ist zur Anlage einer Gasanstalt die Concession auf 50 Jahre ertheilt worden. Journal f. Gasbel. 1865 S. 298.

Werl (Westphalen). 4000 Einwohner. Eigenthümerin: die Stadt. Erbauer: Herr Mayer in Köln. Eröffnet 1865. 42 Strassenflammen und 160 nasse Gasuhren. Betrieb mit westphälischen Kohlen. Jahresproduktion 1½ Mill. c'. Gasbehälter von 10,000 c' Inhalt. Anlagecapital 20,000 Thlr.

Wernigerode (Preussen) mit der Vorstadt Nöschenrode und der Schlossgemeinde 8668 Einwohner. Eigenthümerin: die Stadt. Die Anstalt steht unter einem Curatorium und von diesem aus speciell unter Leitung eines Commissarius, Herrn F. Hahn, mit Beihilfe eines Gasmeisters, Herrn B. Hornung. Erbauer: Herr Gasdirector, Hauptmann a. D. Werner in Magdeburg. Eröffnet am 18. October 1863. Lichtstärke 14 Kerzen für 5 c' Gasconsum per Stunde. Gaspreis vom 1. Januar 1868 ab 2 Thlr. 5 Sgr. pro 1000 c'. 155 Strassenflammen mit 5 c' Consum per Flamme und 560,000 c' Consum per Jahr, 1220 Privatflammen mit einem Consum von 1,900,000 c' jährlich. Jahresproduktion: 2½ Mill. c'. Betrieb mit westphälischen Steinkohlen (Zollverein). Die Anstalt hat 6 Chamotteretorten 17" × 14" × 8' von Vygen & Co. in Duisburg (1 Ofen à 3, 1 à 2, 1 à 1 Ret.), 1 Exhaustor mit Dampfkessel und Maschine, 2 cylindrische Condensatoren à 70 c', 3 Reiniger (Laming'sche Masse), 3444' Rohrleitung (excl. Schloss) mit 5" grösster Weite, 170 nasse Gasuhren von S. Elster. Nebenprodukte werden verkauft. Anlagecapital 40,000 Thlr.

Wertheim bei Hameln a. d. Weser. Eigenthümerin: die Winterschen Papierfabriken zu Wertheim und Altkloster. Die Anstalt war zu den Zeiten des früheren Besitzers Herrn v. Jülich von Engländern und zwar vor etwa 20 Jahren erbaut, es waren zwei Gebäude vorhanden, eins für Oefen und Waschapparat, das andere für 2 Gasometer und Kalkgefäss mit Rührvorrichtung. Die Anstalt hatte 12 Retorten von Gusseisen 3' 5" lang 10" × 15" im elliptischen Querschnitt in 4 Oefen zu 3 Retorten. Als die Firma Winter die Etablissements kaufte, genügte die Einrichtung der Anstalt nicht mehr, es war nicht möglich, mit den erwähnten Apparaten ein gutes reines Gas zu erzeugen, und wurde der Ingenieur Herr O. Wagner im Herbst 1865 mit dem Umbau beauftragt. Nunmehr hat die Anstalt 3 Chamotte-

Retorten von elliptischem Querschnitt 20″ ✕ 14″ ✕ 7′ von Vygen & Co.
(1 Ofen à 2, 1 à 1 Ret.), etwa 20′ 3 zöll. Condensation, einen 4 zöll.
Röhrencondensator mit ca. 75 □′ Kühlfläche, 1 Wascher 3′ im Durchmesser, 2$^1/_4$′ hoch mit Stippröhreneinrichtung, 2 Reiniger 3′ ✕ 5′ ✕ 2$^1/_3$′
(Laming'sche Masse), 1 Druckregulator, 1 Stationsgasuhr von S. Elster,
2 Gasbehälter von 9$^1/_4$′ und 11′ Durchmesser und je 12′′ Tiefe.
300 Flammen.

Wesel (Rheinpreussen). 14,000 Einwohner, mit Militär 18,068.
Eigenthümerin: die Weseler Kohlengas-Actiengesellschaft. Der Verwaltungsrath besteht aus 5 Mitgliedern. Dirigent: Herr Paditzky.
Im Jahre 1840 wurde zuerst eine Oelgasanstalt gegründet, aber statt
Oel Harz verwandt. Das Gas war schlecht und theuer. Die Klagen
der Bürger und der Stadtverordneten hatten schon vielfache Verhandlungen veranlasst, um dem Uebelstand abzuhelfen, und vielfache Pro-
jecte zur Anlage einer Kohlengasanstalt herbeigeführt. Die Concession
für die alte Anstalt, welche den Erben Moritz Goddam gehörte,
war indess noch nicht abgelaufen. Nachdem dies geschehen, meldeten
sich zur Herstellung einer Kohlengasanlage 6 Unternehmer. Der Gemeinderath beschloss, die Anlage auf Kosten der Stadt zu machen,
ehe aber auf die Eingabe der Stadt bei der höheren Behörde ein Bescheid erfolgte, war ein Jahr verflossen, und dieser Bescheid lehnte
die Bestätigung der Aufbringung der Kosten, wie die Stadt es wollte,
ab. Da traten einige Männer zusammen, und schlugen vor, eine Actiengesellschaft zu gründen, die nicht hohe Prozente zu machen beab-
sichtige, sondern eine gute und billige Beleuchtung beschaffen sollte.
Die Stadtverordneten genehmigten die Offerte für die Stadt, und es
wurde eine Versammlung von Mitbürgern ausgeschrieben, das ent-
worfene Statut vorgelegt, und auf Grund dessen wurden Zeichnungen
vorgenommen. Man hatte auf 70,000 Thlr. gerechnet, es wurden aber
134,800 Thlr. gezeichnet, so dass sich alle diejenigen, welche über
1000 Thlr. gezeichnet hatten, eine Reduction gefallen lassen mussten.
Am 31. Januar 1862 fand die Constituirung statt und zwar bis zum
Eingang der allerhöchsten Bestätigung des Statuts in Form einer
offenen Handelsgesellschaft. Der Vertrag mit der Stadt besagt Folgendes: die Anstalt liefert der Stadt Gas für 170 Laternen à 800
Brennstunden, also 136,000 Brennstunden für 1553 Thlr. Für jede
Brennstunde und Flamme mehr wird 3 Pf. bezahlt. Ausserdem muss
die Anstalt unentgeldlich geben die Beleuchtung unter den 4 Festungs-

thoren, und die Beleuchtung zum Bahnhof mit 8 Laternen bis $\frac{1}{2}$ Stunde nach Ankunft des letzten Zuges $9\frac{3}{4}$ Uhr Abends, sowie bei festlichen Gelegenheiten 3000 Brennstunden. Das Actiencapital von 70,000 Thlrn. wird in 45 Jahren amortisirt, und geht die Anstalt dann als Eigenthum an die Stadt über, indem diese nur die Mehrkosten, welche noch auf die Anstalt verwendet sein werden, als Schuld übernimmt, und eben so amortisiren kann, wie jetzt das Actiencapital amortisirt wird. Dabei darf die Stadt nie mehr als 10% ihres Betriebscapitales als Nutzen am Gas nehmen, damit dieses möglichst billig bleibt. Der Erbauer der Anstalt ist Herr Baumeister Ch. Heyden in Barmen, welcher derselben ein hübsches Aeussere verliehen hat. Leider fand sich bald, dass die Röhrenleitung zu eng, die Cysterne des ersten Gasbehälters zu schwach, und der Theerkeller unter den Oefen unzweckmässig war. Da überdiess der Keller auf einem alten ausgefüllten Graben der Festung angelegt nicht tief genug fundamentirt war, so platzte die Cysterne am 2. September 1866, und es musste ein neuer Theerkeller angelegt werden, da Theer und Ammoniakwasser die Erde durchzogen, und sich in einem Brunnen einen Ausweg suchten, den sie natürlich unbrauchbar machten. Da sich der Consum bedeutend vermehrte, so musste ein zweiter Gasbehälter gebaut werden, und um den Druck von den Retorten wegzunehmen, wurde ein Exhaustor mit Dampfkessel angelegt. Um dies zu bestreiten, wurden schon mit Anfang des Betriebsjahres 1866 mittelst neuer Actien, die im § 4 des Statuts vorgesehen waren, 10,000 Thlr. aufgenommen. Es werden aber noch gegen 15,000 Thlr. erforderlich sein, um alle Kosten zu decken. Als Lichtstärke für die Strassenflammen sind 14 engl. Parlamentskerzen vorgeschrieben, es werden aber 23—24 solcher Kerzen geliefert. Der Gaspreis war anfänglich 2 Thlr. 20 Sgr. pro 1000 c' preuss. *), nach einem Jahr wurde er auf 2 Thlr. 10 Sgr., dann auf 2 Thlr., und endlich auf 1 Thlr. 20 Sgr. herabgesetzt. Die Eröffnung der Anstalt fand am 2. November 1862 statt. Die Produktion im Betriebsjahre 1866/67 betrug 12,645,700 c'. 184 Strassenflammen brauchten zusammen 1,567,272 c' Gas, 8737 Flammen bei 793 Privatconsumenten 9,616,400 c'. Unter den Privatflammen sind 2560 auf dem Schützenplatz, die nur an 3 Festtagen alle angezündet werden, und 100 Stück etwa an den Vor- und Nach-Tagen, und bei 4 bis 6 Generalversammlungen. Im December wurden producirt 1,701,800 c',

---

*) 1000 c' preuss. $=$ 1091,84 c' engl.

im Juli 405,900 c'. Betrieb mit westphälischen Kohlen (Zollverein).
Die Anstalt hat 25 Retorten von elliptischem Querschnitt 14″ ✕ 11″ ✕ 8′
(5 Oefen à 5 Ret.), Condensator aus 4 Cylindern 2′ weit 18′ hoch,
mit je 7 Luftröhren 4″ weit, Beale'schen Exhaustor 12″ im Durchmesser, Dampfmaschine, Wascher, (Kastenwascher mit 4 Scheidewänden,
deren jede $^1/_2$″ tiefer im Wasser steht als die andere, ist im Reinig-
ungslokal hoch in einer Ecke über einem Reinigungskasten angebracht), 4 Reiniger von 8′ Länge, 4′ Weite und 3′ Höhe mit je 4
Horden (3 Horden werden nur eingelegt), 1 Gasbehälter von 54′ Durchmesser und 25′ Höhe, (52,000 c′ Inhalt), 1 Gasbehälter von 45′ Durchmesser und 15′ Höhe, (39,000 c′ Inhalt). Beide sind mit einem massiven
Mantel umgeben, ersterer hat ein Kuppeldach, letzterer nicht. Das
Röhrennetz läuft von der Anstalt aus mit 7 und 6zöll. Röhren nach
entgegengesetzter Richtung, es hat gegenwärtig eine Länge von
2880$^5/_{12}$ Ruthen. Die Stationsgasuhr ist von Piepersberg. 790
Gasuhren bei Privaten sind theils von der früheren Anstalt, die im
September 1862 abbrannte, theils von Moran, Hirn & Dietrich,
Spielhagen & Co. und Elster. Die Nebenprodukte werden verwerthet.

Wetzlar (Preussen). 5800 Einwohner. Eigenthümerin: die Stadt.
Die Anstalt wird verwaltet von dem technisch ausgebildeten Gasmeister
und dem Rechnungsführer als gleichzeitigem Controleur. Die Oberaufsicht führen, in zwei verschiedenen Branchen, zwei speciell damit
vertraute Magistratsmitglieder. Erbauer: Herr Ingenieur C. Mayer
in Cöln. Eröffnet am 20. October 1863. Die Lichtstärke der Strassenflammen beträgt ca. 10 Stearinkerzen. Gaspreis 3 Thlr. pro 1000 c′.
Für die Strassenflammen werden 4 Pfennige pro Flamme und Stunde
vergütet, Private zahlen 3 Thlr. 5 Sgr. pro 1000 c′. Bei einem Consum von 30,000 c′ und mehr werden 10% Rabatt gewährt. 970 Strassen-
und Privatflammen zusammen. Der Consum der Strassenflammen ist
400,000 c′ in 5148 Stunden per Jahr. Der Privatconsum beträgt
1,420,000 c′. Jahresproduktion: 2,227,000 c′. Betrieb mit westphälischen Steinkohlen (Holland und Rhein-Elbe). Die Anstalt hat 8 Stück
⌓ Retorten (2 Oefen à 3, 1 à 1 Ret.), 7 Stück vertikale 6zöll. Condensationsröhren 10′ lang, 1 Scrubber, 3′ weit 9′ hoch, 3 Reiniger
mit je 45 c′ Inhalt (Laming'sche Masse), 1 Gasbehälter mit 16,000 c′
Inhalt, 13,900′ Rohrleitung von 5″ grösster Weite, nasse Gasuhren
von Th. Spielhagen und Moran. Anlagecapital 31,000 Thlr. Journ.
f. Gasbel. 1864 S. 67.

Wickerath (Preussen) soll mit Gasbeleuchtung versehen sein.

Wien (Oesterreich). 580,000 Einwohner (1864). Die unmittelbar vor den Linien (Stadtthoren) gelegenen Vorstädte mit ungefähr 250,000 Einwohner, gehören zwar nicht zur eigentlichen Stadt Wien, werden indessen von denselben Gasanstalten wie dieses mit Gas versehen.

1) Die Anstalten der **Londoner Imperial-Continental-Gas-Association**. Dirigent in Wien: Herr J. Bengouh. Fünf verschiedene Anstalten, welche in Erdberg, Währing, Fünfhaus, vor der Belvedere-Linie, und in Zwischenbrücken gelegen sind, versorgen Wien und einen Theil der Vorstädte mit Gas. In Wien ist die öffentliche Beleuchtung bis 1. November 1877 der Gesellschaft ausschliesslich übergeben. Sämmtliche Anstalten zusammen haben 13 oder 14 Gasbehälter, grösstentheils Teleskops mit mehr als $2^1/_2$ Mill. c' nutzbarem Raum. Die Maximalproduktion dürfte $4^1/_2$ Mill. c' erreichen, und der jährliche Kohlenverbrauch sich auf $1^1/_4$ Mill. Zollctr. Kohlen zum Theil aus Mähren, österr. Schlesien, grösstentheils aber aus preuss. Schlesien beziffern. Ein geringeres Quantum Pilsener Kohlen wird auch verwendet. Für eine ganznächtige öffentliche Strassenflamme von 5 c', welche jährlich $3782^1/_2$ Stunden zu brennen hat, wird der Pauschalbetrag von 63 fl. per Jahr und für eine halbnächtige Flamme von 2040 jährlichen Brennstunden 34 fl. per Jahr vergütet. Wenn sich der Preis der Kohlen pro Wiener Centner auf 30 kr. ermässigt, so werden bei Berechnung für die öffentliche Beleuchtung 10% nachgelassen. Private zahlen seit Juni 1863 für 1000 c' engl. 4 fl. österr. Währung. Laut städt. Budget zahlte die Commune Wien für die öffentliche Beleuchtung innerhalb der Linie im Jahre 1866 die Summe von 363,500 fl. österr. Whrg.

2) Die Anstalt der **österreichischen Gasbeleuchtungs-Actiengesellschaft** in Gaudenzdorf. Dirigent: Herr Gust. Fähndrich. Eröffnet wurde die Anstalt im August 1855. Dieselbe beleuchtet die Vorstädte Fünfhaus, Sechshaus, Rudolfsheim, Ober- und Unter-Meidling und Gaudenzdorf mit 398 öffentlichen und 8200 Privatflammen. Maximalproduktion 180,000 c', Minimalproduktion 55,000 c'. Gesammt-Produktion 1867: $33^1/_3$ Mill. c'. Die Anstalt ist im Umbau begriffen, daher die Angabe der jetzt in Gebrauch befindlichen Apparate wohl ohne Interesse. Gegenwärtig sind 2 Gasbehälter mit ca. 100,000 c' nutzbarem Inhalte im Gebrauch. Die Oefen, welche seit 3 Jahren mit Theer, resp. schweren Theer-Oelen gefeuert werden, sind sämmt-

lich auf 6 Retorten eingerichtet (1 Ofen mit 4 Ret.). Aus dem Ammoniakwasser wird Salmiakgeist (1867: 490 Zctr. 24° B.) erzeugt. Der
Kohlenverbrauch, Mährische und Pilsener (Pankratz-Platten), betrug
1867 64,000 Zctr. Für die Strassenflammen werden resp. 52 fl. 50 kr.
(3782$^1/_2$ Brennstunden à 5 c′) und 26 fl. 25 kr. ö. W. (2039$^3/_4$ Brennstunden) per Jahr bezahlt, die Privaten zahlen für 1000 c′ engl. 4 fl. ö. W.
Im Jahre 1867 wurde von der Gaudenzdorfer Anstalt aus, zum Zwecke
der Beleuchtung des im Bau begriffenen k. k. Hof-Operntheaters (4300
Flammen) ein Rohrstrang in den inneren Stadttheil Wiens geführt,
durch welchen vom 1. April 1868 ab auch das jetzige k. k. Hof-
Operntheater beleuchtet werden wird.

Wien ist der Sitz der Oesterreichischen Gasbeleuchtungs-
Actien-Gesellschaft, welche seit 1856 mit der deutsch. Contin.-Gasge-
sellschaft in Dessau associrt ist, und die Gasanstalten in Wien (Gaudenzdorf), Pressburg und Temesvar besitzt und betreibt. Director der Gesellschaft Hr. G. Fähndrich in Wien. Näheres bei den einzelnen Anstalten.

Wiesbaden (Nassau). 30,065 Einwohner. Eigenthümerin: die
Gasbeleuchtungsgesellschaft für die Stadt Wiesbaden. Dirigent: Herr
A. Flach. Eröffnet am 15. December 1847. Der Vertrag datirt vom
26. Februar 1847 und läuft bis 1873. Nach Ablauf dieser Zeit kann
die Stadt, wenn mit der gegenwärtigen Gesellschaft kein neuer Vertrag abgeschlossen wird, entweder eine andere Gesellschaft concessioniren
oder selbst eine Fabrik bauen, in beiden Fällen jedoch hat die jetzige
Gesellschaft das Recht, ihre Leitungsröhren noch fernere 15 Jahre
zum Betriebe des Beleuchtungsgeschäftes in den Strassen der Stadt
liegen zu lassen. Leuchtkraft für 4$^1/_2$ c′ Gasconsum per Stunde 7 Wachskerzen-Helle, 4 auf 1 Pfd. Für je 1300 Brennstunden einer Strassenflamme werden 20 fl. durchschnittlich vergütet, Private zahlen 5 fl.
30 kr. pro 1000 c′ engl., städtische Behörden 3 fl. 30 kr.; der letztere
Preis gilt auch für Heizgas. 402 Strassenflammen mit je 1955 Brennstunden im Jahr 1867, und 5 c′ Consum per Stunde, 985 Privatconsumenten mit 11,200 Flammen und einem Jahresconsum 1867 von 19,842,000 c′.
Jahresproduktion 26,800,000 c′. Maximalverbrauch in 24 Stunden
152,000 c′, Minimalverbrauch 40,400 c′. Betrieb mit Saarbrücker
Kohlen (Heinitz-Dechen), 1 Ctr. Kohlen ergiebt ca. 535 c′ Gas. Die
Anstalt hat 108 Stück ⌓ förmige Retorten (5 Oefen à 6, 5 à 7, 10
à 5 Ret.), 1 Kolbenexhaustor mit Dampfmaschine und 2 Kesseln, 16
Stück 8 zöll. vertikale Condensationsröhren mit fliessendem Wasser

umgeben, 2 Scrubber $4^1/_2'$ im Durchmesser 11' hoch, 1 Wascher
$12^1/_2' \times 5' \times 5^1/_2'$, 6 Reiniger $10,2' \times 5,2' \times 3,6'$ (Laming'sche Masse),
3 Gasbehälter mit je 16,000 c' Inhalt und 1 desgl. mit 50,000 c' Inhalt,
79,300' nass. Rohrleitung von 14'' bis 2'' Weite, nasse Gasuhren von
Siry Lizars & Co. und S. Elster. Theer wird verheizt. Anlagecapital 360,000 fl.

Wiesenbader Flachsspinnerei bei Annaberg hat 'im Jahre 1860 durch
den Herrn Ingenieur H. Liebau aus Magdeburg eine Privatgasanstalt
für 190 Flammen erhalten. Die Fabrik ist am Kesselhause angebaut,
der Gasbehälter unter Dach.

Wildbad (Württemberg) hat eine von den Herren Müller & Linck
in Stuttgart eingerichtete Gasanstalt.

Winterthur (Schweiz). 7800 Einwohner (mit Einschluss von Töss
10,100). Eigenthümerin: die Winterthurer Actiengesellschaft für Gasbeleuchtung. Dirigent: Herr H. Kreuper. Erbauer: die Herren Gebrüder Sulzer in Winterthur. Bauleitender Ingenieur: Herr Freund.
Eröffnet im Januar 1860 mit etwa 2000 Flammen. Des bedeutenden
Consums wegen wurde die Anstalt in vielen Theilen umgebaut und
vergrössert, weitere Röhren gelegt u. s. w., die Kosten zum Theil
aus dem Betriebe bestritten. Als einzig dastehende Thatsache dürfte
zu bemerken sein, dass der Gaspreis erst am Ende des zweiten Be-
triebsmonates festgestellt wurde, so dass die Consumenten brannten,
ohne zu wissen, was zu bezahlen sei. Ein Vertrag mit der Stadt besteht nicht. Aus dem Reinertrag der Anstalt dürfen nur $5^0/_0$ des
Actiencapitals zur Vertheilung kommen, der Mehrertrag wird zur Minderung des Gaspreises und Amortisation verwendet. Nach der Amortisation im Jahre 1890 fällt die Anstalt nebst dem Reservefond von
25,000 Francs der Stadt ohne jede Belastung anheim. Sie erhält dieselbe als Geschenk. Gaspreis 12 Frcs. pro 1000 c' engl. Bei einem
Jahresconsum von 100,000 c' werden $2^0/_0$ Rabatt gegeben, bei 200,000 c'
$4^0/_0$, bei 300,000 c' $6^0/_0$, bei 400,000 c' $8^0/_0$ und bei 500,000 c' $10^0/_0$.
Für die Strassenbeleuchtung wird pro Brennstunde 4 Cent. bezahlt.
Jahresproduktion 7,570,000 c'. Maximalproduktion in 24 Stunden
45,000 c', Minimalproduktion 5200 c'. 178 Strassenflammen mit je
1570 bis 80 Brennstunden und 5 c' Consum pro Stunde, 4695 Privatflammen mit einem Durchschnittsconsum von 1160 c' pro Flamme.
Betrieb mit Saarbrücker Kohlen und Zusatz von Boghead bis zu $10^0/_0$.

Die Anstalt hat 22 Thonretorten (4 Oefen à 5, 1 à 2 Ret.), 1 Condensator, 1 Scrubber, 4 Kalkreiniger, 1 Stationsgasuhr, 2 Gasbehälter
mit 15,000 c' und 30,000 c' Inhalt, 33,000' Leitungsröhren von 7"—1"
Weite, 376 nasse Compteurs von Siry Lizars & Co. und L. A. Riedinger. Anlagecapital 210,000 Frcs. (110,000 Frcs. Actiencapital
und 100,000 Frcs. Anleihe). Jetziges Baucapital 302,000 Frcs. Noch
zu amortisiren 194,000 Frcs.

Wismar (Mecklenburg). 13,000 Einwohner. Eigenthümer: Herr
G. L. Gaiser in Hamburg. Dirigent: Herr F. W. Brambeer. Die
Anstalt wurde 1856/57 durch Herrn H. Weissflog unter Leitung des
Herrn E. H. Christiani in Hamburg erbaut, das letzte Drittheil der
Röhrenleitung aber erst im Juni 1860 gelegt. Seit März 1858
war Herr G. L. Gaiser Theilhaber des Geschäftes, im März 1860
ging dieses durch Ankauf gänzlich an Letzteren über. Der Vertrag
läuft von 1856 an auf 30 Jahre. Nach Ablauf dieser Zeit kann die
Stadt das Werk zum Taxwerth ankaufen, im Falle sie von diesem
Rechte nicht Gebrauch macht, läuft der Contract von 10 zu 10 Jahren
fort. 317 Strassenflammen, wovon die vollen Flammen 5 c', die halben
3 c' per Stunde nach einem Leuchtenkalender brennen, 2000 Privatflammen. Lichtstärke gleich 12 Wachskerzen-Helle, 13" lang, 6 Stück
26 Loth alt. Gew. Strassenflammen werden nach Brennstunden vergütet, und zwar die vollen mit 4 Pf., halbe mit 2 Pf. und nach
Mitternacht $2^{1}/_{2}$ Pf. (1 Thlr. = 48 Schilling à 12 Pf.), Private zahlen
pr. 1000 c' 2 Thlr. 28 Sch., städtische Gebäude 2 Thlr. Produktion
im letzten Betriebsjahr 5,300,000 c'. Maximalproduktion in 24 Stunden
27,000 c', Minimalproduktion 4000 c'. Betrieb mit Steinkohlen von
Newcastle. Die Anstalt hat 14 Retorten (theils eiserne, theils thönerne)
mit Vorrichtung für noch weitere 6 Ret., 4 schmiedeeiserne Condensatoren, 2 Reiniger (Laming'sche Masse), 2 Gasbehälter mit je 12,000 c'
Inhalt, 38,000' Leitungsröhren, 226 nasse Gasuhren (früher aus englischen, jetzt aus Berliner Fabriken). Coke und Theer werden verkauft, Ammoniakwasser ist nicht zu verwerthen. Kaufsumme des
jetzigen Eigenthümers 75,000 Thlr.

Witten (Westphalen). 12,500 Einwohner. Eigenthümerin: die Wit-
tener Gas-Actiengesellschaft. Dirigent: Herr Kozlowski. Die erste
Anregung zur Anlage einer Gasfabrik erfolgte November 1856. Es
trat ein provisorisches Comité aus Bürgern Wittens zusammen, welches
die Statuten berieth, mit der Stadt unterhandelte, und durch Herrn

Ingenieur C. Brandt den Plan einer Gasanstalt entwerfen liess. Am
20. April 1857 wurde das Statut festgestellt, die landesherrliche Genehmigung erfolgte unter dem 5. Juli 1858. Herr Brandt leitete
den Bau und eröffnete die Anstalt im December 1857. Die Concession
läuft 40 Jahre; nach dem Vertrage hatte die Stadt das Recht, schon
nach Verlauf der ersten 10 Betriebsjahre jährlich für 2000 Thlr. Actien
zum Nominalwerth durch Ausloosung an sich zu bringen. Da aber durch
verschiedene Neubauten, welche im Laufe der Zeit nothwendig wurden,
eine Vermehrung des Actiencapitals (ursprünglich 40,000 Thlr., bei
welchen die Stadt mit 8000 Thlr. betheiligt war) bedingt war, so ist
der Termin, an welchem die Ausloosung der Actien beginnt, um 5 Jahre
hinaus gerückt worden. Lichtstärke für die Strassenflamme 12 Wachskerzen-Helle zu $^1/_6$ Pfund bei 6 c′ Maximalverbrauch. Vom 1..Nov.
1864 an wurde der Gaspreis für Private auf $1^2/_3$ Thlr. pro 1000 c′
herabgesetzt mit Rabatten für die grösseren Consumenten bis zu 25%,
so dass beispielsweise der Preis für die Gussstahlfabrik von Berger
& Co. bei einem Consum von über 2000 Thlr. pro anno $1^1/_4$ Thlr.
beträgt. Die Stadt zahlt für jede Strassenflamme mit 900 Brennstunden 10 Thlr. 105 Strassenflammen und 3270 Privatflammen.
Jahresproduktion 10,620,400 c′. Maximalconsum in 24 Stdn. 53,400 c′,
Minimalconsum 10,600 c′. Betrieb mit westphälischen Kohlen (Hannibal, Consolidation und Königsgrube). Die Anstalt hat 23 Thonretorten
(1 Ofen à 6, 1 à 5, 1 à 4, 1 à 3 Ret.) von Vygen & Co., 360′
5zöll. Röhrencondensation, 1 Scrubber von 4′ Durchmesser und 9′
Höhe, 1 Beale'schen Exhaustor, 4 Reiniger 6′ × 3′ × 2′ 9″ mit je
4 Horden (Laming'sche Masse), 1 Nachreiniger für Kalk, 2 Gasbehälter
mit 20,000 c′ und 32,000 c′ Inhalt, 31,000′ Rohrleitung mit 8″ bis 2″
Weite, 264 nasse Gasuhren in letzter Zeit ausschliessl. von J. Pintsch.
Das frühere Anlagecapital von 40,000 Thlr. in Actien zu 50 Thlrn.
ist um 16,000 Thlr. und eine Anleihe von 10,000 Thlr. vermehrt worden.

Wittenberg (Preussen). 11,500 Einwohner. Eigenthümerin: die
Stadt. Dirigent: Herr C. Elssig. Nachdem mehrfache Versuche
gescheitert waren, für Rechnung von Privaten oder Actiengesellschaften
eine Gasanstalt zu gründen, fasste am 26. Februar 1863 die Stadtverordnetenversammlung den Beschluss, die Anstalt für Rechnung der
Stadt zu bauen. Verhandlungen mit den Fortificationsbehörden, theils
wegen Wahl des Bauplatzes, theils wegen Legung der Röhren durch
und über die Festungsgräben, theils wegen einer Anzahl Nebensachen

verzögerten den Bau bis zum August 1863. Die Ausführung des Baues
wurde dem Herrn Werner, Director der Gasanstalt in Wurzen,
übertragen, und die Anstalt am 21. Januar 1864 nach Ueberwindung
mannigfacher Schwierigkeiten, eröffnet. Besonderes Verdienst um die
Angelegenheiten der Gasanstalt hat sich das Magistratsmitglied, Herr
Kaufmann Louis Knoke, erworben. Lichtstärke 12 Kerzen-Helle,
6 auf 1 Pfund, für 5 c' Gasconsum pro Stunde. Gaspreis für Strassenbeleuchtung und städtische Gebäude 2 Thlr. pro 1000 c' preuss., für
Privaten $2^2/_3$ Thlr. mit Rabatt für grössere Consumenten. 156 Strassenflammen, worunter 24 Nachtlaternen. Die Strassenflammen brennen
von Dunkelwerden bis 11 Uhr Abends, die Nachtlaternen bis Tagesanbruch; während der Monate Juni und Juli fällt die Strassenbeleuchtung aus. Auf 1 Strassenflamme fallen pro Jahr ca. 875 Brennstunden
à 6 c' preuss.[*]) 172 Privatconsumenten und 5 städtische Gebäude
mit zusammen 1500 Flammen und 75 Heizflammen. Durchschnittsconsum einer Privatflamme 1700 c' pro Jahr. Jahresproduktion 4 Millionen c' preuss. Maximalproduktion in 24 Stunden 24,000 c', Minimalproduktion 2800 c'. Betrieb mit englischen, westphälischen und Zwickauer
Steinkohlen. Die Anstalt hat 11 Retorten (1 Ofen à 6, 1 à 3, 1 à
2 Ret.), 78 lfd. Fuss 6 zöll. Röhrencondensation, Exhaustor mit Regulator und Bypass, Maschine und Kessel, Scrubber $3^3/_4'$ weit, $10^1/_4'$
hoch mit durchlöcherten Einsatzböden, 2 Reiniger $10' \times 5' \times 2^3/_4'$
mit je 225 $\square'$ Hordenfläche (Laming'sche Masse nach Dr. Deicke),
1 Gasbehälter von 11,000 c' Inhalt (ein zweiter ist projektirt), Stationsgasuhr von S. Elster in Berlin, 30,000 lfd. Fuss Hauptröhrenleitung
von 7" bis $1^1/_2"$ Weite, 180 nasse Gasuhren von S. Elster. Coke
und Theer werden verkauft. Anlagecapital 50,000 Thlr. Dies Capital
wurde von der Stadt durch ein $4^1/_2 \%$ Anlehen aufgebracht, in Obli-
gationen à 100 Thlr. auf den Inhaber lautend, welches nach Ablauf
der ersten 2 Betriebsjahre mit 2 % vom Capital und den eintretenden
Zinsenersparnissen, sowie den über die Amortisationssumme hinaus-
gehenden Betriebsüberschüssen der Anstalt amortisirt werden muss.

Wittenburg (Mecklenburg-Schwerin). 3400 Einwohner. Gründer,
Erbauer, Eigenthümer und Dirigent: Herr H. Herr. Eröffnet am
16. October 1863. Die Concession läuft 50 Jahre. Nach deren Ablauf
hat die Stadt das Recht, die Anstalt zum Taxwerth anzukaufen. Gas-

---

[*]) 1000 c' preuss. = 1091,84 c' engl.

preis als Maximum $2^1/_3$ Thlr. pro 1000 c′ hamb.*) Preis der Strassenflammen $^1/_2$ Schilling Meckl. ($^1/_{96}$ Thaler) pro Brennstunde incl. Anzünden und Unterhaltung der Laternen. Angeschafft dagegen sind
dieselben sammt Armen und Pfosten von der Stadt. 61 Strassenflammen mit 48,384 Brennstunden à 5 c′, ca. 200 Privatflammen mit
einem Durchschnittsconsum von 3085 c′ per Jahr. Jahresproduktion
945,000 c′ hamb. Maximalproduktion in 24 Stunden 5600 c′; Minimalproduktion 400 c′. Betrieb mit Newcastle Kohlen (Pelton Main). Die
Anstalt hat 4 Chamotteretorten (1 Ofen à 3, 1 à 1 Ret.) und 1 eiserne
Retorte, 1 Condensator aus 2 doppelwandigen 10′ hohen $15'' \times 18''$
weiten Blechröhren bestehend, Scrubber mit Birkenreisern gefüllt, un-
ausgesetzt berieselt, 2 Reiniger von Cementmauerwerk (Raseneisenstein),
1 Gasbehälter mit 7000 c′ Inhalt, 8300′ hamb. Rohrleitung von 2″
grösster Weite, 65 nasse Gasuhren von E. Smith. Nebenprodukte
werden verkauft. Anlagecapital 9000 Thlr.

Wittstock (Preuss. Brandenburg). 7500 Einwohner. Eigenthümerin:
die Stadtgemeinde. Dirigent: Herr Neukranz. Erbauer: Herr S.
Elster in Berlin, mit welchem der Vertrag am 13. August 1858 abgeschlossen wurde. Der Bau begann im September 1858, die Eröffnung fand am 1. Februar 1859 statt. 84 Strassenflammen mit je
$1017^1/_2$ Brennstunden jährlich und 407,000 c′ Consum nebst 1900
Privatflammen. Die Strassenflammen sind auf einen Consum von 4,
$4^1/_2$ und 5 c′ Consum pro Stunde regulirt, und geben dabei eine Lichtstärke von 14 Millykerzen, 6 auf 1 Pfd. Der Gaspreis beträgt pro
1000 c′ 2 Thlr. 15 Sgr. Betrieb früher mit Tannenholz. Aus 1 Klafter
Holz, welche im lufttrockenen Zustande durchschnittlich 1800 Pfd.
preuss. wiegt, wurden 10,350 c′ Gas gewonnen. Produktion 3 Mill. c′.
Die Anstalt hat 11 Retorten von Chamotte $8^1/_2$′ lang, $16^1/_2 \times 13^1/_2''$,
und zwar 1 Ofen mit 3, 1 mit 2, 1 mit 6 Retorten, 5zöll. Steigeröhren,
14zöll. Vorlage, 8 gusseiserne Condensationsröhren von 6″ Weite und
ca. $13^1/_2$′ Länge mit 180 □′ Kühlfläche, 2 Scrubber, je 3′ im Quadrat
und 9′ hoch, also mit 120 □′ äusserer Kühlfläche, einen mit Wasserzufluss in horizontalen Zügen, den anderen mit Reisig, 1 Exhaustor
(gegenwärtig noch ausser Thätigkeit), 1 Kalkmilchwäscher von 5′
Durchmesser und 3′ Höhe, 2 Reiniger $8^1/_4′ \times 3′ \times 3′$ mit je 6 Horden
und 300 □′ Gesammthordenfläche (Wiesenerz), 1 Gasbehälter von
14,000 c′ nutzbarem Inhalt, 33′ 10″ Durchmesser und 14′ 10″ Höhe,

---

*) 1000 c′ hamb. = 831,15 c′ engl.

13,000′ Leitungsröhren von 5″ bis 1½″ Durchmesser. Anlagekosten 36,000 Thlr. Näheres Journ. f. Gasbel. Jahrg. 1861 S. 62 und 1862 S. 56.

Wolfenbüttel (Braunschweig). 9500 Einwohner. Eigenthümerin: die Stadt. Dirigent: Herr F. Hünicke. Die Gebäude sind vom Herrn Eisenbahn-Baumeister Ebeling in Braunschweig, die Einrichtung der Fabrik unter Leitung des Herrn Baurath Scheffler durch Herrn Ingenieur Clauss in Braunschweig hergestellt. Begonnen wurde die Ausführung am 25. April 1861, eröffnet am 2. November 1861. 155 Strassenflammen brennen ausser bei hellem Mondschein vom Dunkelwerden bis 11 Uhr Abends, und consumirten im letzten Betriebsjahr 708,500 c′ engl. 2830 Privatflammen consumirten durchschnittlich 1730 c′ engl. per Flamme. Jahresproduktion 5,900,000 c′ engl. Maximalproduktion in 24 Stunden 35,300 c′, Minimalproduktion 4300 c′. Gaspreis 2 Thlr. pro 1000 c′ engl. Betrieb mit westphälischen Steinkohlen (Holland und Wilhelmine Victoria). Die Anstalt hat 14 Retorten (1 Ofen à 5, 2 à 3, 1 à 2, 1 à 1 Ret.), Röhren- und Coke-Condensator, Beale'schen Exhaustor, Kalkwaschmaschine, 3 Reiniger (Laming'sche Masse), 2 Gasbehälter mit je 16,000 und 32,000 c′ Inhalt, 27,000 lfd. Fuss Röhrenleitung, 340 nasse Gasuhren von S. Elster. Coke und Theer werden verwerthet, Ammoniakwasser nicht. Anlagecapital incl. Erbauung eines neuen Wohnhauses 55,000 Thlr.

Worms (Hessen-Darmstadt) hat Gasbeleuchtung. Der Fragebogen ist nicht beantwortet worden.

Wriezen (Preussen). Eigenthümer: die Herren Egells, Kornhardt und Schäffer & Walcker. Erbauer: Herr Director W. Kornhardt in Stettin. Eröffnet 1865.

Würzburg (Bayern). 40,000 Einwohner. Eigenthümerin: die Stadt. Dirigent: Herr Magistratsrath Sippel. Der Beschluss der Behörde über Einführung der Gasbeleuchtung datirt vom Juni 1853. Die Anstalt wurde von Herrn L. A. Riedinger in Augsburg erbaut, und am 8. Juli 1855 eröffnet. Es brennen gewöhnlich 484 Strassenflammen, doch sind 564 vorhanden, jede mit 2060 Brennstunden jährlich. Vorschriftsmässig soll die Leuchtkraft einer Strassenflamme gleich 12 Stearinkerzen-Helle, 5 auf 1 Pfd. sein, es werden aber stärkere Flammen gegeben. Für die Strassenbeleuchtung werden 1000 c′ bayer.*) mit

---

*) 1000 c′ bayer. = 878 c′ engl.

2 fl. 30 kr. vergütet. Private zahlen 5 fl. 30 kr. pro 1000 c' bayer. Das kgl. Oberpost- und Bahnamt zahlt bei 2 Mill. c' 4 fl. 42 kr. pro 1000 c', mit jeden 500,000 c' mehr um 6 kr. weniger pro 1000 c'. Betrieb mit Kiefernholz. Produktion im Jahre 1866/67: 22,900,000 c' bayer. Die stärkste Abgabe in 24 Stunden war 137,000 c', die schwächste Abgabe 19,300 c'. Der Holzverbrauch in demselben Jahre war 2100 Klafter à 126 c'. Die Anstalt hat 21 eiserne Retorten in 7 Oefen und 3 thönerne in einem Ofen, 2 Exhaustoren nach dem Prinzipe der archimedischen Schraube, 200' Röhrencondensation von 8" Weite, 2 Wascher von 3' Durchmesser und 70 c' Inhalt, welche in 24 Stunden ca. 180 c' Wasser verbrauchen, 6 Reiniger mit je 500 □' Hordenfläche, Reinigung mit Kalk, 2 Gasbehälter mit je 32,000 c' Inhalt und 1 Gasbehälter mit 60,000 c', 80,000 lfd. Fuss Röhrenleitung von 8 bis 1½" Weite, 4 trockene Gasuhren, sonst durchweg nasse. Das Anlagecapital ist 287,612 fl., wobei jedoch der Wasserthurm und der ganze Bauplatz für das Wasserwerk einbegriffen ist.

Wulferstedt bei Oschersleben. Die Zuckerfabrik der Herren Kücken & Schmidt hat eine im Jahre 1865 von Herrn Ingenieur H. Liebau in Magdeburg angelegte Privatgasanstalt mit ca. 160 Flammen.

Wurzen (Sachsen). ca. 7500 Einwohner. Eigenthümerin: die Stadtcommune. Dirigent: Herr L. Werner. Angeregt wurde die Einführung der Gasbeleuchtung 1858 durch Herrn Bürgermeister Hirschberg. Die von Herrn Ingenieur Schmidt erbaute Anstalt wurde am 15. October 1859 eröffnet. Für die Strassenbeleuchtung werden 1000 c' sächs.*) mit 1 Thlr. vergütet, Private zahlen gegenwärtig 1 Thlr. 18 Sgr. pro 1000 c', wobei den grösseren Consumenten bis zu 5°/₀ Rabatt gewährt wird. Jahresproduktion 1867: 4,447,600 c' sächs. Stärkste Abgabe in 24 Stunden 26,500 c', schwächste Abgabe 3000 c' sächs. 83 Strassenflammen mit je 5 c' resp. 3 c' Consum per Stunde, nemlich die Abendflammen à 960 Stunden à 5 c', die Nachtflammen à 1100 Brennstunden à 3 c'. 1779 Privatflammen, mit je 2000 c' sächs. Jahresconsum per Flamme. Betrieb mit Zwickauer Steinkohlen. Die Anstalt hat 14 Retorten, (1 Ofen à 5, 1 à 4, 1 à 3, 1 à 2 Ret.) 96' sächs. 6 zöll. Röhrencondensation, 1 Scrubber von 10 □' Querschnitt und 9' Höhe, 1 Wascher (nicht im Gebrauch), 3 Reiniger mit 400 □' Gesammthordenfläche (Laming'sche Masse), 1 Gas-

---

*) 1000 c' sächs. = 802 c' engl.

behälter mit 15,000 c' sächs. Inhalt, ca. 21,000 lfd. Fuss Röhrenleitung
von 6'' bis 1½'' Weite, 186 Gasuhren von Schäffer & Walcker,
J. Pintsch und Siry Lizars & Co. Anlagecapital 35,000 Thlr.

Yverdon (Schweiz). 5000 Einwohner. Eigenthümer: Herr Ingenieur F. Nöller. Gründer, Erbauer und Dirigent: Herr G. Willer.
Eröffnet am 9. August 1863. Die Concession läuft 30 Jahre. Nach
Ablauf dieser Zeit kann die Stadt das Werk kaufen oder den Vertrag
verlängern. Gaspreis für die Stadt 4¾ Centimes*) pro Brennstunde
der Laternen; für Privaten 50 Cent. per Cubikmeter. 80 Strassenflammen mit nominell 125 Liter**), in Wirklichkeit 150 Liter Consum
per Stunde brennen jährlich 116,000 Stunden und consumiren 17,400 Cubikmeter. 760 Privatflammen consumiren im Jahr 38,000 Cubikmeter.
Jahresproduktion 60,000 Cubikmeter. Betrieb mit Steinkohlen von
St. Etienne und Montrambert. Die Anstalt hat 6 ovale Thonretorten 0,55 M. ✕ 0,33 M. ✕ 2,75 M. (2 Oefen à 3 Ret.), 1 Condensator, 3 Scrubber, 3 Reiniger 1 M., 50 ✕ 1 M., 50 mit je 5 Horden, 1
Stationsgasuhr, 2 Gasbehälter von 280 Cubikmeter Inhalt, 3800 Meter
Canalisation von 150 Millimeter grösster Weite, nasse Gasuhren von
L. A. Riedinger.

Zeitz (Preussisch Sachsen). 15,000 Einwohner. Eigenthümerin:
die Stadt. Dirigent: der Techniker der Gas- und Mineralöl-Industrie,
Herr C. Mehliss. Die Anstalt wurde im Jahre 1858/59 von dem
Engländer Herrn Stephenson erbaut und am 9. October 1859 dem
öffentlichen Betriebe übergeben. Die Interessen der Stadt vertrat Herr
Nickel, auf den auch zunächst die Betriebsleitung überging. Das
Material zur Fabrikeinrichtung lieferte die Horsley-Actiengesellschaft
in London. Das anfängliche Baucapital von 50,000 Thlr. wurde durch
Emission von Stadt-Obligationen aufgebracht, die mit 5% verzinst und
mit 1% und den ersparten Zinsen amortisirt werden. Später wurden
weitere 3000 Thlr. von der Stadt-Hauptkasse entliehen, die in derselben
Weise verzinst und abgestossen werden. Die Lage der Anstalt kann
als eine günstige bezeichnet werden, insoferne sie am Fusse des Berges
liegt, den die Stadt einnimmt. Im weiteren Verlaufe des Betriebes
stellten sich bald überaus kranke und mangelhafte Verhältnisse heraus,
die zu unaufhörlichen Veränderungen und Neubauten Veranlassung

---

*) 1 Franc = 100 Centimes = 8 Silbergr. = 28 kr. südd. Währ.
**) 1000 Liter = 1 Cubikmeter = 35,32 c' engl.

gaben. Der Gaspreis für 1000 c' preuss.*) beträgt 3 Thlr. und wird den Consumenten nach der Höhe ihres jährlichen Consums ein Rabatt in 3 Sätzen gewährt, und zwar bei über 25,000 c' 5,5 %, bei über 35,000 c' 8,3 % und bei über 50,000 c' 11,1 %. Die Anstalt hat sich während ihres 9 jährigen Bestehens nur sehr langsam entwickelt. Von den vorhandenen 119 öffentlichen Flammen brennen für gewöhnlich 103 nur den Abend hindurch, während 17 davon auch während der Nacht brennen bleiben. Sie consumiren bei einer durchschnittlichen Brennzeit von 780 Stunden im Jahre ca. 420,000 c' Gas. Die vorhandenen 2000 Privatflammen consumiren durchschnittlich $2\frac{1}{2}$ Mill. c' im Jahre. Maximalproduktion in 24 Stunden 20,000 c', Minimalproduktion 2000 c'. Die Anstalt, wohl von Hause aus für die Verarbeitung englischer Kohlen gebaut, hat diese nur in den ersten 2 Jahren ihres Bestehens benutzt, seitdem wird sie mit Zwickauer Kohlen betrieben. Sie hat 13 Retorten von ellipt. Querschnitt (2 Oefen à 5, 1 à 3 Ret.), Röhrencondensator mit innerer und äusserer Luftkühlung, Exhaustor von Beale, aber ohne Bypass-Regulator, Scrubber, 3 Reiniger von etwa 200 □' Hordenfläche, Stationsgasmesser, Gasbehälter von 18,000 c' Inhalt und Druckregulator. Reinigung mit Kalk. ca. 20,000' rhl. Leitungsröhren. Coke und Theer werden verkauft, der Grünkalk wird von den Landleuten abgefahren. Journ. f. Gasbel. 1865 S. 166.

Eine Zuckerfabrik in der nächsten Nähe von Zeitz hat eine eigene kleine Steinkohlengasanstalt. Die Eisengiesserei des Herrn Schäde in Zeitz ist im Begriff, sich ebenfalls eine Privatgasanstalt einzurichten.

Die Theerschweelerei der Herren Hermann & Co. ist durch Herrn Mehliss mit einer Anstalt versehen, in welcher Gas aus Braunkohlentheerprodukten dargestellt wird.

Zerbst (Anhalt). 12,000 Einwohner. Eigenthümer: die Herren Breest & Gelpcke in Berlin und Oberingenieur A. Mohr in Dessau, welch Letzterer auch die Anstalt erbaut, und im October 1865 eröffnet hat. Der Contract läuft 25 Jahre. Nach dessen Ablauf steht der Gemeinde das Recht zu, ihn unter gleichen Bedingungen auf 15 Jahre zu verlängern, oder zu kündigen. Im letzteren Fall steht es den Unternehmern frei, ihr Geschäft weiter zu betreiben, und ungestört alles dasjenige zu thun, was zum Fortbetriebe und zur Vergrösserung der Anstalt nothwendig und dienlich ist. Leuchtkraft für 5 c' Gasconsum per Stunde die Helle von 12 Wachskerzen, 6 auf

---

*) 1000 c' preuss. = 1091,84 c' engl.

1 Pfd., bei $1^5/_8$ preuss. Zoll Flammenhöhe. Preis der Strassenflammen
bei 5 c′ stündl. Consum und bei einem Privatconsum bis zu $2^1/_2$ Mill.
engl. c′ 4 Pf., bei $2^1/_2$ Mill. Privatconsum ermässigt sich der Preis um
$5^0/_0$, und um eben so viel für jede halbe Million weitere Zunahme des
Privatconsums. Sobald der Preis per Brennstunde auf $3^1/_5$ Pf. gefallen ist, soll eine weitere Ermässigung nicht mehr statt finden. Der
Normalpreis für Private ist $2^1/_2$ Thlr. pro 1000 c′ engl. mit Rabatt
für grössere Consumenten. Der niedrigste Preis beträgt 2 Thlr. pro
1000 c′ engl. Städtische Gebäude zahlen $2^1/_3$ Thlr. 132 Strassenflammen mit mindestens 500 Brennstunden jährlich pro Flamme, 1335
Privatflammen. Durchschnittsconsum einer Strassenflamme 2540 c′,
einer Privatflamme 1678 c′ per Jahr. Gasproduktion 1866: 2,692,200 c′
engl. Maximalproduktion in 24 Stunden 20,770 c′ engl., Minimalproduktion 1680 c′. Betrieb mit Steinkohlen zum Theil westphälischen,
zum Theil sächsischen. Die Anstalt hat 7 Retorten, (2 Oefen à 3,
1 à 1 Ret.), 80 lfd. Fuss 5 zöll. Condensationsröhren, 1 Scrubber von
64 c′ Inhalt und 104 □′ Kühlfläche, 1 Wascher, 3 Reiniger $6' \times 3'$
$\times 2' 10''$, Laming'sche Masse, 1 Stationsgasuhr von 10 c′ Trommelinhalt, 1 Gasbehälter von 14,000 c′ Inhalt, 1 Druckregulator, 26,660
lfd. Fuss Röhrenleitung von 5″ bis $1^1/_2''$ Weite, 250 nasse Gasuhren
von S. Elster.

Zittau (Sachsen). 16,330 Einwohner. Gründerin und Eigenthümerin:
die Stadtgemeinde. Dirigent: Herr A. Thomas. Erbauer: Herr G.
M. S. Blochmann jun. in Dresden. Eröffnet im April 1858. Leuchtkraft für 5 c′ Gasconsum im Argandbrenner 15 Spermacetikerzen,
6 auf 1 Pfd. Gaspreis für kleine Consumenten $2^1/_6$ Thlr. pro 1000 c′
sächs.*) Grössere Consumenten erhalten Rabatt bis zu $1^2/_3$ Thaler
pro 1000 c′ herunter. Stadtgebäude und Theater zahlen $1^1/_2$ Thlr.,
für die Strassenbeleuchtung wird pro Stunde mit 7 c′ Consum $^1/_5$ Sgr.
bezahlt. 312 Strassenflammen mit 3,292,324 c′ Consum in $520,190^1/_2$
Brennstunden, 4472 Privatflammen mit 8,867,600 c′ Jahresconsum.
Die Strassenflammen brennen theils bis $10^1/_2$ Uhr mit $894^1/_2$ Stunden,
theils die ganze Nacht mit 2700 Brennstunden jährlich. Jahresproduktion
1867: 12,775,000 c′ sächs. Maximalproduktion in 24 Stunden 86,000 c′,
Minimalproduktion 6500 c′. Betrieb mit schlesischen (Waldenburger)
Steinkohlen. Die Anstalt hat 30 Stück ⌓ förmige Thonretorten (2 Oefen

---

*) 1000 c′ sächs. = 802 c′ engl.

à 7, 2 à 5, 2 à 3 Ret.), 222' engl. Röhrencondensator 7" weit, 1 Beale'-
schen Exhaustor, 2 Scrubber zu je 116 c' engl., 2 Wascher, 3 Reiniger mit 228 □' Gesammthordenfläche (Rasenerz und Kalk), 2 Gasbehälter mit 60,000 c' sächs. Inhalt, 57,975' sächs. Rohrleitung mit
7" grösster Weite, 338 nasse Gasuhren aus verschiedenen Fabriken.
Coke und Theer werden verkauft, Ammoniakwasser wird verarbeitet.
Anlagecapital 124,000 Thlr. Journ. f. Gasbel. 1865 S. 143.

Zürich (Schweiz). Der Fragebogen ist nicht beantwortet worden.
Die Statistik von 1862 enthält folgende Angaben: 20,000 Einwohner.
Eigenthümerin: die Züricher Actiengesellschaft für Gasbeleuchtung.
Dirigent: Herr L. Hartmann. Erbauer: Herr L. A. Riedinger in
Augsburg. Eröffnet den 20. December 1856. Das Privilegium datirt
vom 20. December 1856 und dauert 30 Jahre. Nach Ablauf dieser
Zeit hat die Stadt das Recht, die ganze Unternehmung abzulösen.
604 Strassenflammen mit je 1500 Brennstunden jährlich und 5 c' Gasconsum per Stunde, 672 Privatabnehmer mit 7966 Flammen. Leuchtkraft einer Strassenflamme gleich der Helle von 14 Wachskerzen, 5
auf 1 Pfund, mit einem stündlichen Wachsconsum von 7,7 Gramm,
und einer Flammenhöhe von 48 Millimeter. Für die Strassenbeleuchtung werden 4 Centimes pro Flamme und Brennstunde vergütet, Private zahlen 14 Francs*) pro 1000 c'. Bahnhof und Staatsgebäude
geniessen bei einem Consum von mehr als 1 Mill. c' 12% Rabatt.
Betrieb mit Holz. Produktion im letzten Jahre 15,995,000 c'; stärkste
Abgabe in 24 Stunden 91,000 c', schwächste Abgabe 20,000 c'. Holzverbrauch in demselben Jahre 1631 Klafter zu 108 c' Schweizer Maass.
Die Anstalt hat 16 Retorten in 2 Oefen zu 5 und 2 desgl. zu 3 Ret.,
240' 7 zöll. Röhrencondensation, 3 Wascher mit etwa 600 e' Wasserzufluss in 24 Stunden, 3 Reiniger mit 2167,5 □' Gesammthordenfläche
(Kalk), 3 Gasbehälter, und zwar 1 zu 50,000 c', 2 zu je 25,000 c',
95,272' Röhrenleitung von 10" bis 1½" Weite, 721 nasse Gasuhren.
Von den Nebenprodukten wird der Holzessig zu essigsaurem Kalk
verarbeitet. Anlagecapital: 800,000 Francs.

Zweibrücken (Rheinpfalz). 8700 Einwohner. Eigenthümerin: die
Actien-Gesellschaft für Gasbeleuchtung in Zweibrücken. Dirigent:
Herr J. Hornung. Das Privilegium datirt vom Jahre 1860 und ist
ohne Zeitbeschränkung. Erbauer: Herr E. Spreng in Nürnberg.

---

*) 1 Franc = 8 Silbergr. = 28 kr. südd. Währ.

Eröffnet am 27. November 1860. Leuchtkraft einer Strassenflamme mit 4½ c′ engl. Consum per Stunde 9 Stearinkerzen, 5 auf 1 Pfund. Gaspreis für die Stadt 2 fl. 37½ kr. pro 1000 c′ engl., für Privaten 3 fl. 45 kr. pro 1000 c′ engl. 104 Strassenflammen consumiren 409,100 c′ Gas per Jahr, 2500 Privatflammen bei 302 Consumenten 4,268,900 c′. Jahresproduktion 5,347,300 c′. Stärkste Abgabe in 24 Stunden 35,000 c′, schwächste Abgabe 6000 c′. Betrieb mit Saarbrücker (Heinitz) Steinkohlen. Die Anstalt hat 10 Retorten von Vygen & Co. (1 Ofen à 5, 1 à 3, 1 à 2 Ret.), 40 Meter 6zöllige Röhrencondensation unter Wasser, 1 Scrubber mit Wascher, 3 Reiniger mit 54 Quadratmeter Hordenfläche (Laming'sche Masse), 2 Gasbehälter mit 22,000 c′ Inhalt, 25,000′ engl. Rohrleitung von 6″ bis 1″ Weite, 302 nasse Gasuhren von Siry Lizars & Co. und J. Tebay. Das Grundcapital beträgt 80,200 fl., eingetheilt in 802 Actien à 100 fl., die auf den Namen von 107 in Zweibrücken domicilirten Personen ausgestellt sind, und auch nur an in Zweibrücken domicilirte Personen weiter übertragen werden können. Journ. f. Gasbel. 1860 S. 296, 1861 S. 94.

Zwickau (Sachsen). 24,239 Einwohner. Gründer und Eigenthümer: der Actienverein für Gasbeleuchtung der Stadt Zwickau. Dirigent: Herr A. Müggenburg. Erbauer und nachheriger Pächter der Anstalt auf 3 Jahre: Herr Ingenieur J. G. A. Gruner. Eröffnet am 27. Februar 1853. Seit dem Frühjahr 1863 ist die Anstalt in ihrer inneren Einrichtung gänzlich umgebaut worden. Der Vertrag mit der Stadt über die Strassenbeleuchtung läuft bis 1874 incl. Die Qualität des Gases muss so sein, dass die Chlorprobe 10% ölbildendes Gas nachweist, und sich dasselbe mit Bleizucker und Lakmuspapier frei von Schwefelwasserstoff und Ammoniak zeigt. Die Stadt zahlt für die Strassenbeleuchtung pro 1000 c′ sächs.*) bis 1869 1 Thlr. 20 Sgr., von da ab 1 Thlr. 10 Sgr. Private zahlen 2 Thlr. pro 1000 c′ sächs., grössere Consumenten erhalten Rabatt bis auf 1¾ Thlr. herunter; in Folge dessen stellt sich der mittlere Verkaufspreis für das gesammte Gas pro 1866/67 auf 1 Thlr. 26 Sgr. 1,3 Pf. pro 1000 c′ engl. 256 Strassenflammen mit durchschnittlich 1450 Brennstunden jährlich und 4½ c′ engl. Consum pro Stunde, 357 Privatconsumenten mit 3033 Flammen von 3005 c′ engl. Durchschnittsconsum per Jahr. Jahres-

---

*) 1000 c′ sächs. ═ 802 c′ engl.

produktion 1866/67 11,330,250 c′ engl. (Kohlenverbrauch 25,252 Ctr.).
Grösste Abgabe in 24 Stunden 62,090 c′ engl., kleinste Abgabe 7430 c′.
Betrieb mit Zwickauer Steinkohlen. Die Anstalt hat 21 ovale Thon-
retorten 20″ × 14″ × 8′ 2″ (3 Oefen à 6, 1 à 3 Ret.), 1 stehenden
Condensator von 48′ 6zöll. Röhren, 2 Scrubber 5′ × 5′ mit 387½ c′
Inhalt, 1 Wascher mit 16 □′ rhl. Fläche, 1 Beale'schen Exhaustor
von 12″ Durchmesser, 3 Vor- und 1 Nachreiniger mit 392 □′ rhl.
Hordenfläche (Laming'sche Masse), 2 Gasbehälter von 18,000 c′ und
20,000 c′ Inhalt, 32,238 sächs. Ellen Rohrleitung von 9″ bis 1½″
Weite, 412 nasse Gasuhren meist von Siry Lizars & Co. Theer
wird meist verfeuert, im Uebrigen werden die Nebenprodukte unverar-
beitet verkauft. Actiencapital 50,000 Thlr. Gesammtaufwand 90,000 Thlr.
Journ. f. Gasbel. 1860 S. 420, 1861 S. 437, 1864 S. 29, 1865 S. 170,
1866 S. 64.

Während des Druckes eingegangene Ergänzungen.

Biberach. Der Gaspreis für Privaten ist vom 1. Januar 1868 ab
auf 5 fl. 30 kr. pro 1000 c′ ermässigt worden.

Buckau bei Magdeburg (Preussisch-Sachsen). 8200 Einwohner.
Gründer und Eigenthümer: die Herren C. Brandt, Director der Gasanstalt in Halberstadt (zugleich Erbauer und Dirigent), B. Schäffer,
C. F. Budenberg und C. Schmidt in Buckau, unter der Firma:
Gasanstalt von Budenberg & Co. in Buckau. Eröffnet am 1. Jan. 1863
mit 25 Strassenflammen und 380 Privatflammen. Der Consum war
Anfangs bei der schwachen Betheiligung sehr gering, steigerte sich
aber ziemlich gleichmässig, und beträgt zur Zeit ca. 7 Mill. c′ jährlich
bei 55 Strassenflammen und ca. 3000 Privatflammen. Die Concession
läuft 30 Jahre, nach Ablauf derselben ist die Stadt berechtigt aber
nicht verpflichtet, die Gasanstalt mit allem Zubehör zu dem Selbstkostenpreis, abzüglich 10,000 Thlr., zu übernehmen, und erlischt nur
dann die Concession, wenn solche Uebernahme statt findet. Die Lichtstärke soll bei 1″ Druck und 5 c′ Consum im Schnitt- oder Argandbrenner verbrannt gleich 12 Wachskerzen sein, von denen 6 auf 1 Pfd.
gehen und jede 9″ Länge hat. Der Gaspreis wird jedes Jahr nach
dem Magdeburger Gaspreis des vorhergehenden Jahres bestimmt (in
Magdeburg nemlich wird ein Theil des Gewinnes den Consumenten
rückvergütet); er betrug pro 1863 2 Thlr. 8 Sgr., pro 1864 2 Thlr.

7 Sgr., pro 1865 2 Thlr. 5 Sgr., pro 1866 2 Thlr. 4 Sgr., pro 1867 2 Thlr. 5 Sgr. pro 1000 c'. Die Strassenbeleuchtung ist immer um 15% billiger. Grössere Consumenten haben besondere Contracte. 55 Strassenflammen verbrauchten von 1. Juni 1866 bis dahin 1867 jede in 1154 Brennstunden 5808 c' Gas, 2829 Privatflammen consumirten per Flamme 2,044 c' jährlich. Jahresproduktion 6,315,700 c'. Maximalabgabe in 24 Stunden 39,500 c', Minimalabgabe 6700 c'. Betrieb mit westphälischen Steinkohlen. Die Anstalt hat 13 elliptische Thonretorten (1 Ofen à 6, 1 à 4, 1 à 3 Ret.), 20'' $\times$ 14'' $\times$ 8' von H. J. Vygen & Co. in Duisburg, 1 Röhrencondensator von 350 $\square$' Kühlfläche, eine Röhrenwaschmaschine $2\frac{1}{2}$' im Quadrat, 3 trockene Reiniger mit Laming'scher Masse $6\frac{1}{2}$' $\times$ 2' 10'' $\times$ $2\frac{1}{2}$', keinen Exhaustor, 1 Gasbehälter von 35,000 c' preuss. Inhalt, 24,000' Leitungsröhren von 7'' bis 2'' Weite, 151 nasse Gasuhren von S. Elster und H. G. Dietrich.

Zeitz. Vom 1. Juli 1868 ab wird der Preis für Privaten auf 2 Thlr. 20 Sgr. herabgesetzt, bei einem Jahresconsum von über 100,000 c' tritt ausserdem ein Rabatt von 5% ein, bei über 200,000 c' 10%, bei über 300,000 c' 15%.

An Petroleumgas-Apparaten nach Herrn Professor Dr. Hirzels System sind noch folgende anzuführen:

Ein Apparat für 449 Flammen auf dem Bahnhofe der k. sächs. westlichen Staatseisenbahn zu Chemnitz.

Ein Apparat für 150 Flammen in der Orseillefabrik des Herrn Pierre Numa Leriche zu Wurzen.

Ein Apparat in der mechanischen Weberei der Herren F. L. Böhler & Sohn in Plauen.

Ein Apparat in der mechanischen Stickerei des Herrn F. D. Gössmann in Adorf bei Plauen.

Ein Apparat in der Fabrik der Herren Bornemann in Meerane.

Ein Apparat in der Feintuchfabrik der Herren J. Phil. Schmidt & Söhne zu Reichenberg in Böhmen.

Ein Apparat in der Maschinenfabrik und Giesserei der Herren Blass & Co. in Barop bei Dortmund.

Ein Apparat in der Fabrik des Herrn G. Illner in Breslau.

Ein Apparat in der Maschinenfabrik und Eisengiesserei Margarethenhof des Herrn N. Jepson Sohn in Flensburg.

Druck von C. R. Schurich in München.